高等院校理工科类规划教材

化学工程实验技术与方法

周旭章　张慧恩　蔡　艳　滕丽华　编

图书在版编目（CIP）数据

化学工程实验技术与方法／周旭章等编．—杭州：浙江大学出版社，2012.8

ISBN 978-7-308-09971-4

Ⅰ.①化… Ⅱ.①周… Ⅲ.①化学工程—化学实验 Ⅳ.①TQ016

中国版本图书馆 CIP 数据核字（2012）第 095992 号

化学工程实验技术与方法

周旭章　张慧恩　蔡　艳　滕丽华　编

责任编辑　王元新
封面设计　俞亚彤
出版发行　浙江大学出版社
（杭州市天目山路 148 号　邮政编码 310007）
（网址：http://www.zjupress.com）
排　　版　杭州中大图文设计有限公司
印　　刷　富阳市育才印刷有限公司
开　　本　787mm×1092mm　1/16
印　　张　27
字　　数　701 千
版 印 次　2012 年 8 月第 1 版　2012 年 8 月第 1 次印刷
书　　号　ISBN 978-7-308-09971-4
定　　价　59.00 元

前　言

物理化学实验与化工原理实验分别是化工类及其相关专业的基础课，两者有着十分密切的联系。为了适应卓越工程师培养，突出应用型人才培养特色，将原有的《物理化学实验》、《化工原理实验》有机整合成《化学工程实验技术与方法》，重点围绕生物化工过程与环境工程中的热力学、反应动力学、相变化、热量传递、质量传递、动量传递、分离等知识点设置实验项目，注重结合产业与生活中实际问题组织实验内容，构建特色鲜明的"化学工程实验技术与方法"课程体系。同时，以行业发展趋势为导向，以培养创新与创业能力为目标，以实验技能属性分类与技能组合为主线，构建分层次、多模块的"化学工程实验技术与方法"课程体系。将物理化学实验技术中的热力学实验、动力学实验、表面和胶体化学实验与化工原理中的"三传实验"有机结合，这样既打破了传统的实验课程界限，又不是生搬硬套拼凑起来的，而是按照化学工程基础知识结构与技能结构形成的"化学工程实验技术与方法"课程新体系。对应用型工程人才培养课程建设具有一定的示范作用。

《化学工程实验技术与方法》与《物理化学》、《化工原理》理论课堂讲授、习题课和课程设计等教学环节构成一个有机的整体。《化学工程实验技术与方法》属于工程实验范畴，具有典型的工程特点。将每一个化工单元操作按照其操作所涉及的物理化学实验技术与方法有机结合起来，有助于学生树立起从基础研究到工程应用的整体观念；《化学工程实验技术与方法》中的单元操作所涉及的工艺流程、操作条件和参数变量等都比较接近于工业应用，因此，一个单元操作实验相当于化工生产中的一个基本过程，通过它能让学生建立起一定的工程观念。随着实践活动的深入开展，学生会遇到大量的工程实际问题与理论问题，对学生来说，可以在所开设的实验课程中更实际、更有效地学到更多的工程研究方面的原理与测试手段，可以看到复杂的真实设备与工艺过程同描述这一过程的数学模型之间的关系。学习和掌握化学工程实验技术及其研究方法，是学生从理论学习到工程应用的一个重要实践过程。

全书分两篇共十章。第一篇化学工程基础知识由绪论、化学工程实验数据表达、实验设计与工程问题的研究方法、化工过程中常见物理量的测定组成；第二篇化学工程实验技术与方法由化学化工热力学实验、相平衡实验、微观与宏观动力学实验方法、电化学实验方法、表面与胶体化学实验方法、流体力学实验方法组成。第二篇的每一章均从化学工程基础实验技术、化学工程基础与综合性实验、化学工程实验、设计与研究型实验四个部分引导学生从基础实验思维模式向工程实验思维模式方向转变,以适应于卓越工程师培养。本书可作为化学化工、轻工、生物工程、食品科学与工程、环境科学与工程、纺织、医药等本科专业的学习教材,亦可作为从事相关专业研究、设计与生产的工程技术人员的技术参考书。在本书编写过程中,参考了许多作者的专著、教材或论文,本书尽量一一列出,但难免有所疏漏,对此深表欠意,并衷心地感谢大家的文献对本书的无私贡献。由于时间紧迫和编写人员水平有限,本教材必然存在不少缺点和错误,肯请读者批评指正,以便再版时修改。

编　者

于宁波市南高教园区

2012年2月

目 录

第一篇 化学工程基础知识

第二篇 化学工程实验技术与方法

第一篇　化学工程基础知识

第一章

绪 论

《化学工程实验技术与方法》主要研究生产过程中各种单元操作的规律，并利用这些规律解决实际生产中的过程问题。该课程紧密联系实际，实践性很强，是化工、环境工程、生物工程、食品科学与工程等工科专业学生必修的技术基础课。作为一门研究化工生产过程的工程学科，它已形成了完整的教学内容和教学体系。

《化学工程实验技术与方法》着力突出化学工程实验基础地位，体现工程应用型人才培养特色，体现了工程意识，突出了工程实践内容。将原有的《物理化学实验》、《化工原理实验》有机整合成《化学工程实验技术与方法》，重点围绕生物化工过程中的热力学、反应动力学、相变化、热量传递、质量传递、动量传递、分离等知识点设置实验项目，注重结合产业与生活中实际问题组织实验内容，构建特色鲜明的“化学工程实验技术与方法”课程体系。以行业发展趋势为导向，以培养创新与创业能力为目标，以实验技能属性分类与技能组合为主线，构造分层次、多模块的“化学工程实验技术与方法”课程体系。将物理化学实验技术中的热力学实验、动力学实验、表面性质和胶体化学实验与化工原理中的“三传实验”有机结合，这样既打破了传统的实验课程界限，又不是生搬硬套拼凑起来的，而是按照化学工程基础知识结构与技能结构形成的“化学工程实验技术与方法”课程新体系。对应用型工程人才培养课程建设具有一定的示范作用。

《化学工程实验技术与方法》与《物理化学》、《化工原理》理论课堂讲授、习题课和课程设计等教学环节构成一个有机的整体。《化学工程实验技术与方法》属于工程实验范畴，具有典型的工程特点。将每一个化工单元操作按照其操作所涉及的物理化学实验技术与方法有机结合起来，有助于学生树立从基础研究到工程应用的整体观念；《化学工程实验技术与方法》中的单元操作所涉及的工艺流程、操作条件和参数变量等都比较接近于工业应用，因此，一个单元操作实验相当于化工生产中的一个基本过程，通过它能让学生建立起一定的工程观念。随着实践活动的深入开展，学生会遇到大量的工程实际问题与理论问题，对学生来说，可以在所开设的实验课程中更实际、更有效地学到更多的工程研究方面的原理与测试手段，可以看到复杂的真实设备与工艺过程同描述这一过程的数学模型之间的关系。学习本课程是学生从理论学习过渡到工程应用的一个重要的实践过程。

一、《化学工程实验技术与方法》教学目的

《化学工程实验技术与方法》是继《基础化学实验》之后的一门化学化工实验课程。设置本课程的主要目的是使学生初步了解化学工程的研究方法，掌握化学化工的基本实验技术和技能，熟悉化学化工实验现象的观察和记录、实验条件的判断和选择、实验数据的测量和处理、实验结果的分析和归纳等一套严谨的实验方法，从而加深对化学化工基本理论的理解，增强解决实际化学化工问题的能力。

(一)巩固和深化课堂所学的理论

根据全国高校化工原理教学指导委员会的规定，从实验目的、实验原理、装置流程、数据处理等方面，组织各单元操作的实验内容。这样，通过实验可进一步学习、掌握和运用学过的基础理论，加深对化工单元操作的理解，巩固和深化所学的理论知识。

(二)培养基本的实验和科研能力

对于化工类专业来说，《化学工程实验技术与方法》实验之前有物理、化学、化学分析等基础实验，其后有专业实验和毕业论文环节，从教学角度，应从纵向培养和逐步提高学生的实验和科研能力。所谓实验能力，是指：①为了完成一定的研究课题，设计实验方案的能力；②实验过程中，观察和分析实验现象的能力；③正确选择和使用测量仪表的能力；④利用实验的原始数据进行数据处理以获得实验结果的能力；⑤运用文字表达技术报告的能力。这些能力是科学研究的基础，学生只有反复训练才能掌握。而《化学工程实验技术与方法》课程中的实验往往规模较大，接近工程实际，是多因子影响的综合实验。所以，学生通过实验课打下一定的基础，将来参加实际工作就可以独立地设计新实验及从事科研和开发。

(三)培养严肃认真的科学作风

通过误差分析及数据整理，使学生严肃对待参数测量、取样等各个环节，注意观察实验中的各种现象，运用所学的理论去分析实验装置结构、操作等对测量结果的影响，严格遵守操作规程，集中精力进行观察、记录和思考。掌握数据处理方法，分析和归纳实验数据，据实得出实验结论，通过与理论比较，提出自己的见解，分析误差的性质和影响程度。培养学生严肃认真的学习态度和实事求是的科学态度，为将来从事科学研究和解决工程实践问题打好基础。

(四)丰富化学工程的实际知识

在化工、轻工等工业生产和实验研究中，经常测量的物理量有温度、压力、流量等，而要保证测量值达到所要求的精度，这就涉及测量技术问题。所以，增加了常用测试仪器的基本原理和使用方法，以丰富学生的实践知识。此外，化学工程类实验不同于普通化学实验，为了安全成功地完成实验，除每个实验的特殊要求外，学生必须遵守注意事项和具备一定的安全知识。如泵、风机的启动，高压钢瓶的安全，化学药品和气体的使用及防护措施，等等。

总之，《化学工程实验技术与方法》教学的目的着重于实践能力和解决实际问题能力的培养。

二、《化学工程实验技术与方法》教学要求

在"化学工程实验技术与方法"课上，学生会第一次接触到用精密的仪器设备与工程装置进行实验，往往感到陌生，无法下手。有的学生又因为是几个人一组而有依赖心理，为了切实提高教学效果，要求每个学生必须做到以下几点。

（一）课前预习

(1)认真阅读实验教材，复习课程教材有关内容。清楚地掌握实验项目要求，实验所依据的原理、实验步骤及所需测量的参数。熟悉实验所用测量仪表的使用方法，掌握其操作规程和安全注意事项。

(2)到实验室现场熟悉实验设备和流程，摸清测试点和控制点位置。确定操作程序、所测参数项目、所测参数单位及所测数据点如何分布等。

(3)可让学生进行计算机仿真练习。通过计算机仿真练习，熟悉各个实验的操作步骤和注意事项，以增强实验效果。

(4)在预习和计算机仿真练习基础上，写出实验预习报告。预习报告内容包括实验目的、原理、流程、操作步骤、注意事项等。准备好原始数据记录表格，并标明各参数的单位。

(5)特别要考虑一下设备的哪些部分或操作中哪个步骤会产生危险，如何防护？以保证实验过程中人身和设备安全。不预习者不准做实验。预习报告经指导教师检查通过后方可进行实验。

（二）实验中的操作训练

实验开始前，小组成员应根据分工的不同，明确要求，以便实验中协调工作。

设备启动前必须首先检查，调整设备进入启动状态，然后再进行送电、通水或蒸汽等启动操作。

(1)实验操作是动手动脑的重要过程，一定要严格按操作规程进行，合理安排测量范围、测量点数目、测量点的疏密等。

(2)实验进行过程中，操作要平稳、认真、细心。

详细观察所发生的各种现象，记录在记录本上，如精馏实验筛板塔的气液流动状态变化等，有助于对过程的分析和理解。对实验的数据要判别其合理性，如果遇到实验数据重复性差或规律性差等情况，应首先分析实验中的问题，找出原因并解决。实验数据要记录在备好的表格内。实验有异常的现象，应及时向指导教师报告。

实验数据的记录应仔细认真、整齐清楚。

① 记录数据应是直接读取原始数据，不要经过计算后在记录，例如 U 形压差计的两端液柱高度差，应分别读取记录，不应读取或记录液柱的差值。

② 对稳定的操作过程，在改变操作条件后，一定要等待达到新的稳定状态，方可读取数据；对于连续的不稳定操作，要在实验前充分熟悉方法并计划好记录的位置或时刻等。

③ 根据测量仪表的精度，正确读取有效数字，最后一位是带有读数误差的估计值，在测量时应进行估计，便于对系统进行合理的误差分析。

④ 对待实验数据应取科学态度，不能凭主观臆测随意修改记录，也不能随意舍弃数据，对

可疑数据，除有明显的原因外（如读错、误记等），一般应在数据处理时检查处理。

⑤ 记录数据应书写清楚，字迹工整。记错的数字应划掉，涂改容易造成误读或看不清。要注意保存原始数据，以便检查核对。

学生应注意培养自己严谨的科学作风和良好的实验习惯。

(3)实验结束后整理好原始数据，将实验设备和仪表恢复原状，切断电源，清扫卫生，经教师允许后方可离开实验室。

(三)实验工作的总结——编写实验报告

实验报告是对实验进行的全面总结，是一份技术文件，是技术部门对实验结果进行评估的文字材料。实验报告必须写得简明、数据完整、结论明确，有讨论、有分析，得出的公式或图线有明确的使用条件。形成良好的编写实验报告能力需要经过严格训练，其也能为今后写好研究报告和科学论文打下基础。因此要求学生各自独立完成这项工作。

实验报告内容包括：

①实验时间、报告人、同组人等。

②实验名称、实验目的与要求等。

③实验基本原理。

④实验装置简介、流程图及主要设备的类型和规格。

⑤实验操作步骤。

⑥原始数据记录表格。

⑦实验数据的整理。实验数据的整理就是把实验数据通过归纳、计算等方法整理出一定的关系（或结论）的过程。应有计算过程举例，即以一组数据为例从头到尾把计算过程一步一步写清楚。

⑧将实验结果用图示法、列表法或方程表示法进行归纳，得出结论。

⑨对实验结果及问题进行分析讨论。

⑩参考文献。

实验报告必须力求简明、书写工整、文字通顺、数据完全、结论明确。图形图表的绘制必须用直尺、曲线板或计算机数据处理。实验报告必须采用学校统一印制的实验报告纸编写。

报告应在指定时间交给指导老师批阅。

三、《化学工程实验技术与方法》教学环节

《化学工程实验技术与方法》课程由下列三个教学环节组成：

(1)课内完成20～25个实验的实际操作训练，提交实验报告；在此基础上学生根据所学的实验操作技能，结合生活实际与行业需求，提出2～3个设计性实验项目，利用课外时间，在开放实验室完成实验研究任务，以发表论文格式提交实验报告，并同时提交1份产品开发技术经济可行性分析报告。

(2)对化学工程实验技术方法和实验技术进行较系统的讲授，可安排8～10次讲座，每次1学时，讲座内容既包括本实验课程的学习方法、安全防护、数据处理、文献查阅、报告书写和实验设计思想等实验基本要求，同时还应较系统介绍化学工程研究的基本实验方法和实验技术，如温度的测量和控制、真空技术、流动法技术等。

(3)建立以能力考核为重心的实验课程多元化考核新模式。

为了提高实验教学效果,适合应用型人才多方位素质培养的需要,重视对学生学习过程的评价,建立了适合应用型人才培养的多元化的考核方式。如图 1-1 所示。

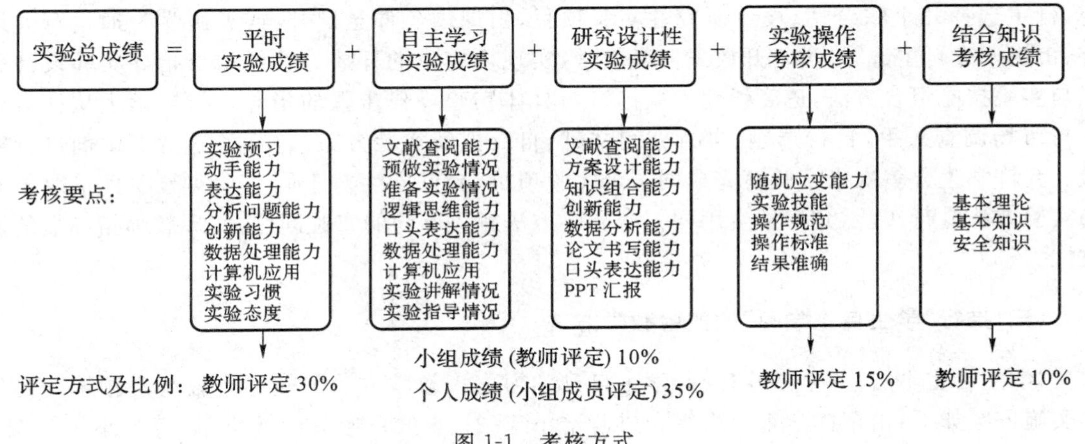

图 1-1 考核方式

具体包括:

实验平时操作成绩(30%),主要对学生实验预习、回答问题、过程操作及实验报告进行评价。

小组学生的自主实验成绩(10%)和研究设计性实验成绩(35%),前者根据预做实验、准备实验、实验讲解和实验指导情况评定,后者根据实验复杂程度、实验方案的合理性、实验结果的处理和评价能力、PPT 汇报予以评定;这两个环节成绩都包括小组总成绩和个人成绩两部分,其中小组总成绩由教师给出,而小组内每个成员的成绩由小组成员共同评定。

实验操作技能考核(15%)和综合知识考核(10%)。其目的是检查学生对基本操作技能和实验基本知识的掌握情况。实验操作技能考查、实验基本知识和实验理论考试的时间均为每人 60 分钟。

四、建立并完善了开放式与自主学习式实验教学模式

(一)优化了课内实验教学,课内与课外相结合,实验教学与素质拓展相结合

加强课内实验教学的基础作用。课内教学与课内学习依然是大学教与学的主要形式之一。为了提高实验课的课内教学质量,要求教师对实验课进行全程指导。每次实验课教师集中讲解 20~25 分钟,集中讲解的主要内容是实验设计思想(即如何从实验原理出发设计实验)与实验操作关键步骤;70%的时间由学生自主进行实验,教师巡回指导,解惑释疑;10%的时间用于教师对学生的实验数据进行分析与讲评。

强化课外补充作用。对于实验课,课外时间要求学生主要做三件事:预习实验内容,并写出预习实验报告;书写正式实验报告;选修拓展性综合实验。

(二)实施开放式实验教学

《化学工程实验技术与方法》实验课实行开放式实验教学运行机制,其具体做法是:在实验

课程开出的学年，化学工程实验室实行全天候开放式教学；其余时间采取项目申报制预约开放，部分积极性高的学生可根据自己的时间来进入实验室进行实验，实现时间上的开放。《化学工程实验技术与方法》课程设置了拓展性实验内容，供学生自主选择。学生根据自己的兴趣，自主选择几个综合性、设计研究性实验项目，由课内延伸至课外，或者由学生通过行业调查、市场调查自主选题，进行开放式实验教学，实现内容上的开放。教师重点指导实验设计思想与实验技能组合方法，适度淡化实验内容与具体实验操作步骤的指导。指导学生从社会调查与市场调查入手，自行选题、自行查阅文献、自行拟就实验方案、自行备齐所需试剂进行实验。允许学生分多次来实验室完成同一个实验项目，允许学生对于同一个实验项目采取不同的实验方法进行实验，允许学生用同一个实验方法解决不同的实验问题，实现教师指导上的开放性。

（三）推行“学生自主学习”的实验教学方法

“学生自主学习”并非撇开教师，学生自己学习。该教学方法的核心是教与学相统一。具体实施方案如下：由全体学生自由组合成若干小组（3～5 位），形成助教小组，每个小组负责 1 个实验项目，首先小组同学必须先接受教师的指导，由学生转型为“助教”，然后在实验课前查阅资料，预做实验，发现并探讨问题，写出预做实验报告。在此基础上，上课时“助教”小组将协助教师指导其他学生完成实验。整个过程中，教师要有高度的责任感，必须全程参与，及时因势利导。这种全新的实验教学方法，既能提高学生实验的兴趣，使学生深入理解实验的设计思路和实验关键，提高每一个实验教学效果，又能培养学生自主学习能力、创新能力以及交流、表达、沟通能力。这种教学模式，深受学生欢迎。

五、化学工程实验的安全防护

安全防护是一个关系到培养良好的实验素质，保证实验顺利进行，保证实验者和国家财产安全的重要问题。化学工程实验技术室，经常遇到高温、低温的实验条件，使用高气压（各种高压气瓶）、低气压（各种真空系统）、高电压、高频和带有辐射线（X 射线、激光、γ 射线）的仪器，而且许多精密的自动化设备日益普遍使用。因此，需要实验者具备必要的安全防护知识，懂得应采取的预防措施，以及一旦事故发生后应及时采取的处理方法。

化学是一门实验科学，在先行的化学实验课中，已就化学药品使用的安全防护和实验室用电的安全防护反复作了介绍，所以本书主要结合化学工程实验技术的特点，着重介绍使用受压容器的安全防护和使用辐射源的安全防护，同时对实验者的人身安全防护作必要的补充。

（一）使用受压容器的安全防护

化学工程实验技术室中受压容器主要指高压储气瓶、真空系统、供气流稳压用的玻璃容器以及盛放液氮的保温瓶等。

1. 高压储气瓶的安全防护

在实验中将用到高压气瓶（又称钢瓶），它是一种储存各种压缩或液化气高压容器。钢瓶一般容积为 40～60 升，最高压力为 150 大气压，最低也有 6 个大气压以上。钢瓶压力很高，有些气体还易燃易爆，所以要正确使用钢瓶，以保证安全。

钢瓶主要由筒体和瓶阀构成。其他附件还有保护瓶阀的安全帽、开启瓶阀的用轮及运输中防震的橡皮圈。高压储气瓶是由无缝碳素钢或合金钢制成，按其所存储的气体及工作压力分类如表1-1所示。

表1-1　气体钢瓶承受的压力

气瓶型号	用　途	工作压力（kg·cm²）	试验压力（kg·cm²）	
			水压试验	气压试验
150	装氢、氧、氩、甲烷、压缩空气	150	225	150
125	装二氧化碳及净水煤气等	125	190	125
30	装氨、氯、光气等	30	60	30
6	装二氧化碳	6	12	6

各类钢瓶的表面都涂有一定颜色，其目的不仅是为了防锈，还主要是为了能从颜色上迅速辨别钢瓶中储放气体的种类，以免混淆。常用气瓶颜色及标志如表1-2所示。

表1-2　常见气体钢瓶的颜色

气体种类	工作压力（MPa）	水压试验压力（MPa）	钢瓶颜色	横线颜色	文字	文字颜色	每升容积内液化气质量（kg/L）
氧	15.20	22.80	浅蓝色	—	氧	黑色	—
氢	15.20	22.80	暗绿色	—	氢	红色	—
氮	15.20	22.80	黑色	棕色	氮	黄色	—
氦	15.20	22.80	棕色	—	氦	白色	—
压缩空气	15.20	22.80	黑色	—	压缩空气	白色	—
二氧化碳	12.6（液）	19.25	黑色	—	二氧化碳	黄色	0.75
氨	3.04（液）	6.08	黄色	—	氨	黑色	0.75
氯	3.04（液）	6.08	草绿色	绿色	氯	白色	1.25
乙炔	3.04（液）	6.08	白色	—	乙炔	红色	—
二氧化硫	0.61（液）	1.22	黑色	黄色	二氧化硫	白色	1.25

劳动部1966年颁发了气瓶安全监察规程，规定了各类气瓶的色标，每个气瓶必须在其肩部刻上制造厂和检验单位的钢印标记。

为了使用安全，各类气瓶应定期送检验单位进行技术检查，一般气瓶至少每三年检验一次，充装腐蚀性气体至少每两年检验一次。检验中若发现气瓶的质量损失率或容积增加率超过一定的标准，应降级使用或予以报废。

使用储气瓶必须按正确的操作规程进行。现简述有关注意事项：

(1)气瓶放置要求：气瓶应存放在阴凉、干燥、远离热源（如夏日避免日晒，冬天与暖气片隔开，平时不要靠近炉火等）的地方。并用固定环将气瓶固定在稳固的支架、实验桌或墙壁上，防止受外来撞击；易燃气体气瓶（如氢气瓶等）的放置房间，原则上不能有明火或电火花产生，确实难以做到时应该采取必要的防护措施。使用时安装减压器（阀），气瓶使用时要通过减压器使气体压力降至实验所需范围（CO_2、NH_3 气瓶可不装减压阀）。安装减压器前应确定其连接尺寸规格是否与气瓶接头相一致，接头处需用专用垫圈。一般可燃性气体气瓶接头的螺纹是反向的左牙纹。不燃性或助燃性气体气瓶接头的螺纹是正向的右牙纹，有些气瓶需使用专门减压器(如氨气瓶)。各种减压器一般不得混用，减压器都装有安全阀。它是保护减压器安全使用的装置，也是减压出现故障的信号装置，减压器的安全阀应调节到接受气体的系统容器最大工作压力。

(2)气瓶操作要点：气瓶需要搬运或移动时，应拆除减压器，旋上瓶帽，并使用专门的搬移车；启开或关闭气瓶对，实验者应站在减压阀接管的侧面，不许将头或身体对准阀门出口；气瓶启开使用时，应首先检查接头连接处、管道是否漏气，直至确认无漏气现象方可继续使用；使用可燃性气瓶时，更要防止漏气或将用过的气体排放在室内，并保持实验室通风良好。使用氧气瓶时，严禁气瓶接触油脂，实验者手上、衣服上或工具上也不得沾有油脂，因为高压氧气与油脂相遇会引起燃烧。氧气瓶使用时发现漏气，不得用麻、棉等物去堵漏，以防发生燃烧事故。使用氢气瓶，导管处应加防止回火装置，气瓶内气体不应全部用尽，应留有不少于 $1kg \cdot cm^{-2}$ 的压力气体，并在气瓶标上用完记号。

2. 受压玻璃仪器的安全防护

化学工程实验技术室的受压玻璃仪器包括供高压或真空试验用的玻璃仪器，装载水银的容器、压力计，以及各种保温容器等，使用这类仪器时必须注意：

(1)受压玻璃仪器的器壁应足够坚固，不能用薄壁材料或平底烧瓶之类的器皿。

(2)供气流稳压用的玻璃稳压瓶，其外壳应裹以手套或细网套。

(3)化学工程实验技术中常用液氮作为获得低温的手段，在将液氮注入真空容器时要注意真空容器可能发生破裂，不要把脸靠近容器的正上方。

(4)装载水银的U形压力计或容器，要注意使用时玻璃容器破裂，造成水银撒溅到桌上或地上，因此装载水银的玻璃容器下部应放置搪瓷盘或适当的容器。使用U形水银压力计时，防止系统压力变动过于剧烈而使压力计中的水银撒溅到系统内外。

(5)使用真空玻璃系统时，要注意任何一个活塞的开、闭均会影响系统的其他部分，因此操作时应特别小心，防止在系统内形成高温爆鸣气混合物或让爆鸣气混合物进入高温区。在启开或关闭活塞时，应两手操作，一手握活塞套，一手缓缓旋转内套，务必使玻璃系统各部分不产生力矩，以免扭裂。在用真空系统进行低温吸附实验时，当吸附剂吸附大量吸附质气体后，不能先将装有液氮的保温瓶从盛放吸附剂的样品管处移去，而应先启动机械泵对系统进行抽空，然后移去保温瓶。因为一旦先移去低温的保温瓶，又不及时对系统抽空，则被吸附的吸附质气体由于吸附剂温度的升高，会大量脱附出来，导致系统压力过大，使U形压力计中的水银冲出或引起封闭玻璃系统爆裂。

(二)使用辐射源的安全防护

化学工程实验技术室的辐射源，主要指产生X射线、γ射线、中子流、带电粒子束的电离辐射和产生频率为10～100000MHz的电磁波辐射。电离辐射和电磁波辐射作用于人体，都会造成人体组织的损伤，引起一系列复杂的组织机能的变化，因此必须重视辐射源的安全防护。

1. 电离辐射的安全防护

电离辐射有最大容许剂量，我国目前规定从事放射性工作的作业人员，每日不得超过0.05R(伦琴)，非放射性工作人员每日不得超过0.005R。

同位素放射的γ射线较X射线波长短、能量大，但γ射线和X射线对机体的作用是相似的，所以防护措施也是一致的，主要采用屏蔽防护、缩短使用时间和远离辐射源等措施。前者是在辐射源与人体之间添加适当的物质作为屏蔽，以减弱射线的强度。屏蔽物质主要有铅、铅玻璃等。后者是根据受照射的时间愈短，人体所接受的剂量愈少，以及射线的强度随机体与辐射源的距离平方而衰减的原理，尽量缩短工作时间和加大机体与辐射源的距离，从而达到安全防护的目的。在实验时由于 X 射线和 γ 射线有一定的出射方向，因此实验者应注意不要正对出射方向站立，而应站在侧边操作。对于暂时不用或多余的同位素放射源，应及时采取有效的屏蔽措施，储存在适当的地方。

防止放射性物质进入人体是电离辐射安全防护的重要前提，一旦放射性物质进入人体，则上述的屏蔽防护和缩时加距措施就失去意义了。放射性物质要尽量在密闭容器内操作，操作时应须戴防护手套和口罩，严防放射性物质飞溅而污染空气，加强室内换气，操作结束后应全身淋浴，切实地防止放射性物质从呼吸道或食道进入体内。

2. 电磁波辐射的安全防护

高频电磁波辐射源作为特殊情况下的加热热源，目前已在光谱用光源和高真空技术中得到愈来愈多的应用。电磁波辐射能对金属、非金属介质以感应方式加热，因此也会对人体组织产生伤害，如皮肤、肌肉、眼睛的晶状体以及血液循环、内分泌。

防护电磁波辐射的最根本的有效措施，是减少辐射源的泄漏，使辐射局限在限定的范围内。当设备本身不能有效地防止高频辐射的泄漏时，可利用能反射或吸收电磁波的材料，如金属、多孔性生胶和炭黑等做罩网以屏蔽辐射源。操作电磁波辐射源的实验者应穿特制防护服和戴防护眼镜，镜片上涂有一层导电的二氧化锡、金属铬的透明或半透明的膜，同样，应加大工作处与辐射源之间的距离。

考虑到某些工作，不可避免地要经受一定强度的电磁波辐射，应按辐射时间长短不同，制订辐射强度的分级安全标准：每人辐射时间小于 15min 时，辐射强度小于 $1\text{mW}\cdot\text{cm}^{-2}$；小于 2h 的情况下，辐射强度小于 $0.1\text{mV}\cdot\text{cm}^{-2}$；在整个工作日内经常受辐射的，辐射强度小于 $10\mu\text{W}\cdot\text{cm}^{-2}$。

除上述电离辐射和电磁波辐射外，在化学工程实验技术中还应注意紫外线、红外线和激光对人体，特别是眼睛的损害。紫外线的短波部分（200～300nm）能引起角膜炎和结膜炎。红外线的短波部分（760～1600nm）可透过眼球到达视网膜，引起视网膜灼伤症。激光对皮肤的烧伤情况与一般高温辐射性皮肤烧伤相似，不过它局限在较小的范围内，激光对眼睛的损害是严重的，会引起角膜、虹膜和视网膜的烧伤，影响视力，甚至因晶体混浊产生白内障。防护紫外线、红外线和激光的有效办法是戴防护眼镜，但应注意不同光源、不同光强度时须选用不同的防护镜片，而且要切记不应使眼睛直接对准光束进行观察。对于大功率的二氧化碳气体激光，尽量避免照射中枢神经系统而引起伤害，因此实验者需戴防护头盔。

（三）实验者人身安全防护要点

（1）实验者到实验室进行实验前，应首先熟悉仪器设备和各项急救设备的使用方法，了解实验楼的楼梯和出口，实验室内的电气总开关、灭火器具和急救药品在什么地方，以便一旦发生事故能及时采取相应的防护措施。

（2）大多数化学药品都有不同程度的毒性，原则上应防止任何化学药品以任何方式进入人体。必须注意，有许多化学药品的毒性，是在相隔很长时间以后才会显示出来的；不要将使用小量、常量化学药品的经验，任意移用于大量化学药品的情况；更不应将常温、常压下试验经验，在进行高温、高压、低温、低压的试验时套用；当进行有危险性或在严酷条件下的反应时，应使用防护装置,戴防护面罩和眼镜。

(3)美国职业安全与健康事务管理局(OSHA)颁布了有致癌变性能的化学物质(见 Chermistry and Engineering New,1978)。因此实验时应尽量少与这些物质接触,实在需要使用时应带好防护手套,并尽可能在通风橱中操作。这些物质中特别要注意的是苯、四氯化碳、氯仿、1,4—二恶烷等常见溶剂,所以实验时通常用甲苯代替苯。用二氯甲烷代替四氯化碳和氯仿,用四氢呋喃代替 1,4—二恶烷。

(4)许多气体和空气的混合物有爆炸界限,当混合物的组分介于爆炸高限与爆炸低限之间时,只要有一适当的灼热源(如一个火花、一根高热金属丝)诱发,全部气体混合物便会瞬间爆炸。某些气体与空气混合的爆炸高限和低限,以其体积分数表示,如表 1-3 所示。

表 1-3 常见气体的爆炸极限

气体(蒸气)	燃点(℃)	混和物中爆炸限度(气体的百分比)	
		与空气混合	与氧气混合
一氧化碳	650	12.5~75	13~96
氯气	285	4.1~75	4.5~95
硫化氢	260	4.3~45.4	无
氨	650	15.7~27.4	14.8~79
甲烷	537	5.0~15	5~60
甲醇	427	6.0~36.5	无
乙烯	450	3.0~33.5	3~80
乙烷	510	3.0~14	4~50
乙醇	558	4.0~18	无
丙烯	927	2.2~11.1	无
丙烷	466	2.1~9.5	无
乙炔	335	2.3~82	2.8~93
丁烷	405	1.5~8.5	无
乙醚	343	8~40	无
苯	538	1.4~8.0	无

因此,实验时应尽量避免能与空气形成爆鸣混合气的气体散失到室内空气中,同时实验时应保持室内通风良好,不使某些气体在室内积聚而形成爆鸣混合气。实验需要使用某些气体与空气混合形成爆鸣气时,室内应严禁明火和使用可能产生电火花的电器等,禁穿鞋底上有铁钉的鞋子。

(5)在化学工程实验技术中,实验者要接触和使用各类电气设备,因此必须了解使用电气设备的安全防护知识。电对人体产生的危害如表 1-4 所示。

实验室所用的市电为频率 50Hz 的交流电。人体感觉到触电效应时电流强度约为 1mA,此时会有发麻和针刺的感觉。通过人体的电流强度达到 6~9mA,一触就会缩手。再高电流,会使肌肉强烈收缩,手抓住了带电体后便不能释放。电流强度达到 50mA 时,人就会有生命危险。因此，使用电气设备的安全防护原则是不要使电流通过人体。

表 1-4　电流对人的定量效应

电流效应	电液压强度(mA)					
	直流电		交流电			
			60Hz		1000Hz	
	男	女	男	女	男	女
在手上有轻感觉	1	0.6	0.4	0.3	7	7
可接受的界限(均值)	5.2	3.5	1.1	0.7	12	8
电击——无痛苦和不丧失肌肉控制力	9	6	1.8	1.2	17	11
痛苦电击——肌肉控制力丧失 0.5%	62	41	9	6	55	37
痛苦电击松手界限(均值)	76	51	16	10.5	75	50
痛苦和严重电击——呼吸困难、肌肉控制力丧失 99.5%	90	60	23	15	94	63

通过人体的电流强度大小，决定于人体电阻和所加的电压。通常人体的电阻包括人体内部组织电阻和皮肤电阻。人体内部组织电阻约 1000Ω，皮肤电阻约为 1000Ω(潮湿流汗的皮肤)到数万欧姆(干燥的皮肤)，因此我国规定 36V 50Hz 的交流电为安全电压，超过 45V 都是危险电压。

电击伤人的程度与通过人体电流大小、通电时间长短、通电的途径有关。电流若通过人体心脏或大脑，最易引起电击死亡。所以实验时不要用潮湿有汗的手去操作电器，不要用手紧握可能荷电的电器，不应以两手同时触及电器，电器设备外壳均应接地。万一不慎发生触电事故，应立即断开电源开关，对触电者采取急救措施。

(四)关于有毒化学药品的知识

(1)高毒性固体、毒性危险气体和液体及刺激性物质如表 1-5 至表 1-7 所示。

表 1-5　高毒性固体(很少量就能使人迅速中毒甚至致死，TLV①)

名　称	TLV(mg/m^3)
二氧化锇	0.002
汞化合物，特别是烷基汞	0.01
铊盐	0.1(按 Tl 计)
硒和硒化合物	0.2(按 Se 计)
砷化合物	0.5 (按 As 计)
五氧化十钒	0.5
草酸和草酸盐	1
无机氰化物	5(按 CN 计)

①TLV(threshold limit value)：极限安全值，即空气中含该有毒物质蒸气或粉尘的浓度，在此限度以内，一般人重复接触不致受害。

表 1-6 毒性危险气体

名称	TLV(ppm)	名称	TLV(ppm)
氟	0.1	氰化氢	3
光气	0.1	二氧化氮	5
臭氧	0.1	亚硝酰氯	5
重氮甲烷	0.2	氰	10
磷化氢	0.3	氰化氢	10
三氟化硼	1	硫化氢	10
氯	1	一氧化碳	50

表 1-7 毒性危险液体和刺激性物质

名称	TLV(ppm)	名称	TLV(ppm)
羰基镍	0.001	烯丙醇	2
异氰酸甲酯	0.02	2-丁烯醛	2
丙烯醛	0.1	氧氟酸	3
溴	0.1	四氧乙烷	5
3-氯-1-丙烯	1	苯	10
苯氯甲烷	1	溴甲烷	15
苯溴甲烷	1	二硫化碳	20
三氯化硼	1	乙酰氯	
三溴化硼	1	腈类	
2-氯化醇	1	硼氟酸	
硫酸二甲酯	1	五氯乙烷	
硫酸二乙酯	1	三甲基氯硅烷	
四溴乙烷	1	3-氟丙酰氯	

长期少量接触可能引起慢性中毒，其中许多物质的蒸气对眼睛和呼吸道有强刺激性。

(2)其他有害物质：许多溴代烷和氯代烷，以及甲烷和乙烷的多卤衍生物，如表 1-8 所示。芳胺和脂肪族胺类，低级脂肪族的蒸气有毒，全部芳胺，包括它们的烷氧基、卤素、硝基取代物都有毒性，如表 1-9 所示。酚和芳香硝基化合物，如表 1-10 所示。

表 1-8 其他有害物质一

名称	TLV(ppm)	名称	TLV(ppm)
溴仿	0.5	1,2-二溴乙烷	20
碘甲烷	5	1,2-二氯乙烷	50
甲氯化碳	10	溴乙烷	200
氯仿	10	二氯甲烷	200

表 1-9　其他有害物质二

名称	TLV
对苯二胺(及其异构体)	0.1mg/m^3
甲氧基苯胺	0.5mg/m^3
对硝基苯胺(及其异构体)	1ppm
N-甲基苯胺	2ppm
N,N-二甲基苯胺	5ppm
苯胺	5ppm
邻甲苯胺(及其异构体)	5ppm
二甲胺	10ppm
乙胺	10ppm
三乙胺	25ppm

表 1-10　其他有害物质三

名称	TLV
苦味酸	0.1mg/m^3
二硝基苯酚,二硝基甲苯酚	0.2mg/m^3
对硝基氯苯(及其异构体)	1mg/m^3
间二硝基苯	1mg/m^3
硝基苯	1ppm
苯酚	5ppm
甲苯酚	5ppm

(3)下面列举一些已知的危险致癌物质:

芳胺及其衍生物:联苯胺(及某些衍生物)、β-萘胺、二甲氨基偶氮苯、α-萘胺;N-亚硝基化合物:N-甲基-N-亚硝基苯胺、N-亚硝基二甲胺、N-甲基-N-亚硝基胺、N-亚硝基氯化吡啶;烷基化剂:双(氯甲基)醚、硫酸二甲酯、氯甲基甲醚、碘甲烷、β-羟基丙酸内酯、重氮甲烷;稠环芳烃:苯并[a]芘、二苯并[c,g]咔唑、二苯并[a,h]蒽、7,12-二甲基苯并[a]蒽;含硫化合物:硫代乙酰胺(thioacetamide)、硫脲。

具有长期积累效应的毒物:苯、铅化合物、有机铅化合物、汞和汞化合物、二价汞盐和液态的有机汞化合物等。

在使用以上各类有毒化学药品时,都应采取妥善的防护措施,避免吸入其蒸气和粉尘,不要使它们接触皮肤。有毒气体和挥发性的有毒液体必须在良好的通风橱中操作。汞表面应该用水掩盖,不可直接暴露在空气中,装盛汞的仪器应放在一个搪瓷盘上以防溅出的汞流失,泼洒汞的地方迅速撒上硫磺石灰糊。

六、实验室消防知识

实验操作人员必须了解消防知识。实验室内应准备一定数量的消防器材。工作人员应熟悉消防器材的存放位置和使用方法，绝不允许将消防器材移作他用。实验室常用的消防器材包括以下几种。

(一)火砂箱

易燃液体和其他不能用水灭火的危险品，着火时可用砂子来扑灭。它能隔断空气并起降温作用而灭火。但砂中不能混有可燃性杂物，并且要干燥些。潮湿的砂子遇火后因水分蒸发，致使燃着的液体飞溅。砂箱中存砂有限，实验室内又不能存放过多砂箱，故这种灭火工具只能扑灭局部小规模的火源。对于不能覆盖的大面积火源，因砂量太少而作用不大。此外，还可用不燃性固体粉末灭火。

(二)石棉布、毛毡或湿布

这些器材适于迅速扑灭火源区域不大的火灾，也是扑灭衣服着火的常用方法。其作用是隔绝空气以达到灭火目的。

(三)泡沫灭火器

实验室多用手提式泡沫灭火器。它的外壳用薄钢板制成。内有一个玻璃胆，其中盛有硫酸铝。胆外装有碳酸氢钠溶液和发泡剂(甘草精)。灭火液由 50 份硫酸铝和 50 份碳酸氢钠及 5 份甘草精组成。使用时将灭火器倒置，马上有化学反应生成含 CO_2 的泡沫。

$$6NaHCO_3+Al_2(SO_4)_3 \longrightarrow 3Na_2SO_4+Al_2O_3+3H_2O+6CO_2$$

此泡沫黏附在燃烧物表面上，形成与空气隔绝的薄层而达到灭火目的。它适用于扑灭实验室的一般火灾。油类着火在开始时可使用，但不能用于扑灭电线和电器设备火灾。因为泡沫本身是导电的，这样会造成扑火人触电事故。

(四)四氯化碳灭火器

四氯化碳灭火器是在钢筒内装有四氯化碳并压入 0.7MPa 的空气，使灭火器具有一定的压力。使用时将灭火器倒置，旋开手阀即喷出四氯化碳。它是不燃液体。其蒸汽比空气重，能覆盖在燃烧物表面与空气隔绝而灭火。它适用于扑灭电器设备的火灾。但使用时要站在上风侧，因为四氯化碳是有毒的。室内灭火后应打开门窗通风一段时间，以免中毒。

(五)二氧化碳灭火器

钢筒内装有压缩的二氧化碳。使用时，旋开手阀，二氧化碳就能急剧喷出，使燃烧物与空气隔绝，同时降低空气中含氧量。当空气中含有 12%～15%的二氧化碳时，燃烧即停止。但使用时要注意防止现场人员窒息。

(六)其他灭火剂

干粉灭火剂可扑灭易燃液体、气体、带电设备引起的火灾。1211灭火器适用于扑救油类、电器类、精密仪器等火灾。在一般实验室内使用不多,对大型及大量使用可燃物的实验场所应备用此类灭火剂。

第二章

化学工程实验数据处理与表达

在实验中，任何一种测量结果总是不可避免地会有一定的误差（或者说偏差）。为了得到合理的结果，要求实验工作者运用误差的概念，将所得的数据进行误差计算，正确表达测量结果的可靠程度。也可根据误差分析去选择最合适的仪器，或进而对实验方法进行改进。下面介绍有关误差的一些基本概念。

一、量的测定

测定各种量的方法虽然很多，但就测量方式而论，一般可分为以下两类：

(1)直接测量：将被测量的量直接与同类量进行比较的方法。若被测的量直接由测量仪器的读数决定，仪器的刻度就是被测量的尺度，这种方法称为直接读数法。如用米尺量长度，停表记时间，温度计测温度，压力表测气压等。当被测的量由直接与这量的度量比较而决定时，这种方法叫比较法。如用对消法测量电动势，利用电桥法测量电阻，用天平称质等。

(2)间接测量：许多被测的量不能直接与标准的单位尺度进行比较，而要根据别的量的测量结果，通过一些公式计算出来。如用粘变法测高聚物的相对分子质量，就是用毛细管黏度计测出纯溶剂和聚合物溶液的流出时间，然后利用公式和作图求得相对分子量。

在上述两类测量方法中，直接读数法一般较为简单。在实际工作中，大多数测量问题是通过间接手段解决的。

二、测量中的误差

任何一类测量中，都存在一定误差（即测量值与真实值之间存在一定的差值）。根据误差的性质和来源，可以把测量误差分为系统误差、随机误差和过失误差。

(一)系统误差

在指定测量条件下，多次测量同一量时，如果测量误差的绝对值和符号总是保持恒定，使测量结果永远朝一个方向偏，那么这种测量误差称为系统误差或恒定误差。系统误差的产生与下列因素有关：

(1)仪器装置本身的精确度有限，如仪器零位未调好，引进位误差；指示的数值不正确，如温度计、移液管、滴定管的刻度不准确；系统本身的问题等。

(2)仪器使用时的环境因素，如温度、湿度、气压等，发生定向变化所引起的误差。

(3)测量方法的限制。由于对测量中发生的情况没有足够的了解，或者由于考虑不周，以致一些在测量过程中实际起作用的因素，在测量结果表达式中没有得到反映；或者所用公式不够严格，以及公式中系数的近似性等，都会产生方法误差。

(4)所用化学试剂纯度不符合要求。

(5)测量者个人的习惯性误差。如记录某一信号的时间总是滞后，有的人对颜色的感觉不灵敏或读数时眼睛的位置总是偏高或偏低等。

系统误差是恒差，因此增加测量次数是不能消除的，通常采用几种不同的实验技术，或采用不同的实验方法，或改变实验条件，调节仪器，提高试剂的纯度等以确定有无系统误差存在，并确定其性质，然后设法消除或使之减少，以提高测量的准确度。

(二)随机误差

1. 随机误差的正态分布

随机误差是指在实际相同条件下多次测量同一物理等量时，其绝对值和符号都有以不可预料的方式变化着的误差。这是实验者不能预料的其他因素对测量的影响所引起的。它在实验中总是存在，无法完全避免，但它服从几率分布。

如果对一个样品进行多次重复测定，由于不可避免的随机因素的作用，各次测定值并非完全相同，而是在一定范围内波动。表 2-1 列出测定某催化剂中含碳量数据。从表面上看，这些数据没有什么规律可循，但如果将它们进行适当整理，即将全部测定数据依其大小排列起来，并按一定间隔分成若干组，数出测定值落在每个组的数目(称为频数)得到表 2-2 所示的频数分布表。由该表的数据可见，如果以分组的测定值为横坐标，相应的频数或相对频数(频数与数据总个数之比)为纵坐标，画面直方图，便可得到如图 2-1 所示的频数直方图和图 2-2 所示的相对频数分布直方图。

表 2-1　某催化剂的碳含量的测定值

碳含量(g/kg)											
1.60	1.67	1.67	1.64	1.58	1.64	1.67	1.62	1.57	1.60	1.59	1.64
1.74	1.65	1.64	1.61	1.65	1.69	1.64	1.63	1.65	1.70	1.63	1.62
1.70	1.65	1.98	1.66	1.69	1.70	1.70	1.63	1.67	1.70	1.70	1.63
1.57	1.65	1.62	1.60	1.53	1.56	1.58	1.60	1.58	1.59	1.61	1.62
1.55	1.59	1.49	1.56	1.57	1.61	1.61	1.61	1.50	1.53	1.53	1.59
1.66	1.63	1.54	1.66	1.64	1.64	1.64	1.62	1.62	1.65	1.60	1.63
1.62	1.61	1.65	1.61	1.64	1.63	1.54	1.61	1.60	1.64	1.65	1.59

表 2-2　频数分析

分组	频数	相对频数	分组	频数	相对频数
1.485—1.515	2	0.024	1.635—1.665	20	0.238
1.515—1.545	6	0.071	1.665—1.695	7	0.084
1.545—1.575	6	0.071	1.695—1.725	6	0.071
1.575—1.605	14	0.167	1.725—1.755	1	0.012
1.605—1.635	22	0.262	合计	84	1.000

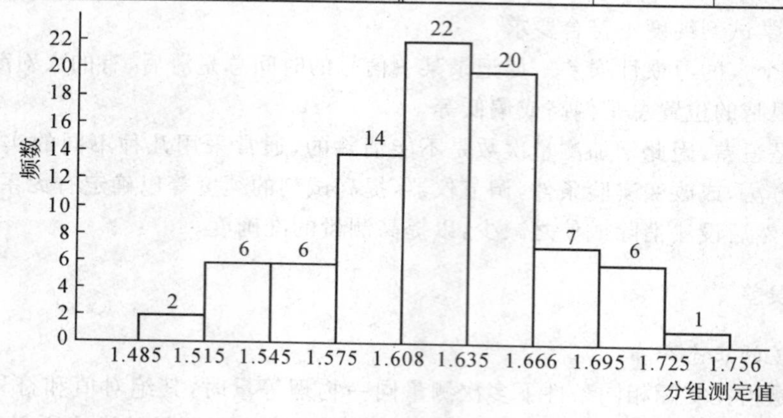

图 2-1　频数直方图

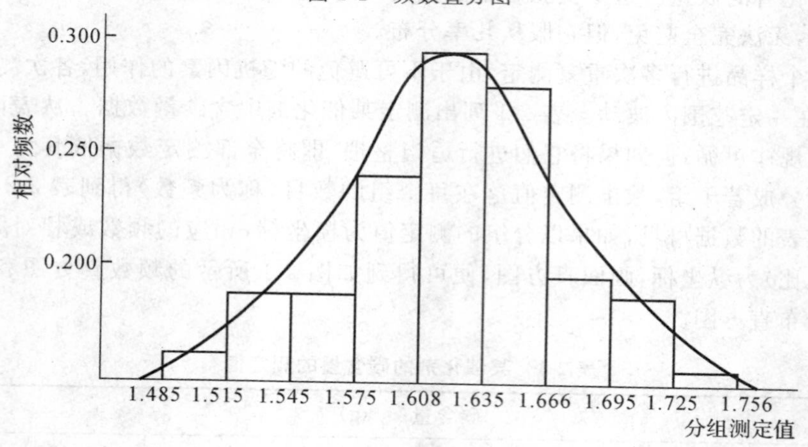

图 2-2　相对频数分布直方图

从图 2-1 和图 2-2 可以看出：①全部数据中，多数测定值集中在 1.620 附近，而 1.620 正好是测定值的平均值。相对平均值而言，具有各种大小偏差的测定值都有，偏差很小的测定值比偏差大的测定值出现的次数多，偏差很大的测定值出现的次数极少。②相对于平均值出现绝对值相等、符号相反的偏差的几率相同。可以想象，如果测定数据足够多，组分得更细，各组相对频数趋向一个稳定值(这个稳定比列称为概率)。图 2-2 中相对频数分布直方图逐渐趋向一条曲线，它反映了测定值随机误差分布的一般状况，即当测定值无限多时，测定值连续变化，其随机误差成正态分布。正态分布曲线如图 2-3 所示，其函数形式为

$$y=\frac{1}{\sqrt{2\pi\sigma}}\exp\left(-\frac{x_i^2}{2\sigma^2}\right)$$

式中：x_i 是分布中随机抽取的测定值，称为样本值，是测定次数无限多时，总体样本的正态分布标准偏差。它表示样本值的离散特征。

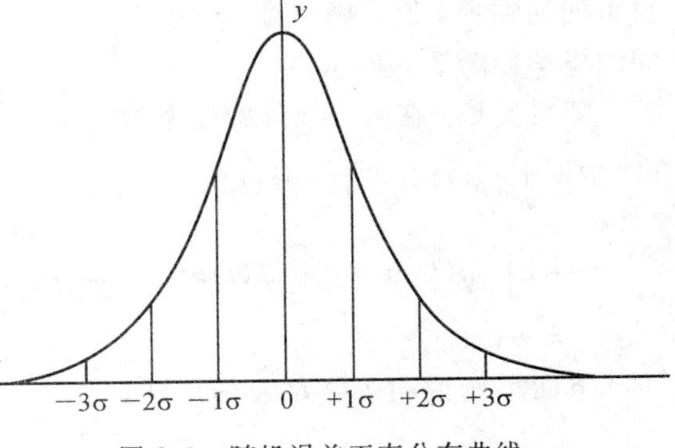

图 2-3　随机误差正态分布曲线

由图 2-3 可以看出具有以下特性：

(1)对称性：绝对值相等的正误差和负误差出现的几率几乎相等，正态分布曲线以 y 轴对称。

(2)单峰性：绝对值小的误差出现的机会多，而绝对值大的误差出现的机会则比较少。

(3)有界性：在一定测量条件下的有限次测量值中，误差的绝对值不会超过某一界限，如以 $\bar{x}$ 代表无限多次测量结果的平均值，在消除了系统误差的情况下，它可以代表真值，σ 为无限多次测量所得的标准误差。用统计方法分析可以得出，误差在 $\pm 1\sigma$ 内出现的几率为 68.3%，在 $\pm 2\sigma$ 内出现的几率 95.5%，在 $\pm 3\sigma$ 内出现的几率是 99.7%，可见误差超过 ±3 所出现的几率只有 0.3%。因此，如果多次重复测量中个别数据的误差绝对值大于 $\pm 3\sigma$，则这个极端值可以舍弃，这种判断方式称作 μ 检验。在一定测量条件下其随机误差的算术平均值将随着测量次数的无限增加而趋于零。为了减小随机误差的影响，在实际测量中常常对一个量进行多次重复测量以提高测量的精密度和重现性。

2. *t* 分布

在实际测量中，测定次数不可能无限多。在等精密度的多次测量中，如果有足够多的测定值(至少 30 个，可达 100 个)，称作大样本测定。根据随机误差正态分布理论，用算术平均值 $\bar{x}$ 代表最佳值，用样本的标准差 S 代替总体样本的标准差 σ(测定次数无限多时的标准差称作总体本的标准差)，可直接应用 μ 检验。但在化学工程实验技术中，一般对一个物理量往往只进行少数几次测定，称作小样本测定。由于测定次数很少，随机误差正态分布理论不能直接用于小样本测定的检验。

在小样本测定中，若总体随机误差分布为正态分布，样本均值 $\bar{x}$ 视做正态分布变量，样本平均值的标准差 $S_{\bar{x}}$ 代替总体样本的标准差，得到统计量 t，小样本测定中的样本值服从 t 分布(又称司士顿分布)。统计量 t 用下式表示：

$$t=\frac{\bar{x}-\mu}{S_{\bar{x}}}=\frac{\bar{x}-\mu}{s/\sqrt{n}}$$

式中：$S_{\bar{x}}=\dfrac{S}{\sqrt{n}}$。

t 分布的概率密度由 t 分布密度函数 $\varphi(x)$ 给出：

$$\varphi(x)=\frac{1}{\sqrt{\pi f}}\cdot\frac{\Gamma\left(\frac{f+1}{2}\right)}{\Gamma(f/2)}\left(1+\frac{t^2}{f}\right)^{-\frac{f+1}{2}}$$

式中：$f=n-1$，是计算 S 的自由度；n 是测定次数，由 t 分布密度函数 $\varphi(x)$ 表达式看出：t 分布只取决于 S 的自由度 f，图 2-4 给出了一些不同 f 值时的 t 分布曲线。由图可见，所有曲线都保持了正态分布曲线形状。当 $f\to\infty$ 时，t 分布曲线和正态分布曲线完全一致，这时 $t=\mu$；当 $f>20$ 时，t 分布曲线和正态分布曲线很近似；当 $f<10$ 时，t 分布曲线与正态分布曲线差别较大。

在实用上，都是将 t 分布列成表。表中列出了不同置信水平下和不同自由度的临界 t 值。随机变量 t 在区间的概率如图 2-5 所示。

随机变量 t 在区间以外的概率为

$$P=\int_{\infty}^{-t}\varphi(t)\,\mathrm{d}t+\int_{-t_g}^{\infty}\varphi(t)\,\mathrm{d}t$$

$$=2\int_{\infty}^{-t}\varphi(t)\,\mathrm{d}t=2\int_{\xi}^{\infty}\varphi(t)\,\mathrm{d}t$$

$$=\alpha$$

下面举例说明 t 分布表的用法，

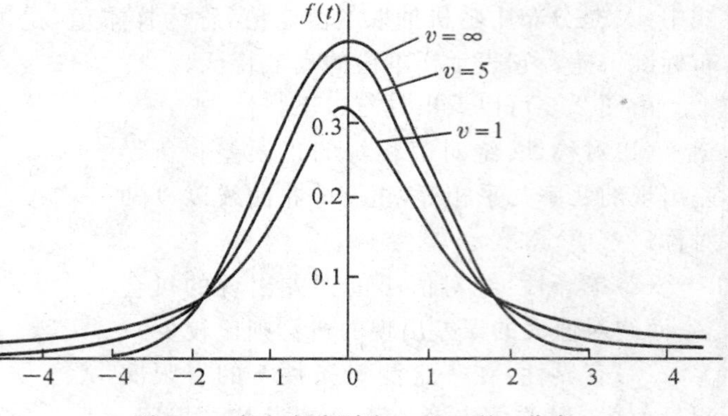

图 2-4　自由度分别为 1、5、∞ 的 t 分布

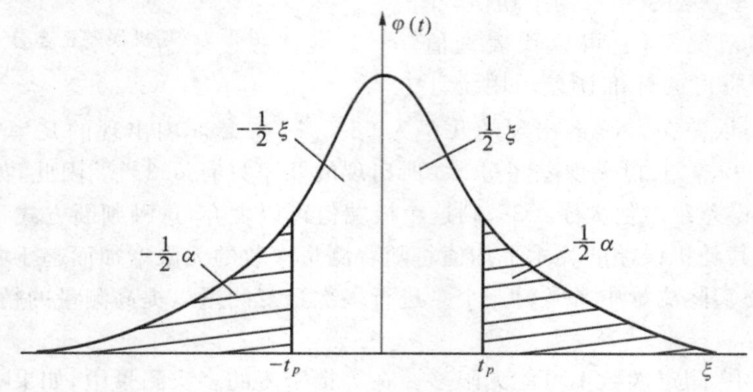

图 2-5　随机变量 t 在 $(-t_\xi,\ t_\xi)$ 区间内外的概率

若 $\alpha=0.10$，$f=10$，由分布表查得 $t=1.81$，则测定值出现在 $|t|>1.18$ 的概率为 10%，$|t|<1.18$ 的概率为 90%，即

$$P_{|t|>1.18}=\alpha=0.10（显著水平）$$

$$P_{|t|<1.18}=\zeta=1-\alpha=0.90（置信度）$$

(三)过失误差

由于实验者的粗心，如标度看错、记录写错、计算错误所引起的误差，称为过失误差，这类误差是无规则可寻的，必须要求实验者处处细心，才能避免。

三、测量的精密度和准确度

在一定条件下对某一个量进行 n 次测量，所得结果为 $x_1,x_2,x_3,\cdots,x_i,x_n$。其算术平均值：

$$\bar{x}=\frac{1}{n}\sum_{t=1}^{n}x_i$$

而单次测量值 x_1 与算术平均值 $\bar{x}$ 的偏差程度称为测量的精度，它表示各测量值相互接近程度。精密度的表示方式有下列几种。

(一)用平均误差 α 表示

$$\alpha=\frac{1}{n}\sum_{t=1}^{n}|x_i-\bar{x}|$$

(二)总体标准偏差 σ 表示

$$\sigma=\frac{\sum_{t=1}^{n}(x_i-\bar{x})^2}{n-1}$$

(三)用或然误差 p 表示

$$p=0.6745\sigma$$

上述三种方式都可以用来表示测量的精度,但在数值上略有不同,它们之间关系是:

$$p:a:\sigma=0.675:0.794:1.00$$

平均误差的优点是计算较简便,但不能肯定 x_1 离 $\bar{x}$ 是偏高还是偏低,可能会将不好的测量数据掩盖住。在近代科学中,多采用标准误差,其测量结果的精度常用($\bar{x}\pm\sigma$)或($\bar{x}\pm a$)来表示,σ 或 α 值越小,表示测量精度越好。

(四)用相对误差 $\sigma_{相对}$ 表示

$$\sigma_{相对}=\frac{\sigma}{x}\times100\%$$

例 2-1　连续测定某酸溶液的 $mol\cdot L^{-1}$ 浓度,得到表 2-4 的数据。请根据此计算平均值、平均误差和标准误差。

表 2-4　某酸溶液浓度

样品号	$mol\cdot L^{-1}$	$x_1-\bar{x}$	$(x_1-\bar{x})^2$
1	0.1025	0.0000	0.00000000
2	0.1026	0.0001	0.00000001
3	0.1025	0.0000	0.00000000
4	0.1027	0.0002	0.00000004
5	0.1026	0.0001	0.00000001
6	0.1023	−0.0002	0.00000004
7	0.1024	−0.0001	0.00000000
8	0.1022	−0.0003	0.00000009
9	0.1025	0.0000	0.00000000
10	0.1023	−0.0002	0.00000004
		$\sum\|x_i-\bar{x}\|=0.0012$	$\sum(x_i-\bar{x})^2=0.00000024$

算术平均值=0.1025

其测定结果为 0.1025±0.00016

在定义上,测量准确度是有区别的。准确度是指测量值偏离真值的程度;而精确度是指测量值偏离平均值的程度。

测量准确度定义为

$$b=\frac{1}{n}\sum_{i=1}^{n}\mid x_i-x_{真}\mid$$

式中：n 为测量次数；x_1 为第 i 次的测量值；$x_{真}$ 为真值。

由于在大多数化学工程实验技术中，真值 $x_{真}$ 是我们要求测定的结果，而 $x_{真}$ 难以得到，因此 b 值就很难算出。但一般可近似地用标准值 $x_{标}$ 来代替 $x_{真}$（$x_{标}$ 是用其他更可靠方法测出的值，也可用文献手册查得公认值代替）。此时，测量的准确度可近似地表示为

$$b=\frac{1}{n}\sum_{i=1}^{n}\mid x_i-x_{标}\mid$$

必须指出，精密度很好的测量，其准确度不一定很好，但要得到高准确度必须有高精密度的测量来保证。例如，甲、乙、丙三人同时测定某一个量，各测 25 次，其测定结果如图 2-6 所示。

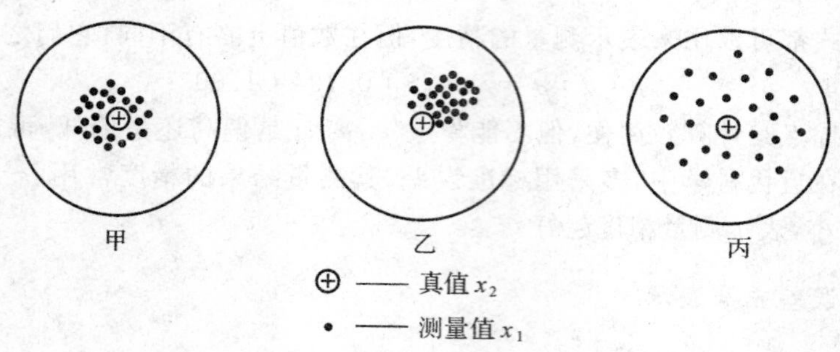

图 2-6　甲、乙、丙三人测量结果

从图 2-6 可以看出，甲的测量结果精密度和准确度都高；乙的测量精密虽高，但准确度低；丙的测量结果精密度和准确度均低。

四、提高测量结果的精密度和准确度途径

（一）尽量消除或减小可能引进的系统误差

首先应判断一下测量结果是否存在系统误差。一般可采取以下方法：

当测量次数 $n\geqslant15$ 时，若 $|\bar{x}-x_{标}|>1.73a$，此时测量精密度也可能符合要求，但测量结果的准确度差，说明测量过程中存在系统误差。

例 2-2　用阿贝折光仪测定水的折光率 15 次 n_D^{20} 得到数据如下：

1.33293	1.33296	1.33293
1.33295	1.33293	1.33295
1.33291	1.33293	1.33292
1.33294	1.33290	1.33294
1.33292	1.33289	1.33296

由手册查得 20℃时水折光率文献值为 1.33296，试计算测量精确度（用平均误差表示）和准确度，并分析测量的系统误差。

应先计算折光率的算术平均值：

$$\overline{n_D^{20}} = 1.3329$$

然后根据平均误差的计算公式计算测量的精密度 α 值，同时准确度 b 也可以算出，即：

$$a = \frac{1}{n}\sum_{i=1}^{n} | x_i - \bar{x} | = \frac{1}{n}\sum_{i=1}^{n} | n_D^{20} - \overline{n_D^{20}} | = 0.0002$$

$$b = \frac{1}{n}\sum_{i=1}^{n} | x_i - \bar{x} | = \frac{1}{n}\sum_{i=1}^{n} | n_D^{20} - 1.3329 | = 0.00003$$

$$| \bar{x} - x_{标} | = | 1.33293 - 1.33296 | = 0.00003 > a$$

从以上计算可以看出存在测量系统误差。

产生系统误差的原因如前所述，故应寻找具体原因采取措施，加以消除。譬如，提高所用试剂的纯度；改进方法；进行对照试验或空白试验；选用合适的仪器等。选用仪器必须按实验要求确定所用仪器类型、规格，仪器的精度不能低于实验要求的精度，但也不必过分优于实验的精度。

容量仪器和天平等分析仪器的精密度，可参照分析化学有关内容。

温度计，一般取其最小分度值 1/10 或 1/5 作为精密度。例如，1℃刻度的温度计的精密度估读到±0.2℃，1/10 分度的温度计的精度估读到±0.02℃。

仪表，可按其说明书中所述准确度来估计。例如，1.0 级电表的准确度为其最大量程的 1%；0.5 级电表的准确度为其最大量程的 0.5%，仪表的精密度不可贸然认为就等于其最小分度值的 1/5 或 1/10，其新旧程度对精度影响也较大，最好定期进行标定。

(二)增加平行测定次数减少偶然误差

根据前面讨论的偶然误差理论可知，在消除系统误差的前提下，平行测定的次数越多，则测量值的算术平均值越接近真实值。因此，常借助于增加测定次数的方法来减少偶然误差以提高测量结果的准确度。通常在定量分析的实验中，以对于同一试样，平行测定 2～4 次即可。当分析结果的精度要求较高时，则可适当地增加测定次数(通常为 10 次左右)，但增加更多的测定次数，不仅费时费事，而且效果并不太显著。因此，在实际工作中应该权衡轻重予以处理。

(三)对测定结果进行统计检验

统计检验的任务可分为两类：一类是检验统计假设是否正确，另一类是由样本值估计总体置信区间。在测量中，由于多种因素影响，使得一组测定值内各个测定值之间，或一组测定值与另一组测定值之间存在差异。这种差异是由测定过程中随机因素影响造成的，还是由于固定因素作用的结果，实验者可借助统计检验进行区分、判断，然后对测定结果进行取舍。

1. 置信区间、置信度、显著水平

统计检验是由样本测定值来推断总体特征。统计检验的可靠程度用显著水平 α 和置信度 $1-\alpha$ 表示。如有一系列等精度测定值，从中任意抽取一数据，该数据的值落在 $\mu \pm 1.96\sigma$ 区间的概率为 95%。在数理统计中称这个区间为置信区间，概率 95% 称作置信度，显著水平为 5%(即 1—95%)。现在一般采用置信度为 95%～99%，显著性水平为 5%～1%，即落在 $(\mu \pm 1.96\sigma)$ 至 $(\mu \pm 30\sigma)$ 置信区间来表示测量结果。

在有限次测定中，只能得到平均值和样本偏差 S，即只能用 $\bar{x}$ 和 S 分别估计 μ 和 σ，这样会引入附加的不确定性。表示置信区间的 σ 前的系数(置信系数)1.96 和 3 等必须改用 t 分布表中的临界值 t(t 分布置信系数)。用 t 代表置信系数后，测定结果可用下列通式表示：

$$x-\bar{x}=\pm t\cdot S_{\bar{x}}$$

$$x=\bar{x}\pm t\cdot S_{\bar{x}}=\bar{x}\pm t\cdot \frac{S}{\sqrt{n}}$$

$$x=\bar{x}\pm\lambda$$

式中：$\lambda=t\cdot S_{\bar{x}}=t\cdot \frac{S}{n}$。

已知自由度 $f=n-1$ 和 α（一般取 $\alpha=0.05$），由 t 分布表查得 t 值，再由计算求出 S，便可由上式计算出置信区间，此置信度为 95%。

五、测定值的取舍

在一组测定值中，常发现其中某个测定值明显比其余的测定值大得多或小得多。对于这个测定值首先必须设法探寻其出现的原因。在判明其是否合理之前既不能轻易保留，亦不能随意舍弃。由于各种原因，若不能找出这个测定值出现的来源，可借助统计检验来决定取舍。

（一）3σ 准则

根据概率理论，如果仅由随机因素引起误差大于 3σ 的测定值，出现的概率小于±0.3%。一般进行少数几次测定中出现偏差大于 3σ 的测定值的可能性极小，若真出现了，自然就不能将其看成是由于随机因素的作用引起的。实验者就有理由将该测定值作为奇异值舍弃。当总体标准差 σ 已知，或者在大样本测定中，用样本的标准差 S 代替总体标准差 σ 的情况下，可用 3σ 或 2σ 取舍规则，即凡是样本值大于 3σ 或 2σ 测定值可以舍弃。

对于小样本的测定情况，σ 值为未知，不能应用 3σ 准则，可用下面介绍的 Q 检验法决定数据取舍。

（二）Q 检验法

$$|Q|=\left|\frac{x_i-\bar{x}}{x_{\max}-x_{\min}}\right|$$

式中：$x_{\max}$、$x_{\min}$、$\bar{x}$ 分别为一组测定值中最大值、最小值及平均值。

有一定测定值 $x_1,x_2,\cdots,x_n$，其中某个测定值与平均值有较大偏离，利用上式计算 Q 值，以 $|Q|$ 值与 Q_e 值比较，当 $|Q|\geqslant|Q_e|$ 时，怀疑值 x_1 应舍弃。Q_e 根据测定次数 n 由表 2-5 查得。

表 2-5　Q 临界值

n	2	3	4	5	6	7	8	9	10
Q_e	—	0.94	0.76	0.64	0.56	0.51	0.47	0.44	0.41

例 2-3　在标准波长下，有一组分光光度计基线读数是：0.32，0.38，0.21，0.35，0.34（吸收单位），试问 0.21 是否可以舍弃？

解　$\bar{x}=0.32$　　$x_{\max}=0.38$　　$x_{\min}=0.21$

$Q=(0.32-0.21)/(0.38-0.21)=0.65$

查表 2-5 得　$Q_e=0.64(n=5)$

因为　　　$Q>Q_e$

所以 0.21 可以舍弃(90%置信度)。

此法适用于只有一个怀疑值。如果怀疑值多于一个,则说明此组数据离散。

如果在小样本测定中有一个测定值相当离散,用 Q 检验又没有被排除,此时可用中间值代替平均值,重新计算 Q 值。

例 2-4　有 4 个测定值 0.32,0.38,0.23,0.35,试问 0.23 可否舍弃?

解　$X=0.32$　　$|Q|=0.60$　　$Q_e=0.64(n+5)$

因为 $Q<Q_e$,所以 0.23 不能舍弃。

用中间值 0.34 代替平均值 0.32(中间值 0.34 等于除掉怀疑值后一组测定值的平均值 0.35),$|Q|=0.37$,$Q>Q_e$,所以 0.23 舍弃。

(三)t 检验

t 检验法用于测定的平均值和标准值的比较,或用于不同实验者、不同实验方法测定的平均值之间的比较。

从统计观点看,同一总体中抽出的样本,由有限次测定值组成一组数据,每组数据的平均值,尽管在数值上并不一定相等,但彼此之间的差异在给定的显著水平下,应该是不显著的。如果 t 检验得出的计算统计量 t 大于相应自由度和显著性水平的临界值 $t_{a,f}$,这表明在自由度 f 下没有满足平均值属于同一总体时 $P\{|t|\geqslant t_{a,f}\}<P$ 的假设。换言之,把平均值看成属于同一总体的假说是不正确的。引起平均值之间的差异不能仅仅归于随机误差,还必定有某个固定因素起作用。利用此点,实验者就可对实验数据作出分析、判断。

例 2-5　标准 KBr 样品中,Br 的重量百分含量的标准值为 64.14%。用一新方法测定 4 个样品,其平均值为 67.07%,估计标准差为 0.04,试判断这个新方法是否存在系统误差?

$$|t|=\left|\frac{\bar{x}-\mu}{S}\right|=\left|\frac{67.07-67.14}{0.04}\sqrt{4}\right|=0.35$$

$$t_{0.05,3}=3.18$$

$$|t|>t_{0.05,3}$$

说明这一新方法有系统误差。现在进一步估计系统误差的大小。在 $f=3$,置信度为 95% 时的置信区间为

$$\mu-\bar{x}=\pm t\frac{S}{\sqrt{n}}=\pm 3.18\frac{0.04}{\sqrt{4}}=\pm 0.06$$

因为标准值与 $\bar{x}$ 的实际差为 $67.14-67.07=0.07$,它是随机误差和系统误差的综合效应,而纯属随机误差效应为 ± 0.06,这两种效应相互叠加,亦可以相互抵消。因此,新方法的系统误差在置信度 95% 时,其范围是 $(0.07-0.06, 0.07+0.06)$。

对于不同实验者或同一实验者用不同方法测定相同样品的平均值的比较,按下述方法进行:

$$\mu=\bar{x}\pm t\cdot\frac{S}{\sqrt{n}}$$

现在有 1、2 两组数据,分别有

$$\mu_1=\overline{x_1}\pm t_1\frac{S_1}{\sqrt{n_1}},\quad \mu_2=\overline{x_2}\pm t_2\frac{S_2}{\sqrt{n_2}}$$

从统计上讲，如果

$$\mu_1=\mu_2,\quad \overline{x_1}-\overline{x_2}=\pm \overline{tS}\sqrt{\frac{n_1+n_2}{n_1\cdot n_2}}$$

则 1、2 两组数据符合同一总体假设。

若

$$\overline{x_1}-\overline{x_2}>\pm t\cdot \overline{S}\sqrt{\frac{n_1+n_2}{n_1\cdot n_2}}$$

则 1、2 两组数据不能认为属同一总体的统计假设。其中 $\overline{S}$ 为合并标准差。

$$\overline{S}=\sqrt{\overline{S^2}},\ \overline{S^2}=\frac{(n_1-1)S_1^2+(n_2-1)S_2^2}{n_1+n_2-2}$$

式中：$\overline{S}^2$ 为合并方差；S_1^2、S_2^2 分别为两组数据的测定方差；n_1、n_2 为各组的测定次数。两组数据总的自由度为 $f=n_1+n_2-2$。由上式计算 t，与查表得到 $t_{a,f}$ 比较，进行 t 检验。当两组数据的 S 不同时以 $\sqrt{\overline{S^2}}$ 代替 $\overline{S}$。

例 2-6　在大卡计中测定氨中和热 4 次，在小卡中测定 6 次，得到下列结果：

大卡计：$n_1=4,\Delta\overline{H_1}=30.5\text{kJ/mol},S_1=1.3\text{kJ/mol}$

小卡计：$n_1=6,\Delta\overline{H_2}=28.8\text{kJ/mol},S_2=1.7\text{kJ/mol}$

试问：采用这两种不同实验方法测定的氨中和热数值是否有显著性差异？

解　自由度 $f=n_1+n_2-2=4+6-2=8$

$$t=\frac{\overline{x_1}-\overline{x_2}}{\sqrt{\overline{S^2}}}\cdot\sqrt{\frac{n_1\cdot n_2}{n_1+n_2}}$$

$$=\frac{x_1-x_2}{\{[(n_1-1)S_1^2+(n_2-1)S_2^2]/(n_1+n_2-2)\}^{\frac{1}{2}}}\cdot\left(\frac{n_1\cdot n_2}{n_1+n_2}\right)^{\frac{1}{2}}$$

查表 $t_{0.05,8}=2.31,t<t_{0.05,8}$

$$t=\frac{\overline{x_1}-\overline{x_2}}{\sqrt{\overline{S^2}}}\cdot\sqrt{\frac{n_1\cdot n_2}{n_1+n_2}}$$

$$=\frac{30.5-28.8}{\sqrt{2.4}}\cdot\sqrt{\frac{4\times 6}{4+6}}$$

$$=1.7$$

$$\overline{S}^2=\frac{(n_1-1)S_1^2+(n_2-1)S_2^2}{n^1+n^2-2}$$

$$=\frac{(4-1)1.3^2+(6-1)1.7^2}{4+6-2}$$

$$=2.4(\text{kJ})^2\cdot\text{mol}^{-2}$$

所以，这两种不同方法测定的氨中和热数值在置信度 95％时没有显著性差异。

例 2-7　两人用同一方法测定同一物理量，测定结果如下：

甲	93.08	91.36	91.60	91.91	92.79	92.80	91.03		
乙	93.95	93.42	92.20	92.46	92.73	94.31	92.94	93.66	92.05

试问：两人测定结果是否存在系统误差？

解

$$n_1=7,\ \overline{x_1}=92.08,\ S_1^2=0.6506$$

$$n_2 = 9, \overline{x_2} = 93.08, S_2^2 = 0.6354$$

若 S_1^2、S_2^2 没有显著性差异，则合并方差为

$$\overline{S}^2 = \frac{(n_1 - 1)S_1^2 + (n_2 - 1)S_2^2}{n_1 + n_2 - 2}$$
$$= \frac{(7-1)0.6506 + (9-1)0.6354}{7+9-2}$$
$$= 0.6400$$
$$|t| = \left| \frac{\overline{x_1} - \overline{x_2}}{\sqrt{\overline{S}^2}} \cdot \sqrt{\frac{n_1 \cdot n_2}{n_1 + n_2}} \right|$$
$$= \left| \frac{92.08 - 93.08}{\sqrt{0.6400}} \cdot \sqrt{\frac{7 \times 9}{7+9}} \right|$$
$$= 2.48$$

查表 $t_{0.05,14} = 2.15$

因为 $t > t_{0.05.14}$，所以两人测定结果存在系统误差。

六、间接测量中的误差传递

在大多数情况下，要对几个物理量进行测量，通过函数关系加以运算，才能得到所有需要的结果，这称为间接测量。在间接测量中，每个直接测量的精确度都会影响最后结果的精确度，这称为误差传递。下面将分别讨论从直接测量误差来计算间接测量的平均误差与标准误差。

（一）间接测量结果的平均误差和相对平均误差

设某量 y 是从 $\mu_1, \mu_2, \cdots, \mu_n$ 和直接测量值求得的，即 y 为 $\mu_1, \mu_2, \cdots, \mu_n$ 的函数：

$$y = f(\mu_1, \mu_2, \cdots, \mu_n) \tag{2-1}$$

若已知测定的 $\mu_1, \mu_2, \cdots, \mu_n$ 的平均值为 $\Delta\mu_1, \Delta\mu_2, \cdots, \Delta\mu_n$，如何求得 y 的平均误差 Δy？将式(2-1)全微分得

$$\mathrm{d}y = \left(\frac{\partial y}{\partial \mu_1}\right)\mathrm{d}\mu_1 + \left(\frac{\partial y}{\partial \mu_2}\right)\mathrm{d}\mu_2 + \cdots + \left(\frac{\partial y}{\partial \mu_n}\right)\mathrm{d}\mu_n \tag{2-2}$$

设各自变量的平均误差 $\Delta u_1, \Delta u_2, \cdots, \Delta u_n$ 等足够小时，可代替它们的微分 $\mathrm{d}u_1, \mathrm{d}u_2, \cdots, \mathrm{d}u_n$，并考虑到在最不利的情况下，直接测量的正负误差不能对消而引起误差积累，故取其绝对值，则式(2-2)可改写为

$$\Delta y = \left|\frac{\partial y}{\partial u_1}\right| |\Delta u_1| + \left|\frac{\partial y}{\partial u_2}\right| |\Delta u_2| + \cdots + \left|\frac{\partial y}{\partial u_n}\right| |\Delta u_n| \tag{2-3}$$

这就是间接测量中计算最终结果的平均误差的普遍公式。

如将式(2-3)两边取对数，再求微分，然后将 $\mathrm{d}u_1, \mathrm{d}u_2, \cdots, \mathrm{d}u_n$ 分别换成 $\Delta u_1, \Delta u_2, \cdots, \Delta u_n$，且 $\mathrm{d}y$ 换成 Δy，则得

$$\frac{\Delta y}{y} = \frac{1}{f(u_1, u_2, \cdots, u_n)}\left[\left|\frac{\partial y}{\partial u_1}\right| |\Delta u_1| + \left|\frac{\partial y}{\partial u_2}\right| |\Delta u_2| + \cdots + \left|\frac{\partial y}{\partial u_n}\right| |\Delta u_n|\right] \tag{2-4}$$

这就是间接测量中计算最终结果的相对平均误差的普遍公式。

例 2-8　以苯为溶剂，用凝固点降低法测定苯的摩尔质量，接下式计算：

$$M = K_1 \cdot \frac{m}{\Delta T} = K_1 \cdot \frac{W}{W_0(T_0 - T)}$$

式中：K_1 中凝固点降低常数，其值为 5.12℃·kg·mol^{-1}。直接测量 W、W_0、T、T_0 的值。其中溶质质量是用分析天平称得，$W=(0.2352\pm0.0002)$g，溶剂质量 W_0 为 $(25.0\pm0.1)\times 0.879$g，用 25mL 移液管移苯液，其密度为 0.879cm^{-3}。

若用贝克曼温度计测量凝固点，其精密度为 0.002℃，3 次测得纯苯的凝固点 T_0 读数为：3.569、3.570、3.571。溶液的凝固点 T 读数为：3.129、3.128、3.121。试计算实验测定的苯摩尔质量 M 及其相对误差，并说明实验是否存在系统误差。

首先对测得的纯苯凝固点 T_0 数值求平均：

$$T_0 = \frac{3.569 + 3.570 + 3.571}{3} = 3.570$$

其平均绝对误差为

$$\Delta T_0 = \pm \frac{0.001 + 0.000 + 0.001}{3} = \pm 0.001$$

同理求得：$T=3.126$，$\Delta T=\pm 0.003$。

对于 ΔW_0 和 ΔW 的确定，可由仪器的精密度计算：

$$\Delta W_0 = \pm 0.1 \times 0.879 = \pm 0.09\text{g}$$

$$\Delta W = \pm 0.0002\text{g}$$

将计算公式取对数，再微分，然后将 dW，dW_0，dT，dT_0 换成 ΔW，ΔW_0，ΔT，ΔT_0，可得摩尔质量 M 相对误差：

$$\frac{\Delta M}{M} = \frac{\Delta W}{W} + \frac{\Delta W_0}{W_0} + \frac{\Delta T_0 + \Delta T}{(T_0 - T)}$$

$$= \pm \left(\frac{0.0002}{0.2352} + \frac{0.09}{25.0 \times 0.879} + \frac{0.001 + 0.004}{3.570 - 3.126} \right)$$

$$= \pm 1.6\%$$

$$M = \frac{1000 \times 0.2352 \times 5.12}{25.0 \times 0.879 \times (3.570 - 3.126)} = 123\text{g} \cdot \text{mol}^{-1}$$

$$\Delta M = \pm 123 \times 1.6\% = \pm 2$$

最终结果为：$M=(132\pm2)$g·mol^{-1}，与文献值 128.11g·mol^{-1} 比较，可认为该实验存在系统误差。

(二)标准误差的传递

设函数 $y=f(u_1, u_2, \cdots, u_n)$，$u_1, u_2, \cdots, u_n$ 的标准误差分别为 $\sigma_{u_1}, \sigma_{u_2}, \cdots, \sigma_{u_n}$ 则 y 的标准误差为

$$\sigma_y = \left[\left(\frac{\partial y}{\partial u_1} \right)^2 \sigma_{u_1}^2 + \left(\frac{\partial y}{\partial u_2} \right)^2 \sigma_{u_2}^2 + \cdots + \left(\frac{\partial y}{\partial u_n} \right)^2 \sigma_{u_n}^2 \right]^{\frac{1}{2}} \tag{2-5}$$

此式是计算最终结果的标准误差普遍公式。

例 2-9 测量某一电热器功率时，得到电流 $I=(8.40\pm0.04)$A，电压 $U=(9.5\pm0.1)$V，求该电热器功率 P 及其标准误差。

电功率：$P=IU=8.40\times9.5=79.8$(W)

标准误差：$\sigma_P = P\left(\frac{\sigma_I^2}{I^2} + \frac{\sigma_U^2}{U^2}\right)^{\frac{1}{2}} = 79.8 \times \left(\frac{0.04^2}{8.40^2} + \frac{0.1^2}{9.5^2}\right)^{\frac{1}{2}} = \pm 0.8$(W)

最终结果为：$P=(79.8\pm 0.8)(\mathrm{W})$

七、实验数据的表示方法

科学实验得到的数据，可以提供有用的信息，帮助人们发现事物的内在规律，为了阐明和分析这些规律，需将实验数据进行归纳、处理。常用的实验数据表示法有列表法、作图法和方程式法三种。

(一)列表法

所有的物理量的测量至少包括两个变量：一个自变量，另一个为因变量。列表法就是将实验数据按自变量、因变量的各个数值按照一定的形式和顺序一一对应地列出，其优点是：简单易作，形式紧凑，数据表达直接，不引入处理误差。一个完整的实验数据表，应包括表的序号、名称、项目、说明及数据来源等。

实验原始数据的记录表格，应记录全部实验测量结果，包括一个值的重复测量结果。必要时还应在表内或表外列出实验测量的条件及环境情况等数据，如室温、大气压、温度、测定日期及时间、所用仪器及方法等。

由于表中列出的常常为一些纯数(数值)，根据数量＝数值×单位的关系，置于这些纯数之前或之首的表示式也应为纯数，即量的符号除以单位，如 $t/℃$，p/kPa 等。

表内数值的写法应该整齐统一，数值为零时记作“0”，而数值空缺时应记作“—”。同一竖列的值，小数点应上下对齐。测量值的有效数字取决于或表达了实验测量的精度，应记至第一位可疑数字。

表内自变量的排列应有规律递增或递减。

(二)作图法

列表法虽然简单，但不能表示出各数值间的连续变化的规律性，也不能取得实验数值范围内任意的自变量和因变量的对应值，作图法即可克服这一缺点。根据实验数据作出因变量随自变量变化的关系曲线图，可以直接显示出因变量和自变量的依从关系，同时可以从图上求实验内插值、外推值、曲线上某切点斜率，发现极大值或极小值点、转折点以及其他周期性变化等重要性质。如果图形是直线，就可以求得直线的斜率和截距。

要得到与实验数据点位置偏差最小而又光滑的曲线图形，必须遵守以下作图规则：

(1)在两个变量中选定自变量和因变量。一般以横轴表示自变量，以纵轴表示因变量。确定标绘在 x、y 轴上的最大值和最小值，使坐标分度能表示出测量或计算结果的全部有效数字。纵横轴不一定由“0”开始，应根据实验具体要求的范围而确定，要充分利用图纸的全部面积，使整个图形分布均匀合理。

(2)画图时比例尺的选择极为重要，因为比例尺改变，将会使曲线的外形发生变化，特别是对于那些有极大点、极小点、转折点等的曲线，若比例尺选择不当将导致图形显示不清楚。

(3)选择好合理的比例尺后，画上坐标轴，在轴旁注明该轴代表变量的名称及单位。根据规定，坐标轴上的标数应为纯数，即用某物理量的符号除以其单位符号，如温度以 T/K 表示，而不应写成 $T(\mathrm{K})$，压力以 p/kPa 表示，而不应写成 $p(\mathrm{kPa})$等。

(4)将实验测得的数值点绘于图上，在点约周围画圆圈、方块、三角形或其他符号，如⊙、

□、△,小圆的直径或方块的边长等应与数据的误差相适应。

(5)为便于读图和内插,方格纸上每个格上代表的数值最好等于1、2、5个单位的变量,一般不取3、7或其倍数。

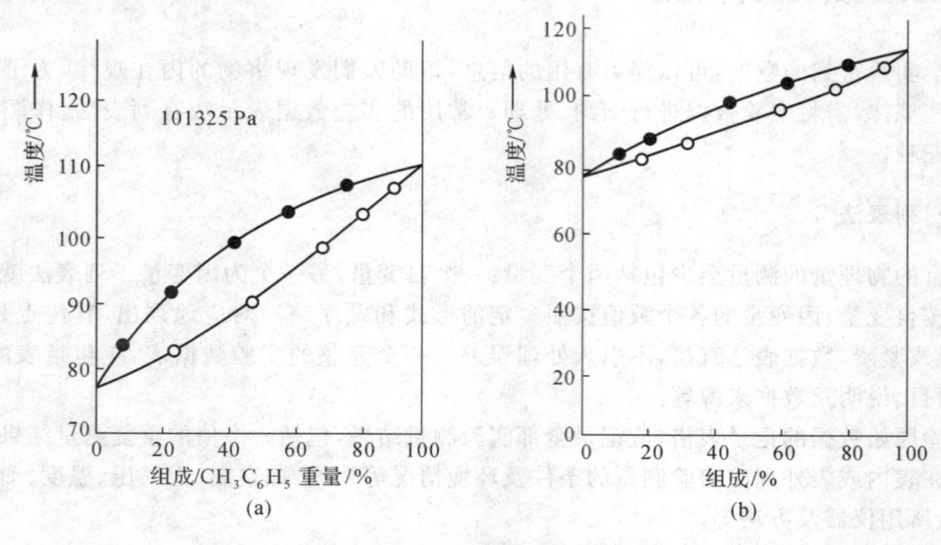

图 2-7 $CCL_4-CH_3C_6H_5$ 蒸馏曲线

(6)借助于直尺或曲线尺把各点连成线(不必通过每一点)。当曲线不能完全通过所有点时,应该使实验点平均地分布在曲线的两边,使所有的实验点离开曲线(或直线)的距离的平方和为最小,这就是"最小二乘法"原理。通常曲线不应当有不可解释的间隙、自身交叉或其他不正常的现象,若作直线求斜率,则尽量使直线的倾角接近45°,这样求得的斜率误差最小。

图 2-7(b)中所出现的错误是初学作图的人易犯的错误。其错误有:①横坐标未标明组成是以何种物质基准,也未标明何种浓度表示法;②纵坐标的单位表达不符合国际单位制的规定;也不应从"0"开始,比例尺稍嫌过小,致使图形不好;③实验压力没有标明,反之,图(a)则较正确和清楚地反映了蒸馏曲线。

(三)方程式法

如果用数学方程式法来表达实验中各变量间的函数关系,则不仅简单、清晰,也便于求积分、微分和内插值,同时取值也方便得多。方程式的选择一般分两种情况,一种是两个变量间存在已知的理论导出方程式。例如表示某纯液体在不同温度下的饱和蒸气压的克拉贝龙—克劳修斯(Clausius-Clapeyron)方程:

$$\ln(p/[p]) = -(\Delta_{Vop}H_m^\theta/R)\cdot 1/T + C$$

以 $\ln(p/[p])$ 对 $1/T$ 作图,可得一直线,斜率为

$$K = -(\Delta_{Vop}H_m^\theta/[\Delta H_m])/(R/[R])$$

故摩尔蒸发焓(热)为

$$\Delta_{Vop}H_m^\theta = -K(R/[R])[\Delta H_m]$$

另一种情况是两个变量间不存在满意的理论方程式,而必须采用比较理想的经验方程式来拟合数据。如上述的纯液体饱和蒸气压与温度的关系,也可用下面的经验方程式表示:

$$\ln\frac{p}{[p]} = A + BT^{-1} + CT\ln\frac{T}{K} + D$$

其中,常数 A、B、C 和 D 要用实验数据拟合而得。

因为最为简单而又容易直接检验的是直线方程,因此,凡在许可的情况下尽量采用直线方程式。有些函数关系式,本来不是线性关系,但通过函数变换可以使其线性化,即将函数直线化。为达到这个目的,可选择新的变量 $Y=\phi(x,y)$ 和 $X=\psi(x,y)$ 来代替原函数 $y=f(x)$ 中的 x 和 y,得到直线方程

$$Y = mX + B$$

表 2-6 所示为一些较简单的例子。

表 2-6　一些较简单的函数用直线方程式表达及转换的方法

原方程式	变换方式		直线化后得到的方程式 $Y=mX+B$
	$Y=$	$X=$	
$y=be^{ax}$	$\log y$	x	$Y=(a\log e)X+\log b$
$y=bx^a$	$\log y$	$\log x$	$Y=aX+\log b$
$y=\dfrac{1}{ax+b}$	$\dfrac{1}{y}$	x	$Y=aX+b$
$y=\dfrac{x}{ax+b}$	$\dfrac{x}{y}$	x	$Y=aX+b$
$y=x^2+bx+c$	$\dfrac{y-y_1}{x-x_1}$	x	$Y=aX+b+aX_1$
$y=ax^2+b$	y	x^2	$Y=aX+b$
$y=\dfrac{x}{ax+b}+c$	$\dfrac{x-x_1}{y-y_1}$	x	$Y=\left(a+\dfrac{a^2}{b}X\right)X+b+aX_1$

将函数直线化后,除了作图上的方便外,还容易由直线的斜率和截距求得方程式中的系数和常数。把有关函数直线化后,关键的问题就是如何求得直线的斜率 m 和截距 b。

下面介绍两种最常用的方法。

1. 图解法

对于自变量和因变量关系符合直线方程式或它们的函数关系可直线化的,可分三步,步骤如下:

(1)把实验数据点以合适的变量作为坐标绘出直线;

(2)从直线上取两点(不是实验数据点),其坐标值分别为(x_1,y_1)和(x_2,y_2);

(3)把上述坐标值代入下式

$$m = \frac{y_2 - y_1}{x_2 - x_1}$$

$$b = y_1 - mx_1 \text{ 或 } b = y_2 - mx_2$$

得截距(b)和斜率(m)。

注意:上述两坐标值的间距应尽量大些,以减小误差。

2. 平均值法

由于平均值法要解诸多的方程,因此,比较麻烦,但是,如果有六个以上的数据时,结果比作图好。平均值法是基于剩余偏差之和为零的假设,$\sum r = 0$ 定义剩余偏差为 Y 的实验值与按方程$(mX + b)$ 计算值之差:

$$r = Y - (mX + b)$$

那么就有

$$\sum_{i=1}^{n}(y_1 - mx_1 - b) = 0 \qquad (n\text{为实验点数})$$

具体的作法是把数据代入上述条件方程，再将它们分成两组，然后将两组方程式相加得到下列两个方程：

$$\sum_{i=1}^{k} r = kb + m\sum_{i=1}^{k} x_i - \sum_{i=1}^{k} y_i = 0$$

$$\sum_{i=k+1}^{n} r = (n-k)b + m\sum_{i=k+1}^{n} x_i - \sum_{i=k+1}^{n} y_i = 0$$

解此联立方程即可得到 m 和 b。

3. 最小二乘法

最小二乘法是根据所有自变量 x_1 均无误差，因变量 y_1 则带有测量误差的假设，根据最小二乘法原理，作图得到的最好曲线应能使各点的纵坐标与曲线的偏差的平方和最小。

设偏差和为 S，即

$$S = \sum_{i=1}^{n} r_i = \sum_{i=1}^{n}[y_i - (mx_i + b)]^2$$

$$= \sum_{i=1}^{n} y_i^2 + m^2\sum_{i=1}^{n} x_i^2 + nb^2 + 2bm\sum_{i=1}^{n} x_i - 2m\sum_{i=1}^{n} x_i y_i - 2b\sum_{i=1}^{n} y_i$$

要使 S 为极小值的必要条件为

$$\left(\frac{\partial S}{\partial m}\right) = 0, \quad \left(\frac{\partial S}{\partial b}\right)_m = 0$$

即

$$\left(\frac{\partial S}{\partial m}\right) = 2m\sum_{i=1}^{n} x_i^2 + 2b\sum_{i=1}^{n} x_i - 2\sum_{i=1}^{n} x_i y_i = 0$$

$$\left(\frac{\partial S}{\partial b}\right)_m = 2nb + 2m\sum_{i=1}^{n} x_i - 2\sum_{i=1}^{n} y_i = 0$$

由上面两式即可解得 m 和 b：

$$m = \frac{\sum_{i=1}^{n} x_i \sum_{i=1}^{n} y_i - n\sum_{i=1}^{n} x_i y_i}{\left(\sum_{i=1}^{n} x_i\right)^2 - n\sum_{i=1}^{n} x_i^2}$$

$$b = \frac{\sum_{i=1}^{n} x_i \sum_{i=1}^{n} x_i y_i - n\sum_{i=1}^{n} y_i \sum_{i=1}^{n} x_i^2}{\left(\sum_{i=1}^{n} x_i\right)^2 - n\sum_{i=1}^{n} x_i^2}$$

下面以丙酮在不同温度下蒸气压的数据作为例子，对上述三种方法进行比较，如表 2-7 所示。

表 2-7　三种数据处理方法比较

实验序号 (i)	$1/T\times10^3\left(\frac{1}{\mathrm{K}}\right)$ ($=x$)	$\lg(p/p_a)$ ($=y$)	$[y_i-(mx_i+b_i)]\times10^3$		
			图解法	平均值法	最小二乘法
1	3.641	3.045	−6	−4	−2
2	3.493	3.246	−6	−3	−2
3	3.434	3.346	−4	−1	0
4	3.405	3.396	−2	+1	−2
5	3.288	3.588	−4	+1	0
6	3.255	3.647	0	+3	+4
7	3.226	3.693	+1	+4	+5
8	3.194	3.748	−1	+3	+4
9	3.160	3.804	−1	+3	+4
10	3.140	3.836	−2	+2	+2
11	3.117	3.874	−3	−2	+2
12	3.095	3.908	−5	−1	0
13	3.076	3.939	−6	−1	−1
14	3.060	3.963	−8	−4	−3
15	3.044	3.989	−9	−4	−4
$\sum$	48.601	55.024	$\lvert\Delta\rvert=58$	$\lvert\Delta\rvert=37$	$\lvert\Delta\rvert=35$

从数据可以看出，最小二乘法求得结果偏差最小，平均值法次之，图解法最差，三种方法得到的直线方程分别为

图解法：$\lg(p/p_a)=-\dfrac{1.662}{T}\times10^3+9.057$

平均值法：$\lg(p/p_a)=-\dfrac{1.657}{T}\times10^3+9.037$

最小二乘法：$\lg(p/p_a)=-\dfrac{1.660}{T}\times10^3+9.046$

三种方法中，以最小二乘法为最准，虽然计算较繁，但随着计算机的普及，使计算时间大为缩短，所以目前一般实验中多采用这种方法。

回最方程与观测值吻合程度一般用相关系数 R 来衡量，此范围在 $-1\leqslant R\leqslant+1$，当然，$|R|=1$ 两种变量间有严格的直线关系。

$$S_{xx}=\sum x_i^2-\bar{x}\sum x_i$$

$$S_{xy}=\sum x_iy_i-\bar{x}\sum y_i$$

$$S_{yy}=\sum y_i^2-\bar{y}\sum y_i$$

$$R=S_{yy}/(S_{xx}\cdot S_{yy})^{0.5}$$

$|R|$越接近 1，该线性关系越好。

$R=0$，完全不存在线性关系。

4. *逐差法*

当两个变量之间存在线性关系，且自变量为等差级数变化的情况下，用逐差法处理数据，既能充分利用实验数据，又具有减小误差的效果。具体做法是将测量得到的偶数组数据分成

前后两组，将对应项分别相减，然后再求平均值。

例如，在弹性限度内，弹簧的伸长量 x 与所受的载荷（拉力）F 满足线性关系

$$F = kx$$

实验时等差地改变载荷，测得一组实验数据如表 2-8 所示。

表 2-8 实验数据

砝码质量/kg	1.000	2.000	3.000	4.000	5.000	6.000	7.000	8.000
弹簧伸长位置/cm	x_1	x_2	x_3	x_4	x_5	x_6	x_7	x_8

求每增加 1kg 砝码，弹簧的平均伸长量 Δx。

若不加思考进行逐项相减，很自然会采用下列公式计算：

$$\Delta x = \frac{1}{7}[(x_2 - x_1) + (x_3 - x_2) + \cdots + (x_8 - x_7)] = \frac{1}{7}(x_8 - x_1)$$

结果发现除 x_1 和 x_8 外，其他中间测量值都未用上，它与一次增加 7 个砝码的单次测量等价。若用多项间隔逐差，即将上述数据分成前后两组，前一组（x_1, x_2, x_3, x_4），后一组（x_5, x_6, x_7, x_8），然后对应项相减求平均，即

$$\Delta x = \frac{1}{4 \times 4}[(x_5 - x_1) + (x_6 - x_2) + (x_7 - x_3) + (x_8 - x_4)]$$

这样全部测量数据都用上，保持了多次测量的优点，减少了随机误差，计算结果比前面的要准确些。逐差法计算简便，特别是在检查具有线性关系的数据时，可随时“逐差验证”，及时发现数据规律或错误数据。

第三章

实验设计与工程问题的研究方法

本章的任务是让同学们使用已掌握的知识，对于一给定的实验任务和要求，制订一个切实可行的实验计划，即找到一个最合适的物理化学过程，通过教学模型的建立、误差的分析、合理地选择实验仪器和设备等，设计出一个经济上、技术上均达到一定指标的实验方案，通过实施、检验、修订，收到预期的效果。

一、实验设计方法

(一)确立物理模型

某一物理量的测量或某一物理现象的研究，往往有若干个物理过程可以表征。例如重力加速度的研究，既可以用自由落体的方法，也可以用单摆的方法。如何选择一个最合适的物理过程来完成一个确定的实验任务，这是设计实验首先要考虑的问题。

当一个实验任务和要求明确以后，就必须深入地研究和思考任务的内容及具体的要求，并通过查找资料，掌握有关的物理学原理，构思出既突出物理概念，又适合现时条件，而且简易可行的物理模型。

基本构思完成以后，就要使物理模型具体化。因为几乎所有的物理原理都是建立在理想条件下的，有些条件在实验中很难达到以至于无法达到。所以要确立一个具体的物理模型就要研究被研究对象基本的假定实体。例如，在研究的内容中可忽略的是什么，不能忽略的是什么，对环境的要求可放宽到什么水平以致不影响研究结果，如何保证在一定的时间内被研究的系统不变化或者变化不大等。

对一些具体的问题给予充分的考虑之后，就要采取一些具体的措施和方法，建立一个实用的数学表达式，制定实验程序，选择好实验仪器与用具，设计好有关的数据表格并考虑好实验中的注意事项，就可将实验付诸实施。

(二)误差分配与仪器的选择

具体物理模型或实验方法确定之后,就要根据任务及误差(或不确定度)的要求,导出待测量的误差公式,根据直接测量量所对应的误差分项确定所用仪器的精度或等级。

若待测量的函数关系:

$$y=f(x_1,x_2,\cdots,x_n)$$

最大的相对误差:

$$E(y)=\frac{1}{y}\left[\left|\frac{\partial f}{\partial x_1}\Delta x_1\right|+\left|\frac{\partial f}{\partial x_2}\Delta x_2\right|+\cdots+\left|\frac{\partial f}{\partial x_n}\Delta x_n\right|\right] \tag{3-1}$$

令$\left|\frac{\partial f}{\partial x_i}\Delta x_i\right|=\Delta_i$,则

$$E(y)=\frac{1}{y}\sum\Delta_i$$

要求任务的极限误差$U\leqslant E(y)$,按$E(y)$中的每项误差相等的原则进行误差分配,则任务的总目标即能达到。

按等误差分配原则:$\Delta_1=\Delta_2=\Delta_i=\cdots=\Delta_n$

有
$$E(y)=n\frac{\Delta_i}{y}$$

可得各分误差
$$\frac{\Delta_i}{y}=\frac{E(y)}{n} \tag{3-2}$$

如任务的极限误差U已限定,将U按n份均分给各分误差$\frac{\Delta_i}{y}$,由此可确定使用仪器的精度。

若测量量的误差可由标准差来估算(如果系统误差已基本排除,余下的误差只是一些不相关的偶然误差),也可按下面的方式进行误差分配。

设测量量$y=f(x_1,x_2,\cdots,x_n)$,其相对误差为

$$E(y)=\frac{1}{y}\sqrt{\sum\left(\frac{\partial f}{\partial x_i}\right)^2S_{x_i}^2}=\frac{S_y}{y}$$

令$\left(\frac{\partial f}{\partial x_i}\right)^2S_{x_i}^2=S_i^2$,则

$$E(y)=\frac{1}{y}\sqrt{\sum S_i^2} \tag{3-3}$$

按等误差分配原则:$S_1^2=S_2^2=\cdots=S_n^2$

$$E(y)=\frac{1}{y}\sqrt{nS_i^2}$$

$$E(y)^2=\frac{1}{y^2}nS_i^2$$

分误差
$$\frac{S_i}{y}=\frac{1}{\sqrt{n}}\cdot E(y) \tag{3-4}$$

如任务的极限误差U'已限定,将U'按$\sqrt{n}$份均分给各误差$\frac{S_i}{y}$,限定$\frac{S_i}{y}$的值。

如上所述可按等误差分配原则确定仪器的精度,但由于技术和经济条件的原因,有的难以完成,因此在处理具体的问题时还应依照实际情况调整误差的分配。

(三)测量的最佳条件

一般来说测量的结果,总是与若干实际条件有关,若这些条件和误差已知,如何选择测量的最佳条件使测量结果误差最小,这实际上是一个求极值的问题。

若令误差 $E(y)=f(x_1,x_2,\cdots,x_n,\Delta x_1,\Delta x_2,\cdots,\Delta x_n)$,$x_1,x_2,\cdots,x_n$ 为各直接测量量,$\Delta x_1,\Delta x_2,\cdots,\Delta x_n$ 为各直接量的误差。

令
$$\frac{\partial}{\partial x_i}[E(y)]=0 \tag{3-5}$$
是 $E(y)$有极值的条件,由式(3-5)解出极值代入 $E(y)$的二阶导数,视其大于或小于零,确定是否存在有极大值或极小值,则由式(3-5)可求出测量的最佳条件。

(四)设计实验举例

1. 黄铜密度的测量

在物理学的各个学科中,密度 ρ 是一个常用的物理量,因为其与很多物理量和物理现象有关,所以密度的测量是有很多途径的。由其定义来进行测量最方便。而且测长度和测量质量的仪器也有很多是高精度的,所以要想测出一个高质量的数据是不难做到的。

如果选定用密度的定义来完成实验任务,可将待测材料加工成一定形状的试样进行测量。

如一个黄铜的圆柱体试样,其密度的数学表达式为
$$\rho=\frac{m}{v}=\frac{4m}{\pi D^2 H}$$
式中:m 为柱体的质量;D 为柱体的直径;H 为柱体的高度。

若限定测量的极限误差 $U\leqslant 1.0\%$,根据式(3-2)应有
$$\frac{\Delta_i}{y}=\frac{E(y)}{n}<\frac{1.0\%}{n}$$
密度公式 $\rho=\dfrac{4m}{\pi D^2 H}$中,只有 m、D^2、H 三项,所以 $n=3$,即要求:
$$\frac{\Delta_i}{y}=\frac{E(\rho)}{n}<\frac{1.0\%}{3}\doteq 0.33\%$$
可以计算出 ρ 的相对误差为
$$E(\rho)=\frac{\Delta m}{m}+\frac{\Delta H}{H}+2\frac{\Delta D}{D}$$
即应有$\dfrac{\Delta m}{m}<0.33\%$;$\dfrac{\Delta H}{H}<0.33\%$;$2\dfrac{\Delta D}{D}<0.33\%$。

如果

待测量	量值	选用仪器	分度值	仪器误差
H(mm)	67.00	卡尺	0.02	0.02
D(mm)	5.700	千分尺	0.01	0.004
m(g)	14.00	物理天平	0.01	0.005

那么

$$\Delta m < m \times 0.33\% = 14.00 \times 0.33\% \doteq 0.05(\text{g})$$

$$\Delta D < \frac{D}{2} \times 0.33\% = \frac{5.7}{2} \times 0.33\% \doteq 0.01(\text{mm})$$

$$\Delta H < H \times 0.33\% = 67.00 \times 0.33\% \doteq 0.2(\text{mm})$$

$$\Delta m = 0.05 > \Delta_m = 0.005(\text{g})$$

$$\Delta D = 0.01 > \Delta_D = 0.004(\text{mm})$$

$$\Delta H = 0.2 > \Delta_H = 0.02(\text{mm})$$

其中，Δm、ΔD、ΔH 分别表示测量量质量、直径、高度的分配误差；Δ_m、Δ_D、Δ_H 分别表示质量、直径、高度的仪器误差。

各项所分配到的误差均比所选用的仪器误差大一个数量级以上，按上面所选配仪器进行测量的话，测量的误差将小于任务要求的误差，所以本实验所配置的仪器是合理的。

2. 线性电阻的测量

电阻的测量有很多方法，从理论上讲比较简单的是“伏安法”，即应用欧姆定律，用电压表测出电阻 R_x 两端的电压 V，用电流表测出流经电阻 R_x 的电流 I，则电阻为

$$R_x = \frac{V}{I}$$

如果限定测量量误差 $U \leqslant 3.0\%$，根据式(3-2)应有

$$\frac{\Delta_i}{R_x} = \frac{E(R_x)}{n} < \frac{3.0\%}{n}$$

由于 R_x 的测量中只有两项直接测量量 V、I，所以 $n=2$，即

$$\frac{\Delta_i}{R_x} = \frac{E(R_x)}{n} < \frac{3.0\%}{n} = 1.5\%$$

测量 R_x 的相对误差可表示为

$$E(R_x) = \frac{\Delta V}{V} + \frac{\Delta I}{I}$$

应有 $\frac{\Delta V}{V} < 1.5\%$；$\frac{\Delta I}{I} < 1.5\%$。

下面确定所需电表的等级 a 及量程 V_m、I_m。

根据电表的标称误差为 $a\%$，若使

$$\frac{\Delta I}{I} = \frac{\Delta V}{V} < 1.5\%$$

可使

$$a\% < 1.5\%$$

那么选用 $a < 1.0$ 级的电表即能满足要求。

假定选取电压表的量程 V_m 为 7.5V，则

$$\Delta V = a \times 1\% \times V_m = 1.0\% \times 7.5 = 0.075(\text{V})$$

按 $\frac{\Delta V}{V} < 1.5\%$ 的要求，电压的测量值为

$$V = \frac{\Delta V}{0.15\%} = \frac{0.075}{0.15\%} = 5(\text{V})$$

即要求测量 R_x 时，电压值不能低于 5(V)。

如果被测的电阻 R_x 的值大约为 30Ω，实验中流过的最大电流为

$$I_m = \frac{V_m}{R_x} = \frac{7.5}{30} = 250(\text{mA})$$

所以电流表应选用 250mA 的量程。

由电流表的等级 $a=1.0$，量程 $I_m=250\text{mA}$，则使用该量程的测量误差为

$$\Delta I = a \times 1\% \times I_m = 1.0\% \times 250 = 2.5(\text{mA})$$

按$\frac{\Delta I}{I}<1.5\%$的要求，电流的测量值为

$$I = \frac{\Delta I}{0.15\%} = \frac{2.5}{0.15\%} = 170(\text{mA})$$

即要求测量 R_x 时，电流值不能低于 170mA。

以上两例中的工作结束以后，就可以将实验的程序定下来，仔细审查修订后，进行实验和撰写实验报告了。

3. 确定使用欧姆表的最佳读数范围

如 ε 是欧姆表内附电源电动势，其内阻为 R_g 时，流过电表的电流：

$$I = \frac{\varepsilon}{R_g + R_x}$$

则被测电阻

$$R_x = \frac{\varepsilon}{I} - R_g$$

R_x 的相对误差

$$E(R_x) = \frac{-\varepsilon\Delta I}{I(\varepsilon - IR_g)}$$

如有

$$\frac{\partial}{\partial I}[E(R_x)] = \frac{-\varepsilon(\varepsilon - 2IR_g)\Delta I}{[I(\varepsilon - IR_x)]^2} = 0$$

可得

$$\varepsilon - 2IR_x = 0$$

解出

$$I = \frac{\varepsilon}{2R_x}$$

即当 $R_x = R_g$ 时，通过电表的电流为 $I=\frac{\varepsilon}{2R_g}$，这恰好是欧姆表指针指在中值电阻处的电流。可以说明使用欧姆表时，在中值附近读数误差最小。

二、化学工程问题的研究方法

化学工程学科同其他工程学科一样，除了生产实践经验总结之外，实验研究是学科建立和发展的基础。多年来，在化学工程的发展中形成了直接实验法、量纲分析法、数学模型法等解决工程实际问题的研究方法。

(一)量纲分析法

量纲分析法是化学工程实验研究中广泛使用的研究方法。以圆管内湍流时液体的阻力问题为例。从湍流过程分析可知，影响液体流动阻力的主要因素有管径 d、管长 l、绝对粗糙度 ε、液体密度 ρ、液体黏度 μ 和液体的流动速度 u，即变量数 $m=6$。通过量纲分析可以将这些影响因素组成若干个无量纲数群，这样不仅可以减少变量个数，使实验次数明显减少，同时也可以通过参数间的组合，消除一些原来难以实现的实验条件(如只改变 ρ 而固定 μ)，因而也可以除低实验的难度。用量纲分析得到的湍流流动阻力方程为

$$h_f = \lambda \frac{l}{d} \frac{u^2}{2} \tag{3-8}$$

$$\lambda = \varphi(\frac{du\rho}{\mu}, \frac{\varepsilon}{d}) \tag{3-9}$$

式(3-8)和式(3-9)中的$\frac{du\rho}{\mu}$、$\frac{l}{d}$、$\frac{\varepsilon}{d}$均为无量纲数，实验中只要保证这些无量纲数相同，则不论设备的尺寸如何、体系的物性如何，其结果都是相同的。

1. 量纲分析的概念

在建模过程中，必须对影响行为的变量进行标识和分类，随后，还必须在那些加以考虑的变量之间确定适当的关系。对单个因变量而言，这个步骤会形成某个未知的函数：

$$y = f(x_1, x_2, \cdots, x_n)$$

其中，$x_i(i=1,2,\cdots,n)$表示影响所研究现象的各种各样的因素。

在某些场合，以自然定律或先前的经验以及数学模型的结构为基础，使用若干假设就能够发现依赖与选定因素的函数 f 的性质。但在另一些场合，特别是对于那些用来预测某些物理现象的模型，由于问题固有的复杂性，我们会发现建立一个可解的或易于处理的简化模型相当困难，甚至不可能。此时，在某些实例中，我们或许可以进行一系列的实验来确定因变量 y 与自变量的不同取值之间的相互关联。在这种情形下，我们通常作成图形或表格，并且使用适当的曲线拟合或插值方法来对自变量的适当范围预测 y 的函数值。

量纲分析是一种方法，它有助于确定所选变量之间的关系，也会大幅度降低必备实验数据的总量。它依据如下的前提：物理量都有量纲，而且物理定律不随量纲单位的变化而改变。因此，所研究的现象可以用变量之间量纲正确的方程来加以描述。

量纲分析提供关于模型的定量信息。当我们在建立模型过程中必须进行实验时，这种方法尤其重要。因为在确定模型应该包含或忽略某个特定因素的正确性检验方面，在降低为了预测要做的实验次数方面，以及借助于提供可以替换的参数值来改善结果的实用性方面，量纲分析都是很有帮助的。业已表明，量纲分析在物理学和工程领域是有用的。如今，量纲分析在生命科学、经济学和运筹学也发挥着作用。

2. 乘积的量纲

物理学研究是建立在抽象概念（诸如质量、长度、时间、速度、加速度、力、能量、功和压力等）基础上的。对每个抽象概念指定一个度量单位。只要各个度量单位是彼此相容的，物理定律 $F=ma$ 就会成立。因而，如果质量用千克，加速度用每平方米来度量，则力就必须用牛顿。这些单位属于 MKS（米一千克一秒）度量单位制。若用市斤度量质量，用每平方尺度量加速度，而用牛顿度量力，就会出现与方程 $F=ma$ 不相容的情况。

下面考虑的三个基本物理量是质量、长度和时间，并且使它们分别与量纲 M、L 和 T 相对应。量纲是一些符号，但它们可以揭示：当度量单位以某种方式改变时，一种量的数值如何变化。其他量的量纲可以由定义或由物理定律推导，并且可以 M、L 和 T 表示出来。例如速度 v 定义为位移 s（量纲 L）与时间 t（量纲 T）的比值，从而速度的量纲为 LT^{-1}。

还有一些在观念上更加复杂的物理量，它们通常不是直接由质量、长度和时间三个基本量纲定义的，而是在它们的定义中包含其他量，比如速度等。那么，我们可以按照其定义中涉及的代数运算实现这些量与各量纲之间的关联。例如，既然动量是质量与速度的乘积，那么它的量纲就是 $M(LT^{-1})$ 或简写成 MLT^{-1}。

一个量的基本定义也包括无量纲常数，这是在求其量纲时可以忽略的。因而，动量本来等于质量与速度平方乘积的一半，它的量纲是 $M(LT^{-1})^2$ 或简写成 ML^2T^{-2}。

以上例子说明量纲如下的重要概念：

(1)物理量质量、长度和时间奠定了量纲概念的基础，这些量是在某个适当的单位制下加以度量的，而单位制的选择并不影响对量纲的指定。

(2)存在另一些物理量，诸如面积和速度，由仅仅包括质量、长度和时间的简单积（包括商）来定义。

(3)还有一些更加复杂的物理量，诸如动量和动能，其定义中包含不同于质量、长度和时间的物理量。在(1)、(2)基础上，并借助于代数运算，这些更加复杂的量也可以表示成质量、长度和时间的乘积。

(4)对于每个乘积（泛指由(3-10)、(3-11)各(3-12)涉及的物理量），指定一个量纲，即一个型如

$$M^n L^p T^q \tag{3-10}$$

的表达式，其中 $n,p,q\in\mathbf{R}$，可正、可负或者零。

在一个基本量纲从乘积中消失的情形下，相应的指数为零。因而，量纲 $M^2L^0T^{-1}$ 也可以表示成 M^2T^{-1}，当式(3-10)中的指数都等于零时，量纲就简化成

$$M^0L^0T^0 \tag{3-11}$$

则称该物理量是无量纲的。

对乘积求和要特别小心，正如不能把苹果和柑橘加在一起一样，也不能在一个方程中把量纲不同的乘积相加。例如，如果 F、m、v 分别表示力、质量和速度，那么我们马上就看出来，方程

$$F = ma + v^2$$

不会是正确的。因为 ma 的量纲是 MLT^{-1}，而 v^2 的量纲是 L^2T^{-2}。

像这样其中包含两个具有不同量纲的乘积项的方程称为量纲不相容的，若包含的所有乘积项的量纲都是相同的方程则称为量纲兼容的。

量纲兼容性的概念关系到另一个称之为量纲齐性的重要概念。一般地，如果一个方程在任何度量单位制下都是成立的，则称该方程是量纲齐性的。例如，方程 $t=\sqrt{2s/g}$，给出物体在重力作用下下降距离 s 的时间，就是量纲齐性的，而方程 $t=\sqrt{s/16.1}$ 则不是量纲齐性的，因为它依赖于一个特定的单位制。作为特例，如果一个方程只包含无量纲的乘积项的和，它也是量纲齐性的。

量纲分析的应用以下述假设为基础：问题的解是由适当变量的齐性方程给出的。因而，我们的任务是通过寻求一个适当的无量纲的方程来确定待定方程的形式，之后把因变量解出来。为此，我们必须决定那些变量进入研究的物理问题，并且确定它们之间的所有无量纲的乘积。一般地，有无穷多个这样的乘积，所以必须对它们进行说明而不是实际写出来。而后，用这些无量纲的量的某些子集来构造量纲齐性方程。

例 3-1　单摆

(1)问题情境。考虑一个单摆的状态。设 r、m 分别表示单摆的长度和质量，θ 表示单摆偏离竖直位置的初始角度。在了解单摆方面，一个极其重要的特征就是它的周期 t，即摆锤摆动一次回到它的初始位置所需要的时间。

(2)识别问题。对于给定的单摆系统，确定它的周期。

(3)假设。

首先,列出影响周期的各种因素。其中包括长度 r、质量 m、位移的初始角度 θ、重力加速度 g 以及摩擦力,诸如发生在铰链上的摩擦和作用在摆上的阻力。先假定,铰链是无摩擦的,单摆的质量集中在摆的一端,而且阻力是可以忽略不计的。所以,问题归结为确定或者逼近函数

$$t = f(r,m,\theta,g)$$

并且检验它作为一个预测函数的有效性。

分析出现在问题中的变量的量纲,得到

变量	m	g	t	r	θ
量纲	M	LT^{-1}	T	L	$M^0L^0T^0$

下面,我们找出这些变量的所有的无量纲的乘积。这些变量的任何乘积都具有如下的形式

$$m^a g^b t^c r^d \theta^e \tag{3-12}$$

因而一定具有量纲

$$M^a(LT^{-2})^b T^c L^d (M^0L^0T^0)^e$$

所以,形如(3-12)的乘积是无量纲的,当且仅当

$$M^a L^{b+d} T^{c-2b} = M^0 L^0 T^0 \tag{3-13}$$

于是得方程组

$$\left.\begin{aligned} a+0\cdot e=0 \\ b+d+0\cdot e=0 \\ -2b+c+0\cdot e=0 \end{aligned}\right\} \tag{3-14}$$

求解方程组得 $a=0,c=2b,d=-b$,其中 b 是任意常数。这样,存在无穷多解。一个无量纲乘积由假设 $b=0,e=1$ 得到,由此产生 $a=c=d=0$。而第二个独立的无量纲乘积当 $b=1,e=0$ 时得到,由此得 $a=0,c=2,d=-1$。于是得到无量纲乘积为

$$\Pi_1 = m^0g^0t^0r^0\theta=\theta, \Pi_2 = m^0g^1t^2r^{-1}\theta^0 = gt^2/r$$

以后我们将学习关联这些乘积的方法,以便推进建立模型的过程到最终完成。现在我们将用直观的方法得到一种关系。

假设 $t=f(r,m,g,\theta)$,如果把度量密度的单位缩小一个倍数,那么周期 t 的度量值将不会改变,因为它是按时间单位(T)度量的。既然 m 是量纲包含 M 的唯一的因子,它就可能出现在模型中。类似地,如果度量长度的单位尺度改变(L),它也不能改变周期的度量值。为了使函数 f 呈现这个性质,因子 r、g 必须以如下的形式 r/g、g/r,或更一般的形式 $(g/r)^k$。这个形式可以保证,长度度量方式中的任何线性改变将会互相抵消。最后,如果我们使时间度量单位(T)缩小一个倍数,周期的度量值将直接增大同样的倍数。这样,为使方程 $t=f(r,m,g,\theta)$ 的右边具有量纲 T,g、r 必须以 $\sqrt{r/g}$ 的形式出现,因为在 g 的量纲中 T 的幂是 -2。我们注意到,没有前提条件对角度 θ 施加任何限制。于是,周期方程具有形式

$$t = \sqrt{r/g}\,h(\theta)$$

其中,函数 h 必须通过实验确定或逼近。

3. 量纲分析的步骤

无量纲乘积一般是由给定系统的变量构成。在例 3-1 中,我们确定的所有无量纲乘积具有形式:

$$g^{b}t^{2b}r^{-b}\theta^{e} \tag{3-15}$$

其中，b、e 是任意实数。每个这样的乘积对应于方程组(3-14)的一个解。当 $b=0, e=1$ 和 $b=1, e=0$ 时，分别得到两个无量纲乘积：

$$\Pi_1 = \theta, \Pi_2 = gt^2/r$$

具有特殊的意义：任何无量纲乘积(3-15)都可以表示成 Π_1 的某次幂与 Π_2 的某次幂的乘积。例如

$$g^3 t^6 r^{-3} \theta^{1/2} = \Pi_1^{1/2} \Pi_2^3$$

这个等式依据的事实在于，当 $b=0, e=1$ 和 $b=1, e=0$ 在某种意义上代表方程组(3-14)的线性无关解。一般地，根据无量纲乘积建立齐次线性方程组

$$\left.\begin{array}{c} a_{11}x_1 + a_{12}x_2 + \cdots + a_{1n}x_n = b_1 \\ a_{21}x_1 + a_{22}x_2 + \cdots + a_{2n}x_n = b_2 \\ \vdots \quad\quad \vdots \quad\quad \vdots \quad\quad \vdots \quad\quad \vdots \\ a_{m1}x_1 + a_{m2}x_2 + \cdots + a_{mn}x_n = b_m \end{array}\right\}$$

从而确定这些无量纲乘积。这类方程组通常有无穷多解。每个解就给出变量之间相应无量纲乘积的各个指标数的值。如果我们对两个解求和，由此得到的另一个解所产生的无量纲乘积完全等同于两个初始解相应的无量纲乘积相乘。例如，在方程组(3-14)中，相应于 $b=0, e=1$ 和 $b=1, e=0$ 的两个解相加的和，产生相应于 $b=1, e=1$ 的方程解。根据式(3-15)，其对应的无量纲乘积由 $gt^2r^{-1}\theta=\Pi_1\Pi_2$ 给出。这个结果的理由在于，方程组的未知数是无量纲乘积的指数，而指数相加在代数上相应于同底数幂相乘：$x^{m+n}=x^m x^n$。此外，一个解乘以常数仍然是解，由它所产生的无量纲乘积完全等同于把相应于初始解的乘积提升该常数乘幂。例如，相应于 $b=1, e=0$ 的解乘以 -1 得到相应于 $b=-1, e=0$ 的解，而这个解相应的无量纲乘积就是 $g^{-1}t^{-2}r=\Pi_2^{-1}$。这个结果的依据是，一个指数乘以一个常数相应于把一个乘法提升一个乘幂：$x^{mn}=(x^m)^n$。

这样，如果 S_1、S_2 分别是相应于无量纲乘积 Π_1、Π_2 的两个解，那么线性组合 aS_1+bS_2 相应的无量纲乘积为 $\Pi_1^a\Pi_2^b$。

综上所述，齐次方程组的一个完备解组(即基础解系)借助于线性组合就可以产生所有可能的解。因此，相应于完备解组的无量纲乘积就称为完备无量纲乘积组。全部无量纲乘积可以通过构造完备组中诸元素的乘方和乘积得到。

Buckingham 定理　一个方程是量纲齐次的，当且仅当它可以表示成以下形式：

$$f(\Pi_1, \Pi_2, \cdots, \Pi_n) = 0 \tag{3-16}$$

其中，f 是 n 个自变量的函数，而$(\Pi_1, \Pi_2, \cdots, \Pi_n)$是一个完备无量纲乘积组。

例如，对单摆问题应用 Buckingham 定理。由于两个无量纲乘积

$$\Pi_1 = \theta, \Pi_2 = gt^2/r$$

组成一个对于单摆问题的完备乘积组。于是，按 Buckingham 定理，存在一个函数 f 使得

$$f(\theta, gt^2/r) = 0$$

假定我们可以求解这个方程而把 gt^2/r 表示为 θ 的函数，由此得

$$t = \sqrt{r/g}\,h(\theta)$$

其中，h 是单变量 θ 的某个函数。这个结果与例 3-1 分析得出的结果相同。

考虑式(3-11)。在完备乘积组由单一无量纲乘积构成的情形，方程简化为

$$f(\Pi_1) = 0$$

的形式。此时，我们假定，函数 f 在 k 处有一个实根。于是得到 $\Pi_1=k$。

对于 $n=2$，式(3-16)可化为

$$f(\Pi_1,\Pi_2)=0 \tag{3-17}$$

如果在完备乘积组$\{\Pi_1,\Pi_2\}=0$ 中选取若干乘积，使得因变量只在一个乘积中出现，例如 Π_2，从方程(3-17)中解出 Π_2，得

$$\Pi_2=H(\Pi_1)$$

之后，从这个方程中求解因变量。

一般地，在完备乘积组$\{\Pi_1,\Pi_2,\cdots,\Pi_n\}$中选取若干量纲乘积，使得因变量只出现在一个乘积中，如 Π_n。从式(3-12)中解得

$$\Pi_n=H\{\Pi_1,\Pi_2,\cdots,\Pi_{n-1}\}$$

之后，再对因变量求解这个方程。

综上所述，可得量纲分析法的一般步骤：

(1)决定所研究问题包含的各个变量。

(2)在变量中间确定一个完备无量纲乘积组$\{\Pi_1,\Pi_2,\cdots,\Pi_n\}$，要确保问题的因变量只出现在一个无量纲乘积中。

(3)需要核实，在前一步找到的各个乘积是无量纲且无关联的。

(4)利用 Buckingham 定理，在变量中间生成所有可能的量纲齐次方程。

(5)求解(4)中得到的方程。

(6)需要验明，(1)中所做的假设是合理的。否则，列表变量就是脱离实际的。

(7)进行必要的检验，并借助于实用的格式将结果加以表述。

例 3-2　以获得流体在管内流动的阻力和摩擦系数 λ 的关系式为例。

根据摩擦阻力的性质和有关实验研究，得知由于流体内摩擦而出现的压力降 ΔP 与 6 个因素有关，写成函数关系式为

$$\Delta P=f(d,l,u,\rho,\mu,\varepsilon) \tag{3-18}$$

这个隐函数是什么形式并不知道，但从数学上讲，任何非周期性函数，用幂函数的形式逼近是可取的，所以化工上一般将其改为下列幂函数的形式：

$$\Delta P=Kd^al^bu^c\rho^d\mu^e\varepsilon^f \tag{3-19}$$

尽管式(3-19)中各物理量上的幂指数是未知的，但根据因次一致性原则可知，方程式等号右侧的因次必须与 ΔP 的因次相同。那么组合成几个无因次数群才能满足要求呢？由式(3-18)分析，变量数 $n=7$(包括 ΔP)，表示这些物理量的基本因次 $m=3$(质量、长度$[L]$、时间$[\theta]$)，因此根据白金汉的 π 定理可知，组成的无因次数群的数目为 $N=n-m=4$。

通过因次分析，将变量无因次化。式(3-19)中各物理量的因次分别是：

$$\Delta P=[ML^{-1}\theta^2]\qquad d=l=[L]\qquad u=[L\theta^{-1}]$$

$$\rho=[ML^{-3}]\qquad \mu=[ML^{-1}\theta^{-1}]\qquad \varepsilon=[L]$$

将各物理量的因次代入式(3-19)，则两端因次为：

$$ML^{-1}\theta^{-2}=KL^aL^b(L\theta^{-1})^c(ML^{-3})^d(ML^{-1}\theta^{-1})^eL^f$$

根据因次一致性原则，上式等号两边各基本量的因次的指数必然相等，可得方程组：

对基本因次$[M]$　$d+e=1$

对基本因次$[L]$　$a+b+c-3d-e+f=-1$

对基本因次$[\theta]$　$-c-e=-2$

此方程组包括 3 个方程，却有 6 个未知数，设用其中三个未知数 b、e、f 来表示 a、d、c，解此方程组。可得：

$$\begin{cases} a = -b - c + 3d + e - f - 1 \\ d = 1 - e \\ c = 2 - e \end{cases} \qquad \begin{cases} a = -b - e - f \\ d = 1 - e \\ c = 2 - e \end{cases}$$

将求得的 a、d、c 代入方程式，即得

$$\Delta P = Kd^{-b-e-f} l^b u^{2-e} \rho^{1-e} \mu^e \varepsilon^f \tag{3-20}$$

将指数相同的各物理量归并在一起得：

$$\frac{\Delta P}{u^2 \rho} = K\left(\frac{l}{d}\right)^b \left(\frac{du\rho}{\mu}\right)^{-e} \left(\frac{\varepsilon}{d}\right)^f \tag{3-21}$$

$$\Delta P = 2K\left(\frac{l}{d}\right)^b \left(\frac{du\rho}{\mu}\right)^{-e} \left(\frac{\varepsilon}{d}\right)^f \left(\frac{u^2\rho}{2}\right) \tag{3-22}$$

将此式与计算流体在管内摩擦阻力的公式

$$\Delta P = \lambda \frac{l}{d}\left(\frac{u^2\rho}{2}\right) \tag{3-23}$$

相比较，整理得到研究摩擦系数 λ 的关系式，即

$$\lambda = 2K\left(\frac{du\rho}{\mu}\right)^{-e} \left(\frac{\varepsilon}{d}\right)^f \tag{3-24}$$

或

$$\lambda = \Phi\left(\mathrm{Re} \cdot \frac{\varepsilon}{d}\right) \tag{3-25}$$

由以上分析可以看出：在因次分析法的指导下，将一个复杂的多变量的管内流体阻力的计算问题，简化为摩擦系数 λ 的研究和确定。它是建立在正确判断过程影响因素的基础上，进行了逻辑加工而归纳出的数群。上面的例子只能告诉我们：λ 是 Re 与 ε/d 的函数，至于它们之间的具体形式，归根到底还得靠实验来实现。通过实验变成一种算图或经验公式用以指导工程计算和工程设计。著名的莫狄（Moody）摩擦系数图即"摩擦系数 λ 与 Re、ε/d 的关系曲线"就是这种实验的结果。许多实验研究了各种具体条件下的摩擦系数 λ 的计算公式，其中较著名的，如适用于光滑管的柏拉修斯（Blasius）公式：

$$\lambda = \frac{0.3164}{\mathrm{Re}^{0.25}}$$

其他研究结果可以参看有关教科书及手册。

例 3-3　有一空气管直径为 300mm，管路内安装一孔径为 150mm 的孔板，管内空气温度为 200℃，压强为常压，最大气速为 10m/s，试估计孔板的阻力损失为多少？

解　根据几何相似——模型和原型相对应的几何尺寸保持一定比例；运动相似——在相似系统中各对应上对应时刻的运动参数（u、a、ω）方向一致，大小成一定比例；动力相似——模型和原型所有对应点上都作用相同性质的力且各力的比值相同。

因次分析得

$$\frac{h_f}{u^2} = f\left(\frac{d_0}{d}, \frac{du\rho}{\mu}\right)$$

(1)由几何相似确定实验设备 $\left(\frac{d_0}{d}\right)_{大} = \left(\frac{d_0}{d}\right)_{小}$

取实验设备为 30mm 的管子，则孔板孔径为

$$d_0 = 30 \times \left(\frac{d_0}{d}\right)_{大} = 30 \times \frac{150}{300} = 15(\mathrm{mm})$$

(2)实验用水代替空气,水温 20℃,由运动相似,确定水的 u_{max},即

$$(\frac{du\rho}{\mu})_{大} = (\frac{du\rho}{\mu})_{小}$$

查 200℃的 Air:$\mu=2.6\times10^{-5}$ Pa·S,$\rho=0.747\text{kg/m}^3$

查 20℃的 H_2O:$\mu=1.005\times10^{-2}$Pa·S,$\rho=998.2\text{kg/m}^3$

$$u_{max} = 2.89(\text{m/s})$$

(3)实验结果 $h_{f水}=\frac{\Delta P}{\rho}=2.67(\text{J/kg})$

(4)200℃的 Air,在实际设备中的 h_f 为

动力相似

$$(\frac{h_f}{u^2})_{大} = (\frac{h_f}{u^2})_{小}$$

$$h_{f水} = \frac{2.67}{(2.87)^2}\times10^2 = 32.4(\text{J/kg})$$

4.因次(量纲)分析法规划实验的优点或局限性

优点如下:

(1)实验工作量大大减少。

(2)实验难度下降:可不需要真实物料,可用模型设备代替实际设备(由此及彼,由小见大)。

局限性如下:

(1)若变量数多,工作量仍很大(如 $10^9\rightarrow10^6$)。

(2)建立量纲为 1 的准数有一定任意性。

因次分析法有以下两点值得注意:

(1)最终所得数群的形式与求解联立方程组的方法有关。在前例中如果不以 b、e、f 来表示 a、d、c,而改为以 d、e、f 表示 a、b、c,整理得到的数群形式也就不同。不过,这些形式不同的数群可以通过互相乘除,仍然可以变换成前例中所求得的 4 个数群。

(2)必须对所研究的过程的问题有本质的了解,如果有一个重要的变量被遗漏或者引进一个无关的变量,就会得出不正确的结果,甚至导致谬误的结论。所以,应用因次分析法必须持谨慎的态度。

从以上分析可知:因次分析法是通过将变量组合成无因次数群,从而减少实验自变量的个数,大幅度地减少实验次数,此外另一个极为重要的特性是,若按式(1-1)进行实验时,为改变 ρ 和 μ,实验中必须换多种液体;为改变 d,必须改变实验装置(管径)。而应用因次分析所得的式(1-5)指导实验时,要改变 $dv\rho/\mu$ 只需改变流速;要改变,只需改变测量段的距离,即两测压点的距离。从而可以将水、空气等的实验结果推广应用于其他流体,将小尺寸模型的实验结果应用于大型实验装置。因此,实验前的无因次化工作是规划一个实验的一种有效手段,在化工上广为应用。

(二)数学模型法

1.数学模型法主要步骤

数学模型法是在对研究的问题有充分认识的基础上,按以下主要步骤进行工作:

(1)将复杂问题作合理又不过于失真的简化,提出一个近似实际过程又易于用数学方程式描述的物理模型。

(2)对所得到的物理模型进行数学描述即建立数学模型,然后确定该方程的初始条件和边

界条件，求解方程。

(3)通过实验对数学模型的合理性进行检验并测定模型参数。

2.数学模型法举例说明

以求取流体通过固定床的压降为例。固定床中颗粒间的空隙形成许多可供流体通过的细小通道，这些通道是曲折而且互相交联的，同时，这些通道的截面大小和形状又是很不规则的，流体通过如此复杂的通道时的压降自然很难进行理论计算，但可以用数学模型法来解决。

(1)物理模型

流体通过颗粒层的流动多呈爬流状态，单位体积床层所具有的表面积对流动阻力有决定性的作用。这样，为解决压降问题，可在保证单位体积表面积相等的前提下，将颗粒层内的实际流动过程作如下大幅度的简化，使之可以用数学方程式加以描述。

将床层中的不规则通道简化成长度为 L_e 的一组平行细管，并规定：

细管的内表面积等于床层颗粒的全部表面；

细管的全部流动空间等于颗粒床层的空隙容积。

根据上述假定，可求得这些虚拟细管的当量直径

$$d_e = \frac{4 \times \text{通道的截面积}}{\text{润湿周边}} \tag{3-26}$$

分子、分母同乘床层高度，则有

$$d_e = \frac{4 \times \text{床层的流动空间}}{\text{细管的全部内表面}} \tag{3-27}$$

以 1m^3 床层体积为基准，则床层的流动空间为 ε，每 m^3 床层的颗粒表面即为床层的比表面 α_B，因此

$$d_e = \frac{4\varepsilon}{\alpha_B} = \frac{4\varepsilon}{\alpha(1-\varepsilon)} \tag{3-28}$$

按此简化的物理模型，流体通过固定床的压降即可等同于流体通过一组当量直径为 d_e、长度为 L_e 的细管的压降。

(2)数学模型

上述简化的物理模型，已将流体通过具有复杂的几何边界的床层的压降简化为通过均匀圆管的压降。对此，可用现有的理论作如下数学描述：

$$h_f = \frac{\Delta P}{\rho} = \lambda \frac{L_e}{d_e} \frac{u_1^2}{2} \tag{3-29}$$

式中：u_1 为流体在细管内的流速。u_1 可取为实际填充床中颗粒空隙间的流速，它与空床流速(表观流速)u 的关系为

$$u = \varepsilon u_1 \tag{3-30}$$

将式(3-28)、式(3-30)代入式(3-29)得

$$\frac{\Delta P}{L} = \left(\lambda \frac{L_e}{8L}\right) \frac{(1-\varepsilon)\alpha}{\varepsilon^3} \rho u^2 \tag{3-31}$$

细管长度 L_e 与实际长度 L 不等，但可以认为 L_e 与实际床层高度 L 成正比，即 $\frac{L_e}{L}$ = 常数，并将其并入摩擦系数中，于是

$$\frac{\Delta P}{L} = \lambda' \frac{(1-\varepsilon)\alpha}{\varepsilon^3} \rho u^2 \tag{3-32}$$

式中：$\lambda'=\frac{\lambda}{8}\frac{L_e}{L}$。

式(3-32)即为流体通过固定床压降的数学模型，其中包括一个未知的待定系数 λ'。λ'称为模型参数，就其物理意义而言，也可称为固定床的流动摩擦系数。

(3)模型的检验和模型参数的估值

上述床层的简化处理只是一种假定，其有效性必须经过实验检验，其中的模型参数 λ'亦必须由实验测定。

康采尼和欧根等均对此进行了实验研究，获得了不同实验条件下不同范围的 λ'与 Re'的关联式。由于篇幅所限，详细内容请参考有关书籍。

例 3-4 流体通过颗粒层流动：将层流虚拟毛成细管。

$$h_f=\frac{\Delta\varphi}{\rho}=\lambda\frac{l_e}{d_e}\cdot\frac{u_1^2}{2}$$

$$\because u=\varepsilon u_1$$

$$u_1=\frac{u}{\varepsilon}$$

$$d_e=\frac{4\varepsilon}{a(1-\varepsilon)}$$

$$\therefore h_f=\frac{\Delta\varphi}{\rho}=\lambda\frac{l_e}{8}\cdot\frac{(1-\varepsilon)a}{\varepsilon^3}\cdot u^2$$

$$\frac{\Delta\varphi}{L}=\lambda'\cdot\frac{(1-\varepsilon)a}{\varepsilon^3}\cdot\rho u^2$$

康采尼实验 $$\lambda'=\frac{K'}{\mathrm{R}_e'}=\frac{5}{\mathrm{R}_e'}$$

床层雷诺数 $$\mathrm{R}_e'=\frac{d_e u_1\rho}{4\mu}=\frac{u\rho}{a(1-\varepsilon)\mu}$$

3. 数学模型法和因次分析法的比较

无论是数学模型法还是因次分析法，最后都要通过实验解决问题，但实验的目的大相径庭。数学模型法的实验目的是为了检验物理模型的合理性并测定为数较少的模型参数；而因次分析法的实验目的是为了寻找各无因次变量之间的函数关系。区别在于，因次(量纲)分析法对过程内在规律不作任何认识(黑箱)；数学模型法对过程有深刻认识，得出足够简化而不失真的模型。

对于数学模型法，决定成败的关键是对复杂过程的合理简化，即能否得到一个足够简单就可用数学方程式表示而又不失真的物理模型。只有充分地认识了过程的特殊性并根据特定的研究目的加以利用，才有可能对真实的复杂过程进行大幅度的合理简化，同时在指定的某一侧面保持等效。上述例子进行简化时，只在压降方面与实际过程这一侧面保持等效。

对于因次分析法，决定成败的关键在于能否如数地列出影响过程的主要因素。它无须对过程本身的规律有深入理解，只要做若干析因分析实验，考察每个变量对实验结果的影响程度即可。在因次分析法指导下的实验研究只能得到过程的外部联系，而对过程的内部规律则不甚了然。然而，这正是因次分析法的一大特点，它使因次分析法成为对各种研究对象原则上皆适用的一般方法。

三、正交试验设计方法

(一)试验设计方法概述

试验设计是数理统计学的一个重要分支。多数数理统计方法主要用于分析已经得到的数据，而试验设计却是用于决定数据收集的方法。试验设计方法主要讨论如何合理地安排试验以及试验所得的数据如何分析等。

例 3-4　某化工厂想提高某化工产品的质量和产量，对工艺中三个主要因素各按三个水平进行试验(见表 3-1)。试验的目的是为了提高合格产品的产量，寻求最适宜的操作条件。

表 3-1　因素水平

水平	温度℃	压力 Pa	加碱量 kg
	T	p	m
1	T_1(80)	p_1(5.0)	m_1(2.0)
2	T_2(100)	p_2(6.0)	m_2(2.5)
3	T_3(120)	p_3(7.0)	m_3(3.0)

对此实例该如何进行试验方案的设计呢？

很容易想到的是全面搭配法方案(见图 3-1)：此方案数据点分布的均匀性极好，因素和水平的搭配十分全面，唯一的缺点是实验次数多达 $3^3=27$ 次(指数 3 代表 3 个因素，底数 3 代表每因素有 3 个水平)。因素、水平数愈多，则实验次数就愈多，例如，做一个 6 因素 3 水平的试验，就需 $3^6=729$ 次实验，显然难以做到。因此需要寻找一种合适的试验设计方法。

试验设计方法常用的术语定义如下。

试验指标：指作为试验研究过程的因变量，常为试验结果特征的量(如得率、纯度等)。例 3-4 的试验指标为合格产品的产量。

因素：指作为试验研究过程的自变量，常常是造成试验指标按某种规律发生变化的那些原因。如例 3-4 的温度、压力、碱的用量。

水平：指试验中因素所处的具体状态或情况，又称为等级。如例 3-4 的温度有 3 个水平。

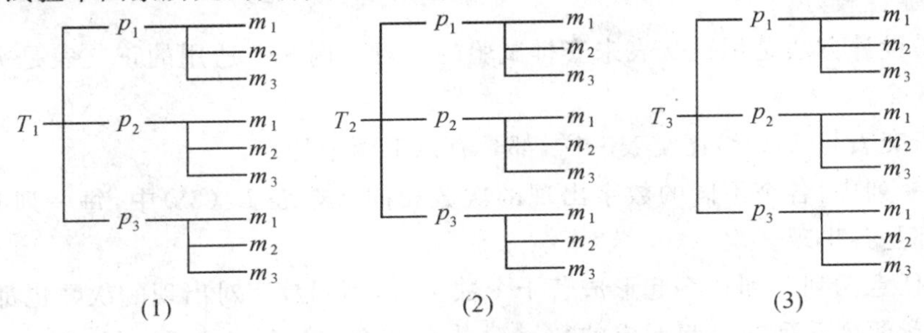

图 3-1　全面搭配法方案

温度用 T 表示，下标 1、2、3 表示因素的不同水平，分别记为 T_1、T_2、T_3。

常用的试验设计方法有正交试验设计法、均匀试验设计法、单纯形优化法、双水平单纯形优化法、回归正交设计法、序贯试验设计法等。可供选择的试验方法很多，各种试验设计方法都有其一定的特点。所面对的任务与要解决的问题不同，选择的试验设计方法也应有所不同。由于篇幅的限制，我们只讨论正交试验设计方法。

(二)正交试验设计方法的优点和特点

用正交表安排多因素试验的方法，称为正交试验设计法。其特点为：①完成试验要求所需的实验次数少。②数据点的分布很均匀。③可用相应的极差分析方法、方差分析方法、回归分析方法等对试验结果进行分析，引出许多有价值的结论。

从例 3-4 可看出，采用全面搭配法方案，需做 27 次实验。那么采用简单比较法方案又如何呢？

先固定 T_1 和 p_1，只改变 m，观察因素 m 不同水平的影响，做了如图 3-2(a)所示的三次实验，发现 $m=m_2$ 时的实验效果最好(最好的用□表示)，合格产品的产量最高，因此认为在后面的实验中因素 m 应取 m_2 水平。

固定 T_1 和 m_2，改变 p 的三次实验如图 3-2(b)所示，发现 $p=p_3$ 时的实验效果最好，因此认为因素 p 应取 p_3 水平。

固定 p_3 和 m_2，改变 T 的三次实验如图 3-2(c)所示，发现因素 T 宜取 T_2 水平。

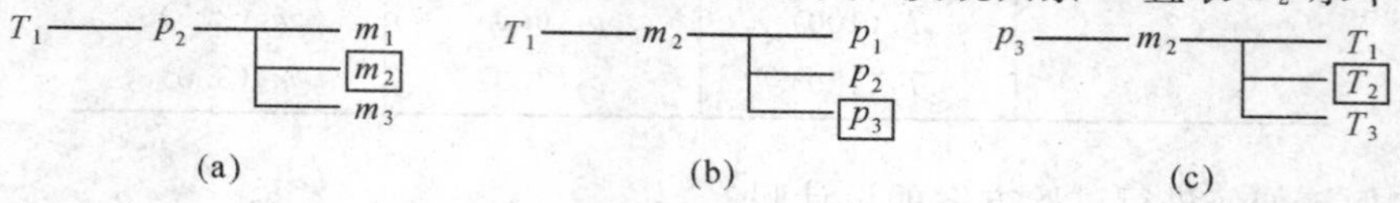

图 3-2 简单比较法方案情案

因此可以引出结论：为提高合格产品的产量，最适宜的操作条件为 $T_2p_3m_2$。与全面搭配法方案相比，简单比较法方案的优点是实验的次数少，只需做 9 次实验。但必须指出，简单比较法方案的试验结果是不可靠的。因为，①在改变 m 值(或 p 值，或 T 值)的三次实验中，说 m_2(或 p_3 或 T_2)水平最好是有条件的。在 $T\neq T_1$，$p\neq p_1$ 时，m_2 水平不是最好的可能性是有的。②在改变 m 的三次实验中，固定 $T=T_2$，$p=p_3$ 应该说也是可以的，是随意的，故在此方案中数据点的分布的均匀性是毫无保障的。③用这种方法比较条件好坏时，只是对单个的试验数据进行数值上的简单比较，不能排除必然存在的试验数据误差的干扰。

运用正交试验设计方法，不仅兼有上述两个方案的优点，而且实验次数少，数据点分布均匀，结论的可靠性较好。

正交试验设计方法是用正交表来安排试验的。对于例 3-4 适用的正交表是 $L_9(3^4)$，其试验安排见表 3-2。

所有的正交表与 $L_9(3^4)$ 正交表一样，都具有以下两个特点：

(1)在每一列中，各个不同的数字出现的次数相同。在表 $L_9(3^4)$ 中，每一列有三个水平，水平 1、2、3 都是各出现 3 次。

(2)表中任意两列并列在一起形成若干个数字对，不同数字对出现的次数也都相同。在表 $L_9(3^4)$ 中，任意两列并列在一起形成的数字对共有 9 个：(1,1)，(1,2)，(1,3)，(2,1)，(2,2)，(2,3)，(3,1)，(3,2)，(3,3)，每一个数字对各出现一次。

这两个特点称为正交性。正是由于正交表具有上述特点，就保证了用正交表安排的试验方案中因素水平是均衡搭配的，数据点的分布是均匀的。因素、水平数愈多，运用正交试验设计方法，愈发能显示出它的优越性，如上述提到的 6 因素 3 水平试验，用全面搭配方案需 729

次，若用正交表 $L_{27}(3^{13})$ 来安排，则只需做 27 次试验。

在化工生产中，因素之间常有交互作用。如果上述的因素 T 的数值和水平发生变化时，试验指标随因素 p 变化的规律也发生变化，或反过来，因素 p 的数值和水平发生变化时，试验指标随因素 T 变化的规律也发生变化。这种情况称为因素 T、p 间有交互作用，记为 $T\times p$。

表 3-2　试验安排表

试验号	1	2	3	4
	温度℃	压力 Pa	加碱量 kg	
	T	p	m	
1	1(T_1)	1(p_1)	1(m_1)	1
2	1(T_1)	2(p_2)	2(m_2)	2
3	1(T_1)	3(p_3)	3(m_3)	3
4	2(T_2)	1(p_1)	2(m_2)	3
5	2(T_2)	2(p_2)	3(m_3)	1
6	2(T_2)	3(p_3)	1(m_1)	2
7	3(T_3)	1(p_1)	3(m_3)	2
8	3(T_3)	2(p_2)	1(m_1)	3
9	3(T_3)	3(p_3)	2(m_2)	1

(三)正交表

使用正交设计方法进行试验方案的设计，就必须用到正交表。正交表请查阅有关参考书。

1. 各列水平数均相同的正交表

各列水平数均相同的正交表，也称单一水平正交表。这类正交表名称的写法举例如下：

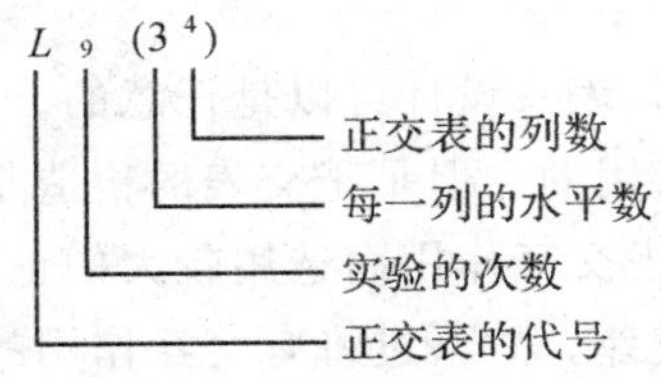

各列水平均为 2 的常用正交表有：$L_4(2^3)$，$L_8(2^7)$，$L_{12}(2^{11})$，$L_{16}(2^{15})$，$L_{20}(2^{19})$，$L_{32}(2^{31})$。

各列水平数均为 3 的常用正交表有：$L_9(3^4)$，$L_{27}(3^{13})$。

各列水平数均为 4 的常用正交表有：$L_{16}(4^5)$

各列水平数均为 5 的常用正交表有：$L_{25}(5^6)$

2. 混合水平正交表

各列水平数不相同的正交表，叫混合水平正交表，下面就是一个混合水平正交表名称的写法：

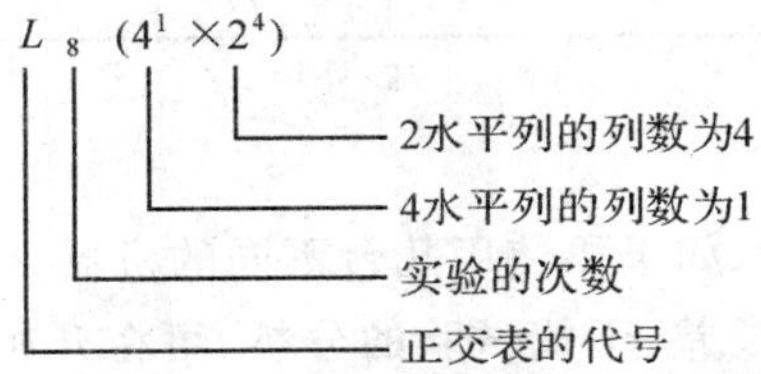

$L_8(4^1\times 2^4)$常简写为 $L_8(4\times 2^4)$。此混合水平正交表含有 1 个 4 水平列，4 个 2 水平列，

共有 1＋4＝5 列。

3.选择正交表的基本原则

一般都是先确定试验的因素、水平和交互作用，后选择适用的 L 表。在确定因素的水平数时，主要因素宜多安排几个水平，次要因素可少安排几个水平。

(1)先看水平数。若各因素全是 2 水平，就选用 $L(2^*)$表；若各因素全是 3 水平，就选 $L(3^*)$表。若各因素的水平数不相同，就选择适用的混合水平表。

(2)每一个交互作用在正交表中应占一列或二列。要看所选的正交表是否足够大，能否容纳得下所考虑的因素和交互作用。为了对试验结果进行方差分析或回归分析，还必须至少留一个空白列，作为“误差”列，在极差分析中要作为“其他因素”列处理。

(3)要看试验精度的要求。若要求高，则宜取实验次数多的 L 表。

(4)若试验费用很昂贵，或试验的经费很有限，或人力和时间都比较紧张，则不宜选实验次数太多的 L 表。

(5)按原来考虑的因素、水平和交互作用去选择正交表，若无正好适用的正交表可选，简便且可行的办法是适当修改原定的水平数。

(6)对某因素或某交互作用的影响是否确实存在没有把握的情况下，选择 L 表时常为该选大表还是选小表而犹豫。若条件许可，应尽量选用大表，让影响存在的可能性较大的因素和交互作用各占适当的列。某因素或某交互作用的影响是否真的存在，留到方差分析进行显著性检验时再做结论。这样既可以减少试验的工作量，又不至于漏掉重要的信息。

4.正交表的表头设计

所谓表头设计，就是确定试验所考虑的因素和交互作用，在正交表中该放在哪一列的问题。

(1)有交互作用时，表头设计则必须严格地按规定办事。因篇幅限制，此处不讨论，请查阅有关书籍。

(2)若试验不考虑交互作用，则表头设计可以是任意的。如在例 3-4 中，对 $L_9(3^4)$表头设计，表 3-3 所列的各种方案都是可用的。但是正交表的构造是组合数学问题，必须满足表 3-2 中所述的特点。对试验之初不考虑交互作用而选用较大的正交表，空列较多时，最好仍与有交互作用时一样，按规定进行表头设计。只不过将有交互作用的列先视为空列，待试验结束后再加以判定。

表 3-3 $L_9(3^4)$表头设计方案

列号		1	2	3	4
方案	1	T	p	m	空
	2	空	T	p	m
	3	m	空	T	p
	4	p	m	空	T

(四)正交试验的操作方法

(1)分区组。对于一批试验，如果要使用几台不同的机器，或要使用几种原料来进行，为了防止机器或原料的不同而带来误差，干扰试验的分析，可在开始做实验之前，用 L 表中未排因素和交互作用的一个空白列来安排机器或原料。

与此类似，若试验指标的检验需要几个人（或几台机器）来做，为了消除不同人（或仪器）检验的水平不同给试验分析带来干扰，也可采用在 L 表中用一空白列来安排的方法。这种作法叫做分区组法。

(2)因素水平表排列顺序的随机化。如在例 3-4 中，每个因素的水平序号从小到大时，因素的数值总是按由小到大或由大到小的顺序排列。按正交表做试验时，所有的 1 水平要碰在一起，而这种极端的情况有时是不希望出现的，有时也没有实际意义。因此在排列因素水平表时，最好不要简单地按因素数值由小到大或由大到小的顺序排列。从理论上讲，最好能使用一种叫做随机化的方法。所谓随机化就是采用抽签或查随机数值表的办法来决定排列的特有顺序。

(3)试验进行的次序没必要完全按照正交表上试验号码的顺序。为减少试验中由于先后实验操作熟练的程度不匀带来的误差干扰，理论上推荐用抽签的办法来决定试验的次序。

(4)在确定每一个实验的实验条件时，只需考虑所确定的几个因素和分区组该如何取值，而不要（其实也无法）考虑交互作用列和误差列怎么办的问题。交互作用列和误差列的取值问题由实验本身的客观规律确定，它们对指标影响的大小在方差分析时给出。

(5)做实验时，要力求严格控制实验条件。这个问题在因素各水平下的数值差别不大时更为重要。例如，例 3-4 中的因素（加碱量）m 的三个水平：$m_1=2.0$，$m_2=2.5$，$m_3=3.0$，在以 $m=m_2=2.5$ 为条件的某一个实验中，就必须严格认真地让 $m_2=2.5$。若因为粗心和不负责任，造成 $m_2=2.2$ 或造成 $m_2=3.0$，那就将使整个试验失去正交试验设计方法的特点，使极差和方差分析方法的应用丧失了必要的前提条件，因而得不到正确的试验结果。

(五)正交试验结果分析方法

正交试验方法之所以能得到科技工作者的重视并在实践中得到广泛的应用，其原因不仅在于能使试验的次数减少，而且能够用相应的方法对试验结果进行分析并引出许多有价值的结论。因此，有正交试验法进行实验，如果不对试验结果进行认真的分析，并引出应该引出的结论，那就失去了用正交试验法的意义和价值。

1. 极差分析方法

下面以表 3-4 为例讨论 $L_4(2^3)$ 正交试验结果的极差分析方法。极差指的是各列中各水平对应的试验指标平均值的最大值与最小值之差。从表 3-4 的计算结果可知，用极差法分析正交试验结果可引出以下几个结论：

(1)在试验范围内，各列对试验指标的影响从大到小排队。某列的极差最大，表示该列的数值在试验范围内变化时，使试验指标数值的变化最大。所以各列对试验指标的影响从大到小排队，就是各列极差 D 的数值从大到小排队。

(2)试验指标随各因素的变化趋势。为了能更直观地看到变化趋势，常将计算结果绘制成图。

(3)使试验指标最好的适宜的操作条件（适宜的因素水平搭配）。

(4)可对所得结论和进一步的研究方向进行讨论。

表 3-4 $L_4(2^3)$正交试验计算

列号		1	2	3	试验指标 y_i
试验号	1	1	1	1	y_1
	2	1	2	2	y_2
	3	2	1	2	y_3
	4	2	2	1	y_4
$Ⅰ_j$		$Ⅰ_1=y_1+y_2$	$Ⅰ_2=y_1+y_3$	$Ⅰ_3=y_1+y_4$	
$Ⅱ_j$		$Ⅱ_1=y_3+y_4$	$Ⅱ_2=y_2+y_4$	$Ⅱ_3=y_2+y_3$	
k_j		$k_1=2$	$k_2=2$	$k_3=2$	
$Ⅰ_j/k_j$		$Ⅰ_1/k_1$	$Ⅰ_2/k_2$	$Ⅰ_3/k_3$	
$Ⅱ_j/k_j$		$Ⅱ_1/k_1$	$Ⅱ_2/k_2$	$Ⅱ_3/k_3$	
极差(D_j)		max{ }－min{ }	max{ }－min{ }	max{ }－min{ }	

注：$Ⅰ_j$——第 j 列“1”水平所对应的试验指标的数值之和。

$Ⅱ_j$——第 j 列“2”水平所对应的试验指标的数值之和。

k_j——第 j 列同一水平出现的次数，等于试验的次数(n)除以第 j 列的水平数。

$Ⅰ_j/k_j$——第 j 列“1”水平所对应的试验指标的平均值。

$Ⅱ_j/k_j$——第 j 列“1”水平所对应的试验指标的平均值。

D_j——第 j 列的极差，等于第 j 列各水平对应的试验指标平均值中最大值减最小值，即

$$D_j=\max\{Ⅰ_j/k_j, Ⅱ_j/k_j, \cdots\}-\min\{Ⅰ_j/k_j, Ⅱ_j/k_j, \cdots\}$$

2. *方差分析方法*

(1)计算公式和项目

试验指标的加和值 $=\sum_{i=1}^{n} y_i$，试验指标的平均值 $\bar{y}=\frac{1}{n}\sum_{i=1}^{n} y_i$，以第 j 列为例：

(1)$Ⅰ_j$——“1”水平所对应的试验指标的数值之和。

(2)$Ⅱ_j$——“2”水平所对应的试验指标的数值之和。

(3)……

(4)k_j—— 同一水平出现的次数，等于试验的次数除以第 j 列的水平数。

(5)$Ⅰ_j/k_j$——“1”水平所对应的试验指标的平均值。

(6)$Ⅱ_j/k_j$—— “1”水平所对应的试验指标的平均值。

(7)……

以上 7 项的计算方法同极差法(见表 3-4)。

(8)偏差平方和

$$S_j=k_j\left(\frac{Ⅰ_j}{k_j}-\bar{y}\right)^2+k_j\left(\frac{Ⅱ_j}{k_j}-\bar{y}\right)^2+k_j\left(\frac{Ⅲ_j}{k_j}-\bar{y}\right)^2+\cdots$$

(9)f_j——自由度。f_j＝第 j 列的水平数－1。

(10)V_j——方差。$V_j=S_j/f_j$。

(11)V_e——误差列的方差。$V_e=S_e/f_e$。其中，e 为正交表的误差列。

(12)F_j——方差之比，$F_j=V_j/V_e$。

(13)查 F 分布数值表(F 分布数值表请查阅有关参考书)做显著性检验。

(14)总的偏差平方和：$S_{总}=\sum_{i=1}^{n}(y_i-\bar{y})^2$。

(15) 总的偏差平方和等于各列的偏差平方和之和，即 $S_{总}=\sum_{j=1}^{m}S_j$，其中 m 为正交表的列数。

若误差列由 5 个单列组成，则误差列的偏差平方和 S_e 等于 5 个单列的偏差平方和之和，即 $S_e=S_{e1}+S_{e2}+S_{e3}+S_{e4}+S_{e5}$；也可用 $S_e=S_{总}+S''$ 来计算，其中 S'' 为安排有因素或交互作用的各列的偏差平方和之和。

3. 可引出的结论

与极差法相比，方差分析方法可以多引出一个结论：各列对试验指标的影响是否显著，在什么水平上显著。在数理统计上，这是一个很重要的问题。显著性检验强调试验在分析每列对指标影响中所起的作用。如果某列对指标影响不显著，那么，讨论试验指标随它的变化趋势是毫无意义的。因为在某列对指标的影响不显著时，即使从表中的数据可以看出该列水平变化时，对应的试验指标的数值与在以某种“规律”发生变化，但那很可能是由于实验误差所致，将它作为客观规律是不可靠的。有了各列的显著性检验之后，最后应将影响不显著的交互作用列与原来的“误差列”合并起来。组成新的“误差列”，重新检验各列的显著性。

(六) 正交试验方法在化工原理实验中的应用举例

例 3-5 为提高真空吸滤装置的生产能力，请用正交试验方法确定恒压过滤的最佳操作条件。其恒压过滤实验的方法、原始数据采集和过滤常数计算等见“过滤实验”部分。影响实验的主要因素和水平见表 3-5(a)。表中 Δp 为过滤压强差；T 为浆液温度；w 为浆液质量分数；M 为过滤介质(材质属多孔陶瓷)。

解 (1)试验指标的确定：恒压过滤常数 $K(m^2/s)$。

(2)选正交表：根据表 3-5(a)的因素和水平，可选用 $L_8(4\times2^4)$表。

(3)制订实验方案：按选定的正交表，应完成 8 次实验。实验方案见表 3-5(b)。

(4)实验结果：将所计算出的恒压过滤常数 $K(m^2/s)$列于表 3-5(b)。

表 3-5(a) 过滤实验因素和水平

因素		压强差/kPa	温度/℃	质量分数	过滤介质
符号		Δp	T	w	M
水平	1	2.94	(室温)18	稀(约 5%)	G_2 *
	2	3.92	(室温+15)33	浓(约 10%)	G_3 *
	3	4.90			
	4	5.88			

* G_2、G_3 为过滤漏斗的型号。过滤介质孔径：G_2 为 30～50μm、G_3 为 16～30μm。

表 3-5(b)　正交试验的试验方案和实验结果

列号	$j=1$	2	3	4	5	6
因素	Δp	T	w	M	e	$K(m^2/s)$
试验号			水　平			
1	1	1	1	1	1	4.01×10^{-4}
2	1	2	2	2	2	2.93×10^{-4}
3	2	1	1	2	2	5.21×10^{-4}
4	2	2	2	1	1	5.55×10^{-4}
5	3	1	2	1	2	4.83×10^{-4}
6	3	2	1	2	1	1.02×10^{-3}
7	4	1	2	2	1	5.11×10^{-4}
8	4	2	1	1	2	1.10×10^{-3}

(5)指标 K 的极差分析和方差分析：

分析结果见表 5-5(c)。下面以第 2 列为例说明计算过程。

表 3-5(c)　K 的极差分析和方差分析

列号	$j=1$	2	3	4	5	6
因素	Δp	T	w	M	e	$K(m^2/s)$
项目						
I_j	6.94×10^{-4}	1.92×10^{-3}	3.04×10^{-3}	2.54×10^{-3}	2.49×10^{-3}	
II_j	1.08×10^{-3}	2.97×10^{-3}	1.84×10^{-3}	2.35×10^{-3}	2.40×10^{-3}	
III_j	1.50×10^{-3}					$\Sigma K=$
IV_j	1.61×10^{-3}					4.88×10^{-3}
k_j	2	4	4	4	4	(m^2/s)
I_j/k_j	3.47×10^{-4}	4.79×10^{-4}	7.61×10^{-4}	6.35×10^{-4}	6.22×10^{-4}	
II_j/k_j	5.38×10^{-4}	7.42×10^{-4}	4.61×10^{-4}	5.86×10^{-4}	5.99×10^{-4}	
III_j/k_j	7.52×10^{-4}					
IV_j/k_j	8.06×10^{-3}					
D_j	4.59×10^{-4}	2.63×10^{-4}	3.00×10^{-4}	4.85×10^{-5}	2.30×10^{-5}	
S_j	2.65×10^{-7}	1.38×10^{-7}	1.80×10^{-7}	4.70×10^{-9}	1.06×10^{-9}	$\overline{K}=$
f_j	3	1	1	1		6.11×10^{-4}
V_j	8.84×10^{-8}	1.38×10^{-7}	1.80×10^{-7}	4.70×10^{-9}	1.06×10^{-9}	(m^2/s)
F_j	83.6	130.2	170.1	4.44	1.00	
$F_{0.01}$	5403	4052	4052	4052		
$F_{0.05}$	215.7	161.4	161.4	161.4		
$F_{0.10}$	53.6	39.9	39.9	39.9		
$F_{0.25}$	8.20	5.83	5.83	5.83		
显著性	* *(0.10)	* *(0.10)	* * *(0.05)	(0.25)		

$$\text{I}_2 = 4.01\times10^{-4}+5.21\times10^{-4}+4.83\times10^{-4}+5.11\times10^{-4}=1.92\times10^{-3}$$

$\text{II}_2 = 2.93 \times 10^{-4} + 5.55 \times 10^{-4} + 1.02 \times 10^{-3} + 1.10 \times 10^{-3} = 2.97 \times 10^{-3}$

$k_2 = 4$

$\text{I}_2 / k_2 = 1.92 \times 10^{-3}/4 = 4.79 \times 10^{-4}$

$\text{II}_2 / k_2 = 2.97 \times 10^{-3}/4 = 7.42 \times 10^{-4}$

$D_2 = 7.42 \times 10^{-4} - 4.79 \times 10^{-4} = 2.63 \times 10^{-4}$

$\sum K = 4.88 \times 10^{-3} \qquad \overline{K} = 6.11 \times 10^{-4}$

$S_2 = k_2(\text{I}_2 / k_2 - \overline{K})^2 + k_2(\text{II}_2 / k_2 - \overline{K})^2$

$= 4(4.79 \times 10^{-4} - 6.11 \times 10^{-4})^2 + 4(7.42 \times 10^{-4} - 6.11 \times 10^{-4})^2 = 1.38 \times 10^{-7}$

$f_2 =$ 第二列的水平数 $- 1 = 2 - 1 = 1$

$V_2 = S_2 / f_2 = 1.38 \times 10^{-7}/1 = 1.38 \times 10^{-7}$

$S_e = S_5 = k_5(\text{I}_5 / k_5 - \overline{K})^2 + k_5(\text{II}_5 / k_5 - \overline{K})^2$

$= 4(6.22 \times 10^{-4} - 6.11 \times 10^{-4})^2 + 4(5.99 \times 10^{-4} - 6.11 \times 10^{-4})^2 = 1.06 \times 10^{-9}$

$f_e = f_5 = 1$

$V_e = S_e / f_e = 1.06 \times 10^{-9}/1 = 1.06 \times 10^{-9}$

$F_2 = V_2 / V_e = 1.38 \times 10^{-7}/1.06 \times 10^{-9} = 130.2$

查《F 分布数值表》可知：

$$F(a = 0.01, f_1 = 1, f_2 = 1) = 4052 > F_2$$

$$F(a = 0.05, f_1 = 1, f_2 = 1) = 161.4 > F_2$$

$$F(a = 0.10, f_1 = 1, f_2 = 1) = 39.9 < F_2$$

$$F(a = 0.25, f_1 = 1, f_2 = 1) = 5.83 < F_2$$

其中，f_1 为分子的自由度；f_2 分母的自由度。

所以，第 2 列对试验指标的影响在 $\alpha = 0.10$ 水平上显著。其他列的计算结果见表 3-5(c)。

(6)由极差分析结果引出的结论：请同学们自己分析。

(7)由方差分析结果引出的结论。

①第 1、2 列上的因素 Δp、T 在 $\alpha = 0.10$ 水平上显著；第 3 列上的因素 w 在 $\alpha = 0.05$ 水平上显著；第 4 列上的因素 M 在 $\alpha = 0.25$ 水平上仍不显著。

②各因素、水平对 K 的影响变化趋势见图 3-3。图 3-3 是用表 3-5(a)的水平、因素和表 3-5(c)的 I_j / k_j、II_j / k_j、III_j / k_j、IV_j / k 值来标绘的。从图中可看出：

A. 过滤压强差增大，K 值增大；

B. 过滤温度增高，K 值增大；

C. 过滤浓度增大，K 值减小；

D. 过滤介质由 1 水平变为 2 水平，多孔陶瓷微孔直径减小，K 值减小。因为第 4 列对 K 值的影响在 $\alpha = 0.25$ 水平上不显著，所以此变化趋势是不可信的。

③适宜操作条件的确定。由恒压过滤速率方程式可知，试验指标 K 值愈大愈好。为此，本例的适宜操作条件是各水平下 K 的平均值最大时的条件：

过滤压强差为 4 水平，5.88kPa

过滤温度为 2 水平，33℃

过滤浆液浓度为 1 水平，稀滤液

过滤介质为 1 水平或 2 水平(这是因为第 4 列对 K 值的影响在 $\alpha = 0.25$ 水平上不显著。

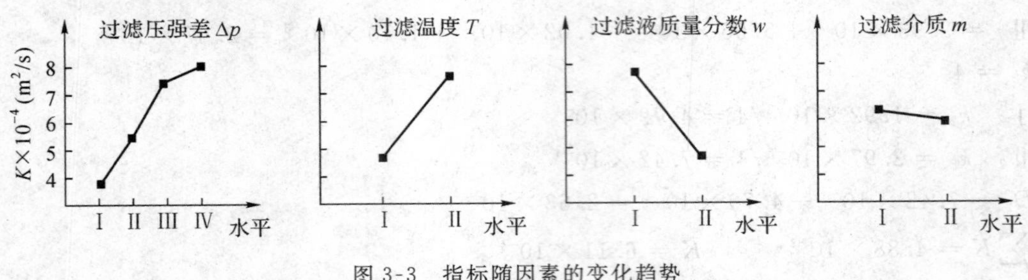

图 3-3　指标随因素的变化趋势

为此可优先选择价格便宜或容易得到者)。

上述条件恰好是正交表中第 8 个试验号。

四、设计实验的步骤

(一)设计性实验阶段的教学安排

设计性实验阶段要经过选题、实验前的准备、实验操作、撰写课程论文和论文答辩等教学环节。下面对这五个环节分别做一简要说明。

(二)选题

实验室提供十余个研究性实验题目供学生选择。一般情况下,实验题目与论文题目是一致的。有人说,实验题目选好了,等于实验成功了一半,此话虽有夸张,但应承认,题目选得好,实验就容易做出特色。选题的原则是:①符合自己的兴趣、爱好和特长;②有利于做出特色或取得创新性成果。选题之前,必须认真阅读教材。首先是粗略的读,然后对自己感兴趣的题目进行精读。有学生问,我只选做一个题目,让我读十几个题目的资料,时间不是白白浪费了吗?其实,花费一些时间进行通读是值得的。第一,只有对所有题目有了全面的了解,才能做出比较和选择;第二,研究性实验内容大多比较新颖,比较贴近社会生产和生活实际,有一些还涉及当代前沿技术,阅读这些资料可以扩大眼界,增加知识的积累;第三,对于自己不大感兴趣的内容可以粗读,不必花费过多的时间。除阅读教材外,还要到实验室进行实地考察,增加感性认识。实验室的老师也会帮助你做出选择。

(三)实验前的准备

1. 搜集资料

实验前应做好两项工作:① 搜集资料;② 制定操作程序。

实验资料是实验研究的基础,占有资料越多,研究内容才能越深,实验方法才能越新。在研究性实验阶段,每人做一项实验,提交一份课程论文,可以说,大家都是处在同一起跑线上,谁能脱颖而出,主要看谁占有的资料又多又精。为了搜集到有用的资料,首先要读懂自己选做的实验教材的内容,对教材中提出的问题能做出正确的回答。为了有所创新,还应查阅课外资料,如国内外的实验教材,以及《物理实验》、《大学物理实验》、《实验技术与管理》和《物理与工程》等相关杂志。还可以去图书馆等图书情报部门进行文献检索。文献检索又分为手工检索和计算机检索。通过检索,既能收集到有用的资料,又能熟悉检索途径,学会运用检索工具来查找文献。

对收集到的资料还要进行整理。这些资料可分为三类：① 可以帮助自己改进实验方法和操作程序；② 可以用在论文写作中作为论点和论据；③ 也有些资料暂时用不上。应该把前两类资料分别记录在笔记本上待查。

2. 制定操作程序

这里的操作程序，是指为了完成实验课题所涉及的一套理论运用和实际操作，即为了获得实验成果而运用的原理及实施的步骤。在实验之前编制的操作程序大体上应包括如下内容：实验仪器的名称和型号、仪器的调节和使用方法、原理图、原理公式、实验步骤、数据表等。制定操作程序的目的是：①使实验过程能科学地、有条理地进行；②便于观测和记录；③备忘。

(四)实验操作

实验操作是为了取得预期的实验成果而实施的实验过程。这一过程是决定实验成败的关键阶段，也是培养学生实践动手能力的有利时机。在实验过程中难免会出现故障，如仪器使用不当、操作错误等，这是主观原因；又如供电中断、仪器失灵等，这是客观原因。实验中出现故障是我们不希望的，但是，如果实验者能运用所学知识，将故障排除，这将是一个十分难得的收获，也令人信服地证明了实验者分析问题和解决问题的能力在实践中得到了锻炼和提高。这也是物理实验教学始终追求的境界。

(五)撰写课程论文

实验操作完成后，要求每一位学生提交一份物理实验课程论文，作为研究性实验阶段的综合性作业。论文的成绩决定于三个因素：①实验任务完成的质量；②论文的写作水平；③论文答辩的效果。

(六)论文答辩

化学工程实验课程论文公开答辩，是评审论文的重要方式，是对论文作者基本理论知识和实践能力的综合考核，并最后确定论文作者本门课程的学习成绩。作者自述论文及当场回答问题是论文答辩的主要形式，指导教师对作者阐述不清楚、不完善及不确切之处提出问题，论文作者应当场回答。公开答辩不仅考查论文的质量和水平，也考查论文作者的口头表达能力、演讲能力和应变能力等综合素质。论文答辩分两个层次：① 小组答辩；②年级答辩。小组答辩，人数不宜过多，以十人左右为宜，在教师的主持下，小组成员依次自述论文。在此基础上，按 3%的比例评选出校级优秀论文。当选论文的作者参加校级论文答辩。

答辩会上，作者自述时间为 7～9 分钟，回答问题 3～5 分钟。要把几千字的内容在几分钟的时间内阐述清楚，并不容易，事先要做好充分的准备：① 写一份自述提纲，大约 800～1000 字，并根据提纲制作一份多媒体软件。该软件是为了配合自述发言时使用，画面要醒目，让全场观众都能看清画面上的内容。有的同学把自述提纲中所有内容都写进软件里，画面上密密麻麻布满了文字和图表，但受发言时间的限制，每个画面只能停留半分钟甚至更短的时间，谁也看不清屏幕上都写了些什么。一个好的多媒体软件，能起到提示、引导和吸引注意力的作用。② 做好回答问题的准备。对于教师提出的问题，一般应在半分钟到一分钟的时间内回答完毕，因此语言要具有高度的准确性和概括性。对于同一个提问，有的人用了两三分钟才说明白，有的人只用了一两句话就说清楚了。两者的效果是截然不同的。前者被认为是啰唆，后者才称得上精彩。为了在答辩会上取得成功，需要做到：①自述发言富有说服力，多媒体制作精彩；②回答问题准确简练。

教育部高教司的一位领导同志在全国实验室工作会议上指出："实验课程论文的答辩，对于培养学生的实际动手能力和创新精神是很有帮助的。"每一位同学都应积极参加论文答辩这一教学环节，全面培养和提高自己的综合能力和素质。

第四章

化工过程中常见物理量的测定

一、温度测量与控制技术

(一)温标

温标可以说是温度量值的表示方法。确立一种温标应包括选择测量仪器、确定固定点以及对分度方法加以规定。下面介绍三种最常用的温标。

1. 热力学温标

热力学温标亦称开尔文(Kelvin)温标。它是建立在卡诺(Carnot)循环基础上的、理想的一种科学温标。由于它建立在纯理论基础上,所以需要寻找一个可以使用的温标来实现,理想气体在定容下的压力或定压下的体积与热力学温度成严格的线性函数关系,因此选定气体温度计来实现热力学温标。氦、氢、氮等气体,在温度较高、压强不太大的条件下,其行为接近于理想气体。所以,这种气体温度计的读数可以校正成热力学温度。原则上,其他温度计都可以用气体温度计来标定,使温度计的校正读数与热力学温标相一致。

热力学温标用单一固定点定义。1948 年第九次国际计量大会决定,定义水的三相点的热力学温度为 273.16 度,水的三相点到绝对零度之间的 1/273.16 为热力学温标的 1 度。热力学温度的符号为 T,单位符号 K。水的三相点即以 273.16K 表示。

2. 国际实用温标

由于气体温度计的装置十分复杂,使用不便。为了更好地统一国际间的温度量值,现在采用《1968 年国际实用温标(IPTS—68)—1975 年修订版》。1976 年又将测温范围扩展到 0.519K,用 EPT—76 表示。

国际实用温标是一些可复现的平衡态(定义固定点)的指定值以及在这些温度点上分度的标准仪器作为基础的。

(1)固定点

温度计只能通过测温物质的某些物理特性来显示温度的相对变化,其绝对值还要用其他方法予以标定。通常以一定条件下某些高纯物质的相变温度作为温标的定义固定点。此外，还规定了一些参考点，称为第二类参考点。

(2)温度计

国际实用温标规定，从低温到高温划分成四个温区，在各温区分别选用一个高度稳定的标准温度计来度量各固定点之间的温度值。这四个温度区及相应的标准温度计为：

温度范围		标准温度计
T/K	t/℃	
13.8～273.15	－259.34～0	
273.15～903.9	0～630.74	铂电阻温度计
903.89～1337.58	630.74～1064.43	铂铑(10%)－铂热电偶
＞1337.58	＞1064.43	光字高温计

(3)分度法

由于标准温度计的特性变化与温度的变化并非呈简单的线性关系，因此在固定点之间的温度值采用一些比较严格的内插公式求得，力求与热力学温标一致。详细计算方法可参见专门论述。

3.摄氏温标

摄氏温标使用较早，应用方便，它以水银—玻璃温度计来测定水的相变点，规定在标准压力(P_0)下，水的凝固点为0度，沸点为100度，在这两点之间划分为100等分，每等分代表1度，以℃表示，摄氏温度的符号为t。

在定义热力学温标时，水三相点的热力学温度本来是可以任意选取的。但为了和人们过去的习惯相符合，规定水三相点的热力学温度为273.16K，使得水的沸点和凝固点之差仍保持100度。这就使热力学温标与摄氏温标之间只相差一个常数。因此，以热力学温标对摄氏温标重新定义，即：

$$t/℃ = T/\mathrm{K} - 273.16 \tag{4-1}$$

根据这个定义，273.15为摄氏温标零度的热力学温度值，它与水的凝固点不再有直接联系。不过，其优越性是明显的，开尔文温度与温度的分度值相同，因此温度差可用K表示，也可用℃表示。

(二)温度计

可以用于测量温度的物质都具有某些与温度密切相关而又能严格复现的物理性质，例如体积、长度、压力、电阻、温差电势、频率以及辐射波等。利用这些特性可以设计并制成各类测温仪器——温度计。

1.分类

温度计的种类很多，通常可分为接触式和非接触式两大类。如按用途分，有温度测量和温差测量两类。

接触式温度计是基于热平衡原理设计的。利用物质的体积、电阻，热电势等物理性质与温度之间的函数关系制成的温度计，都属这一类。测温时需将温度计触及被测体系，使其与体系处于热平衡，两者的温度相等。这样由测温物质的特定物理参数就可换算出体系的温度值，也可将物理参数直接转换成温度值显示出来。常用的水银温度计就是根据水银的体积直接在玻璃壁上刻以温度值的。铂电阻温度计和常见的热电偶温度计则分别利用其电阻和温差电势来指示温度。

利用电磁辐射的波长分布或强变变化与温度间的函数关系制成的高温计系非接触型的。全辐射光学高温计、灯丝高温计和红外光电温度计都属于这一类。

在精密的热效应测量中,都使用精度较高的接触式温度计。表 4-1 按设计原理及制作材料不同分别介绍了一些常用的温度计。下面将对其中部分温度计作较详细讨论。

表 4-1　常用温度计

类　型	使用范围(℃)	分辨率	使用要求	特　点
液体—玻璃温度计 (1)水银 (2)水银(充气) (3)酒精 (4)戊烷 (5)贝克曼	 −30～+360 −30～+600 −110～+50 −190～+20 (量程 5)	 $\geqslant 10^{-2}$ $\geqslant 10^{-1}$ $\geqslant 10^{-1}$ $\geqslant 10^{-1}$ $\geqslant 10^{-3}$	恒温恒压	简单,易行,价廉;、响应慢,误差来源较多,易损坏,准确度稍差,线性较差 专用温差测量用
热电偶温度计 (1)铜—考铜 (2)镍铬—镍硅 (3)铂铑—铂 (4)半导体	 −250～+300 −200～+1100 −100～+1500 −200～+1500	$\geqslant 10^{-3}$ $\geqslant 10^{-2}$ $\geqslant 10^{-4}$ *	毫伏压或电桥,冷端温度	体积小,操作简单,测量主差较小;制作再现性较差,按点及材料的非均一性可引起额外电位热电势较大;材质易氧化,需常标定,可在1300℃短时间内使用;价钱高,热电势较小,不能在还原气氛中使用,可在1700℃短时间使用
电阻温度计* (1)铂 (2)半导体	 −260～+1100 −273～+300	 $\geqslant 10^{-4}$ $\geqslant 10^{-4}$	稳定电源电势测量	响应快 灵敏、准确;建置费用高小,轻、响应值大,非线性,稳定性差,需常标定,适于温差测量
石英频率温度计*	−78～+240	$\geqslant 10^{-2}$		用两面三个探头,可作为温差测量用,温差分辨率高达$\geqslant 10^{-4}$K
气体温度计 (1)He (2)H_2 (3)N_2	 −260～0 0～+110 +110～+550	$\geqslant 10^{2}$	恒容或恒压,气压计或膨胀仪	线性好,体积大,响应慢,使用不方便,通过精度计算,可作为重现热力学温标的基准温度计
蒸气压温计	−272～173	$\geqslant 10^{-2}$	气压计	灵敏,简便,量程很小
辐射高温计 (1)灯丝式 (2)全辐射式* (3)光电式*	 >700～2000 >700～2000 150～1600	 $\geqslant 10^{0}$ $\geqslant 10^{0}$ $\geqslant 10^{2}$		非接触,不干扰被测体系;与被测物体表面辐射情况有关,需标定,对被测对象的辐射系数要校核

* 电量输出

2. 水银—玻璃温度计

以水银作为测温物质,把它装在一支下端带有玻璃球的均匀毛细管中,上端抽成真空或充以某种惰性气体。温度的变化引起液体体积改变,毛细管中的液柱面将随之上升或下降。由于玻璃的膨胀系数很小，而毛细管又是均匀的，故测温液体的体积变化可用长度改变量表示，在毛细管上直接标出温度值。液体温变计要达到热平衡需较长时间，特别是在体系降温的测量中常发生滞后现象，但其构造简单，读数方便，价格较低，所以迄今仍是使用最为普遍的一个大类。

水银—玻璃温度计是摄氏温标的基础。水银的体积膨胀系数，在相当大的温度范围内，变化很小。因此，在众多液体温度计中，以水银温度计的使用最为广泛。按其刻度和量程范围不同，还可将水银温变计分为：

(1)常用的刻线以1℃为间隔，量程范围有0～100℃，0～250℃，0～360℃等。

(2)由多支温差计配套而成，刻度以0.1℃为间隔。每一支量程为50℃或更小些，交叉组成量程范围为－10～＋200℃或－10～＋400℃等。

(3)作为量热计或精密控温设备的测温附件，有刻度间隔0.01℃或0.02℃的精密温度计。其量程只有10或15℃，但适于室温使用。

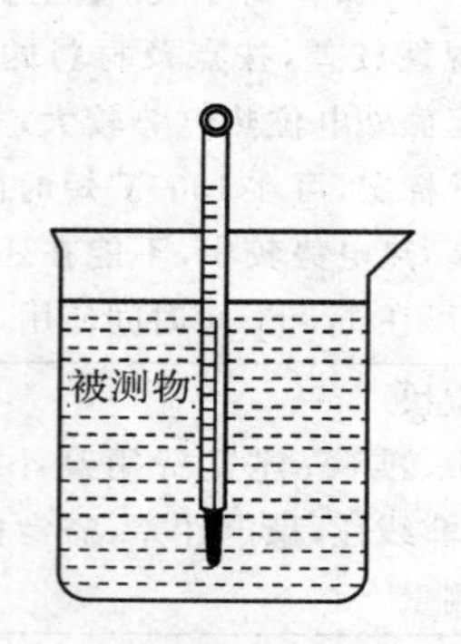

图 4-1 全浸式水银温度计的使用

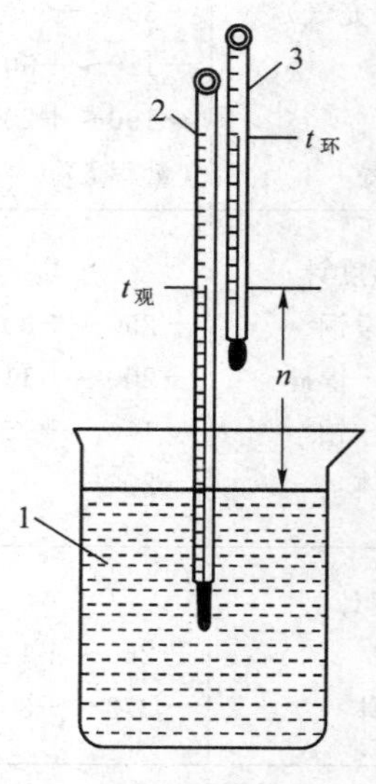

图 4-2 温度计露茎校汇

(4)高温水银温度计，用特硬玻璃做管壁，其中充以氮或氩，最高可测到600℃。如以石英制成的，则可测至750℃。

大部分水银温度计为“全浸式”的，如图4-1所示。使用时应将其完全置于被测体系中，使两者完全达到热平衡。但实际使用中往往做不到这一点，所以在较精密的测量中需作校正。除此之外，还有其他因素会影响到测量的可靠性，也须校正。通常引起误差的主要原因和校正方法有：

(1)零点校正。由于水银温度计下端玻璃球的体积可能会有所改变，导致温度读数与真实值不符，因此必须校正零点。对此，可以把温度计与标准温度计进行比较，也可以用纯物质的相变点进行校正，冰水体系是最常使用的一种。

(2)露茎校正。全浸式水银温度计如有部分露在被测体之外，则因温度差必然引起误差。这就必须作露茎校正，其方法如图4-2所示。校正值按下式计算：

$$\Delta t_{露} = 1.6 \times 10^{-4} h (t_{观} - t_{环}) \tag{4-2}$$

式中：系数1.6×10^{-4}是水银对玻璃的相对膨胀系数(℃$^{-1}$)；h为露出被测体系之外的水银柱

长度，称露茎高度，以温度差值(℃)表示；$t_{观}$ 为测量温度计上的读数；$t_{环}$ 为环境温度，可用一支辅助温度计读出，其水银球应置于测量温度计露茎高度的中部。

(3)其他因素的校正。首先，使用精密温度计时，读数前需轻轻敲击水银面附近的玻壁以防止水银的黏附。其次，应等温度计和被测体系真正建立热平衡，水银柱面不再变动方能读数。至于变温体系的温度测量往往会造成滞后误差，或称迟缓误差，也应予以校正。其计算较为复杂，可参阅温度测量方面的专著。此外，还应避免太阳光线、热源、高频场等辐射能的干扰。

3. 热电偶温度计

(1)原理

把两种不同的导体或半导体接成图 4-3 所示的闭合回路，如果将它的两个接点分别置于温度各为 T 及 T_0(假定 $T>T_0$)的热源中，则在其回路内就会产生热电动势(简称热电势)，这个现象称作热电效应。

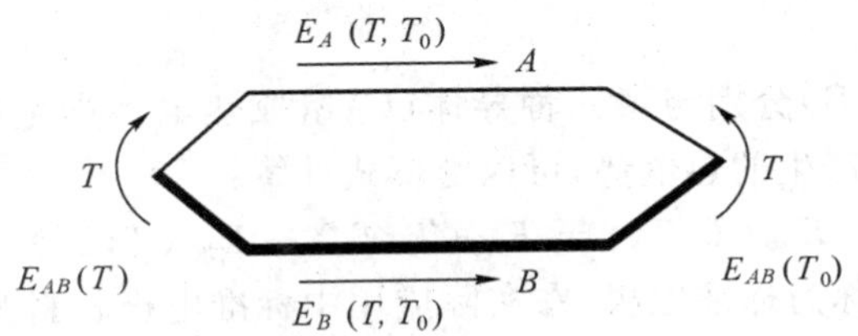

图 4-3　热电偶回路热电势分布

在热电偶回路中所产生的热电势由两部分组成，即接触电势和温差电势。

1)温差电势

温差电势是在同一导体的两端因其温度不同而产生的一种热电势。由于高温端(T)的电子能量比低温端的电子能量大，因而从高温端跑到低温端的电子数比从低温端跑到高温端的电子数多，结果高温端因失去电子而带正电荷，低温端因得到电子而带负电荷，从而形成一个静电场。此时，在导体的两端便产生一个相应的电位差 $E_T-E_{T_0}$，即为温差电势。图 4-3 中的 A，B 导体分别都有温差电势，分别用 $E_A(T,T_0)$、$E_B(T,T_0)$表示。

2)接触电势

接触电势产生的原因是，当两种不同导体 A 和 B 接触时，由于两者电子密度不同(如 $N_A>N_B$)，电子在两个方向上扩散的速率就不同，从 A 到 B 的电子数要比从 B 到 A 的多，结果 A 因失去电子而带正电荷，B 因得到电子而带负电荷，在 A，B 的接触面上便形成一个从 A 到 B 的静电场 E，这样在 A、B 之间也形成一个电位差 E_A-E_B，即为接触电势。其数值取决于两种不同导体的性质和接触点的温度，分别用 $E_{AB}(T)$、$E_{AB}(T_0)$表示。

这样，在热电偶回路中产生的总电势 $E_{AB}(T,T_0)$有四部分组成：

$$E_{AB}(T,T_0)=E_{AB}(T)+E_B(T,T_0)-E_{AB}(T_0)-E_A(T,T_0)$$

由于热电偶的接触电势远远大于温差电势，且 $T>T_0$，所以在总电势 $E_{AB}(T,T_0)$中，以导体 A、B 在 T 端的接触电势 $E_{AB}(T)$为最大，故总电势 $E_{AB}(T,T_0)$的方向取决于 $E_{AB}(T)$的方向。因 $N_A>N_B$，故 A 为正极，B 为负极。

热电偶总势与电子密度及两接点温度有关。电子密度不仅取决于热电偶材料的特性，而且随温度变化而变化，它并非常数。所以，当热电偶材料一定时，热电偶的总电势成为温度 T 和 T_0 的函数差。又由于冷端温度 T_0 固定，则对一定材料的热电偶，其总电势 $E_{AB}(T,T_0)$就

只与温度 T 成单值函数关系：

$$E_{AB}(T,T_0)=f(T)-C$$

每种热电偶都有它的分度表(参考端温度为0℃)，分度值一般取温度每变化1℃所对应的热电势之电压值。

(2)热电偶基本定律

1) 中间导体定律

将 A、B 构成的热电偶的 T_0 端断开，接入第三种导体，只要保持第三种导体 C 两端温度相同，则接入导体 C 后对回路总电势无影响。这就是中间导体定律。

根据这个定律，我们可以把第三导体换上毫伏表(一般用铜导线连接)，只要保证两个接点温度一样就可以对热电偶的热电势进行测量，而不影响热电偶的热电势数值。同时，也不必担心采用任意的焊接方法来焊接热电偶。同样，应用这一定律可以采用开路热电偶对液态金属和金属壁面进行温度测量。

2)标准电极定律

如果两种导体(A 和 B)分别与第三种导体(C)组成热电偶产生的热电势已知，则由这两导体(AB)组成的热电偶产生的热电势，可以由下式计算：

$$E_{AB}(T,T_0)=E_{AC}(T,T_0)-E_{BC}(T,T_0)$$

这里采用的电极 C 称为标准电极，在实际应用中标准电极材料为铂。这是因为铂易得到纯态，物理化学性能稳定，熔点极高。由于采用了参考电极大大地方便了热电偶的选配工作，只要知道一些材料与标准电极相配的热电势，就可以用上述定律求出任何两种材料配成热电偶的热电势。

(3)热电偶电极材料

为了保证在工程技术中应用可靠，并有足够的精确度，对热电偶电极材料有以下要求：

1)在测温范围内，热电性质稳定，不随时间变化；

2)在测温范围内，电极材料要有足够的物理化学稳定性，不易氧化或腐蚀；

3)电阻温度系数要小，导电率要高；

4)它们组成的热电偶，在测温中产生的电势要大，并希望这个热电势与温度成单值的线性或接近线性关系；

5)材料复制性好，可制成标准分度，机械强度高，制造工艺简单，价格便宜。

最后还应强调一点，热电偶的热电特性仅决定于选用的热电极材料的特性，而与热极的直径、长度无关。

(4)热电偶的结构和制备

在制备热电偶时，热电极的材料、直径的选择，应根据测量范围、测定对象的特点，以及电极材料的价格、机械强度、热电偶的电阻值而定。热电偶的长度应由它的安装条件及需要插入被测介质的深度决定。

热电偶接点常见的结构形式如图4-4所示。

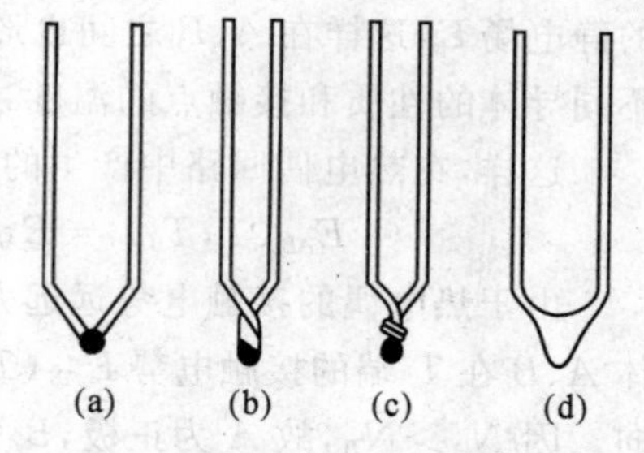

图4-4　热电偶接点常见的结构

热电偶热接点可以是对焊，也可以预先把两端线绕在一起再焊。应注意绞焊圈不宜超过2～3圈，否则工作端将不是焊点，而向上移动，测量时有可能带来误差。

普通热电偶的热接点可以用电弧、乙炔焰、氢气吹管的火焰来焊接。当没有这些设备时，也可以用简单的点熔装置来代替。用一只可调变压器把市用 220V 电压调至所需电压，以内装石墨粉的铜杯为一极，热电偶作为另一极，在已经绞合的热电偶接点处沾上一点硼砂，熔成硼砂小珠，插入石墨粉中（不要接触铜杯），通电后，使接点处发生熔融，成一光滑圆珠即成。

(5)热电偶的校正与热电势的测量

图 4-5 所示为热电偶的校正、使用装置。使用时一般是将热电偶的一个接点放在待测物体中（热端），而将另一端放在储有冰水的保温瓶中（冷端），这样可以保持冷端的温度恒定。校正一般是通过用一系列温度恒定的标准体系，测得热电势和温度的对应值来得到热电偶的工作曲线。

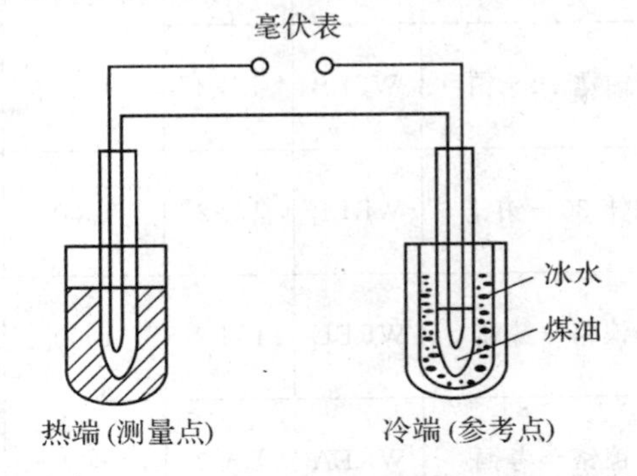

图 4-5 热电偶的校正与热电势的测量示意图

热量偶的测量精度受测量温差电势的仪表所制约。直流毫伏表是一种最简便的测温二次仪表，可将表盘刻度直接标成温度读数。该方法精度较差，通常为±2℃左右。使用时整个测量回路中总的电阻值保持不变。最好是对每支热电偶及其匹配的毫伏表作校正。

数字电压表量程选择范围可达 3 至 6 个数量级。它可以自动采样，并能将电压数据的模量值转换为二进位值输出。数据可输入计算机，便于与其他测试数据综合处理或反馈以控制操作系统。数字电压表的测试精度虽然很高，但它对测量值需作标定。

温差电势的经典测量方式是使用电位差计以补偿法测量其绝对值。

(6)热电偶特点

热电偶作为测温元件有许多优点：

1)灵敏度高。如常用的镍铬—镍硅热电偶的热电系数达 $40\mu V \cdot ℃^{-1}$，镍铬—考铜的热电系数高达 $70\mu V \cdot ℃^{-1}$。用精密的电位差计测量，通常可达到 0.01℃的精度。如将热电偶串联组成热电堆（见图 4-6），则其温差电势是单对热电偶电势的加和，选用较精密的电位差计，检测灵敏度可达 10^4℃。

2)量程宽。热电偶的量程仅受其材料适用范围的限制。

3)非电量变换。温度的自动记录、处理和控制在现代的科学实验和工业生产中是非常重要的。这首先要将温度这个非电参量转换为电参量，热电偶就是一种比较理想的温度—电量变换器。

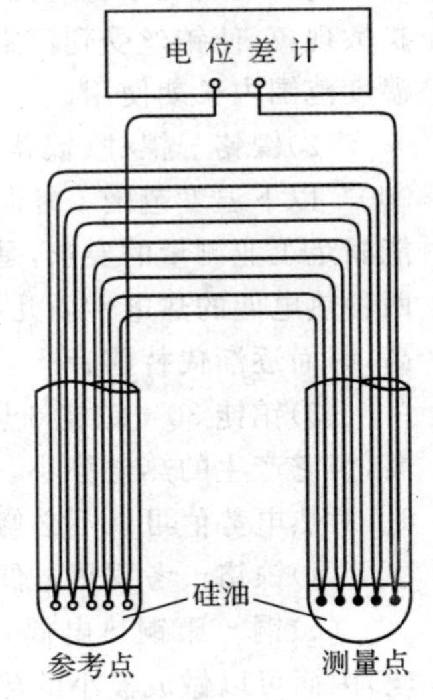

图 4-6 热电堆

(7)常见热电偶种类

热电偶的种类繁多，各有其优点。表 4-2 列出了几种国产热电偶的主要技术规范。

表 4-2 几种国产热电偶的主要技术规范

类别	型号	分度号	使用温度/℃		热电势允许偏差*		偶丝直径/mm
			长期	短期			
铂铑 10－铂	WPLB	LB-3	1300	1600	0～600℃	>600℃	ϕ0.4～0.5
					±2.4℃	±0.4%t	
铂铑 30－铂铑 6	WRLL	LL-2	1600	1800	0～600℃	>600℃	ϕ0.5
					±3℃	±0.5%t	
镍铬－镍铑	WREU	EU-2	1000	1300	0～400℃	>600℃	ϕ0.5～2.5
					±4℃	±0.75%t	
镍铬－考铜	WREA	EA-2	600	800	0～400℃	>600℃	ϕ0.5～2
					±4℃	±1%t	

除此之外，套有柔性不锈钢管的各种铠装热电偶也已日益普及。管内装有 $\phi \leqslant 0.5$mm 的热电偶丝，用熔融氧化镁绝缘。外径可细到 $\phi = 1$mm，长度可按需要自行截取，剥去铠装使热偶丝露出绞合后焊接即可。

(1)铂铑 10—铂热电偶。它由纯铂丝和铂铑丝(铂 90%，铑 10%)制成。由于铂和铂铑能得到高纯度材料，故其复制精度和测量的准确性较高，可用于精密温度测量和作基准热电偶，有较高的物理化学稳定性。其主要缺点是热电势较弱，在长期使用后，铂铑丝中的铑分子产生扩散现象，使铂丝受到污染而变质，从而引起热电特性失去准确性，成本高。可在 1300℃以下温度范围内长期使用。

(2)镍铬－镍硅(镍铬－镍铝)热电偶。它由镍铬与镍硅制成，化学稳定性较高，可用于 900℃以下温度范围。复制性好，热电势大，线性好，价格便宜。虽然测量精度偏低，但基本上能满足工业测量的要求，是目前工业生产中最常见的一种热电偶。镍铬－镍铝和镍铬－镍硅两种热电偶的热电性质几乎完全一致。由于后者在抗氧化及热电势稳定性方面都有很大提高，因而逐渐代替前者。

(3)铂铑 30－铂铑 6 热电偶。这种热电偶可以测 1600℃以下的高温，其性能稳定，精确度高，但它产生的热电势小，价格高。由于其热电势在低温时极小，因而冷端在 40℃以下范围时，对热电势值可以不必修正。

(4)镍铬－考铜热电偶。热电偶灵敏度高，价廉。测温范围在 800℃以下。

(5)铜－康铜热电偶。铜－康铜热电偶的两种材料易于加工成漆包线，而且可以拉成细丝，因而可以做成极小的热电偶，时间常数很小为 ms 级。其测量低温性极好，可达－270℃。测温范围为－270～400℃，而且热电灵敏度也高。它是标准型热电偶中准确度最高的一种，在 0～100℃范围可以达到 0.05℃(对应热电势为 2μV 左右)，它在医疗方面得到了广泛的应用。

如前所述，各种热电偶都具有不同的优缺点。因此，在选用热电偶时应根据测温范围、测温状态和介质情况综合考虑。

4. 其他测温温度计

(1)金属电阻温度计

利用测温材料的电阻随温度变化的特性制成的温度计是电阻温度计，它们与热电偶一样可用于温度的电量转换。在各种纯金属中铂、铜和镍是制造电阻温度计最合适的材料。其中，铂的熔点高，易于提纯，在氧化性介质中很稳定。它的热容极小，对温度变化响应极快，而且有良好的复现性。所以，规定将铂电阻温度计作为 13.8K 至 903.34K（−259.34℃至 630.19℃）温度范围内，体现国际实用温标的标准温度计。

电阻温度计在低温和中温区的测温性能优于热电偶。实用的铂电阻温度计通常有两种规格，其主要技术指标如表 4-3 所示。表中还列有商品型的铜电阻温度计的规格、型号。

表 4-3　电阻温度计的主要技术数据

热电阻种类	型号	分度号	0℃时电阻值 R_0/Ω 及其允差	100℃时的电阻值与 0℃时的电阻值之比 R_{100}/R_0 及其允差	长期使用温度℃	分度表的允差 Δt/℃	
						−200～0	0～500
铂热电阻	WZB	BA_1(Pt−46)	46±0.046	1.391±0.001	−200～500	±(0.3+6×10³|t|)	±(0.3+4.5×10⁻³|t|)
		BA_2(Pt−100)	100±0.1				
铜热电阻	WZG	G	53±0.053	1.425±0.002	−50～150	±(0.3+6×10⁻³|t|)	

由于铂电阻的阻值变化每℃大约只有 0.4%，因此应使用高精度的测量仪表。测量回路内电阻、接点的寄生温差电动势以及测量电流引起铂电阻的焦耳热等都应尽可能消除。电阻温度计的标定方法与热电偶相同。

图 4-7 所示出一个典型的电阻温度计的电桥线路。这里热电阻 R_t 作为一个臂接入测量电桥。R_{ref} 与 R_{FS} 为锰铜电阻，分别代表电阻温度计之起始温度（如取为 0℃）及满度温度（如取为 100℃）时的电阻值。首先将开关 K 接在位置"1"上，调整调零电位器 R_0 使仪表 G 指示为零。然后将开关接在位置"3"上，调整满度电位器 R_F 使仪表 G 满度偏转，如显示 100.0℃。最后把开关接在测量位置"2"上，即可进行温度测量。

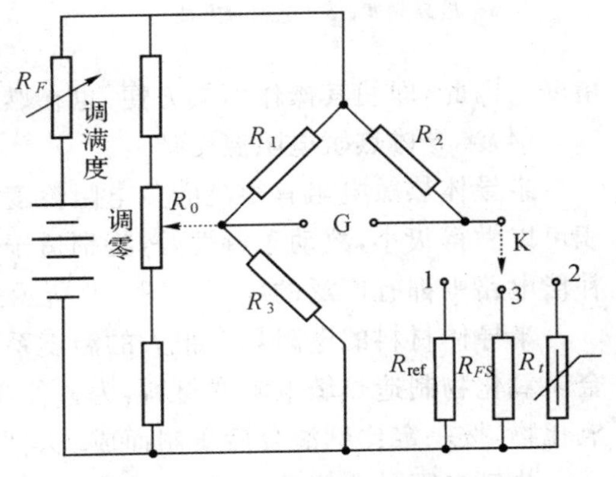

图 4-7　典型的电阻温度计的电桥线路

(2)石英频率温度计

通常利用石英晶体的共振频率作为频率标准时，要选择其温度系数最小的切割晶面，而石英温度计是利用共振频率与温度关系最大的晶面制成测温元件，以振荡器测 10℃范围内的温度，其测量精度可达到 0.05℃。有的产品可在−20℃到+120℃范围内调节测温量程为 10℃，这时测量准确度可达 0.001℃。

(3)贝克曼(Beckmann)温度计

贝克曼温度计是一种移液式的内标温度计，测量范围为−20～150℃，专用于测量温差。它的最小刻度为 0.01℃，用放大镜可以读准到 0.002℃，测量精度较高；还有一种最小刻度为 0.002℃，可以估计读准到 0.0004℃。一般只有 5℃量程，其结构（见图 4-8）与普通温度计不同，在它的毛细管 2 上端，加装了一个水银贮管 4，用来调节水银球 1 中的水银量。因此，虽然量程只有 5℃，却可以在不同范围内使用。一般可以在−6～120℃使用。

由于水银球 1 中的水银量是可变的，因此水银柱的刻度值不是温度的绝对值，只是在量程范围内的温度变化值。其使用方法参见相关参考书。迄今为止，其他测温元件还难以超过其

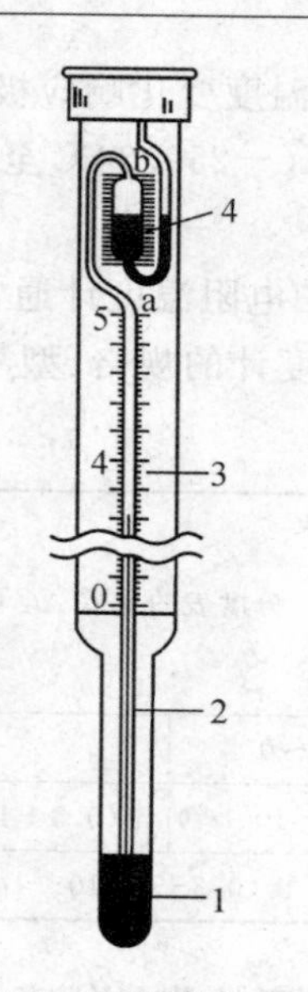

图 4-8 贝克曼温度计

1—水银球；2—毛细管；

3—温度标尺；4—水银储槽；

a—最高刻度；b—毛细管末端

图 4-9 珠形热敏电阻器

精度。因此，即使其操作不甚方便，也在燃烧热量计中得到了应用。

(4)半导体热敏电阻温度计

半导体热敏电阻有很高的负电阻温度系数，其灵敏度比电阻丝式热电阻高得多。而且体积可以做得很小，故动态特性好，特别适于在－100～300℃测温。它在自动控制及电子线路的补偿电路中都有广泛的应用。图 4-9 所示是珠形热敏电阻器。

半导体材料的电阻具有很大的温度系数。其电阻值随温度上升而呈指数下降。常用的有金属氧化物制造热敏电阻的材料，为各种金属氧化物的混合物，如采用锰、镍、钴、锗、铜或铁的氧化物，按一定比例混合后压制而成。其形状是多样的，有球状、圆片状、圆筒状等。

热敏电阻是非线性电阻，它的非线性特性表现在其电阻值与温度间呈指数关系和电流随电压变化不服从欧姆定律。负温度系数热敏电阻的温度系数一般为－2%～－6%℃。缓变型正温度系数热敏电阻的温度系数为 1%～10%℃。热敏电阻的 $U-I$ 特性在电流小时近似线性。

随着生产工艺不断改进，我国热敏电阻的线性度、稳定性、一致性都达到了一定水平。有的厂家已经能够大量生产线性度、长期稳定性都优于±3%的热敏电阻，这就使得元件小型、廉价和快速测温成为可能。

一块重 0.2mg，体积不过 $0.03mm^3$ 的半导体就可以构成一个热敏元件，而且其温度响应可以快到 0.1s。这些特性对于小型测量仪器的设计来说是很有意义的。

半导体热敏电阻的最大缺点是产品技术数据难以控制，而且每个电阻的阻值因老化还会逐渐有所改变，需要经常标定。另外，热敏电阻大都不适于在较高温度下使用。与金属电阻温度计一样可用于温度的电量转换，有着同样的误差来源。

在使用精密电位差计或电桥进行测量时，分辨率可达 10^{-4} 至 10^{-5}℃。经标定后，很适用于温差测量。

(三)温度控制

物质的物理化学性质,如黏度、密度、蒸气压、表面张力、折光率等都随温度而改变,要测定这些性质必须在恒温条件下进行。一些物理化学常数如平衡常数、化学反应速率常数等也与温度有关,这些常数的测定也需恒温,因此,掌握恒温技术非常必要。

恒温控制可分为两类,一类是利用物质的相变点温度来获得恒温,但温度的选择受到很大限制;另一类是利用电子调节系统进行温度控制,此方法控温范围宽,可以任意调节设定温度。

1. 电接点温度计温度控制

恒温槽是实验工作中常用的一种以液体为介质的恒温装置,根据温度控制范围,可用以下液体介质:－60～30℃用乙醇或乙醇水溶液;0～90℃用水;80～160℃用甘油或甘油水溶液;70～300℃用液状石蜡、汽缸润滑油、硅油。

恒温槽是由浴槽、电接点温度计、继电器、加热器、搅拌器和温度计组成,具体装置如图4-10所示。继电器必须和电接点温度计、加热器配套使用。电接点温度计是一支可以导电的特殊温度计,又称为导电表。图4-11是它的结构示意图。它有两个电极,一个固定,与底部的水银球相连,另一个可调电极4是金属丝,由上部伸入毛细管内。顶端有一磁铁,可以旋转螺旋丝杆,用以调节金属丝的高低位置,从而调节设定温度。当温度升高时,毛细管中水银柱上升与金属丝接触,两电极导通,使继电器线圈中电流断开,加热器停止加热;当温度降低时,水银柱与金属丝断开,继电器线圈通过电流,使加热器线路接通,温度又回升。如此不断反复,使

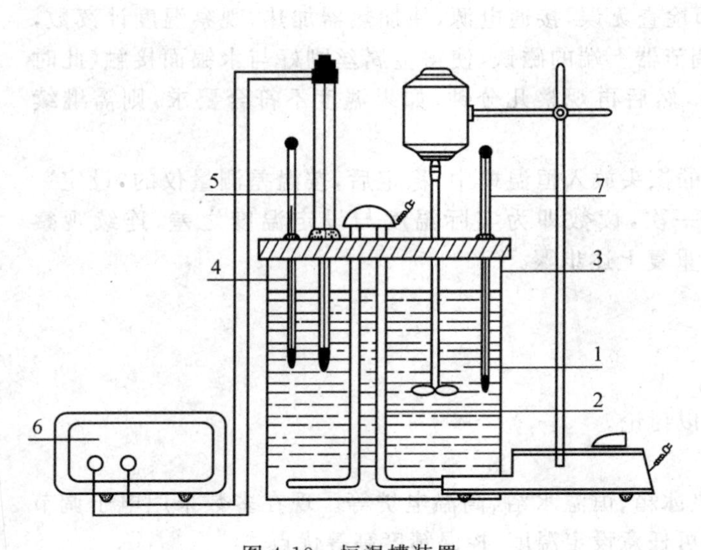

图4-10　恒温槽装置

1—浴槽;2—加热器;3—搅拌器;4—温度计;
5—电接点温度计;6—继电器;7—贝克曼温度计

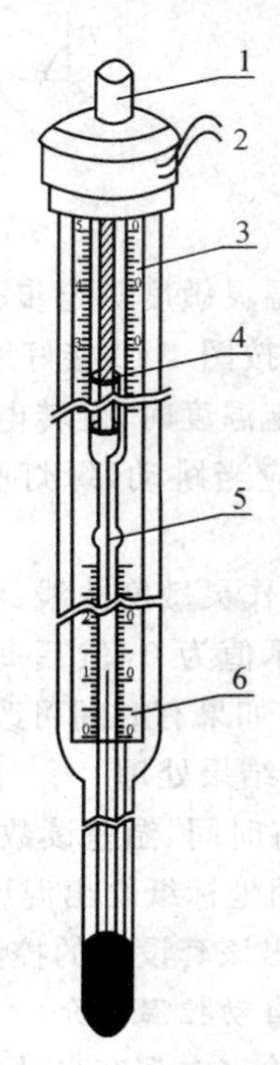

图4-11　电接点温度计

1—磁性螺旋调节器;2—电极引出线;3—上标尺;4—指示螺母;
5—可调电极;6—下标尺

恒温槽控制在一个微小的温度区间内波动，被测体系的温度也就限制在一个相应的微小区间内，从而达到恒温的目的。

恒温槽的温度控制装置属于“通”“断”类型，当加热器接通后，恒温介质温度上升，热量的传递使水银温度计中的水银柱上升。但热量的传递需要时间，因此常出现温度传递的滞后，往往是加热器附近介质的温度超过设定温度，所以恒温槽的温度超过设定温度。同理，降温时也会出现滞后现象。由此可知，恒温槽控制的温度有一个波动范围，并不是控制在某一固定不变的温度。控温效果可以用灵敏度 Δt 表示：

$$\Delta t=\pm\frac{t_1-t_2}{2}$$

式中：t_1 为恒温过程中水浴的最高温度；t_2 为恒温过程中水浴的最低温度。

从图 4-12 可以看出：曲线(a)表示恒温槽灵敏度较高；(b)表示恒温槽灵敏度较差；(c)表示加热器功率太大；(d)表示加热器功率太小或散热太快。影响恒温槽灵敏度的因素很多，大体有：恒温介质流动性好，传热性能好，控温灵敏度就高；加热器功率要适宜，热容量要小，控温灵敏度就高；搅拌器搅拌速度要足够大，才能保证恒温槽内温度均匀；继电器电磁吸引电键，后者发生机械作用的时间愈短，断电时线圈中的铁芯剩磁愈小，控温灵敏度就高；电接点温度计热容小，对温度的变化敏感，则灵敏度高；环境温度与设定温度的差值越小，控温效果越好。

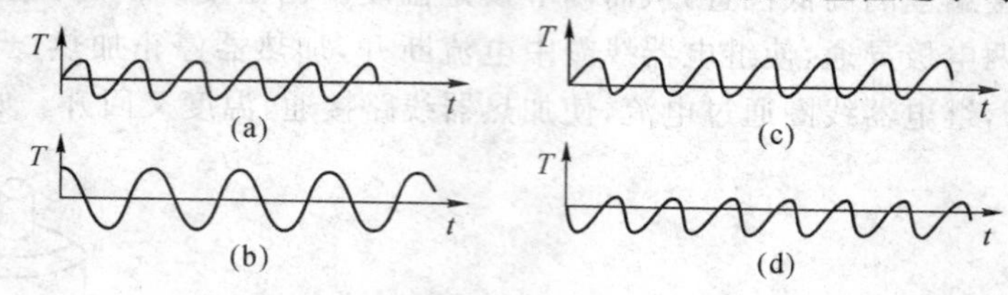

图 4-12　控温灵敏度曲线

控温灵敏度测定步骤如下：

(1)按图 4-10 接好线路，经过教师检查无误，接通电源，使加热器加热，观察温度计读数，到达设定温度时，旋转电接点温度计调节器上端的磁铁，使得金属丝刚好与水银面接触(此时继电器应当跳动，绿灯亮，停止加热)，然后再观察几分钟，如果温度不符合要求，则需继续调节。

(2)作灵敏度曲线：将温差测量仪的探头放入恒温槽中，稳定后，按温差测量仪的“设定”，使其显示值为 0，然后每隔 30s 记录一次，读数即为实际温度与设定温度之差，连续观察 15min。如果有时间可改变设定温度，重复上述步骤。

(3)结果处理

- 将时间、温差读数列表；
- 用坐标纸绘出温度一时间曲线；

求出该套设备的控温灵敏度并加以讨论。

2. 自动控温简介

实验室内都有自动控温设备，如电冰箱、恒温水浴、高温电炉等。现在多数采用电子调节系统进行温度控制，具有控温范围广、可任意设定温度、控温精度高等优点。

电子调节系统种类很多，但从原理上讲，它必须包括三个基本部件，即变换器、电子调节器和执行机构。变换器的功能是将被控对象的温度信号变换成电信号；电子调节器的功能是对来自变换器的信号进行测量、比较、放大和运算，最后发出某种形式的指令，使执行机构进行加热或制冷(见图 4-13)。电子调节系统按其自动调节规律可以分为断续式二位置控制和比例一积分一微分控制两种,简介如下。

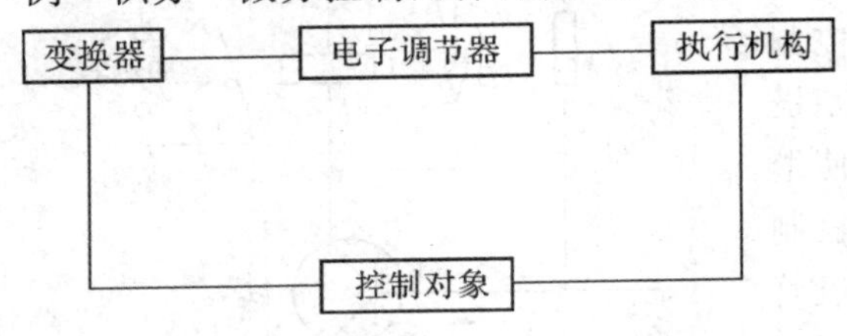

图 4-13　电子调节系统的控温原理

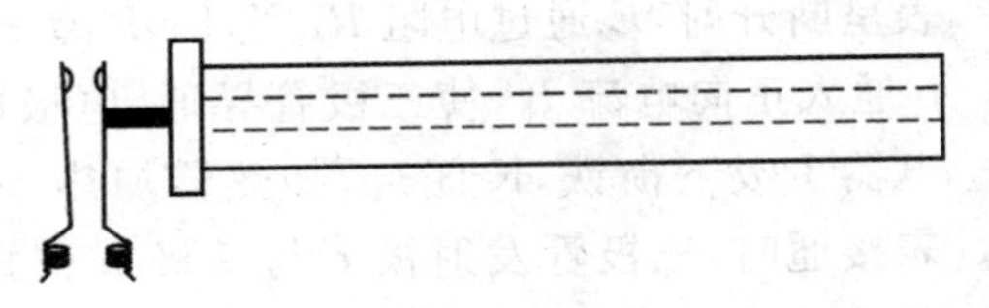

图 4-14　双金属膨胀式温度控制器

(1)断续式二位置控制

实验室常用的电烘箱、电冰箱、高温电炉和恒温水浴等,大多采用这种控制方法。变换器的形式分为:

1)双金属膨胀式。利用不同金属的线膨胀系数不同,选择线膨胀系数差别较大的两种金属,线膨胀系数大的金属棒在中心,另外一个套在外面,两种金属内端焊接在一起,外套管的另一端固定,如图 4-14 所示。在温度升高时,中心金属棒便向外伸长,伸长长度与温度成正比。通过调节触点开关的位置,可使其在不同温度区间内接通或断开,达到控制温度的目的。其缺点是控温精度差,一般有几 k 范围。

2)若控温精度要求在 1k 以内,实验室多用导电表或温度控制表(电接点温度计)作变换器。

(2)继电器

1)电子管继电器

电子管继电器由继电器和控制电路两部分组成,其工作原理为:可以把电子管的工作看成一个半波整流器(见图 4-15),R_e-C_1 并联电路的负载,负载两端的交流分量用来作为栅极的控制电压。当电接点温度计的触点为断路时,栅极与阴极之间由于 R_1 的耦合而处于同位,即栅极偏压为零。这时板流较大,约有 18mA 通过继电器,能使衔铁吸下,加热器通电加热;当电接点温度计为通路,板极是正半周,这时 R_e-C_1 的负端通过 C_2 和电接点温度计加在栅极上,栅极出现负偏压,使板极电流减少到 2.5mA,衔铁弹开,电加热器断路。

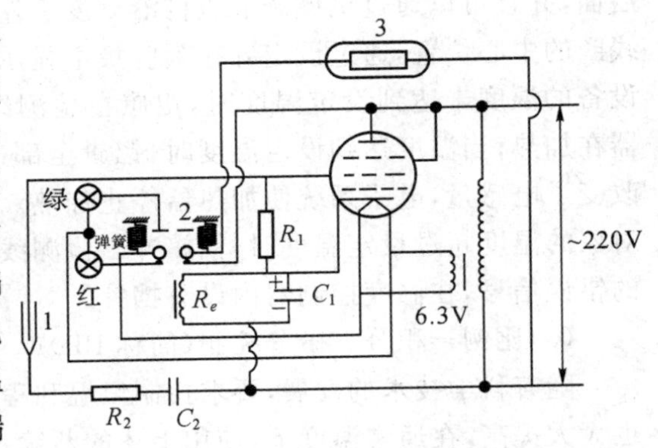

图 4-15　电子继电器线路图

1—电接点温度计;2—衔铁;3—电热器

因控制电压是利用整流后的交流分量,R_e 的旁路电流 C_1 不能过大,以免交流电压值过小,引起栅极偏压不足,衔铁吸下不能断开;C_1太小,则继电器衔铁会颤动,这是因为板流在负半周时无电流通过,继电器会停止工作,并联电容后依靠电容的充放电而维持其连续工作,如果 C_1 太小就不能满足这一要求。C_2 用来调整板极的电压相位,使其与栅压有相同的峰值。R_2 用来防止触电。

电子继电器控制温度的灵敏度很高。通过电接点温度计的电流最大为 30μA,因而电接点温度计使用寿命很长,故获得普遍使用。

2)晶体管继电器

随着科技的发展,电子管继电器中电子管逐渐被晶体管代替,典型线路如图 4-16 所示。当温度控制表呈断开时,E 通过电阻 R_b 给 PNP 型三极管的基极 b 通入正向电流 I_b,使三极管导通,电极电流 I_c 使继电器 J 吸下衔铁,K 闭合,加热器加热。当温度控制表接通时,三极管发射极 e 与基极 b 被短路,三极管截止,J 中无电流,K 被断开,加热器停止加热。当 J 中线圈电流突然减少时会产生反电动势,二极管 D 的作用是将它短路,以保护三极管避免被击穿。

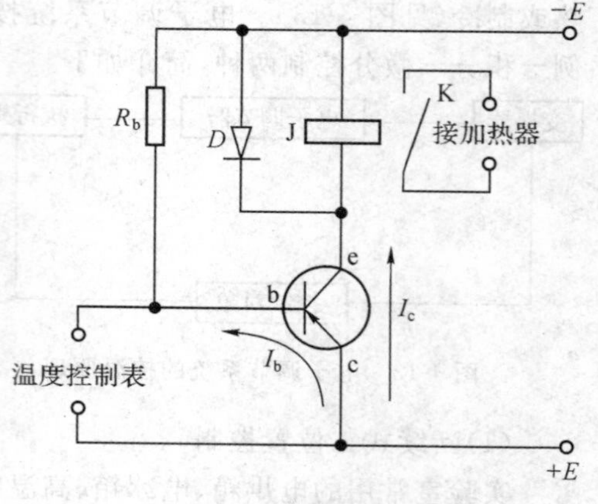

图 4-16 晶体管继电器

3)动圈式温度控制器

由于温度控制表、双金属膨胀类变换器不能用于高温,因而产生了可用于高温控制的动圈式温度控制器。采用能工作于高温的热电偶作为变换器,其原理见图 4-17。热电偶将温度信号变换成电压信号,加于动圈式毫伏计的线圈上,当线圈中因为电流通过而产生的磁场与外磁场相作用时,线圈就偏转一个角度,故称为“动圈”。偏转的角度与热电偶的热电势成正比,并通过指针在刻度板上直接将被测温度指示出来,指针上有一片“铝旗”,它随指针左右偏转。另有一个调节设定温度的检测线圈,它分成前后两半,安装在刻度的后面,并且可以通过机械调节机构沿刻度板左右移动。检测线圈的中心位置,通过设定针在刻度板上显示出来。当高温设备的温度未达到设定温度时,铝旗在检测线圈之外,电热器在加热;当温度达到设定温度时,铝旗全部进入检测线圈,改变了电感量,电子系统使加热器停止加热。为防止当被控对象的温度超过设定温度时,铝旗冲出检测线圈而产生加热的错误信号,在温度控制器内设有挡针。

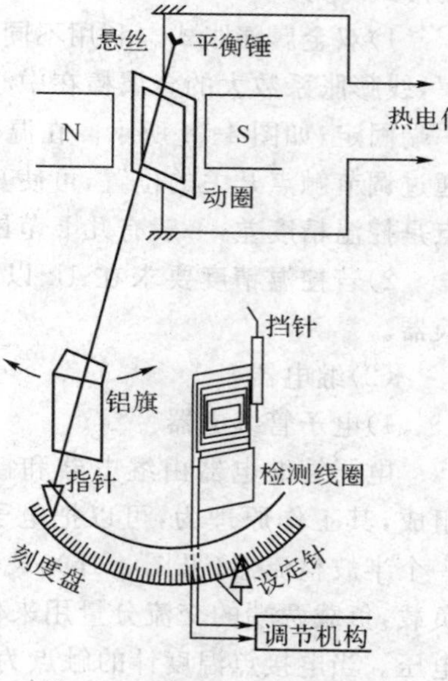

图 4-17 动圈式温度控制机构

(3)比例－积分－微分控制(简称 PID)

随着科学技术的发展,要求控制恒温和程序升温或降温的范围日益广泛,要求的控温精度也大大提高,在通常温度下,使用上述的断续式二位置控制器比较方便,但是由于只存在通断两个状态,电流大小无法自动调节,控制精度较低,特别在高温时精度更低。20 世纪 60 年代以来,控温手段和控温精度有了新的进展,广泛采用 PID 调节器,使用可控硅控制加热电流使之随偏差信号大小而作相应变化,提高了控温精度。

PID 温度调节系统原理如图 4-18 所示。

炉温用热电偶测量,由毫伏定值器给出与设定温度相应的毫伏值,热电偶的热电势与定值器给出的毫伏值进行比较,如有偏差,说明炉温偏离设定温度。此偏差经过放大后送入 PID 调节器,再经可控硅触发器推动可控硅执行器,以相应调整炉丝加热功率,从而使偏差消除,炉温保持在所要求的温度控制精度范围内。比例调节作用,就是要求输出电压能随偏差(炉温与设定温度之差)电压的变化,自动按比例增加或减少,但在比例调节时会产生“静差”,要使被控对象的温度能在设定温度处稳定下来,必须使加热器继续给出一定热量,以补偿炉体与环境热

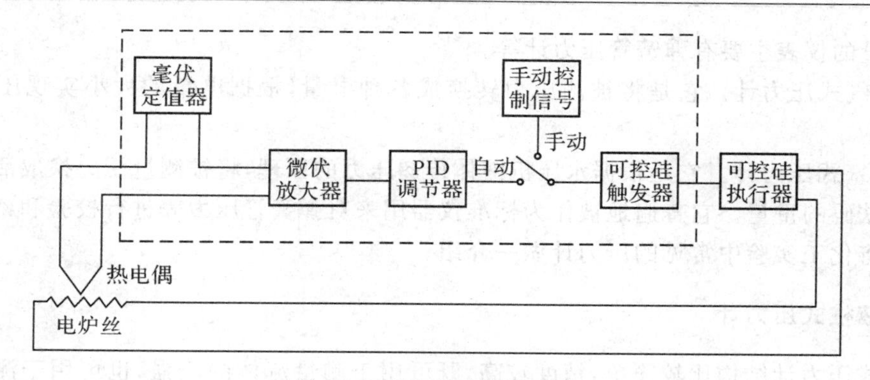

图 4-18　PID 温度调节系统

交换产生的热量损耗。但由于在单纯的比例调节中，加热器发出的热量会随温度回升时偏差的减小而减少，当加热器发出的热量不足以补偿热量损耗时，温度就不能达到设定值，这被称为“静差”。

为了克服“静差”需要加入积分调节，也就是输出控制电压与偏差信号电压及时间的积分成正比，只要有偏差存在，即使非常微小，经过长时间的积累，也会有足够的信号去改变加热器的电流。当被控对象的温度回升到接近设定温度时，偏差电压虽然很小，加热器仍然能够在一段时间内维持较大的输出功率，从而消除“静差”。

微分调节作用，就是输出控制电压与偏差信号电压的变化速率成正比，而与偏差电压的大小无关。这在情况多变的控温系统，如果产生的偏差电压突然变化，微分调节器会减小或增大输出电压，以克服由此而引起的温度偏差，保持被控对象的温度稳定。

PID 控制是一种比较先进的模拟控制方式，适用于各种条件复杂、情况多变的实验系统。目前，已有多种 PID 控温仪可供选用，常用型号一般有：DWK-720、DWK-703、DDZ-1、DDZ-1、DTL-121、DTL-161、DTL-152、DTL-154 等，其中 DWK 系列属于精密温度自动控制仪，其他是 PID 的调节单元，DDZ-1I 型调节单元可与计算机联用，使模拟调节更加完善。

PID 控制的原理及线路分析比较复杂，请参阅有关专门著作。

二、压力检测与变送

在化工生产和实验中，经常遇到液体静压强的测量问题，如考察液体流动阻力，用节流式流量计测量流量，化工过程的操作压力或真空度等。流体压强测量可分为流体静压测量和流体总压测量，前者可采用在管道或设备壁面上开孔测压的方法，也可以将静压管插入流体中，并使管子轴线与来流方向垂直，即测压管端面与来流方向平行的方向测压（如柏努利方程实验中静压头 $H_{静}$ 的测量）；后者可用总压管（亦称 P_{itot}）的办法。本章着重讨论如何正确测量流体的静压。

（一）压力仪表的分类

常用的测量压力的仪表很多，按其工作原理大致可分为以下四大类：

(1)液柱式压力计。它是根据流体静力学原理，把被测压力转换成液柱高度。利用这种方法测量压力的仪表有 U 形管压力计、倒 U 形压差计、单管压力计和斜管压力计等。

(2)弹簧式压力计。它是根据弹性元件受力变形的原理，将被测压力转换成位移。利用这种方法测量的仪表主要有弹簧管压力计等。

(3)电气式压力计。它是将被测压力转换成各种电量,根据电量的大小实现压力的间接测量。

(4)活塞式压力计。它是根据水压机液体传递压力的原理,将被测量压力换成活塞面积上所加平衡砝码的重量。它普遍地被作为标准仪器用来对弹簧管压力表进行校验和刻度。

下面将化工实验中常见的压力计做一介绍。

(二)液柱式压力计

液柱式压力计结构比较简单,精度较高,既可用于测量流体的压强,也可用于测量流体的压差。其基本形式如下。

1. U 形管压力计

U 形管压力计的结构如图 4-19 所示,它用一根粗细均匀的玻璃管弯制而成,也可用二根粗细相同的玻璃管做成连通器形式。内装有液体作为指示液,U 形管压力计两端连接两个测压点,当 U 形管两边压强不同时,两边液面便会产生高度差 R,根据流体静压力学基本方程可知:

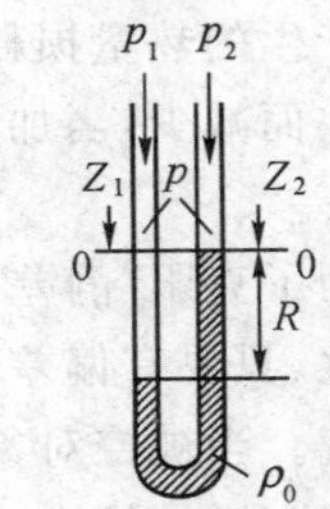

图 4-19 U 形管压差计

$$p_1 + Z_1\rho g + R\rho g = p_2 + Z_2\rho g + R\rho_0 g \tag{4-1}$$

当被测管段水平放置时($Z_1 = Z_2$),上式简化为

$$\Delta p = p_1 - p_2 = (\rho_0 - \rho)gR \tag{4-2}$$

式中:ρ_0 为 U 形管内指示液的密度,kg/m^3;ρ 为管路中流体密度,kg/m^3;R 为 U 形管指示液两边液面差,m。

U 形管压差计常用的指示液为汞和水。当被测压差很小,且流体为水时,还可用氯苯($\rho_{20℃} = 1106kg/m^3$)和四氯化碳($\rho_{25℃} = 1584kg/m^3$)作指示液。

记录 U 管读数时,正确方法应该是:同时指明指示液和待测流体名称。如待测流体为水,指示液为汞,液柱高度为 50mm 时,$\Delta\rho$ 的读数应为

$$\Delta\rho = 50\text{mm (Hg—H}_2\text{O)}$$

若 U 形管一端与设备或管道连接,另一端与大气相通,这时读数所反映的是管道中某截面处流体的绝对压强与大气压之差,即为表压强。

因为 $\rho_{H_2O} \gg \rho_{air}$,所以

$$\rho_{表} = (\rho_{H_2O} - \rho_{air})gh = \rho_{H_2O}gh \tag{4-3}$$

使用 U 形管压差计时,要注意每一具体条件下液柱高度读数的合理下限。

若被测压差稳定,根据刻度读数一次所产生的绝对误差为 0.75mm,读取一个液柱高度值的最大绝对误差为 1.5mm。如果要求测量的相对误差≤3%,则液柱高度读数的合理下限为 1.5/0.03=50mm。

若被测压差波动很大,一次读数的绝对误差将增大,假定为 1.5mm,读取一次液柱高度值的最大绝对误差为 3mm,测量的相对误差≤3%,则液柱高度读数的合理下限为 3/0.03=100mm,当实测压差的液柱减小至 30mm 时,则相对误差增大至 3/30=10%。

汞的密度很大,作为 U 形管指示液则很理想,但容易跑汞,污染环境。防止跑汞的主要措施有:

(1)设置平衡阀(见图 4-20),在每次开动泵或风机之前让它处于全开状态。读取读数时,才将它关闭。

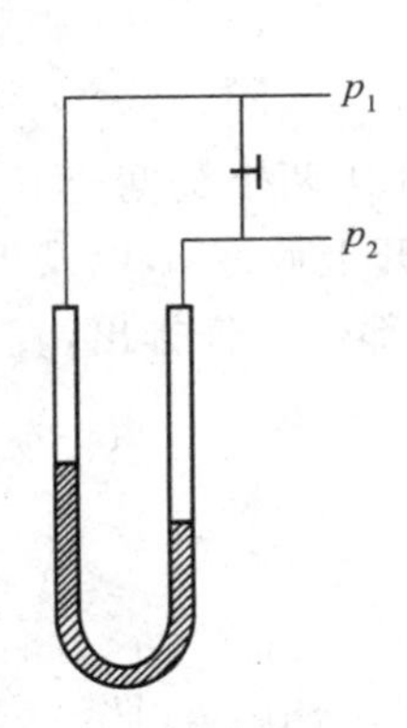

图 4-20　设有平衡阀的压差计

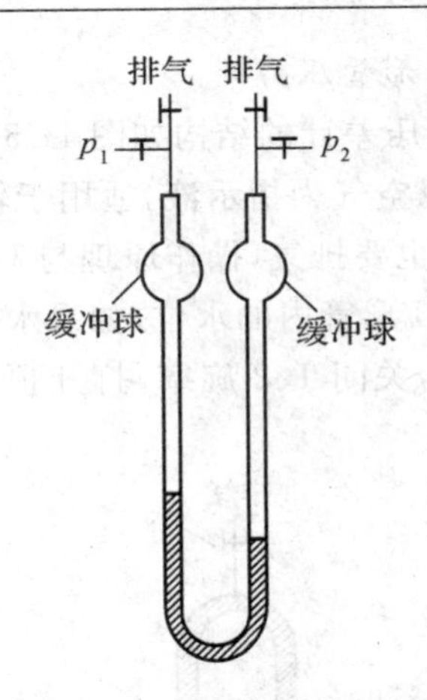

图 4-21　设有缓冲球的压差计

(2)在 U 形管两边上端设有球状缓冲室(见图 4-21),当压差过大或出现操作故障时,管内的水银可全部聚集于缓冲室中,使水从水银液中穿过,避免跑汞现象的发生。

(3)把 U 形管和导压管的所有接头捆牢。当 U 管测量流动系两点间压力差较系统内的绝对压力很大时,U 形管或导压管上若有接头突然脱开,则在系统内部与大气之间的强大压差下,会发生跑汞。当连接管接头为橡胶管时,橡胶管易老化破裂,所以要及时更换,否则也会造成跑汞现象。

2. 单管压差计

单管压差计是 U 形压力计的变形,用一只杯形代替 U 形压力计中的一根管子,如图 4-22 所示。由于杯的截面 $S_{杯}$ 远大于玻璃管的截面 $S_{玻}$(一般情况下 $S_{杯}/S_{玻}\geqslant 200$),所以其两端有压强差时,根据等体积原理,细管一边的液柱升高值 h_1 远大于杯内液面下降 h_2,即 $h_1 \gg h_2$,这样 h_2 可忽略不计,在读数时只需读一边液柱高度,误差比 U 形压差计减少一半。

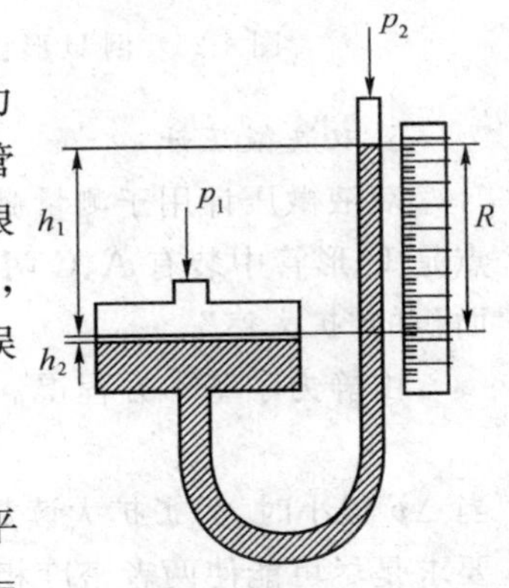

图 4-22　单管压差计

3. 倾斜式压差计

倾斜式压差计是将 U 形压差计或单管压力计的玻璃管与水平方向作 α 角度的倾斜。它使读数放大了 $1/\sin\alpha$ 倍,即使 $R'=R/\sin\alpha$。如图 4-23 所示。

Y-61 型倾斜微压计是根据此原理设计制造的。其结构如图4-24所示。微压计用密度为 0.81 的酒精作指示液,不同倾斜角的正弦值以相应的 0.2,0.3,0.4 和 0.5 数值,标刻在微压计的弧形支架上,以供使用时选择。

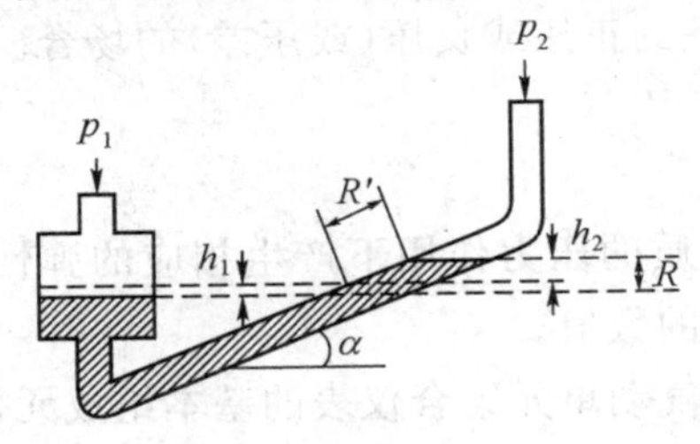

图 4-23　倾斜式压力计

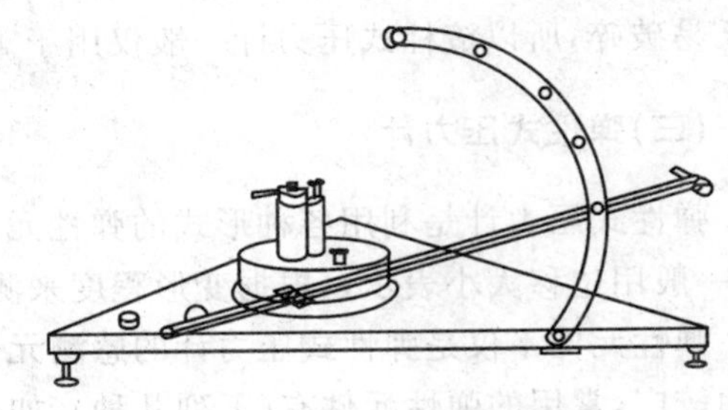

图 4-24　Y-61 型倾斜微压计

4. 倒U形管压力计

倒U形压差计的结构如图4-25所示，这种压差计的特点是：以空气为指示液，适用于较小压差的测量。

使用时也要排气，操作原理与U形压差计相同，在排气时3、4两个旋塞全开。排气完毕后，调整倒U形管内的水位，如果水位过高，关3、4旋塞。可打开上旋塞5，以及下部旋塞；如果水位过低，关闭1、2旋塞，打开顶部旋塞5及3或4旋塞，使部分空气排出，直至水位合适为止。

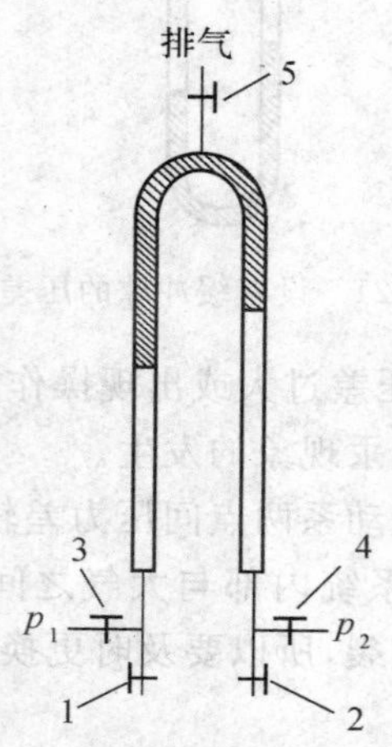

图4-25 倒U形管压差计

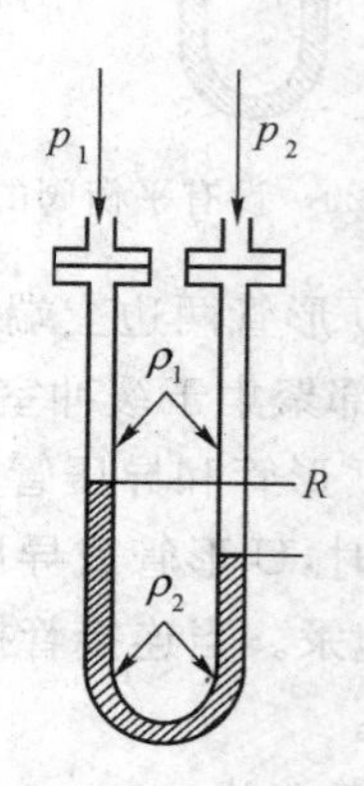

图4-26 双液微压计

5. 双液微压计

双液微压计用于测量微小压差，如图4-26所示。它一般用于测量气体压差的场合，其特点是U形管中装有A、C两种密度相近的指示液，且U管两臂上设有一个截面积远大于管截面积的“扩大室”。

由静力学基本方程得

$$\Delta p = p_1 - p_2 = R(\rho_1 - \rho_2)g \tag{4-4}$$

当Δp很小时，为了扩大读数R，减小相对读数误差，可减小$\rho_1 - \rho_2$来实现，所以对两指示液的要求是尽可能使两者密度相近，且有清晰的分界面，工业上常以石蜡油和工业酒精，实验中常用的有氯苯、四氯化碳、苯甲基醇和氯化钙浓液等，其中氯化钙浓液的密度可以用不同的浓度来调节。

当玻璃管径较小时，指示液易与玻璃管发生毛细现象，所以液柱式压力计应选用内径不小于5mm(最好大于8mm)的玻璃管，以减小毛细现象带来的误差。因为玻璃管的耐压能力低，过长易破碎，所以液柱式压力计一般仅用于1×10^5Pa以下的正压或负压(或压差)的场合。

(三)弹性式压力计

弹性式压力计是利用各种形式的弹性元件，在被测介质的压力作用下产生相应的弹性变形(一般用位移大小表示)，根据变形程度来测出被测压力的数值。

弹性元件不仅是弹性式压力计的感测元件，也常用作气动单元组合仪表的基本组成元件，应用较广，常用的弹性元件有(下列几种)，如图4-27所示。

根据弹性元件的不同形式，弹性压力计可以分为相应类型。目前实验室中最常见的是弹

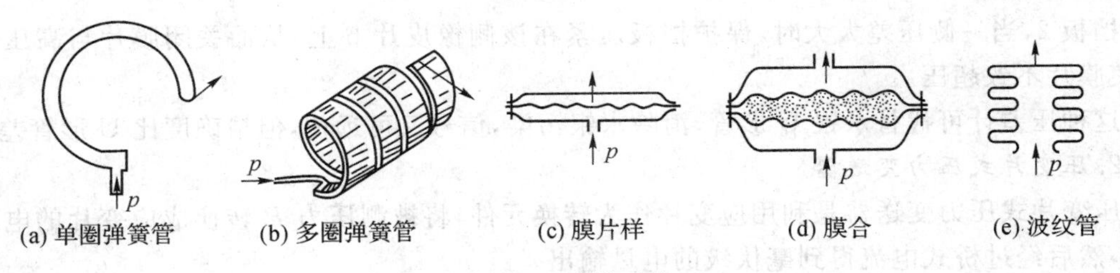

图 4-27 弹性元件

簧管压力表(又称波登管压力表)。它的测量范围宽,应用广泛。其结构如图 4-28 所示。

弹簧管压力计的测量元件是一根弯成 270°圆弧的椭圆截面的空心金属管(见图 4-28),其自由端封闭,另一端与测压点相接。当通入压力后,由于椭圆形截面在压力作用下趋向圆形,弹簧管随之产生向外挺直的扩张变形——产生位移,此位移量由封闭着的一端带动机械传动装置,使指针显示相应的压力值。该压力计用于测量正压,称为压力表。测量负压时,称为真空表。

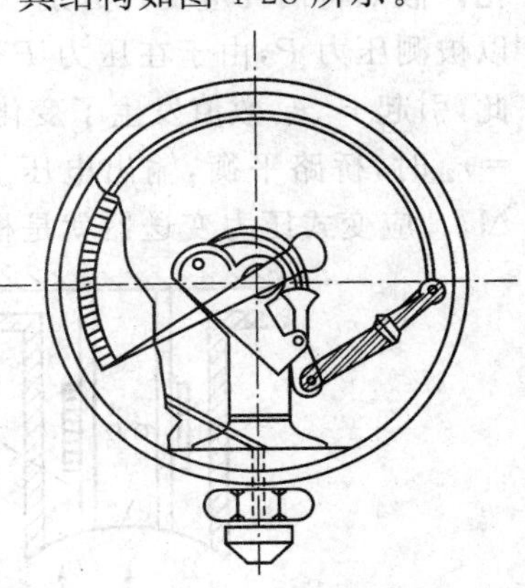

图 4-28 弹簧管压差计

在选用弹簧管压力表时,应注意工作介质的物性和量程。操作压力较稳定时,操作指示值应选在其量程的 2/3 处。若操作压强经常波动,应在其量程的 1/2 处。同时还应注意其精度,在表盘下方小圆圈中的数字代表该表的精度等级。对于一般指示常使用 2.5 级、1.5 级、1 级,对于测量精度要求较高时,可用 0.4 级以上的表。

电气式压力计一般是将压力的变化转换成电阻、电感或电势等电量的变化,从而实现压力的间接测量。

(四)电气式压力计

这种压力计反应较迅速,易于远距离传送,在测量压力快速变化、脉动压力、高真空、超高压的场合下较合适。

1. 膜片压差计

膜片压差计的测压弹性元件是平面膜片或柱状的波纹管,受压力后引起变形和位移,经转换变成电信号远传指示,从而实施压强或压差的测量。图 4-29 所示为 CMD 型电子膜片压差计。当流体的压强传递到紧压于法兰盘间的弹性膜时,膜受压,其中部向左(右)移动,此项位移带动差动变压器线圈内的铁芯移动。

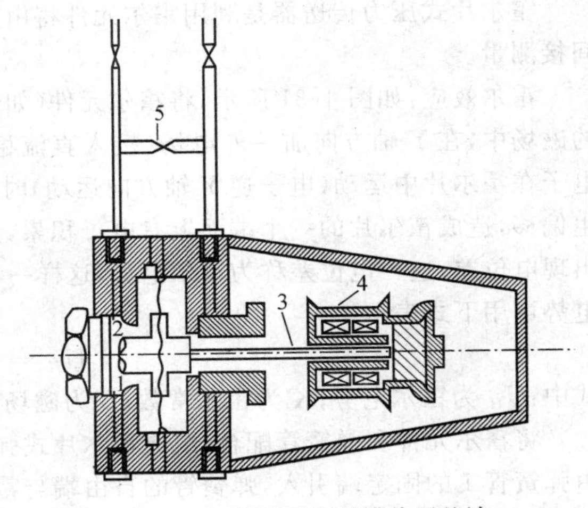

图 4-29 CMD 型电子膜片压差计

1—膜片;2—保护挡板;3—铁芯;4—差动变压器线圈;5—平衡阀

通过电磁感应将膜片的行程转换为电信号,再通过电路用动圈式毫伏计显示出来。为了避免压差太大或操作失误时损坏膜片,装有保护挡板2,当一侧压差太大时,保护挡板压紧在该侧橡皮片b上,从而关闭膜片与高压的通道,使膜片不致超压。

这种压差计可代替水银U形管,消除水银污染,信号又可远传,但精确度比U形管差。

2. 压变片式压力变送器

压变片式压力变送器是利用应变片作为转换元件,将被测压力 P 转换成应变片的电阻值变化,然后经过桥式电流得到毫伏级的电量输出。

应变片是由金属导体或半导体材料制成的电阻体,其电阻 R 随压力 P 所产生的应变而变化。假如将两片应变片分别以轴向与径向两方向固定在圆筒上,如图4-30(a)所示,圆筒内通以被测压力 P,由于在压力 P 作用下圆筒产生应变,并且沿轴向和径向的应变值不一样,因此,引起 r_1、r_2 数值发生了变化。r_1、r_2 和固定电阻 r_3、r_4 组成测量桥路(见图4-30(b)),当 $r_1=r_2$ 时,桥路平衡,输出电压 $\Delta U=0$,当 r_1 与 r_2 数值不等时,测量桥路失去平衡,输出电压 ΔU。应变式压力变送器就是根据 ΔU 随压力 P 变化来实现压力的间接测量。

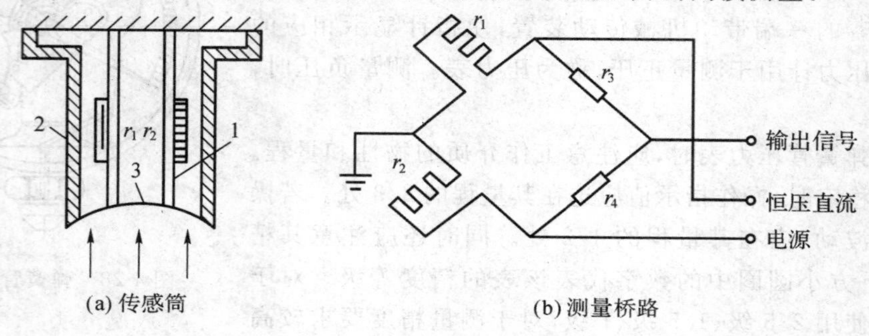

(a) 传感筒　　(b) 测量桥路

图4-30　应变片压力传感器

应变电阻值还随环境温度的变化而变化。温度对应变片电阻值有显著影响,从而产生一定的误差,一般采用桥路补偿和应变片自然补偿的方法来清除环境温度变化的影响。这方面的详细内容可阅相关专业参考书。

3. 霍尔片式压力变送器

霍尔片式压力传送器是利用霍尔元件将由压力引起的位移转换成电势,从而实现压力的间接测量。

霍尔效应:如图4-31所示,将霍尔元件(如锗半导体薄片)放置在 z 轴方向磁场强度为 B 的磁场中,在 Y 轴方向加一外电场(接入直流稳压电源),便有恒定的电流沿 Y 轴方向通过。电子在霍尔片中运动(电子逆 Y 轴方向运动)时,由于受电磁力的作用而使电子的运动轨道发生偏移,造成霍尔片的一个端面上有电子积累,另一个端面上正电荷过剩,于是在 X 轴方向上出现电位差,这一电位差称为霍尔电势,这样一种物理现象就称为"霍尔效应"。所产生的霍尔电势可用下式表示:

$$U_H = KBI_P$$

式中:U_H 为霍尔电势;K 为霍尔常数;B 为磁场强度;I_P 为输入电流。

将霍尔元件和弹簧管配合,组成霍尔片式弹簧管压力变送器,如图4-32所示。被测压力由弹簧管1的固定端引入,弹簧管的自由端与霍尔片3相连接,在霍尔片的上下方垂直安放两对磁极,使霍尔片处于两对磁极形成的非均匀磁场中。在被测压力作用下,弹簧管自由端产生位移,改变霍尔片在非均匀磁场中的位置,将机械位移量转换成电量——霍尔电势 U_H,以便将压信号进行远传和显示。

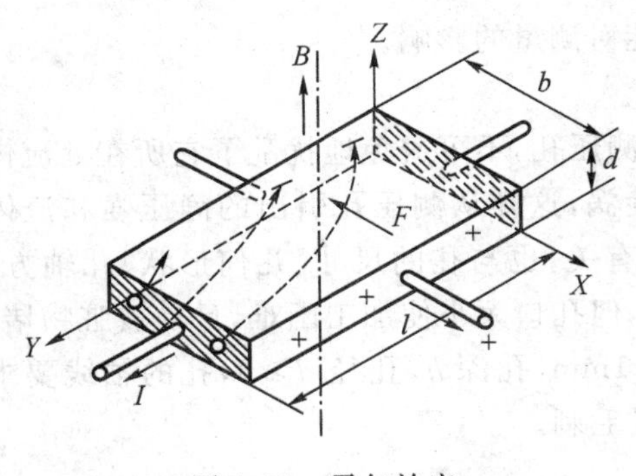

图 4-31 霍尔效应

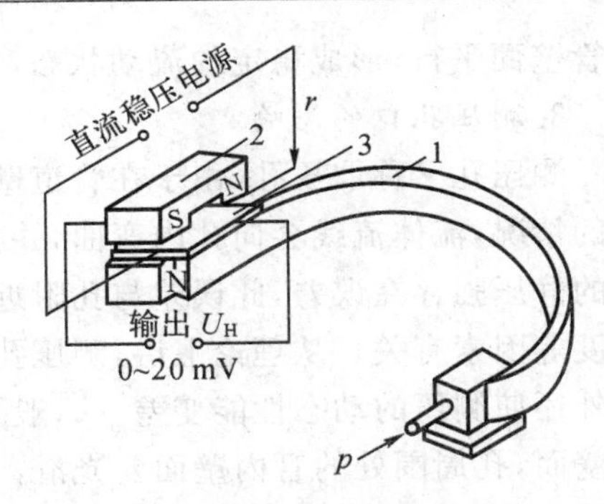

图 4-32 霍尔片式压力传感器

1—弹簧管；2—磁钢；3—霍尔片

霍尔传感器的优点是外部尺寸和厚度小，测量精度高（U_H 与 B 大小呈线性关系），测量范围宽。缺点是效率低。

(五)流体压力测量中的技术要点

1. 压力计的正确选用

(1)仪表类型的选用

仪表类型的选用必须满足工艺生产或实验研究的要求，如是否需要远传变送、报警或自动记录等，被测介质的物理化学性质和状态（如黏度大小、温度高低，腐蚀性、清洁程度等）是否对测量仪表提出特殊要求，周围环境条件（诸如温度、湿度、振动等）对仪表类型是否有特殊要求等，总之，正确选用仪表类型是保证安全生产及仪表正常工作的重要前提。

(2)仪表的量程范围应符合工艺生产和实验操作的要求

仪表的量程范围是指仪表刻度的下限值到上限值，它应根据操作中所需测量的参数大小来确定。测量压力时，为了避免压力计超负荷而破坏，压力计的上限值应该高于实际操作中可能的最大压力值。对于弹性式压力计，在被测压力比较稳定的情况下，其上限值应为被测最大压力的 4/3 倍，在测量波动较大的压力时，其上限值应为被测最大压力的 3/2 倍。

此外，为了保证测量值的准确度，所测压力值不能接近仪表的下限值，一般被测压力的最小值应不低于仪表全量程式的 1/3 为宜。

根据所测参数大小计算出仪表的上下限后，还不能以此值作为选用仪表的极限值，因为仪表标尺的极限值不是任意取的，它是由国家主管部门用标准规定的。因此，选用仪表标尺的极限值时，要按照相应的标准中的数值选用（一般在相应的产品目录或工艺手册中可查到）。

(3)仪表精度级的选取

仪表精度级是由工艺生产或实验研究所允许的最大误差来确定的。一般地说，仪表越精密，测量结果越精确、可靠。但不能认为选用的仪表精度越高越好，因为越精密的仪表，一般价格越高，维护和操作要求越高。因此，应在满足操作的要求前提下，本着节约的原则，正确选择仪表的精度等级。

2. 测压点的选择

测压点的选择对于正确测得静压值十分重要。根据流体流动的基本原理可知，其应被选在受流体流动干扰最小的地方。如在管线上测压，测压点应选在离流体上游的管线弯头、阀门或其他障碍物 40～50 倍管内径的距离，为了使紊乱的流线经过该稳定段后在近壁面处的流线与管壁面平行，形成稳定的流动状态，从而避免动能对测量的影响。

3. 测压孔口的影响

测压孔又称取压孔，由于在管道壁面上开设了测压孔，不可避免地扰乱了它所在处流体流动的情况，流体流线会向孔内弯曲，并在孔内引起旋涡，这样从测压孔引出的静压强和流体真实的静压强存在误差，此误差与孔附近的流动状态有关，也与孔的尺寸、几何形状、孔轴方向、深度等因素有关。从理论上讲，测压孔径越小越好，但孔口太小使加工困难，且易被脏物堵塞，另外还使测压的动态性能变差。一般孔径为 0.5～1mm，孔深 h，孔径 $d \geqslant 3$，孔的轴线要求垂直壁面，孔周围处的管内壁面要光滑，不应有凸凹或毛刺。

4. 压强测量要点

(1)选用压强计

①预先了解工作介质的压强大小、变化范围以及对测量精度的要求，从而选择适当量程和精度级的测量仪表。

②预先了解工作介质的物性和状态，如黏度大小、是否具有腐蚀性、温度高低和清洁程度等。

③了解周围环境情况，如温度、湿度、振动的情况，以及是否存在腐蚀性气体等。

④压强信息是否需要远距离传输或记录等。

(2)选择测压点

测压点必须尽量选在受流体流动干扰最小的地方，如在管线上测压。测压点应该选在离流体上游的管线弯头、阀或其化障碍物 40～50 倍管内径的距离，使紊乱的流线经过该稳定段后在近壁处的流线与管壁面平行，从而避免动能对测量的影响。如条件所限，不能保证(40～50)$d_{内}$ 的稳定段，可设置整流板或整流管，以消除动能的影响。

(3)测压孔口的影响

测压孔又称取压孔。由于在管道面上开设了测压孔，不可避免地扰乱了她所在流体流动的情况，在流体流过孔时其流线向孔内弯曲，并在孔内引起旋涡，因此，从测压孔引出的静压强和流体真实的静压强存在误差。前人已发现，该误差与孔附近的流体状态有关，也与孔的尺寸、几何形状、孔轴的方向、孔的深度及开孔处壁面的粗糙度有关。实验研究证实，孔径尺寸越大，流线弯曲越严重，误差也越大。从理论上讲，测压孔口越小越好，但孔口太小导致加工困难，且易被污物堵塞，也使测压的动态性能差。一般孔径为 0.5～1.0mm，精度要求稍低的场合，可适当放在孔径。

一般对壁面的测压孔有如下要求：孔径 $d \geqslant 3$mm；孔的轴线要垂直壁面；孔的边缘不应有毛刺；孔的周围管道壁面要光滑，不应有凹凸部分。因测压是以管壁面上的测压值表示该端面处的静压，为此可给该端面装测压环，使各个侧压孔相互贯通，借以消除管道端面上各点的静压差或不均匀流动引起的附加误差。测压环的基本形式如图 4-33 所示，若管道尺寸较小，并且测量精度要求不高时常以单个测压孔代替测压环。测压孔的方位，根据工作介质的情况而定。当工作介质为气体时，一般孔口位于管道的上方；为蒸气时，位于管道的侧面；为液体时，位于与水平轴线成 45°角处。

5. 正确的安装和使用压强计

(1)引压导管。系测压管或测压孔和压强计之间的连接管道，它的功能是传送压强。在正常状态下，引压导管内的流体是完全静止的，导管内的压强按静力学规律分布，即仅与高度有关。由此可知，测压点处的压强可从压强计的数值求取。

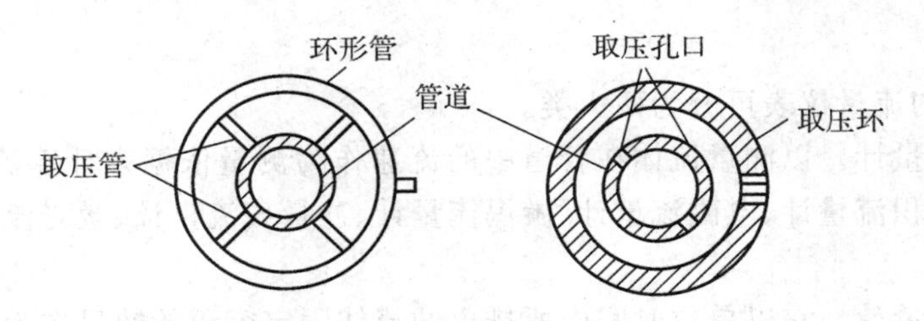

图 4-33　测压环

为了保证在引压管内不引起二次环流，管径应较细。但细而长的管道，其阻尼作用很大，特别是当测压孔很小时阻尼作用更大，使灵敏度下降。因此，引压管道的长度应尽可能缩短。对于在所测压强为波动较大的场合，为使读数稳定，往往需要利用引压管道的阻尼作用，此时可关小引压管道的测压阀，或将引压导管制作成盘形管。

在引压导管工作过程中，必须防止阻塞或泄漏两种情况，否则将会给测量带来很大的误差。测量气体压强时，往往由于液滴或尘埃被带入引起导管阻塞。测量液体压强时，往往引导管内残留空气而被阻塞。引压导管最好能垂直安装或至少不小于 1：10 的倾斜度，并在最低处集灰集液斗，或在最高出安装放气发阀。引压导管安装时要注意密封性，否则将使测量值较大地偏离真值。

在测量蒸气压强时，为了避免高温蒸气和测量计直接接触，引压导管一般做成图 4-34 所示的形式。该形式广泛应用于弹簧压差计，以保障压强计的精度和使用寿命。此外，若为腐蚀介质，引压导管上要安装隔离罐，其形式如图 4-35 所示。

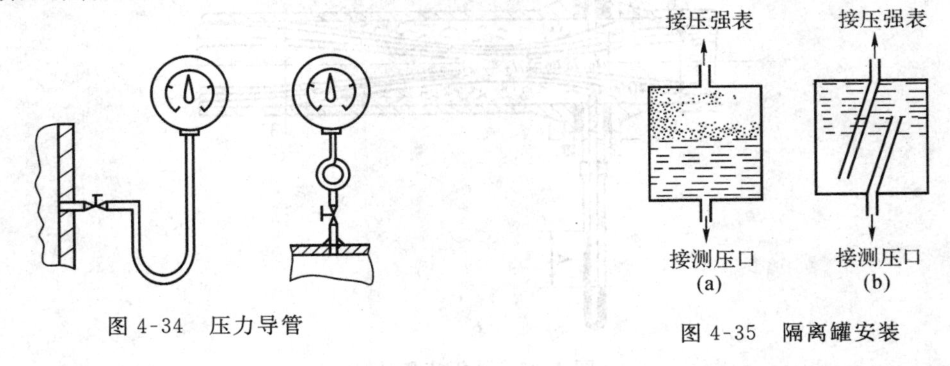

图 4-34　压力导管

图 4-35　隔离罐安装

(2)在测压点处要安装切断阀(或称测压阀)，以便于引压导管和压强计的拆修。对于精度级较高或量程较小的压强计，切断阀可防止压强的突然冲击或过载。

(3)在安装液柱式压强计时，要注意安装的垂直度。

(4)在使用液柱式压强计时，必须做好引压导管排污或排气工作，读数时视线应与分界面的弯月面相切。

三、流量测量与变送

工业生产过程中另一个重要参数就是流量。流量就是单位时间内流经某一截面的流体数量。流量可用体积流量和质量流量来表示。其单位分别用 m^3/h、L/h 和 kg/h 等。

流量计是指测量流体流量的仪表，它能指示和记录某瞬时流体的流量值；计量表(总量表)是指测量流体总量的仪表，它能累计某段时间间隔内流体的总量，即各瞬时流量的累加和，如水表、煤气表等。

工业上常用的流量仪表可分为两大类。

(1)速度式流量计。以测量流体在管道中的流速作为测量依据来计算流量的仪表。如差压式流量计、变面积流量计、电磁流量计、漩涡流量计、冲量式流量计、激光流量计、堰式流量计和叶轮水表等。

(2)容积式流量计。它以单位时间内所排出的流体固定容积的数目作为测量依据,如椭圆齿轮流量计、腰轮流量计、乔板式流量计和活塞式流量计等。

(一)压差式流量计

化工生产中常用到一种装置,借助于流体流过具有特殊结构的装置,产生压力降,只需测出压力降大小,即可知流体大小。这种装置叫压差式流量计。如孔板、文丘板和转子流量计就是常用的压差式流量计。

1. 孔板流量计

(1)孔板流量计的结构与测量原理

孔板流量计属于差压式流量计,是利用流体流经节流元件产生的压力差来实现流量测量的。孔板流量计的节流元件为孔板,即中央开有圆孔的金属板,其结构如图 4-36 所示。将孔板垂直安装在管道中,以一定取压方式测取孔板前后两端的压差,并与压差计相连,即构成孔板流量计。

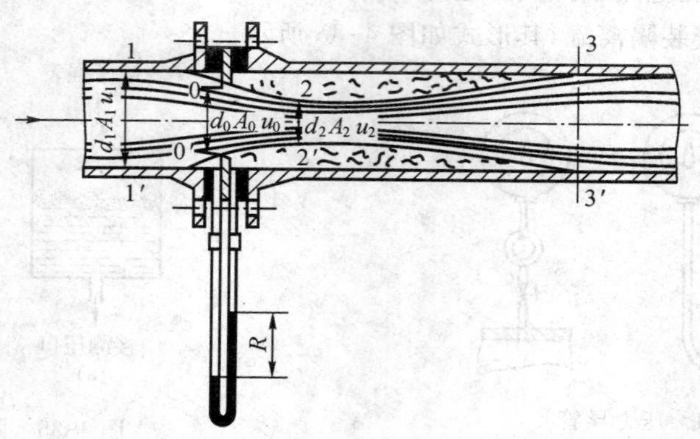

图 4-36 孔板流量计

在图 4-36 中,流体在管道截面 1-1′前,以一定的流速 u_1 流动,因后面有节流元件,当到达截面 1-1′后流束开始收缩,流速即增加。由于惯性的作用,流束的最小截面并不在孔口处,而是经过孔板后仍继续收缩,到截面 2-2′达到最小,流速 u_2 达到最大。流束截面最小处称为缩脉。随后流束又逐渐扩大,直至截面 3-3′处,又恢复到原有管截面,流速也降低到原来的数值。

流体在缩脉处,流速最高,即动能最大,而相应压力就最低,因此当流体以一定流量流经小孔时,在孔前后就产生一定的压力差 $\Delta p = p_1 - p_2$。流量愈大,Δp 也就愈大,所以利用测量压差的方法就可以测量流量。

(2)孔板流量计的流量方程

孔板流量计的流量与压差的关系,可由连续性方程和柏努利方程推导。

图 4-36 中,在 1-1′截面和 2-2′截面间列柏努利方程,暂时不计能量损失,有

$$\frac{p_1}{\rho}+\frac{1}{2}u_1^2=\frac{p_2}{\rho}+\frac{1}{2}u_2^2 \tag{4-1}$$

变形得

$$\frac{u_2^2-u_1^2}{2}=\frac{p_1-p_2}{\rho} \tag{4-2}$$

或

$$\sqrt{u_2^2-u_1^2}=\sqrt{\frac{2\Delta p}{\rho}} \tag{4-3}$$

由于上式未考虑能量损失，实际上流体流经孔板的能量损失不能忽略不计；另外，缩脉位置不定，A_2 未知，但孔口面积 A_0 已知，为便于使用可用孔口速度 u_0 替代缩脉处速度 u_2；同时两测压孔的位置也不一定在 1-1′和 2-2′截面上，所以引入一校正系数 C 来校正上述各因素的影响，则上式变为

$$\sqrt{u_0^2-u_1^2}=C\sqrt{\frac{2\Delta p}{\rho}} \tag{4-4}$$

根据连续性方程，对于不可压缩性流体得

$$u_1=u_0\frac{A_0}{A_1}$$

将上式代入式(4-4)，整理后得

$$u_0=\frac{C}{\sqrt{1-\left(\frac{A_0}{A_1}\right)^2}}\sqrt{\frac{2\Delta p}{\rho}} \tag{4-5}$$

令

$$C_0=\frac{C}{\sqrt{1-\left(\frac{A_0}{A_1}\right)^2}}$$

则

$$u_0=C_0\sqrt{\frac{2\Delta p}{\rho}} \tag{4-6}$$

将 U 形压差计公式 $p_1-p_2=Rg(\rho_i-\rho)$ 代入式(4-5)中，得

$$u_0=C_0\sqrt{\frac{2Rg(\rho_0-\rho)}{\rho}} \tag{4-7}$$

根据 u_0 即可计算流体的体积流量

$$q_v=u_0A_0=C_0A_0\sqrt{\frac{2Rg(\rho_0-\rho)}{\rho}} \tag{4-8}$$

质量流量：

$$q_m=C_0A_0\sqrt{2Rg\rho(\rho_0-\rho)} \tag{4-9}$$

式中：C_0 称为流量系数或孔流系数，其值由实验测定。

因孔板有能量损失，并且在能量衡算时忽略了，故需加入一个流量系数进行校正；加之测压口取压方式不同，取压位置与能量衡算时截面不一致，也需增加一个校正系数；另外考虑到孔的面积和管道面积之比，结构也需用系数进行校正，因此用流量系数 C_0 来进行综合校正。C_0 包含了三个方面的影响因素，即 $C_0=f$(孔板能量损失、取压方式、S_0/A_0)。

工业生产中使用的流量计是按标准规范制造的。流量计出厂前经过校核后作出流量系数 C_0 与 Re 曲线(S_0/A_0 一定)，供用户查用。有的厂方还提供 C_0 与测压计 R 读数的关系曲线。但是，在用户遗失原厂方提供的流量曲线或者流量计经过长期使用而磨损较大，或者被测流体与标定流体成分或状态不同，或者用户自己制造的非标准形式的流量计等，所有这些情况，都

要求必须对流量计进行标定，由实验测取流量系数。

标定方法：根据式(4-8)可知，欲求出 C_0，用实验测出 q_v 和压差计示值 R，代入式(4-9)即可测取一系列 C_0 和对应的 R 值，即可在双对数坐标纸上作出 $Re \sim C_0$ 关系曲线，就是所谓的流量曲线。

q_v 测量系用体积法或重量法，测出流量示值 m^3/s 或 kg/s，其中体积法比较方便。

安装：孔板流量计安装位置的上下段要有一段内径不变的直管，一般孔板与上段应有$(30 \sim 50)d$ 的稳定直管段，与下段应有$(5 \sim 10)d$ 的稳定直管段，以减免涡流的干扰。

2. 文丘里(Venturi)流量计

孔板流量计的主要缺点是能量损失较大，其原因在于孔板前后的突然缩小与突然扩大。若用一段渐缩、渐扩管代替孔板，所构成的流量计称为文丘里流量计或文氏流量计，如图 4-37 所示。当流体经过文丘里管时，由于均匀收缩和逐渐扩大，流速变化平缓，涡流较少，故能量损失比孔板大大减少。

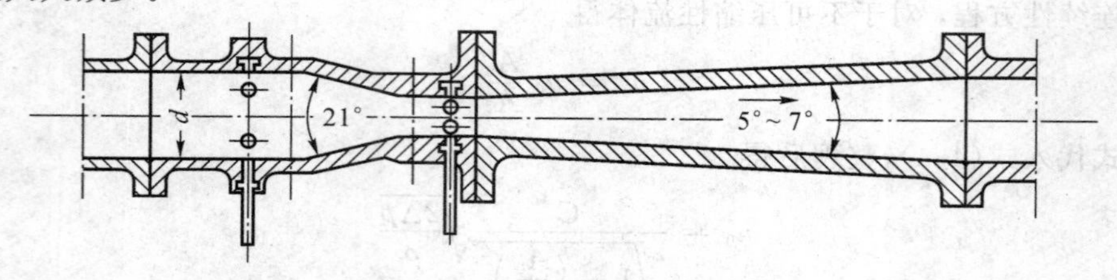

图 4-37 文丘里流量计

文丘里流量计的测量原理与孔板流量计相同，也属于差压式流量计。其流量公式也与孔板流量计相似，即

$$q_v = C_V A_0 \sqrt{\frac{2Rg(\rho_0 - \rho)}{\rho}} \tag{4-10}$$

式中：C_V 为文丘里流量计的流量系数(约为 0.98～0.99)；A_0 为喉管处截面积，单位是 m^2。

由于文丘里流量计的能量损失较小，其流量系数较孔板大，因此相同压差计读数 R 时流量比孔板大。文丘里流量计的缺点是加工较难、精度要求高，因而造价高，安装时需占去一定管长位置。

3. 标准节流装置

国内外把最常用的节流装置：孔板、喷嘴、文丘里管等标准化，并称为“标准节流装置”。采用标准节流装置进行设计计算时都有统一标准的规定、要求和计算所需要的通用化实验数据资料。

(1)节流装置的选用

1)在加工制造和安装方面，以孔板为最简单，喷嘴次之，文丘里管最复杂。造价高低也与此相对应。实际上，在一般场合下，以采用孔板为最多。

2)当要求压力损失较小时，可采用喷嘴、文丘里管等。

3)在测量某些易使节流装置腐蚀、沾污、磨损、变形的介质流量时，采用喷嘴较采用孔板为好。

4)在流量值与压差值都相同的条件下，使用喷嘴有较高的测量精度，而且所需的直管长度也较短。

5)如果被测介质是高温、高压的，则可选用孔板和喷嘴。文丘里管只适用于低压的流体介质。

(2)节流装置的安装使用

1)必须保证节流装置的开孔和管道的轴线同心,并使节流装置端面与管道的轴线垂直。

2)在节流装置前后长度为两倍于管径(2D)的一段管道内壁上,不应有凸出物和明显的粗糙或不平现象。

3)任何局部阻力(如弯管、三通管、闸阀等)均会引起流速在截面上重新分布,引起流量系数变化。所以在节流装置的上、下游必须配置一定长度的直管。

4)标准节流装置(孔板、喷嘴),一般都用于直径 $D\geqslant50$mm 的管道中。

5)被测介质应充满全部管道并且连续流动。

6)管道内的流束(流动状态)应该是稳定的。

7)被测介质在通过节流装置时应不发生相变。

4. 力矩平衡式差压变送器

变送器是单元组合式仪表中不可缺少的基本单元之一。

所谓单元组合式仪表,这是将对参数的检测及其变送、显示、控制等各部分,分别做成只完成某一种功能而又能各自独立工作的单元仪表(简称单元,如变送单元、显示单元、控制单元等)。

按使用的能源不同,单元组合式仪表有气动单元组合式仪表(QDZ 型)和电动单元组合式仪表(DDZ 型)。

差压变送器可以将差压信号 Δp 转换为统一标准的气压信号或电流信号,可以连续地测量差压、液位、分界面等工艺参数。当它与节流装置配合时,可以用来连续测量液体、蒸气和气体的流量。

力矩平衡式差压变送器是一种典型的自平衡检测仪表,它利用负反馈的工作原理克服元件材料、加工工艺等不利因素的影响,使仪表具有较高的测量准确度(一般为 0.5 级)、工作稳定、可靠、线性好、不灵敏区小、温度误差小等一系列优点。

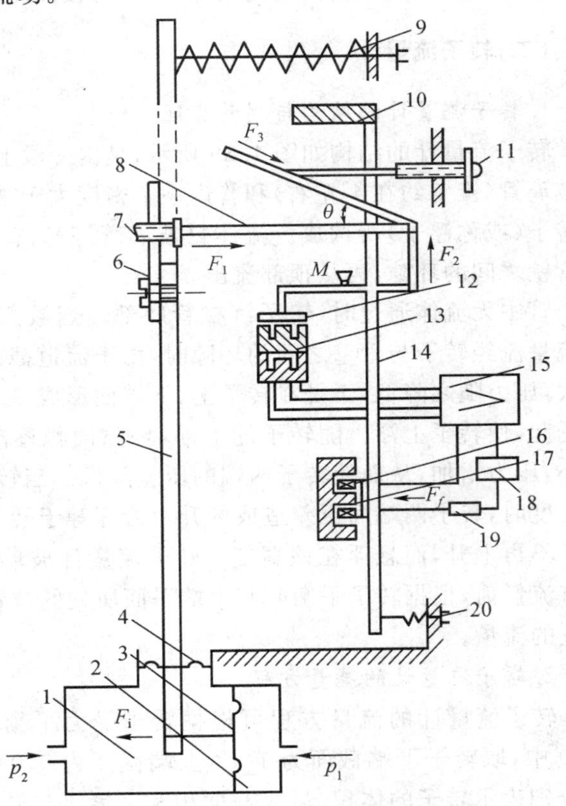

图 4-38　DDZ-Ⅲ型膜盒差压变送器结构

1—低压室;2—高压室;3—测量元件(膜盒);4—轴封膜片;5—主杠杆;6—过载保护簧片;7—静压调整螺钉;8—矢量机构;9—零点迁移弹簧;10—平衡锤;11—量程调整螺钉;12—位移检测片(衔铁);13—差动变压器;14—副杠杆;15—放大器;16—反馈动圈;17—永久磁钢;18—电源;19—负载;20—调零弹簧

图 4-38 所示为 DDZ-Ⅲ差压变送器结构。由图 4-38 看出,差压变送器由两部分组成,下半部分为测量部分,上半部分为转换部分。测量部分包括测量室、测量元件(膜盒)等,转换部分包括主杠杆、矢量机构、副杠杆、差动变压器、反馈机构、调零装置和放大器等。被测差压信

号由高、低压室引入，在膜盒 3 上转换为推力 F_i（$F_i=\Delta p_i A$，$\Delta p_i=p_1-p_2$，A 为膜盒有效面积）。此力作用于主杠杆 5 的下端，使主杠杆以轴封膜片 4 为支点偏转，并以力 F_i 沿水平方向推动矢量机构 8。矢量机构 8 将推力 F_i 分解成 F_2 和 F_3。F_3 沿矢量板方向作用，被固定于基座上的矢量板平衡掉。F_2 使矢量机构的推板向上移动，并通过连接簧片带动副杠杆 14 以 M 为支点逆时针转动，使固定在副杠杆上的差动变压器的检测片（衔铁）12 靠近差动变压器 13，使两者间的气隙减小，这时差动变压器的输出增加，并通过放大器 15 放大为 4～20mA 的输出电流 I_0。当输出电流流过反馈动圈 16 时，产生电磁反馈力 F_f，使副杠杆向顺时针方向偏转。当反馈力 F_f 所产生的力矩与 F_i 产生的力矩相等时，变送器便达到一个新的稳定状态，此时放大器输出电流即为变送器的输出电流，它与被测差压信号成正比。

(二)转子流量计

1. 转子流量计的结构与测量原理

转子流量计的结构如图 4-39 所示，是由一段上粗下细的锥形玻璃管（锥角约在 4°左右）和管内一个密度大于被测流体的固体转子（或称浮子）所构成。流体自玻璃管底部流入，经过转子和管壁之间的环隙，再从顶部流出。

管中无流体通过时，转子沉在管底部。当被测流体以一定的流量流经转子与管壁之间的环隙时，由于流道截面减小，流速增大，压力随之降低，于是在转子上、下端面形成一个压差，将转子托起，使转子上浮。随转子的上浮，环隙面积逐渐增大，流速减小，压力增加，从而使转子两端的压差降低。当转子上浮至某一高度时，转子两端面压差造成的升力恰好等于转子的重力时，转子不再上升，而悬浮在该高度。转子流量计玻璃管外表面上刻有流量值，根据转子平衡时其上端平面所处的位置，即可读取相应的流量。

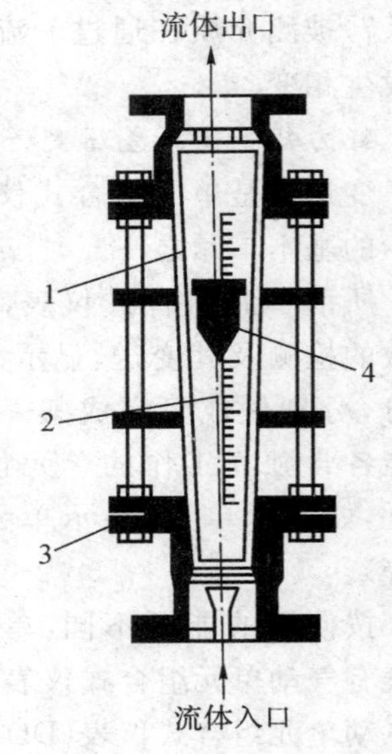

图 4-39　转子流量计

1—锥形硬玻璃管；2—刻度；3—突缘填函盖板；4—转子

2. 转子流量计的流量方程

转子流量计的流量方程可根据转子受力平衡导出。在图 4-40 中，取转子下端截面为 1-1′，上端截面为 0-0′，用 V_f、A_f、ρ_f 分别表示转子的体积、最大截面积和密度。当转子处于平衡位置时，转子两端面压差造成的升力等于转子的重力，即

$$(p_1-p_0)A_f=\rho_f V_f g \tag{4-11}$$

p_1、p_0 的关系可在 1-1′和 0-0′截面间列柏努利方程获得

$$\frac{p_1}{\rho}+\frac{u_1^2}{2}+z_1 g=\frac{p_0}{\rho}+\frac{u_0^2}{2}+z_0 g$$

整理得　　$$p_1-p_0=(z_0-z_1)\rho g+\frac{\rho}{2}(u_0^2-u_1^2)$$

将上式两端同乘以转子最大截面积 A_f，则有

$$(p_1-p_0)A_f=A_f(z_0-z_1)\rho g+A_f\frac{\rho}{2}(u_0^2-u_1^2) \tag{4-12}$$

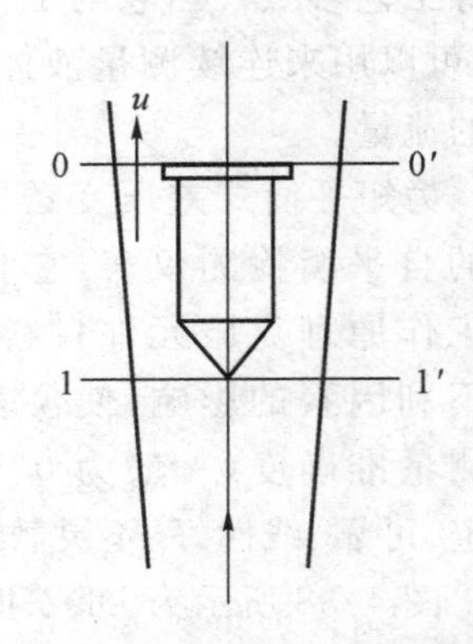

图 4-40　转子流量计流动

由此可见，流体作用于转子的升力 $(p_1-p_0)A_f$ 由两部分组

成：一部分是两截面的位差，此部分作用于转子的力即为流体的浮力，其大小为 $A_f(z_0-z_1)\rho g$ 即 $V_f\rho g$；另一部分是两截面的动能差，其值为 $A_f\ \frac{\rho}{2}(u_0^2-u_1^2)$。

将式(4-11)与式(4-12)联立，得

$$V_f(\rho_f-\rho)g=A_f\ \frac{\rho}{2}(u_0^2-u_1^2) \tag{4-13}$$

根据连续性方程　$u_1=u_0\ \dfrac{A_0}{A_1}$

将上式代入式(4-13)中，有

$$V_f(\rho_f-\rho)g=A_f\ \frac{\rho}{2}u_0^2\left[1-\left(\frac{A_0}{A_1}\right)^2\right] \tag{4-14}$$

整理得

$$u_0=\frac{1}{\sqrt{1-\left(\dfrac{A_0}{A_1}\right)^2}}\sqrt{\frac{2V_f(\rho_f-\rho)g}{\rho A_f}} \tag{4-15}$$

考虑到表面摩擦和转子形状的影响，引入校正系数 C_R，则有

$$u_0=C_R\sqrt{\frac{2(\rho_f-\rho)V_f g}{\rho A_f}} \tag{4-16}$$

此式即为流体流过环隙时的速度计算式，C_R 又称为转子流量计的流量系数。

转子流量计的体积流量为

$$q_v=C_R A_R\sqrt{\frac{2(\rho_f-\rho)V_f g}{\rho A_f}} \tag{4-17}$$

式中：A_R 为转子上端面处环隙面积。

转子流量计的流量系数 C_R 与转子的形状和流体流过环隙时的 Re 有关。对于一定形状的转子，当 Re 达到一定数值后，C_R 为常数。

由式(4-16)可知，对于一定的转子和被测流体，V_f、A_f、ρ_f、ρ 为常数，当 Re 较大时，C_R 也为常数，故 u_0 为一定值，即无论转子停在任何一个位置，其环隙流速 u_0 是恒定的。而流量与环隙面积成正比(即 $q_v\propto A_R$)，由于玻璃管为下小上大的锥体，当转子停留在不同高度时，环隙面积不同，因而流量不同。

当流量变化时，力平衡关系并未改变，也即转子上、下两端面的压差为常数，所以转子流量计的特点为恒压差、恒环隙流速而变流通面积，属于截面式流量计。与之相反，孔板流量计则是恒流通面积，而压差随流量变化，为差压式流量计。

3. 转子流量计的刻度换算

转子流量计上的刻度，是在出厂前用某种流体进行标定的。一般液体流量计用 20℃ 的水(密度为 1000kg/m³)标定，而气体流量计则用 20℃ 和 101.3kPa 下的空气(密度为 1.2kg/m³)标定。当被测流体与上述条件不符时，应进行刻度换算。

假定 C_R 相同，在同一刻度下，有

$$\frac{q_{v2}}{q_{v1}}=\sqrt{\frac{\rho_1(\rho_f-\rho_2)}{\rho_2(\rho_f-\rho_1)}} \tag{4-18}$$

式中：下标 1 表示标定流体的参数，下标 2 表示实际被测流体的参数。

对于气体转子流量计，因转子材料的密度远大于气体密度，式(4-18)可简化为

$$\frac{V_{S2}}{V_{S1}}\approx\sqrt{\frac{\rho_1}{\rho_2}} \tag{4-19}$$

转子流量计读数方便，流动阻力很小，测量范围宽，测量精度较高，对不同的流体适用性广。缺点是玻璃管不能经受高温和高压，在安装使用过程中玻璃容易破碎。

4. 转子流量计使用注意事项

(1)被测流体的温度、压力改变时，对气体可按下式校正：

$$q_{v2}=q_{v1}\sqrt{p_2T_1/p_1T_2} \tag{4-20}$$

式中：q_{v1}、T_1、p_1 分别为用水(或空气)标定的体积流量(m^3/k)，温度(K)，压力(绝压)；q_{v2}、T_2、p_2 分别为被测流体校正后的实际体积流量，温度(K)，压力(绝压)。

转子流量计应安装在垂直、无震动的管道上，不能有明显的倾斜，否则会造成测量的误差。

(2)转子流量计前的直长管段长度应保存在不少于 $5D$(D 为无流量计的直径)，为了便于维修，转子流量计采取分路管道安装，如图 4-41 所示；对于测量不清洁的流体，可按图 4-41(b)安装。

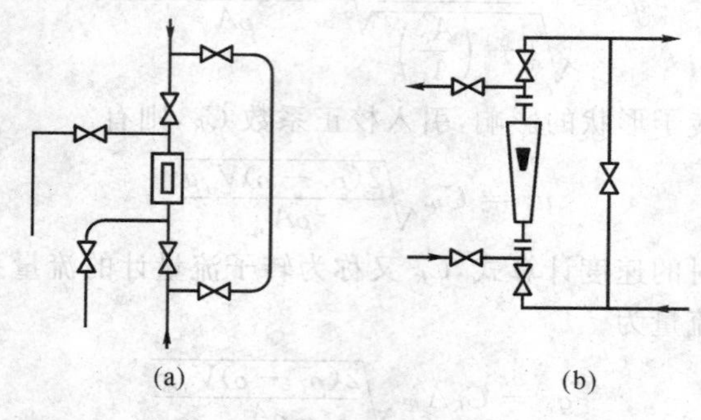

图 4-41 转子流量计的安装

(3)转子流量计在安装使用前，应检查流量的刻度值、工作的压力是否与实际相符，其误差不应超过规定值。

(4)转子流量计在每次开始使用时，应缓慢旋开阀门，以防流体冲力过猛损坏锥管、转子等元件。

(5)转子流量计的锥形管和转子应该经常清洗，防止污物改变环隙面积而影响精度。

(6)选用转子流量计应考虑转子和基座上午材料必须符合被测流体的要求。流量计的正常测量值最好选在测量上限的 1/3 至 2/3 刻度处。

(7)搬动转子流量计(特别是大口径的)时，应将转子顶(固定)住，防止将锥管打坏。

(8)管道内的工作压力必须在转子流量计的允许压力范围之内。

5. 电远传式转子流量计

以上所讲的指示式转子流量计，只能用于就地指示。电远传式转子流量计可以将反映流量大小的转子高度 h 转换为电信号，适合于远传，进行显示或记录。LZD 系列电远传转子流量计主要由流量变送及电动显示两部分组成。

(1)流量变送部分

LZD 系列电远传转子流量计是用差动变压器进行流量变送的，差动变压器的原理与结构如图 4-42 所示。

差动变压器由铁芯、线圈以及骨架组成。线圈骨架分成长度相等的两段，初级线圈均匀地密绕骨架的内层，并使两个线圈同相串联相接；次级线圈分别均匀地密绕在两段骨架的外层，并将两个线圈反相串联相接。

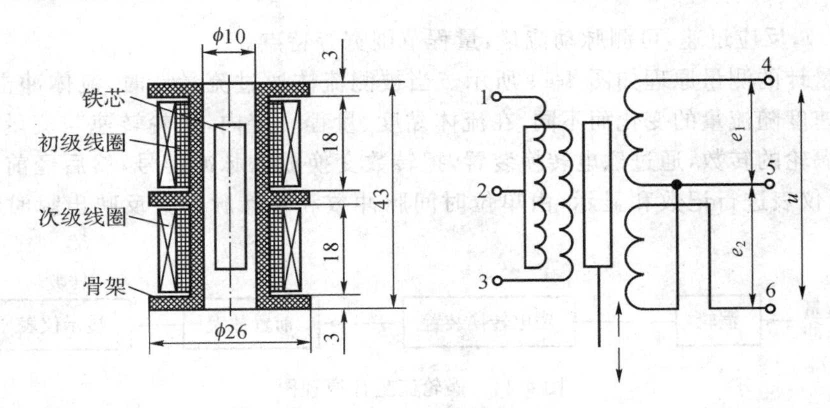

图 4-42　差动变压器结构

当铁芯处在差动变压器两段线圈的中间位置时，初级激磁线圈激励的磁力线穿过上、下两个次级线圈的数目相同，因而两个匝数相等的次级线圈中产生的感应电势 e_1、e_2 相等。由于两个次级线圈系相反串联，所以，e_1、e_2 相互抵消，从而输出端 4、6 之间总电势为零，即

$$\mu = e_1 - e_2 = 0$$

当铁芯向上移动时，由于铁芯改变了两段线圈中初、次级的耦合情况，使磁力线通过上段线圈的数目增加，通过下段线圈的磁力线数目减少，因而上段次级线圈产生的感应电势比下段次级线圈产生的感应电势大，即 $e_1 > e_2$，于是 4、6 之间总电势 $\mu = e_1 - e_2 > 0$。当铁芯向下移动时，情况正好相反，即输出的总电势 $\mu = e_1 - e_2 < 0$，无论哪种情况，都把这个输出的总电势称为不平衡电势，它的大小和相位由铁芯相对于线圈中心移动的距离和方向来决定。

若将转子流量计的转子与差动变压器的铁芯连接起来，使转子随流量变化的运动带动铁芯一起运动，那么，就可以将流量的大小转换成输出感应电势的大小，这就是电远传转子流量计的转换原理。

(2)电动显示部分

图 4-43 所示是 LZD 系列电远传转子流量计的原理图。当被测介质流量变化时，引起转子停浮的高度发生变化；转子通过连杆带动发送的差动变压器 T_1 中的铁芯上下移动。当流量增加时，铁芯向上移动，变压器 T_1 的次级绕组输出一不平衡电势，进入电子放大器。放大后的信号一方面通过可逆电机带动显示机构动作；另一方面通过凸轮带动接收的差动变压器 T_2 中的铁芯向上移动。使 T_2 的次级绕组也产生一个不平衡电势。由于 T_1、T_2 的次级绕组是反方向串联的，因此由 T_2 产生的不平衡电势去抵消 T_1 产生的不平衡电势，一直到进入放大器的电压为零后，T_2 中的铁芯便停留在相应的位置上，这时显示机构的指示值便可以表示被测流量的大小。

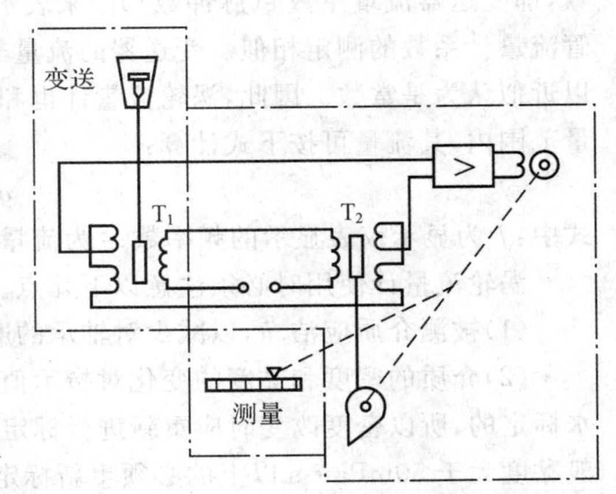

图 4-43　LZD 系列电远传转子流量计

(三)涡轮流量计

涡轮流量计是一种速度式流量仪表，具有精度高(可以达到 0.5 级以上，在狭小范围内可

以达到 0.1%），反应迅速，可测脉动流量，量程范围宽等特点。

涡轮流量计的测量原理如图 4-44 所示。当被测流体通过流量计时，流体冲击涡轮旋转，涡轮的旋转速度随流量的变化而不同，在流体黏度、量程一定内，涡轮转速与流量成正比。将流量转换成涡轮的转数，通过磁电转换装置，把转数变换成电脉冲信号，然后经前置放大器放大，送入显示仪表进行记数和显示，由单位时间脉冲数和累计脉冲数反映出瞬时流量和累积流量。

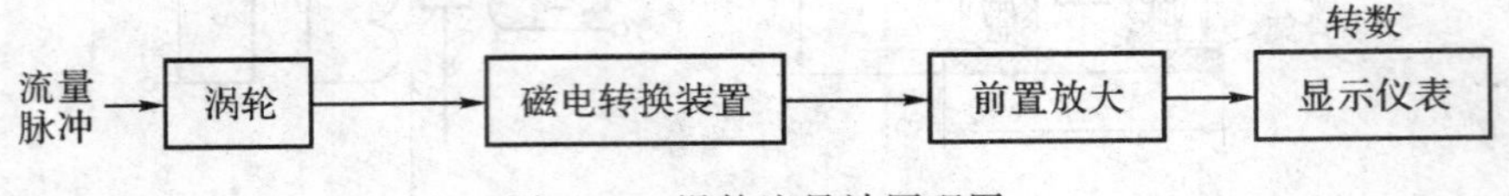

图 4-44 涡轮流量计原理图

涡轮流量计变送器是由涡轮、磁电转换器装置和前置放大器三部分组成。按结构可分为切线型和轴线型两种。图 4-45 所示为轴线型的涡轮流量变送器。

涡轮由导磁不锈钢材料组成，安装在摩擦力很小的轴承中，其前后设有对流体起整流作用的导流器，以消除旋涡，保证仪器的精度。由永久磁铁和感应线圈组成的磁电转换装置安装在变送器的壳体上，当流体流过变送器时，便推动涡轮转动并在磁电转换装置中感应出电脉冲信号，放大后送入显示仪表。

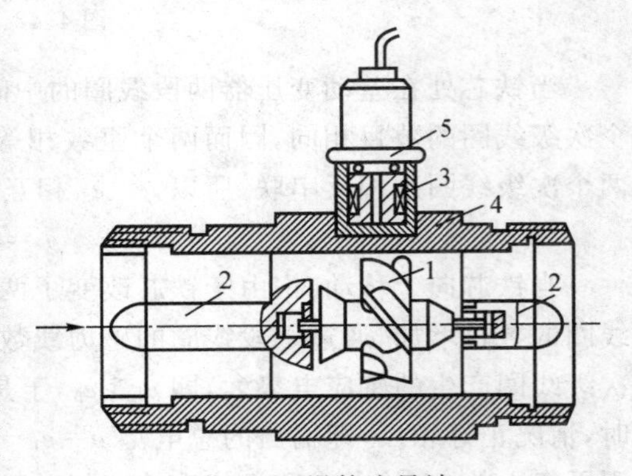

图 4-45 涡轮流量计

1—涡轮；2—导流器；3—磁电感应转换器；4—外壳；5—前置放大器

涡轮流量变送器是通过磁电转换装置将涡轮的角速度 ω 转换成相应的电脉冲数输送到显示器，所以一般是以流过单位面积所对应电脉冲数，即变送器流量系数 ξ（脉冲数/升）来表示流量与转速的关系，它的测取与孔板流量计、文丘管流量计系数的测定相似。变送器的流量非常数，只是流量大于某一数值时，在一段区间内可以近似认为是常数。因此，涡轮流量计也和其他流量计一样，有测量范围的限制。在允许的流量范围内，其流量可按下式计算：

$$q_V = f/\xi \tag{4-21}$$

式中：f 为显示仪表显示的频率数；ξ 为流量系数。

涡轮流量计使用时必须注意以下几点。

(1)被测介质应洁净，以减少对轴承的磨损。防止涡轮被卡，应在变送器前加过滤装置。

(2)介质的密度和黏度的变化对指示值有影响。变送器的流量系数 ξ 一般是在常温下用水标定的，所以密度改变时应重新进行标定；黏度增高，最大流量和线形范围都减小，因此，一般黏度大于 50mPa·s 以上的必须重新标定。

(3)涡轮流量计一般要求水平安装，避免垂直安装，同时还必须保证变送器前后有一定的直管段。一般上游为 $20D$，下游为 $15D$，否则将影响测量的准确性。

(四)体积式测量方法

体积式测量的方法，又称容积式测量法。它是通过一定时间内由流量仪表排出的流体累计体积量。工业生产中常用的有湿式流量计、椭圆齿轮流量计、活塞式流量计、刮板流量计、圆盘式流量计、腰轮流量计及皮囊式流量计，本节只介绍前两种流量计的工作原理、结构和使用。

1. 湿式流量计

湿式流量计如图 4-46 所示。绕轴转动的转鼓被隔板分成四个气室，气体通过仪表前面的中心进气口进入，推动转鼓转动，并不断地将气体排出。转鼓每转动一圈，可排出 4 个标准体积的气体，同时通过齿轮机构由指针指示或机械计数器极数，也可以将转动次数转换成电信号远传显示。

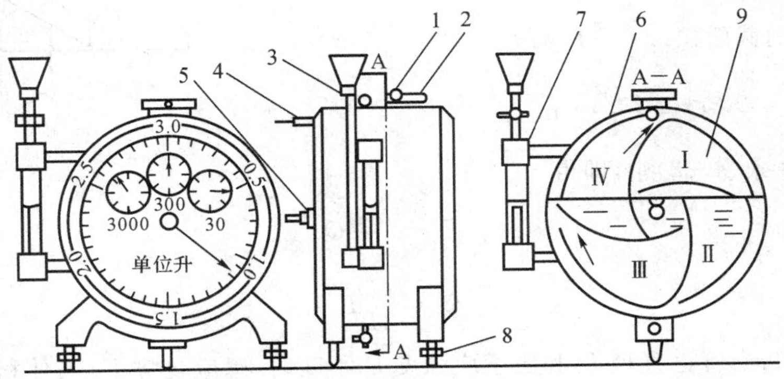

图 4-46 湿式流量计

1—温度计入口；2—压差计入口；3—水平仪；4—排气管；5—进气管；6—壳体；7—水位器；8—可调支脚；9—转鼓

湿式气体流量计在测量气体体积总量时，其准确度较高，特别是小流量时其误差较小，是实验室常用的仪表之一。

湿式流量计每个气室的有效体积是由预先注入流量计的水面控制的，所以在使用时应注意：①检查水面是否达到预定位置；②检查各部分是否有漏气现象；③若有腐蚀性气体或油蒸气，应在进入湿式流量计之前除掉；④及时测定压力和温度，便于换算标准状态的流量；⑤安装时，仪表必须保持水平。

2. 椭圆齿轮流量计

椭圆齿轮流量计如图 4-47 所示，它适于黏度较高的液体，如润滑油的计量。它是由一对椭圆状互相啮合的齿轮和壳体所组成，在流体压强作用下，椭圆齿轮各自绕其轴旋转，每旋转一周可排出 4 倍的齿轮与壳提间形成的月牙状容积的流量。根据齿轮转动的圈数，即可确定流量。

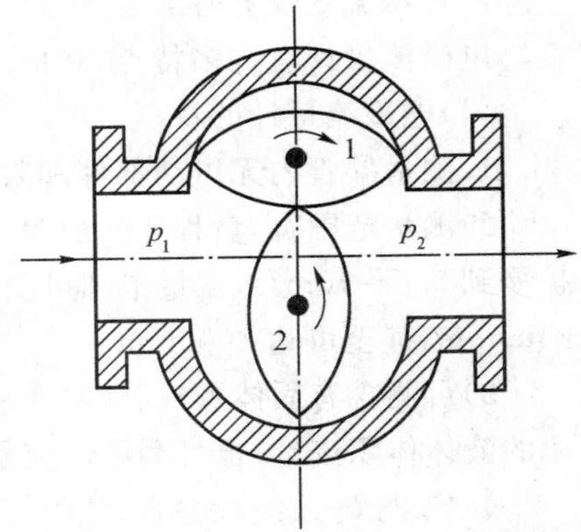

图 4-47 椭圆齿轮流量计

(五)电磁流量计

电磁场流量计是利用电磁感应原理制成的流量测量仪表，可用来测量导电液体体积流量(流速)。变送器几乎没有压力损失，内部无活动部件，用涂层或衬里易解决腐蚀性介质流量的测量。检测过程中不受被测介质的温度、压力、密度、黏度及流动状态等变化的影响，没有测验滞后现象。

1. 电磁流量计的测量原理

电磁流量计是电磁感应定律的具体应用，当导电的被测介质垂直于磁力线方向流动时，在与介质流动和磁力线都垂直的方向上产生一个感应电动势E_x(见图4-48)：

$$E_x = BDV \tag{4-22}$$

式中：B为磁感应强度，T；D为导管直径，即导体垂直切割磁力线的长度，m；V为被测介质在磁场中运动的速度，m/s。

因体积流量Q等于流速v与管道截面积A的乘积，直径为D的管道的截面积$A=\frac{\pi}{4}D^2$，故

$$Q = \frac{\pi D^2}{4}v, \mathrm{m^2/s} \tag{4-23}$$

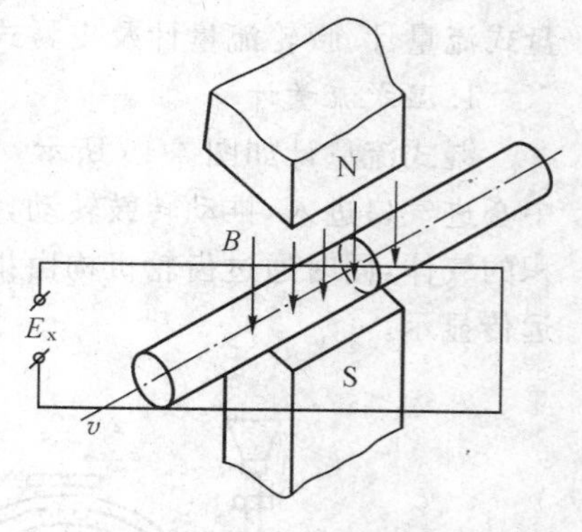

图4-48　电磁流量计原理图

将式(4-23)代入式(4-22)中，即得

$$E_x = \frac{4B}{\pi D}Q$$

$$Q = \frac{\pi D}{4B}E_x \tag{4-24}$$

由式(4-24)可知，当管道直径D和磁感应强度B不变时，感应电势E_x与体积流量Q之间成正比，但是上式是在均匀直流磁场条件下导出的，由于直流磁场易使管道中的导电介质发生极化，影响测量精度，因此工业上常采用交流磁场，$B=B_m\sin\omega t$，得

$$Q = \frac{\pi D}{4} \cdot \frac{E_x}{B_m \sin\omega t} \tag{4-25}$$

式中：ω为交变磁场的角频率；B_M为交变磁场磁感应强度的最大值。

由式(4-25)可知，感应电势E_x与被测介质的体积流量Q成正比，但变送器输出的E_x是一个微弱的交流信号，其中包含有各种干扰成分，而且信号内阻变化高达几万欧姆。因此，要求转换器是一个高输入阻抗，且能抑制各种干扰成分的交流毫伏转换器，将感应电势转换成4～20m ADC统一信号，以供显示、调节和控制，也可送到计算机进行处理。

2. 电磁流量计的特点与应用

电磁流量计有许多特点，在应用时对有些问题必须特别注意。

(1)电磁流量计的特点

1)测量导管内无可动部件和阻流体，因而无压损，无机械惯性，所以反应十分灵敏。

2)测量范围宽，量程比一般为10：1，最高可达100：1。流速范围一般为1～6m/s，也可扩展到0.5～10m/s，流量范围可测每小时几十毫升到十几立方米，测量管径范围可从2mm到2400mm，甚至可达3000mm。

3)可测含有固体颗粒、悬浮物(如矿浆、煤粉浆、纸浆等)或酸、碱、盐溶液等具有一定电导率的液体体积流量；也可测脉动流量，并可进行双向测量。

4)E_x与Q成线性关系，故仪表具有均匀刻度，且流体的体积流量与介质的物性(如温度、压力、密度、黏度等)、流动状态无关，所以电磁流量计只需用水标定后，即可用来测量其他导电介质的体积流量而不用修正。

(2)电磁流量计也有其局限性和不足之处

1)使用温度和压力不能太高，具体使用温度与管道衬里的材料发生膨胀、变形、变质的温度有关，一般不超过120℃；最高使用压力取决于管道强度、电极部分的密封状况以及法兰的规格等，一般使用压力不超过1.6MPa。

2)应用范围有限。电磁流量计不能用来测量气体、蒸汽和石油制品等非导电流体的流量。

3)当流速过低时，要把与干扰信号相同数量级的感应电势进行放大和测量是比较困难的，而且仪表也易产生零点漂移。因此，电磁流量计的满量程流速的下限一般不得低于0.3m/s。

4)流速与速度分布不均匀时，将产生较大的测量误差。因此，在电磁流量计前必须有个适当长度的直管段，以消除各种局部阻力对流速分布对称性的影响。

第二篇
化学工程实验技术与方法

第五章

化学化工热力学实验

第一节　量热技术与应用

生物量热学是研究生物系统(代谢、生长、繁殖等过程)温度或热变化的学科。20 世纪 90 年代,生物量热学的理论和技术日趋完善,并在生物化学、临床医学、环境科学、农业生态、食品科学等方面获得广泛应用。微量热技术具有以下优点:可以连续自动跟踪、监测各种慢过程产生的热效应;微量化,对热过程总热效应几十毫焦耳或更小范围,样品量为毫克级至微克级;高灵敏度;重现性好;对样品无损伤,且不需要其他试剂。由于细胞内各种代谢过程都伴随着能量的转移和热变化,通过微量热技术可以连续检测细胞代谢过程中所产生的热效应,实现对细胞代谢过程的热动力学研究。因此,它能直接监测生物系统所固有的热过程,不需要添加任何试剂,不会引入干扰生物体正常生理活动的因素,而且也不需要制成透明清澈的溶液,可直接检测离体的组织和悬浮液,特别是在量热测定之后,对研究对象没有什么损坏,样品可以进行后继分析。尽管生物量热缺乏特异性,但由于生物系统本身有其固有的新陈代谢特异性,所以这种非特异性的方法可以得到用特异性方法得不到的结果,有助于发现新的现象,使该技术成为一种新的、具有广泛前途的研究工具。

作为量热重要测试手段的各种热量计,近年来已经得到了很大的发展,随着各种高灵敏度、高准确度的测温和高灵敏度的量热传感器的应用,以及电子技术、计算机技术的引入,近代热量计已向微量化、自动化、多功能化的方向迅速发展。这不仅仅是方法的改进和测量灵敏度的提高,而且对量热学的发展有着重大的作用。由于近代微量热计的特殊结构和高灵敏度,它已能直接用于测量各种缓慢过程的微小热效应,使过去不能直接测量的生化、生物代谢过程如细菌生长、酶催化动力学过程等能够直接测量,而且还可以连续自动跟踪、监测各种慢过程产生的热效应,使我们不但可以从静态的而且还可以从动态的角度来研究它们,因为从实验连续记录中所获得的 $\mathrm{d}Q/\mathrm{d}t=f(t)$ 精确曲线($\mathrm{d}Q$ 和 $\mathrm{d}t$ 分别为热效应和时间的变化),与化学反应速率有着密切的联系，dQ/dt 实际上包含了反应过程的动力学信息。因此，就可以用热化学方法来研究过程的动力学问题，即所谓热动力学(thermokinetics)。

微量热法的另一个重要的特点是它的微量化。以往常规量热的检测范围(为了达到一定的精确度要求)为几百至几千焦耳。因此，样品量往往需要几克(固体)或几十毫升(溶液)，这对一些难以合成或价格昂贵的生物制品，就难以用这种方法来进行研究。目前微量量热计的检测灵敏度已达 nW 级，对过程总热效应范围只需几十纳焦耳的热量或更小范围就能获得足够的精度。故往往只需要试样量 1 纳摩尔或更少量，使过去很多实际上难以进行的研究得以实现。

一、量热基本原理

当在系统中进行一定的化学变化或物理变化时，系统与环境间的相互作用一般为体积功。在无非体积功交换时，按热力学第一定律，内能的变化 $dU=\delta Q-pdV$。如果过程在等容条件下进行，则 $dU=\delta Q_V$ 或 $\Delta U=Q_V$。若在等压条件下进行，则 $dH=\delta Q_p$ 或 $\Delta H=Q_p$。在量热实验中，如果用等容量热计，实质上就是测系统的内能变化 ΔU，用等压量热计就是测系统的焓变 ΔH。

量热学中化学反应的内能变化与焓变分别为

$$\Delta U=U(T,V,\xi_1)-U(T,V,\xi_2) \tag{5-1}$$

$$\Delta H=H(T,p,\xi_1)-H(T,p,\xi_2) \tag{5-2}$$

式中：ξ_1、ξ_2 分别代表化学反应的始态与终态反应进度。

在化学反应的量热实验中，反应的始终状态必须确定，而有时往往这一步是很困难的，一般可从化学角度鉴别物质的化学式、结构式，或用物理方法如电性、光性、磁性等来确定反应的进度。

以常见的等压绝热式量热计为例，其工作原理可用图 5-1 表示。

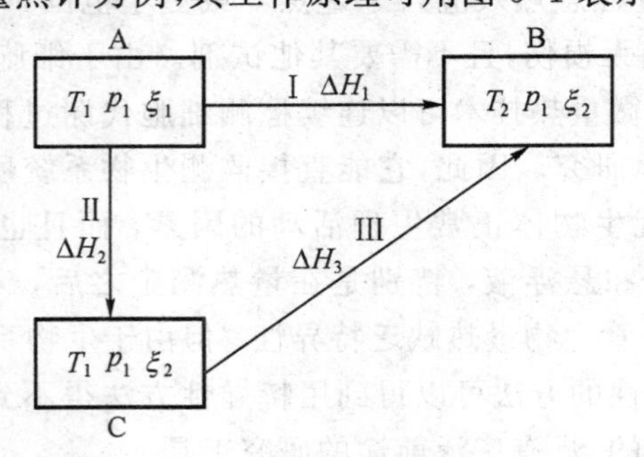

图 5-1　绝热式量热计工作原理

在图 5-1 中，过程Ⅰ是在绝热条件下由于反应焓变化而引起系统由状态 $A(T_1,p_1,\xi_1)$ 变化到状态 $B(T_2,p_1,\xi_2)$，过程Ⅱ是假设状态 $A(T_1,p_1,\xi_1)$ 等温变化到状态 $C(T_1,p_1,\xi_2)$。如果供给系统一定电能，则可使系统由状态 $C(T_1,p_1,\xi_2)$ 变化到状态 $B(T_2,p_1,\xi_2)$。由于热漏是不可避免的，因此过程Ⅰ的焓变不是零，而是热漏 $Q_{L,1}$，即

$$\Delta H_1=H(T_2,p_1,\xi_2)-H(T_1,p_1,\xi_1)=Q_{L,1} \tag{5-3}$$

对过程Ⅲ，即当供给系统一定的电能，使得从起始温度 T_1 变化到终了温度 T_2，此时系统的焓变为

$$\Delta H_1 = H(T_2, p_1, \xi_2) - H(T_1, p_1, \xi_2) = W' + Q_{L,2} \quad (5\text{-}4)$$

式中：W'为输入系统的电功；$Q_{L,2}$为该过程的热漏。

将式(5-3)减去式(5-4)，可得到等温过程Ⅱ的焓变，即

$$\Delta H_2 = H(T_1, p_1, \xi_2) - H(T_1, p_1, \xi_1) = Q_{L,1} - W' - Q_{L,2} \quad (5\text{-}5)$$

同理，若是等容量热计(如气弹式绝热量热计)，则有

$$\Delta U_2 = U(T_1, V_1, \xi_2) - U(T_1, V_1, \xi_1) = Q_{L,1} - W' - Q_{L,2} \quad (5\text{-}6)$$

由式(5-5)、式(5-6)分别可得等压或等容化学反焓变。

量热计有各种类型，但它们的基本组成都是相同的。所有量热计都有一个本体部分，它包括搅拌器、加热器(成制冷器)以及温度测量装置等。被研究的过程就在它的内部发生。本体的周围加恒温夹套、真空夹套等就称为环境。根据本体部分与环境之间热交换的程度不同，可把量热计分为绝热量热计和等温量热计、热导式量热计。按仪器的功能与用途分，可分为绝热弹式量热仪、差示扫描微量热仪、等温滴定微量热仪、热分析仪、吸附微量热仪和等温反应量热计等。

下面介绍几种实验室常见的量热技术与仪器。

二、绝热量热技术与仪器

(一)绝热量热计的一般结构

绝热量热计的本体与环境之间没有热交换，当然这只是一种理想模型，因为，本体与环境之间不可能绝对没有热交换，所以一般只能近似视为绝热。为了达到绝热的效果，一般采用真空夹套，或在量热计的外壁表面涂以光亮层，以尽量减少由于对流和辐射引起的热漏。另外，也有把量热计的绝热套(环境)在整个量热过程中始终保持与量热体系的温度相同，称为夹套跟踪量热计，以达到绝热的目的。如果有一反应在绝热量热计中进行，当一个放热或吸热的反应发生时，量热计本体的温度要发生变化，假如知道量热计本体以及其中所包含物质的总热容，就可从其温度的变化中方便地求出反应过程放出或吸收的热量。图5-2为该类型量热计一般结构。

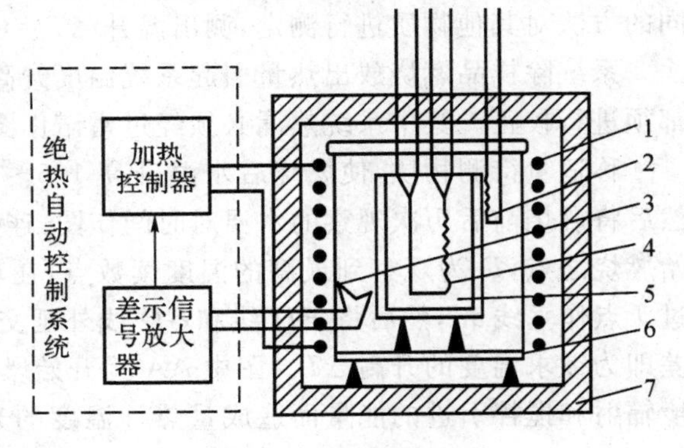

图5-2　绝热量热计

1—绝热加热器；2—电阻温度计；3—热电偶；4—加热器；5—量热体系；6—绝热；7—绝热夹套

绝热式量热计有结构简单、计算方便等优点，它的应用较为广泛，特别适宜于测量反应速度快且热效应大的反应。

(二)氧弹式绝热量热计

在实验室常利用氧弹式绝热量热计测定各物质的燃烧热，通过物质的燃烧焓来计算化学反应的焓变。

有机物的燃烧焓 $\Delta_c H_m$ 是燃烧焓是指1摩尔物质在等温、等压下与氧进行完全氧化反应

时的焓变，是热化学中的重要数据。燃烧产物是指该化合物中 C 变为 $CO_2(g)$，H 变为 $H_2O(L)$，S 变为 $SO_2(g)$，N 变为 $N_2(g)$，Cl 变为 HCl(aq)，金属变为游离状态。

燃烧热的测定，除了有其实际应用价值外，还可以用来求化合物的生成热、化学反应的反应热和键能等。

量热方法是热力学的一个基本实验方法。热量有 Q_p 和 Q_V 之分。用氧弹热量计测得的是恒容燃烧热 Q_V，从手册上查到的燃烧热数值都是在 298.15k 和 101.325kPa 条件下，即标准摩尔燃烧焓，属于恒压燃烧热 Q_p，由热力学第一定律可知：$Q_V=\Delta U$，$Q_p=\Delta H$，若把参加反应的气体和反应生成的气体都作为理想气体处理，则他们之间存在以下的关系：

$$\Delta H = \Delta U + \Delta(pV) \tag{5-7}$$

$$Q_p = Q_V + \Delta nRT \tag{5-8}$$

式中：Δn 为反应前后反应物和生成物中气体的物质的量之差；R 为气体常数；T 为反应的热力学温度。

在本实验中，设有 mg 物质在氧弹中燃烧，可使 Wg 水及量热器本身温度由 T_1 升至 T_2。令 C_m 代表量热器的热容，Q_v 为该有机物的恒容摩尔燃烧热，则

$$|Q_v| = (C_m + W)(T_2 - T_1) \cdot M/m \tag{5-9}$$

式中：M 为该有机物的摩尔质量。

该有机物的燃烧热则为

$$\begin{aligned}\Delta_c H_m = \Delta_r H_m &= Q_p = Q_v + \Delta nRT \\ &= -M(C_m + W)(T_2 - T_1)/m + \Delta nRT\end{aligned} \tag{5-10}$$

由上式我们可先用已知燃烧热值的苯甲酸，求出量热体系的总热容量(C_m+W)后再用相同的方法对其他物质进行测定，测出温升 $\Delta T=(T_2-T_1)$，代入上式，即可求出其燃烧热。

系统除样品燃烧放出热量引起系统温度升高以外还有其他因素，这些因素导致的热损失都须进行校正。其中系统热漏必须经过雷诺作图法校正。校正方法如下：

称适量待测物质，使燃烧后水温升高 1.5～2.0℃，预先调节水温低于环境 0.5～1.0℃。然后将燃烧前后历次观察的水温对时间作图，连成 FHID 折线，见图 5-3(a)，图中 H 相当于开始燃烧之点，D 为观察到最高的温度读数点，在环境温度读数点，作一平行线 JI 交折线于 I，过 I 点作垂线 ab，然后将 FH 线和 GD 线外延交 ab 于 A、C 两点。A 点与 C 点所表示的温度差即为欲求温度的升高 ΔT。图中 AA' 为开始燃烧到温度上升至室温这一段时间 Δt_1 内，由环境辐射和搅拌引进的能量而造成量热计温度的升高，必须扣除之。CC' 为温度由室温升高到最高点 D 这一段时间 Δt_2 内，量热计向环境射出能量而造成卡计温度的降低，因此需要添加上。由此可见，AC 两点的温差较客观地表示了由于样品燃烧促使温度计升高的数值，有时量热计的绝热情况良好，热漏小，而搅拌器功率大，连续微小的热量使得燃烧后的最高点不出现，这种情况下 ΔT 仍然可以按照同法校正，见图 5-3(b)。

（三）氧弹式量热计简介

自 1899 年 S. W. Parr 教授向市场推出第一台商业氧弹热量计后，Parr 公司经过 100 多年不断创新和发展，以 Linux 操作系统和计算机数据通讯系统为基础的 6000 系列氧弹热量计，代表了当今最为先进的氧弹量热技术。其量热计具有如下特点：

(1)Parr 首创了先进的等温测量模式（Isoperibol），消除了传统绝热法（Adiabatic）测量中热损失无法补偿的不足，被世界上各行业热值测量认定为标准方法。

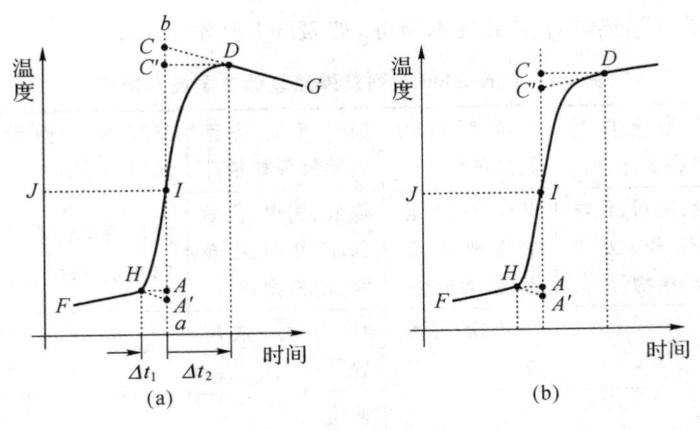

图 5-3　量热计的热谱图

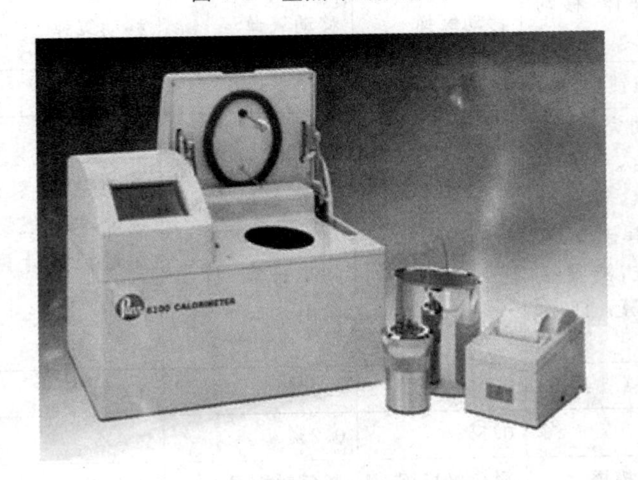

图 5-4　Parr 6200 氧弹热量计

(2)由于 Parr 氧弹热量计的高精度和可靠测量结果,Parr 热量计是众多国际标准中推荐的仪器。

(3)选择不同的氧弹配置,满足不同行业用户的应用和研究。可选择的氧弹有:342mL 标准 1108 氧弹、342mL 抗腐蚀 1108CL 氧弹、342mL 标准 1138CL 氧弹、342mL 抗腐蚀 1138CL 氧弹、22mL 半微量 1109 氧弹、342mL 高负载 1104 氧弹、342mL 无坩埚 1104B 氧弹、342mL 压力监测 1104B 氧弹、340mL 铂金内衬 1105C 氧弹。Parr 公司不同种类的氧弹,给不同行业的用户提供了轻松完成热值测定的方法和研究手段,如煤炭、饲料、石油热值的测定,微量生物样品热值测定,炸药、火药、火箭推进剂热值测定,废弃物、垃圾热值测定,化学反应热、溶解热等的测定和研究。

(4)Parr 首次在氧弹热量计测量过程中引入了动态法、快速平衡法,显著缩短了测量时间;将传统方法每个样品需要 25～30min 测量时间缩短到 8～10min,大大提高了工作效率和仪器的利用率。

(5)Parr 氧弹热量计系列中的 6300 是世界上唯一真正意义上的全自动热量计,是唯一一个"一键式"即可以自动完成全部热值测量过程,并无须人工清洗氧弹的热量计;其独一无二的固定氧弹设计及快速扭卡式密封结构,创新出世界上操作最安全、最简便、自动化程度最高的氧弹热量计。

Parr 6000 系列氧弹热量计主要技术指标，如表 5-1 所示。

表 5-1 Parr 6000 系列氧弹热量计主要技术指标

型号	6300 型全自动氧弹热量计	6200 型自动氧弹热量计	6100 型经济型自动氧弹热量计	6725 型半微量氧弹热量计	6755 反应热热量计
主要应用	煤炭、饲料、化学品、炸药、废弃物、动植物	煤炭、饲料、化学品、炸药、废弃物、动植物	煤炭、饲料、化学药品、炸药、废弃物、动植物	微量动植物或其他微量样品	溶解热、混合热、稀释热、反应热
测量次数（每小时）	6～8 次	4～9 次（依配置）	4～8 次（依配置）	3 次	3 次
量热仪类型	等温	等温	补偿	补偿	—
氧弹类型	固定弹体，移动弹头	移动氧弹	移动氧弹	移动氧弹	真空镀银反应瓶
氧弹密封方式	快速扭锁	螺帽紧扣	螺帽紧扣	螺帽紧扣	
操作方式	全自动完成：氧弹标定，氧弹充水充氧，样品燃烧，氧弹排放、氧弹清洗，测量结果计算，打印输出	自动完成：氧弹标定，氧弹充氧，样品燃烧，测量结果计算，打印输出	自动完成：氧弹标定，氧弹充氧，样品燃烧，测量结果计算，打印输出	自动完成：氧弹标定，样品燃烧，测量结果计算，打印输出	自动完成：测量结果计算，打印输出
温度分辨率	0.0001℃	0.0001℃	0.0001℃	0.0001℃	0.0001℃
相对标准偏差	0.1%	0.1%	0.2%	0.4%	0.1 calorie
操作界面	彩色触摸屏	彩色触摸屏	彩色触摸屏	彩色触摸屏	彩色触摸屏
电子机械诊断程序	有	有	有	有	有
帮助菜单	有	有	有	有	有
内存（测试次数）	1000	1000	1000	1000	1000
打印机接口	RS232	RS232	RS232	RS232	RS232
天平数据输入接口	RS232	RS232	RS232	RS232	RS232
计算机接口	Ethernet	Ethernet	Ethernet	Ethernet	Ethernet
标准配置氧弹	1138	1108	1108	1109	—
特殊氧弹应用	1138CL 耐腐蚀氧弹	1108CL 耐腐蚀氧弹；1109 微量样品氧弹；1104 耐高压氧弹	1108CL 耐腐蚀氧弹；1109 微量样品氧弹	1108LC 耐腐蚀氧弹；1109 微量样品氧弹	真空镀银反应瓶；玻璃样品池

三、差示扫描微量热(DSC)技术与仪器

法国SETARAM(塞塔拉姆)公司生产的量热仪系列产品在世界上是最有名的。其产品在世界市场占有率最大。其中生命科学、医学食品专用微量热仪非常有特色,是其他普通热分析仪、量热仪无法代替的。SETARAM(塞塔拉姆)公司生产的Micro DSC Ⅲ Evo,采用塞塔拉姆公司独有的基于卡尔维(CALVET)量热原理的"三维传感器"("3D-sensor")技术,能够完全真实反映样品的热性质,提供传统DSC难以企及的测试灵敏度、精度及准确性,同时具备恒温及温度扫描模式。

(一)工作原理及特点

微量热计DSC Ⅲ的量热块是用导热性非常好的镀金金属块制成的。其外姓和内部结构功能见图5-5。图中,(a)为量热块外部热循环交换系统。把量热块的热量与外界空气或恒温水浴进行热交换,隔离和减少外界环境对其内部测量的影响。(b)为镀金金属量热块。把加热、冷却的温度非常好地传给样品与参比池。(c)为CALVET(卡尔维)热流型多热电偶检测装置。把样品与参比物的微热量变化检测出并转为电信号输出,同时把量热块热量传给样品与参比池。(d)为样品与参比池。由两个体积形状完全一样的特殊耐腐蚀合金材料制成。有多种不同类型样品池以适用于不同应用领域需要。(e)为外部液体(气体)引入热稳定装置。当需用外部液体(气体)流入样品(参比)池(循环)时,该装置(选购件)可使其进入样品(参比)池前进行热循环稳定,以减小外界与样品(参比)物之间的温差影响。(f)为外部恒温循环水浴(选购件),在仪器需用于0℃以下低温时必须选用,用于0℃以上温度时可以提高仪器稳定性,减少环境温度影响。

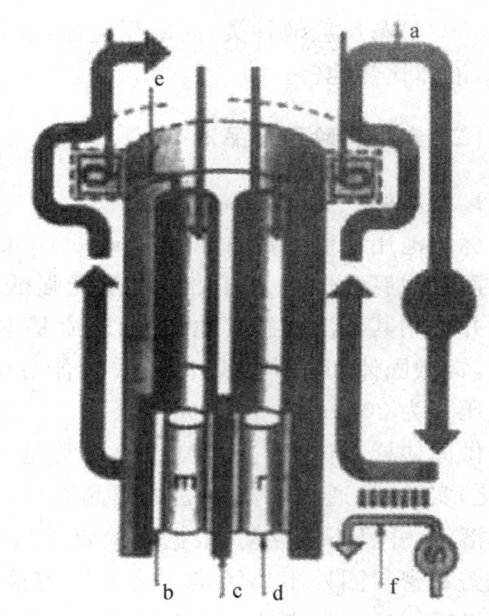

图5-5　微量差示扫描量热计DSC Ⅲ原理结构图

Micro DSC Ⅲ是由32位专用计算机控制系统对其进行恒温、升温、降温控制。扫描速度为0.001至1.2 ℃/min。由于它的镀金量热块导热性能非常好,其效果相当于大体积量热仪;而体积质量又远小于量热仪,但远大于普通热分析仪用差热扫描式量热计DSC。所以其长时间恒温稳定性接近于大型量热仪,为0.001℃左右(大型量热仪恒温稳定性为0.001℃～0.0001℃)。Micro DSC Ⅲ 可以做普通的差热扫描升温(比普通DSC慢,但扫描精度非常高)。其超高恒温稳定性和超慢速扫描特性,非常适合于生命科学、医学食品领域方面对长时间温度恒定及长时间温度缓慢变化的实验条件,而每分钟1.2℃的温度变化足以模拟样品在实际环境中温度变化的范围。Micro DSC Ⅲ的加热制冷系统是由与量热块结为一体的半导体加热/制冷器组成。当半导体器件通入正方向电流时为加热(计算机上显示红色)状态,当通入反电流时为制冷(计算机显示蓝色)状态。用本身制冷系统可达到室温以下0℃或加上外循环水浴可达最低温度－20℃。

Micro DSC Ⅲ 的检测系统并不是普通 DSC 的单热电偶(简单热电偶检测板)或单铂热电阻方式;它是由 SETARAM 发明特制的卡尔维环绕型热电堆组成的检测器,分别把整个样品池和参比池包围起来,把几乎所有的热变化量(95%以上)全部检测出来。因此,它的精确度及模拟重复实验的准确度,远高于普通 DSC,并可以做量热仪的开放体系实验,如做气一液、液一液、固一液等两相反应实验,这也是普通 DSC 根本无法达到的。

Micro DSC Ⅲ 的设计为长期连续工作,当做完实验时,仪器要设置自动返回室温状态,并自动保持该状态,不需要停机。其主要技术参数为温度范围:-40~200℃;量热通道数:4(2样品+2参比);样品池容量:1mL;压力范围(可测并可控):400bar/5800 psi;扫描速度:0.001~1.2℃/min;温度准确度:±0.1℃;温度精度:±0.02℃;量热精度:±0.1%;DSC 分辨率:0.002μW;反应池种类:间歇反应池,混合间歇池,流体循环池,液体循环混合池,安培瓶实验池,液体比热池等。

(二)专用实验用样品池

1. 标准池

标准池用特殊耐腐蚀材料 Hastelloy C 制成(见图 5-6)。比不锈钢材料硬而且耐腐蚀性高几百倍。可承受强酸、强碱溶液(不包括强硝酸根溶液),并可用其清洗溶解其他样品,寿命基本上是永久性的。该池设计为密封型,常做固体和液体加热、分解、混合后反应试验,其内部可承受的样品最大压力为 20bar(约 20 个大气压)。

图 5-6　标准池

做固体样品试验时,其参比池通常是空的(空气),做固体样品水溶解(水化)实验时,通常要先放固体样品至底部,然后缓慢地用滴管头沿管壁加入溶液,并且不能晃动(根据实验要求)使其慢慢溶解。注意使样品池上部池盖和密封圈处不要污染上样品及溶液。如果受到污染需清理干净并用吸纸吸干后再做实验。由于该仪器灵敏度非常高,因此在将实验样品池放入仪器前应用丙酮将其清洗,以防止手渍等微量污染物影响实验结果。

做液体样品实验时,其参比池一般要放置同样品相同体积的 2 次蒸馏水。做完实验后,如果密封圈受到分解等污染,并无法清理干净,下次实验时需更换新圈(有条件最好每次实验或重要实验用新密封圈,以防污染干扰)。

2. 液体(气体)循环池

液体(气体)循环池分单循环池(见图 5-7)及混合循环池(见图 5-8)两种。从结构图中可以看出,单循环池液体为外部进入后至样品池底部向上循环至样品池上部外部出口。混合循环池为两种不同液体进入样品池上部后开始混合,其混合液从样品池下部输出至外部出口。根据其不同结构可以做不同的应用实验。

单循环池可以用于一种单一液体循环。可以在循环过程中从外部不断改变溶液浓度配比或加入另一种液体看其混合后的变化,试验可以在任何恒温环境下,也可以在升温过程中进行循环流动,单循环池还可以事先在样品池内放入固体、液体、粉末状样品。在所需温度条件下再从外部引入液体或气体进行混合循环,从而可以观察其循环混合溶解等过程对样品的影响。总之,了解其特殊结构便可使其有广泛的应用范围。

混合循环池,主要用于两种液体(也可适用于气体)在样品池内混合。混合后所产生的热效应变化值被按以时间或温度为函数的 X 轴坐标记录下来并被软件分析(详见应用说明)。

图 5-7　单循环池

图 5-8　混合循环池

两路液体可以在外部被改变浓度或停止一路输送以求得不同混合或不混合时的不同热效应变化。为避免循环出口管被堵塞，该循环池不适宜液固样品反应试验（可用混合样品池代替）。

为避免流动扰动对检测的影响，严格地说在样品池与参比池间应该以同样的流速输入样品及参比物。参比池可以从二路输入管中同时输入一种液体（例如蒸馏水），也可以阻住一路输入管，只从一路输入参比物。但需注意，样品池和参比池总的输出流量应基本一致。典型的循环输入流速为 0.1mL/min，其输出流速最大不超过 1mL/min。实际过程中，由于在输入样品流速稳定后，其参比流速对其影响不大，所以可以在参比池内参比液体充满后，停止其循环或只是在实验前充满参比液体。流速不同，在检测记录中所造成的恒定漂移零点误差可以很容易地在后期软件信号处理中纠正，不影响实验结果。

做循环实验时，需加入循环温度稳定盘。否则外部液体直接进入样品池，将会产生较大的扰动（随温差及流速不同而影响不同），导致影响实际数据结果的准确性及稳定性。

3. 液体比热池

液体比热池如图 5-9 所示。该池是一个封闭的内部体积为 1.3cm^3 的专用于测液体的特殊形状的比热池。实验时参比池总是空的（空气），但需同样品池一样输出端接入 1m 高的悬空细管。输入端用专用 5mL 注射器向样品内注射所测液体，直至 1m 高的输出管流出液体为止（排除池内空气并保持一定差压）。注射器应保留约 1mL 液体并保持在整个实验过程中不动。试验应首先做空白试验一次，然后再在样品池内充液后做一遍样品试验。所得两次结果用软件相减后可由公式计算出所测比热值。由于其专用液体比热池特殊设计节功能，所以用该比热池做液体样品比热比其他标准样品池（固体、液体均可做）方便和精确得多。

图 5-9　液体比热池

4. 混合池

混合池如图 5-10 所示。混合池可以做液一固、液一液等混合试验并有混合搅拌功能。将实验用固体或液体样品放入样品池内下部，其上部小池内可以由注射器注入另一种液体样品。在参比池内什么都不放或只在上部小池内放入液体样品（根据需要）。当达到所需试验条件后，从外部同时按下样品及参比池压杆，使由密封橡胶圈封闭的小样品池向下打开，液体流入样品池内同另一种物质混合。在混合期间，可用双手同时来回转动样品池和参比池压杆，使下部带凸槽密封压杆底部起搅拌器作用，加速样品更好地混合（根据需要）。需注意的是要同时向下打开混合池及同方向尽量匀速搅拌，以互相抵消样品及参比不同变化时带来的扰动影响，使实验效果更佳。该样品池的设计使很多种专用实验变得容易和可行，因此应用范围很广。

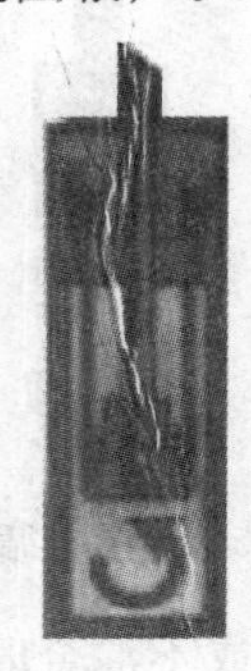
图 5-10 混合池

图 5-11 安瓿瓶样品池

5. 安瓿瓶样品池

安瓿瓶样品池如图 5-11 所示。该样品池是专为装在安瓿瓶内的固体或液体样品与其他样品混合或稀释反应而设计的。将已封好的小体积安瓿玻璃瓶放入样品池内（注意一定要将玻璃瓶外部清理干净），并预先放置另一种需混合的固体、液体样品。在达到所需的工作条件后，将样品池和参比池压杆同时按下，打碎安瓿瓶，从而得到两种物质混合或稀释后的反应曲线。参比池内可以是空的，但最好放入同样形状的内装参比物（蒸馏水）的安瓿瓶。实验时同时打碎两个安瓿瓶。该样品池还可用于成品安瓿瓶封装的药品、营养液等出厂质量检验及抽查测试。

6. 焦耳热效应检正池

焦耳校正池的原理结构同 SETARAM 其他量热仪一样（尺寸不同），如图 5-12 所示。该校验池内密封有标准精密铂热电阻（样品与参比池完全一样）。当由外部输入标准电压和电流时，其按照焦耳热功率公式放出标准热量以校准仪器热量测定的准确性，用标准焦耳校验池配合焦耳校正仪可使仪器的热量标准非常准确稳定，不受外界条件影响，其结果远优于用标准样品方式所校验的仪器，而且可以连续的在整个仪器温度范围内进行校验。Micro DSC Ⅲ 出厂时已由厂方进行了常用升温速度下的温度和量热值校准，完全达到了精度指标，用户可用该校正池经常检查其工作状态及准确度并修改校正曲线。还可以对不同升温速率下（略有差别）的热量仪进行更精确校准。

图 5-12 焦耳校正池

（三）Micro DSC Ⅲ 在各研究领域中的应用及实例

微量差式扫描量热计 Micro DSC Ⅲ 既可用于研究样品的变温热分析，也可进行等温热效应的准确测量，具有一机多用的功能，其应用领域十分广泛。由于该量热计具有可靠性好、灵敏度高及升降温可逆且速率慢的特点，使得其在生物、药物及食品等方面微量量热的研究中居于世界先进水平。

1. 变温热分析

变温热分析方面的应用主要包括：①动物蛋白的变性；②酶的变性；③植物蛋白的变性；

④蛋白的变性一凝聚；⑤熔化一胶凝；⑥液晶的相变；⑦脂的相变；⑧结晶作用。

图 5-13 所示为北京大学物理化学研究所溶液化学研究室与北京医科大学天然及仿生药物国家重点实验室合作，用 Micro DSC Ⅲ 研究环方铂与小牛胸腺 DNA 作用，使得小牛胸腺 DNA 解链温度及解链焓变发生改变的热分析图谱。反应池为密封池，样品量为 0.8mL，扫描速率为 1℃/min。图中量热曲线 1 为未加环方铂的 DNA，其解链温度为 77.9℃，解链焓为 15.7kJ/mol，2 至 4 为加入三种不同环方铂后的 DNA，DNA 的解链温度变为 77.3，76.5 和 75.7℃，解链焓变为 13.3、10.2 和 11.0kJ/mol，热分析图谱及相关热力学数据为推断环方铂类化合物与小牛胸腺 DNA 的微观作用与结合提供了可靠的实验依据。

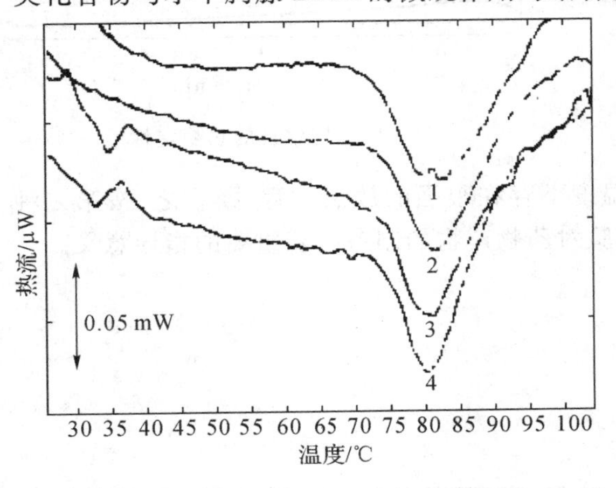

图 5-13　小牛胸腺 DNA 解链热谱图

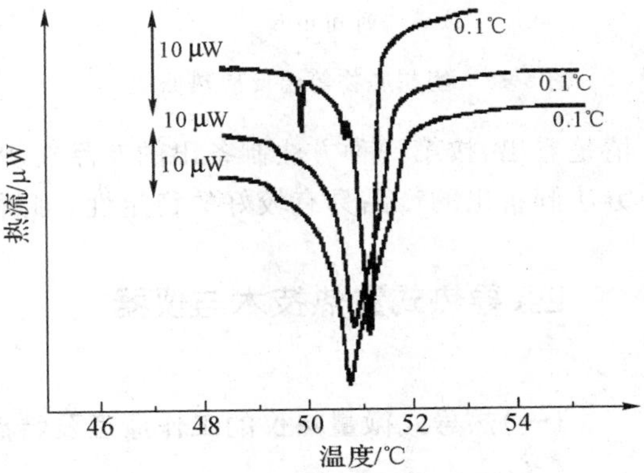

图 5-14　液晶相变热分析图谱

图 5-14 所示为用 Micro DSC Ⅲ 研究液晶随温度变化而发生相变的热分析图谱。液晶样品为胆甾醇油酸酯，反应池为密封池，样品量 532.4mg，扫描速率分别为 0.1、0.3 和 1.2℃/h。图中主要的峰均与由液晶到各向同性液体的变化相对应。由对同一等量样品所测定的三条不同扫描速率的量热曲线的比较中可以看到，当变温速率相当慢时量热曲线上出现了另外两个小峰，研究结果证实它们分别对应于所测样品的两个中间相变状态。此项研究充分体现了 Micro DSC Ⅲ 的高测量精度。

2. 等温热测量

等温热测量方面的应用主要包括：①药物－赋形剂可配伍性；②不稳定物质的稳定性；③药物产物的稳定性；④细菌繁殖；⑤发酵作用；⑥酶反应；⑦混合图谱；⑧生热作用。

图 5-15 所示为用 Micro DSC Ⅲ 研究酶与底物等温反应所测得的热曲线。反应样品为霉菌甜淀粉酶的 1% 水溶液及麦芽糖的 1% 水溶液，反应池为循环混合池，两样品流速均为 0.3mL/min，反应温度为 25℃。由所测热曲线可看出，实验开始阶段，由于两内管循环的均为麦芽糖溶液，因而热流为零；而当将一内管改为酶溶液时，立刻就有因酶水解麦芽糖而产生的放热反应出现；再当重新用麦芽糖水溶液代替酶溶液时，反应便停止。用此种实验可以很容易检测酶在此类反应中的活性，同时也很容易由计算机的应用程序计算出霉菌甜淀粉酶水解麦芽糖的等温反应焓变数据。

图 5-16 所示为用 Micro DSC Ⅲ 研究等温下药物产物稳定性时所测得的热曲线。反应样品为抗生素，反应池为密封池，样品量为 240mg，反应温度为 80℃。所测热曲线 1 和 2 分别代表同一种分子抗生素按两种不同制备方法所得到的产品热稳定性，由两条曲线形状的比较可

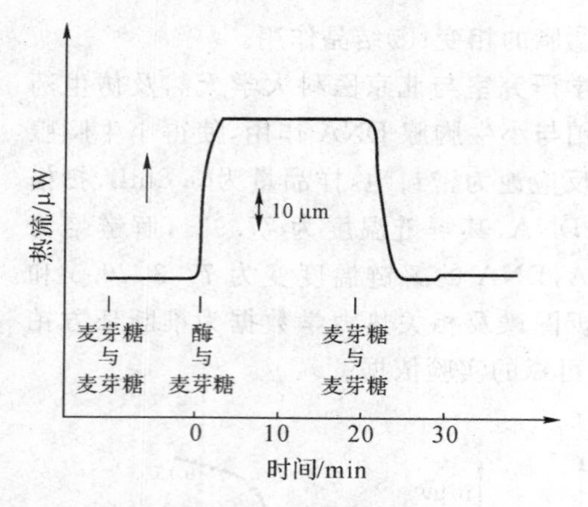

图 5-15　酶与底物等温反应热曲线

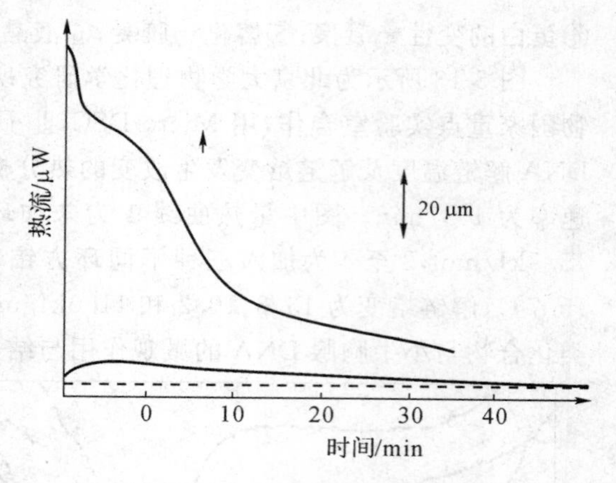

图 5-16　抗生素的热稳定性

清楚看出，按第一种方法制备出的产品在所测温度下存在很强的放热过程，换言之，按第二种方法制备出的产品具有较好的稳定性。此种实验对药物产物的制备有着重要的指导意义。

四、导热式量热技术与仪器

(一)热导式微量热仪的工作原理及特点

以 SETARAM(塞塔拉姆)公司生产的 C80 热导式微量热仪为例。它使用的三维传感器("3D—sensor")，是塞塔拉姆独有的量热仪传感器技术，基于卡尔维量热原理，更真实地反映样品的热性质，并提供无与伦比的灵敏度、测试精度及准确度。仪器由隔热层、温度控制、均热量热块组件、样品池、卡尔维用导热探测器组成，其结构如图 5-17 所示。

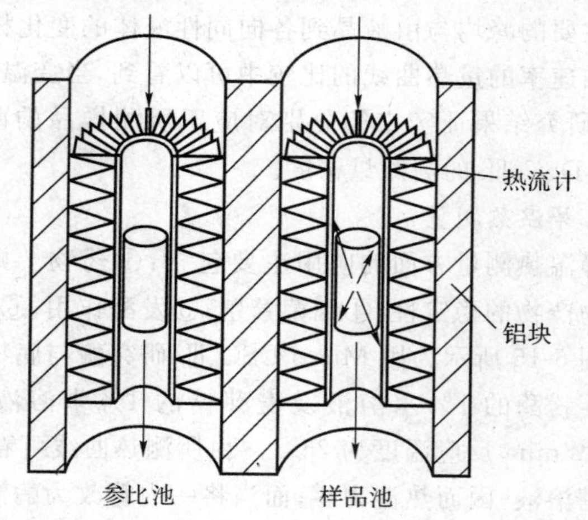

图 5-17　C80 微量热计结构

该仪器的工作原理为当系统与环境间存在温差时，被测系统便产生热信号，在热流计的内外界面就有热流量发生，对每一个热电偶来说，其热功率为

$$w_i = K(T_i - T_0) \tag{5-11}$$

式中：w_i 为每个热电偶的瞬时热功率；K 为热电偶的导热系数；T_i 为内界面上每个热电偶接

点的温度；T_0 为外界面上每个热电偶接点的温度。

对于每个热电偶而言，其热电势为

$$\theta_i = \varepsilon(T_i - T_0) \tag{5-12}$$

式中：θ_i 为每个热电偶的热电势；ε 为热电常数。

将式(5-11)、式(5-12)合并得

$$\theta_i = \frac{\varepsilon}{K} w_i \tag{5-13}$$

组成热流计的所有热电偶是串联的且材质相同，所以总电热 E：

$$E = \sum_{i=1}^{n} \theta_i = n\varepsilon(T_i - T_0) = n\frac{\varepsilon}{K} w_i \tag{5-14}$$

由式(5-14)可以看出，不论热容器壁上各点温度均匀与否，由热流计测得的热电势正比于内、外界的热功率。

仪器通过数据系统，利用 Tian 方程：

$$w = A\left(E + \tau\frac{\mathrm{d}E}{\mathrm{d}t}\right) \tag{5-15}$$

式中：w 为瞬时热功率；$\frac{\mathrm{d}E}{\mathrm{d}t}$ 为热电势随时间的变化率；τ 为时间常数；E 为瞬时热电势。

可直接给出被测体系任一时刻的热功率，并描绘出反应热谱图，如图 5-18 所示。

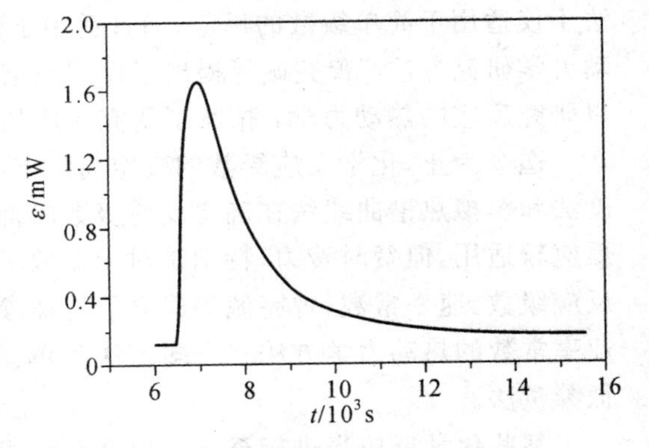

图 5-18　热导式量热的热谱曲线

该仪器的主要特点：

(1)有较宽的温度范围。工作温度从室温至300℃，有恒温量热和扫描量热两种模式，恒温量热主要用于两种或两种以上液相、固相之间的混合热、湿润热、水化热等。量热仪的恒温特性非常好，一般优于 0.001℃。扫描量热主要用于低温物质相变热、熔解热以及固、液物质的比热等。

(2)具有很高的检测灵敏度，从 10μV 到 10mV，测量精度好，瞬时探测极限为 1mJ。通过热效应定期进行标准校正，使其具有稳定性和良好的复现性。

(3)测量可以连续无限地进行，始终具有高的信号稳定性，基线无飘移。

(4)采用微机进行数据的采集和处理。计算机自动采集数据，根据测量时间不同，采点时间也不同，其公式为：

采点时间(s/点)＝测量时间(s)/5000(点)

例如，进行 168h(7d)水化热测定，采点速率为 121s/点，与直接测量相比，大大减少了人为误差。

(二)热导式微量热计在热动力学中的研究

量热法既可以从静态的角度研究物质的热性质，也可以动态地实时跟踪许多反应过程。通过量热计测定某一过程中热功率随时间的变化关系，可以获得该过程有关的动力学信息，这种量热研究法称为热动力学方法。对于某一反应过程而言，在一定条件下，其热焓变化的大小和热焓变化的时间变率分别与反应进度和反应速率有着严格的定量关系，这种关系在化学动力学和化学热力学之间起着桥梁作用，量热学、化学热力学和化学动力学相结合形成了一门新的边缘科学——化学反应的热动力学。

1. *热动力学研究方法概述*

根据量热计的理论模型，由量热计的输出函数 $\theta(t)$ 可获得量热计的输入函数 $W(t)$，再结合热动力学变换方程和化学反应动力学的基本原理，可以建立起化学反应的热动力学方程和热谱曲线方程，进而建立起化学反应的热动力学研究方法。相关研究的主要方法有 Bell-Clunie 研究法、Borchardt-Daniels 研究法、无量纲参数法、对比进度法、模拟热谱曲线法、特征参量法和时间变量法等。

Bell 和 Clunie 首先提出“热动力学方程”的概念，建立了几种简单级数反应的热动力学研究法。但用 Bell-Clunie 法获得仪器的参数较困难，方法的应用受到限制。Borchardt 和 Daniels 也建立了简单级数反应的热动力学研究法，但存在标定仪器常数误差较大的弊端。

邓郁证明了在等温等压条件下，化学反应所产生的热效应正比于化学反应的反应进度，根据热动力学变换方程、Tian 方程和化学反应动力学原理，得到了热导式量热计中化学反应的热动力学方程和热谱曲线方程，建立了无量纲参数法，获得了反应速率常数。由于无量纲参数法不需标定仪器的常数，可以避免带来误差，有其独特的优越性，但对于较快的反应不适用。

刘劲松等提出了化学反应热谱曲线的重建方法，建立了反应的对比进度研究法。这种方法不仅适用于简单级数的反应，而且适用于研究复合反应，极大地扩展了研究范围。为简化热动力学研究方法，曾宪诚等提出了模拟热谱曲线法，这种方法不需要标定体系冷却常数就可以研究反应的热动力学，拓宽了研究应用的范围。

迄今为止，化学反应级数的确定尚没有一套完整的热动力学方法。无量纲参数法、对比进度法和模拟热谱曲线法在确定反应级数时都需要预先假定反应级数，这种试探法对于整数级反应较适用，但费时费力，特别是对于分数级反应，级数的确定难度较大。为简化方法和确定反应级数、速率常数，曾宪诚等建立了特征参量法，用此方法建立了 2 种同时确定反应级数和速率常数的热动力学方法——多谱法和单谱法，并且又进一步建立了 $m-n$ 型可逆反应的特征参量法。

某些化学反应当进行至一定程度时可能发生机理的变化而变得复杂起来，因此建立一种不需要将反应进行到底即可对热谱曲线解析的热动力学研究法十分必要。曾宪诚等建立了适合于这种研究的时间变量法。时间变量法的优点在于不需反应进行到底就可获得反应的速率常数，这克服了慢反应由于仪器零点漂移所带来的误差，但如何克服时间滞后在速率常数计算中带来的误差还有待进一步研究。

2. *热动力学研究应用进展*

由于热动力学方法对反应体系的溶剂性质、光谱性质和电学性质等没有任何条件限制，即具有非特异性的独特优势，而且操作简便，可以随时改变条件，模拟各种过程，因此成为一种十分有效的研究手段，并已在物理化学、生物学、地质学等众多领域中展示出广阔的应用前景。

(1) 物理化学反应

曾宪诚等利用热动力学方法结合紫外分光光度法研究了芳香酸酯和正脂肪酸酯在阴离子、阳离子、非离子型表面活性剂胶束中的碱性水解反应。胡新根等利用热动力学方法研究了苯甲酸乙酯皂化反应的溶剂效应和活化热力学性质，为判断该反应四面体的生成提供了重要的依据。Wilson 等利用微量热法研究了 L—抗坏血酸自氧化反应的热动力学，测定了反应速率常数，提出了反应机理。Rivera 通过流动微量热法研究了不同流速的溶液混合反应过程。

张洪林对淀粉酶的催化反应进行了系统的热动力学研究。

(2) 生物化学反应

许多学者通过量热计研究生物化学反应热动力学,取得了很多可喜的成绩。比如研究不同环境下生物/细胞体的新陈代谢速率、酰基转移酶的水解速率、过氧化氢酶催化反应动力学等,还有人将量热技术用在考察土壤中的微生物活性方面。武汉大学热化学研究小组近年来一直致力于酶促反应、微生物生长、药物对微生物的抑制作用、组织细胞与细胞器、植物生长过程的热动力学研究,工作具有系统性和前瞻性,在国内外有较大的影响力。

(3) 表面/界面反应

近年来人们把量热法作为一种研究手段研究固体表面反应(主要是指表面吸附、界面作用、溶解反应)的热动力学过程,以此获得更加丰富的动力学信息。例如在吸附反应研究方面,Reucroft 等运用微量热计研究了甲苯在 2 种活性炭(微孔隙和介孔隙)上的吸附热,通过热效应变化响应的热谱图研究了随时间进程演变的复杂动力学吸附过程。Giraldo 等运用热导式微量热计研究了活性炭吸附苯酚的浸润反应。Domingo 等研究了活性炭吸附氨反应动力学。Janchen 等通过微量热手段研究了正己烷、苯、氰化甲烷和水在 MCM-41 分子筛和 FAU、MFI 型沸石上的吸附现象,发现吸附热受介孔隙和微孔隙分子筛的影响,探索了孔隙大小、物质密度与吸附热效应的关系。Bouvier 等运用热重、微量热计和 X 射线衍射研究了三氯乙烯和四氯乙烯在 ZSM-5 型沸石上的物理吸附现象,在机理上进行了定量的描述。Ushakov 等运用热导式量热计考察了水在 HfO_2 和 ZrO_2 中的吸附反应。Kandori 等运用流动式微量热计研究羟磷灰石吸附蛋白质的机理。Clarke 等研究固一液界面反应,把正戊烷、正庚烷、正十二烷吸附在石墨上形成的 2 种固相单层作为研究对象,用量热法测量了这 2 种单层生成物质的热容,获得了定量的热力学信息。Hills 等通过微量热仪进行了固一气界面反应动力学的研究。在溶解反应动力学方面国内外学者也都进行了研究。如清华大学的研究人员将量热手段运用在磷酸钙骨水泥水合作用过程的研究中,讨论其生物活性和适应性。Ardhaoui 等研究了在不同酸度和盐度条件下的羟磷灰石的溶解动力学。

(4) 地球化学反应动力学

地球化学动力学是最近 30 年发展起来的,其主要理论基础是化学反应动力学、流体流动动力学、非平衡热力学和耗散结构,其中矿物溶解和水岩作用反应一直是科学工作者密切关注的问题。近十几年来,以於崇文院士为代表的科研集体在进行热液成矿作用的地球化学研究时,结合不同类型的热液矿床分别开展了矿物的离解动力学实验研究,工作涉及以斜长石、更长石、钠长石、透辉石、钙铝榴石、钙铁辉石、方解石、白云石为第一、第三和第四类围岩蚀变的代表矿物进行了相应的动力学实验,旨在揭示水一岩相互作用的机理和获得矿物离解反应的动力学方程,这些工作都大大地推动了地球化学动力学的发展。在以往研究矿物溶解反应中更多地采用传统的化学分析方法,即在一定时间间隔内对反应体系中的物质成分做化学分析,通过物质浓度的变化寻找其化学动力学规律。这类研究方法属于静态法的研究范畴,能够获得的信息有限,操作过程较为烦琐,并且需要耗费大量的时间、人力和财力。为了克服静态法的局限,运用微量热法从另一种热动力学的角度研究矿物溶解过程,以了解水岩相互作用的动力学机制,是一个新的尝试。虽然相关的工作国外已早有报道,但是国内很少见到用量热法研究地球化学反应。近年来有些学者在尝试采用 Calvet 热导式微量热计,通过几种典型矿物(方解石、冰洲石、白云石)在不同酸度溶液中的溶解实验,进行热动力学研究。该方法所用样品量少、检测灵敏度高,能够实时动态地跟踪反应局部或全过程,可以方便地获得矿物溶解的热动力学规律。虽然所涉及的有关方法的理论和实验还需要不断地完善，但是可以看出，将微量热法引入到地质地球化学领域是多学科交叉渗透的自然结果。

五、滴定量热技术与仪器

滴定分析作为一种分析化学技术，可以追溯到18世纪中叶。它可以定义为通过已知体积和浓度的滴定剂与样品中待分析物或待滴定物进行反应，测量样品中待测物的量。滴定剂加到样品中的计量点称为等当点。滴定剂在此点所消耗的体积，用于计算样品中待分析物的含量。传统的滴定方法是利用化学指示剂的颜色变化确定等当点，其颜色变化既可以基于反应物自身颜色变化，也可以基于滴定溶液中加入的指示剂颜色的变化。多年来，人们认识到实际滴定存在的难题：分析人员对确定等当点颜色的变化有不同的主观感受。为解决此难题，分析人员寻求不同的方法，确定精确的等当点。

温度滴定是众多的仪器滴定技术之一，仪器滴定技术可以精确地确定等当点，而没有主观因素干扰。焓变是化学反应的基本特性，因此温度变化可以自然地揭示反应进程。

(一)电位滴定和温度滴定的比较

过去50年，电位滴定在自动滴定技术居于主导地位，因此有必要讨论电位滴定与温度滴定的根本差异。

电位(和电导)滴定基于反应体系自由能的变化：

$$\Delta G^0 = -RT\ln K \tag{5-16}$$

式中：ΔG^0 为自由能变化量；R 为通用气体常数；T 为温度，以K为单位（绝对温度）；K 为温度为 T 时的平衡常数

适合电位滴定的反应条件是，自由能的变化量必须足够大，以便传感器能响应响应量与滴定剂加液量曲线图上足够大的曲线变化。

任何反应中，自由能仅是描述化学反应的3个相关参数之一：

$$\Delta H^0 = \Delta G^0 + T\Delta S^0 \tag{5-17}$$

式中：ΔH^0 为焓的变化量；ΔG^0 为自由能变化量；ΔS^0 为熵变化量；T 为温度，以K为单位。

对于任何自由能不能被热焓抵消的反应，焓变明显要大于自由能。因此，基于温度变化(可以看到焓变)的滴定曲线比自由能变化的曲线，能更明显地显示曲线变化。

(二)温度滴定原理

温度滴定中，滴定剂以已知的固定速度加入反应杯，直到由温度变化指示其反应完成。等当点由温度测量仪器所得到的滴定曲线的折点测得。考虑如下反应：

$$aA + bB = pP$$

式中：A 为滴定剂，a 为滴定剂的摩尔反应系数；B 为待测物，b 为待被测物的摩尔反应系数；P 为产物，p 为产物的摩尔反应系数。

反应完成后，温度变化 ΔT 反应产生的摩尔反应热 ΔH_r。在理想系统，即与环境没有热交换，反应过程显示温度稳步上升或稳步下降，取决于 ΔH_r 为正(吸热反应)或者为负(放热反应)。

环境影响可以分类为：通过滴定杯的杯壁或杯盖的热导出和热导入；滴定剂和待测物的温

差；快速搅拌产生的流体表面蒸发热损失；溶剂与待测物混合产生的混合热；搅拌产生的搅拌热（影响较小）；温度探头自身产生的热（影响非常小）。

如果反应远离反应方程的右边（反应完成），当持续加入滴定剂到待测物中，温度/体积曲线上产生敏锐的折点。如图 5-19(a) 和图 5-19(b)所示。

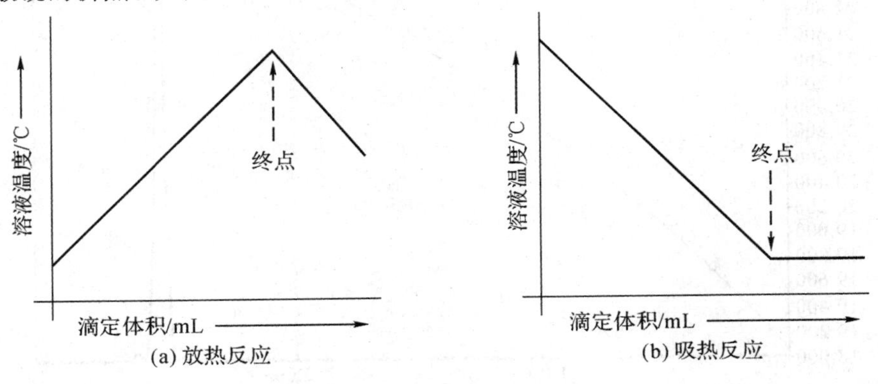

图 5-19　理想的定量温度滴定曲线

实验所获得的实际温度滴定曲线与理想滴定曲线有所不同，上述所列环境因素可能会起作用。可以看到等当点附近曲线的曲率。这是由于温度传感器不敏感或等当点的热平衡缓慢所致。这种情况也发生在滴定剂与待测物不能定量完成的滴定反应。反应的自由能变化显示了反应进程。如果情况良好，反应可以定量完成滴定，此时等当点的折角敏锐程度依赖于焓变的大小。如果情况不好，此时等当点的折角呈圆弧状，而与焓变大小无关。

无定量关系的反应也可以利用温度滴定的方式获得满意的结果。如果等当点前后部分段都具有较好的线性，两切线的交点就可精确确定等当点。如图 5-20 所示。

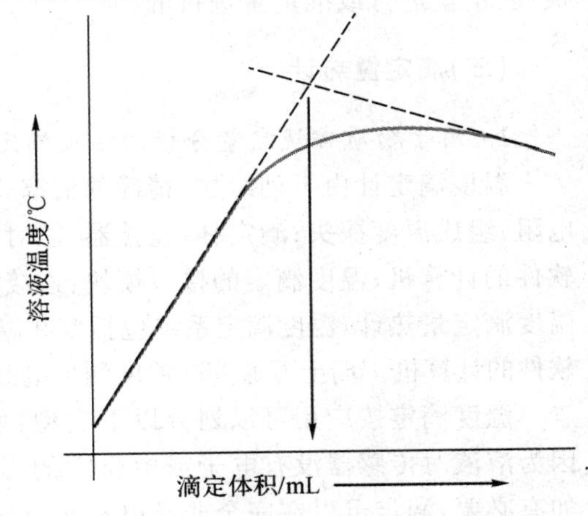

图 5-20　无定量关系的温度滴定曲线

实际上，大多数用于温度滴定的探头为热敏电阻。热敏电阻是小体积的固态器件，它对小的温度变化有相当大的电阻变化。它们由多种金属氧化物烧结而成。热敏电阻被封装在一个电绝缘、满意的热传导并有化学惰性的介质中。典型的用于化学分析的热敏电阻封装介质是玻璃，虽然也有用于特定的化学和机械环境，如含氟的酸性溶液，用环氧树脂封装热敏电阻。热敏电阻用适当的电路以期达到对溶液温度测量的最大灵敏度。瑞士万通 859 温度测量电路可以测得的温度变化低至 10^{-5}K，响应时间仅 0.3s。

定了温度曲线折点前后所作切线的交叉点。热敏电阻能响应迅速且很小的温度变化，如混合滴定反应中的温度梯度，该信号表现为小的噪音信号。微分前，必须对温度曲线进行数字平滑（或过滤），以获得尖锐而对称的二阶导数峰，此点将精确定位折点。如图 5-21 所示。

对每个测量的数字平滑程度进行优化，作为分析参数在分析方法中保存，并应用于日常的实际分析测试。一般而言，温度滴定要求反应速度快，以便获得敏锐的可重复的等当点。而当反应速度慢，或滴定剂与反应物无法直接滴定时，可以用间接和返滴方式。当温度变化小、等

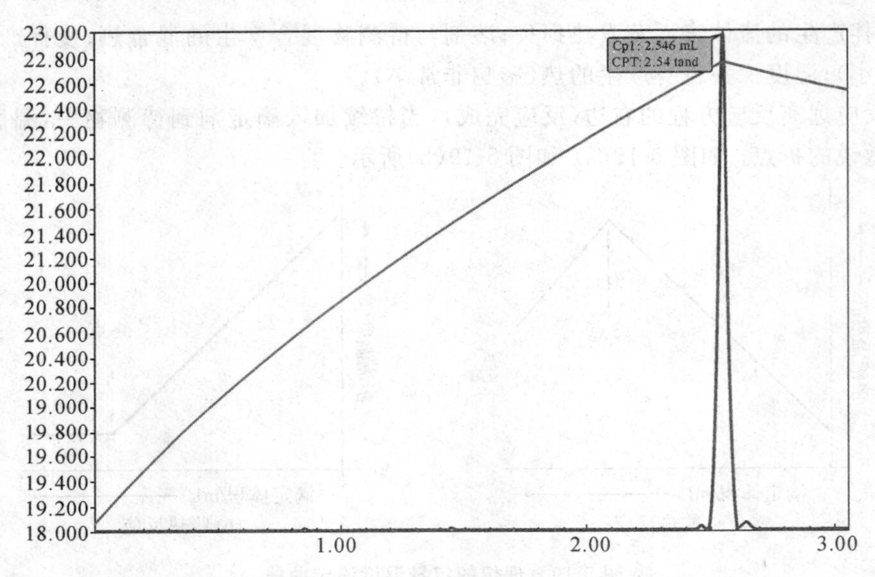

图 5-21　数字平滑温度曲线后用二阶导数确定等当点定位

当点不能被滴定软件检测时，有时可以用催化方式强化等当点。

化学反应能否采用温度滴定，主要取决于样品中待测物的含量和反应的焓变。当然，其他要素也会影响结果，如反应速度、样品基体、稀释热和与环境的热交换。一个设计恰当的试验程序是确定温度滴定可行性的最可靠途径。能成功地进行温度滴定的化学反应一般是速度快、能定量进行或准定量进行的。

(三)滴定量热计

1. 用于物质常规定量分析的温度滴定量热计

温度滴定计由下列组成：精确的活塞式加液器—“滴定管”—滴加滴定剂和其他溶剂；热敏电阻：组成温度探头；滴定杯；搅拌器：能对滴定杯高效搅拌，而无液体外溅；带有温度滴定操作软件的计算机；温度滴定的接口模块：连接滴定管、探头、计算机。图 5-22 所示为瑞士万通 859 温度滴定量热计，温度滴定系统包括 859 温度滴定接口模块、800 加液器、温度探头和运行操作软件的计算机。瑞士万通 859 温度测量电路可以测得的温度变化低至 10^{-5} K，响应时间仅 0.3s。

温度滴定按应用可以划分以下类型：酸/碱滴定、氧化还原滴定、沉淀滴定、络合滴定等。因为溶液对传感器没有电子或电化学的影响，滴定介质的导电性能已不是测量的首要问题。如有必要，滴定可以在完全非导电和非极性介质中进行。而且，滴定可以在浑浊液甚至悬浊液以及能产生沉淀的反应中进行。温度滴定可能的应用范围远超本人的实际经验，读者可以参考一些实例的相关文献。

2. 等温滴定微量热计(ITC)

生命科学研究学者认为，研究清楚蛋白质组的相互作用对设计高效的生物医学和药物治疗是至关重要的。因而，量热技术迅速成为表征大分子稳定性和相互作用的首选方法。量热法分析是基于准确测量样品生物分子与另一大分子、配体(结合研究)或基体(动力学研究)相互作用的吸热或放热速率。TA 仪器的 Nano ITC 是准确和高效进行这些重要测量强有力的工具。Nano ITC 是专为纳摩尔级生物分子的高灵敏度分析，并提高实验室产出与工作效率而设计的。这些是通过结合高灵敏度量热计、准确和稳定的温度控制和高效率的滴定来实现

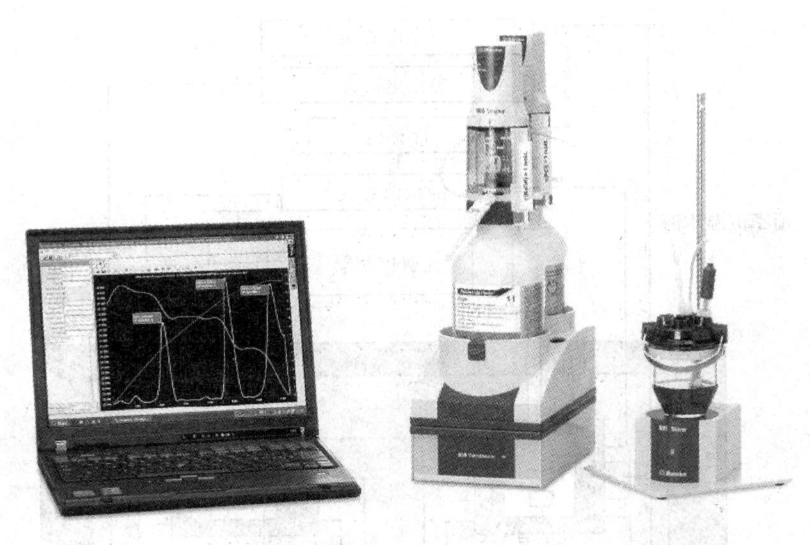

图 5-22　温度滴定量热仪

的。Nano ITC 高灵敏度测量池是采用 99.999%黄金或哈司特镍(Hastelloy®)碳合金制成，以满足绝大多数化学试剂的实验环境要求。圆柱形设计不仅使清洗变得容易，而且也使溶液搅拌更为有效。Nano ITC 的绝热板封在密闭真空室中，使得仪器不易受环境变化的影响，温度稳定性可达±0.0002℃。独特的、可移动的抽取式注射器末端包含一个桨状机械搅拌器，搅拌速度非常容易调节，以适应样品的不同物理性质。Nano ITC 的这种整体组装的搅拌装置能够保证样品快速填充、样品简易清理及准确滴定。如图 5-23 所示。

ITC 能测量到的热效应最低可达 125nJ，最小可检测热功率 2nW，生物样品最小用量 0.4μg，而且这些年来 ITC 的灵敏度得到了提高，降低了响应时间(小于 10s)。ITC 不需要固定或改变反应物，因为结合热的产生是自发的。获得物质相互作用完整的热力学数据包括结合常数(Ka)、结合位点数(n)、结合焓(ΔH)、恒压热容(ΔCp)和动力学数据(如酶促反应的 Km 和 kcat)。ITC 也比那些选择分析方式(如分析型超速离心法，AUC)快，一个单纯的 AUC 实验需要几个小时甚至几天完成，而典型的 ITC 实验只需 30～60 分钟，再加上几分钟的响应时间。整个实验有计算机控制，使用者只需输入实验的参数(温度、注射次数、注射量等)，计算机就可以完成整个实验，再由 Origin 软件分析 ITC 得到的数据。其精确度高、操作简单。图 5-24所示为等温滴定微量热所获得和结果。上图：峰底与峰尖之间的峰面积为每次注射时释放或吸收的总热量。下图：以产生或吸收的总热量为纵坐标，以加入杯中的两反应物之摩尔比为横坐标作图，可得整个反应过程的结合等温曲线。

(四)等温滴定微量热计的应用

1. 蛋白质一蛋白质相互作用

当两种蛋白质交互作用并结合时，蛋白质构象发生变化，以及结合位点附近的溶剂分子重排时都能导致吸热或放热。用 ITC 来对该反应热进行定量分析，可以提供结合交互作用、结合化学计量和结合常数等完美热力学描述。图 5-25 所示的是用 Nano ITC 测量的猪胰腺胰岛素加到大豆胰岛素抑制剂中的滴定数据。当体系温度保持在 25℃时，分别将 20 和 5μL 配体滴定到样品池中。上图：随着蛋白质滴加到抑制剂时所产生的信号(热)；下图：实验过程中放

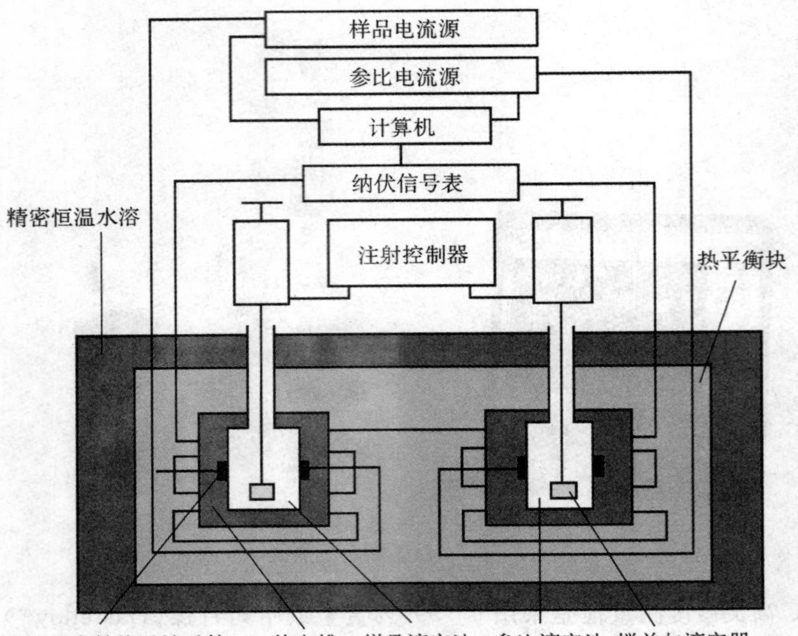

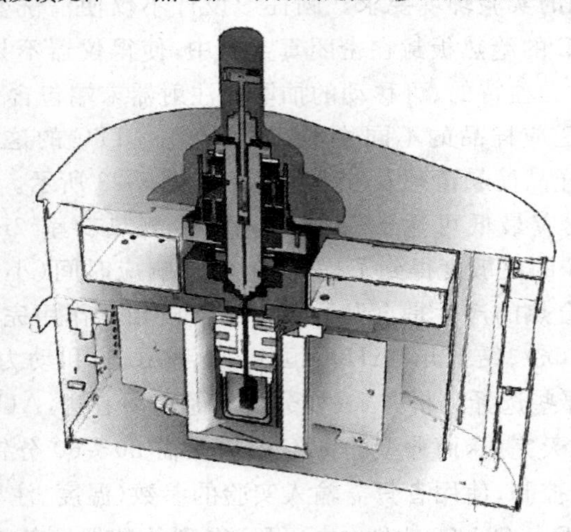

图 5-23　等温滴定微量热计原理与结构示意图

热的积分；每个峰的放热量(μL)对滴定剂与抑制剂的摩尔比作图。

Jacobson 等用 ITC 研究了人细胞 RNA 聚合酶Ⅱ转录因子 TFIID 的最大亚单位 TAF-II250 的组蛋白乙酰基转移酶活性。日本 Kanagawa 科学技术研究所的 Tahirov 等利用 ITC、CD 和 UV 研究了 AML1/Runx-1 小结构域识别的 DNA 结构及 CBFβ 控制的构象调整，阐明了 CBFβ 与 CBFα 间的相互作用模式及前者调控后者结合到 DNA 上的机制。

2. 表征蛋白质与肽的相互作用

用 ITC 能够快速且方便地表征肽和蛋白质与膜的结合作用，能够测定结合常数(Ka)和反应焓。图 5-26 列举了环孢霉素 A 与二棕榈酰卵磷脂(DPPC)囊泡结合的简单例子。环孢霉素 A 是由 11 个环肽疏水残基组成，在临床上作为免疫抑制剂。自从囊泡作为一个潜在的药物载体以来，环孢霉素 A 类疏水性药物与囊泡的结合就与临床应用密不可分。ITC 的数据表明，平均每个环孢霉素 A 能够与 6 个 DPPC 分子相互作用，结合常数 K_a 大约是 $390M^{-1}$，结合焓为 −61kJ/mol DPPC。

3. 酶分析

由于任何反应都要产生或吸收热量，所以每个反应原则上都能用量热技术来研究。实际上，事实已经证明各种典型的 EC 分类酶都能利用 ITC 进行动力学分析。另外，ITC 分析快速、精确、非结构破坏，以及它能兼容天然或人造合成基体的特点使得 ITC 分析与光谱技术同样灵敏，但却不需要光谱学标记或化学标记。重要的是，酶动力学的 ITC 分析也是简单易懂的。图 5-27 表示不存在（蓝色）和存在（红色）竞争抑制剂苯甲脒时，将 10μL 胰岛素注射到 BAEE 溶液中的水解过程。两条曲线以下的面积（代表基体完全转化为产物时的全部热输出），在存在和不存在抑制剂的时候都是一样大的，这样两种情况下反应的 K_M、k_{cat} 以及抑制常数都能计算出来。

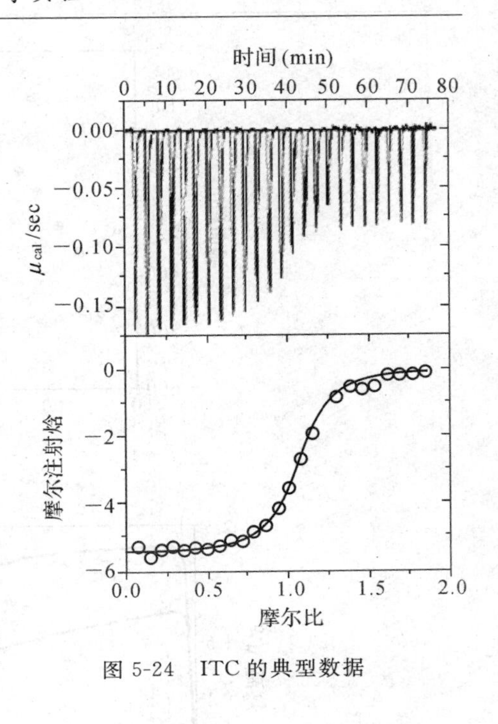

图 5-24　ITC 的典型数据

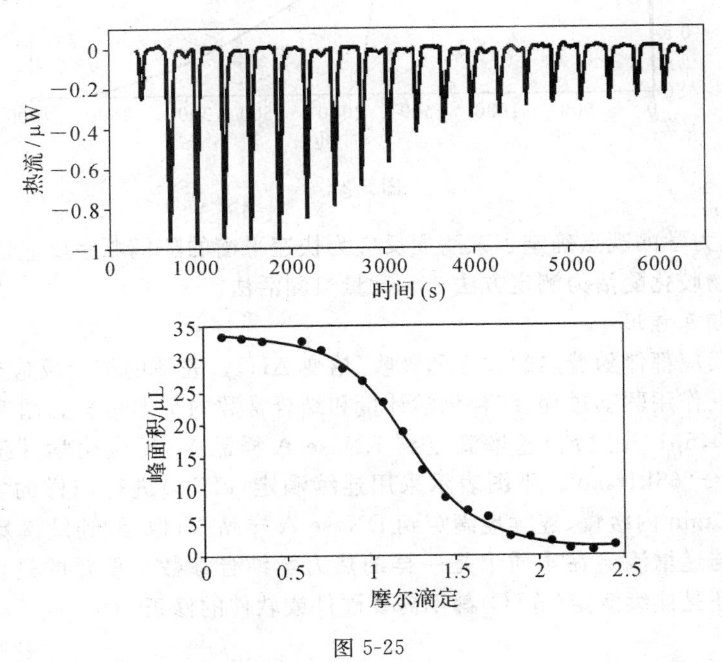

图 5-25

Freire 小组应用等温滴定微量热法（ITC）结合高灵敏度差示扫描量热法（DSC）和分光光度法研究了酵母细胞色素 C 氧化酶催化氧化其生理底物——亚铁细胞色素 C 的热力学和动力学，并分析了原盐效应对该酶活性的影响。我们应用等温微量热法研究了超氧化物歧化酶催化歧化超氧阴离子等反应体系，获得了这些酶促反应的各种热力学和动力学信息，探讨了相关催化机理，同时用该法研究了博莱霉素催化切割 DNA 的反应，从热力学和动力学的角度严格地证明了博莱霉素在催化机制上类似于 DNA 切割酶，但其催化效率低于 DNA 切割酶，并用等温滴定微量热法研究了不同浓度盐酸胍存在时肌酸激酶催化 ATP 与肌酸间转磷酸化反

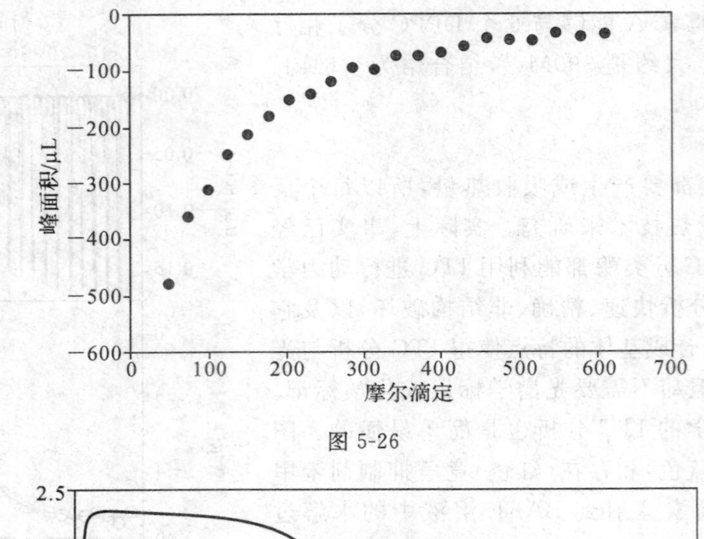

图 5-26

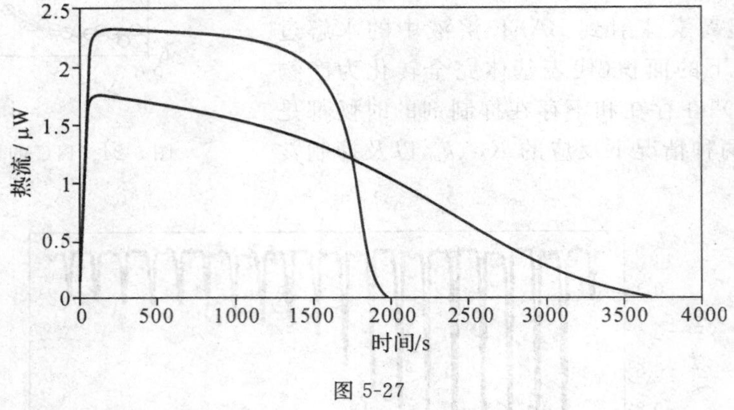

图 5-27

应的热力学，从热力学的观点确定了该酶促反应为快速平衡的随机顺序反应，还建立了新的肌酸激酶和超氧化物歧化酶活力测定方法——微量热测活法。

4. 表征结合相互作用

所有的结合反应都伴随着热的放出和吸收(焓变 ΔH)。完整的结合反应热力学表征为我们提供了分子交互作用驱动过程、结合化学计量和结合常数的基本信息。图 5-28 表示滴定抑制剂 2′—CMP(20，5μL 注射剂)递增滴定到 RNase A 样品中；反应化学计量为 1∶1，Ka＝$1\times10^{6}M^{-1}$，ΔH＝－65kJ/mol。下图表示采用连续滴定(cITC)进行同样的实验。这种情况下，2′－CMP在 20min 内缓慢、连续地滴定到 RNase A 样品中；但是，连续滴定获得的约 1000 个数据点提供了与递增滴定在本质上是一样的热力学结合参数。重要的是，Nano ITC 不论是进行递增滴定还是连续滴定(cITC)都不需要硬件或软件的修正。

5. 抗体研究

美国 Johns Hopkins 大学生物系的生物量热学中心是目前世界上从事生物量热学最活跃和处于领先水平的实验室，该中心的 Freire 小组(Murphy et al.，1993，1995)应用高灵敏度 ITC 分别研究了血管紧缩素与其单克隆抗体和酸诱导去折叠细胞色素 C 与其单克隆抗体的结合，发现上述结合过程均为焓和熵同时驱动的反应。实验结果表明，这些过程中溶剂释放所导致的熵增过量补偿了因结合而引起的构象熵的损失。

6. 蛋白质折叠和稳定性

如美国的 Wright 小组应用 ITC 和核磁共振(NMR)等技术研究了核激素受体蛋白的一

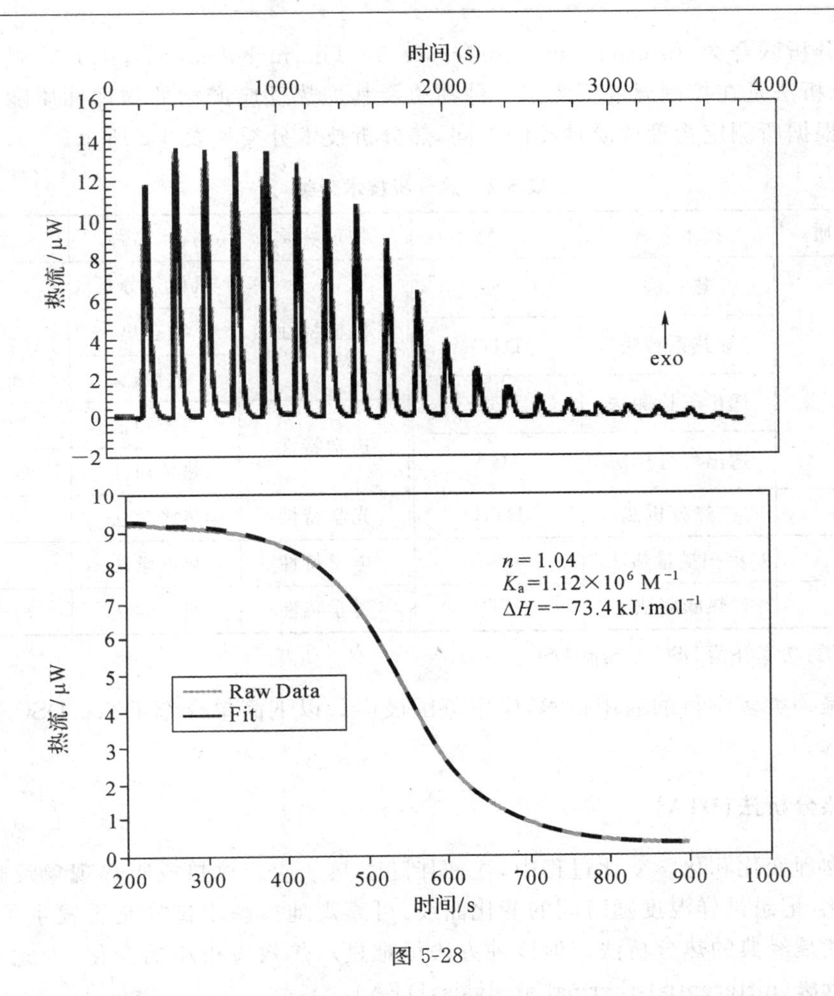

图 5-28

个结构域与甲状腺素及类纤维素 A 受体相互作用的热力学，发现虽然分开的结构域本身很凌乱，但是它们之间有高的亲和力而且是焓驱动的，并以一种独特的协同折叠的机制形成螺旋异二聚体。

值得指出的是，ITC 不仅被应用于研究蛋白质折叠/去折叠，而且被应用于核酸折叠，例如英国的 Hammann 等人利用 ITC 研究了镁离子诱导锤头状核酶折叠的热力学，发现镁离子与天然序列核酶的结合是一个强烈的放热反应，和镁离子与锤头状核酶不同序列变异体的结合有很大的区别，这些工作对于核酸折叠的热力学研究是良好的开端。

ITC 还可应用蛋白质－脂质相互作用、脂质间以及脂质－小分子相互作用、核酸－小分子相互作用、蛋白质－核酸相互作用、核酸－核酸相互作用、蛋白质－小分子和酶－抑制物相互作用、蛋白质－糖类相互作用研究。

六、热分析技术与仪器

热分析技术是研究物质的物理、化学性质与温度之间的关系，或者说研究物质的热态随温度进行的变化。温度本身是一种量度，它几乎影响物质的所有物理常数和化学常数。概括地说，整个热分析内容应包括热转变机理和物理化学变化的热动力学过程的研究。

国际热分析联合会(International Confernce on Thermal Analysis,ICTA)规定的热分析定义为:热分析法是在控制温度下测定一种物质及其加热反应产物的物理性质随温度变化的一组技术。根据所测定物理性质种类的不同,热分析技术分类如表 5-2 所示。

表 5-2 热分析技术分类

物理性质	技术名称	简称	物理性质	技术名称	简称
质量	热重法	TG	机械特性	机械热分析	TMA
	导热系数法	DTG		动态热	
				机械热	
	逸出气检测法	EGD	声学特性	热发声法	
	逸出气分析法	EGA		热传声法	
温度	差热分析法	DTA	光学特性	热光学法	
焓	差示扫描量热法*	DSC	电学特性	热电学法	
尺度	热膨胀法	TD	磁学特性	热磁学法	

* DSC 分类:功率补偿 DSC 和热流 DSC。

热分析是一类多学科的通用技术,应用范围极广。以下简单介绍 DTA、DSC 和 TG 等基本原理和技术。

(一)差热分析法(DTA)

物质在物理变化和化学变化过程中,往往伴随着热效应。放热或吸热现象反映了物质热焓发生了变化,记录试样温度随时间的变化曲线,可直观地反映出试样是否发生了物理(或化学)变化,这就是经典的热分析法。但该种方法很难显示热效应很小的变化,为此逐步发展形成了差热分析法(differential thermal analysis,DTA)。

1. DTA 的基本原理

DTA 是在程序控制温度下,测量物质与参比物之间的温度差与温度关系的一种技术。DTA 曲线是描述试样与参比物之间的温差(ΔT)随温度或时间的变化关系。在 DTA 实验中,试样温度的变化是由于相转变或反应的吸热或放热效应引起的。如相转变、熔化、结晶结构的转变、升华、蒸发、脱氢反应、断裂或分解反应、氧化或还原反应、晶格结构的破坏和其他化学反应。一般说来,相转变、脱氢还原和一些分解反应产生吸热效应;而结晶、氧化等反应产生放热效应。

DTA 的原理如图 5-29 所示。将试样和参比物分别放入坩埚,置于炉中以一定速率 $\nu = dT/dt$ 进行程序升温,以 T_s、T_r 表示各自的温度,设试样和参比物(包括容器、温差电偶等)的热容量 C_s、C_r 不随温度而变。则它们的升温曲线如图 5-30 所示。若以 $\Delta T = T_s - T_r$ 对 t 作图,所得 DTA 曲线如图 5-31 所示,在 0—a 区间,ΔT 大体上是一致的,形成 DTA 曲线的基线。随着温度的增加,试样产生了热效应(如相转变),则与参比物间的温差变大,在 DTA 曲线中表现为峰。显然,温差越大,峰也越大,试样发生变化的次数多,峰的数目也多,所以各种吸热和放热峰的个数、形状和位置与相应的温度可用来定性地鉴定所研究的物质,而峰面积与热量的变化有关。

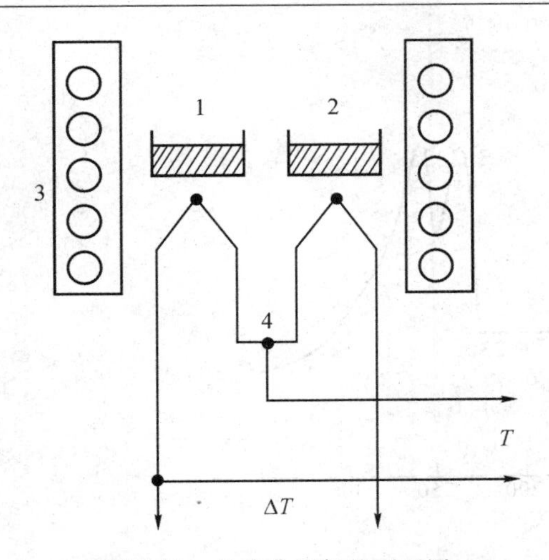

图 5-29　差热分析仪的原理图

1—参比物；2—试样；3—炉体；4—热电偶

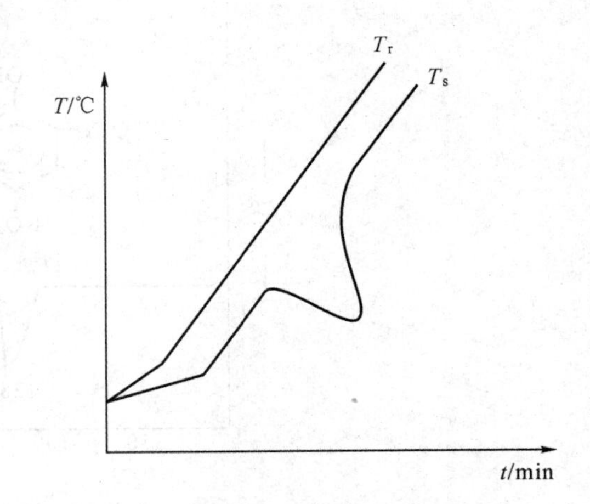

图 5-30　试样和参比物的升温曲线

DTA 曲线所包围的面积 S 可用下式表示：

$$\Delta H = \frac{gC}{m}\int_{t_2}^{t_1} \Delta T \mathrm{d}t = \frac{gC}{m}S \tag{5-18}$$

式中：m 是反应物的质量；ΔH 是反应热；g 是仪器的几何形态常数；C 是试样的热传导率；ΔT 是温差；t 是时间；t_1 和 t_2 是 DTA 曲线的积分限。上式是一种最简单的表达式，它是通过运用比例或近似常数 g 和 C 来说明试样反应热与峰面积的关系。这里忽略了微分项和试样的温度梯度，并假设峰面积与试样的比热无关，所以它是一个近似关系式。

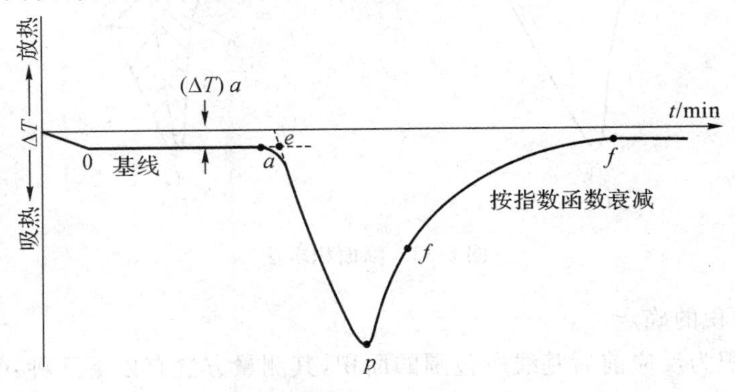

图 5-31　DTA 吸热转变曲线

根据国际热分析协会规定，DTA 曲线放热峰向上，吸热峰向下，灵敏度单位为 μV。如图 5-32 所示为苦味酸（三硝基苯酚）的 DTA 曲线。

2. DTA 曲线特征点温度和面积的测量

(1)DTA 曲线特征点温度的确定

如图 5-32 所示，DTA 曲线的起始温度可取下列任一点温度：曲线偏离基线之点 T_a；曲线陡峭部分切线和基线延长线这两条线交点 T_e（外推始点，extrapolatedonset）。其中 T_a 与仪器的灵敏度有关，灵敏度越高则出现得越早，即 T_a 值越低，故一般重复性较差，T_p 和 T_e 的重复性较好，其中 T_e 最为接近热力学的平衡温度。T_p 为曲线的峰值温度。

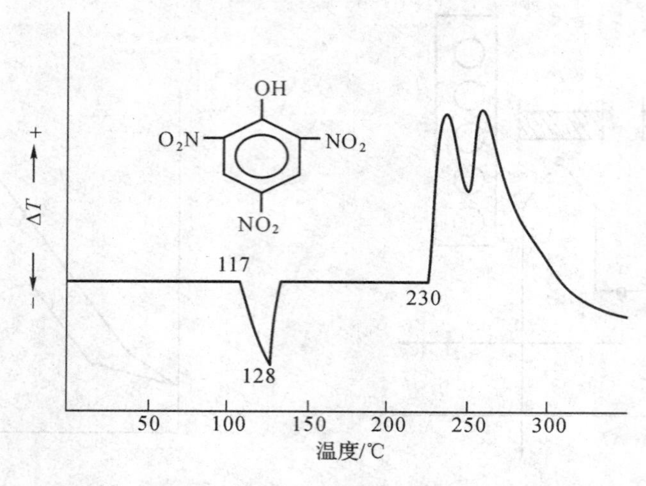

图 5-32　苦味酸在动态空气中的 DTA 曲线

从外观上看，曲线回复到基线的温度是 T_f（终止温度）。而反应的真正终点温度是 $T_{f'}$，由于整个体系的热惰性，即使反应终了，热量仍有一个散失过程，使曲线不能立即回到基线。$T_{f'}$ 可以通过作图的方法来确定，$T_{f'}$ 之后，ΔT 即以指数函数降低，因而如以 $\Delta T-(\Delta T)_a$ 的对数对时间作图，可得一直线。当从峰的高温侧的底沿逆查这张图时，则偏离直线的那点，即表示终点 T_f。

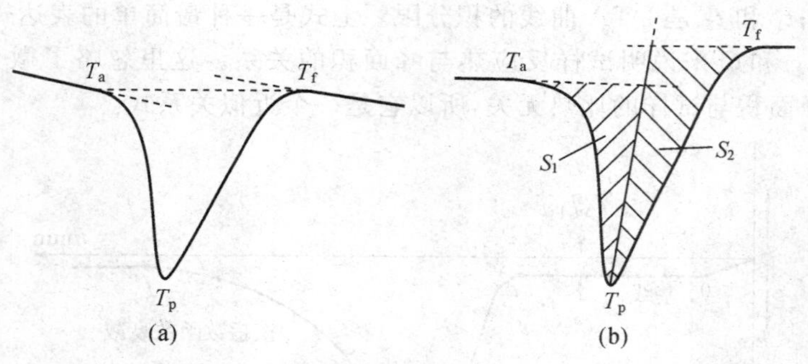

图 5-33　峰面积求法

(2)DTA 峰面积的确定

DTA 的峰面积为反应前后基线所包围的面积，其测量方法有以下几种：①使用积分仪，可以直接读数或自动记录下差热峰的面积。②如果差热峰的对称性好，可作等腰三角形处理，用峰高乘以半峰宽（峰高 1/2 处的宽度）的方法求面积。③剪纸称重法，若记录纸厚薄均匀，可将差热峰剪下来，在分析天平上称其质量，其数值可以代表峰面积。

对于反应前后基线没有偏移的情况，只要连接基线就可求得峰面积，这是不言而喻的。对于基线有偏移的情况，下面两种方法是经常采用的。

1)分别作反应开始前和反应终止后的基线延长线，它们离开基线的点分别是 T_a 和 T_f，联结 T_a，T_p，T_f 各点，便得峰面积，这就是 ICTA（国际热分析联合会）所规定的方法（见图 5-33(a)）。

2)由基线延长线和通过峰顶 T_p 作垂线，与 DTA 曲线的两个半侧所构成的两个近似三角形面积 S_1、S_2（见图 5-33(b)中阴影部分）之和的方法是，认为在 S_1 中丢掉的部分与 S_2 中多余的部分可以得到一定程度的抵消。

3. DTA 的仪器结构

尽管仪器种类繁多,DTA 分析仪内部结构装置大致相同,如图 5-34 所示。

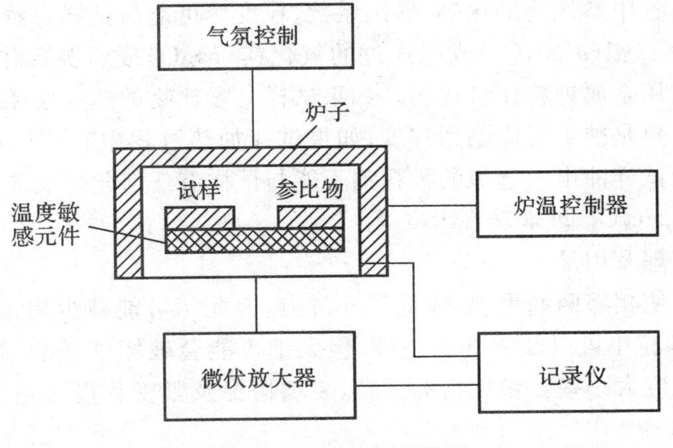

图 5-34　DTA 装置简图

DTA 仪器一般由下面几个部分组成:炉子(其中有试样和参比物坩埚,温度敏感元件等)、炉温控制器、微伏放大器、气氛控制、记录仪(或微机)等部分组成。

(1)炉温控制器

炉温控制系统由程序信号发生器、PID 调节器和可控硅执行元件等几部分组成。

程序信号发生器按给定的程序方式(升温、降温、恒温、循环)给出毫伏信号。若温控热电偶的热电势与程序信号发生器给出的毫伏值有差别时,说明炉温偏离给定值,此偏差值经微伏放大器放大,送入 PID 调节器,再经可控硅触发器导通可控硅执行元件,调整电炉的加热电流,从而使偏差消除,达到使炉温按一定的速度上升、下降或恒定的目的。

(2)差热放大单元

用以放大温差电势,由于记录仪量程为毫伏级,而差热分析中温差信号很小,一般只有几微伏到几十微伏,因此差热信号须经放大后再送入记录仪(或微机)中记录。

(3)信号记录单元

由双笔自动记录仪(或微机)将测温信号和温差信号同时记录下来。在进行 DTA 过程中,如果升温时试样没有热效应,则温差电势应为常数,DTA 曲线为一直线,称为基线。但是,由于两个热电偶的热电势和热容量以及坩埚形态、位置等不可能完全对称,在温度变化时仍有不对称电势产生。此电势随温度升高而变化,造成基线不直,这时可以用斜率调整线路加以调整。CRY 和 CDR 系列差热仪调整方法:坩埚内不放参比物和试样,将差热放大量程置于 ±100μV,升温速度置于 10℃ · min^{-1},用移位旋钮使温差记录笔处于记录纸中部,这时记录笔应画出一条直线。在升温过程中如果基线偏离原来的位置,则主要是由于热电偶不对称电势引起基线漂移。待炉温升到 750℃时,通过斜率调整旋钮校正到原来位置即可。此外,基线漂移还和试样杆的位置、坩埚位置、坩埚的几何尺寸等因素有关。

4. 影响差热分析的主要因素

差热分析操作简单,但在实际工作中往往发现同一试样在不同仪器上测量,或不同的人在同一仪器上测量,所得到的差热曲线结果有差异。峰的最高温度、形状、面积和峰值大小都会发生一定变化。其主要原因是热量与许多因素有关,传热情况比较复杂所造成的。一般说来,一是仪器，二是试样。虽然影响因素很多，但只要严格控制某种条件，仍可获得较好的重现性。

(1)参比物的选择

要获得平稳的基线，参比物的选择很重要。要求参比物在加热或冷却过程中不发生任何变化，在整个升温过程中参比物的比热、导热系数、粒度尽可能与试样一致或相近。

常用α—三氧化二铝(α-Al_2O_3)或煅烧过的氧化镁(MgO)或石英砂作参比物。如以分析试样为金属，也可以用金属镍粉作参比物。如果试样与参比物的热性质相差很远，则可用稀释试样的方法解决，主要是减少反应剧烈程度；如果试样加热过程中有气体产生时，可以减少气体大量出现，以免使试样冲出。选择的稀释剂不能与试样有任何化学反应或催化反应，常用的稀释剂有 SiC、铁粉、Fe_2O_3、玻璃珠、Al_2O_3 等。

(2)试样的预处理及用量

试样用量大，易使相邻两峰重叠，降低了分辨力，因此尽可能减少用量。试样的颗粒度在100～200 目左右，颗粒小可以改善导热条件，但太细可能会破坏试样的结晶度。对易分解产生气体的试样，颗粒应大一些。参比物的颗粒、装填情况及紧密程度应与试样一致，以减少基线的漂移。

(3)升温速率的影响和选择

升温速率不仅影响峰温的位置，而且影响峰面积的大小，一般来说，在较快的升温速率下峰面积变大，峰变尖锐。但是快的升温速率使试样分解偏离平衡条件的程度也大，因而易使基线漂移。更主要的可能导致相邻两个峰重叠，分辨力下降。较慢的升温速率，基线漂移小，使体系接近平衡条件，得到宽而浅的峰，也能使相邻两峰更好地分离，因而分辨力高。但测定时间长，需要仪器的灵敏度高。一般情况下选择 8～12℃ · min^{-1}为宜。

(4)气氛和压力的选择

气氛和压力可以影响试样化学反应和物理变化的平衡温度、峰形。因此，必须根据试样的性质选择适当的气氛和压力，有的试样易氧化，可以通入 N_2、Ne 等惰性气体。

(二)差示扫描量热法(DSC)

在差热分析测量试样的过程中，当试样产生热效应(熔化、分解、相变等)时，由于试样内的热传导，试样的实际温度已不是程序所控制的温度(如在升温时)。由于试样的吸热或放热，促使温度升高或降低，因而进行试样热量的定量测定是困难的。要获得较准确的热效应，可采用差示扫描量热法(differential scanning clorimetry，DSC)。

1. DSC 的基本原理

DSC 是在程序控制温度下，测量输给试样和参比物的功率差与温度关系的一种技术。

经典 DTA 常用一金属块作为试样保持器以确保试样和参比物处于相同的加热条件下。而 DSC 的主要特点是试样和参比物分别各有独立的加热元件和测温元件，并由两个系统进行监控。其中一个用于控制升温速率，另一个用于补偿试样和惰性参比物之间的温差。图 5-35 显示了 DTA 和 DSC 加热部分的不同，图 5-36 所示为常见 DSC 原理。

试样在加热过程中由于热效应与参比物之间出现温差 ΔT 时，通过差热放大电路和差动热量补偿放大器，使流入补偿电热丝的电流发生变化：当试样吸热时，补偿放大器使试样一边的电流立即增大；反之，当试样放热时则使参比物一边的电流增大，直到两边热量平衡，温差 ΔT 消失为止。换句话说，试样在热反应时发生的热量变化，因及时输入电功率而得到补偿，所以实际记录的是试样和参比物下面两只电热补偿的热功率之差随时间 t 的变化 $dH/dt-t$

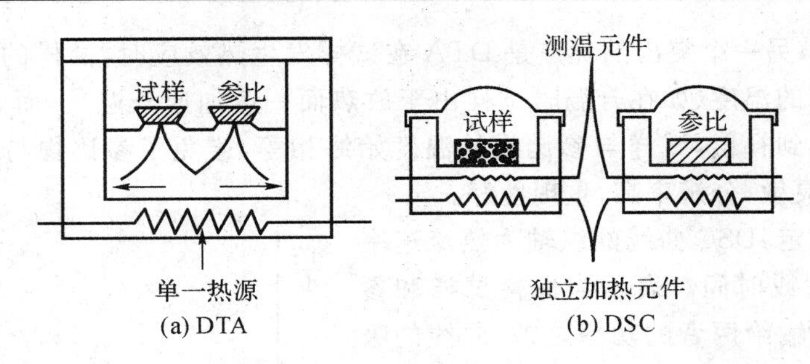

图 5-35　DTA 和 DSC 加热元件

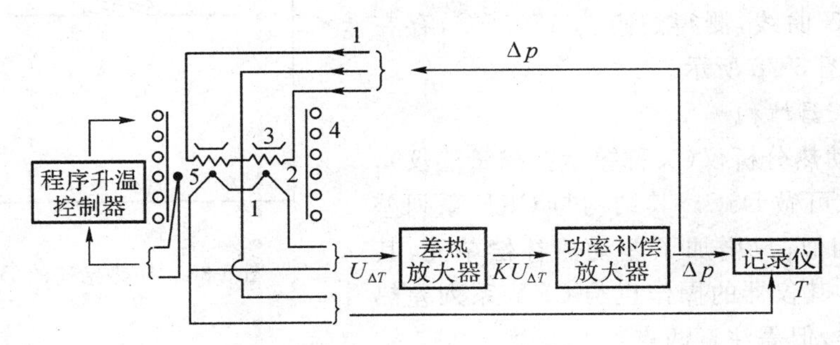

图 5-36　功率补偿式 DSC 原理图

1—温差热电偶；2—补偿电热丝；3—坩埚；4—电炉；5—控温热电偶

关系。如果升温速率恒定，记录的也就是热功率之差随温度 T 的变化 $\mathrm{d}H/\mathrm{d}t-T$ 关系，如图 5-37 所示。其峰面积 S 正比于热焓的变化：

$$\Delta H_m = KS$$

式中：K 为与温度无关的仪器常数。

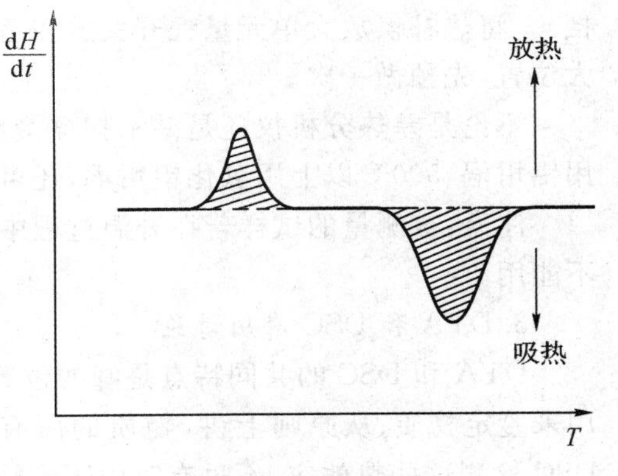

图 5-37　DSC 曲线

如果事先用已知相变热的试样标定仪器常数，再根据待测试样的峰面积，就可得到 ΔH 的绝对值。仪器常数的标定，可利用测定锡、铅、铟等纯金属的熔化，从其熔化热的文献值即可得到仪器常数。校正测定温度与仪器常数 K 的标准物质如表 5-3 所示。

表 5-3　校正测定温度与仪器常数 K 的标准物质

标准物质	熔点/℃	熔化焓/J·g^{-1}
偶氮苯	34.6	90.4
硬脂酸	69.0	198.9
菲	99.3	104.7
铟	156.4	28.6
锡	231.9	60.3
铅	327.4	23.0
锌	419.5	102.1
铝	660.3	397

因此，用差示扫描量热法可以直接测量热量，这是与差热分析的一个重要区别。此外，

DSC与DTA相比，另一个突出的优点是DTA在试样发生热效应时，试样的实际温度已不是程序升温时所控制的温度(如在升温时试样由于放热而一度加速升温)。而DSC由于试样的热量变化随时可得到补偿，试样与参比物的温度始终相等，避免了参比物与试样之间的热传递，故仪器的反应灵敏，分辨率高，重现性好。

根据ICTA规定：DSC曲线的纵轴为热流速率dQ/dt，横轴为温度或时间。表示当保持试样和参比物的温度相等时输给两者的功率之差，曲线的吸热峰朝上，放热峰朝下，灵敏度单位为$mJ \cdot s^{-1}$。如扑热息痛的DSC曲线，测得熔点为170.5℃，存在一个吸热峰，如图5-38所示。

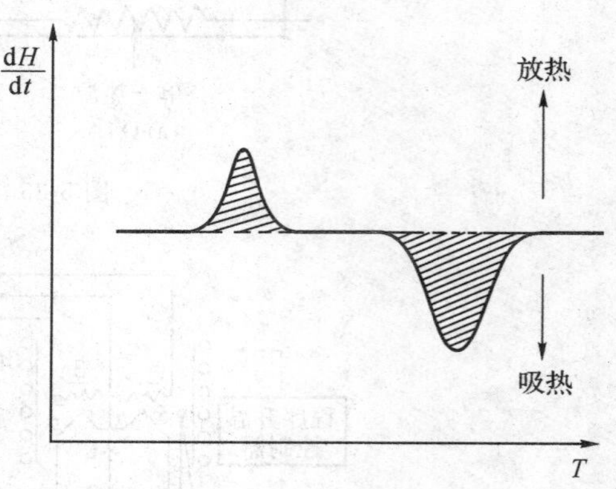

图5-38 扑热息痛的DSC曲线

2. DSC的仪器结构

CDR型差动热分析仪(又称差示扫描量热仪)，既可做DTA，也可做DSC。其结构与CRY系列差热分析仪结构相似，只增加了差动热补偿单元，其余装置皆相同。其仪器的操作也与CRY系列差热分析仪基本一样，但需注意两点：

将"差动"、"差热"的开关置于"差动"位置时，微伏放大器量程开关置于$\pm 100\mu V$处(不论热量补偿的量程选择在哪一档，在差动测量操作时，微伏放大器的量程开关都放在$\pm 100\mu V$挡)。将热补偿放大单元量程开关放在适当位置。如果无法估计确切的量程，则可放在量程较大位置，先预做一次。

不论是差热分析仪还是差示扫描量热仪，使用时首先确定测量温度，选择坩埚：500℃以下用铝坩埚，500℃以上用氧化铝坩埚，还可根据需要选择镍、铂等坩埚。

注意：被测量的试样若在升温过程中能产生大量气体，或能引起爆炸，或具有腐蚀性的都不能用。

3. DTA和DSC应用讨论

DTA和DSC的共同特点是峰的位置、形状和峰的数目与物质的性质有关，故可以定性地用来鉴定物质；从原则上讲，物质的所有转变和反应都应有热效应，因而可以采用DTA和DSC检测这些热效应，不过有时由于灵敏度等种种原因的限制，不一定都能观测得出；而峰面积的大小与反应热焓有关，即$\Delta H = KS$。对DTA曲线，K是与温度、仪器和操作条件有关的比例常数。而对DSC曲线，K是与温度无关的比例常数。这说明在定量分析中DSC优于DTA。为了提高灵敏度，DSC所用试样容器与电热丝紧密接触。但由于制造技术上的问题，目前DSC仪测定温度只能达到750℃左右，温度再高，只能用DTA仪了。DTA仪则一般可用到1600℃的高温，最高可达到2400℃。

近年来热分析技术已广泛应用于石油产品、高聚物、络合物、液晶、生物体系、医药等有机和无机化合物，它们已成为研究有关问题的有力工具。但从DSC得到的实验数据比从DTA得到的更为定量，并更易于作理论解释。因此，DTA和DSC在化学领域和工业上得到了广泛的应用。

(三)热重法(TG)

热重分析法(thermogravimetric analysis，TG)是在程序控制温度下，测量物质质量与温度关系的一种技术。许多物质在加热过程中常伴随质量的变化，这种变化过程有助于研究晶体性质的变化，如熔化、蒸发、升华和吸附等物质的物理现象；也有助于研究物质的脱水、解离、氧化、还原等物质的化学现象。

1. TG 和 DTG 的基本原理与仪器

进行热重分析的基本仪器为热天平。热天平一般包括天平、炉子、程序控温系统、记录系统等部分。有的热天平还配有通入气氛或真空装置。典型的热天平如图 5-39 所示。除热天平外，还有弹簧秤。国内已有 TG 和 DTG 联用的示差天平。

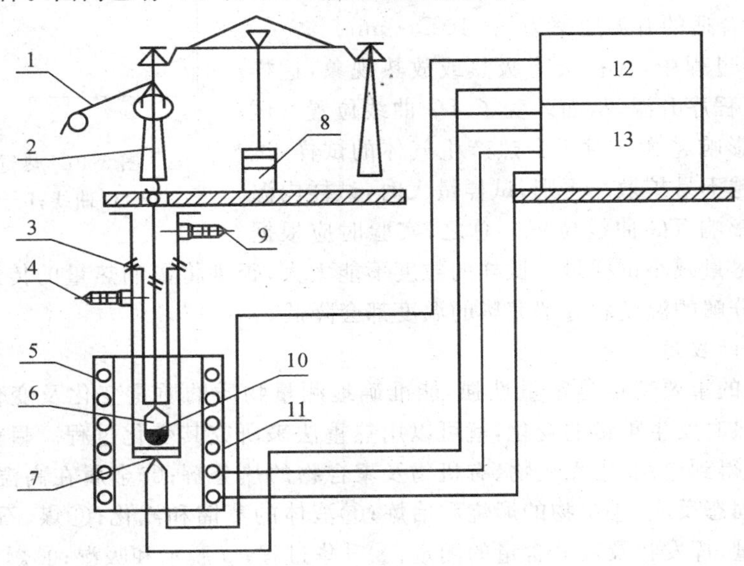

图 5-39　热天平原理图

1—机械减码；2—吊挂系统；3—密封管；4—出气口；5—加热丝；6—试样盘；7—热电偶；8—光学读数；9—进气口；10—试样；11—管状电阻炉；12—温度读数表头；13—温控加热单元

热重分析法通常可分为两大类：静态法和动态法。静态法是等压质量变化的测定，是指一物质的挥发性产物在恒定分压下，物质平衡与温度 T 的函数关系。以失重为纵坐标，温度 T 为横坐标作等压质量变化曲线图。等温质量变化的测定是指一物质在恒温下，物质质量变化与时间 t 的依赖关系，以质量变化为纵坐标，以时间为横坐标，获得等温质量变化曲线图。动态法是在持续升温的情况下，测量物质质量的变化对时间的函数关系。

在控制温度下，试样受热后重量减轻，天平（或弹簧秤）向上移动，使变压器内磁场移动输电功能改变；另一方面加热电炉温度缓慢升高时热电偶所产生的电位差输入温度控制器，经放大后由信号接收系统绘出 TG 热分析图谱。

热重法实验得到的曲线称为热重曲线（TG 曲线），如图 5-40 所示曲线 a。TG 曲线以质量作纵坐标，从上向下表示质量减少；以温度（或时间）作横坐标，自左至右表示温度（或时间）增加。

从热重法可派生出微商热重法（DTG），它是 TG 曲线对温度（或时间）的一阶导数。以物质的质量变化速率 $\mathrm{d}m/\mathrm{d}t$ 对温度 T（或时间 t）作图，即得 DTG 曲线，如图 5-40 所示曲线 b。DTG 曲线上的峰代替 TG 曲线上的阶梯，峰面积正比于试样质量。DTG 曲线可以微分 TG 曲线得到，也可以用适当的仪器直接测得，DTG 曲线比 TG 曲线优越性大，它提高了 TG 曲线的分辨率。

2.影响热重分析的因素

热重分析的实验结果受到许多因素的影响，基本可分两类：一是仪器因素，包括升温速率、炉内气氛、炉子的几何形状、坩埚的材料等；二是试样因素，包括试样的质量、粒度、装样的紧密程度、试样的导热性等。

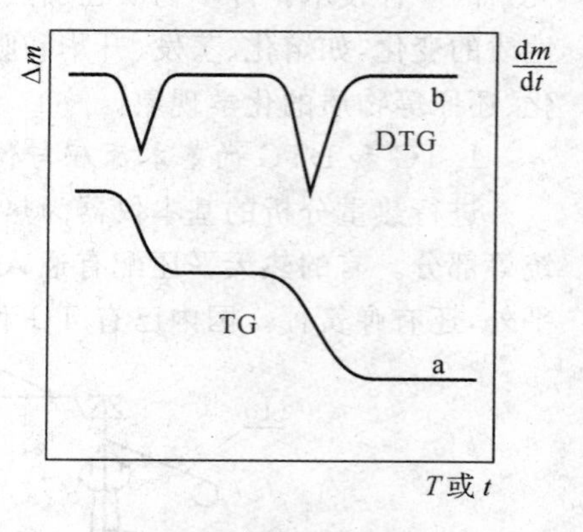

图 5-40 热重曲线图

a—TG 曲线；b—DTG 曲线

在 TGA 的测定中，升温速率增大会使试样分解温度明显升高。如升温太快，试样来不及达到平衡，会使反应各阶段分不开。合适的升温速率为 5～10℃ · min^{-1}。

试样在升温过程中，往往会有吸热或放热现象，这样使温度偏离线性程序升温，从而改变了 TG 曲线位置。试样量越大，这种影响越大。对于受热产生气体的试样，试样量越大，气体越不易扩散。再则，试样量大时，试样内温度梯度也大，将影响 TG 曲线位置。总之，实验时应根据天平的灵敏度，尽量减小试样量。试样的粒度不能太大，否则将影响热量的传递；粒度也不能太小，否则开始分解的温度和分解完毕的温度都会降低。

3.热重分析的应用

热重分析法的重要特点是定量性强，能准确地测量物质的质量变化及变化的速率，可以说，只要物质受热时发生重量的变化，就可以用热重法来研究其变化过程。目前，热重分析法已在下述诸方面得到应用：①无机物、有机物及聚合物的热分解；②金属在高温下受各种气体的腐蚀过程；③固态反应；④矿物的煅烧和冶炼；⑤液体的蒸馏和汽化；⑥煤、石油和木材的热解过程；⑦含湿量、挥发物及灰分含量的测定；⑧升华过程；⑨脱水和吸湿；⑩爆炸材料的研究；⑪反应动力学的研究；⑫发现新化合物；⑬吸附和解吸；⑭催化活度的测定；⑮表面积的测定；⑯氧化稳定性和还原稳定性的研究；⑰反应机制的研究。

第二节 基础与综合性实验

实验一 燃烧热的测定

一、实验目的

1.用氧弹量热计测定蔗糖的燃烧热。

2.掌握恒压燃烧热与恒容燃烧热的概念及两者关系。

3.了解氧弹量热计的主要结构功能与作用；掌握氧弹量热计的实验操作技术。

4.学会用雷诺图解法校正温度变化。

二、预习要求

1. 明确燃烧热的定义，了解测定燃烧热的意义。
2. 了解氧弹式量热计的原理和使用；熟悉温差测定仪的使用。
3. 明确所测定的温差为什么要进行雷诺图校正。
4. 了解氧气钢瓶的使用及注意事项。

三、实验原理

标准燃烧热的定义是：在温度 T、参加反应各物质均处标准态下，一摩尔 β 相的物质 B 在纯氧中完全燃烧时所放出的热量。所谓完全燃烧，即组成反应物的各元素，在经过燃烧反应后，必须呈现本元素的最高化合价。如 C 经燃烧反应后，变成 CO 不能认为是完全燃烧。只有在变成 CO_2 时，方可认为是完全燃烧。同时还必须指出，反应物和生成物在指定的温度下都属于标准态。如苯甲酸在 298.15K 时的燃烧反应过程为

$$C_6H_5COOH(\text{固})+\frac{15}{2}O_2(\text{气})\Rightarrow 7CO_2(\text{气})+3H_2O(\text{液})$$

由热力学第一定律，恒容过程的热效应 Q_V，即 ΔU。恒压过程的热效应 Q_p，即 ΔH。它们之间的相互关系如下：

$$Q_p = Q_V + \Delta nRT \tag{5-19}$$

或

$$\Delta H = \Delta U + \Delta nRT \tag{5-20}$$

其中，Δn 为反应前后气态物质的物质的量之差；R 为气体常数；T 为反应的绝对温度。本实验通过测定蔗糖完全燃烧时的恒容燃烧热，再计算出蔗糖的恒压燃烧 ΔH。在计算蔗糖的恒压燃烧热时，应注意其数值的大小与实验的温度有关，其关系式为

$$\left(\frac{\partial \Delta H}{\partial T}\right)_p = \Delta_r C_p \tag{5-21}$$

式中：$\Delta_r C_p$ 是反应前后的恒压热容之差，它是温度的函数。一般说来，反应的热效应随温度的变化不是很大，在较小的温度范围内，我们可以认为它是一常数。

热量是一个很难测定的物理量，热量的传递往往表现为温度的改变。而温度却很容易测量。如果有一种仪器，已知它每升高一度所需的热量，那么，我们就可在这种仪器中进行燃烧反应，只要观察到所升高的温度就可知燃烧放出的热量。根据这一热量我们便可求出物质的燃烧热。在实验中我们所用的恒温氧弹量热计就是这样一种仪器。为了测得恒容燃烧热，我们将反应置于一个恒容的氧弹中，为了燃烧完全，在氧弹内充入 2MPa 左右大气压的纯氧。这一装置的构造将在下面做详细介绍。

为了确定氧弹量热计每升高一度所需要的热量，也就是量热计的热容，可用通电加热法或标准物质法标定。本实验用标准物质法来测量氧弹量热计的热容即确定仪器的水当量。这里所说的标准物质为苯甲酸，其恒容燃烧时所放出的热量为 $26460\text{J}\cdot\text{g}^{-1}$。实验中将苯甲酸压片后准确称量的值与该数值的乘积即为所用苯甲酸完全燃烧放出的热量；点火用的 Cu-Ni 合金丝燃烧时放出的热量；实验所用 O_2 中带有的 N_2 燃烧生成氮氧化物溶于水所放出的热量，其总和一并传给氧弹量热计使其温度升高。根据能量守恒原理，物质燃烧放出的热量全部被氧弹及周围的介质（本实验为 2000 毫升水）等所吸收，得到温度的变化为 ΔT，所以氧弹量热

计的热容为

$$C_{卡}=\frac{Q}{\Delta T}=\frac{mQ_V+2.9l+5.98V}{\Delta T} \tag{5-22}$$

式中：m 为苯甲酸的质量(准确到 1×10^{-5}g)；l 为燃烧掉的铁丝的长度(cm)；2.9 为每厘米铁丝燃烧放出的热量单位($J\cdot cm^{-1}$)；V 为滴定燃烧后氧弹内的洗涤液所用的 $0.1mol\cdot L^{-1}$ 的 NaOH 溶液的体积；5.98 为消耗 1mL $0.1mol\cdot L^{-1}$ 的 NaOH 所相当的热量(单位为 J)。

由于此项结果对 Q_V 的影响甚微，所以常省去不做。确定了仪器(含 2000mL 水)热容，我们便可根据公式(5-22)求出欲测物质的恒容燃烧热 Q_V，即：

$$Q_{V(待测物)}=\frac{C_{卡}\Delta T-2.9l-5.98V}{m_{待测物质的质量}}\times M_{待测物质的摩尔质量} \tag{5-23}$$

然后根据公式(5-19)求得该物质的恒压燃烧热 Q_p，即 ΔH。

四、用雷诺作图法校正 ΔT

尽管在仪器上进行了各种改进，但在实验过程中仍不可避免环境与体系间的热量传递。这种传递使得我们不能准确地由温差测定仪上读出由于燃烧反应所引起的温升 ΔT。而用雷诺作图法进行温度校正，能较好地解决这一问题。将燃烧前后所观察到的水温对时间作图，可联成 $FHIDG$ 折线，如图 5-41 和图 5-42 所示。图 5-41 中 H 相当于开始燃烧之点，D 为观察到的最高温度。在温度为室温处作平行于时间轴的 JI 线。它交折线 $FHIDG$ 于 I 点。过 I 点作垂直于时间轴的 ab 线。然后将 FH 线外延交 ab 线于 A 点。将 GD 线外延，交 ab 线于 C 点。则 AC 两点间的距离即为 ΔT。图中 AA' 为开始燃烧到温度升至室温这一段时间 Δt_1 内，由环境辐射进来以及搅拌所引进的能量而造成量热计的温度升高。它应予以扣除之。CC' 为温度由室温升高到最高点 D 这一段时间 Δt_2 内，量热计向环境辐射而造成本身温度的降低。它应予以补偿之。因此，AC 可较客观的反映出由于燃烧反应所引起量热计的温升。在某些情况下，量热计的绝热性能良好，热漏很小，而搅拌器的功率较大，不断引进能量使得曲线不出现极高温度点，如图 5-42 所示，校正方法相似。

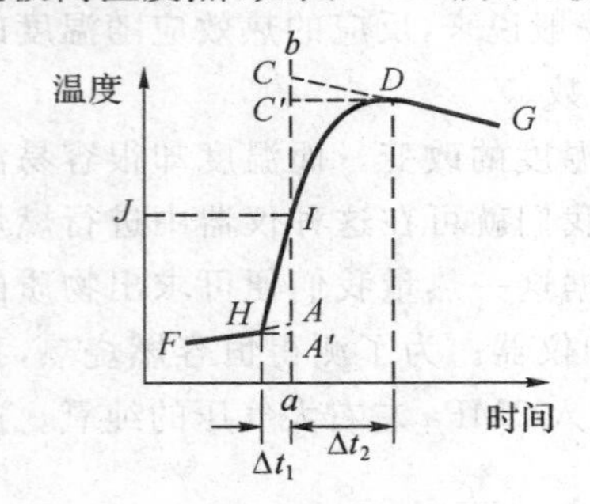

图 5-41　绝热较差时的雷诺校正图

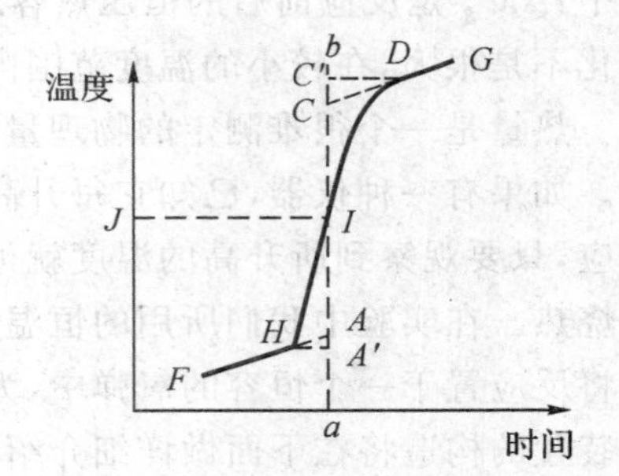

图 5-42　绝热良好时的雷诺校正图

必须注意，应用这种作图法进行校正时，氧弹量热计的温度与外界环境的温度不宜相差太大(最好不超过 2～3℃)，否则会引入大的误差。

五、仪器与试剂

氧弹量热计 1 套，压片机 1 台，测热控制器 1 台，计算机 1 台，氧气钢瓶(需大于 80kg 压力)，氧气减压器1个，万用表1个，充氧导管1个，点火丝若干，扳手1把，容量瓶(1000mL 1只，2000mL 1只)，苯甲酸(分析纯)，蔗糖(分析纯)。

六、实验步骤

1. 仪器介绍

图5-43所示是实验室所用的氧弹量热计的整体装配图，包括量热计主机、测热控制器、计算机三个部分组成，其中图5-43(b)为量热计主机的俯视图。图5-44所示是用来测量恒容燃烧的氧弹结构图。图5-45所示是实验充氧的示意图，下面分别作以介绍。

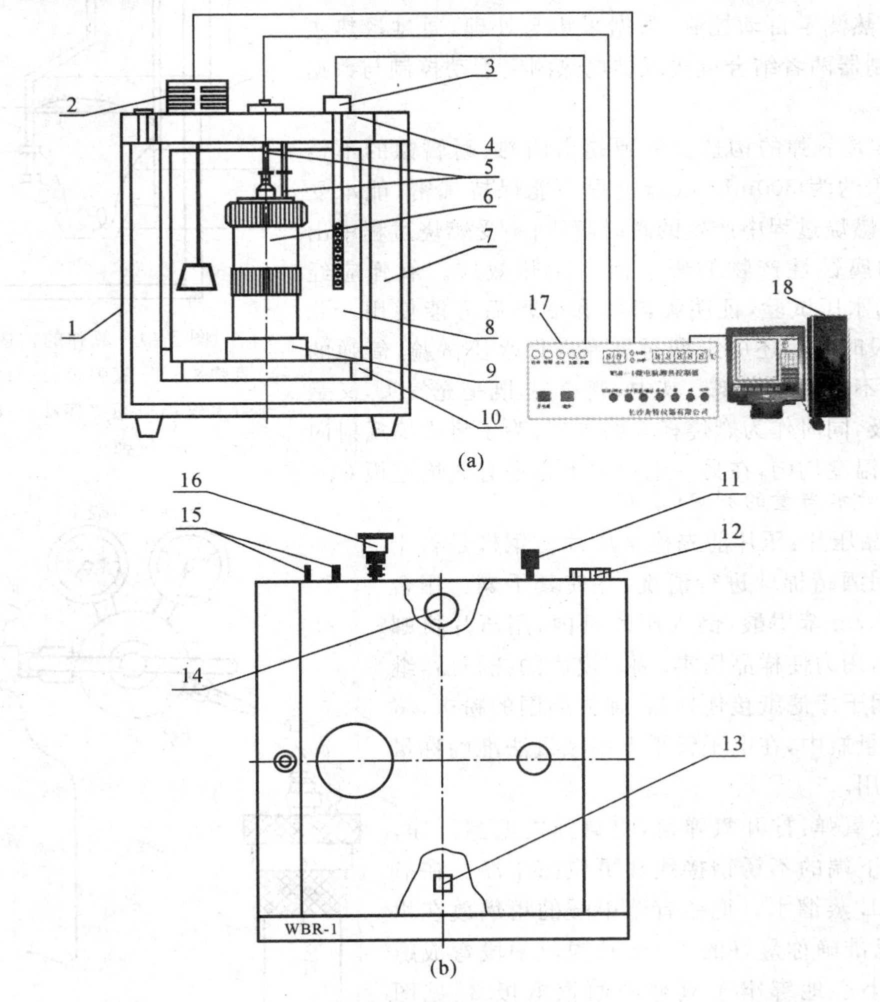

图5-43　氧弹量热计结构

1—主机外壳；2—内筒搅拌装置；3—测温探头；4—盖板；5—触头A、B；6—氧弹；7—外筒；8—内筒；9—弹座；10—内筒底座；11—地线；12—放水接头；13—进水孔；14—外筒搅拌装置；15—点火电极；16—搅拌插头；17—测热控制器；18—计算机

图5-43是氧弹量热计的结构示意图，这种量热计常用于物质燃烧热的测定。在量热计的外面有一个套壳，套壳有些是恒温的，有些是绝热的。因此，此类量热计又可分为外壳等温式

和绝热式两种。本实验采用外壳等温式量热计。内筒由紫铜制成，断面为菱形；内筒内外表面采用电镀抛光工艺处理，以减小与外筒间的热辐射作用。外筒为双壁容器，外壁形状为圆形；内壁采用紫铜制成，内表面采用电镀抛光，形状与内筒相似。内壁与内筒之间的距离大约是10～12mm。外筒水量大约是内筒用水的6倍，以便保持试验过程中外筒温度基本恒定。内筒搅拌装置采用电机带动，转速为375r/min。实验中把测热控制器的热敏探头插入研究体系内，便可直接准确读出反应过程中每一时刻体系温度的相对值。样品燃烧的点火由一拨动开关接入一可调变压器来实现，设定电压在24V进行点火燃烧。通过量热主机、测热控制器与计算机三者结合可实现燃烧热测定自动控制、数据采集与处理，通过量热主机、测热控制器两者结合可实现燃烧热测定手动控制与数据显示读取。

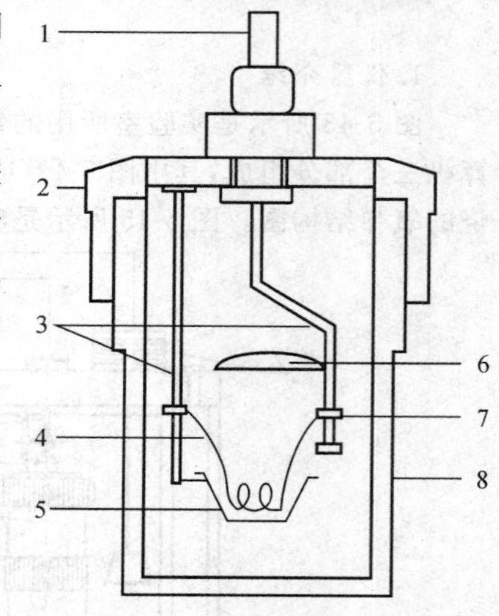

图5-44 氧弹的构造

1—氧弹头；2—氧弹盖；3—电极；4—引火丝；5—燃烧杯；6—遮板；7—卡套；8—氧弹体

图5-44是氧弹的构造。氧弹是由耐热、耐腐蚀的不锈钢制成，容积约为300mL；试验过程中能保持气密；能承受充氧压力和燃烧过程中产生的瞬时高压；不受燃烧过程中出现的高温和腐蚀性产物的影响而产生热效应。氧弹应经20.0MPa的水压试验，证明无渗漏和变形后方能使用。此外，使用一段时间后还应定期对氧弹进行水压试验，氧弹的定期检测期不得超过2年。其中，氧弹头，既是充气头，又是放气头；电极，同时作为燃烧杯5的支架；为了将火焰反射向下而使弹体温度均匀，在另一电极的上方还有火焰遮板6。

2. 量热计水当量的测定（求$C_{卡}$）

(1) 样品压片：压片前先检查压片机钢模是否干净，否则应用酒精棉球进行清洗，并使其干燥。用台秤称0.8～1.0g苯甲酸，倒入压片机内，用压片机螺杆徐徐旋紧，用力使样品压牢，抽去模底的托板后，继续向下压，用干净滤纸接住样品，弹去周围的粉末，将样品置于称量瓶中，在电子天平上用减量法准确称量后供燃烧使用。

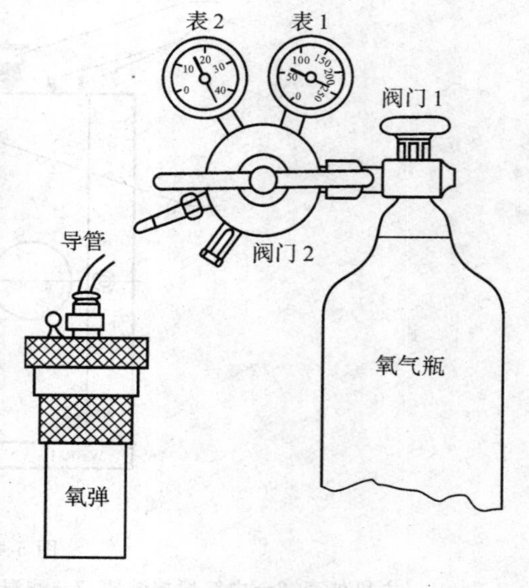

图5-45 氧弹充气

(2)装置氧弹：拧开氧弹盖，将氧弹内壁擦干净，特别是电极下端的不锈钢接线柱更应擦干净。在氧弹中加10mL蒸馏水。把盛有苯甲酸的坩埚放在坩埚架上，将已准确称量好的15cm长镍丝中段弯成螺旋状，两端小心地绑牢于氧弹中两根电极3（见图5-44），中段和苯甲酸片接触（镍丝勿接触坩埚），旋紧氧弹盖；用万用电表检查两电极是否通路。若通路，即可充氧气。按图5-45所示，连接氧气钢瓶和氧气表，并将氧气表头的导管与氧弹的进气管接通，此时减压阀门2应逆时针旋松（即关紧），打开氧气钢瓶上端氧气出口阀门1（总阀）观察表1的指示是否符合要求（至少在4MPa），然后缓缓旋紧减压阀门2（即渐渐打开），使表2指针指在表压2MPa，氧气充入氧弹中。1～2min后旋松(即关闭)减压阀门 2,关闭阀门 1,再松开导气管,氧弹已充入约 2MPa 的氧气,可供燃烧之用。但是阀门 2 至阀门 1 之间尚有余气,因此要旋紧减压阀门 2 以放掉余气,再旋松阀门 2,使钢瓶和氧气表头复原(氧气减压器的使用见附录,必须认真学习)。充完气后,再用万用表检查两个电极是否相通。

3. 燃烧和测量温差

(1)打开测热控制器与计算机。

(2)用 1/10 的水银温度计准确测量量热计恒温水外套 7 的实际温度。

(3)在水盆中放入自来水(约 4000mL),用 1/10 的水银温度计测量水盆里的自来水温度,用加冰或加热的方法调节水温低于外套温度 1.5～2.0℃。

(4)按图将内筒放在外筒隔热支架上,然后将氧弹座套在已经装好试样、充好氧气的氧弹上,用专用提手将氧弹平稳放入内筒 10 装中,如图 5-43(a)所示。用容量瓶准确量取 2000mL 已调好温度的水,置于内筒 10 中,并检查氧弹的气密性。如有气泡出现,表明氧弹漏气,应找出原因,加以纠正,重新装样充氧。注意箱体盖上的两个长短电极,要求与氧弹可靠接触。最后盖上箱盖。将温度传感器探头插入内筒水中,测温探头和搅拌叶不得接触弹筒和内筒壁。

(5)打开量热应用软件,进入程序操作阶段。屏幕上会出现如图 5-46 所示的界面。

图 5-46

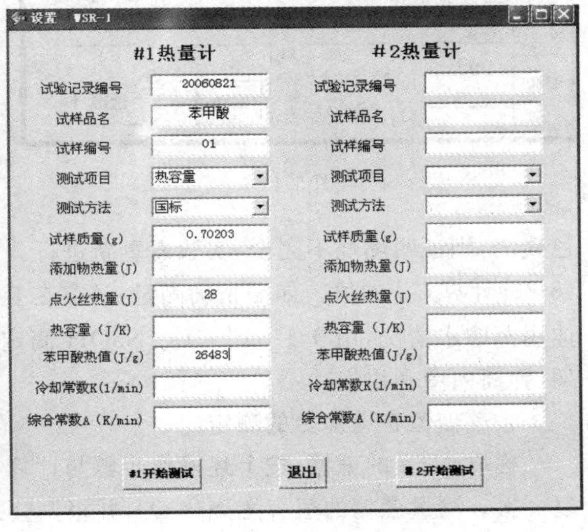

图 5-47

系统默认“进行热量测试”,按“开始”后,进入如图 5-47 所示界面,操作鼠标单击进入“系统设置”菜单,进行配置参数的设定。参数设定完毕,按下“1＃开始测试”或“2＃开始测试”(一般 1 台计算机只控制一台热量计,所以通常操作“1＃开始测试”),将变换成如图 5-48 所示的界面。检查是否将测温探头已经放入内筒,若是,则按下“启动”,此时内筒中的搅拌器开始运转,自动搅拌。

5 分钟使内筒中的水温均匀后,热量计开始自动进入初期温度测定,呈现如图 5-49 所示的界面;初期温度测定完之后,计算机提示将测温探头移入筒,出现如图 5-50 所示的界面,外筒温度测定好之后,计算机又提示将测温探头移入内筒,出现如图 5-51 所示的界面,热量计开始自动点火,并进行主期与末期的温度测定,出现如图 5-52 所示的界面,直到最后自动弹出如图 5-53 所示的界面,显示出实验结果,标志着实验结束。

(6)测试完毕,取出氧弹,打开放气阀,排出废气,旋开氧弹盖,观察燃烧是否完全,如有黑

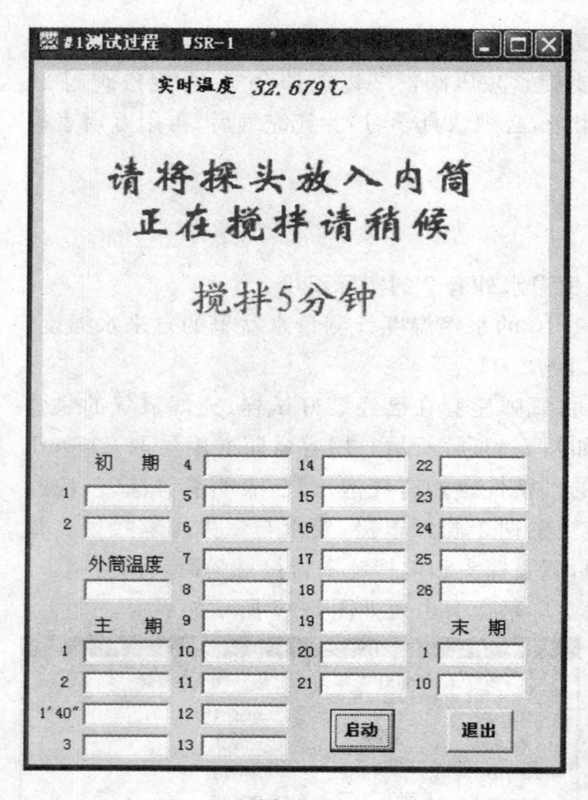

图 5-48

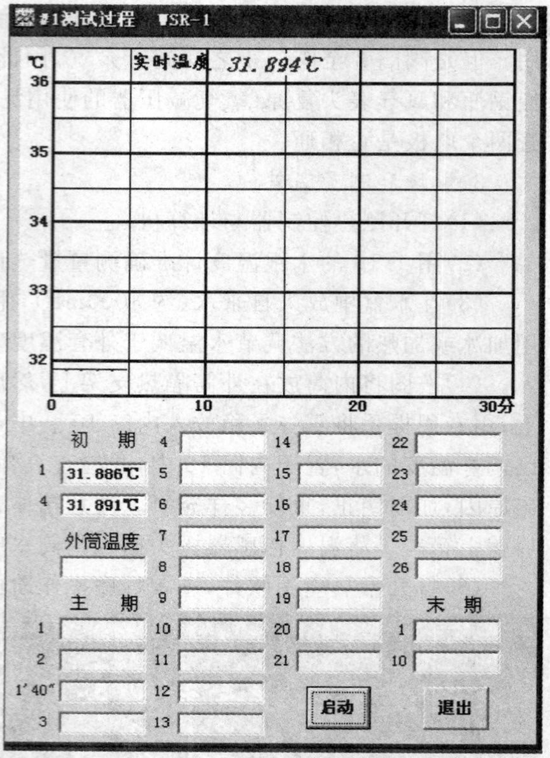

图 5-49

色残渣，则证明燃烧不完全，实验需重新进行。如果燃烧完全，量取剩余的铁丝长度，根据公式(5-22)计算 $C_{卡}$ 的值。如需精确测量，还需在装置氧弹时加 1mL 蒸馏水于氧弹内，燃烧后将弹体用蒸馏水清洗，用 0.1 $mol \cdot L^{-1}$ NaOH 滴定之。最后用蒸馏水仔细洗涤弹头、电极、坩埚架、弹筒内壁和坩埚。

4. 蔗糖恒容燃烧热的测定

称取 0.6g 的蔗糖，按上述操作步骤与计算机软件提示，将压片、称重、燃烧等实验操作重复一次。测量蔗糖的恒容燃烧热 Q_V，并根据公式(5-19)计算 Q_P，即为 ΔH，并与手册作比较，计算实验的相对误差。

七、数据记录及处理

1. 记录下列数据

室温：______℃； 实验温度：______℃

苯甲酸重：______ g；Cu-Ni 合金丝密度：______ $g \cdot cm^{-1}$

Cu-Ni 合金丝长(或质量)：______ cm

剩余 Cu-Ni 合金丝长(或质量)：______ cm

蔗糖的质量：______ g

2. 处理

由实验记录的时间和相应的温度读数作苯甲酸和蔗糖的雷诺温度校正图，准确求出两者

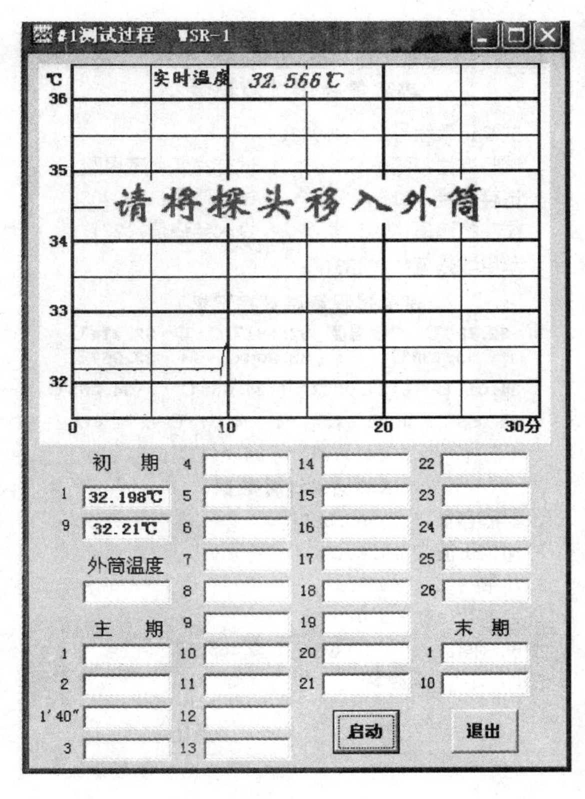

图 5-50

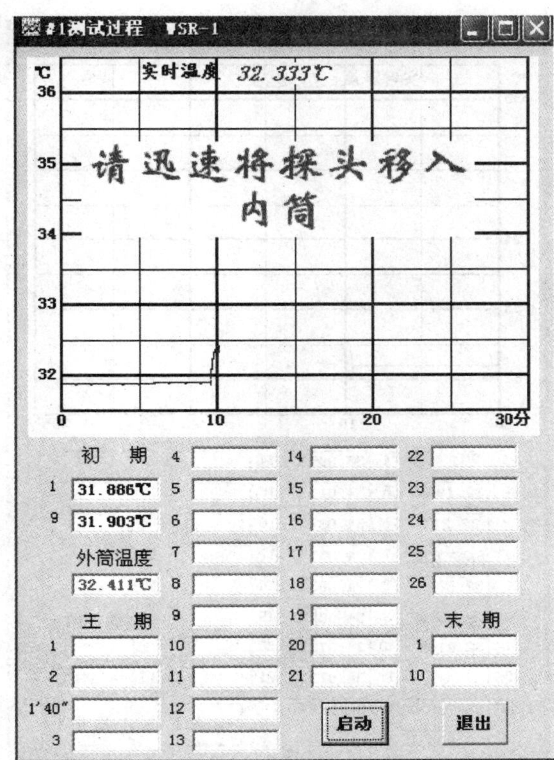

图 5-51

的 ΔT，由此计算 C_p 和蔗糖的燃烧热 Q_V，并计算恒压燃烧热 Q_p。

3. 计算与讨论

根据所用的仪器的精度，正确表示测量结果，计算绝对误差，并讨论实验结果的可靠性。

八、注意事项

1. 压片时应将 Cu-Ni 合金丝压入片内。

2. 氧弹充完氧后一定要检查确信其不漏气，并用万用表检查两极间是否通路。

3. 氧弹充氧的操作过程中，人应站在侧面，以免意外情况下弹盖或阀门向上冲出，发生危险。

4. 试样应进行磨细、烘干、干燥器恒重等前处理，因为潮湿样品不易燃烧且有误差。

压片紧实度：一般硬到表面有较细密的光洁度，棱角无粗粒，使能燃烧又不至于引起爆炸性燃烧残剩黑糊等状。

5. 氧弹内预滴几滴水，使氧弹为水汽饱和，燃烧后气态水易凝结为液态水。

6. 仪器应置放在不受阳光直射的单独一间试验室内进行工作。室内温度和湿度应尽可能变化小。最适宜的温度是 20±5℃。每次测定时室温变化不得大于 1℃。因此，室内禁止使用各种热源，如电炉、火炉、暖气等。

7. 试样在氧弹中燃烧产生的压力可达 14MPa，长期使用，可能引起弹壁的腐蚀，减少其强度。故氧弹应定期进行 20MPa 水压检查，每年一次。氧弹、量热容器、搅拌器等，在使用完毕

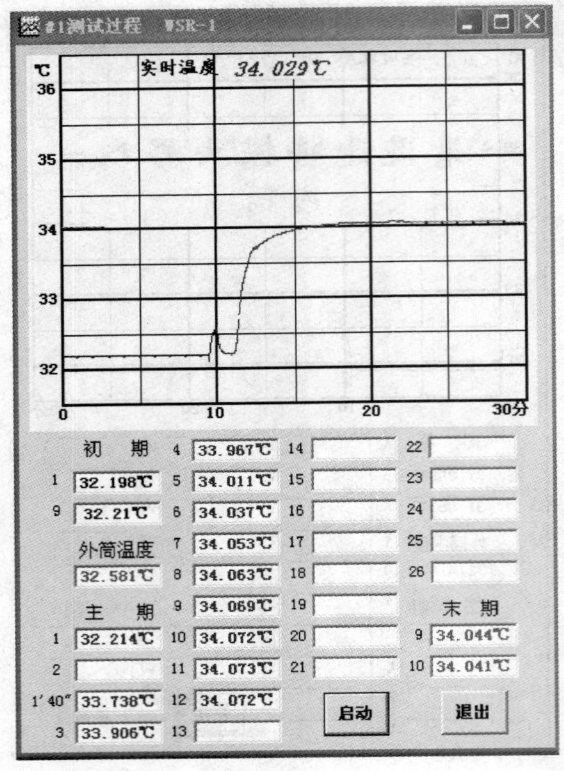

图 5-52

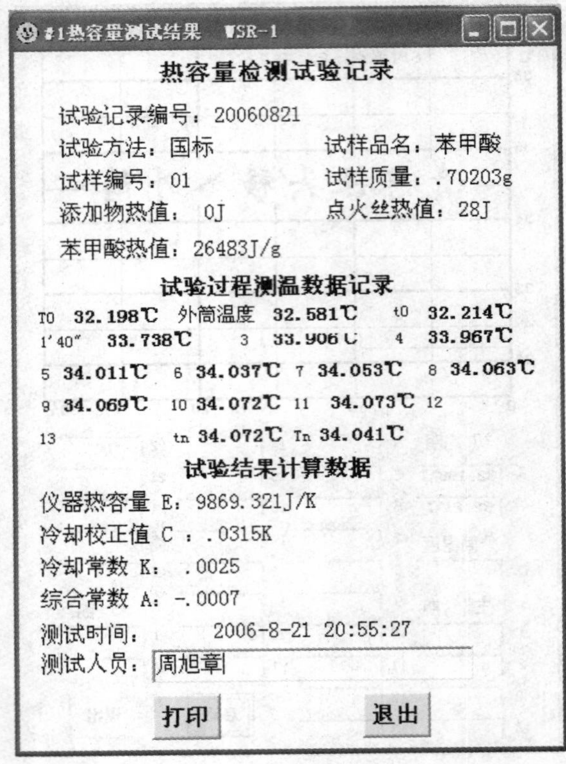

图 5-53

后，应用干布擦去水迹，保持表面清洁干燥。恒温外套（即外筒）内的水，应采用软水。长期不使用时应将水倒掉。氧弹以及氧气通过的各个部件、各连接部分不允许有油污，更不允许使用润滑油，在必须润滑时，可用少量的甘油。

8. 本装置可测绝大部分固态可燃物质。对一般训练操作最好采用：蔗糖、葡萄糖、淀粉、萘、蒽等物。液态可燃物、沸点高的油类可直接置于燃烧皿中，用引燃物（如棉线）引燃测定；如果是沸点较低的有机物，可将其密封于小玻璃泡中，置于引燃物上将共烧裂引燃测定之。

9. 氧弹热量计是一种较为精确的经典实验仪器，在生产实际中仍广泛用于测定可燃物的热值。有些精密的测定，需对氧弹中所含氮气的燃烧值作校正，为此，可预先在氧弹中加入5mL 蒸馏水。燃烧以后，将所生成的稀 HNO_3 溶液倒出，再用少量蒸馏水洗涤氧弹内壁，一并收集到 150mL 锥形瓶中，煮沸片刻，用酚酞作指示剂，以 $0.100\text{mol}\cdot\text{dm}^{-3}$ 的 NaOH 溶液标定。每毫升碱液相当于 5.98J 的热值。这部分热能应从总的燃烧热中扣除。

10. 若用本实验装置测出苯、环己烯和环己烷的燃烧热，则可求算苯的共振能，苯、环己烯和环已烷三种分子都含有碳六元环，环己烷和环己烯的燃烧热焓 ΔH 的差值 ΔE 与环己烯上的孤立双键结构相关，它们之间存在下述关系：

$$|\Delta E| = |\Delta H_{环己烷}| - |\Delta H_{环己烯}| \tag{5-24}$$

如将环己烷与苯的经典定域结构相比较，两者燃烧热焓的差值似乎应等于 $3\Delta E$，事实证明：

$$|\Delta H_{环己烯}| - |\Delta H_{苯}| > 3|\Delta E| \tag{5-25}$$

显然，这是因为共轭结构导致苯分子的能量降低，其差额正是苯分子的共轭能 E，即满足：

$$|\Delta H_{环己烷}|-|\Delta H_{苯}|-3|\Delta E|=E \tag{5-26}$$

将式(1-8)代入式(1-10)，再根据 $\Delta H=Q_P=Q_V+\Delta nRT$，经整理可得到苯的共振能与恒容燃烧热的关系式：

$$E=3|Q_{V,环己烯}|-2|Q_{V,环己烷}|-|Q_{V,苯}| \tag{5-27}$$

这样，通过一个经典的热化学实验，将热力学数据比较直观地与一定的结构化学概念联系起来，有利于开阔学生的思路。

九、思考题

1. 在本实验的装置中哪部分是燃烧反应体系？燃烧反应体系的温度和温度变化能否被测定？为什么？

2. 在本实验的装置中哪部分是测量体系？测量体系的温度和温度变化能否被测定？为什么？

3. 测量体系与环境之间有没有热量的交换？（即测量体系是否是绝热体系？）如果有热量交换的话，能否定量准确地测量出所交换的热量？

4. 在一个非绝热的测量体系中怎样才能达到相当于在绝热体系中所完成的温度和温度差的测量效果？

5. 在本实验中采用的是恒容方法：先测量恒容燃烧热，然后再换算得到恒压燃烧热。为什么本实验中不直接使用恒压方法来测量恒压燃烧热？

6. 苯甲酸物质在本实验中起到什么作用？

7. 恒压燃烧热与恒容燃烧热有什么样的关系？

实验二　溶解热的测定

一、实验目的

1. 掌握量热技术及电热补偿法测定热效应的基本原理。

2. 用电热补偿法测定 KNO_3 在不同浓度水溶液中的积分溶解热。

3. 用作图法求 KNO_3 在水中的微分冲淡热、积分冲淡热和微分溶解热。

二、实验原理

1. 在热化学中，关于溶解过程的热效应，引进下列几个基本概念。

溶解热：在恒温恒压下，n_2 摩尔溶质溶于 n_1 摩尔溶剂（或溶于某浓度的溶液）中产生的热效应，用 Q 表示，溶解热可分为积分（或称变浓）溶解热和微分（或称定浓）溶解热。

积分溶解热：在恒温恒压下，1 摩尔溶质溶于 n_0 摩尔溶剂中产生的热效应，用 Q_s 表示。

微分溶解热：在恒温恒压下，1 摩尔溶质溶于某一确定浓度的无限量的溶液中产生的热效应，以$\left(\frac{\partial q}{\partial n_2}\right)_{T,p,n_1}$表示，简写为$\left(\frac{\partial Q}{\partial n_2}\right)_{n_1}$。

冲淡热：在恒温恒压下，1摩尔溶剂加到某浓度的溶液中使之冲淡所产生的热效应。冲淡热也可分为积分（或变浓）冲淡热和微分（或定浓）冲淡热两种。

积分冲淡热：在恒温恒压下，把原含1摩尔溶质及n_{01}摩尔溶剂的溶液冲淡到含溶剂为n_{02}时的热效应，亦即为某两浓度溶液的积分溶解热之差，以Q_d表示。

微分冲淡热：在恒温恒压下，1摩尔溶剂加入某一确定浓度的无限量的溶液中产生的热效应，以$\left(\frac{\partial Q}{\partial n_1}\right)_{T,p,n_2}$表示，简写为$\left(\frac{\partial Q}{\partial n_1}\right)_{n_2}$。

2. 积分溶解热（Q_S）可由实验直接测定，其他三种热效应则通过Q_S—n_0曲线求得。

设纯溶剂和纯溶质的摩尔焓分别为$H_m(1)$和$H_m(2)$，当溶质溶解于溶剂变成溶液后，在溶液中溶剂和溶质的偏摩尔焓分别为$H_{1,m}$和$H_{2,m}$，对于由n_1摩尔溶剂和n_2摩尔溶质组成的体系，在溶解前体系总焓为H。

$$H = n_1 H_m(1) + n_2 H_m(2) \tag{5-28}$$

设溶液的焓为H'，则

$$H' = n_1 H_{1,m} + n_2 H_{2,m} \tag{5-29}$$

因此溶解过程热效应Q为

$$\begin{aligned} Q = \Delta_{\text{mix}} H = H - H' &= n_1[H_{1,m} - H_m(1)] + n_2[H_{2,m} - H_m(2)] \\ &= n_1 \Delta_{\text{mix}} H_m(1) + n_2 \Delta_{\text{mix}} H_m(2) \end{aligned} \tag{5-30}$$

式中：$\Delta_{\text{mix}} H_m(1)$为微分冲淡热，$\Delta_{\text{mix}} H_m(2)$为微分溶解热。根据上述定义，积分溶解热$Q_S$为

$$Q_S = \frac{Q}{n_2} = \frac{\Delta_{\text{mix}} H}{n_2} \Delta_{\text{mix}} H_m(2) + \frac{n_1}{n_2} \Delta_{\text{mix}} H_m(1) = \Delta_{\text{mix}} H_m(2) + n_0 \Delta_{\text{mix}} H_m(1) \tag{5-31}$$

在恒压条件下，$Q=\Delta_{\text{mix}} H$，对Q进行全微分：

$$dQ = \left(\frac{\partial Q}{\partial n_1}\right)_{n_2} dn_1 + \left(\frac{\partial Q}{\partial n_2}\right)_{n_1} dn_2 \tag{5-32}$$

式(5-32)在比值$\frac{n_1}{n_2}$恒定下积分，得

$$Q = \left(\frac{\partial Q}{\partial n_1}\right)_{n_2} n_1 + \left(\frac{\partial Q}{\partial n_2}\right)_{n_1} n_2 \tag{5-33}$$

式(5-33)除以n_2得

$$\Delta_{\text{mix}} H(2) = \left(\frac{\partial Q}{\partial n_2}\right)_{n_1} \qquad \frac{Q}{n_2} = \left(\frac{\partial Q}{\partial n_1}\right)_{n_2} \frac{n_1}{n_2} + \left(\frac{\partial Q}{\partial n_2}\right)_{n_1} \tag{5-34}$$

因
$$\frac{Q}{n_2} = Q_S \qquad \frac{n_1}{n_2} = n_0 \ \Rightarrow \ Q = n_2 Q_S \qquad n_1 = n_2 n_0 \tag{5-35}$$

则
$$\left(\frac{\partial Q}{\partial n_1}\right)_{n_2} = \left[\frac{\partial(n_2 Q_S)}{\partial(n_2 n_0)}\right]_{n_2} = \left(\frac{\partial Q_S}{\partial n_0}\right)_{n_2} \tag{5-36}$$

将式(5-35)、式(5-36)代入式(5-34)得

$$Q_S = \left(\frac{\partial Q}{\partial n_2}\right)_{n_1} + n_0 \left(\frac{\partial Q_S}{\partial n_0}\right)_{n_2} \tag{5-37}$$

对比式(5-30)与式(5-33)或式(5-31)与式(5-37)：

$$\Delta_{\text{mix}} H_m(1) = \left(\frac{\partial Q}{\partial n_1}\right)_{n_2} \text{或} \Delta_{\text{mix}} H_m(1) = \left(\frac{\partial Q}{\partial n_0}\right)_{n_2}$$

以 Q_S 对 n_0 作图，可得图 5-54 的曲线关系。在图 5-54 中，AF 与 BG 分别为将 1 摩尔溶质溶于 n_{01} 和 n_{02} 摩尔溶剂时的积分溶解热 Q_S，BE 表示在含有 1 摩尔溶质的溶液中加入溶剂，使溶剂量由 n_{01} 摩尔增加到 n_{02} 摩尔过程的积分冲淡热 Q_d：

$$Q_d = (Q_S)n_{02} - (Q_S)n_{01} = BG - EG \tag{5-38}$$

图 5-54 中曲线 A 点的切线斜率等于该浓度溶液的微分冲淡热。

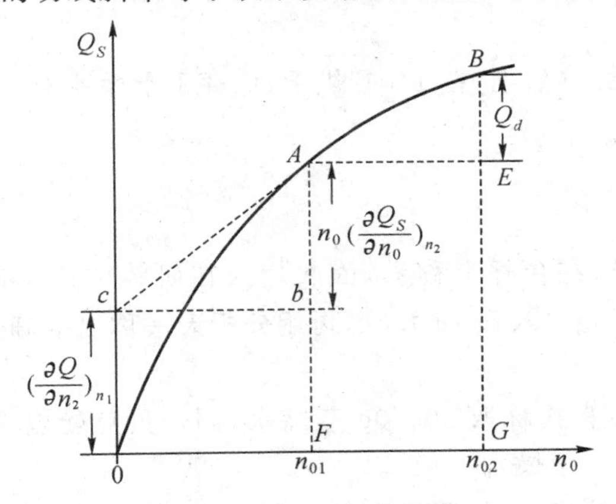

图 5-54　$Q_S - n_0$ 关系图

切线在纵轴上的截距等于该浓度的微分溶解热：

$$\Delta_{\text{mix}} H_m(2) = \left(\frac{\partial Q}{\partial n_2}\right)_{n_1} = \left[\frac{\partial(n_2 Q_S)}{\partial n_2}\right]_{n_1} = Q_S - n_0\left(\frac{\partial Q_S}{\partial n_0}\right)_{n_2}$$

由图 5-54 可见，欲求溶解过程的各种热效应，首先要测定各种浓度下的积分溶解热，然后作图计算。

3. 本实验采用的是绝热式测温量热计，它是一个包括量热器、搅拌器、电加热器和温度计等的量热系统，装置及电路如图 5-55 所示。因本实验测定 KNO_3 在水中的溶解热是一个吸热过程，可用电热补偿法，即先测定体系的起始温度 T，溶解过程中体系温度随吸热反应进行而降低，再用电加热法使体系升温至起始温度，根据所消耗电能求出热效应 Q：

$$Q = I^2Rt = IUt$$

式中：I 为通过电阻为 R 的电热器的电流强度(A)；U 为电阻丝两端所加电压(V)；t 为通电时间(s)，这种方法称为电热补偿法。

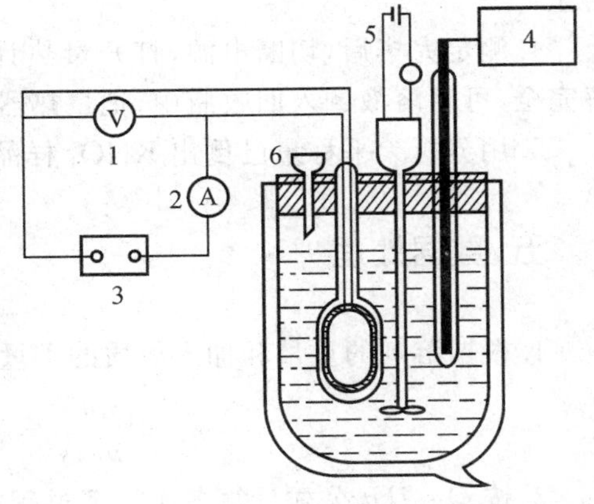

图 5-55　量热器及其电路图

1—直流伏特计；2—直流毫安表；3—直流稳压电源；4—测温部件；5—搅拌器；6—加样漏斗

本实验采用电热补偿法，测定 KNO_3 在水溶液中的积分溶解热，并通过图解法求出其他三种热效应。

三、仪器与试剂

1. 仪器：实验装置1套（包括杜瓦瓶、搅拌器、加热器、测温部件、加样漏斗），直流稳压电源1台，电子分析天平1台，直流毫安表1只，直流伏特计1只，秒表1只，称量瓶8个，干燥器1只，研钵1个。

2. 试剂：KNO_3（化学纯）（研细，在110℃烘干，保存于干燥器中）。

四、实验步骤

1. 将8个称量瓶编号，在台秤上称量，依次加入在研钵中研细的KNO_3，其重量分别为2.5g、1.5g、2.5g、2.5g、3.5g、4g、4g和4.5g，再用分析天平称出准确数据，称量后将称量瓶放入干燥器中待用。

2. 在台秤上用杜瓦瓶直接称取200.0g蒸馏水，调好贝克曼温度计，按图5-54装好量热器，连好线路（杜瓦瓶用前需干燥）。

3. 经教师检查无误后接通电源，调节稳压电源，使加热器功率约为2.5W，保持电流稳定，开动搅拌器进行搅拌，当水温慢慢上升到比室温水高出1.5℃时读取准确温度，按下秒表开始计时，同时从加样漏斗处加入第一份样品，并将残留在漏斗上的少量KNO_3全部扫入杜瓦瓶中，然后用塞子堵住加样口。记录电压和电流值，在实验过程中要一直搅拌液体，加入KNO_3后，温度会很快下降，然后再慢慢上升，待上升至起始温度点时，记下时间（读准至秒，注意此时切勿把秒表按停），并立即加入第二份样品，按上述步骤继续测定，直至8份样品全部加完为止。

4. 测定完毕后，切断电源，打开量热计，检查KNO_3是否溶完，如未全溶，则必须重作；溶解完全，可将溶液倒入回收瓶中，把量热器等器皿洗净放回原处。

5. 用分析天平称量已倒出KNO_3样品的空称量瓶，求出各次加入KNO_3的准确重量。

五、数据处理

1. 根据溶剂的重量和加入溶质的重量，求算溶液的浓度，以n表示：

$$n_0 = \frac{n_{H_2O}}{n_{KNO_3}} = \frac{200.0}{18.02} \div \frac{W}{101.1} = \frac{1122}{W}$$

2. 按$Q=IUt$公式计算各次溶解过程的热效应。

3. 按每次累积的浓度和累积的热量，求各浓度下溶液的n_0和Q_S。

4. 将以上数据列表并作Q_S—n_0图，并从图中求出$n_0=80,100,200,300$和400处的积分溶解热和微分冲淡热，以及n_0从80→100，100→200，200→300，300→400的积分冲淡热。

$I=$____(A)；　$U=$____(V)；　$IU=$____(W)

i	W_i/g	$\sum W_i$/g	t/s	Q/J	Q_S/J·mol^{-1}	n_0
1						
2						
3						
4						
5						
6						
7						

六、实验评注与注意事项

1. 实验过程中要求 I、U 值恒定,故应随时注意调节。

2. 磁子的搅拌速度是实验成败的关键,磁子的转速不可过快。

3. 实验过程中切勿把秒表按停读数,直到最后方可停表。

4. 固体 KNO_3 易吸水,故称量和加样动作应迅速。固体 KNO_3 在实验前务必研磨成粉状,并在 110℃烘干。

5. 量热器绝热性能与盖上各孔隙密封程度有关,实验过程中要注意盖好,减少热损失。

6. 系统的总热容 K 除用电加热方法标定外,还可以用化学标定法,即在量热计中进行一个已知热效应的化学反应,如强酸与强碱的中和反应,可按已知的中和热与测得的温升求 K 值。

7. 利用本实验装置还可测定溶液的比热容。基本公式是:

$$Q = (mc + K')\Delta t_{加热}$$

式中:m、c 分别为待测溶液的质量与比热容;Q 为电加热输入的热量;K'为除了溶液之外的量热计的热容。K'值可通过已知比热容的参比液体(如去离子水)代替待测溶液进行试验,按基本公式求得。

本实验装置还可用在测定弱酸的电离热或其他液相反应的热反应的热效应;还可进行反应动力学研究、测定中和热、水化热、生成热及液态有机物的混合热等总效应,但要根据需要,设计合适的反应热,如中和热的测定,可将溶解热装置的漏斗部分换成一个碱贮存器,以便将碱液加入(酸液可以直接从瓶口加入),碱贮存器下端为一胶塞,混合时用玻璃棒捅破,也可以为涂凡士林的毛细管,混合时可用吸耳球吹气压出。在溶解热的精密测量实验中,也可以采用合适的样品容器将样品加入。

8. 本实验用电热补偿法测量溶解热时,整个实验过程要注意电热功率的检测准确,但由于实验过程中电压波动的关系,很难得到一个准确值。如果实验装置使用计算机控制技术,采用传感器收集数据,使整个实验自动化完成,则可以提高实验的准确度。

七、思考题

1. 对本实验的装置你有何改进意见?

2. 试设计溶解热测定的其他方法。

3. 试设计一个测定强酸(HCl)与强碱(NaOH)中和反应热的实验方法。

4. 积分溶解热与哪些因素有关？本实验如何确定与 KCl 积分溶解热所对应的温度和浓度？

5. 如测定溶液浓度为 0.5mol KCl/100mol H_2O 的积分溶解热，问水和 KCl 应各取多少？(已知杜瓦瓶的有效体积为 240mL)。

6. 为什么要用作图法求得 $\Delta t_{溶解}$ 和 $\Delta t_{加热}$？如何求取？

7. 本实验如何测定系统的总热容 K？若用先加热后加盐的方法是否可以？为什么？

8. 本实验为何不用分析天平称量 KCl？试用误差分析讨论之。

实验三　差热分析

一、实验目的

1. 用差热分析仪对 $CuSO_4 \cdot 5H_2O$ 进行差热分析，并定性解释所得的差热谱图。

2. 掌握差热分析原理，了解差热分析的构造，学会操作。

3. 学会热电偶的制作及其标定，掌握绘制步冷曲线的实验方法。

二、基本原理

1. 差热分析

许多物质在加热或冷却过程中会发生熔化、凝固、晶型转变、分解、化合、吸附等物理化学变化。这些变化必将伴随有体系焓的改变，因而产生热效应。其表现为该物质与外界环境之间有温度差，选择一种对热稳定的物质作为参比物，将其与样品一起置于可按设定速率升温的电炉中，分别记录参比物的温度以及样品与参比物间的温度差。以温差对温度作图就可得到一条差热分析曲线，或称差热谱图。可以说，差热分析就是在程序控制温度条件下被测物质与参比物之间温度差对温度关系的一种技术。从差热曲线可以获得有关热力学和热动力学方面的信息。结合其他测试手段，还有可能对物质的组成、结构或产生热效应的变化过程的机理进行深入研究。

有些差热分析测定采用双笔记录仪分别记录温差和温度，而以时间作为横坐标，这样就得到 $\Delta T-t$ 和 $T-t$ 两条曲线，图 5-56 所示为理想条件下的差热分析曲线。显然，通过温度曲线可以很容易地确定差热分析曲线上各点的对应温度值。

如果参比物和被测式样的热容大致相同，而试样又无热效应，两者的温度基本相同，此时得到的是一条平滑的直线。图中的 $ab-de-gh$ 段就表示这种状态，该直线称为基线。一旦试样发生变化，产生了热效应，在差热分析曲线上就会有峰出现，如 bcd 或 efg 即是。热效应越大，峰的面积也就越大。在差热分析中通常还规定，峰顶向上的峰为放热峰，它表示试样的焓变小于零，其温度将高于参比物。相反，峰顶向下的峰为吸热峰，则表示试样的温度低于参比物。

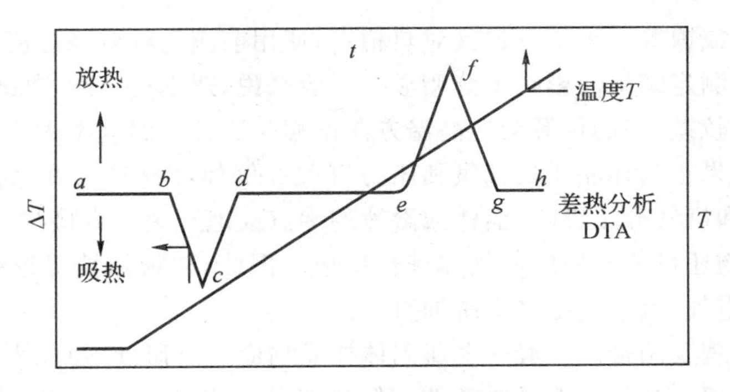

图 5-56 理想的差热分析曲线

2. 影响差热分析曲线的若干因素

一个热效应所对应的峰位置和方向反映了物质变化的本质；其宽度、高度和对称性，除与测定条件有关外，往往还取决于样品变化过程的各种动力学因素。实际上，一个峰的确切位置还受变温速率、样品量、粒度大小等因素影响。实验表明，峰的外推起始温度 T_e 比峰顶温度 T_p 受影响要小得多，同时，它与其他方法求得的反应起始温度也较一致。因此，国际热分析会议决定，以 T_c 作为反应的起始温度并可用以表征某一特定物质。T_e 的确定方法如图 5-57 所示。

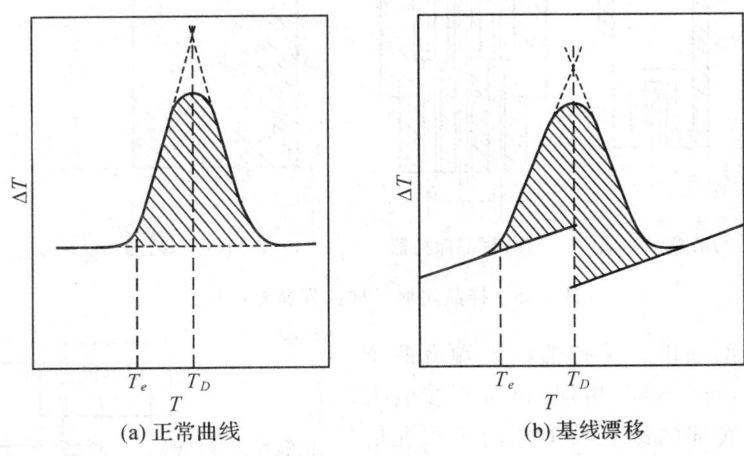

图 5-57 差热峰位置和面积的确定

图 5-57(a)中为正常情况下测得的曲线，其 T_e 由两线的外延交点确定，峰面积为基线以上的阴影部分。然而，由于样品与参比物以及中间产物的物理性质不尽相同，再加上样品在测定过程中可能发生的体积改变，往往使得基线发生漂移，甚至一个峰的前后基线也不在一直线上。在这种情况下，T_e 的确定需较细心，而峰面积可参照图(b)方法计算。

在完全相同的条件下，大部分物质的差热分析曲线具有特征性，因此就有可能通过与已知物、谱图的比较来对样品进行鉴别。通常，在谱图上都要详尽标明实验操作条件。除特殊情况外，绝大部分差热分析曲线指的都是按程序控制升温方式测定的。至于具体实验条件的选择，一般可从以下方面加以考虑：

(1)参比物是测量的基准。一方面，在整个测定温度范围内，参比物应保持良好的热稳定性，它自身不会因受热而产生任何热效应。另一方面，要得到平滑的基线，选用参比物的热溶、热导系数、粒度、装填疏密程度应尽可能与试样相近。常用的参比物有 α—三氧化二铝，煅烧过的氧化镁、石英砂或镍等。为了确保其对热稳定，使用前应先经较高温度灼烧。

(2)升温速率对测定结果的影响十分明显。一般来说，速率过高时，基线漂移较明显，峰形比较尖锐，但分辨率较差，峰的位置会向高温方向偏移。通常升温速率为 2～20℃ · min^{-1}。

(3)差热分析结果也与样品所处气氛和压力有关。例如，碳酸钙、氧化银的分解温度分别受气氛中二氧化碳和氧气分压影响；液体或溶液的沸点或泡点更是直接与外界压力有关；某些样品或其热分解产物还可能与周围的气体进行反应。因此，应根据情况选择适当的气氛和压力。常用的气氛为空气、氮气或是将系统抽真空。

(4)样品的预处理及用量。一般非金属固体样品均应经过研磨，使成为 200 目左右的微细颗粒。这样可以减少死空间、改善导热条件。但过度研磨将有可能破坏晶体的晶格。样品用量与仪器灵敏度有关；过多的样品必然存在温度梯度，从而使峰形变宽，甚至导致相邻互相重叠而无法分辨。如果样品量过少，或易烧结，可掺入一定量的参比物。

3. 样品保持器和加热电炉

样品保持器是仪器的关键部件，可用陶瓷或金属块制成。图 5-58 所示为较常见的样品保持器和样品坩埚剖面图。保持器的上端有两个相互平衡的粗孔，可以容纳坩埚，也可直接装上样品和参比物。底部的细孔与上端两个粗孔的中心位置相通，用以插入热电偶。如果在整个测量过程中，样品不与热电偶作用，也不会在热电偶上烧结熔融，可不必使用坩埚而直接将其装入粗孔中。本实验则将热电偶插在样品中间的对称位置上，如图 5-58 所示为热电偶直接与样品接触，测定的灵敏度可以得到提高。加热电炉要有大的恒温区，通常采取立式装置。为便于更换样品，电炉可为升降式或开启式结构。

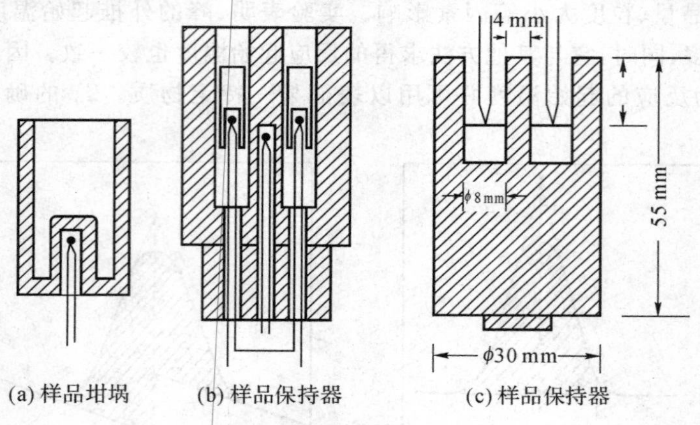

图 5-58 样品坩埚及样品保持器剖面图

4. 差热分析仪

差热分析仪如图 5-59 所示。取两支用同样材料制成的热电偶作为热端，分别插入样品和参比物中；再取一支同样的热电偶作为冷端置于

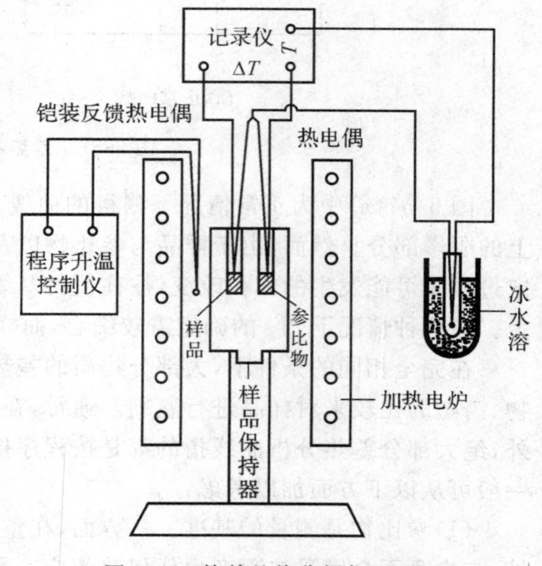

图 5-59 简单差热分析仪原理

0℃的冰水浴中。分别将三支热电偶中具有相同材料的线头连接在一起，另一种材料则分别接到记录仪的输入端。样品和参比物的热电偶按相反的极性串接。样品与参比物处在同一温度时，它们的热电势互相抵消，ΔT 记录笔得到一条平滑的基线。一旦样品发生变化，所产生的热效应将使样品自身温度偏离程序控制，这样两支热电偶的温差将产生温差热电势。至于参比物的温度则由另一记录笔记录，并用数字电压表显示。

其实际温变可从热电偶毫伏值与温变换算表查得，见《附录》。

三、仪器与试剂

加热电炉	1套	双孔绝缘小瓷管(孔径约1mm)
程序控温仪	1台	α-Al_2O_3(分析纯)
双笔自动平衡记录仪	1台	$CuSO_4 \cdot 5H_2O$(分析纯)
沸点测定仪	1套	铅(化学纯)
镍铬—镍硅铠装热电偶(ϕ3mm)	1支	锡(化学纯)
镍铬丝(ϕ0.5mm)		冰水浴

四、实验步骤

1.热电偶的制备和标定

(1)有关热电偶的制备方法和金属凝固点的测定方法可参见复旦大学《物理学实验》。

(2)铅、锡凝固点的测定。将图5-59中的样品保持器用一个带宽肩的玻璃样管替代。管中放入金属铅100g或金属锡80g，并覆盖上一层石墨粉。将热电偶的一端确定为热端，将其置于硅油玻璃套管后插入宽肩样品管中。另一端如图插入冰水浴作为参考端。冷、热端的引出线接于记录温度 T 的记录仪笔2输入端，量程置于20mV，并校正好零点和满量程。控制炉温，使其比待测样品熔点高出50℃左右，随即让加热炉缓慢冷却。冷却速度以6～8℃・min^{-1}为宜，直至凝固点以下50℃为止。记录纸上将完整地输出温度随时间变化的全过程。冷却曲线的平台部分对应于样品的凝固点。

(3)水的沸点。将热电偶热端替代水银温度计插于气液两相会合处，测定水的沸点。记录仪上将出现一条平滑直线，其热电势对应于水的沸点。

(4)水的凝固点。将热端与冷端同时置于0℃的冰水浴中，在记录仪上同样将出现一条直线。这时的电位差为0mV。

2.差热分析曲线的绘制

(1)称取 $CuSO_4 \cdot 5H_2O$ 约0.7g和 α-Al_2O_3 约0.5g混合均匀，装入样品保持器左侧孔中。右孔装入约1.2～1.4g的 α-Al_2O_3，使参比物高度与样品高度大致相同。将热电偶洗净、烘干，直接插入样品和参比物中。注意两热电偶插入的位置和深度。按图5-59将仪器连接好。升温速率控制为10℃・min^{-1}。最高温度可设定在450℃。记录温度差的笔1，量程为2mV。打开电源，在记录上将出现温度和温差时间变化的两条曲线。

(2)重复上述实验，加热电炉升温速率改为5℃・min^{-1}。

(3)按操作规程关闭仪器。

五、数据处理

1. 示温热电偶工作曲线。以铅和锡凝固点、水的沸点及冰点对其在记录纸上的相应读数作图，即得该热电偶的温度——读数工作曲线。

2. 试从原始记录纸上选取若干数据点，作出以 ΔT 对 T 表示的差热分析曲线。

3. 指明样品脱水过程出现热效应的次数，各峰的外推起始温度 T_c 和峰顶温度 T_e。粗略估算各个峰的面积。从峰的重叠情况和 T_e、T_p 数值讨论升温速率对差热分析曲线的影响。

4. 文献结果：

(1)图 5-60 所示为 $CuSO_4 \cdot 5H_2O$ 受热脱水过程的差热分析曲线。其实验操作条件如下：α-Al_2O_3 作为参比物，样品量 50mg，静态空气，升温速率 10℃ · min^{-1}。

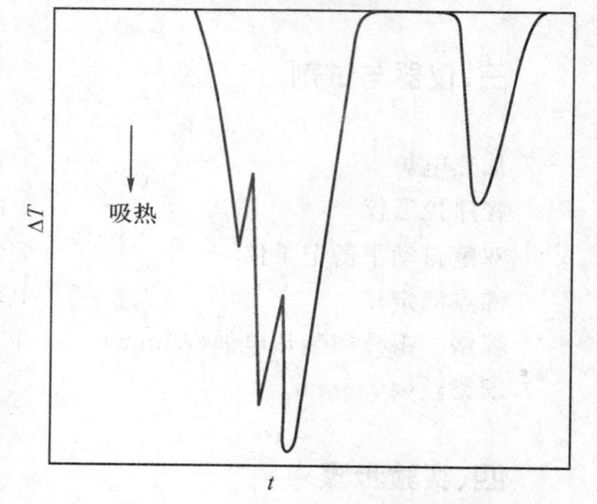

图 5-60 $CuSO_4 \cdot 5H_2O$ 差热分析曲线

(2)各个峰的温度文献数据相差较大。有人报道，$CuSO_4 \cdot 5H_2O$ 样品在加热过程中，共有 7 个吸收峰，它们的外延起始温度及相应产物分别为：① 48℃，$CuSO_4 \cdot 3H_2O$；② 99℃，$CuSO_4 \cdot H_2O$；③ 218℃，$CuSO_4$；④ 685℃，Cu_2OSO_4；⑤753℃，CuO；⑥1032℃，Cu_2O；⑦1135℃，液体 Cu_2O。

六、注意事项

1. 坩埚一定要清理干净，否则埚垢不仅影响导热，杂质在受热过程中也会发生物理化学变化，影响实验结果的准确性。

2. 样品必须研磨的很细，否则差热峰不明显；但也不宜太细。一般差热分析样品研磨到 200 目为宜。

3. 双笔记录仪的两支笔并非平行排列，为防两者在运动中相碰，制作仪器时，两者位置上下平移一段距离，称为笔距差。因此，在差热图上求转折温度时应加以校正。

4. 差热分析已被广泛应用于材料的组成、结构和性能鉴定以及物质的热性质研究等方面。利用热能活化促使样品发生变化来对物质进行研究是热分析的特点之一。它可以在较宽的温度区间内对一种物质进行快速的研究。尽管其实验条件与热力学平衡状态相差甚远，但在一定的操作条件下，它仍是一个有效而可靠的研究手段。热动力学方法的发展更为差热分析开辟了更广阔的应用研究领域。差热分析技术较为简便，但在某些领域它有被差示扫描量热法取代的趋势。

5. $CuSO_4 \cdot 5H_2O$ 的脱水过程具有典型意义，它包括了脱结晶水可能存在的各种特性，多步脱水，机理可能随实验条件而改变，可形成无定型的中间产物，原始样品和中间产物都可能有非化学比的组成。例如，存在着 5.07、5.00、4.88、3.902、2.98、1.01 等不同数目结晶水的化合物。另外，$CuSO_4 \cdot 5H_2O$ 又有其特殊性，其脱水可分为三个步骤四个热效应。

6. 从理论上讲，差热曲线峰面积(S)的大小与试样所产生的热效应(ΔH)大小呈正比，即$\Delta H = KS$，K为比例常数。将未知试样与已知热效应物质的差热峰面积相比，就可求出未知试样的热效应。实际上，由于样品和参比物之间往往存在着比热、导热系数、粒度、装填紧密程度等方面不同，在测定过程中又由于熔化、分解转晶等物理、化学性质的改变，未知物试样和参比物的比例常数K并不相同，所以用它来进行定量计算误差较大。但差热分析可用于鉴别物质，与X射线衍射、质谱、色谱、热重法等配合可确定物质的组成、结构及动力学等方面的研究。

7. 在自装差热仪上，信号记录部分可用微机接收。加热炉部分在保持器中添加一根热电偶，接上专用K型热偶温度放大器将微弱的电信号放大，由采集数据程序接收，在微机屏幕上显示出差热图。

在微机屏幕上，时间为横坐标，温度和温差为纵坐标，差热图上出现三条不同颜色的线：其中两条线与双笔记录仪的两条线相同；第三条线是样品温度线(在一般双笔记录仪上见不到这一条线)，它显示了样品在实验过程中的实际温度，样品发生脱水反应时温度比参比物温度略低，其差值可从右边纵坐标上读出；有热效应时的温差也可以从右边纵坐标上读出(左边纵坐标上显示的是温度)。

8. 本实验要求学生对热电偶进行标定。

七、思考题

1. 试从物质的热容解释图5-57的基线漂移。
2. 根据无机化学知识和差热峰的面积讨论5个结晶水与$CuSO_4$结合的可能形式。
3. 如果采用镍铬—考铜或其他热电偶替代镍铬—铸硅热电偶，优缺点如何？

实验四　温度滴定法测定弱酸离解热

一、实验目的

1. 了解滴定量热技术与仪器构造及其应用。
2. 制作简易电桥，并自己组装滴定量热计。
3. 利用热敏电阻为感温元件，测定H_3BO_3与NaOH溶液摩尔反应热，求弱酸H_3BO_3的一级摩尔离解热。

二、基本原理

温度滴定是以反应热为依据的容量滴定法。对于放热反应，反应加入滴定剂体积(V)与系统温度(t)关系的热谱图，如图5-61所示。

整个滴定过程可分为四个阶段：图5-61中1为滴定预备期，因搅拌做功系统略有温升；

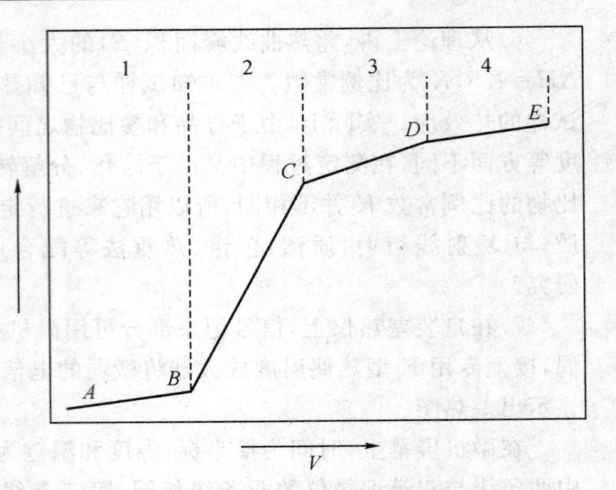

图 5-61　放热反应温度滴定曲线

2 为反应滴定期，于 B 点开始加入滴定剂，到 C 点反应完全，反应热导致温升；3 为过量滴定稀释期，过量滴定剂加入产生稀释热，也引起系统一定的温度升高；4 为滴定结束期。

对于强碱弱酸反应，反应热 $\Delta_r H$ 是酸碱中和热 $\Delta_n H$ 与弱酸的离解热 $\Delta_d H$ 之和。以一元弱酸 H_3BO_3（其结构式为 $B(HO)_3$）与 NaOH 反应为例：

$H(BO)_3 + 2H_2O \Longleftrightarrow H^+ + B(HO)_4^-$　$\Delta_d H$

$H^+ + OH^- \longrightarrow H_2O$　$\Delta_n H$

总反应：

$H(BO)_3 + OH^- \longrightarrow B(HO)_4^-$　$\Delta_r H$

根据盖斯（Гесс）定律

$$\Delta_r H = \Delta_d H + \Delta_n H \tag{5-39}$$

式(5-39)是温度滴定法测求离解热的理论依据。其中，中和热 $\Delta_n H$ 与温度有关。不同热力学温度 T 时的摩尔中和热 $\Delta_n H_m$，可用下式表达：

$$\Delta_n H_m = -57111.6 + 209.2(T - 298.15) \tag{5-40}$$

注：$\Delta_n H_m$ 单位为 $J \cdot mol^{-1}$

摩尔反应热 $\Delta_r H_m$ 通过实验测得反应的温升 ΔT_r，由下式计算：

$$\Delta_r H_m = K \frac{\Delta T_r}{n} \tag{5-41}$$

式中：n 为生成物质的量；K 为量热系统热容。K 值可由已知浓度的强酸强碱反应热（即中和热 $\Delta_n H_m$）对系统进行标定而得。据式(5-41)，若相应生成物的量和温升值分别用 n_0 和 ΔT_0 表示，则

$$K = \frac{n_0 \Delta_n H_m}{\Delta T_0} \tag{5-42}$$

将式(5-42)代入式(5-41)得

$$\Delta_r H_m = \Delta_n H_m \left(\frac{n_0}{n}\right)\left(\frac{\Delta T_r}{\Delta T_0}\right) \tag{5-43}$$

因此

$$\Delta_d H_m = \Delta_n H_m \left[\left(\frac{n_0}{n}\right)\left(\frac{\Delta T_r}{\Delta T_0}\right) - 1\right] \tag{5-44}$$

本实验中各 ΔT 值是由热敏电阻 R_x 用直流平衡电桥配以自动平衡记录仪进行测定的，如图 5-62 所示。在反应滴定预备期，调节 R_3 使桥路平衡，即 $R_1 R_x = R_2 R_3$，C、D 间的电位差 U_{CD} 为零。进入反应滴定期，温升引起热敏电阻 R_x 值变化，因而在 C、D 间产生了不平衡电位 U_{CD}。

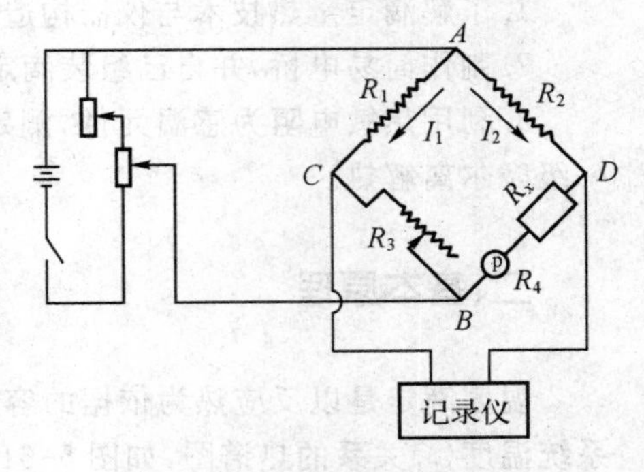

图 5-62　热敏电阻测温原理

由于在温度滴定中温度变化很小，所以热敏电阻的温度系数可视为常数。这样，由电桥输出的不平衡电位

在自动记录仪上的 U_{CD} 与温度变化值呈正比关系。若 U_{CD} 用记录线的相应长度 Δl 表示，则

$$\Delta T_r = a\Delta l_r \tag{5-45}$$

$$\Delta T_0 = a\Delta l_0 \tag{5-46}$$

式中：a 为比例常数。将此两式和式(5-40)代入式(5-44)，得

$$\Delta_d H_m = [-57111.6 + 209.2(T - 298.15)][(\frac{n_0}{n})(\frac{\Delta l_r}{\Delta l_0}) - 1] \tag{5-47}$$

对于反应速度较快、反应热较大的化学反应，可采用直接注入量热法，即一次性注入过量滴定剂并测量注入前后的温差。为了避免稀释热，滴定剂的浓度是被滴定液的100倍左右。

三、试剂与仪器

试剂：2mol・L^{-1} NaOH 标准溶液，0.02 mol・L^{-1} HCl 标准溶液，0.02 mol・L^{-1} H_3BO_3 标准溶液。

仪器：0～2mV XWT 系列台式自动平衡记录仪，MF-51 热敏电阻，QJ23 型电桥，微安表，直流稳压电源，50mL 移液管，杜瓦瓶。

实验装置：如图 5-63 所示。

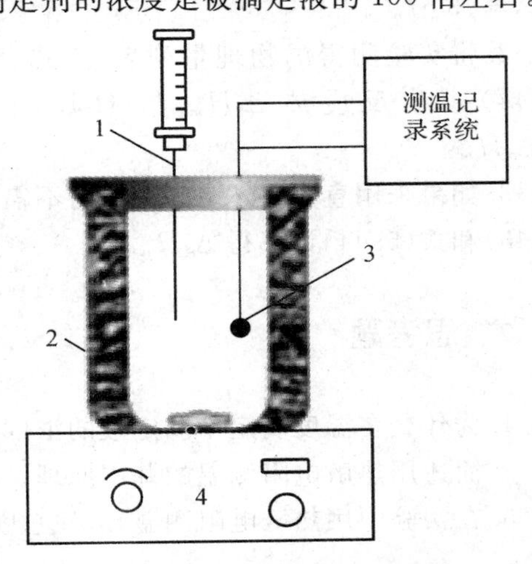

图 5-63　温度滴定装置图

1—长注射针（滴定量热时改为高位碱液瓶）；2—杜瓦瓶；3—热敏电阻；4—磁力搅拌器

四、实验步骤

方法一：滴定量热法。

1. 移取 50mL 0.02 mol・L^{-1} HCl 标准溶液于干燥洁净杜瓦瓶中。

2. 调节电位器与桥臂的可变电阻，使记录仪笔针在一适当位置，开动磁力搅拌器。

3. 待系统温度稳定后，松开碱液瓶下橡皮管上的夹子，让 NaOH 溶液在重力作用下匀速加入杜瓦瓶中。当反应过了滴定稀释期，将夹子夹住，停止加入碱液，即能得到类似图 5-61 的动态曲线。

4. 倒去杜瓦瓶中的反应液，洗净后移入 50mL 0.02mol・L^{-1} H_3BO_3 标准溶液，重复上述3个步骤。

方法二：直接注入量热法。

1. 同方法一步骤1、2。

2. 待系统温度稳定后，用注射器一次性注入 0.8mL 的 2mol・L^{-1} NaOH 标准溶液。

3. 待系统温度再次稳定后，直接从记录仪上读得反应前后的 U_{CD} 或相应的 Δl。

4. 同上测量 0.02mol・L^{-1} H_3BO_3 标准溶液与 NaOH 溶液反应时的 U_{CD}。

五、数据处理

1. 温升的校正：考虑到系统与环境之间存在热交换和 NaOH 溶液滴入时产生的稀释等非绝热因素的影响，应对实验测得的反映表观温升 Δl_{exp} 进行图 5-64 所示的校正。图中两坐标轴

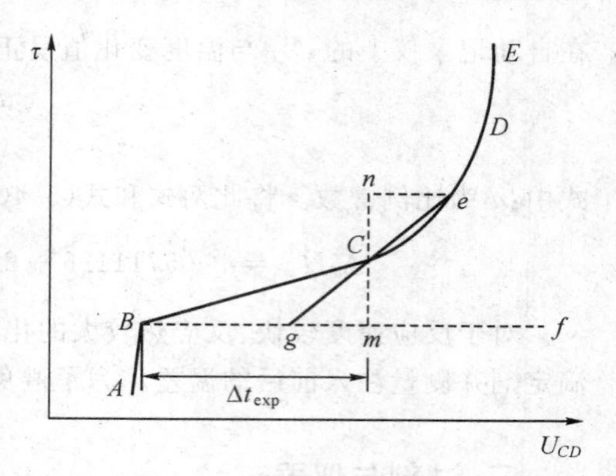

图 5-64 温度滴定中温度升高值的校正

τ 为时间、U_{CD} 为反映温度变化的电桥输出电势。T 过 B 点作水平线 B_f，在 CD 线段中取一点 e，使表示时间的 C_e 垂直距离 Cn 等于 BC 间的垂直距离 Cm。连接 Ce 并延长至与 Bf 交于 g 点。Cg 线的斜率即反映系统由上述非绝热因素引起温升的速率。显然，gm 的长度即为在反应时间 Cm 内在表观温升 $\Delta l_{\exp}$ 中应予扣除的部分，而 Bg 长度即为校正后反应实际温升 Δl。

2. 将实验测得的物理量列表，按式(5-43)和式(5-44)求出反应热 $\Delta_r H_m$ 与 H_3BO_3 一级离解热 $\Delta_d H_m$。

3. 如果采用直接注入量热法，则不需要进行热漏校正。将实验测得的 U_{CD} 直接代入式(5-43)和式(5-44)计算得 $\Delta_d H_m$。

六、思考题

1. 为什么在温度滴定中滴定液的浓度要比被滴定液的浓度高(在本实验中为高 100 倍)?
2. 简述用热敏电阻测温的基本原理。
3. 在实验中用热敏电阻测温，应注意哪些问题?

七、进一步讨论

1. 温度滴定法是精确测定溶液中进行一步或多步平衡反应的热力学数据的量热法。

本实验中，若在已知的实验温度下 H_3BO_3 的一级离解标准平衡常数为 K^θ，则根据热力学原理，可求得离解过程的标准摩尔吉氏函数变化 $\Delta_r G_m^\theta$ 和标准摩尔熵变 $\Delta_r S_m^\theta$。

$$\Delta_r G_m^\theta = -RT\ln K^\theta$$

$$\Delta_r S_m^\theta = \frac{\Delta_r H_m^\theta - \Delta_r G_m^\theta}{T}$$

2. 温度滴定法量热不受液体浊度、颜色、pH 等限制，除了用于酸碱反应，还可用于沉淀反应、氧化还原反应、配位反应。有关温度滴定在水溶液或非水溶液中，对上述反应的应用，以及有关滴定量热计的设计、校正和热谱图的分析等内容可见本章第一节。

3. 近年来，国内外温度滴定量热法应用方面的报道主要有：测定氨基酸的质子化反应、酚与羧酸的中和反应、DNA 的生成反应等热力学性质，研究蛋白质—蛋白质、蛋白质—核酸、抗体—抗体、脂类—核酸、多糖—肽等相互作用的热力学性质，也用于测定聚合物的端羟基含量。

第三节　设计与研究性实验

实验五　液体燃料燃烧热的测定及尾气分析

一、实验目的

1. 了解物理化学研究方法在环境保护中的应用知识。

2. 合成催化剂二茂铁，用红外光谱、薄层色谱与高压液相色谱等分析方法表征二茂铁的结构与纯度。

3. 熟悉氧弹式绝热量计的操作技术。

二、实验背景

当前人类面临严重的能源短缺、燃油紧张问题，如何提高燃油的热效率，是非常紧迫和具有重大实际意义的课题。本实验项目是研究在柴油中添加催化剂二茂铁，测定有无催化剂时的燃烧热，对比其热效率。另外，机动车的尾气污染是一个严重的环保问题。

三、实验提示

1. 本实验项目涉及二级学科物理化学的热化学测量，有机化学的有机物合成，分析化学的定性定量分析。

2. 研究在柴油中添加催化剂二茂铁，测定其燃烧热，对比其热效率。

查阅文献，利用有机物合成的方法，人工合成二茂铁，分别测定无催化剂、用自己合成二茂铁与购买成品二茂铁作催化剂的柴油燃烧热，对比其热效率。

3. 检测燃烧尾气的成分。

查阅文献，制订测定燃烧尾气的一种或多种方案，测定柴油在氧弹式量热计中燃烧后的尾气，并考虑消除尾气的方法。

四、实验仪器与试剂

主要仪器：Parr 全自动氧弹热量计、布鲁克 V70 傅时叶红外光谱仪、Waters2795 高压液相色谱仪、Scanner 薄层色谱扫描仪等。

主要试剂：二环戊二烯、氢氧化钾、氯化亚铁、二甲亚砜、盐酸、丙酮、磷酸、乙酸酐、二氯甲烷、正己烷、氧化铝等。

五、实验要求与预期目标

1.查阅相关文献，确定合成催化剂二茂铁工艺路线与鉴定催化剂二茂铁结构的分析方法，设计评价催化剂二茂铁催化效果的可行性实验方案。

2.制备5g左右目标化合物。

3.用氧弹式热量计评价催化剂二茂铁催化柴油燃烧效率。

4.按正式发表论文的格式撰写实验报告。

实验六 稀土氨基酸配合物的合成及其热化学研究

一、实验目的

1.合成稀土氨基酸配合物。

2.求配合物的标准摩尔生成焓。

3.熟悉SR100型溶解一反应量热计的使用方法。

二、实验背景

随着稀土在农业、林业、医药等方面的广泛应用，导致稀土广泛进入环境，并通过多种途径进入生物体内。为此，人们迫切希望了解稀土的生物作用及其远期效应。氨基酸是蛋白质、酶等的基本结构单元，是生物体内一类重要的配体，研究稀土与氨基酸之间的相互作用将为探索稀土在生物体内的代谢及其生物效应提供基础。到目前为止，人们已合成了大约100种的稀土氨基酸配合物。

稀土氨基酸配合物的研究由来已久。随着稀土在染色、微肥、饲料添加剂和医学等方面的广泛应用，稀土已经广泛进入环境。稀土有许多生物化学功能，它引起的生物效应和生物化学变化是多种多样的，它能对生物体内多种效应产生抑制作用，影响各种酶的生物活性、脂肪代谢和核酸交换，高浓度稀土会损伤线粒体膜而引起氧化链紊乱，稀土作为微肥能催化一系列具有重大生物意义的磷酸盐的分解。近些年来，发现稀土在医药方面具有广阔的应用前景，它有抗凝血作用，可用于防治血栓疾病；杀菌能力强，毒副作用小，易清洗不沾染皮肤，可作为烧伤药物。大量研究表明，轻稀土有抑癌防癌作用。稀土离子进入生物体后所起的各种各样的作用都涉及稀土与蛋白质、酶等生物大分子的作用，氨基酸、肽是人体内各种生物大分子的基本组成单元；而稀土元素与过渡金属元素有着明显不同的外层电子构型，使稀土离子在与各种不同类型的配体配位时，呈现出丰富多彩的配位行为和晶体结构。因此，稀土与氨基酸、肽、蛋白质等生物分子相互作用的研究吸引了国内外大批的科研工作者。特别是近二十年来，稀土氨基酸二元配合物的研究已经进行得比较完全，研究内容涉及配合物的组成、溶解性、稳定常数、合成方法、成键特性、热稳定性、红外、核磁、X－光粉末衍射、晶体结构特征、动力学研究和应用等十几个方面。

三、实验提示

1. 稀土氨基酸配合物是一类重要的、具有应用前景的化合物，其研究意义之一是以稀土离子作探针来揭示生物体内 Na、K、Ca 等金属离子的功能。

2. 稀土氨基酸配合物的合成既有在水溶剂中进行的，也有在非水溶剂中进行的。其中稀土主要有盐酸盐、硝酸盐和高氯酸盐等，氨基酸主要有甘氨酸、丙氨酸、赖氨酸、缬氨酸、脯氨酸、酪氨酸、谷氨酸等。合成的配合物既有二元的，也有三元的，既有同核的，也有异核的，如稀土一过渡金属－氨基酸的异核配合物的研究自 20 世纪 90 年代以来已成为一个新的研究热点。

3. 用具有恒定温度环境的溶解－反应量热计测定反应热是一个传统的、行之有效的方法，关键是寻找合适的溶解或反应的溶剂。通过测定配位反应的反应热，根据 Hess 定律即可求得合成的配合物的标准摩尔生成热。

四、实验仪器与试剂

仪器：SRC100 型溶解反应量热计、磁力加热搅拌器、玻璃仪器等。

试剂：α－氨基酸、高纯 KQ、稀土氧化物、浓盐酸、浓硝酸、高氯酸、无水乙醇、无水乙醚等。

五、实验要求与预期目标

1. 查阅相关文献，确定拟合成的目标化合物，设计可行的实验方案。
2. 制备 5g 左右目标化合物。
3. 用溶解－反应量热计测定配位反应的反应焓，进而计算出配合物的标准摩尔生成焓。
4. 按正式发表论文的格式撰写实验报告。

实验七 药物稳定性及有效期测定

一、实验目的

1. 掌握化学反应动力学方程和温度对化学反应速率常数的影响。
2. 熟悉药物的结构特点及其影响稳定性的因素。
3. 了解药物含量测定方法，设计化学动力学实验。

二、实验背景

药品的稳定性是指原料药及制剂保持其物理学、化学、生物学和微生物学的性质，通过对原料药和制剂在不同条件（如温度、湿度、光线等）下稳定性的研究，掌握药品质量随时间变化的规律，为药品的生产、包装、贮存条件和有效期的确定提供依据，以确保临床用药的安全性和临床疗效。稳定性研究是药品质量控制研究的主要内容之一，与药品质量研究和质量标准的建立紧密相关。稳定性研究具有阶段性特点，贯穿药品研究与开发的全过程，一般始于药品的临床前研究，在药品临床研究期间和上市后还应继续进行稳定性研究。

我国《化学药物稳定性研究技术指导原则》中详细规定了样品的考察项目、考察内容以及考察方法，不仅为药品的生产、包装、贮存、运输条件和有效期的确定提供了科学依据，也保障了药品使用的安全有效性。

稳定性研究的设计应根据不同的研究目的，结合原料药的理化性质、剂型的特点和具体的处方及工艺条件进行。根据研究目的和条件的不同，稳定性研究内容可分为影响因素试验、加速试验、长期试验等。

本设计实验要求学生自己查阅相关文献，结合实验室的实际情况，选择合适的实验方法，自主设计实验方案，独立完成实验操作和数据处理，对某一药物的贮存有效期进行预测。

三、实验提示

1. 药物选择：金霉素水溶液（pH=6），或维生素 C 注射液。

2. 查阅相关文献，了解药物性质的特点，了解和借鉴他人研究金霉素水溶液或维生素 C 化学稳定性的方法。查阅文献时，使用的关键词（供参考）：金霉素、维生素 C、稳定性、有效期。

3. 找到合适的分析方法，为动力学研究提供基础。

4. 通过加温加速实验，预测药物稳定性。通过快速实验得到的数据计算正常条件下药物的正常有效期。

5. 设计实验方案时，应充分注意实验室的条件。

四、实验仪器与试剂

仪器：Q200 热分析仪、布鲁克 V70 傅时叶红外光谱仪、Waters 2795 高压液相色谱仪等。
试剂：金霉素、维生素 C 等。

五、实验要求与预期目标

1. 请自己设计出一个合理的实验方案交老师审核。

2. 根据自己设计的并经老师审核的方案配制所需药品，选择所需仪器，确定实验条件。

3. 实验测试、计算结果，绘制图表。

4. 按正式发表论文的格式（可参照华中科技大学学报医学版）撰写实验报告。

实验八　滴定量热法测定单底物酶促反应的动力学参数

一、实验目的

1. 了解热动力学知识与研究动态，进一步加深理解热力学与动力学之间的相关关系。
2. 了解滴定微量热计的结构，掌握滴定量热计的操作技术与应用。
3. 自制差示滴定量热计，并用于测定单底物酶促反应的动力学参数。

二、实验背景

滴定量热法又称温度滴定法或热函滴定法，它是一种能直接测量溶液化学反应和生化过程热力学参数的方法，尤其是在一次滴定实验中就能同时得到有关反应和过程的热力学参数ΔH、ΔG和ΔS，并通过测定ΔH的温度依赖性获取另一重要热力学参数ΔC_p，因而已在生物化学、物理化学和分析化学等众多领域得到广泛的应用。最近几年，国内外在这方面的报道主要集中于该法测定氨基酸质子化反应闭、抗体—抗原相互作用、酶—底物相互作用、蛋白质—蛋白质相互作用、蛋白质—核酸相互作用、脂类—核酸相互作用、小分子配体—蛋白质相互作用、多糖—肽相互作用以及小分子配体与环糊精的相互作用等的热力学性质。

滴定量热法用于动力学领域的实验研究报道甚少。Freire等人用滴定量热法研究了酵母细胞色素氧化酶催化氧化亚铁细胞色素的热动力学，并分析了原盐效应对该酶活性的影响，但他们把该酶促反应视为一级反应，而且只建立了停滴反应期一级反应热动力学的最原始数学模型。本实验系统地用滴定量热法分别建立了滴定期和停滴反应期单底物酶促反应热动力学的数学模型，用滴定量热法研究了磷酸盐缓冲溶液中过氧化氢酶催化过氧化氢分解反应的热动力学，用实验结果验证滴定量热法及其数学模型的正确性。

三、实验提示

1. 差示滴定热量计的自制

自制的差示滴定热量仪(见图5-65)。差示滴定热量计的反应池与参比池是由上海玻璃仪器一厂生产的一对孪生的小杜瓦瓶，其容量为25mL、真空度为5×10^{-7}Pa，瓶口带聚四氟乙烯密封插件。为了降低恒温环境造价，将两池放入容积为500mL、真空度为5×10^{-7}Pa的大杜瓦瓶中，用聚四氟乙烯密封盖封口，消除空气对流传热，确保环境恒温。磁力搅拌器的转速调至每秒3～4转。滴定剂由自制的自动精密注射器加入，滴定剂加入量的准确度控制在0.05%以上。温度传感器是从美国进口的T-41A28型热敏电阻，25℃时阻值为10kΩ。为尽可能接近理想情况(同一温度下热敏电阻有相同的阻值和温度系数)，至少由50支热敏电阻进行了阻温特性曲线测定，从中挑选出两支阻温特性曲线完全一致的热敏电阻，这是保证良好差示性能的关键问题之一。差示运算模拟放大电路按相关文献设计；电能标定的加热电阻

(50Ω)是锰铜丝，装加热器的U形管内注有矿物油，以便热传导；由可控硅直流精密稳压电源提供电能，用电子钟计时。

2. 单底物酶促反应的热动力学数学模型参见有关文献。

3. 量热样品池内加入过氧化氢溶液（被滴定溶液）15mL，参比池加入空白溶液（除过氧化氢之外），在注射器内装入过氧化氢酶（滴定剂）1mL。量热滴定前，恒温让其基线走成水平，然后开始匀速滴定，自动采集得到滴定热谱图。

4. 运用Matlab数据处理软件处理数据。

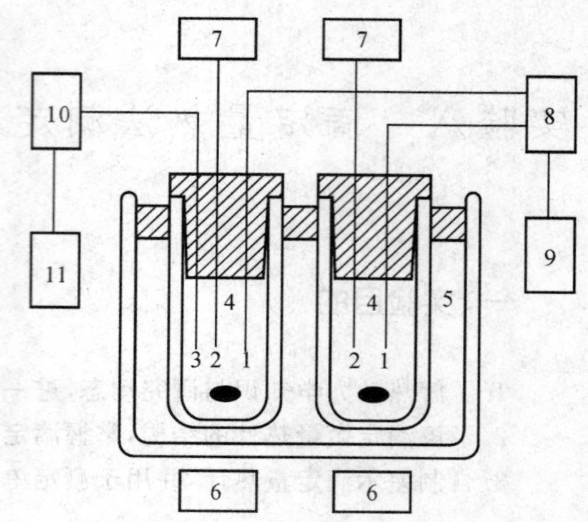

图5-65　差示滴定热量计

1—热敏电阻；2—滴定剂导管；3—加热电阻；4—小杜瓦瓶；5—大杜瓦瓶；6—磁力搅拌器；7—注射器；8—运算放大器；9—记录仪；10—稳压电源；11—电子钟

四、实验仪器与试剂

仪器：计算机、磁力搅拌器、差示运算模拟放大器、数据采集卡等。

试剂：牛肝过氧化氢酶、双氧水、磷酸盐缓冲溶液等。

五、实验要求与预期目标

1. 查阅相关文献，设计滴定量热计，并画出滴定量热计的原理图与结构图。
2. 自制1台能够检测0.1mJ以上热量、量热精度为±0.5%的滴定量热计。
3. 用自制的滴定量热计测定单底物酶促反应的热动力学参数（米氏常数 K_m、$\Delta_r H_m$）。
4. 按正式发表论文的格式撰写实验报告。

第四节　化工热力学实验

实验九　套管换热器液——液热交换系数及膜系数的测定

一、实验目的

1. 测定在套管换热器中进行的液—液热交换过程的传热总系数。
2. 流体在圆管内作强制湍流时的传热膜系数。

3. 确立求算传热系数的关联式，并对传热过程基本原理加深理解。

二、实验原理

在工业生产或实验研究中，常遇到两种流体进行热量交换，来达到加热或冷却之目的。为了加速热量传递过程，往往需要将流体进行强制流动。

对于在强制对流下进行的液—液热交换过程，曾有不少学者进行过研究，并取得了不少求算传热膜系数的关联式。这些研究结果都是在实验基础上取得的。对于新的物系或者新的设备，仍需要通过实验来取得传热系数的数据及其计算式。

冷热流体通过固体壁所进行的热交换过程，先由热流体把热量传递给固体壁面，然后由固体壁面的一侧传向另一侧，最后再由壁面把热量传给冷流体。换言之，热交换过程即由给热—导热—给热三个串联过程组成。

若热流体在套管热交换器的管内流过，而冷流体在管外流过，设备两端测试点上的温度如图 5-66 所示。则在单位时间内热流体向冷流体传递的热量，可由热流体的热量衡算方程来表示：

$$Q = m_s c_p (T_1 - T_2) \qquad \mathrm{J \cdot s^{-1}} \tag{5-48}$$

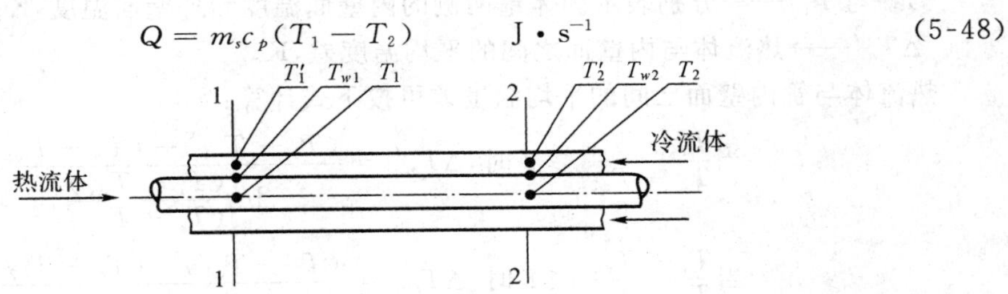

图 5-66　套管热交换器两端测试点的温度

就整个热交换而言，由传热速率基本方程经过数学处理，可得计算式为

$$Q = KA\Delta T_m \qquad \mathrm{J \cdot s^{-1}} \tag{5-49}$$

式中：Q——传热速率，$\mathrm{J \cdot s^{-1}}$ 或 W；

m_s——热流体的质量流率，$\mathrm{kg \cdot s^{-1}}$；

c_p 一热流体的平均比热容 $\mathrm{J \cdot kg^{-1} \cdot K^{-1}}$；

T——热流体的温度，K；

T'——冷流体的温度，K；

T_w——固体壁面温度，K；

K——传热总系数，$\mathrm{W \cdot m^{-2} \cdot K^{-1}}$

A——热交换面积，$\mathrm{m^2}$；

ΔT_m———两流体间的平均温度差，K。

若 ΔT_1 和 ΔT_2（符号下标 1 和 2 分别表示热交换器两端的数值）分别为热交换器两端冷热流体之间的温度差，即

$$\Delta T_1 = (T_1 - T_1') \tag{5-50}$$

$$\Delta T_2 = (T_2 - T_2') \tag{5-51}$$

则平均温度差可按下式计算：

$$当\frac{\Delta T_1}{\Delta T_2} \geqslant 2 时, \Delta T_m = \frac{\Delta T_1 - \Delta T_2}{\ln \frac{\Delta T_1}{\Delta T_2}} \tag{5-52}$$

$$当\frac{\Delta T_1}{\Delta T_2} < 2 时, \Delta T_m = \frac{\Delta T_1 + \Delta T_2}{2}$$

由式(5-48)和式(5-49)联立求解,可得传热总系数的计算式:

$$K = \frac{m_s c_p (T_1 - T_2)}{A \Delta T_m} \tag{5-53}$$

就固体壁面两侧的给热过程来说,给热速率基本方程为

$$Q = \alpha_1 A_w (T - T_w)$$
$$Q = \alpha_2 A_w{}' (T_w{}' - T') \tag{5-54}$$

根据热交换两端的边界条件,经数学推导,同理可得管内给热过程的给热速率计算式:

$$Q = \alpha_1 A_w \Delta T_m{}' \tag{5-55}$$

式中:α_1 与 α_2——分别表示固体壁两侧的传热膜系数,$W \cdot m^{-2} \cdot K^{-1}$;

A_w 与 $A_w{}'$——分别表示固体壁两侧的内壁表面积和外壁表面积,m^2;

T_w 与 $T_w{}'$——分别表示固体壁两侧的内壁面温度和外壁面温度,K;

$\Delta T_m{}'$——热流体与内壁面之间的平均温度差,K。

热流体与管内壁面之间的平均温度差可按下式计算:

$$当\frac{T_1 - T_{w1}}{T_2 - T_{w2}} \geqslant 2 时, \Delta T_m{}' = \frac{(T_1 - T_{w1}) - (T_2 - T_{w2})}{\ln \frac{(T_1 - T_{w1})}{(T_2 - T_{w2})}} \tag{5-56}$$

$$当\frac{T_1 - T_{w1}}{T_2 - T_{w2}} < 2 时, \Delta T_m{}' = \frac{(T_1 - T_{w1}) + (T_2 - T_{w2})}{2} \tag{5-57}$$

由式(5-48)和式(5-55)联立求解可得管内传热膜系数的计算式为

$$\alpha_1 = \frac{m_s c_p (T_1 - T_2)}{A_w \Delta T_m{}'} \quad W \cdot m^{-2} \cdot K^{-1} \tag{5-58}$$

同理也可得到管外给热过程的传热膜系数的类同公式。

流体在圆形直管内作强制对流时,传热膜系数 α 与各项影响因素(如管内径 d,m;管内流速 u,$m \cdot s^{-1}$;流体密度 ρ,$kg \cdot m^{-3}$;流体黏度 μ,Pa·s;定压比热容 C_p,$J \cdot kg^{-1} \cdot K^{-1}$,流体导热系数 λ,$W \cdot m^{-1} \cdot K^{-1}$)之间的关系可关联成如下准数关联式:

$$Nu = a Re^m Pr^n \tag{5-59}$$

式中:$Nu = \frac{\alpha d}{\lambda}$……努塞尔准数(Nusselt number)

$Re = \frac{d \rho u}{\mu}$……雷诺准数(Re ynolds number)

$Pr = \frac{C_p \mu}{\lambda}$……普兰特准数(Pr andtl number)

上列关联式中系数 a 和指数 m、n 的具体数值,需要通过实验来测定。实验测得 a、m、n 数值后,则传热膜系数即可由该式计算。例如,当流体在圆形直管内作强制湍流时:

$$Re > 10000$$
$$Pr = 0.7 - 160$$
$$l/d > 50$$

则流体被冷却时，α 值可按下列公式求算：

$$Nu = 0.023Re^{0.8}Pr^{0.3} \tag{5-59a}$$

或

$$\alpha = 0.023\frac{\lambda}{d}\left(\frac{d\rho u}{\mu}\right)^{0.8}\left(\frac{C_p\mu}{\lambda}\right)^{0.3} \tag{5-59b}$$

流体被加热时

$$Nu = 0.023Re^{0.8}Pr^{0.4} \tag{5-60a}$$

或

$$\alpha = 0.023\frac{\lambda}{d}\left(\frac{d\rho u}{\mu}\right)^{0.8}\left(\frac{C_p\mu}{\lambda}\right)^{0.4} \tag{5-60b}$$

当流体在套管环隙内作强制湍流时，上列各式中 d 用当量直径 d_e 替代即可。各项物性常数均取流体进出口平均温度下的数值。

三、实验装置及其流程

本实验装置主要由套管热交换器、恒温循环水槽、高位稳压水槽以及一系列测量和控制仪表所组成，装置流程如图 5-67 所示。

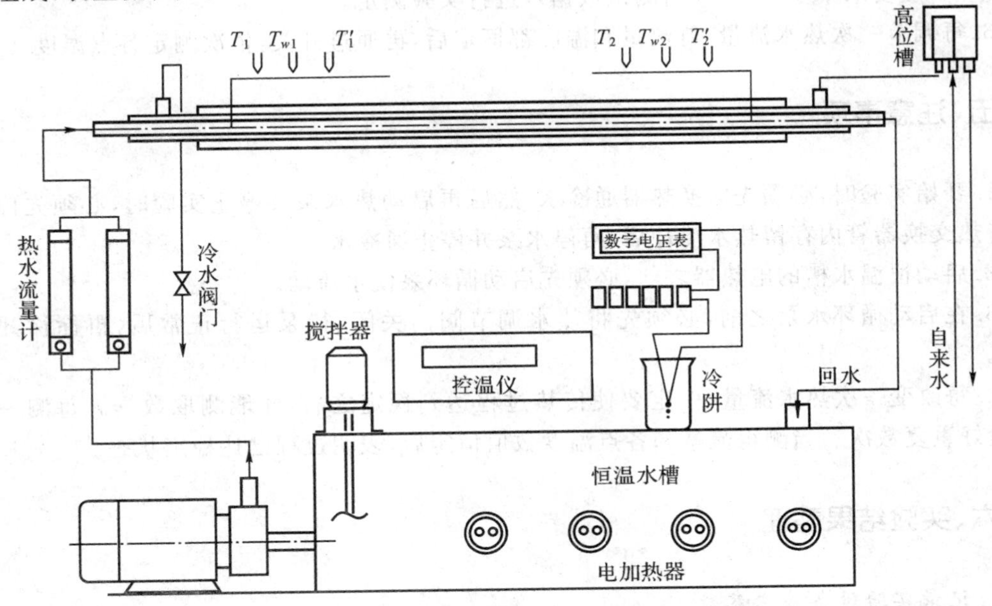

图 5-67　套管换热器液—液热交换实验装置流程

套管热交换器由一根 ϕ12mm×1.5mm 的黄铜管作为内管，ϕ20mm×2.0mm 的有机玻璃管作为套管所构成。套管热交换器外面再套一根 ϕ32mm×2.5mm 有机玻璃管作为保温管。套管热交换器两端测温点之间(测试段距离)为 1000mm。每一个检测端面上在管内、管外和管壁内设置 3 支铜—康铜热电偶，并通过转换开关与数字电压表相连接，用以测量管内、管外的流体温度和管内壁的温度。

热水由循环水泵从恒温水槽送入管内，然后经转子流量计再返回槽内。恒温循环水槽中用电热器补充热水在热交换器中移去的热量，并控制恒温。

冷水由自来水管直接送入高位稳压水槽，再由稳压水槽流经转子流量计和套管的环隙空间。高位稳压水槽排出的溢流水和由换热管排出被加热后的水，均排入下水道。

四、实验步骤

实验前准备工作：

1. 向恒温循环水槽灌入蒸馏水或软水，直至溢流管有水溢出为止。

2. 开启并调节通往高位稳压水槽的自来水阀门，使槽内充满水，并使溢流管有水流出。

3. 将冰碎成细粒，放入冷阱中并掺入少许蒸馏水，使之呈粥状。将热电偶冷接点插入冰水中，盖严盖子。

4. 将恒温循环水槽的温度自控装置的温度定为55℃。启动恒温水槽的电加热器，等恒温水槽的水达到预定温度后即可开始实验。

5. 实验前需要准备好热水转子流量计的流量标定曲线和热电偶分度表。

实验操作步骤：

1. 开启冷水截止球阀，测定冷水流量，实验过程中保持恒定。

2. 启动循环水泵，开启并调节热水调节阀。热水流量在60～250L·h^{-1}范围内选取若干流量值(一般要求不少于5～6组测试数据)，进行实验测定。

3. 每调节一次热水流量，待流量和温度都恒定后，再通过开关，依次测定各点温度。

五、注意事项

1. 开始实验时，必须先向换热器通冷水，然后再启动热水泵。停止实验时，必须先停热电器，待热交换器管内存留热水冷却后，再停水泵并停止通冷水。

2. 启动恒温水槽的电热器之前，必须先启动循环泵使水流动。

3. 在启动循环水泵之前，必须先将热水调节阀门关闭，待泵运行正常后，再徐徐开启调节阀。

4. 每改变一次热水流量，一定要使传热过程达到稳定之后，才能测取数据。每测一组数据，最好重复数次。当测得流量和各点温度数值恒定后，表明过程已达稳定状态。

六、实验结果整理

1. 记录实验设备基本参数

(1)实验设备形式和装置方式：水平装置套管式热交换器。

(2)内管基本参数：

材质：黄铜

外径：$d=$______ mm

壁厚：$\delta=$______ mm

测试段长度：$L=$______ mm

(3)套管基本参数：

材质：有机玻璃

外径：$d'=$______ mm

壁厚：$\delta'=$______ mm

(4)流体流通的横截面积：

内管横截面积：$S=$______ m^2

环隙横截面积：$S'=$______ m^2

(5)热交换面积：

内管内壁表面积：$A_w=$______

内管外壁表面积：$A_w'=$______

平均热交换面积：$A=$______

2. 实验数据记录

实验测得数据可参考如下表格进行记录。

实验序号	冷水流量	热水流量	温度						备注
			测试截面Ⅰ			测试截面Ⅱ			
	m_s'	m_s	T_1	T_{w1}	T_1'	T_2	T_{w2}	T_2'	
	$kg \cdot s^{-1}$	$kg \cdot s^{-1}$	℃	℃	℃	℃	℃	℃	

3. 实验数据整理

(1)由实验数据求取不同流速下的总传热系数，实验数据可参考下表整理。

实验序号	管内流速	流体间温度差			传热速率	总传热系数	备注
	u	ΔT_1	ΔT_2	ΔT_m	Q	K	
	$m \cdot s^{-1}$	K	K	K	W	$W \cdot m^{-2} \cdot K^{-1}$	
	[1]	[2]	[3]	[4]	[5]	[6]	

(2)由实验数据求取流体在圆直管内作强制湍流时的传热膜系数 α。实验数据可参考下表整理。

实验序号	管内流速	流体与壁面温度差			传热速率	管内传热膜系数	备注
	u	T_1-T_{w1}	T_2-T_{w2}	$\Delta T_m{}'$	Q	α	
	$m \cdot s^{-1}$	K	K	K	W	$W \cdot m^{-2} \cdot K^{-1}$	
	[1]	[2]	[3]	[4]	[5]	[6]	

(3)由实验原始数据和测得的 α 值,对水平管内传热膜系数的准数关联式进行参数估计。

首先,参考下表整理数据。

实验序号	管内流体平均温度	流体密度	流体黏度	流体导热系数	管内流速	传热膜系数	雷诺准数	努塞尔准数	普兰特准数
	$(T_1+T_2)/2$	ρ	μ	λ	u	α	Re	Nu	Pr
	K	$kg \cdot m^{-3}$	$Pa \cdot s$	$W \cdot m^{-1} \cdot K^{-1}$	$m \cdot s^{-1}$	$W \cdot m^{-2} \cdot K^{-1}$	—	—	—
	[1]	[2]	[3]	[4]	[5]	[6]	[7]	[8]	[9]

列出上表中各项计算公式。

其次,按如下方法和步骤估计参数。

水平管内传热膜系数的准数关联式:

$$\mathrm{Nu}=a\mathrm{Re}^m\mathrm{Pr}^n$$

在实验测定温度范围内,Pr 数值变化不大,可取其平均值并将 Pr^n 视为定值与 a 项合并。因此,上式可写为

$$\mathrm{Nu}=A\ \mathrm{Re}^m$$

上式两边可取对数,使之线性化,即

$$\lg\mathrm{Nu}=m\lg\mathrm{Re}+\lg A$$

因此,可将 Nu 和 Re 实验数据,直接在双对数坐标纸上进行标绘,由实验曲线的斜率和截距估计参数 A 和 m,或者用最小二乘法进行线性回归,估计参数 A 和 m。

取 Pr 平均值为定值,且 $n=0.3$,由 A 计算得到 a 值。

最后,列出参数估计值:

$A=$______

$m=$______

$a=$ ______

六、思考题

1. 由实验结果可以看出，管内水流速 μ 与传热膜系数 α_1 存在什么关系？与传热总系数 K 又有什么关系？试从传热机理上加以分析讨论。

2. 通过对实验数据的分析，说明强化传热过程受到哪些影响？

3. 将实验求得的关联式与已有关联式进行比较，试分析实验中存在哪些问题？

实验十　空气——蒸汽对流给热系数测定

一、实验目的

1. 了解间壁式传热元件，掌握给热系数测定的实验方法。

2. 掌握热电阻测温的方法，观察水蒸气在水平管外壁上的冷凝现象。

3. 学会给热系数测定的实验数据处理方法，了解影响给热系数的因素和强化传热的途径。

二、基本原理

在工业生产过程中，大量情况下，冷、热流体系通过固体壁面（传热元件）进行热量交换，称为间壁式换热。如图 5-68 所示，间壁式传热过程由热流体对固体壁面的对流传热、固体壁面的热传导和固体壁面对冷流体的对流传热所组成。

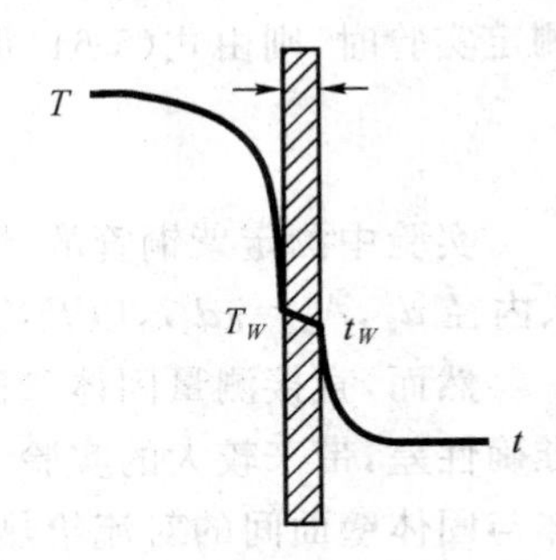

图 5-68　间壁式传热过程

达到传热稳定时，有

$$\begin{aligned} Q &= m_1 c_{p1}(T_1 - T_2) = m_2 c_{p2}(t_2 - t_1) \\ &= \alpha_1 A_1 (T - T_W)_M = \alpha_2 A_2 (t_W - t)_m \\ &= KA\Delta t_m \end{aligned} \tag{5-61}$$

式中：Q——传热量，J/s；

m_1——热流体的质量流率，kg/s；

c_{p1}——热流体的比热，J/(kg・℃)；

T_1——热流体的进口温度，℃；

T_2——热流体的出口温度，℃；

m_2——冷流体的质量流率，kg/s；

c_{p2}——冷流体的比热，J/(kg・℃)；

t_1——冷流体的进口温度，℃；

t_2——冷流体的出口温度，℃；

A_1——热流体侧的对流传热面积，m^2；

α_1——热流体与固体壁面的对流传热系数，W/(m^2·℃)；

$(T-T_W)_m$——热流体与固体壁面的对数平均温差，℃；

α_2——冷流体与固体壁面的对流传热系数，W/(m^2·℃)；

A_2——冷流体侧的对流传热面积，m^2；

$(t_W-t)_m$——固体壁面与冷流体的对数平均温差，℃；

K——以传热面积 A 为基准的总给热系数，W/(m^2·℃)；

Δt_m——冷热流体的对数平均温差，℃；

热流体与固体壁面的对数平均温差可由下式计算：

$$(T-T_W)_m=\frac{(T_1-T_{W1})-(T_2-T_{W2})}{\ln\dfrac{T_1-T_{W1}}{T_2-T_{W2}}}\tag{5-62}$$

式中：T_{W1}—— 冷流体进口处热流体侧的壁面温度，℃；

T_{W2}——冷流体出口处热流体侧的壁面温度，℃。

固体壁面与冷流体的对数平均温差可由下式计算：

$$(t_W-t)_m=\frac{(t_{W1}-t_1)-(t_{W2}-t_2)}{\ln\dfrac{t_{W1}-t_1}{t_{W2}-t_2}}\tag{5-63}$$

式中：t_{W1}——冷流体进口处冷流体侧的壁面温度，℃；

t_{W2}——冷流体出口处冷流体侧的壁面温度，℃。

热、冷流体间的对数平均温差可由下式计算：

$$\Delta t_m=\frac{(T_1-t_2)-(T_2-t_1)}{\ln\dfrac{T_1-t_2}{T_2-t_1}}\tag{5-64}$$

当在套管式间壁换热器中，环隙通以水蒸气，内管管内通以冷空气或水进行对流传热系数测定实验时，则由式(5-61)得内管内壁面与冷空气或水的对流传热系数：

$$\alpha_2=\frac{m_2c_{p2}(t_2-t_1)}{A_2(t_W-t)_m}\tag{5-65}$$

实验中测定紫铜管的壁温 t_{w1}、t_{w2}，冷空气或水的进出口温度 t_1、t_2，实验用紫铜管的长度 l、内径 d_2，$A_2=\pi d_2 l$，以及冷流体的质量流量，即可计算 α_2。

然而，直接测量固体壁面的温度，尤其管内壁的温度，实验技术难度大，而且所测得的数据准确性差，带来较大的实验误差。因此，通过测量相对较易测定的冷热流体温度来间接推算流体与固体壁面间的对流给热系数就成为人们广泛采用的一种实验研究手段。

由式(5-61)得

$$K=\frac{m_2c_{p2}(t_2-t_1)}{A\Delta t_m}\tag{5-66}$$

实验测定 m_2、t_1、t_2、T_1、T_2，并查取 $t_{平均}=\frac{1}{2}(t_1+t_2)$下冷流体对应的 c_{p2}、换热面积 A，即可由上式计算得总给热系数 K。

1. 对流给热系数的求法

下面通过两种方法来求对流给热系数。

(1)近似法求算对流给热系数 α_2

以管内壁面积为基准的总给热系数与对流给热系数间的关系为

$$\frac{1}{K}=\frac{1}{\alpha_2}+R_{S2}+\frac{bd_2}{\lambda d_m}+R_{S1}\frac{d_2}{d_1}+\frac{d_2}{\alpha_1 d_1} \tag{5-67}$$

式中：d_1——换热管外径，m；

d_2——换热管内径，m；

d_m——换热管的对数平均直径，m；

b——换热管的壁厚，m；

λ——换热管材料的导热系数，W/(m·℃)；

R_{S1}——换热管外侧的污垢热阻，m^2·K/W；

R_{S2}——换热管内侧的污垢热阻，m^2·K/W。

用本装置进行实验时，管内冷流体与管壁间的对流给热系数约为几十到几百 W/(m^2·K)；而管外为蒸汽冷凝，冷凝给热系数 α_1 可达～10^4 W/(m^2·K)左右，因此冷凝传热热阻$\frac{d_2}{\alpha_1 d_1}$可忽略，同时蒸汽冷凝较为清洁，因此换热管外侧的污垢热阻 $R_{S1}\frac{d_2}{d_1}$也可忽略。实验中的传热元件材料采用紫铜，导热系数为 383.8W/(m·K)，壁厚为 2.5mm，因此换热管壁的导热热阻$\frac{bd_2}{\lambda d_m}$可忽略。若换热管内侧的污垢热阻 R_{S2} 也忽略不计，则由式(5-67)得

$$\alpha_2 \approx K \tag{5-68}$$

由此可见，被忽略的传热热阻与冷流体侧对流传热热阻相比越小，此法所得的准确性就越高。

(2)传热准数式求算对流给热系数 α_2

对于流体在圆形直管内作强制湍流对流传热时，若符合如下范围内：Re=1.0×10^4～1.2×10^5，Pr=0.7～120，管长与管内径之比 $l/d \geqslant 60$，则传热准数经验式为

$$\mathrm{Nu}=0.023\mathrm{Re}^{0.8}\mathrm{Pr}^n \tag{5-69}$$

式中：Nu——努塞尔数，$\mathrm{Nu}=\frac{\alpha d}{\lambda}$，无因次；

Re——雷诺数，$\mathrm{Re}=\frac{du\rho}{\mu}$，无因次；

Pr——普兰特数，$\mathrm{Pr}=\frac{c_p\mu}{\lambda}$，无因次；

当流体被加热时 $n=0.4$，流体被冷却时 $n=0.3$；

α——流体与固体壁面的对流传热系数，W/(m^2·℃)；

d——换热管内径，m；

λ——流体的导热系数，W/(m·℃)；

u——流体在管内流动的平均速度，m/s；

ρ——流体的密度，kg/m^3；

μ——流体的黏度，Pa·s；

c_p——流体的比热，J/(kg·℃)。

对于水或空气在管内强制对流被加热时，可将式(5-69)改写为

$$\frac{1}{\alpha_2}=\frac{1}{0.023}\times\left(\frac{\pi}{4}\right)^{0.8}\times d_2^{1.8}\times\frac{1}{\lambda_2\mathrm{Pr}_2^{0.4}}\times\left(\frac{\mu_2}{m_2}\right)^{0.8} \tag{5-70}$$

令

$$m=\frac{1}{0.023}\times\left(\frac{\pi}{4}\right)^{0.8}\times d_2^{1.8} \tag{5-71}$$

$$X = \frac{1}{\lambda_2 \mathrm{Pr}_2^{0.4}} \times \left(\frac{\mu_2}{m_2}\right)^{0.8} \tag{5-72}$$

$$Y = \frac{1}{K} \tag{5-73}$$

$$C = R_{S2} + \frac{bd_2}{\lambda d_m} + R_{S1}\frac{d_2}{d_1} + \frac{d_2}{\alpha_1 d_1} \tag{5-74}$$

则式(5-67)可写为

$$Y = mX + C \tag{5-75}$$

当测定管内不同流量下的对流给热系数时，由式(5-74)计算所得的 C 值为一常数。管内径 d_2 一定时，m 也为常数。因此，实验时测定不同流量所对应的 t_1、t_2、T_1、T_2，由式(5-64)、式(5-66)、式(5-72)、式(5-73)求取一系列 X、Y 值，再在 X—Y 图上作图或将所得的 X、Y 值回归成一直线，该直线的斜率即为 m。任一冷流体流量下的给热系数 α_2 可用下式求得

$$\alpha_2 = \frac{\lambda_2 \mathrm{Pr}_2^{0.4}}{m} \times \left(\frac{m_2}{\mu_2}\right)^{0.8} \tag{5-76}$$

2. 冷流体质量流量的测定

(1)若用转子流量计测定冷空气的流量，还须用下式换算得到实际的流量：

$$V' = V\sqrt{\frac{\rho(\rho_f - \rho')}{\rho'(\rho_f - \rho)}} \tag{5-77}$$

式中：V'——实际被测流体的体积流量，$\mathrm{m^3/s}$；

ρ'——实际被测流体的密度，$\mathrm{kg/m^3}$；均可取 $t_{平均} = \frac{1}{2}(t_1 + t_2)$ 下对应水或空气的密度，见冷流体物性与温度的关系式；

V——标定用流体的体积流量，$\mathrm{m^3/s}$；

ρ——标定用流体的密度，$\mathrm{kg/m^3}$；对水 $\rho = 1000\mathrm{kg/m^3}$；对空气 $\rho = 1.205\mathrm{kg/m^3}$；

ρ_f——转子材料密度，$\mathrm{kg/m^3}$。

于是

$$m_2 = V'\rho' \tag{5-78}$$

(2)若用孔板流量计测冷流体的流量，则

$$m_2 = \rho V \tag{5-79}$$

式中：V 为冷流体进口处流量计读数；ρ 为冷流体进口温度下对应的密度。

3. 冷流体物性与温度的关系式

在 0～100℃之间，冷流体的物性与温度的关系有如下拟合公式：

(1)空气的密度与温度的关系式：$\rho = 10^{-5}t^2 - 4.5 \times 10^{-3}t + 1.2916$

(2)空气的比热与温度的关系式：60℃以下 $C_p = 1005\mathrm{J/(kg \cdot ℃)}$

70℃以上 $C_p = 1009\mathrm{J/(kg \cdot ℃)}$

(3)空气的导热系数与温度的关系式：$\lambda = -2 \times 10^{-8}t^2 + 8 \times 10^{-5}t + 0.0244$

(4)空气的黏度与温度的关系式：$\mu = (-2 \times 10^{-6}t^2 + 5 \times 10^{-3}t + 1.7169) \times 10^{-5}$

三、实验装置与流程

1. 实验装置

实验装置如图 5-69 所示。

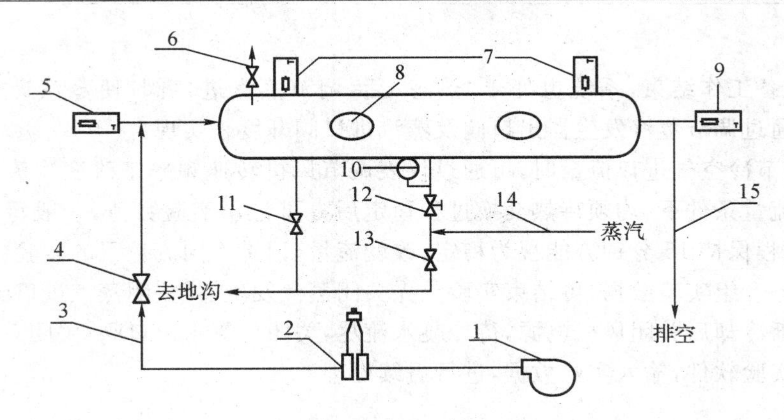

图 5-69　空气一水蒸气换热流程

1一风机;2一孔板流量计;3一冷流体管路;4一转子流量计;5一冷流体进口温度;6一惰性气体排空阀;7一蒸汽温度;8一视镜;9一冷流体出口温度;10一压力表;11一冷凝水排空阀;12一蒸汽进口阀;13一冷凝水排空阀;14一蒸汽进口管路;15一冷流体出口管路

来自蒸汽发生器的水蒸气进入不锈钢套管换热器环隙,与来自风机的空气在套管换热器内进行热交换,冷凝水经疏水器排入地沟。冷空气经孔板流量计或转子流量计进入套管换热器内管(紫铜管),热交换后排出装置外。

2.设备与仪表规格

紫铜管规格:直径 ϕ21mm×2.5mm,长度 L=1000mm

外套不锈钢管规格:直径 ϕ100mm×5mm,长度 L=1000mm

铂热电阻及无纸记录仪温度显示

全自动蒸汽发生器及蒸汽压力表

四、实验步骤

1.打开控制面板上的总电源开关,打开仪表电源开关,使仪表通电预热,观察仪表显示是否正常。

2.在蒸汽发生器中灌装清水,开启发生器电源,使水处于加热状态。到达符合条件的蒸汽压力后,系统会自动处于保温状态。

3.打开控制面板上的风机电源开关,让风机工作,同时打开冷流体进口阀,让套管换热器里充有一定量的空气。

4.打开冷凝水出口阀,排出上次实验余留的冷凝水,在整个实验过程中也保持一定开度。注意开度适中,开度太大会使换热器中的蒸汽跑掉,开度太小会使换热不锈钢管里的蒸汽压力过大而导致不锈钢管炸裂。

5.在通水蒸气前,也应将蒸汽发生器到实验装置之间管道中的冷凝水排除,否则夹带冷凝水的蒸汽会损坏压力表及压力变送器。具体排除冷凝水的方法是:关闭蒸汽进口阀门,打开装置下面的排冷凝水阀门,让蒸汽压力把管道中的冷凝水带走,当听到蒸汽响时关闭冷凝水排除阀,方可进行下一步实验。

6.开始通入蒸汽时,要仔细调节蒸汽阀的开度,让蒸汽徐徐流入换热器中,逐渐充满系统中,使系统由“冷态”转变为“热态”,不得少于 10 分钟,防止不锈钢管换热器因突然受热、受压而爆裂。

7.上述准备工作结束，系统也处于“热态”后，调节蒸汽进口阀，使蒸汽进口压力维持在0.01MPa，可通过调节蒸汽发生器出口阀及蒸汽进口阀开度来实现。

8.自动调节冷空气进口流量时，可通过仪表调节风机转速频率来改变冷流体的流量到一定值，在每个流量条件下，均须待热交换过程稳定后方可记录实验数值，一般每个流量下至少应使热交换过程保持15分钟方能视为稳定；改变流量，记录不同流量下的实验数值。

9.记录6～8组实验数据，可结束实验。先关闭蒸汽发生器，关闭蒸汽进口阀，关闭仪表电源，待系统逐渐冷却后关闭风机电源，待冷凝水流尽，关闭冷凝水出口阀，关闭总电源。

10.打开实验软件，输入实验数据，进行后续处理。

五、注意事项

1.先打开排冷凝水的阀1，注意只开一定的开度，开的太大会使换热器里的蒸汽跑掉，开的太小会使换热不锈钢管里的蒸汽压力增大而使不锈钢管炸裂。

2.一定要在套管换热器内管输以一定量的空气后，方可开启蒸汽阀门，且必须在排除蒸汽管线上原先积存的凝结水后，方可把蒸汽通入套管换热器中。

3.刚开始通入蒸汽时，要仔细调节蒸汽进口阀的开度，让蒸汽徐徐流入换热器中，逐渐加热，由“冷态”转变为“热态”，不得少于10分钟，以防止不锈钢管因突然受热、受压而爆裂。

4.操作过程中，蒸汽压力一般控制在0.02MPa(表压)以下，否则可能造成不锈钢管爆裂和填料损坏。

5.确定各参数时，必须是在稳定传热状态下，随时注意蒸汽量的调节和压力表读数的调整。

六、实验数据处理

1.打开数据处理软件，在教师界面左上“设置”的下拉菜单中输入装置参数管长、管内径以及转子流量计的转子密度。(在本套装置中，管长为1m，管内径为16mm。)

2.数字型装置可以实现数据直接倒入实验数据软件，可以表格形式得到本实验所要的最终处理结果，点“显示曲线”，则可得到实验结果的曲线对比图和拟合公式。

3.记录软件处理结果，并可作为手算处理的对照。结束，点“退出程序”。

七、实验报告

1.冷流体给热系数的实验值与理论值列表比较，计算各点误差，并分析讨论。

2.冷流体给热系数的准数式：$Nu/Pr^{0.4}=ARe^{m}$，由实验数据作图拟合曲线方程，确定式中常数A及m。

3.以$\ln(Nu/Pr^{0.4})$为纵坐标，$\ln(Re)$为横坐标，将两种方法处理实验数据的结果标绘在图上，并与教材中的经验式$Nu/Pr^{0.4}=0.023Re^{0.8}$比较。

八、思考题

1. 实验中冷流体和蒸汽的流向对传热效果有何影响？

2. 在计算空气质量流量时所用到的密度值与求雷诺数时的密度值是否一致？它们分别表示什么位置的密度，应在什么条件下进行计算？

3. 实验过程中，冷凝水不及时排走，会产生什么影响？如何及时排走冷凝水？如果采用不同压强的蒸汽进行实验，对 α 关联式有何影响？

第六章

相平衡实验

第一节　平衡实验的意义与应用

平衡实验是一项使体系达到平衡后，测量他们彼此之间的关系或体系的热力学数据，研究有关的热力学性质。体系的性质如温度、蒸气压力、浓度、电动势、电极电位等体系性质之间的关系有如气－液平衡时蒸气压与温度之间的关系、化学反应平衡常数与温度之间的关系。

平衡实验是热力学数据的重要来源之一，许多热力学数据，如相变热 L、化学反应的热效应 ΔH、自由焓变量 ΔG、熵变 ΔS、熵 S 以及各种平衡常数（化学反应平衡常数 K_p 及 K_c、络合物的不稳定常数、电离平衡常数、分配平衡常数、吸附平衡常数及溶解度等），其中很多就是根据平衡实验结果求得的。

热力学原理可以导出平衡体系的一些热力学性质之间的确定关系，如：

$$\ln K = \frac{-\Delta H_T^\theta}{RT} + \frac{\Delta S_T^\theta}{R} = -\frac{\Delta G_T^\theta}{RT}$$

$$\lg P = \frac{-L}{2.303RT} + C$$

大量的平衡实验是热力学原理的重要实践基础，大量的平衡实验结果确实证明了热力学原理的正确性。热力学原理也提供了由平衡实验结果求得热力学数据的理论依据。

由于热力学数据可以由量热实验求得，也可以由平衡实验求得，因此平衡实验和量热实验可以相互验证结果。这也是平衡实验的一个重要的实验意义。

平衡实验结果被广泛地用于指导生产实际。在生产中可根据化学反应的平衡常数和给定的生产条件求算最大转化率；可根据温度－压力（组成）图、电位－pH 图等确定生产操作条件。此外，对许多学科的发展都有重要的意义。

平衡实验大致可分为两类：一类是相平衡实验，另一类是化学反应平衡实验。

在化工生产中，经常需要应用蒸馏、吸收、吸附和萃取等单元操作，以此将液体混合物进行分离。这种分离操作的设计，需要对流体混合物的平衡性质作出定量的计算，如建立温度、压力和各相组成间的定量关系。这种关系应该建立在可靠的实验数据基础上，然后，应用热力学的方法把数据进行关联，以提供设计所需的相平衡基础数据。本章介绍相平衡的有关实验原理以及为得到相平衡基础数据的实验方法。

一、相平衡的基本原理

相平衡的研究常用到以下 4 个基本原理。

1. 相律

相律表示各种体系中相与相之间的平衡规律，它只能适用于平衡体系。相律能把大量孤立的、表面上看来迥然不同的相变化归纳成类，其表达式为

$$F = C - P + n$$

式中：F 为自由度数；P 为相数；C 为独立组分数；n 为影响体系相平衡的外界因素的总数（如温度、压力、电场等）。

2. 连续原理

当决定体系状态的参变数（如压力、温度、浓度等）作连续变化时，如果体系相的数目和特点没有改变，则整个体系的性质也是连续变化。如果体系内有新相生成或旧相消失或溶液中有络合物出现，则体系的性质要发生突变，在相图上表现为奇异点或转折点。

3. 对应原理

体系中发生的一切变化都能在相图上得到反映。图上的点、线、面都是与体系的平衡关系相对应的。组成和性质的连续变化在图上反映出来的曲线也是连续的。

4. 化学变化的统一性原理

不论是什么体系（如水盐体系、有机物体系、熔盐、硅酸盐、合金、高温材料体系等），只要它们所发生的变化相似，它们的几何图形也就会相似。所以，研究相图时，往往不是以物质分类，而是以发生什么变化分类。

从目前看来，相图的绘制主要是通过实验数据进行，而理论计算只能作为绘制相图的一种辅助方法或者用于某些简单体系的相图绘制。

二、相平衡实验的方法

（一）相平衡实验种类

相变有各种各样的类型，按体系的组成来分，有单组分体系相变和多组分体系相变；有固一固相变、固一液相变、固一气相变、液一气相变等。由于各种相变所涉及的形态不同，因此实验的方法也各有不同，但它们的实验所要测量的量主要还是温度、压力、组成等（除固一固相变化外）。现将各种方法简述如下。

1. 液一气相变平衡的实验方法

（1）沸点法。主要是测量在液一气相平衡时的饱和蒸气压和平衡温度。也就是在待研究的液体上，借助于适当的装置（如抽气或回流冷凝器等），建立并维持一定的惰性气氛，然后将

液体升温至沸腾，测出此时的液体温度和液体表面上相应的惰性气体压力，就是该液体在此惰性气体压力下的沸点和饱和蒸气压。

(2)露点法。就是沸点法的逆过程，即对于一定压力下的可液化气体，当温度降到某一值时能看到“露”(即气体凝结成液体)，此温度就是露点，也就是液一气相变的平衡温度。相应于露点的蒸气压力就是该温度下此液体的饱和蒸气压。

(3)等压法。如图 6-1 所示。将待测液体置于小球 A 中，在 U 型管及 B、C 小球中装上相同的封闭液，给系统抽真空，抽去 A 球上面的空气，使其仅有液体本身的蒸气。那么，小球 B 封闭液上所受到的压力就是待测液体的蒸气压，当 B、C 两液面平齐时，就可以从压力计读出 C 液面上的压力，这个压力也就等于 A 球待测液体在此温度下的饱和蒸气压。

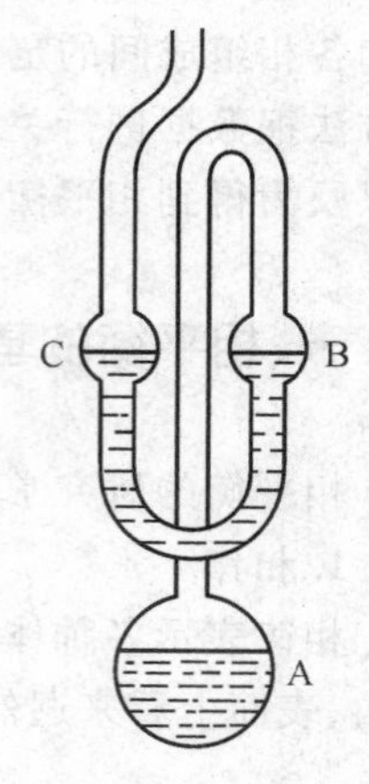

图 6-1 等压管

(4)载气法。就是将一稳定流速的载气以一定的方法(如鼓泡)流经待测试样的饱和室，饱和室的温度应恒定于某一值。在饱和室内载气充分地被试样液体蒸气所饱和，使试样达到液一气平衡，然后将饱和的载气流经检测系统，测出其试样含量，再根据载气流速和压力，求得在该温度下的试样的蒸气压。此法虽古老，但准确度高，应用范围广。液一气相平衡的研究还有其他一些方法，如有机物的液一气平衡可用气相色谱法。对于蒸气压极低的液一气平衡，最好用隙透和质谱联合法。另外，也还有热重分析法等。

2. 固一气相平衡的实验方法

固一气相变，一般来说，蒸气压较小的体系最好的方法是采用隙透和质谱联合法。当然，也可采用热重分析法(蒸气压较大的体系)。

3. 固一液相变平衡的实验方法

固一液相变一般来说热效应比较大，用热分析法比较方便，当然也可用差热分析法。

热分析法就是通过测量凝聚体系的冷却曲线(或加热曲线)来研究相变的实验方法，冷却曲线也称步冷曲线，就是试样降温过程中的温度对时间的关系曲线。如果体系在加热或冷却过程中无任何相变发生，则时间—温度曲线呈有规律连续变化；如果体系有某种相变发生，则伴随吸热或放热现象，在加热或冷却曲线上将出现转折或水平部分，根据这些转折点或停顿点就可确定体系相变发生的温度。因为当体系从熔融状态冷却时，按照能量的变化规律析出的晶相是有次序的，因此，在相平衡的研究中，冷却曲线法比加热曲线法更能说明问题。

差热分析法是通过测量试样相变化(或化学变化)的差热曲线来研究相变化(或化学变化)的实验法. 此法既可测出相变温度，还可测出相变热效应。差热分析的原理如图 6-2 所示。

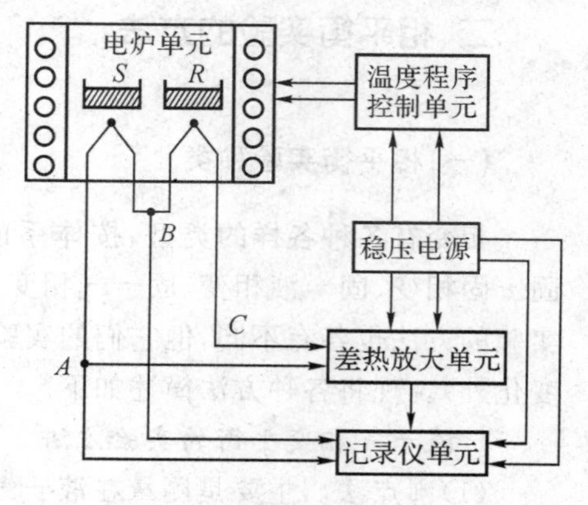

图 6-2 差热分析

将在实验所研究的温度范围内无任何相变发生的参比物和被测试样置于同一温场中，并分别放在差热偶的两端，其差热信号为 $\Delta E = E_R - E_S$，即相当于 $\Delta T = T_R - T_S$。当样品没有相变发生时，则 T_R 与 T_S 在升降温过程中原则上是相等的，即差热信号为零，或为某一恒定值。当试样发生相变时，T_R、T_S 不等，产生差热信号，此时相对应的温度即为相变温度。在热分析法中，步冷曲线上某处斜率发生微小变化，从曲线本身的连贯趋势上难于觉察，而采用微分分析法(即对时间求导数)来表示就显著了。基于这个原理，因而差热分析法可大大提高测量的灵敏度。

差热分析法技术性强，它要求实验装置——差热分析仪从加热方式及控制、温度信号和差热信号的测量及记录、保持器的材料与构形、试样的种类与用量、参比物与样品在无相变时的热性质的相似性等的设计非常严格。目前，市场上已有各种类型的性能好、精度高的差热分析仪供选择。

4. 固一固相变平衡的实验方法

固一固相变主要是晶型转变，其相变热比较小，差热分析虽然可以使用，但对于某些热效应极小的相变却无能为力，只能借助于其他更加灵敏先进的方法，通常有金相显微镜法、电子显微镜法、伸胀法、电阻法、磁法等。金相显微镜法是最常用的方法，而 X 射线法和电子探针微区分析法是目前最高级的研究方法。

(二)相平衡实验的主要误差

相平衡实验的误差是多方面的，主要来源有：①方法上的误差：一般来说静态法(等压法)较动态法(载气法)理论上更接近真平衡，但真正的平衡建立是需要长时间和采取很多的措施。因此，在选用实验方法时需要特别注意。②测量仪器的选配是否得当，其精密度与准确度是否符合要求。③试样的纯度如何，实验过程中是否被污染。④实验条件的控制和周围环境的影响也不容忽视。

总之，实验时应特别注意有可能对实验结果带来误差的各种因素。

三、相平衡实验仪器

(一)气液平衡实验仪器

气液平衡实验按实验提供的平衡数据量可分为两大类：

(1)测定完整的气液平衡数据：它包括系统温度 T、压力 p、气液组成 y_i 和液相组成 x_i(x_i 和 y_i 均由化学分析或物理化学分析而得)。这类实验常用的有一般流动循环法的爱立斯(Ellis)平衡釜、陆志虞平衡釜和罗斯(Rose)平衡釜。

(2)测定部分气液平衡数据：根据热力学原理，系统的温度 T、压力 p、气相组成 y_i 和液相组成 x_i 相互间并不是独立的。如在已知或假设气相逸度模型的前提下，实验测定中精度最差的气相组成可由系统温度、压力和液相组成推算而得。这类实验只提供部分平衡数据，然后通过推算、关联、拟合的方法得到全部平衡数据。“静态蒸气总压法”和“沸点仪”法是此类实验常用的方法。其特点之一是不必对气相和液相的组成进行分折，特点之二是在低压下测定气液平衡数据时操作稳定，能克服第一种方法中所用的平衡釜所难以克服的爆沸现象。因此，目前在气液平衡研究中采用此法的已占总数的1/2左右。

(二)气液平衡实验仪器

1. 测定完整气液平衡仪器

测定完整的气液平衡数据实验是将某一组成的溶液放入相应的平衡蒸馏釜中加热，待气液两相达到平衡时，精确测定系统压力 p、溶液沸点 T、气液两相组成 x_i 和 y_i，这样就得到了气液平衡的所有变量。据此可直接计算活度系数 γ_i、过量自由焓 G^E 或过量自由焓函数 Q($Q=\sum_{i=1}^{k}x_i\ln\gamma_i$)。这类实验的方法有以下两种。

(1)流动循环法

流动循环法是在恒压下研究气液平衡常用的方法之一，它借助于其功能相当于一块理论塔板的平衡蒸馏器，能测得十分精确的气液平衡数据。属于这种类型的平衡蒸馏器有爱立斯(Ellis)平衡蒸馏器、陆志虞平衡蒸馏器、罗斯(Bose)平衡蒸馏器等。这些平衡蒸馏器都具有气液两相同时循环的结构，它们共同的特点是应用了提升管(cottrcll pump)。如 Ellis 平衡釜的平衡螺旋管(见图 6-3)。提升管将沸腾室里的沸腾液体导向温度计套管，沸腾室中未达到平衡的过热的液体和蒸气，经提升管充分接触，只要控制好实验条件，在提升管的喷口处可望达到气液两相平衡，在此测得气液相平衡的温度(即在该恒定压力下的溶液沸点)。由提升管门喷出的气体和液体分别由两个回路流回沸腾室继续被加热沸腾。

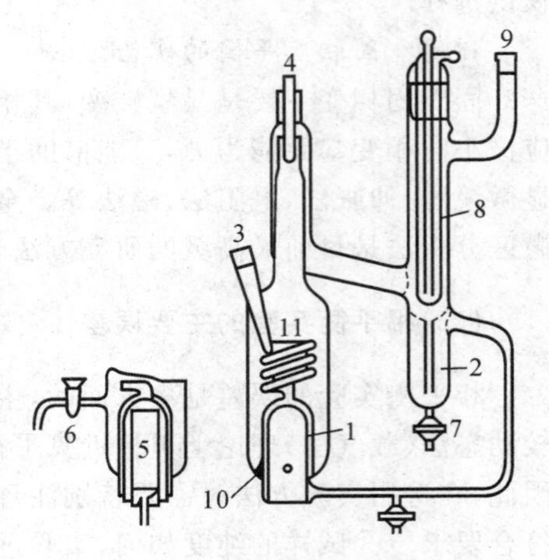

图 6-3　Ellis 平衡蒸馏器

1—沸腾室；2—气液冷凝液接受器；3、4—温度计套管；5—加热器；6、7—取样口旋塞；8—冷凝器；9—接恒压装置；10—沸腾室下小孔；11—平衡螺旋管

Ellis 平衡蒸馏器(见图 6-3)的提升管设计为螺旋状，液体由平衡螺旋管口喷出，即下落回液相，溶液经沸腾室下部的小孔流回沸腾室。气相上升经冷凝管冷凝后，流入气相冷凝液接受器，待积满后，气相冷凝液溢流回沸腾室底部。这就是“气液两相同时循环”的结构，以区别于单纯的气相循环。待平衡后，分别由液相取样口和气相冷凝液取样口取样分析，即得气液相织成 y_i、x_i。

Ellis 平衡蒸馏器结构简单、紧凑，操作简便，溶液的沸点测量准确，适宜于测量均相系统恒压气液平衡数据。缺点是容易产生爆沸现象(特别是在减压操作时)。随着爆沸的发生，爆沸室里的溶液(即冷凝液与液相的混合液，组成为 z_i)由下部小孔被挤出，与组成为 x_i 的液相混合发生返混。这样的系统很难达到平衡，也就无法测得平衡时的液相组成。当爆沸现象相当严重时还会引起雾沫夹带，即微小液滴随气相带至冷凝器，使实验失败。若在 Ellis 平衡蒸馏器的加热区域造成溶液局部过热，则爆沸现象就可以被克服或者有较大程度的改善。具体改进办法为，将 Ellis 平衡蒸馏器的加热元件——电烙铁加热线圈中插入铁棒，并使铁棒尖端接触沸腾室的壁，造成被加热溶液的局部过热，使之形成沸腾中心，则可改善溶液的爆沸现象。或在沸腾室里熔封入一根铂丝(见图

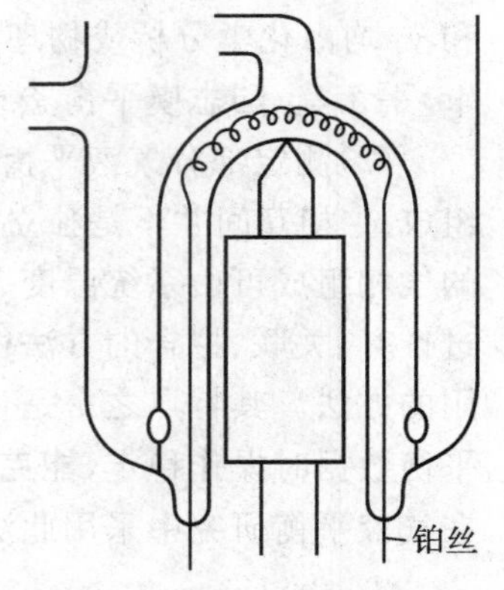

图 6-4　防止爆沸的改进装置

6-4)，在铂丝两端加上一定的电压(注意:电压很小)，使铂丝附近溶液过热，产生沸腾中心。采用上述改进的Ellis平衡蒸馏器，测定的压力范围可以扩大，可以适应系统压力为26664Pa左右的气液平衡数据测定。显然，对铂丝有化学作用的系统不能适用。

在前面提及的平衡蒸馏器中，Ellis平衡蒸馏器和Rose平衡蒸馏器(见图6-5)都不适宜测定组分间沸点差很大的系统，而陆志虞平衡蒸馏器的特点是弥补了它们的缺陷，它对组分间沸点差很大的系统也可适用。陆志虞平衡蒸馏器，如图6-6所示。在沸腾室中沸腾的过热溶液，经提升管上升喷在温度计套管上部，随后液体沿温度计套管外的螺旋棒流下，过热溶液经此过程使气液两相充分接触并达到平衡，从而保证了测量沸点的准确性。与气相分离后的液相流到平衡室下部的漏斗里，被引出平衡室。液相流向有冷凝盘管的液相贮藏器，待贮液器盛满后溢流到混合室和气相冷凝液在混合室混合。与液相分离后的蒸汽则由平衡室的底部一侧被引出。气相经冷激管冷凝后流入带冷凝夹套的气相冷凝液贮藏器，待贮液器盛满后溢流经过液滴计数器后流入混合室。

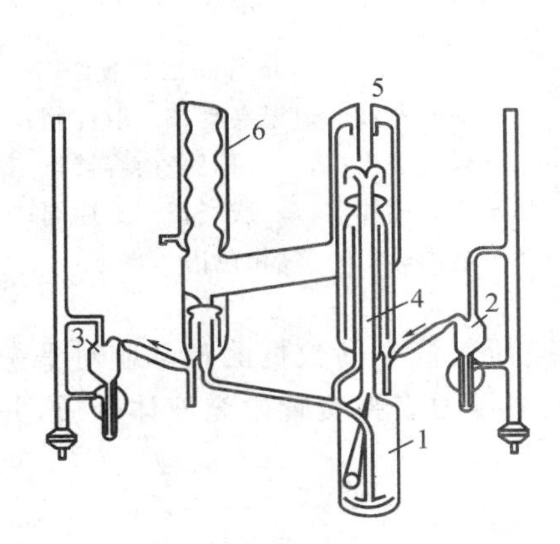

图6-5 Rose平衡蒸馏器

1—沸腾室;2—液相取样器;3—气相取样器;4—提升管;5—温度计套管;6—冷凝管

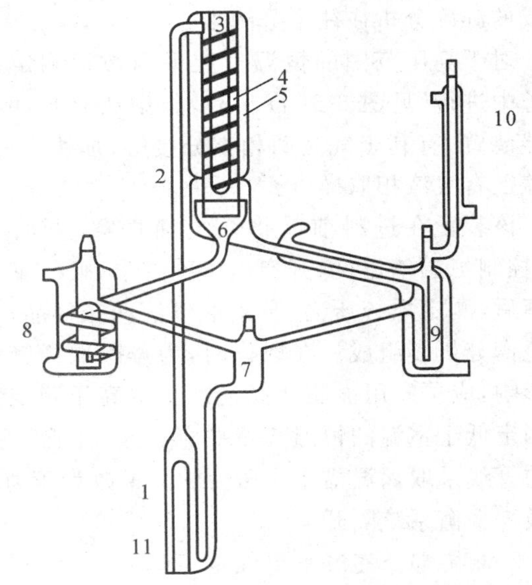

图6-6 陆志虞平衡蒸馏器

1—沸腾室;2—cottrell管;3—温度计套管;4—平衡室;5—真空夹套;6—分离室;7—混合室;8—液相取样器;9—气相取样器;10—二级冷凝器;11—加热钟罩

两液相混合流回沸腾室，即气相、液相由两个回路分别完成循环过程。待气液平衡后，在两贮液器取气、液相样品分析得到气、液相组成。在控压装置处可读取系统压力。由温度计套管里的精密温度计上读得溶液的沸点。在两个贮液器底部都放入搅拌子，用磁力搅拌器搅拌之，以加快平衡的实现。经冷却后的气相冷凝液和冷却后的液相(液相冷却是陆志虞平衡蒸馏器与Ellis平衡蒸馏器、Rose平衡蒸馏器的实质性差别)经充分混合再流回沸腾室，这是陆志虞平衡蒸馏器能适用于组分间沸点差很大系统的关键所在。若在混和室底部加上搅拌装置就更为理想，它能适用于沸点相差200℃以上的纯物质组成的系统。由混和室回流至沸腾室的溶液沸腾相当平稳，没有爆沸现象。故陆志虞平衡蒸馏器是一种较为理想的流动循环平衡蒸馏器。陆志虞平衡蒸馏器结构较为复杂，达到平衡所需要的时间比同类型的平衡蒸馏器要长些。

流动循环法除了可研究常压和减压下的气液平衡外，还能测定完整的高压下气液平衡数据。只要将 Ellis 平衡蒸馏器和陆志虞平衡蒸馏器用金属材料制作即可。其平衡器原理及气液相流动方向皆与上述玻璃制作的平衡蒸馏器类同。

(2)静态法

静态法是在恒温条件下进行，将溶液放置在一个封闭的事先已被抽空的圆锥形的平衡器(见图 6-7(a))里，平衡器外放有恒温夹套，当平衡器里的气液两相通过搅拌或振动达到平衡后，即可分别取出气液两相的样品进行分析。Hala 的测定装量及流程见图 6-7(b)，此法能适用于较宽的温度和压力范围测定气液平衡数据，但气相组成的准确分析往往十分困难。

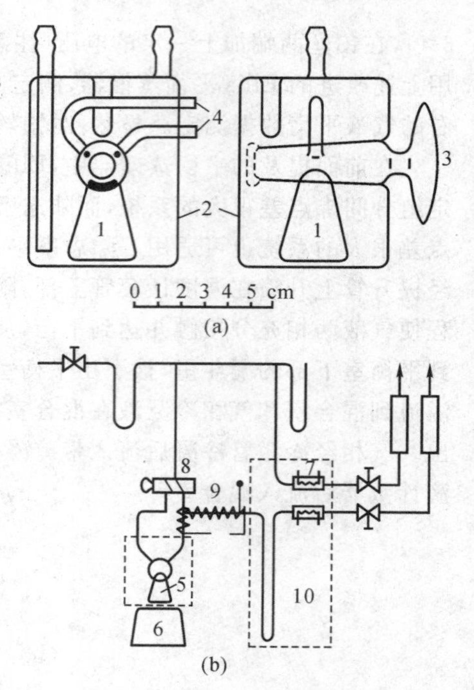

图 6-7　Hala 静态法装置图

1—平衡器；2—恒温夹套；3—取样阀；4—载气进出口；5—恒温平衡容器；6—磁力搅拌器；7—载气；8—二通阀；9—电加热；10—气相色谱

对于高压范围的恒温气液平衡数据测定需要在高压釜中进行，见图 6-8(a)、(b)，釜中放有脉冲往复电磁搅拌装置，有利于气液两相充分接触，加快平衡的建立。釜盖上有气液相取样口。

该装置在进料前需将系统抽真空，再加入被测溶液，控制恒温槽温度，开启电磁搅拌器，使气掖两相达到平衡后，测定系统压力，分别取气液两扣样品，一般用气相色谱分析其组成。在取样时，为排除取样管的死体积的影响，应预先用被测样品清洗。本高压测定装置只适宜测定低于室温的恒温气液平衡数据，对于高于室温的高压气液平衡数据测定。应对平衡釜外的管线采取保温措施。压力的测量改为压力传感器或将压力表弹簧管中充液体介质，并用隔膜与平衡系统隔开。

2.测定部分气液平衡仪器

(1)静态溶液总蒸气压法

这是近二十年来国内外学者发展设计的一种新的气液平衡测试方法。实验是在一套高真空装置中测定气液平衡数据的，如图 6-9 所示。将用称量法配制的一定组成(即平衡时的液相组成 x_i)的溶液放入脱气室中，用液氮冷冻抽真空脱气(脱净溶解在溶液中的气体)，随后将溶液用冷冻法转移到平衡器中。平衡器用恒温槽恒温，待气浓平衡后，溶液的总蒸气压 p 依靠零压计传递，由压差计测量。改变溶液组成 x_i 即可测得一组恒温气液平衡的 $p—x$。数据如图 6-10 所示。并可由此推算气相组成 y_i 和进一步计算活度系数 γ_i 或过剩自由焓函数 Q_i。

静态溶液总蒸气压法的优点：溶液用量少、低压操作稳定、气液相组成不需分折、气液平衡数据质量较高、实验数据具有热力学一致性。它的缺点：实验步骤复杂、测定时间较长、需耗用液氮，而且装置中使用水银，容易污染环境。

(2)“沸点仪”法

沸点仪见图 6-11，它是属于流动循环法的平衡蒸馏器。将一定浓度的溶液放入沸点仪，经加热沸腾，气液两相通过不同回路流动循环，最后气液两相达到平衡。通过实验可测得不同组成溶液的沸点 T 和蒸气压 p 的关系，即得部分气液平衡数据，并可由热力学原理推算其气

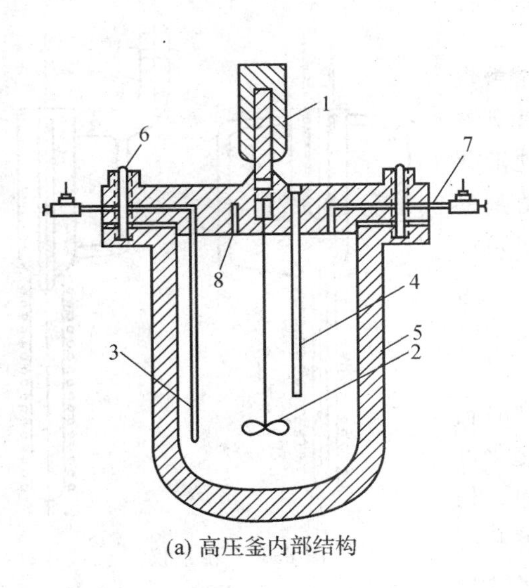

(a) 高压釜内部结构

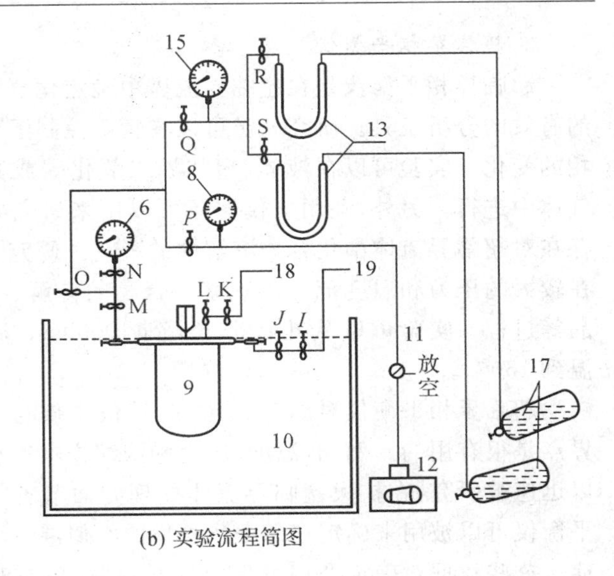

(b) 实验流程简图

图 6-8

1—电磁搅拌器；2—搅拌叶片；3—液相取样管；4—温度计套管；5—釜体；6—紧固螺栓螺母；7—气相取样口；8—进样口；9—高压平衡釜；10—恒温槽；11—阀门；12—机械真空泵；13—U 型计量管；14—精密压力表；15—压力表；16—真空表；17—原料氮瓶；18—气相取样口；19—液相取样口；I、J、K、L、M、N、O、P、Q、R、S 为高压阀门

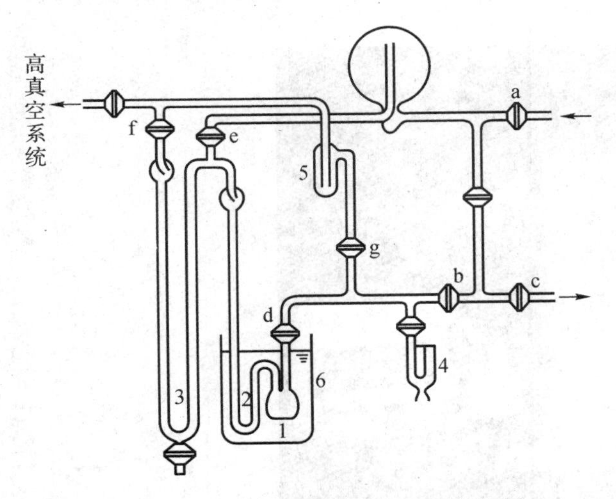

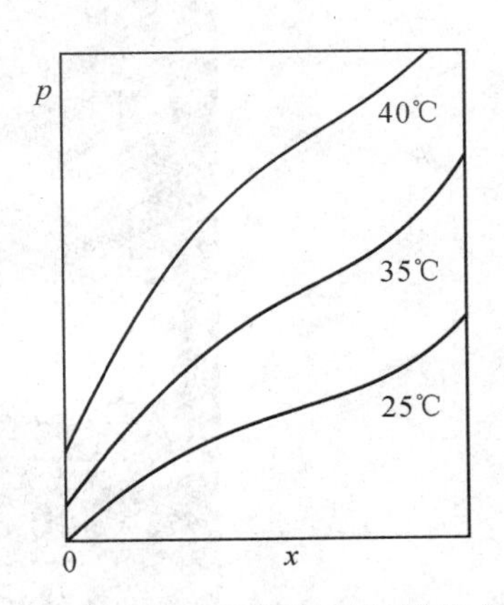

图 6-9 静态法溶液饱和蒸气压测量装置

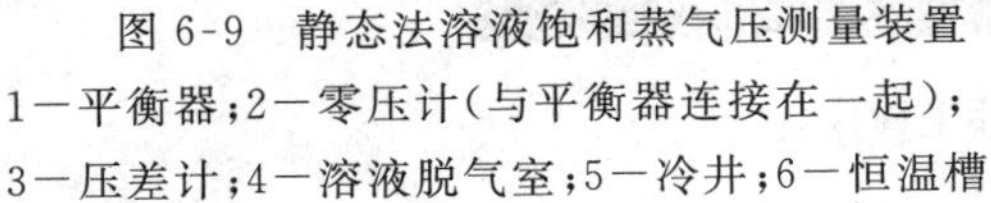

1—平衡器；2—零压计(与平衡器连接在一起)；
3—压差计；4—溶液脱气室；5—冷井；6—恒温槽

图 6-10 二元系统的蒸气压组成

相组成 y_i，并进一步关联活度系数 γ_i 或过剩自由焓函数 Q_i。

"沸点仪"法是测定部分气液平衡数据的方法。沸点仪结构简单、实验数据质量高、达到平衡所需的时间短且不需要分析气液两相组成。它与静态溶液总蒸气压法比较，具有不需液氮、不必低温脱气操作的优点。若对沸点仪稍加改进，如沸腾室底部加上搅拌器，或加上铂丝辅助加热(与铂丝有化学反应的系统除外)，这样沸点仪可以测定 1333.2Pa 左右低压下气液平衡数据。因此，"沸点仪"法是目前一种较为理想的气液平衡测定方法。

3. 超临界相平衡仪

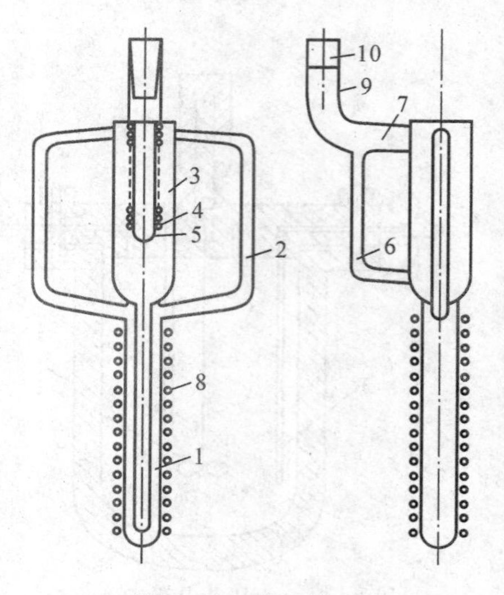

图 6-11　沸点仪

1—沸腾室；2—提升管；3—气液相平衡室；4—螺旋玻棒；5—温度计套管；6—气相冷凝液回流管；7—支管；8—加热线圈；9—标准磨口；10—接冷凝管及稳压装置

超临界相平衡仪是在超临界流体中确定化合物溶解性的有效的分析工具。研究人员可以在精确控制下直接观察相的变化。实验可以在液体、超临界二氧化碳或其他液化气体中进行。另外，利用该仪器还可以用来研究共溶剂的存在对超临界流体中化合物溶解性的影响。研究人员可以在较大的压力和温度范围内观察化合物的分解、沉淀和结晶等过程。实验可以从几百个 psi 到 10000psi，温度从常温到 150℃。

超临界相平衡仪对确定二元、三元和复杂混合物的临界点是很有用的。例如，温度、压力和浓缩样本等相变化可以迅速被研究，在扩大超临界流体处理方面节省时间。相平衡仪可以被用来确定在每个化合物的类似混合溶解和沉淀。这些数据对确定处理过程中选择萃取、反应和化合物的分馏很有用。另外，也可用于超临界非溶剂的应用。

超临界相平衡仪对超临界流体处理是很有用的，如结晶和反应。例如，相平衡仪可以被用来确定化合物和产品的溶解性，运行的超临界反应可以被确定，可以用超临界相平衡仪执行小规模的反应。

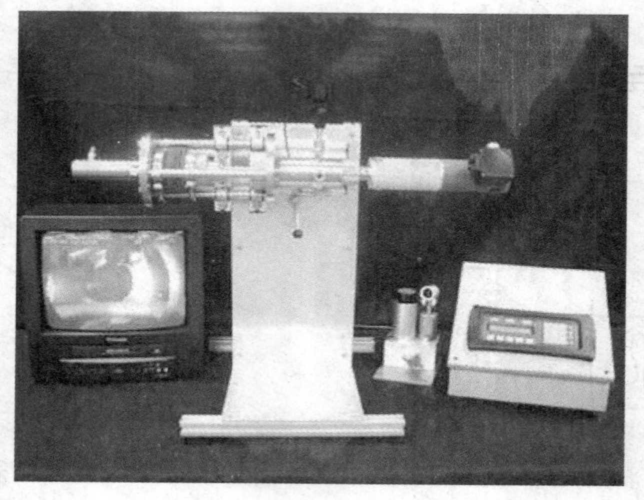
图 6-12　超临界相平衡仪

超临界相平衡仪其他的用途包括确定聚合体的浊点，聚合体在超临界二氧化碳以及其他液化气体中的膨胀度。更为复杂的应用包括确定向膨胀聚合物中注入新材料以及表面沉积实验等的过程参数。

超临界相平衡仪由一个手动的注射泵和一只 30m 的观察池构成。带有光纤光源的 CCD 相机可以清晰地观察观察池的内部。对于液体样品溶解度的观察，观察池可以在水平位置，对于固体样品则可以放在垂直位置。样品的放置装置适用于液体、固体和粉状样本。细粉和流体类的物料可以被放到一个小的玻璃毛细管中，它在一个样本平台上放置。样本被理想地放置以备进行溶解和熔点的研究。

通过对内置叶轮的磁力驱动，实现流体混合。内部的 RTD 正确统一地控制观察池的温度到 150℃，获得的信号被保存在录影带上。温度、压力、时间、数据，可以在 TV/VCR 上通过添加录像显示模块进行显示。

主要应用研究领域如下：

聚合体：溶解确定，从聚合体中萃取单体和低聚物，向聚合物矩阵灌输物料，超临界流体潜在的聚合体合成。

电子元件的清洗：清洗芯片、电路板、电子成分、超临界液体 CO_2 替代 CFC 和溶剂清洗。

食品：香料和营养素的溶解、精选化合物的萃取。

制药：在超临界流体中药物化合物的溶解性、生物活性的萃取、天然物成分的萃取、在超临界流体方面提高反应领域、在传输系统中灌输药物。

第二节　基础与综合性实验

实验十一　液体饱和蒸气压的测定

一、实验目的

1. 掌握静态法测定液体饱和蒸气压的原理及操作方法，学会由图解法求其平均摩尔气化热和正常沸点。

2. 了解纯液体的饱和蒸气压与温度的关系、克劳修斯－克拉贝龙(Clausius-Clapeyron)方程式的意义。

3. 了解真空泵、玻璃恒温水浴、缓冲储气罐和精密数字压力计的使用及注意事项。

二、预习要求

1. 明确饱和蒸气压的定义，了解测定饱和蒸气压的意义。

2. 了解饱和蒸气压测量装置的原理和使用。

3. 明确所测定的饱和蒸气压和平均摩尔气化焓的关系。

三、实验原理

通常温度下(距离临界温度较远时)，纯液体与其蒸气达平衡时的蒸气压称为该温度下液体的饱和蒸气压，简称为蒸气压。蒸发 1mol 液体所吸收的热量称为该温度下液体的摩尔气化热。液体的蒸气压随温度而变化，温度升高时，蒸气压增大；温度降低时，蒸气压降低，这主要与分子的动能有关。当蒸气压等于外界压力时，液体便沸腾，此时的温度称为沸点，外压不同时，液体沸点将相应改变，当外压为 1atm(101.325kPa)时，液体的沸点称为该液体的正常沸点。

液体的饱和蒸气压与温度的关系用克劳修斯－克拉贝龙方程式表示：

$$\frac{\mathrm{d}\ln p}{\mathrm{d}T}=\frac{\Delta_{vap}H_m}{RT^2} \tag{6-1}$$

式中：R 为摩尔气体常数；T 为热力学温度；$\Delta_{vap}H_m$ 为在温度 T 时纯液体的摩尔气化热。

假定 $\Delta_{vap}H_m$ 与温度无关，或因温度范围较小，$\Delta_{vap}H_m$ 可以近似作为常数，积分式 6-1，得

$$\ln p=-\frac{\Delta_{vap}H_m}{R}\cdot\frac{1}{T}+C \tag{6-2}$$

其中，C 为积分常数。由此式可以看出，以 $\ln p$ 对 $1/T$ 作图，应为一直线，直线的斜率为 $-\frac{\Delta_{vap}H_m}{R}$，由斜率可求算液体的 $\Delta_{vap}H_m$。

测定通常有静态法和动态法，静态法：把待测物质放在一个封闭体系中，在不同的温度下，蒸气压与外压相等时直接测定外压，或在不同外压下测定液体的沸点；动态法：常用的有饱和气流法，即通过一定体积的已被待测物质所饱和的气流，用某物质完全吸收，然后称量吸收物质增加的质量，求出蒸汽的分压力，即为该物质的饱和蒸气压。

静态法测定液体饱和蒸气压，是指在某一温度下，直接测量饱和蒸气压，此法一般适用于蒸气压比较大的液体。静态法测量不同温度下纯液体饱和蒸气压，有升温法和降温法两种。本次实验采用升温法测定不同温度下纯液体的饱和蒸气压，所用仪器是纯液体饱和蒸气压测定装置，如图 6-13 所示。

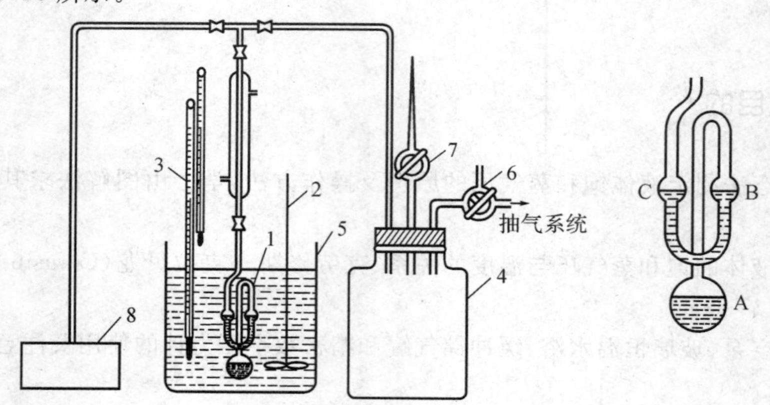

图 6-13 液体饱和蒸气压测定装置

1－平衡管；2－搅拌器；3－温度计；4－缓冲瓶；5－恒温水浴；6－三通活塞；7－直通活塞；8－精密数字压力计

平衡管由 A 球和 U 型管 B、C 组成。平衡管上接一冷凝管，以橡皮管与压力计相连。A 内装待测液体，当 A 球的液面上纯粹是待测液体的蒸气，而 B 管与 C 管的液面处于同一水平时，则表示 B 管液面上的(即 A 球液面上的蒸气压)与加在 C 管液面上的外压相等。此时，体系气液两相平衡的温度称为液体在此外压下的沸点。

四、仪器试剂

恒温水浴;平衡管;精密数字压力计;真空泵及缓冲储气罐
无水乙醇(A.R)

五、实验步骤

1.装样

从加样口注入乙醇,关闭平衡阀1,打开进气阀。启动油泵,抽至气泡成串上窜,可关闭进气阀,打开平衡阀1漏入空气,使乙醇充满试样球体积的2/3和U型管双臂的大部分。

2.检漏,系统气密性检查

接通冷凝水,关闭平衡阀1,打开进气阀使真空油泵与缓冲储气罐相通。启动油泵,使压力表读数为某一数值(可60k～70kPa),关闭进气阀,停止抽气,检查有无漏气(看压力表示数在3～5min内是否变化),若无漏气即可进行测定。(注意:在停止抽气前,应先把真空泵与大气相通,否则会造成泵油倒吸,造成事故)

3.饱和蒸气压的测定

调节恒温水浴温度30℃,开动油泵缓缓抽气,使试样球与U型管之间空间内的空气呈气泡状通过U型管中的液体而逸出。如发现气泡成串上窜,可关闭进气阀,缓缓打开平衡阀1漏入空气使沸腾缓和。如此慢沸3～5min,可认为试样球中的空气排除干净,关闭平衡阀2。小心开启平衡阀1缓缓漏入空气,直至U型管两臂的液面等高为止,在压力表上读出压力值。

调节恒温水浴温度33℃,小心开启平衡阀1缓缓漏入空气,直至U型管两臂的液面等高为止,在压力表上读出压力值。依次测定36℃,39℃,42℃,45℃,48℃,51℃时乙醇的蒸气压。

测定过程中如不慎使空气倒灌入试样球,则需重新抽真空后方可继续测定。

如果升温过程中U型管内液体发生爆沸,可开启平衡阀1漏入少量空气,以防止管内液体大量挥发而影响实验进行。

实验结束后,慢慢打开进气阀,使压力表恢复零位。关闭冷却水,关闭压力表、恒温控制仪、恒温水浴电源,并拔下电源插头。

六、缓冲储气罐的使用说明

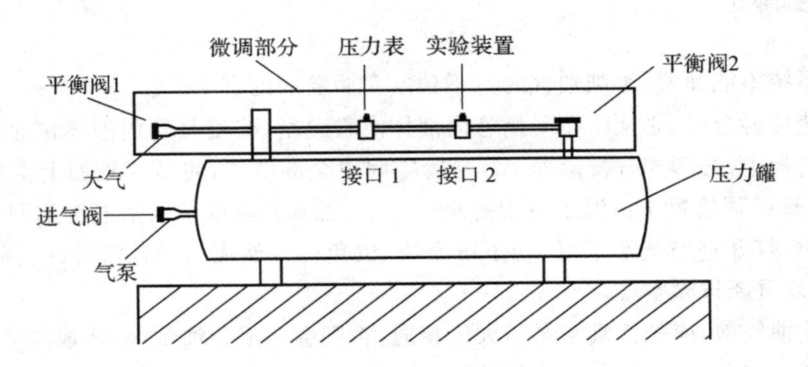

1. 安装

用橡胶管或塑料管分别将进气阀与气泵，装置1接口与数字压力表连接。安装时应注意连接管插入接口的深度要≥15mm，并扣紧，否则会影响气密性。

2. 首次使用或长期未使用而重新启用时，应先作整体气密性检查

(1)将进气阀、平衡阀2打开，平衡阀1关闭(两阀均为顺时针关闭，逆时针开启)。启动油泵加压(或抽气)至100k～200kPa，数字压力表的显示值即为压力罐中的压力值。

(2)关闭进气阀，停止抽气，检查平衡阀2是否开启，平衡阀1是否完全关闭。观察数字压力表，若显示数字降值在标准范围内(小于0.01kPa/s)，说明整体气密性良好。否则需查找并清除漏气原因直至合格。

(3)再作微调部分的气密性检查：关闭平衡阀1，开启平衡阀2，调整微调部分的压力，使之低于压力罐中压力的1/2，观察数字压力表，其变化值在标准范围内(小于±0.01kPa/s)，说明气密性良好。若压力值上升超过标准，说明平衡阀2泄漏；若压力值下降超过标准，说明平衡阀1泄漏。

3. 与被测系统连接进行测试

(1)用橡胶管将装置2接口与被测系统连接、装置1接口与数字压力计连接。打开进气阀与平衡阀2，关闭平衡阀1，启动气泵，加压(或抽气)，从数字压力计即可读出压力罐中的压力值。

(2)测试过程中需调整压力值时，使压力表显示的压力略高于所需压力值，然后关闭进气阀，停止气泵工作，关闭平衡阀2，调节平衡阀1使压力值至所需值。采用此方法可得到所需的不同压力值。

4. 完毕后的要求

测试完毕，打开进气阀、平衡阀均可释放储气管中的压力，使系统处于常压下备用。

5. 操作注意事项

阀的开启不能用力过强，以防损坏而影响气密性。由于阀的阀芯未设防脱装置，关闭阀门时严禁将阀上阀体旋至脱离状态，以免阀在压力下造成安全事故。维修阀必须先将压力罐的压力释放后，再进行拆卸。连接各接口时，用力要适度，避免造成人为的损坏。压力罐的压力使用范围为－100k～250kPa，为了保证安全，加压时不能超出此范围。使用过程中调节平衡阀1、平衡阀2时压力表所示的压力值有时跳动属正常现象，待压力稳定后方可做实验。

七、注意事项

1. 减压系统不能漏气，否则抽气时达不到本实验要求的真空度。

2. 抽气速度要合适，必须防止平衡管内液体沸腾过剧，致使B管内液体快速蒸发。

3. 实验过程中，必须充分排除净AB弯管空间中全部空气，使B管液面上空只含液体的蒸气分子。AB管必须放置于恒温水浴中的水面以下，否则其温度与水浴温度不同。

4. 测定中，打开进空气活塞时，切不可太快，以免空气倒灌入AB弯管的空间中。如果发生倒灌，则必须重新排除空气。

5. 在停止抽气前，应先把真空泵与大气相通，否则会造成泵油倒吸，造成事故。

6. 平衡阀2容易出现问题，一直保持打开状态，不用再调节。

八、思考题

1. 试分析引起本实验误差的因素。
2. 为什么 AB 弯管中的空气要排干净？怎样操作？怎样防止空气倒灌？
3. 本实验方法能否用于测定溶液的饱和蒸气压？为什么？
4. 试说明压力计中所读数值是否是纯液体的饱和蒸气压？
5. 为什么实验完毕后必须使体系和真空泵与大气相通才能关闭真空泵？

九、讨论

降温法测定不同温度下纯水的饱和蒸气压：

接通冷凝水，调节三通活塞使系统降压 13kPa（约 100mm 汞柱），加热水浴至沸腾，此时 A 管中的水部分气化，水蒸气夹带 AB 弯管内的空气一起从 C 管液面逸出，继续维持 10min 以上，以保证彻底驱尽 AB 弯管内的空气。

停止加热，控制水浴冷却速度在 1℃/min 内，此时液体的蒸气压（即 B 管上空的压力）随温度下降而逐渐降低，待降至与 C 管的压力相等时，则 B、C 两管液面应平齐，立即记下此瞬间的温度（精确至 1/100℃）和压力计之压力，同时读取辅助温度计的温度值和露茎温度，以备对温度计进行校正。读数后立即旋转三通活塞抽气，使系统再降压 10kPa（约 80mm 汞柱）并继续降温，待 B、C 两管液面再次平齐时，记下此瞬间的温度和压力。如此重复 10 次（注意实验中每次递减的压力要逐渐减小），分别记录一系列的 B、C 管液面平齐时对应的温度和压力。

在降温法测定中，当 B、C 两管中的液面平齐时，读数要迅速，读毕应立即抽气减压，防止空气倒灌。若发生倒灌现象，必须重新排净 AB 弯管内之空气。

实验十二　二元液系相图的测定

一、实验目的

1. 用沸点仪测定在常压下环己烷—异丙醇的气液平衡数据，绘制二元液系相图，并确定系统恒沸组成及恒沸温度。
2. 了解沸点的测定方法。
3. 掌握阿贝折射仪的测量原理及使用方法。

二、预习要求

1. 明确相图作用，了解测定液—液相图的意义。
2. 了解二元液系相图的测定原理和实验仪器的使用。

3. 明确所测定的二元液系相图的种类。

三、实验原理

在常温下，两种液态物质以任意比例相互溶解所组成的系统为完全互溶系统。在恒压条件下，表示溶液沸点与组成的图称为沸点—组成图。完全互溶双液系恒定压力下的沸点—组成图可以分成三类：①溶液沸点介于两纯组分沸点之间（见图 6-14）、溶液存在最低沸点（图 6-16）和溶液存在最高沸点（见图 6-15）

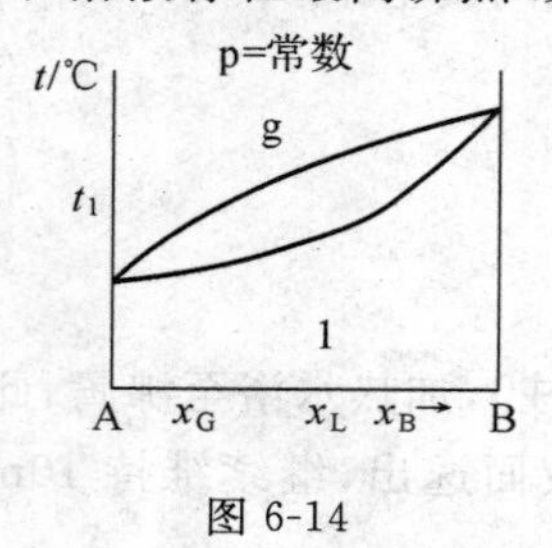

图 6-14

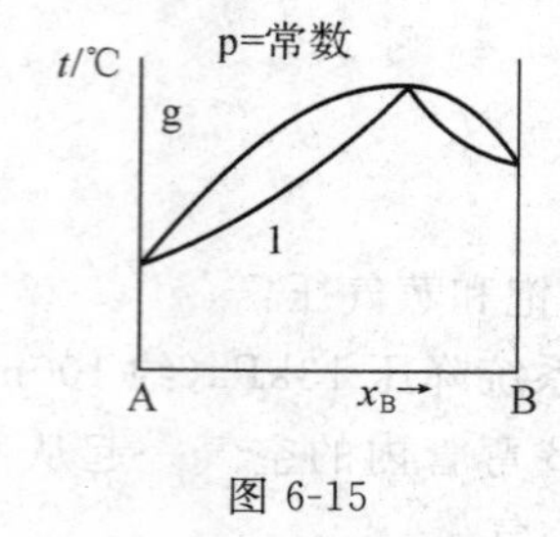

图 6-15

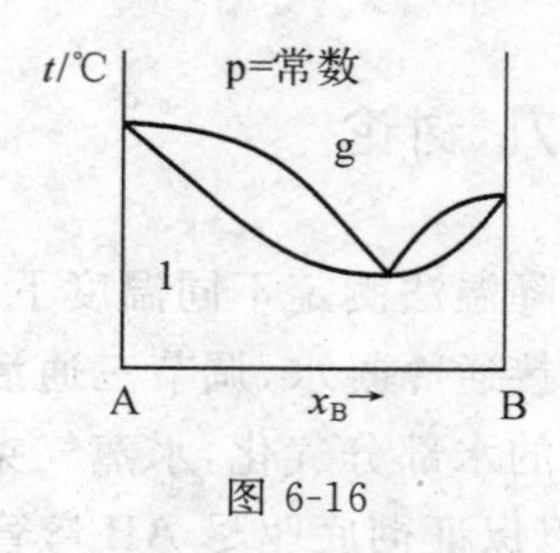

图 6-16

图 6-15、图 6-16 有时被称为具有恒沸点的双液系。和图 6-14 根本的区别在于，系统处于恒沸点时气、液两相的组成相同。因而不能向第一类那样通过反复蒸馏而使两种组分完全分离。如果进行简单的反复蒸馏只能得到某一纯组分和组成为恒沸点相应组成的混合物。如果要获得两纯组分需要采用其他的方法。系统的最高或最低恒沸点即为恒沸温度，恒沸温度对应的组成为恒沸组成。异丙醇—环己烷双液系属于具有最低恒沸点一类的系统。

为了绘制沸点—组成图，可采用不同的方法。化学方法和物理方法，相对而言物理的方法具有简捷、准确的特点。本实验是利用回流计分析的方法来绘制相图。取不同组成的溶液在沸点仪中回流，测定其沸点及气、液相组成。沸点数据可直接由温度计获得，气、液相组成可通过测定其折光率，然后由组成—折光率曲线中最后确定。

四、仪器和试剂

蒸馏瓶	1 套	调压器	1 台
温度计(50～100℃)	1 支	阿贝折光仪	1 台
长取样管	1 支	短取样管	1 支
25mL 移液管	3 支	电吹风机	1 台
环己烷(A. R)	1 瓶	异丙醇(A. R)	1 瓶

五、实验步骤

1. 用阿贝折光仪测定纯环己烷、异丙醇及标准混合物样品的折光率。在坐标纸上做出折光率对组成的工作曲线。

2. 测定纯异丙醇、环己烷沸点：

在干燥的蒸馏瓶中加入 25mL 异丙醇，盖好瓶塞，检查电炉丝全部浸没于液体中。冷凝器通冷却水，接通电源，缓慢旋转调压器转盘，控制电压在 20～30V，随时观察瓶内液体，待液体

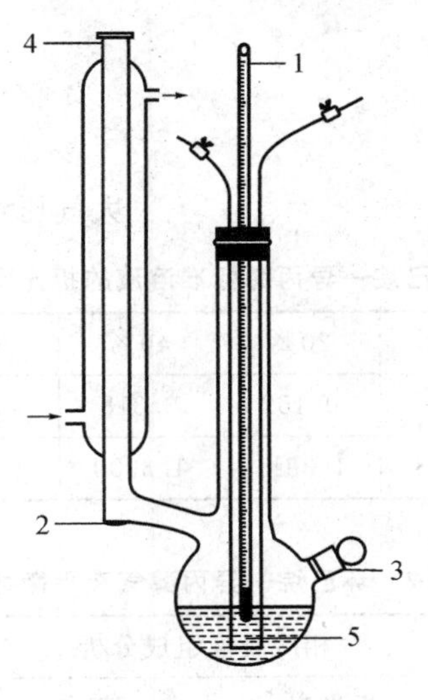

图 6-17　沸点仪

1—精密温度计；2—磨口塞；3—电加热丝；4—冷凝管；5—气相凝聚液

沸腾温度恒定后，记下温度计读数。将调压器回零，切断电源，使蒸馏瓶内液体稍冷后倒回原样品瓶内。用吹风机将蒸馏瓶及冷凝器吹干后，重复上述操作测定环己烷的沸点。此步可以不做，环己烷和异丙醇的沸点利用克—克方程计算出来。

3. 测定环己烷—异丙醇混合物的气液平衡温度及气液相组成：

移取 25mL 5%的混合物到蒸馏瓶中，同上法加热至沸腾，最初冷凝在气相取样槽中的液体不能代表平衡时的气相组成，需用长取样管从冷凝管上口插入到气相取样槽处，缓缓捏压橡皮头将冷凝液吹回蒸馏瓶，反复 2～3 次，待温度计读数短时间内恒定不变且气相取样槽已满时记下平衡温度，停止加热。随即用长取样管（注意：取样管在取样前必须用吹风机吹干）从气相取样槽吸出气相样品，迅速测定其折光率。再用另一短取样管从磨塞小口处吸取少量液相样品，迅速测其折光率。迅速测定是防止样品蒸发而改变组成。测定完毕后，将蒸馏瓶中的溶液倒回原瓶中。

用同样的方法测定其他混合物的气液平衡温度、气液相样品的折光率。各次实验后的溶液均倒回原瓶。

六、实验注意事项

1. 电炉丝一定要被液体浸没，不能露出液面。加热电压不能过高，否则容易引起有机液体燃烧或烧断炉丝。

2. 一定要使系统达到气液平衡即温度恒定后，才能读取温度值、取样分析。

3. 取样管在取样前必须用吹风机吹干。

4. 使用阿贝折光仪时棱镜上不能触及硬物（如取样管），擦棱镜时需用擦镜纸。

5. 实验过程中，一定在冷凝器中通入冷却水，使气相全部冷凝。

6. 测定纯组分的沸点时，蒸馏瓶必须烘干，而测定混合物时，不必烘干。

七、数据记录与处理

室温：__________　　　　大气压：__________

表 6-1　环己烷—异丙醇标准溶液的折光率测定记录

环己烷的质量百分率	0	20%	40%	60%	80%	100%
环己烷的摩尔分数	0	0.152	0.318	0.521	0.743	1.00
折光率	1.3768	1.3811	1.3900	1.4021	1.4116	1.4242

表 6-2　环己烷—异丙醇气液平衡数据

混合液组成 W 环己烷/%	气液平衡温度/℃	气相冷凝液组成分析		液相冷凝液组成分析	
		折光率	x 环己烷	折光率	x 环己烷
0	82.09		0.000		0.000
5	80.41	1.3788	0.080	1.3774	0.050
15	78.02	1.3840	0.180	1.3791	0.095
30	73.62	1.3960	0.420	1.3848	0.195
50	70.18	1.4030	0.560	1.3933	0.370
65	69.20	1.4059	0.615	1.4025	0.550
80	69.78	1.4072	0.645	1.4133	0.765
95	76.45	1.4182	0.865	1.4239	0.970
100	80.32		1.000		1.000

表 6-3　基础数据

物质	沸点/℃	压力/kPa	$\Delta_{vap}H_m$/kJ·mol^{-1}
环己烷	80.74	101.325	29.98
异丙醇	82.40	101.325	40.06

1. 做出环己烷—异丙醇标准溶液的折光率—组成的工作曲线，如下图所示。

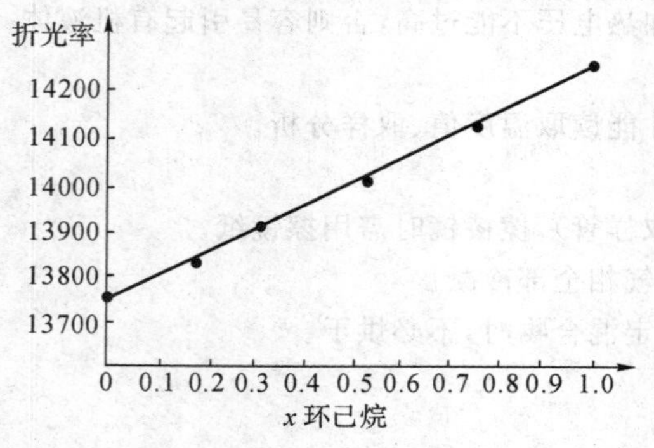

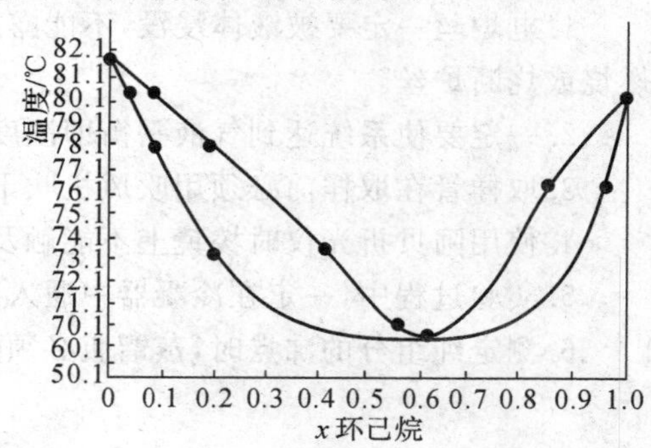

2. 由上述的工作曲线确定各气液相组成。

3. 做环己烷—异丙醇系统的 $T-x$ 图，找出其恒沸点及其恒沸组成。恒沸点及其组成为 69.75℃，0.625。

八、思考题

1. 做环己烷—异丙醇标准溶液的折光率—组成曲线的目的是什么？
2. 如何确定气液相已达到平衡状态？
3. 为什么测定纯组分的沸点时，蒸馏瓶必须烘干，而测定混合物沸点和组成时，不必烘干？
4. 气相取样槽体积的大小对测量有无影响？
5. 讨论本实验的主要误差来源。

实验十三　金属相图绘制

一、实验目的

1. 学会用热分析法测绘 Bi-Sn 二组分金属相图。
2. 掌握热分析法的测量技术。
3. 熟悉 UJ-36 型电势差计的使用。
4. 了解热电偶测量温度和进行热电偶校正的方法。
5. 学会用 Matlab 处理实验数据及绘制相图。

二、基本原理

相图是用以研究体系的状态随浓度、温度、压力等变量的改变而发生变化的图形，可以表示出在指定条件下体系存在的相数和各相的组成。对蒸气压较小的二组分凝聚体系常以温度一组成图来描述。

热分析是绘制相图常用的基本方法之一。这种方法是通过观察体系在冷却(或加热)时温度随时间的变化关系来判断有无相变的发生。通常的做法是先将体系全部熔化，然后让其在一定环境中自行冷却，并每隔一定的时间(如半分钟或一分钟)记录一次温度，以温度(T)为纵坐标，时间(t)为横坐标，绘出步冷曲线的 $T-t$ 图。当体系均匀冷却时，如果体系不发生相变，则体系的温度随时间的变化将是均匀的。若在冷却过程中发生了相变，由于在相变过程中伴随着热效应，所以体系温度随时间的变化速度将发生改变，体系的冷却速度减慢，步冷曲线就出现转折。当熔液继续冷却到某一点时，如果此时熔液的组成已达到最低共熔混合物的组成，将有最低共熔混合物析出，在最低共熔混合物完全凝固以前，体系温度保持不变，因此步冷曲线出现平台。当熔液完全凝固后温度才迅速下降。

由此可知，对组成一定的二组分低共熔混合物体系来说可以根据它的步冷曲线，判断有固体析出时的温度和最低共熔点的温度。如果作出一系列组成不同的体系的步冷曲线，从中找出各转折点即能画出二组分体系最简单的相图（温度—组成图）。不同组成熔液的步冷曲线与对应相图的关系可从图 6-18 中看出。

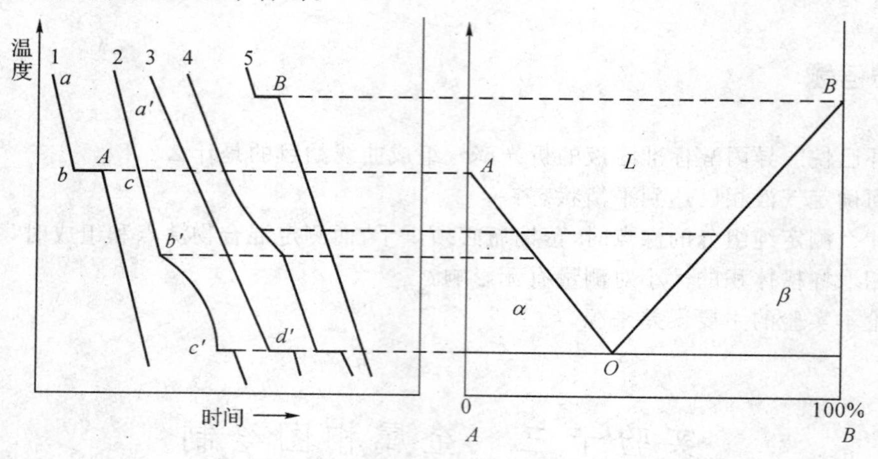

图 6-18　步冷曲线和相图

用热分析法测绘相图时，被测体系必须时时处于或接近相平衡状态。因此，体系的冷却速度必须足够慢，才能得到较好的结果。

体系温度测量时，根据体系温度变化范围来选择适当的测量工具。对于金属相图的步冷曲线，大都采用热电偶来进行测温。

用热电偶测温有许多优点：灵敏度高、重现性好、量程宽。而且由于它是将非电量转换为电量，故将它与电子电势差计配合使用可自动记录温度—时间曲线。但在进行配合时要注意热电偶热电势的数值及其变化的范围，是否与电子电势差计的量程相适应。通常电子电势差计的量程为 0～10mV，而热电偶的热电势值和变化的范围均超过 0～10mV。因此，一般可采用对讯号进行衰减的方法来匹配。但这样做的结果将降低测量的精度。

本实验用镍铬—考铜热电偶作测温元件，用 UJ-36 型携带式直流电势差计测量热电势。也可以使用自动平衡记录仪记录步冷曲线，或将热电偶输出信号放大，用计算机采集。

三、仪器和试剂

坩埚炉	1 个	调压变压器(0.5kVA)	1 台
UJ－36 型电势差计	1 台	停表或闹钟	1 个
立式冷却保温电炉	1 个	铋(C.P)	
镍铬—考铜热电偶	1 支	锡(C.P)	
样品管(ϕ2.5mm×20cm)	7 支	石墨粉	
玻璃套管(ϕ0.8mm×22cm)	8 支	邻苯二甲酸酐(A.R)	
杜瓦瓶	1 个		

四、操作步骤

1. 热电偶的校正

关于热电偶的种类、制备和适用范围可参阅本实验参考资料。本实验只进行镍铬—考铜热电偶的校正。

将热电偶按图 6-19 安装好，接线时要注意毫伏的正负端是否连接正确，这可在热端与冷端间加一温差，从毫伏计指针的偏转（很小）方向来判断。用台秤称取铋和锡各 100g、邻苯二甲酸酐 15g，分别装于样品管中（在铋、锡样品上覆盖一层石墨粉，以防样品氧化）。在装样品的同时，将热电偶热端的玻璃套管插入样品管中，然后逐个将样品放入冷却保温炉中加热熔化（或先在电炉中加热熔化，再移入保温炉中进行冷却）如图 5-2 所示。待样品熔化后，用热电偶的玻璃套管搅拌样品，使它各处的组成和温度均匀一致。样品加热的温度不宜升得过高，以免样品氧化变质。一般在样品全部熔化后，再升高 50℃左右即可。然后调节调压变压器，使加热电流减小，甚至可调节到零，使电炉停止加热，让样品温度以每分钟 5～7℃的速度均匀冷却。每隔半分钟用 UJ-36 型电势差计测量热电势一次，直到热电势降至热电势—时间曲线的水平部分以下为止。在曲线中温差电势值不变处（平台段）即相当于熔点温度（铋：273℃，锡 232℃；邻苯二甲酸酐：130.8℃）。

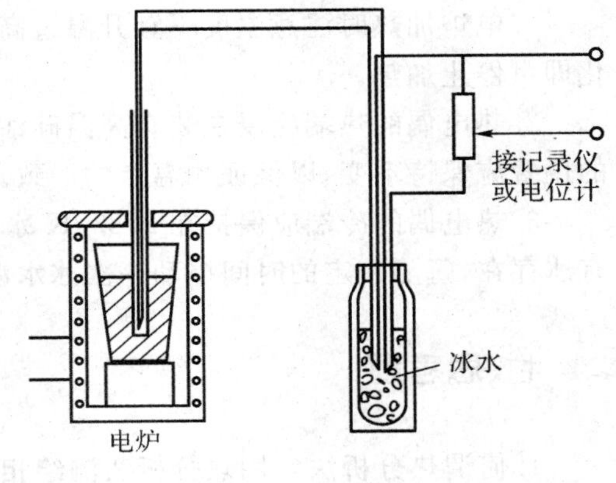

图 6-19　实验装置

2. 测定步冷曲线

(1)配制样品：分别配制含锡量为 20%、42%、80%的 Bi-Sn 混合物，以及纯铋、纯锡各 100g，装入 5 个样品管中，同时在样品管内插入热电偶热端的玻璃套管，并在样品上方覆盖一层石墨粉。

(2)测定 3 个混合样品的步冷曲线：将样品管逐个放在坩埚炉中加热熔化，待熔化后用玻璃套管小心搅拌样品，然后再移入预先加热的冷却保温炉内使其均匀冷却。每隔半分钟用电势差计测量热电势 1 次，直到步冷曲线水平部分以下为止。具体的测定方法与热电偶校正时相同。

五、数据记录和处理

1. 作热电偶工作曲线（T—mV 图）

以铋、锡、邻苯二甲酸酐的熔点温度（T）为纵坐标，实验测得它们的相应热电势（mV）为横坐标，作 T—mV 图即得到此热电偶的工作曲线。

2. 作步冷曲线（T—t 图）

从工作曲线上找出铋、锡和 3 个混合样品在冷却过程中各热电势所对应的温度值（T）。以温度 T 为纵坐标、时间 t 为横坐标分别作出它们在冷却过程中，温度随时间变化的步冷曲线。

3.作铋、锡二元金属相图(T—x 图)

从步冷曲线中,可找出各不同体系的相变温度 T。以此相变温度 T 为纵坐标,相应各体系的组成为横坐标即可作得 Bi-Sn 二组分体系相图的一部分。

六、实验注意事项

1.电炉加热时注意温度不宜升温过高,以防止待测金属氧化。只需待测金属样品完全熔化即可停止加热。

2.热电偶的热端应浸在装有高温硅油的玻璃管中,以改善导热条件;搅拌时热端的玻璃管的位置应保持不变,以保证测温点的一致。

3.热电偶的冷端应保持在 273.2K 冰水的冷井中,并且在整个测量过程中冷井内一定要有冰存在,每隔一定的时间搅动一次冰水混合物,以保持冷井内温度的一致。

七、思考题

1.何谓热分析法?用热分析法测绘相图时应该注意些什么?

2.用相律分析在各条步冷曲线出现平台的原因。

3.为什么在不同组分熔融液的步冷曲线上最低共熔点的水平线段长度不同?

4.用加热曲线是否可以作相图?

第三节　设计与研究性实验

实验十四　三组分体系等温相图的绘制

一、实验目的

绘制 KCl-HCl-H_2O 体系的溶解度相图。

二、实验背景

为了绘制相图就需要通过实验,获得平衡时各相间的组成及二相的连接线,即先使体系达到平衡,然后把各相分离,再用化学分析法或物理方法测定达成平衡时各相的成分。但体系达到平衡的时间,可以相差很大。对于互溶的液体,一般平衡达到的时间很快;对于溶解度较大,但不生成化合物的水盐体系,也容易达到平衡。对于一些难溶的盐,则需要相当长的时间,如几个昼夜。由于结晶过程往往要比溶解过程快得多，所以通常把样品置于较高的温度下，使其较多溶解，然后把它移放在温度较低的恒温槽中，令其结晶，加速达到平衡。另外，摇动、搅拌、加大相界面也能加快各相间扩散速度，加速达到平衡。由于在不同温度时的溶解度不同，所以体系所处的温度应该保持不变。

三、实验提示

由 KCl、HCl、H_2O 组成的三组分体系，在 HCl 的含量不太高时，HCl 完全溶于水而成盐酸溶液，与 KCl 有共同的负离子 Cl^-。所以当饱和的 KCl 水溶液中加入盐酸时，由于同离子效应使 KCl 的溶解度降低。本实验是研究在不同浓度的盐酸溶液中 KCl 的溶解度，通过此实验能熟悉盐水体系相图的构筑方法和一般性质。

为了分析平衡体系各相的成分，可以采取各相分离方法。如对于液体可以用分液漏斗来分离。但是对于固相，分离起来就比较困难。因为固体上总会带有一些母液，很难分离干净，而且有些固相极易风化潮解，不能离开母液而稳定存在。这时，常常采用不用分离母液，而确定固相组成的湿固相法。这一方法就是根据带有饱和溶液的固相的组成点，必定处于饱和溶液的组成点和纯固相的组成点的连接线上。因此，同时分析几对饱和溶液和湿固相的成分，将它连成直线，这些直线的交点即为纯固相成分。本实验就是采用这种方法求取固相组成的。

四、实验仪器与试剂

100mL 磨口锥形瓶，50mL 磨口锥形瓶，2mL 移液管，恒温槽，KCl，HCl(12mol/L)，$AgNO_3$ 溶液(0.1mol/L)，NaOH 溶液(0.1mol/L)。

五、实验要求与预期目标

在 6 个洗净的 100mL 磨口锥形瓶中，分别注入 25mL 浓度为 1mol/L、2mol/L、4mol/L、6mol/L、8mol/L 的盐酸溶液，剩下一个加 25mL 煮沸后放冷的蒸馏水。在每个锥形瓶中加入约 10g KCl。然后将每个瓶置于约 30℃的水浴中，不断摇荡。约 5 分钟后，取出置于 25℃的恒温槽中，不断摇荡，然后在恒温槽中继续恒温，静置片刻。等溶液澄清后，用滴管在每个锥形瓶中取饱和溶液约 0.5g，放入已经称好的 50mL 磨口锥形瓶中(或用称量瓶也可)，于分析天平上称量，记录每个样品的质量。与取饱和溶液样品的同时，用玻璃勺取湿固相约 0.2～0.3g 样品于另一已经称好的称量瓶中，亦用分析天平称其质量。首先，在取样时注意体系的温度不能改变，因此不要将锥形瓶离开恒温水槽；其次，取样时固相可以带有母液，但饱和溶液不能带有固相，因此，取样时要特别小心谨慎，等固相完全下沉以后再进行取样；第三，取样的滴管的温度应比体系的温度高些，以免饱和溶液在移液管中析出结晶，引起误差。为此，取样滴管最好先在煤气灯上预热一下，但滴管温度绝不能太高，一方面避免改变体系的温度，另一方面防止水分蒸发改变浓度。

将已称过质量的样品用约 50mL 的蒸馏水洗到 250mL 锥形瓶中，进行滴定分析，先用 0.1mol/L NaOH 标定样品中的酸量(以酚酞作指示剂)，至终点后，记下 NaOH 滴定时所用去的毫升数。然后再滴入 1～2 滴稀 HNO_3 溶液，使体系带微酸性，然后利用 $AgNO_3$ 标定 Cl^-

的浓度(用 K_2CrO_4 作指示剂)，记下所用 $AgNO_3$ 的浓度及所消耗的体积。

实验十五　水热法制备 SnO_2 纳米微晶

一、目的要求

1. 了解水热法制备纳米氧化物的原理和实验方法。
2. 研究制备 SnO_2 纳米微晶的工艺条件。
3. 学习用透射电子显微镜检测超细微粒的粒径。
4. 学习用X射线衍射法(XRD)确定产物的物相。

二、实验原理

纳米技术是在20世纪80年代末诞生的一种新的高科技。它是在纳米尺寸范围内研究物质的组成和性质，并通过直接操纵和安排原子、分子而创造新物质。纳米粒子通常是指粒径大约为1～100nm的超微颗粒。当物质处于纳米尺寸状态时，常常表现出既不同于原子、分子，又不同于块体材料的特殊性质，如表面效应、小尺寸效应、量子尺寸效应和宏观量子隧道效应等。这些特性使纳米粒子显示出一系列独特的电学、磁学、光学和催化性能，因此具有极高的研究价值和广阔的应用前景。

纳米材料的合成方法有气相法、液相法和固相法。气相法包括气相沉积、真空蒸发和电子束溅射等；液相法包括水热法、共沉淀法和溶胶－凝胶(Sol-Gel)法。

水热合成方法是将反应物密封在反应釜中，在高于环境温度和压力的条件下发生化学反应。人们应用水热合成方法制得了很多重要的固体材料，例如介孔晶体、超离子导体、化学传感器、复合氧化物陶瓷、磁性和荧光材料等。水热法也是合成纳米粒子、凝胶、薄膜及具有特定堆积次序的材料的一种重要手段。用水热法制备氧化物微粉，所得产物直接为晶态，无须经过焙烧晶化过程，可以减少颗粒团聚，形状比较规则，粒度比较均匀。

SnO_2 是一种半导体氧化物，有四方晶系及正交晶系两种变体，主要用作珐琅釉和乳白玻璃的原料。SnO_2 纳米微晶由于具有很大的比表面积，是一种很好的气敏和湿敏材料。

本实验以水热法制备 SnO_2 纳米微晶。利用水解 $SnCl_4$ 产生的 $Sn(OH)_4$ 脱水缩合晶化产生 SnO_2 纳米微晶。其反应式如下：

$$SnCl_4 + 4H_2O = Sn(OH)_4 + 4HCl$$

$$nSn(OH)_4 = nSnO_2 + 2nH_2O$$

三、仪器和药品

仪器：100mL的不锈钢压力釜(有聚四氟乙烯内胆)，带控温装置的烘箱，磁力搅拌器，酸度计，离心机，吸滤水泵，多晶X射线衍射仪，透射电子显微镜(TEM)

药品：$SnCl_4 \cdot 5H_2O$(s)，KOH(s)，乙酸(s)，乙酸铵(s)，乙醇(95%)

四、实验内容

1. 实验条件的选择

水热反应的条件，如反应物的浓度、反应物混合均匀程度、温度、压力、体系的 pH 及反应时间等对产物的产量、物相、形态、粒子尺寸及分布均有较大影响。

升高温度有利于 $SnCl_4$ 水解反应和 $Sn(OH)_4$ 的脱水缩合，但是温度过高将导致 SnO_2 微晶长大，而得不到 SnO_2 纳米粉。反应温度控制在 120～160℃为宜。

体系的 pH 值较低时，$SnCl_4$ 的水解受到抑制，产物中残留过多的 Sn^{4+}，造成 SnO_2 粒子间的团聚，并且降低了产率；体系的 pH 值较高时，$SnCl_4$ 水解则较完全，形成大量的 $Sn(OH)_4$，进一步脱水缩合成 SnO_2 纳米微晶，但是如果酸度太低，反应速率过快，也会导致 SnO_2 团聚。因此，体系的酸度最好控制在 pH 值为 1～2 内。反应时间应控制在 2h 左右。

2. 产物的表征

(1) 产物的后处理。从压力釜取出的产物经减压过滤后，先用含乙酸铵的混合溶液洗涤多次，再用 95%的乙醇溶液洗涤，然后自然风干。

(2) 物相分析。取少量产物，研细，用多晶 X 射线衍射仪测定其物相(见图 6-20)。在 JCPDS 卡片集中查出 SnO_2 的标准衍射数据，将样品的 d 值与相对强度和标准卡片的数据相对照，确定产物是否为 SnO_2。

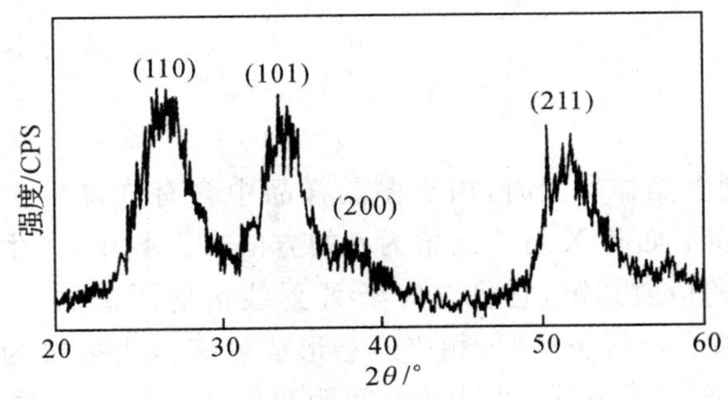

图 6-20　SnO_2 纳米微晶的 XRD 图

(3) 粒子大小分析与观察：

①用谢乐(Scherrer)公式计算样品在 hkl 方向上的平均晶粒尺寸：

$$D_{hkl} = \frac{\kappa\lambda}{\beta_{hkl}\cos\theta_{hkl}}$$

式中：β 为 hkl 的半峰宽；θ_{hkl} 为 hkl 的衍射峰的衍射角；λ 为 X 射线的波长；κ 为常数，通常取 0.9。

②用透射电子显微镜(TEM)直接观察样品粒子的尺寸与形貌。

五、注意事项

1. $SnCl_4 \cdot 5H_2O$ 容易潮解，最好使用新买的，用完后保存在干燥器中。它还具有较强的腐蚀性，操作过程中避免直接接触皮肤。

2. 用乙酸调节酸度时，要边加边搅拌，注意搅拌均匀。刚开始时滴加的速度可以稍快，当pH值接近2时要逐滴滴加。

六、思考题

1. 什么是纳米材料？纳米材料有何新特性？
2. 水热法制备SnO_2纳米微晶过程中，哪些因素会影响产物的粒子大小及分布？
3. 如何减少纳米粒子在干燥过程中的团聚？
4. 如何测定纳米粒子的大小？

实验十六　X射线多晶衍射法物相分析

一、实验目的

1. 掌握X射线多晶衍射法的实验原理和技术。
2. 学会根据X射线衍射图，使用X射线粉末衍射索引和卡片进行物相分析。

二、实验背景

当单色X射线照到多晶样品上时，由于多晶样品中含有许许多多小晶粒，它们取向随机地聚集在一起，同样一族平面和X射线夹角为θ的方向有无数个，产生无数个衍射，形成以入射线为中心、4θ为顶角的衍射圆锥，它将对应于X射线衍射图谱的一个衍射峰。多晶样品中有许多晶面族，当它们符合衍射条件时，相应地会形成许多以入射线为中心轴、张角不同的衍射线。不同的晶面其晶面间距不同，可见晶面间距决定了衍射峰的位置，而晶面间距d是晶胞参数的函数，所以衍射峰的位置是由晶胞参数所决定的。至于衍射峰的强度I与结构因子$|F|^2$成正比，而$|F|^2$是晶胞内原子的种类、数量、坐标的函数，因此，衍射强度是由晶胞的结构所决定的。由于每一种晶体都有它特定的结构，不可能有两种不同的晶体物质具有完全相同的晶胞参数和晶胞结构，也就不会有两种不同的物质具有完全相同的衍射图。晶体衍射图就像人的指纹一样各不相同，即每种晶体都有它自己的“d/n—I”数据，可以据此来鉴别晶体物质的物相。若一物质含有多种物相，这几种物相给出各自的衍射图，彼此独立，互不相干，即由几种物相组成的固体样品的衍射图，是各个物相的衍射图，按各物相的比例，简单叠加在一起构成的。这样就十分有利于对多相体系进行全面的物相分析了。

三、实验提示

制样：用玛瑙研钵将样品研细后，通过325目筛，将筛下物放在样品板的槽内，略高于槽面，用不锈钢片适当压紧样品，且表面光滑平整，必要时可滴一层酒精溶液（或溶有少量苯乙烯的甲苯溶液),然后将样品板轻轻地插在测角仪中心的样品架上。

测试:①首先打开冷却水阀门和总电源及计算机稳压电源。②打开 X 射线发生器总电源,将稳压、稳流调节至最小值,关好防护罩门,调整好水量,待 X 射线准备(ready)指示灯亮时,可打开 X 光机。③打开测量记录柜电源,调整速率计的时间常数和量程,调整走纸速度,安好记录笔后打开记录仪电源,按下记录笔按钮。④打开计算机电源,在 0 号和 1 号驱动器分别插入系统盘和数据盘,并输入测量日期和时间。⑤选择工作内容(F 测量),设定计数管高压及脉高分析器的基线和窗口。⑥输入电压、电流、靶材等测试条件以及扫描方式、重复次数、扫描范围、速度、取样间隔、停留时间、文件名称和各狭缝大小等测量工作程序。事先测准测角仪的零点数值,存入磁盘中,按要求输入后,仪器将测角仪自动调零。⑦输入测量程序号 n_1 和 n_2,则测量工作开始进行。⑧待测量工作完成后,先退掉管流,再退掉管压。⑨关闭 X 射线电源开关和记录仪开关。将计算机转入结束状态,取出磁盘,并关闭计算机。关掉记录柜开关,撕下记录的图谱,将记录笔取下,并戴好笔帽。⑩10min 后,关闭循环水泵电源开关,关掉冷却水,切断稳压电源和总电源开关。

四、注意事项

1. 粉末法要求样品磨得非常细,以尽量满足使每一个晶面上各个方向上几率相等的要求;在样品压片时,只能垂直方向压,不能横向搓动,以防止可能出现的择优取向。

2. X 射线对人体会产生伤害,在实验过程中应注意防护。

3. 若为混合物相,找到一个物相后,再鉴定另一物相,在扣除第一个物相的衍射线时,应考虑到衍射线的重叠等现象。另外,如果某一物相在混合物中含量很低时,则有可能不出现第二个或第三、第四个 d 值的衍射线。

第四节　化工分离工程实验

实验十七　筛板精馏塔实验

一、实验目的

1. 了解筛板精馏塔及其附属设备的基本结构,掌握精馏过程的基本操作方法。

2. 学会判断系统达到稳定的方法,掌握测定塔顶、塔釜溶液浓度的实验方法。

3. 学习测定精馏塔全塔效率和单板效率的实验方法,研究回流比对精馏塔分离效率的影响。

二、基本原理

1. 全塔效率 E_T

全塔效率又称总板效率，是指达到指定分离效果所需理论板数与实际板数的比值，即

$$E_T = \frac{N_T - 1}{N_P} \tag{6-3}$$

式中：N_T——完成一定分离任务所需的理论塔板数，包括蒸馏釜；

N_P——完成一定分离任务所需的实际塔板数，本装置 $N_P=10$。

全塔效率简单地反映了整个塔内塔板的平均效率，说明了塔板结构、物性系数、操作状况对塔分离能力的影响。对于塔内所需理论塔板数 N_T，可由已知的双组分物系平衡关系，实验中测得的塔顶、塔釜出液的组成，回流比 R 以及热状况 q 等，用图解法求得。

2. 单板效率 E_M

单板效率又称莫弗里板效率，如图 6-21 所示，是指气相或液相经过一层实际塔板前后的组成变化值与经过一层理论塔板前后的组成变化值之比。

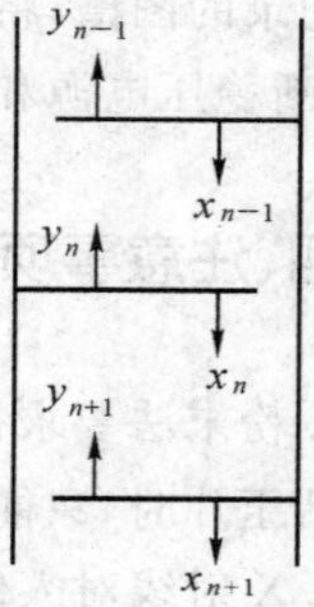

图 6-21 塔板气液流向

按气相组成变化表示的单板效率为

$$E_{MV} = \frac{y_n - y_{n+1}}{y_n^* - y_{n+1}} \tag{6-4}$$

按液相组成变化表示的单板效率为

$$E_{ML} = \frac{x_{n-1} - x_n}{x_{n-1} - x_n^*} \tag{6-5}$$

式中：y_n、y_{n+1}——离开第 n、$n+1$ 块塔板的气相组成，摩尔分数；

x_{n-1}、x_n——离开第 $n-1$、n 块塔板的液相组成，摩尔分数；

y_n^*——与 x_n 成平衡的气相组成，摩尔分数；

x_n^*——与 y_n 成平衡的液相组成，摩尔分数。

3. 图解法求理论塔板数 N_T

图解法又称麦卡勃－蒂列(McCabe-Thiele)法，简称 M-T 法，其原理与逐板计算法完全相同，只是将逐板计算过程在 $y-x$ 图上直观地表示出来。

精馏段的操作线方程为

$$y_{n+1} = \frac{R}{R+1}x_n + \frac{x_D}{R+1} \tag{6-6}$$

式中：y_{n+1}——精馏段第 $n+1$ 块塔板上升的蒸汽组成，摩尔分数；

x_n——精馏段第 n 块塔板下流的液体组成，摩尔分数；

x_D——塔顶溜出液的液体组成，摩尔分数；

R——泡点回流下的回流比。

提馏段的操作线方程为

$$y_{m+1} = \frac{L'x_m}{L'-W} - \frac{Wx_W}{L'-W} \tag{6-7}$$

式中：y_{m+1}——提馏段第 $m+1$ 块塔板上升的蒸汽组成，摩尔分数；

x_m——提馏段第 m 块塔板下流的液体组成，摩尔分数；

x_W——塔底釜液的液体组成，摩尔分数；

L'——提馏段内下流的液体量，kmol/s；

W——釜液流量，kmol/s。

加料线（q线）方程可表示为

$$y = \frac{q}{q-1}x - \frac{x_F}{q-1} \tag{6-8}$$

其中

$$q = 1 + \frac{c_{pF}(t_S - t_F)}{r_F} \tag{6-9}$$

式中：q——进料热状况参数；

r_F——进料液组成下的汽化潜热，kJ/kmol；

t_S——进料液的泡点温度，℃；

t_F——进料液温度，℃；

c_{pF}——进料液在平均温度$(t_S - t_F)/2$下的比热容，kJ/(kmol・℃)；

x_F——进料液组成，摩尔分数。

回流比R的确定：

$$R = \frac{L}{D} \tag{6-10}$$

式中：L——回流液量，kmol/s；

D——馏出液量，kmol/s。

式(6-10)只适用于泡点下回流时的情况，而实际操作时为了保证上升气流能完全冷凝，冷却水量一般都比较大，回流液温度往往低于泡点温度，即冷液回流。

如图6-22所示，从全凝器出来的温度为t_R、流量为L的液体回流进入塔顶第一块板，由于回流温度低于第一块塔板上的液相温度，离开第一块塔板的一部分上升蒸汽将被冷凝成液体。这样，塔内的实际流量将大于塔外回流量。

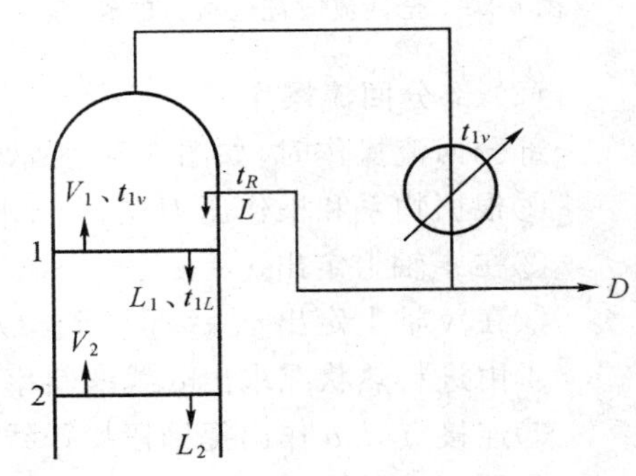

图6-22 塔顶回流

对第一块板作物料、热量衡算：

$$V_1 + L_1 = V_2 + L \tag{6-11}$$

$$V_1 I_{V1} + L_1 I_{L1} = V_2 I_{V2} + L I_L \tag{6-12}$$

对式(6-11)、式(6-12)整理、化简后，近似可得

$$L_1 \approx L\left[1 + \frac{c_p(t_{1L} - t_R)}{r}\right] \tag{6-13}$$

即实际回流比：

$$R_1 = \frac{L_1}{D} \tag{6-14}$$

$$R_1 = \frac{L\left[1 + \frac{c_p(t_{1L} - t_R)}{r}\right]}{D} \tag{6-15}$$

式中：V_1、V_2——离开第1、2块板的气相摩尔流量，kmol/s；

L_1——塔内实际液流量，kmol/s；

I_{V1}、I_{V2}、I_{L1}、I_L——对应V_1、V_2、L_1、L下的焓值，kJ/kmol；

r——回流液组成下的汽化潜热，kJ/kmol；

c_p——回流液在 t_{1L} 与 t_R 平均温度下的平均比热容，kJ/(kmol・℃)。

(1) 全回流操作

在精馏全回流操作时，操作线在 $y-x$ 图上为对角线，如图 6-23 所示。根据塔顶、塔釜的组成在操作线和平衡线间作梯级，即可得到理论塔板数。

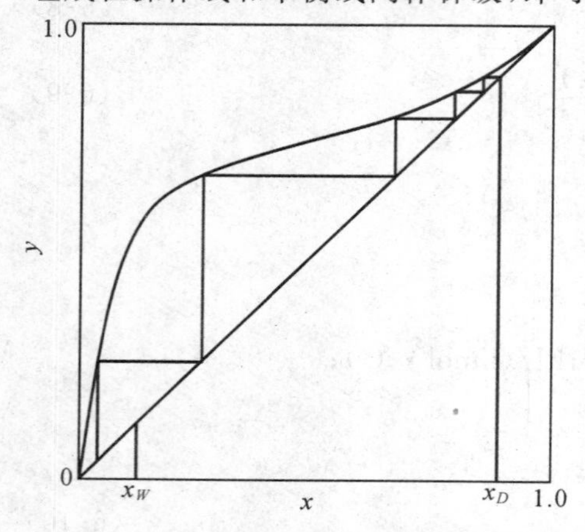

图 6-23　全回流时理论板数的确定

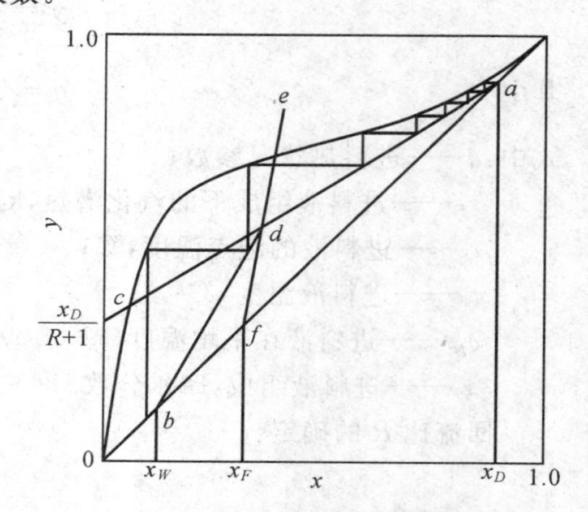

图 6-24　部分回流时理论板数的确定

(2) 部分回流操作

部分回流操作时，如图 6-24 所示，图解法的主要步骤为：

①根据物系和操作压力在 $y-x$ 图上作出相平衡曲线，并画出对角线作为辅助线。

②在 x 轴上定出 $x=x_D$、x_F、x_W 三点，依次通过这三点作垂线分别交对角线于点 a、f、b。

③在 y 轴上定出 $y_C=x_D/(R+1)$ 的点 c，连接 a、c 作出精馏段操作线。

④由进料热状况求出 q 线的斜率 $q/(q-1)$，过点 f 作出 q 线交精馏段操作线于点 d。

⑤连接点 d、b 作出提馏段操作线。

⑥从点 a 开始在平衡线和精馏段操作线之间画阶梯，当梯级跨过点 d 时，就改在平衡线和提馏段操作线之间画阶梯，直至梯级跨过点 b 为止。

⑦所画的总阶梯数就是全塔所需的理论踏板数(包含再沸器)，跨过点 d 的那块板就是加料板，其上的阶梯数为精馏段的理论塔板数。

三、实验装置和流程

本实验装置的主体设备是筛板精馏塔，配套的有加料系统、回流系统、产品出料管路、残液出料管路、进料泵以及一些测量和控制仪表。

筛板塔主要结构参数：塔内径 $D=68$mm，厚度 $\delta=2$mm，塔节 $\phi76\times4$，塔板数 $N=10$ 块，板间距 $H_T=100$mm。加料位置由下向上起数第 4 块和第 6 块。降液管采用弓形、齿形堰，堰长 56mm，堰高 7.3mm，齿深 4.6mm，齿数 9 个。降液管底隙 4.5mm。筛孔直径 $d_0=1.5$mm，正三角形排列，孔间距 $t=5$mm，开孔数为 74 个。塔釜为内电加热式，加热功率 2.5kW，有效容积为 10L。塔顶冷凝器、塔釜换热器均为盘管式。单板取样为自下而上第 1 块和第 10 块，斜向上为液相取样口，水平管为气相取样口。

本实验料液为乙醇水溶液，釜内液体由电加热器产生蒸汽逐板上升，经与各板上的液体传质后，进入盘管式换热器壳程，冷凝成液体后再从集液器流出，一部分作为回流液从塔顶流入塔内，另一部分作为产品馏出，进入产品贮罐；残液经釜液转子流量计流入釜液贮罐。精馏过程如图 6-25 所示。

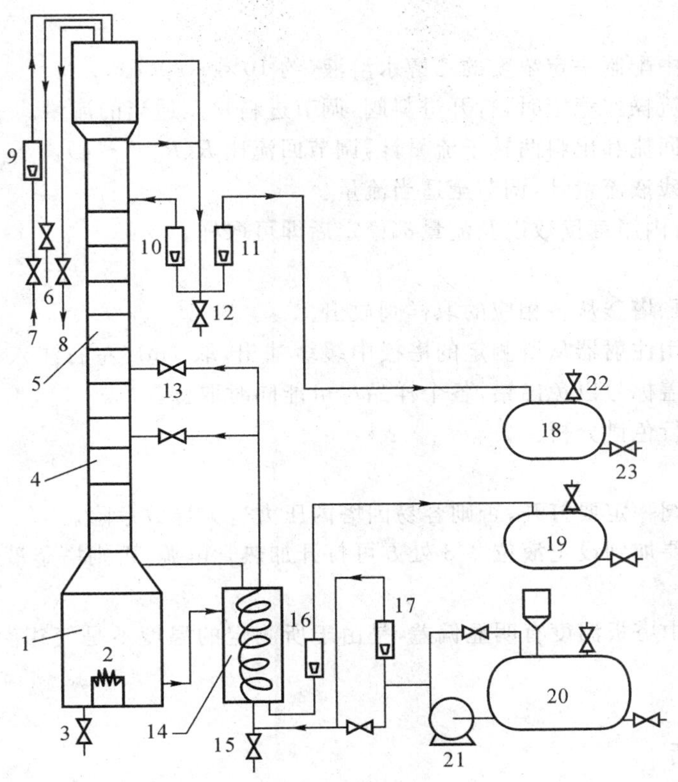

图 6-25 筛板塔精馏塔实验装置

1—塔釜；2—电加热器；3—塔釜排液口；4—塔节；5—玻璃视镜；6—不凝性气体出口；7—冷却水进口；8—冷却水出口；9—冷却水流量计；10—塔顶回流流量计；11—塔顶出料液流量计；12—塔顶出料取样口；13—进料阀；14—换热器；15—进料液取样口；16—塔釜残液流量计；17—进料液流量计；18—产品灌；19—残液灌；20—原料灌；21—进料泵；22—排空阀；23—排液阀

四、实验步骤与注意事项

本实验的主要操作步骤如下。

1. 全回流

(1) 配制浓度 10%～20%(体积百分比)的料液加入贮罐中，打开进料管路上的阀门，由进料泵将料液打入塔釜，观察塔釜液位计高度，进料至釜容积的 2/3 处。进料时可以打开进料旁路的闸阀，加快进料速度。

(2) 关闭塔身进料管路上的阀门，启动电加热管电源，逐步增加加热电压，使塔釜温度缓慢上升(因塔中部玻璃部分较为脆弱，若加热过快玻璃极易碎裂，使整个精馏塔报废，故升温过程应尽可能缓慢)。

(3) 打开塔顶冷凝器的冷却水，调节合适冷凝量，并关闭塔顶出料管路，使整塔处于全回流状态。

(4) 当塔顶温度、回流量和塔釜温度稳定后，分别取塔顶浓度 X_D 和塔釜浓度 X_W，送色谱分析仪分析。

2. 部分回流

(1)在储料罐中配制一定浓度的乙醇水溶液(约 10%～20%)。

(2)待塔全回流操作稳定时，打开进料阀，调节进料量至适当的流量。

(3)控制塔顶回流和出料两转子流量计，调节回流比 R($R=1\sim4$)。

(4)打开塔釜残液流量计，调节至适当流量。

(5)当塔顶、塔内温度读数以及流量都稳定后即可取样。

3. 取样与分析

(1)进料、塔顶、塔釜从各相应的取样阀放出。

(2)塔板取样用注射器从所测定的塔板中缓缓抽出，取 1mL 左右注入事先洗净烘干的针剂瓶中，并给该瓶盖标号以免出错，各个样品尽可能同时取样。

(3)将样品进行色谱分析。

4. 注意事项

(1)塔顶放空阀一定要打开，否则容易因塔内压力过大导致危险。

(2)料液一定要加到设定液位 2/3 处方可打开加热管电源，否则塔釜液位过低会使电加热丝露出干烧致坏。

(3)如果实验中塔板温度有明显偏差，是由于所测定的温度不是气相温度，而是气液混合的温度。

五、实验报告

1. 将塔顶、塔底温度和组成，以及各流量计读数等原始数据列表。
2. 按全回流和部分回流分别用图解法计算理论板数。
3. 计算全塔效率和单板效率。
4. 分析并讨论实验过程中观察到的现象。

六、思考题

1. 测定全回流和部分回流总板效率与单板效率时各需测几个参数？取样位置在何处？
2. 全回流时测得板式塔上第 n、$n-1$ 层液相组成后，如何求得 x_n^*？部分回流时，又如何求 x_n^*？
3. 在全回流时，测得板式塔上第 n、$n-1$ 层液相组成后，能否求出第 n 层塔板上的以气相组成变化表示的单板效率？
4. 查取进料液的汽化潜热时定性温度取何值？
5. 若测得单板效率超过 100%，作何解释？
6. 试分析实验结果成功或失败的原因，提出改进意见。

实验十八　共沸精馏制备无水乙醇

一、实验目的

1.通过实验加深对共沸精馏过程的理解。
2.熟悉精馏设备的构造,掌握精馏操作方法。
3.学习对精馏过程作全塔物料衡算。

二、实验原理

精馏是化工生产中常用的一种分离液体混合物的方法。它是利用气一液两相间的传质和传热来达到分离的目的。当待分离的两个组分相对挥发度相近或形成共沸物时,采用普通精馏的方法很难达到分离目的,而必须采用如共沸精馏和萃取精馏等特殊精馏方法才能进行分离。

如果向共沸液中加入第三种组分(称为共沸剂或夹带剂),使之能和共沸液中的一种或多种组分形成新的共沸物,而且该新的共沸物的组成和原有共沸物的组成不同,并且其挥发度显著地低于或高于原有各组分的挥发度时,就可以用普通精馏的方法进行分离,这种精馏的方法称为共沸精馏。

例如,分离乙醇和水的二元物系,由于乙醇和水可以形成共沸物,所以采用普通精馏只能得到95%的酒精。此时,如果在95%的酒精溶液中加入一种共沸剂(如正戊烷、苯、环己烷、甲基戊烷等)进行精馏,由于这种共沸剂可以与乙醇和水形成低沸点的共沸物而从塔顶蒸出,则塔釜可以得到无水乙醇。

如在乙醇一水系统中加入共沸剂苯,可以形成四种共沸物。它们在常压下的共沸温度及共沸物组成列于表6-4。

表6-4　乙醇一水一苯三元共沸物的性质

共沸物(简写)	共沸点(℃)	共沸物组成(摩尔分数)		
		乙醇	水	苯
乙醇一水一苯(T)	64.85	0.228	0.233	0.539
乙醇一苯(AB_z)	68.24	0.451	0	0.549
苯一水(BW_z)	69.25	0	0.296	0.704
乙醇一水(AW_z)	78.15	0.894	0.106	0
乙醇(A)	78.3	1.0	0	0
水(W)	100	0	1.0	0
苯(B)	80.2	0	0	1.0

从表 6-4 中可以看出，除乙醇－水二元共沸物的共沸点与乙醇的沸点相近之外，其余三种共沸物的共沸点与乙醇的沸点均有 10℃左右的温度差。因此，只要控制加热温度和苯的加入量，就可以使乙醇一水一苯形成的沸点为 64.85℃的三元共沸物从塔顶蒸出，塔釜就可得到无水乙醇。

塔顶共沸物的回流方式可以采用混相回流(共沸物不经过分相而直接回流)和分相回流，但不同的回流方式所需共沸剂的加入量是不同的。为了得到无水乙醇，对原料的组成也应有所要求。可以通过分析乙醇一水一苯体系的相图(见图 6-26)来了解共沸精馏的操作过程和分析原料的组成及共沸剂的加入量。

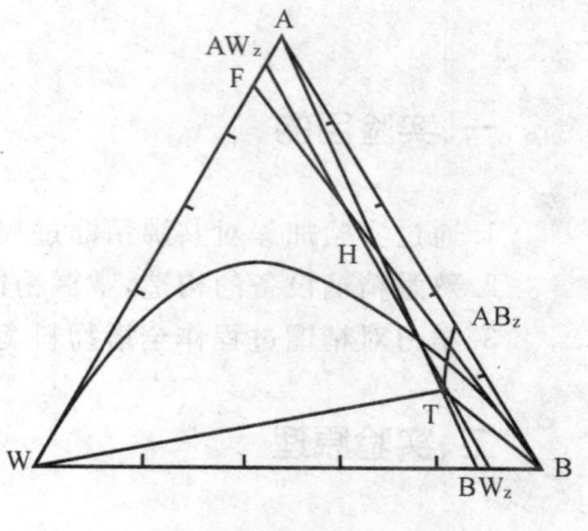

图 6-26 三元相图

图 6-26 中，A、B、W 分别为乙醇、苯和水的英文字头；AB_z、AW_z、BW_z 代表 3 个二元共沸物，T 表示三元共沸点。图中曲线为 25℃下乙醇一水一苯三元混合物的溶解度曲线。该曲线下方为两相区，上方为均相区。

以 T 为中心，连接三种纯物质 A、B、W 及 3 个二元共沸组成点 AB_z、AW_z、BW_z，将该图分为 6 个小三角形。如果原料液的组成点落在某个小三角形内，当塔顶采用混相回流时，精馏的最终结果只能得到这个小三角形 3 个顶点所代表的物质。故要想得到无水乙醇，就应该保证原料液的组成落在有一顶点为 A 的小三角形内，即在△$ATAB_z$ 或△$ATAW_z$ 内。从沸点看，乙醇一水的共沸点和乙醇的沸点仅差 0.15℃，用常规的实验技术无法将其分开。而乙醇一苯的共沸点与乙醇的沸点相差 10.06℃，则很容易将它们分离开来。所以，分析的最终结果是将原料液的组成控制在△$ATAB_z$ 的范围内才合适。

F 代表未加入共沸物时原始原料中乙醇和水的含量。随着共沸剂苯的加入，原料液的总组成将沿着 FB 连线发生变化，并与 AT 线交于 H 点，这时共沸剂苯的加入量就称为理论共沸剂用量。从图 6-26 中可以看出，共沸精馏时，在原始原料混合物中，乙醇的含量必须高于一定值，才能得到无水乙醇。

从图 6-26 中还可以看出，共沸点 T 处在两相区内，当三元共沸物经塔顶冷凝器冷凝后，可以分为轻、重两层，两层的组成分别为通过 T 点的连接线的两端(端点在溶解度曲线上)，一端是富水相，为重层，含苯较少；另一端是富苯相，为轻层，含水较少。采用冷凝分相，将上层的轻相回流到塔内，以补充塔内的共沸剂。下层的重相中苯含量很少，经精馏可以再得到富含苯的三元共沸物，返回到共沸精馏塔顶，从而可以得到不含苯的稀乙醇溶液。因此，分相回流时，原料中加入的共沸剂可以低于理论共沸剂用量，从而减少共沸剂的用量，降低共沸剂提纯的费用。所以，分相回流是实际生产中普遍采用的方法。

三、实验装置

本实验所用的精馏塔为内径 20mm、高 1400mm 的玻璃塔。内装 θ 网环型高效散装填料。塔有侧口 5 个，最上口和最下口分别距塔顶和塔底 200mm，侧口间距为 250mm。塔釜为四口烧瓶，容积为 500mL，塔外壁镀有透明保温膜，通电流使塔身加热保温，分上、下两段，每段功率 300W。塔釜置于 500W 电热包中。

实验所需能量由电热源提供。加热电压由固态调压器调节。电热包的加热温度由智能仪表通过固态继电器控制。电热包、塔底、塔顶温度数均由数字智能仪表显示，并由计算机实时采集各点(电热包、塔底、塔顶)温度数据。由塔釜加热沸腾后产生的蒸气通过填料层到达塔顶的冷凝器。为了适应不同操作方式，在冷凝器与回流管之间设置了一个特殊构造的容器，在进行分相回流时，它可以作为分相器兼回流比调节器用；当进行混相回流时，它就是单纯的回流比调节器。这样的设计既可进行连续精馏操作，又可进行间歇精馏操作。

此外，需要特别说明的是，在进行分相回流时，分相器中会出现两层液体。上层为富苯相，下层为富水相。实验中，富苯相由溢流口回流入塔，而富水相则流出。若为间歇操作，为了保证有足够高的溢流液位，富水相可在实验结束后取出。

实验中采用气相色谱仪分析取样组分的含量(热导池检测器、GDX 固定相)。分析取样组分的含量也可以采用阿贝折光仪。

四、实验步骤

1. 检查进料系统各管线是否连接正常。

2. 将 70g 93%～95%的乙醇溶液先加入塔釜，再放入几粒沸石。

3. 若选用混相回流操作方式，则应按照实验原理部分介绍的共沸剂配比加入共沸剂。对间歇精馏，共沸剂全部加入塔釜；对连续精馏，最初的釜液浓度和进料浓度均应满足共沸剂的配比要求。若采用分相回流的操作方式，则共沸剂应分成两部分加入：一部分在精馏操作开始之前先充满分相器；其余部分则可随原料液进入塔内。但共沸剂的用量应少于理论共沸剂的用量，否则会降低乙醇的收率。

4. 打开冷却水的入口阀门，向冷凝器中通入冷却水至合适的流量(若采用阿贝折光仪分析样品，则应预先调节好恒温水浴槽的温度，使循环水通过阿贝折射仪的温度为 25℃)。

5. 开启总电源开关和测温电源开关，测温仪表有温度数据显示。打开计算机，运行温度数据采集软件。

6. 开启釜热控温开关，控温仪表有显示。设定好仪表的温度值(要高于沸点温度 50～80℃)后，顺时针调节电流给定旋钮至合适的电流。

7. 当釜液开始沸腾时，打开上、下段保温电源开关，顺时针调节电流给定旋钮，使电流维持在 0.1～0.3A。

8. 每隔 10min 记录一次塔顶和塔釜的温度。

9. 当塔顶有液体出现后，稳定全回流 20～30min，再进行部分回流操作，控制回流比 4∶1～8∶1 的速度出料。出料后仔细观察塔底和塔顶温度与压强，测量塔顶(和塔釜)出料速度，并及时调节进出物料量和加热温度，使之处于平衡状态。每隔 20min 用小样品瓶取塔顶与塔釜液，进行组成分析。

10. 对于连续精馏操作，应选择适当的回流比(参考值为 10∶1)和适当的进料流量(参考值为 $100mL \cdot h^{-1}$)。同时还应保证塔顶馏出液为三元共沸物，塔釜产品为无水乙醇。

11. 将塔顶馏出物中的两相用分液漏斗进行分离，然后分析出两相各自的浓度，最后再将收集起来的全部富水相称重。

12. 用天平称出塔釜产品(包括釜液和塔釜出料两部分)的质量。

13. 关闭冷却水进口阀门和电源开关。

五、实验数据处理

1. 自行设计表格，记录实验数据。

2. 进行全塔物料衡算，求出三元共沸物的组成。

3. 绘出25℃下乙醇一水一苯三元物系的溶解度曲线。在图上标明共沸物的组成点，绘出加料线，并对精馏过程作简要说明。

六、实验说明

乙醇一水一苯三元体系在25℃时的平衡组成及其折光率，如表6-5所示。

表6-5 乙醇一水一苯三元体系在25℃时的平衡组成及其折光率

富苯相(摩尔分数)				富水相(摩尔分数)			
乙醇	水	苯	n_D^{25}	乙醇	水	苯	n_D^{25}
0.0310	0.0060	0.9630	1.4940	0.0676	0.9319	0.0005	1.4152
0.0630	0.0140	0.9230	1.4897	0.1446	0.8536	0.0018	1.4011
0.0990	0.0190	0.8810	1.4861	0.2002	0.7946	0.0052	1.3976
0.1240	0.0340	0.8430	1.4829	0.2425	0.7481	0.0094	1.3890
0.1670	0.0460	0.7870	1.4775	0.3098	0.6573	0.0329	1.3787
0.2140	0.0680	0.7180	1.4714	0.3622	0.5756	0.0621	1.3700
0.2540	0.0940	0.6520	1.4650	0.3966	0.5007	0.1028	1.3615
0.2960	0.1250	0.5790	1.4575	0.4141	0.4436	0.1423	1.3573
0.3080	0.1340	0.5580	1.4551	0.4177	0.4217	0.1606	1.3520
0.3600	0.2130	0.4270	1.4408	0.4171	0.3393	0.2436	0.3431

七、思考题

1. 在本实验中如何计算共沸剂的加入量？

2. 在本实验中需要测出哪些数据才能进行全塔的物料衡算？具体方法如何？

3. 将计算出的三元共沸物组成与文献值进行比较，求出其相对误差，并分析实验过程中产生误差的原因。

4. 采用戊烷作为共沸剂，自行设计实验方案。

5. 如果采用萃取精馏的方法制备无水乙醇，请说明萃取精馏的特点并自行设计用萃取精馏的方法制备无水乙醇的实验方案。

实验十九 填料吸收塔实验

一、实验目的

1. 了解填料塔吸收装置的基本结构及流程。
2. 掌握总体积传质系数的测定方法。
3. 了解气相色谱仪和六通阀的使用方法。

二、基本原理

气体吸收是典型的传质过程之一。由于 CO_2 气体无味、无毒、廉价，所以气体吸收实验常选择 CO_2 作为溶质组分。本实验采用水吸收空气中的 CO_2 组分。一般 CO_2 在水中的溶解度很小，即使预先将一定量的 CO_2 气体通入空气中混合以提高空气中的 CO_2 浓度，水中的 CO_2 含量仍然很低，所以吸收的计算方法可按低浓度来处理，并且此体系 CO_2 气体的解吸过程属于液膜控制。因此，本实验主要测定 K_{xa} 和 H_{OL}。

1. 计算公式

填料层高度 Z 为

$$z=\int_0^Z \mathrm{d}Z=\frac{L}{K_{xa}}\int_{x_2}^{x_1}\frac{\mathrm{d}x}{x-x^*}=H_{OL}\cdot N_{OL}$$

式中：L——液体通过塔截面的摩尔流量，kmol/(m^2·s)；

K_{xa}——以 ΔX 为推动力的液相总体积传质系数，kmol/(m^3·s)；

H_{OL}——液相总传质单元高度，m；

N_{OL}——液相总传质单元数，无因次。

令：吸收因数 $A=L/mG$，则

$$N_{OL}=\frac{1}{1-A}\ln\left[(1-A)\frac{y_1-mx_2}{y_1-mx_1}+A\right]$$

2. 测定方法

(1)空气流量和水流量的测定。

本实验采用转子流量计测得空气和水的流量，并根据实验条件(温度和压力)和有关公式换算成空气和水的摩尔流量。

(2)测定填料层高度 Z 和塔径 D。

(3)测定塔顶和塔底气相组成 y_1 和 y_2。

(4)平衡关系。

本实验的平衡关系可写成：

$$y=mx$$

式中：m——相平衡常数，$m=E/P$；

E——亨利系数，$E=f(t)$，Pa，根据液相温度由附录查得；

P——总压，Pa，取 1atm。

对清水而言，$x_2=0$，由全塔物料衡算

$$G(y_1-y_2)=L(x_1-x_2)$$

可得 x_1。

三、实验装置

1. 装置流程

本实验装置流程(见图 6-27)：自来水送入填料塔塔顶经喷头喷淋在填料顶层。由风机送来的空气和由二氧化碳钢瓶来的二氧化碳混合后，一起进入气体混合罐，然后再进入塔底，与水在塔内进行逆流接触，进行质量和热量的交换，由塔顶出来的尾气放空。由于本实验为低浓度气体的吸收，所以热量交换可略，整个实验过程可看成是等温操作。

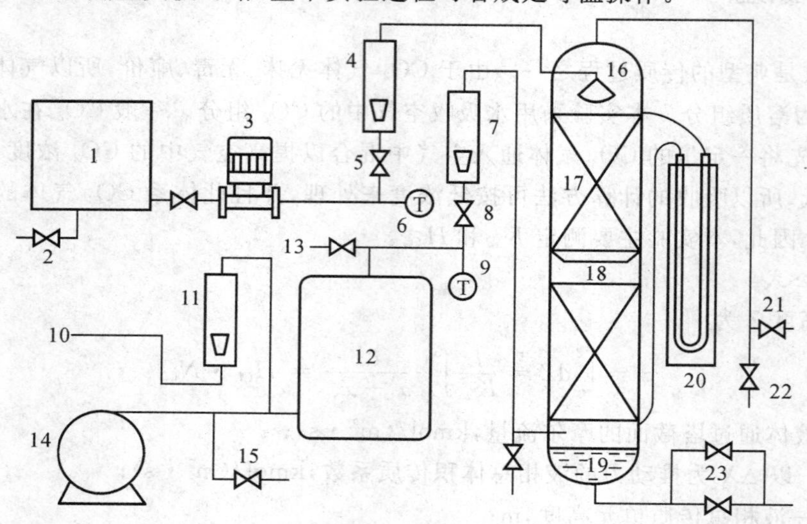

图 6-27 吸收装置流程

1—水箱；2—排水阀；3—水泵；4—液体流量计；5—液体进口阀；6—液体温度计；7—气体流量计；8—气体进口阀；9—气体温度计；10—二氧化碳钢瓶；11—二氧化碳流量计；12—气体混合灌；13—进塔气体取样口；14—风机；15—风机旁路；16—喷淋头；17—填料层；18—液体再分布器；19—塔底液封；20—U 型压差计；21—出塔气体取样口；22—气体出口阀；23—液体出口阀

2. 主要设备

(1)吸收塔：高效填料塔，塔径 100mm，塔内装有金属丝网波纹规整填料或 θ 环散装填料，填料层总高度 2000mm。塔顶有液体初始分布器，塔中部有液体再分布器，塔底部有栅板式填料支承装置。填料塔底部有液封装置，以避免气体泄漏。

(2)填料规格和特性：金属丝网波纹规整填料：型号 JWB-700Y，规格 ϕ100mm×100mm，比表面积 700m^2/m^3。

(3)转子流量计：

介质	条件			
	常用流量	最小刻度	标定介质	标定条件
空气	$4m^3/h$	$0.5m^3/h$	空气	20℃　1.0133×10^5Pa
CO_2	2L/min	0.2L/min	CO_2	20℃　1.0133×10^5Pa
水	600L/h	20L/h	水	20℃　1.0133×10^5Pa

(4)空气风机:型号为旋涡式气机。

(5)二氧化碳钢瓶。

(6)气相色谱分析仪。

四、实验步骤

(1)熟悉实验流程及弄清气相色谱仪及其配套仪器结构、原理、使用方法及其注意事项。

(2)打开混合罐底部排空阀,排放掉空气混合贮罐中的冷凝水。

(3)打开仪表电源开关及空气压缩机电源开关,进行仪表自检。

(4)开启进水阀门,让水进入填料塔润湿填料,仔细调节液体转子流量计,使其流量稳定在某一实验值(塔底液封控制:仔细调节液体出口阀的开度,使塔底液位缓慢地在一段区间内变化,以免塔底液封过高溢满或过低泄气)。

(5)启动风机,打开 CO_2 钢瓶总阀,缓慢调节钢瓶的减压阀。

(6)仔细调节风机旁路阀门的开度(调节 CO_2 转子流量计的流量,使其稳定在某一值)。建议气体流量 $3\sim5m^3/h$;液体流量 $0.6\sim0.8m^3/h$;CO_2 流量 $2\sim3L/min$。

(7)待塔操作稳定后,读取各流量计的读数,通过温度、压差计、压力表上读取各温度、塔顶塔底压差读数,通过六通阀在线进样,利用气相色谱仪分析出塔顶、塔底气体组成。

(8)实验完毕,关闭 CO_2 钢瓶和转子流量计、水转子流量计、风机出口阀门,再关闭进水阀门及风机电源开关(实验完成后一般先停止水的流量,再停止气体的流量,这样做的目的是为了防止液体从进气口倒压破坏管路及仪器),清理实验仪器和实验场地。

五、注意事项

(1)固定好操作点后,应随时注意调整以保持各量不变。

(2)在填料塔操作条件改变后,需要有较长的稳定时间,一定要等到稳定以后方能读取有关数据。

六、实验报告

1.将原始数据列表。

2.在双对数坐标纸上绘图表示二氧化碳解吸时体积传质系数、传质单元高度与气体流量的关系。

3.列出实验结果与计算示例。

七、思考题

1. 本实验中，为什么塔底要有液封？液封高度如何计算？
2. 测定 K_{xa} 有什么工程意义？
3. 为什么二氧化碳吸收过程属于液膜控制？
4. 当气体温度和液体温度不同时，应用什么温度计算亨利系数？

实验二十　液液转盘萃取

一、实验目的

1. 了解转盘萃取塔的基本结构、操作方法及萃取的工艺流程。
2. 观察转盘转速变化时，萃取塔内轻、重两相流动状况，了解萃取操作的主要影响因素，研究萃取操作条件对萃取过程的影响。
3. 掌握每米萃取高度的传质单元数 N_{OR}、传质单元高度 H_{OR} 和萃取率 η 的实验测法。

二、基本原理

萃取是分离和提纯物质的重要单元操作之一，是利用混合物中各个组分在外加溶剂中的溶解度的差异而实现组分分离的单元操作。使用转盘塔进行液－液萃取操作时，两种液体在塔内作逆流流动，其中一相液体作为分散相，以液滴形式通过另一种连续相液体，两种液相的浓度则在设备内作微分式的连续变化，并依靠密度差在塔的两端实现两液相间的分离。当轻相作为分散相时，相界面出现在塔的上端；反之，当重相作为分散相时，则相界面出现在塔的下端。

1. 传质单元法的计算

计算微分逆流萃取塔的塔高时，主要采取传质单元法，即以传质单元数和传质单元高度来表征，传质单元数表示过程分离程度的难易，传质单元高度表示设备传质性能的好坏。

$$H = H_{OR} \cdot N_{OR} \tag{6-16}$$

式中：H——萃取塔的有效接触高度，m；

H_{OR}——以萃余相为基准的总传质单元高度，m；

N_{OR}——以萃余相为基准的总传质单元数，无因次。

按定义，N_{OR} 计算式为

$$N_{OR} = \int_{x_R}^{x_F} \frac{dx}{x - x^*} \tag{6-17}$$

式中：x_F——原料液的组成，kgA/kgS；

x_R——萃余相的组成，kgA/kgS；

x ——塔内某截面处萃余相的组成，kgA/kgS；

x^* ——塔内某截面处与萃取相平衡时的萃余相组成，kgA/kgS。

当萃余相浓度较低时，平衡曲线可近似为过原点的直线，操作线也简化为直线处理，如图6-28所示。

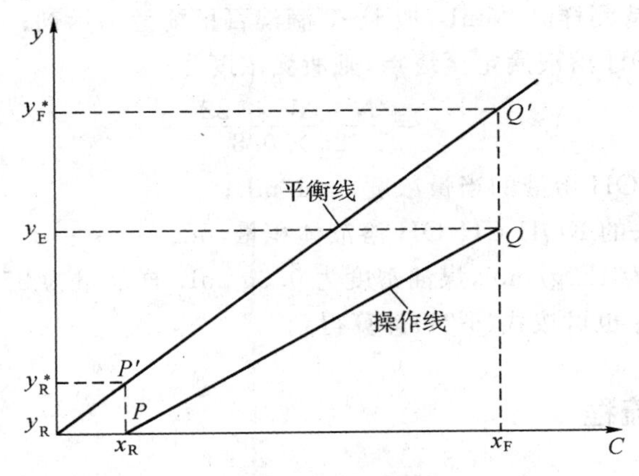

图 6-28　萃取平均推动力计算

则积分式(6-17)得

$$N_{OR} = \frac{x_F - x_R}{\Delta x_m} \tag{6-18}$$

其中，Δx_m 为传质过程的平均推动力，在操作线、平衡线作直线近似的条件下为

$$\Delta x_m = \frac{(x_F - x^*) - (x_R - 0)}{\ln\dfrac{(x_F - x^*)}{(x_R - 0)}} = \frac{(x_F - y_E/k) - x_R}{\ln\dfrac{(x_F - y_E/k)}{x_R}} \tag{6-19}$$

式中：k——分配系数，如对于本实验的煤油苯甲酸相——水相，$k=2.26$；

y_E——萃取相的组成，kgA/kgS。

对于 x_F、x_R 和 y_E，分别在实验中通过取样滴定分析而得，y_E 也可通过如下的物料衡算而得

$$\begin{aligned} F + S &= E + R \\ F \cdot x_F + S \cdot 0 &= E \cdot y_E + R \cdot x_R \end{aligned} \tag{6-20}$$

式中：F——原料液流量，kg/h；

S——萃取剂流量，kg/h；

E——萃取相流量，kg/h；

R——萃余相流量，kg/h。

对稀溶液的萃取过程，因为 $F=R$，$S=E$，所以有

$$y_E = \frac{F}{S}(x_F - x_R) \tag{6-21}$$

2. 萃取率的计算

萃取率 η 为被萃取剂萃取的组分 A 的量与原料液中组分 A 的量之比，即

$$\eta = \frac{F \cdot x_F - R \cdot x_R}{F \cdot x_F} \tag{6-22}$$

对稀溶液的萃取过程，因为 $F=R$，所以有

$$\eta = \frac{x_F - x_R}{x_F} \tag{6-23}$$

对于煤油苯甲酸相—水相体系，采用酸碱中和滴定的方法测定进料液组成 x_F、萃余液组成 x_R 和萃取液组成 y_E，即苯甲酸的质量分率，具体步骤如下：

(1)用移液管量取待测样品 25mL，加 1～2 滴溴百里酚兰指示剂；

(2)用 KOH-CH_3OH 溶液滴定至终点，则所测浓度为

$$x = \frac{N \cdot \Delta V \cdot 122}{25 \times 0.8} \tag{6-24}$$

式中：N——KOH-CH_3OH 溶液的当量浓度，mol/mL；

ΔV——滴定用去的 KOH-CH_3OH 溶液体积量，mL。

此外，苯甲酸的分子量为 122g/mol，煤油密度为 0.8g/mL，样品量为 25mL。

(3) 萃取相组成 y_E 也可按式(6-21)计算得到。

三、实验装置与流程

实验装置如图 6-29 所示。

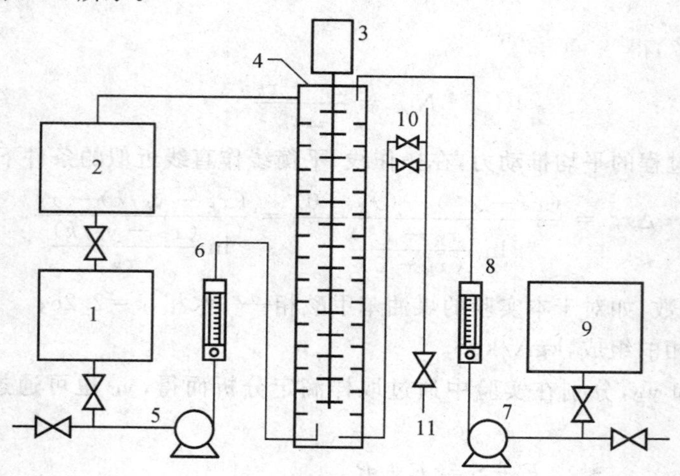

图 6-29　转盘萃取塔

1—轻相槽；2—萃余相槽(回收槽)；3—电机搅拌系统；4—萃取塔；5—轻相泵；6—轻相流量计；7—重相泵；8—重相流量计；9—重相槽；10—Ⅱ管闸阀；11—萃取相出口

本装置操作时应先在塔内灌满连续相——水，然后加入分散相——煤油(含有饱和苯甲酸)，待分散相在塔顶凝聚一定厚度的液层后，通过连续相的Ⅱ管闸阀调节两相的界面于一定高度，对于本装置采用的实验物料体系，凝聚是在塔的上端中进行(塔的下端也设有凝聚段)。本装置外加能量的输入，可通过直流调速器来调节中心轴的转速。

转盘萃取塔参数：塔内径为 60mm，塔高为 120mm，传质区高度为 750mm。

四、实验步骤

1. 将煤油配制成含苯甲酸的混合物(配制成饱和或近饱和)，然后把它灌入轻相槽内。注

意:勿直接在槽内配置饱和溶液,防止固体颗粒堵塞煤油输送泵的入口。

2. 接通水管,将水灌入重相槽内,用磁力泵将它送入萃取塔内。注意:磁力泵切不可空载运行。

3. 通过调节转速来控制外加能量的大小,在操作时转速逐步加大,中间会跨越一个临界转速(共振点),一般实验转速可取500转。

4.水在萃取塔内搅拌流动,并连续运行5min后,开启分散相——煤油管路,调节两相的体积流量一般在10～20L/h范围内。(在进行数据计算时,对煤油转子流量计测得的数据要校正,即煤油的实际流量应为:$V_{校}=\sqrt{\frac{1000}{800}}V_{测}$,其中$V_{测}$为煤油流量计上的显示值)

5. 待分散相在塔顶凝聚一定厚度的液层后,再通过连续相出口管路中Ⅱ形管上的阀门开度来调节两相界面高度,操作中应维持上集液板中两相界面的恒定。

6. 通过改变转速来分别测取效率η或H_{OR},从而判断外加能量对萃取过程的影响。

7. 取样分析。本实验采用酸碱中和滴定的方法测定进料液组成x_F、萃余液组成x_R和萃取液组成y_E,即苯甲酸的质量分率,具体步骤如下:

(1)用移液管量取待测样品25mL,加1～2滴溴百里酚兰指示剂。

(2)用KOH-CH_3OH溶液滴定至终点,则所测质量浓度为

$$x=\frac{N\times\Delta V\times 122.12}{25\times 0.8}\times 100\%$$

式中:N——KOH-CH_3OH溶液的当量浓度,mol/mL;

ΔV——滴定用去的KOH-CH_3OH溶液体积量,mL。

苯甲酸的分子量为122.12 g/mol,煤油密度为0.8 g/mL,样品量为25mL。

(3) 萃取相组成y_E也可按式(6-21)计算得到。

五、实验报告

1. 计算不同转速下的萃取效率、传质单元高度。

2. 以煤油为分散相,水为连续相,进行萃取过程的操作。

实验数据记录:

氢氧化钾的当量浓度N_{KOH}=______ mol/mL

数据记录表

编号	重相流量(L/h)	轻相流量(L/h)	转速N(r/min)	ΔV_F mL(KOH)	ΔV_R mL(KOH)	ΔV_S mL(KOH)
1						
2						
3						

数据处理表

编号	转速 n	萃余相浓度 x_R	萃取相浓度 y_E	平均推动力 Δx_m	传质单元高度 H_{OR}	传质单元数 N_{OR}	效率 η
1							
2							
3							

六、思考题

1. 请分析比较萃取实验装置与吸收、精馏实验装置的异同点？

2. 说说本萃取实验装置的转盘转速是如何调节和测量的？从实验结果分析转盘转速变化对萃取传质系数与萃取率的影响。

3. 测定原料液、萃取相、萃余相的组成可用哪些方法？采用中和滴定法时，标准碱为什么选用 $KOH\text{-}CH_3OH$ 溶液，而不选用 $KOH\text{-}H_2O$ 溶液？

实验二十一 洞道干燥特性曲线测定实验

一、实验目的

1. 了解洞道式干燥装置的基本结构、工艺流程和操作方法。

2. 学习测定物料在恒定干燥条件下干燥特性的实验方法。

3. 掌握根据实验干燥曲线求取干燥速率曲线以及恒速阶段干燥速率、临界含水量、平衡含水量的实验分析方法。

4. 实验研究干燥条件对于干燥过程特性的影响。

二、基本原理

在设计干燥器的尺寸或确定干燥器的生产能力时，被干燥物料在给定干燥条件下的干燥速率、临界湿含量和平衡湿含量等干燥特性数据是最基本的技术依据参数。由于实际生产中的被干燥物料的性质千变万化，因此对于大多数具体的被干燥物料而言，其干燥特性数据常常需要通过实验测定。

按干燥过程中空气状态参数是否变化，可将干燥过程分为恒定干燥条件操作和非恒定干燥条件操作两大类。若用大量空气干燥少量物料，则可以认为湿空气在干燥过程中温度、湿度均不变，再加上气流速度、与物料的接触方式不变，则称这种操作为恒定干燥条件下的干燥操作。

1. 干燥速率的定义

干燥速率是指单位干燥面积（提供湿分汽化的面积）、单位时间内所除去的湿分质量，即

$$U=\frac{\mathrm{d}W}{A\,\mathrm{d}\tau}=-\frac{G_C\,\mathrm{d}X}{A\,\mathrm{d}\tau} \tag{6-25}$$

式中：U——干燥速率，又称干燥通量，kg/(m^{2}s)；

A——干燥表面积，m^2；

W——汽化的湿分量，kg；

τ——干燥时间，s；

G_c——绝干物料的质量，kg；

X——物料湿含量，kg 湿分/kg 干物料；负号表示 X 随干燥时间的增加而减少。

2. 干燥速率的测定方法

将湿物料试样置于恒定空气流中进行干燥实验，随着干燥时间的延长，水分不断汽化，湿物料质量减少。若记录物料不同时间下质量 G，直到物料质量不变为止，也就是物料在该条件下达到干燥极限为止，此时留在物料中的水分就是平衡水分 X^*。再将物料烘干后称重得到绝干物料重 G_c，则物料中瞬间含水率 X 为

$$X=\frac{G-G_c}{G_c} \tag{6-26}$$

计算出每一时刻的瞬间含水率 X，然后将 X 对干燥时间 τ 作图，如图 6-30 所示，即为干燥曲线。

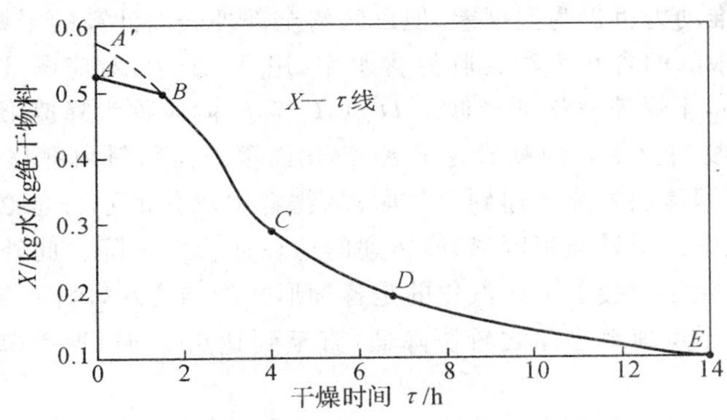

图 6-30　恒定干燥条件下的干燥曲线

上述干燥曲线还可以变换得到干燥速率曲线。由已测得的干燥曲线求出不同 X 下的斜率 $\frac{\mathrm{d}X}{\mathrm{d}\tau}$，再由式(6-25)计算得到干燥速率 U，将 U 对 X 作图，就是干燥速率曲线，如图 6-31 所示。

3. 干燥过程分析

(1)预热段。见图 6-30 和图 6-31 中的 AB 段或 AB' 段。物料在预热段中，含水率略有下降，温度则升至湿球温度 t_W，干燥速率可能呈上升趋势变化，也可能呈下降趋势变化。预热段经历的时间很短，通常在干燥计算中忽略不计，有些干燥过程甚至没有预热段。本实验中也没有预热段。

(2)恒速干燥阶段。见图 6-30 和图 6-31 中的 BC 段。该段物料水分不断汽化，含水率不断下降。但由于这一阶段去除的是物料表面附着的非结合水分，水分去除的机理与纯水相同，故在恒定干燥条件下，物料表面始终保持为湿球温度 t_W，传质推动力保持不变，因而干燥速率也不变。于是，在图 6-31 中，BC 段为水平线。

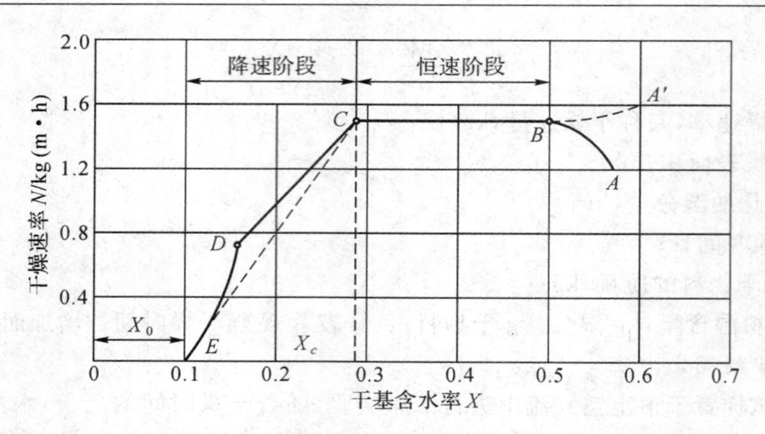

图 6-31 恒定干燥条件下的干燥速率曲线

只要物料表面保持足够湿润，物料的干燥过程中总有恒速阶段。而该段的干燥速率大小取决于物料表面水分的汽化速率，亦即决定于物料外部的空气干燥条件，故该阶段又称为表面汽化控制阶段。

(3)降速干燥阶段。随着干燥过程的进行，物料内部水分移动到表面的速度赶不上表面水分的气化速率，物料表面局部出现“干区”，尽管这时物料其余表面的平衡蒸汽压仍与纯水的饱和蒸汽压相同，传质推动力也仍为湿度差，但以物料全部外表面计算的干燥速率因“干区”的出现而降低，此时物料中的的含水率称为临界含水率，用 X_c 表示，对应图 6-31 中的 C 点，称为临界点。过 C 点以后，干燥速率逐渐降低至 D 点，C 至 D 阶段称为降速第一阶段。

干燥到 D 点时，物料全部表面都成为干区，汽化面逐渐向物料内部移动，汽化所需的热量必须通过已被干燥的固体层才能传递到汽化面；从物料中汽化的水分也必须通过这层干燥层才能传递到空气主流中。干燥速率因热、质传递的途径加长而下降。此外，在 D 点以后，物料中的非结合水分已被除尽。接下去所汽化的是各种形式的结合水，因而，平衡蒸汽压将逐渐下降，传质推动力减小，干燥速率也随之较快降低，直至到达点 E 时，速率降为零。这一阶段称为降速第二阶段。

降速阶段干燥速率曲线的形状随物料内部的结构而异，不一定都呈现前面所述的曲线 CDE 形状。对于某些多孔性物料，可能降速两个阶段的界限不是很明显，曲线好像只有 CD 段；对于某些无孔性吸水物料，汽化只在表面进行，干燥速率取决于固体内部水分的扩散速率，故降速阶段只有类似 DE 段的曲线。

与恒速阶段相比，降速阶段从物料中除去的水分量相对少许多，但所需的干燥时间却长得多。总之，降速阶段的干燥速率取决于物料本身结构、形状和尺寸，而与干燥介质状况关系不大，故降速阶段又称物料内部迁移控制阶段。

三、实验装置

1. 装置流程

本装置流程如图 6-32 所示。空气由鼓风机送入电加热器，经加热后流入干燥室，加热干燥室料盘中的湿物料后，经排出管道通入大气中。随着干燥过程的进行，物料失去的水分量由称重传感器转化为电信号，并由智能数显仪表记录下来（或通过固定间隔时间，读取该时刻的湿物料重量）。

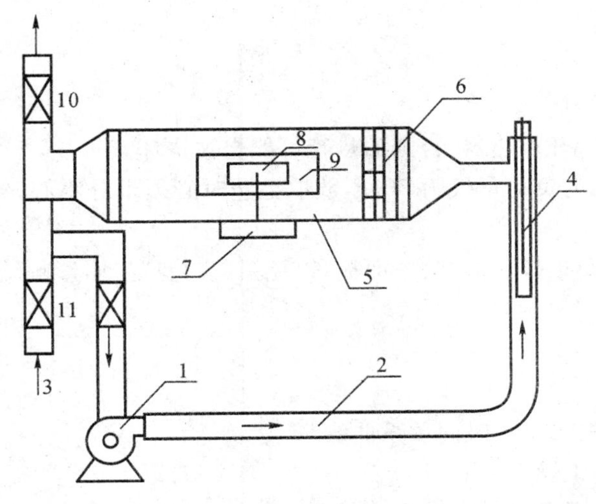

图 6-32　干燥装置流程图

1—风机；2—管道；3—进风口；4—加热器；5—厢式干燥器；6—气流均布器；7—称重传感器；8—湿毛毡；9—玻璃视镜门；10,11,12—蝶阀

2. 主要设备及仪器

鼓风机：BYF7122，370W

电加热器：额定功率 4.5kW

干燥室：180mm×180mm×1250mm

干燥物料：湿毛毡或湿砂

称重传感器：CZ500 型，0～500g

四、实验步骤

1. 放置托盘，开启总电源，开启风机电源。

2. 打开仪表电源开关，加热器通电加热，旋转加热按钮至适当加热电压（根据实验室温和实验讲解时间长短）。在 U 型湿漏斗中加入一定水量，并关注干球温度，干燥室温度（干球温度）要求达到恒定温度（如 70℃）。

3. 将毛毡加入一定量的水并使其润湿均匀，注意水量不能过多或过少。

4. 当干燥室温度恒定在 70℃时，将湿毛毡十分小心地放置于称重传感器上。放置毛毡时应特别注意不能用力下压，因称重传感器的测量上限仅为 500g，用力过大容易损坏称重传感器。

5. 记录时间和脱水量，每分钟记录一次重量数据；每两分钟记录一次干球温度和湿球温度。

6. 待毛毡恒重时，即为实验终了时，关闭仪表电源，注意保护称重传感器，非常小心地取下毛毡。

7. 关闭风机，切断总电源，清理实验设备。

五、注意事项

1. 必须先开风机，后开加热器，否则加热管可能会被烧坏。

2. 特别注意传感器的负荷量仅为 500g，放取毛毡时必须十分小心，绝对不能下压，以免损坏称重传感器。

3. 实验过程中，不要拍打、碰扣装置面板，以免引起料盘晃动，影响结果。

六、实验报告

1. 绘制干燥曲线(失水量—时间关系曲线)。

2. 根据干燥曲线作干燥速率曲线。

3. 读取物料的临界湿含量。

4. 对实验结果进行分析讨论。

七、思考题

1. 什么是恒定干燥条件？本实验装置中采用了哪些措施来保持干燥过程在恒定干燥条件下进行？

2. 控制恒速干燥阶段速率的因素是什么？控制降速干燥阶段干燥速率的因素又是什么？

3. 为什么要先启动风机，再启动加热器？实验过程中干、湿球温度计是否变化？为什么？如何判断实验已经结束？

4. 若加大热空气流量，干燥速率曲线有何变化？恒速干燥速率、临界湿含量又如何变化？为什么？

实验二十二 流化床干燥实验

一、实验目的

1. 了解流化床干燥装置的基本结构、工艺流程和操作方法。

2. 学习测定物料在恒定干燥条件下干燥特性的实验方法。

3. 掌握根据实验干燥曲线求取干燥速率曲线以及恒速阶段干燥速率、临界含水量、平衡含水量的实验分析方法。

4. 研究干燥条件对于干燥过程特性的影响。

二、基本原理

在设计干燥器的尺寸或确定干燥器的生产能力时，被干燥物料在给定干燥条件下的干燥速率、临界湿含量和平衡湿含量等干燥特性数据是最基本的技术依据参数。由于实际生产中被干燥物料的性质千变万化，因此，对于大多数具体的被干燥物料而言，其干燥特性数据常常需要通过实验测定而取得。

按干燥过程中空气状态参数是否变化，可将干燥过程分为恒定干燥条件操作和非恒定干燥条件操作两大类。若用大量空气干燥少量物料，则可以认为湿空气在干燥过程中温度、湿度均不变，再加上气流速度以及气流与物料的接触方式不变，则称这种操作为恒定干燥条件下的干燥操作。

1. 干燥速率的定义

干燥速率定义为单位干燥面积（提供湿分汽化的面积）、单位时间内所除去的湿分质量，即

$$U=\frac{dW}{A\,d\tau}=-\frac{G_c\,dX}{A\,d\tau}\quad kg/(m^2 s) \tag{6-27}$$

式中：U——干燥速率，又称干燥通量，$kg/(m^2s)$；

A——干燥表面积，m^2；

W——汽化的湿分量，kg；

τ——干燥时间，s；

G_c——绝干物料的质量，kg；

X——物料湿含量，kg湿分/kg干物料，负号表示X随干燥时间的增加而减少。

2. 干燥速率的测定方法

方法一：

(1)将电子天平开启，待用。

(2)将快速水分测定仪开启，待用。

(3)取0.5～1kg的湿物料（如取0.5～1kg的绿豆放入60～70℃的热水中泡30min，取出，并用干毛巾吸干表面水分），待用。

(4)开启风机，调节风量至40～60m^3/h，打开加热器加热。待热风温度恒定后（通常可设定在70～80℃），将湿物料加入流化床中，开始计时，每过4min取出10g左右的物料，同时读取床层温度。将取出的湿物料在快速水分测定仪中测定，得初始质量G_i和终了质量G_{ic}，则物料中瞬间含水率X_i为

$$X_i=\frac{G_i-G_{ic}}{G_{ic}} \tag{6-28}$$

方法二（数字化实验设备可用此法）：

利用床层的压降来测定干燥过程的失水量。

(1)取0.5～1kg的湿物料（如取0.5～1kg的绿豆放入60～70℃的热水中泡30min，取出，并用干毛巾吸干表面水分），待用。

(2)开启风机，调节风量至40～60m^3/h，打开加热器加热。待热风温度恒定后（通常可设定在70～80℃），将湿物料加入流化床中，开始计时，此时床层的压差将随时间减小，实验至床层压差（Δp_e）恒定为止，则物料中瞬间含水率X_i为

$$X_i = \frac{\Delta p - \Delta p_e}{\Delta p_e} \tag{6-29}$$

式中：Δp——时刻 τ 时床层的压差。

计算出每一时刻的瞬间含水率 X_i，然后将 X_i 对干燥时间 τ_i 作图，如图 6-33 所示，即为干燥曲线。

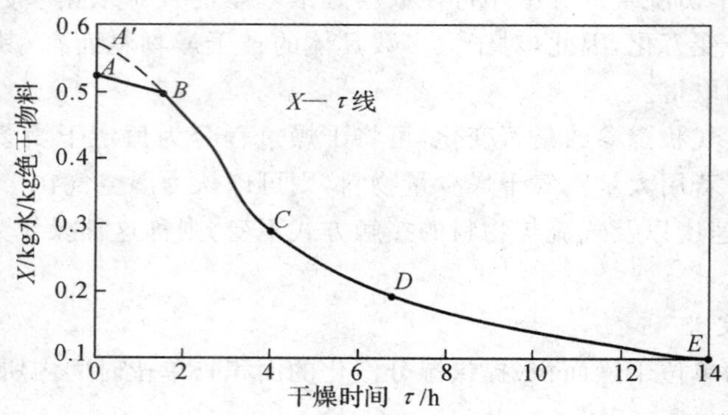

图 6-33 恒定干燥条件下的干燥曲线

上述干燥曲线还可以变换得到干燥速率曲线。由已测得的干燥曲线求出不同 X_i 下的斜率 $\frac{dX_i}{d\tau_i}$，再由式(6-27)计算得到干燥速率 U，将 U 对 X 作图，就是干燥速率曲线，如图 6-34 所示。

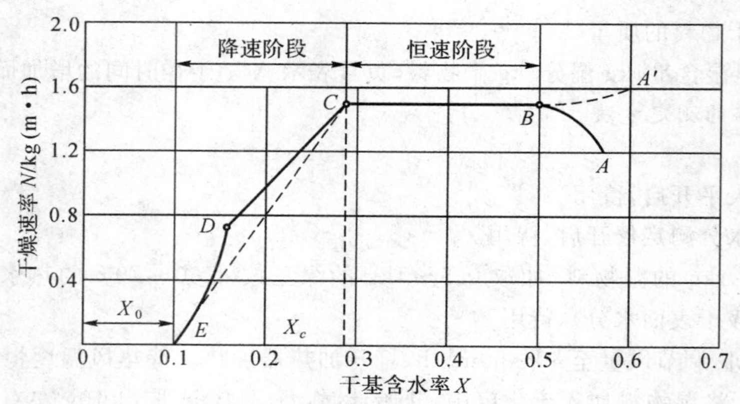

图 6-34 恒定干燥条件下的干燥速率曲线

将床层的温度对时间作图，可得床层的温度与干燥时间的关系曲线。

3. 干燥过程分析

(1)预热段。见图 6-33 和图 6-34 中的 AB 段或 $A'B$ 段。物料在预热段中，含水率略有下降，温度则升至湿球温度 t_W，干燥速率可能呈上升趋势变化，也可能呈下降趋势变化。预热段经历的时间很短，通常在干燥计算中忽略不计，有些干燥过程甚至没有预热段。

(2)恒速干燥阶段。见图 6-33 和图 6-34 中的 BC 段。该段物料水分不断汽化，含水率不断下降。但由于这一阶段去除的是物料表面附着的非结合水分，水分去除的机理与纯水的相同，故在恒定干燥条件下，物料表面始终保持为湿球温度 t_W，传质推动力保持不变，因而干燥速率也不变。于是，在图 6-35 中 BC 段为水平线。

只要物料表面保持足够湿润，物料的干燥过程中总处于恒速阶段。而该段的干燥速率大小取决于物料表面水分的汽化速率，亦即决定于物料外部的空气干燥条件，故该阶段又称为表面汽化控制阶段。

(3)降速干燥阶段。随着干燥过程的进行，物料内部水分移动到表面的速度赶不上表面水分的汽化速率，物料表面局部出现"干区"，尽管这时物料其余表面的平衡蒸汽压仍与纯水的饱和蒸汽压相同，但以物料全部外表面计算的干燥速率因"干区"的出现而降低，此时物料中的含水率称为临界含水率，用 X_c 表示，对应图 6-35 中的 C 点，称为临界点。过 C 点以后，干燥速率逐渐降低至 D 点，C 至 D 阶段称为降速第一阶段。

干燥到 D 点时，物料全部表面都成为干区，汽化面逐渐向物料内部移动，汽化所需的热量必须通过已被干燥的固体层才能传递到汽化面；从物料中汽化的水分也必须通过这一干燥层才能传递到空气主流中。干燥速率因热、质传递的途径加长而下降。此外，在 D 点以后，物料中的非结合水分已被除尽。接下去所汽化的是各种形式的结合水，因而，平衡蒸汽压将逐渐下降，传质推动力减小，干燥速率也随之较快降低，直至到达点 E 时，速率降为零。这一阶段称为降速第二阶段。

降速阶段干燥速率曲线的形状随物料内部的结构而异，不一定都呈现前面所述的曲线 CDE 形状。对于某些多孔性物料，可能降速两个阶段的界限不是很明显，曲线好像只有 CD 段；对于某些无孔性吸水物料，汽化只在表面进行，干燥速率取决于固体内部水分的扩散速率，故降速阶段只有类似 DE 段的曲线。

与恒速阶段相比，降速阶段从物料中除去的水分量相对少许多，但所需的干燥时间却长得多。总之，降速阶段的干燥速率取决于物料本身结构、形状和尺寸，而与干燥介质状况关系不大，故降速阶段又称物料内部迁移控制阶段。

三、实验装置

1. 装置流程

本装置流程如图 6-35 所示。

2. 主要设备及仪器

鼓风机：220VAC，550W，最大风量：95m^3/h，550W

电加热器：额定功率 2.0kW

干燥室：ϕ100mm×750mm

干燥物料：湿绿豆或耐水硅胶

四、实验步骤

(1)开启风机。

(2)打开仪表控制柜电源开关，加热器通电加热，床层进口温度要求恒定在 70～80℃。

(3)将准备好的耐水硅胶/绿豆加入流化床进行实验。

(4)每隔 4min 取样 5～10 克分析，同时记录床层温度。

(5)待耐水硅胶/绿豆恒重时，即为实验终了，关闭仪表电源。

(6)关闭加热电源。

(7)关闭风机，切断总电源，清理实验设备。

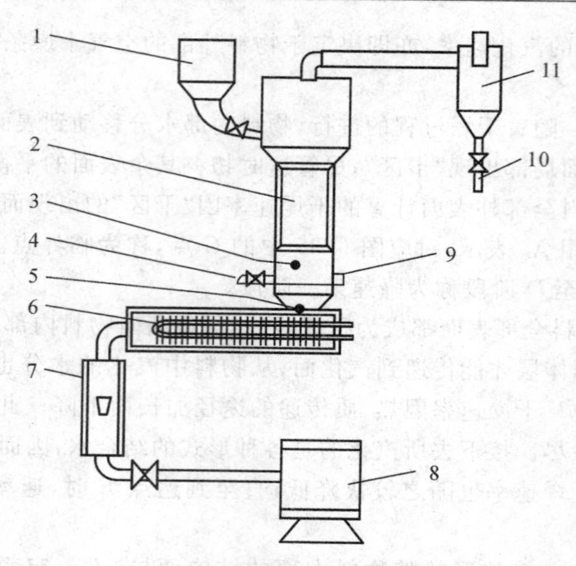

图 6-35　流化床干燥实验装置流程

1—加料斗；2—床层(可视部分)；3—床层测温点；4—取样口；5—出加热器热风测温点；6—风加热器；7—转子流量计；8—风机；9—出风口；10—排灰口；11—旋风分离器

五、注意事项

必须先开风机，后开加热器，否则加热管可能会被烧坏，破坏实验装置。

六、实验报告

1. 绘制干燥曲线(失水量—时间关系曲线)。
2. 根据干燥曲线作干燥速率曲线。
3. 读取物料的临界湿含量。
4. 绘制床层温度随时间变化的关系曲线。
5. 对实验结果进行分析讨论。

七、思考题

1. 什么是恒定干燥条件？本实验装置中采用了哪些措施来保持干燥过程在恒定干燥条件下进行？

2. 控制恒速干燥阶段速率的因素是什么？控制降速干燥阶段干燥速率的因素又是什么？

3. 为什么要先启动风机，再启动加热器？实验过程中床层温度是如何变化？为什么？如何判断实验已经结束？

4. 若加大热空气流量，干燥速率曲线有何变化？恒速干燥速率、临界湿含量又如何变化？为什么？

实验二十三　恒压过滤常数测定实验

一、实验目的

1. 熟悉板框压滤机的构造和操作方法。
2. 通过恒压过滤实验，验证过滤基本理论。
3. 学会测定过滤常数 K、q_e、τ_e 及压缩性指数 s 的方法。
4. 了解过滤压力对过滤速率的影响。

二、基本原理

过滤是以某种多孔物质为介质来处理悬浮液以达到固、液分离的一种操作过程，即在外力的作用下，悬浮液中的液体通过固体颗粒层（即滤渣层）及多孔介质的孔道而固体颗粒被截留下来形成滤渣层，从而实现固、液分离。因此，过滤操作本质上是流体通过固体颗粒层的流动，而这个固体颗粒层（滤渣层）的厚度随着过滤的进行而不断增加，故在恒压过滤操作中，过滤速度不断降低。

过滤速度 u 定义为单位时间过滤面积内通过过滤介质的滤液量。影响过滤速度的主要因素除过滤推动力（压强差）Δp，滤饼厚度 L 外，还有滤饼和悬浮液的性质、悬浮液温度、过滤介质的阻力等。

过滤时滤液流过滤渣和过滤介质的流动过程基本上处在层流流动范围内，因此，可利用流体通过固定床压降的简化模型，寻求滤液量与时间的关系，可得过滤速度计算式：

$$u=\frac{\mathrm{d}V}{A\,\mathrm{d}\tau}=\frac{\mathrm{d}q}{\mathrm{d}\tau}=\frac{A\Delta p^{(1-s)}}{\mu\cdot r\cdot C(V+V_e)}=\frac{A\Delta p^{(1-s)}}{\mu\cdot r'\cdot C'(V+V_e)} \tag{6-30}$$

式中：u——过滤速度，m/s；

V——通过过滤介质的滤液量，m^3；

A——过滤面积，m^2；

τ——过滤时间，s；

q——通过单位面积过滤介质的滤液量，m^3/m^2；

Δp——过滤压力（表压），Pa；

s——滤渣压缩性系数；

μ——滤液的黏度，Pa·s；

r——滤渣比阻，$1/m^2$；

C——单位滤液体积的滤渣体积，m^3/m^3；

Ve——过滤介质的当量滤液体积，m^3；

r'——滤渣比阻，m/kg；

C'——单位滤液体积的滤渣质量，kg/m^3。

对于一定的悬浮液，在恒温和恒压下过滤时，μ、r、C 和 Δp 都恒定，为此令：

$$K = \frac{2\Delta p^{(1-s)}}{\mu \cdot r \cdot C} \tag{6-31}$$

于是式(6-30)可改写为

$$\frac{\mathrm{d}V}{\mathrm{d}\tau} = \frac{KA^2}{2(V+V_e)} \tag{6-32}$$

式中：K——过滤常数，由物料特性及过滤压差所决定，$\mathrm{m^2/s}$。

将式(6-32)分离变量积分，整理得

$$\int_{V_e}^{V+V_e}(V+V_e)\mathrm{d}(V+V_e) = \frac{1}{2}KA^2\int_0^{\tau}\mathrm{d}\tau \tag{6-33}$$

即

$$V^2 + 2VV_e = KA^2\tau_e \tag{6-34}$$

将式(6-33)的积分极限改为从 0 到 V_e 和从 0 到 τ_e 积分，则

$$V_e^2 = KA^2\tau_e \tag{6-35}$$

将式(6-34)和式(6-35)相加，可得

$$(V+V_e)^2 = KA^2(\tau+\tau_e) \tag{6-36}$$

式中：τ_e——虚拟过滤时间，相当于滤出滤液量 V_e 所需时间，s。

再将式(6-36)微分，得

$$2(V+V_e)\mathrm{d}V = KA^2\mathrm{d}\tau \tag{6-37}$$

将式(6-37)写成差分形式，则

$$\frac{\Delta\tau}{\Delta q} = \frac{2}{K}\bar{q} + \frac{2}{K}q_e \tag{6-38}$$

式中：Δq——每次测定的单位过滤面积滤液体积（在实验中一般等量分配），$\mathrm{m^3/m^2}$；

$\Delta\tau$——每次测定的滤液体积 Δq 所对应的时间，s；

$\bar{q}$——相邻两个 q 值的平均值，$\mathrm{m^3/m^2}$。

以 $\Delta\tau/\Delta q$ 为纵坐标，$\bar{q}$ 为横坐标将式(6-38)标绘成一直线，可得该直线的斜率和截距。

斜率为

$$S = \frac{2}{K}$$

截距为

$$I = \frac{2}{K}q_e$$

则

$$K = \frac{2}{S}$$

$$q_e = \frac{KI}{2} = \frac{I}{S}$$

$$\tau_e = \frac{q_e^2}{K} = \frac{I^2}{KS^2}$$

改变过滤压差 Δp，可测得不同的 K 值，由 K 的定义式(6-31)两边取对数得

$$\lg K = (1-S)\lg(\Delta p) + B \tag{6-39}$$

在实验压差范围内，若 B 为常数，则 $\lg K$—$\lg(\Delta p)$ 的关系在直角坐标上应是一条直线，斜率为$(1-S)$，可得滤饼压缩性指数 S。

三、实验装置与流程

本实验装置由空压机、配料槽、压力料槽、板框过滤机等组成，其流程如图 6-36 所示。

图 6-36　板框压滤机过滤流程

$CaCO_3$ 的悬浮液在配料桶内配制一定浓度后,利用压差送入压力料槽中,用压缩空气加以搅拌使 $CaCO_3$ 不致沉降,同时利用压缩空气的压力将滤浆送入板框压滤机过滤,滤液流入筒计量,压缩空气从压力料槽上的排空管中排出。

板框压虑机的结构尺寸:框厚度 20mm,每个框过滤面积 0.0127m^2,框数 2 个。

空气压缩机规格型号:风量 0.06m^3/min,最大气压 0.8MPa。

四、实验步骤

1. 实验准备

(1)配料。在配料罐内配制含 $CaCO_3$10%～30%(wt%)的水悬浮液,碳酸钙事先由天平称重,水位高度按标尺示意,筒身直径 350mm。配置时,应将配料罐底部阀门关闭。

(2)搅拌。开启空压机,将压缩空气通入配料罐(空压机的出口小球阀保持半开,进入配料罐的两个阀门保持适当开度),使 $CaCO_3$ 悬浮液搅拌均匀。搅拌时,应将配料罐的顶盖合上。

(3)设定压力。分别打开进压力灌的三路阀门,空压机过来的压缩空气经各定值调节阀分别设定为 0.1MPa、0.2MPa 和 0.25MPa(出厂已设定,每个间隔压力大于 0.05MPa。若欲作 0.3MPa 以上压力过滤,需调节压力罐安全阀)。设定定值调节阀时,压力灌泄压阀可略开。

(4)装板框。正确装好滤板、滤框及滤布。滤布使用前用水浸湿,滤布要绷紧,不能起皱。滤布紧贴滤板,密封垫贴紧滤布。(注意:用螺旋压紧时,千万不要把手指压伤,先慢慢转动手轮使板框合上,然后再压紧)

(5)灌清水。向清水罐通入自来水,液面达视镜 2/3 高度左右。灌清水时,应将安全阀处的泄压阀打开。

(6)灌料。在压力罐泄压阀打开的情况下,打开配料罐和压力罐间的进料阀门,使料浆自动由配料桶流入压力罐至其视镜 1/2～2/3 处,关闭进料阀门。

2. 过滤过程

(1)鼓泡。通压缩空气至压力罐，使容器内料浆不断搅拌。压力料槽的排气阀应不断排气，但又不能喷浆。

(2)过滤。将中间双面板下通孔切换阀开到通孔通路状态。打开进板框前料液进口的两个阀门，打开出板框后清液出口球阀。此时，压力表指示过滤压力，清液出口流出滤液。

(3)对于数字型，实验应在滤液从汇集管刚流出的时候作为开始时刻，每次 800mL 左右时采集一下数据。记录相应的过滤时间 $\Delta\tau$。每个压力下，测量 8～10 个读数即可停止实验。若欲得到干而厚的滤饼，则应每个压力下做到没有清液流出为止。

(4)量筒交换接滤液时不要流失滤液。等量筒内滤液静止后读出 ΔV 值。（注意：ΔV 约 800mL 时替换量筒，这时量筒内滤液量并非正好 800mL。要事先熟悉量筒刻度，不要打碎量筒），此外，要熟练双秒表轮流读数的方法；对于数字型，由于透过液已基本澄清，故可视作密度等同于水，则可以带通讯的电子天平读取对应计算机计时器下的瞬时重量的方法来确定过滤速度。

(5)每次滤液及滤饼均收集在小桶内，滤饼弄细后重新倒入料浆桶内搅拌配料，进入下一个压力实验。注意：若清水罐水不足，可补充一定水源，补水时仍应打开该罐的泄压阀。

3. 清洗过程

(1)关闭板框过滤的进出阀门。将中间双面板下通孔切换阀开到通孔关闭状态。

(2)打开清洗液进入板框的进出阀门（板框前两个进口阀，板框后一个出口阀）。此时，压力表指示清洗压力，清液出口流出清洗液。清洗液速度比同压力下过滤速度小很多。

(3)清洗液流动约 1min，可观察混浊变化判断结束。一般物料可不进行清洗过程。结束清洗过程，也是关闭清洗液进出板框的阀门，关闭定值调节阀后进气阀门。

4. 实验结束

(1)先关闭空压机出口球阀，关闭空压机电源。

(2)打开安全阀处泄压阀，使压力罐和清水罐泄压。

(3)冲洗滤框、滤板，滤布不要折，应当用刷子刷洗。

(4)将压力罐内物料反压到配料罐内备下次实验使用，或将这两罐物料直接排空后用清水冲洗。

五、数据处理

1. 滤饼常数 K 的求取

计算举例：以 $P=1.0\text{kg/cm}^2$ 时的一组数据为例。

过滤面积 $A=0.024\times2=0.048\text{m}^2$；

$\Delta V_1=637\times10^{-6}\ \text{m}^3$；$\Delta\tau_1=31.98\text{s}$；

$\Delta V_2=630\times10^{-6}\ \text{m}^3$；$\Delta\tau_2=35.67\text{s}$；

$\Delta q_1=\Delta V_1/A=637\times10^{-6}/0.048=0.013271\text{m}^3/\text{m}^2$；

$\Delta q_2=\Delta V_2/A=630\times10^{-6}/0.048=0.013125\text{m}^3/\text{m}^2$；

$\Delta\tau_1/\Delta q_1=31.98/0.013271=2409.766\text{sm}^2/\text{m}^3$；

$\Delta\tau_2/\Delta q_2=35.67/0.013125=2717.714\text{sm}^2/\text{m}^3$；

$q_0=0$；$q_1=q_0+\Delta q_1=0.013271\text{m}^3/\text{m}^2$；$q_2=q_1+\Delta q_2=0.026396\text{m}^3/\text{m}^2$；

$\overline{q_1}=\frac{1}{2}(q_0+q_1)=0.0066355\text{m}^3/\text{m}^2$；$\overline{q_2}=\frac{1}{2}(q_1+q_2)=0.0198335\text{m}^3/\text{m}^2$

依此算出多组 $\Delta\tau/\Delta q$ 及 $\bar{q}$；

……

在直角坐标系中绘制 $\Delta\tau/\Delta q\sim\bar{q}$ 的关系曲线，如图 6-37 所示，从该图中读出斜率可求得 K。不同压力下的 K 值列于表 6-6 中。

表 6-6 不同压力下的 K 值

ΔP(kg/cm^2)	过滤常数 K(m^2/s)
1.0	8.524×10^{-5}
1.5	1.191×10^{-4}
2.0	1.486×10^{-4}

2. 滤饼压缩性指数 S 的求取

计算举例：在压力 $P=1.0\text{kg/cm}^2$ 时的 $\Delta\tau/\Delta q\sim q$ 直线上，拟合得直线方程，根据斜率为 $2/K_3$，则 $K_3=0.00008524$。

将不同压力下测得的 K 值作 $\lg K\sim\lg\Delta P$ 曲线，如图 6-38 所示，得直线方程，根据斜率为 $(1-S)$，可计算得 $S=0.198$。

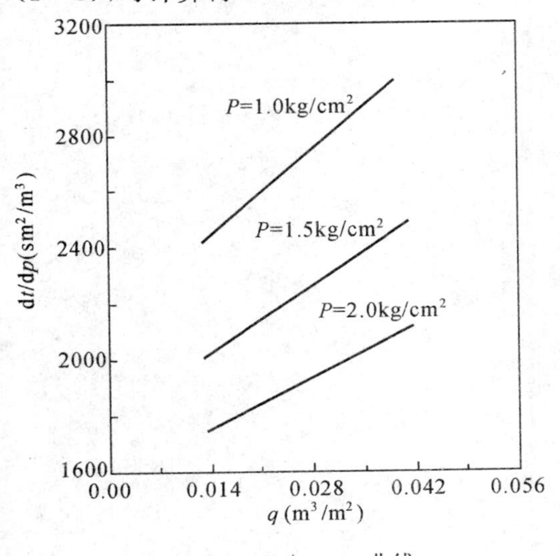

图 6-37 $\Delta\tau/\Delta q-q$ 曲线

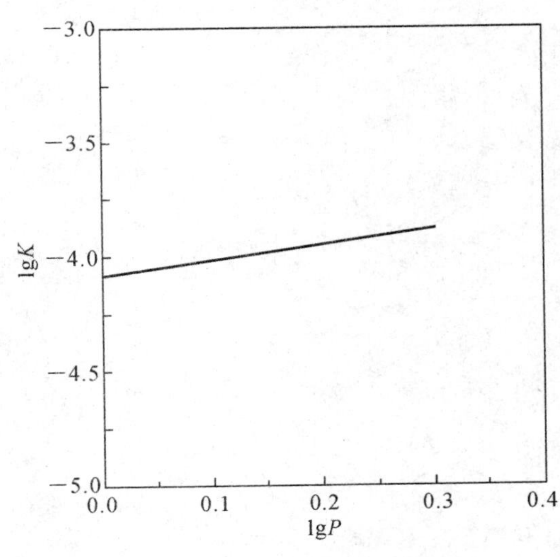

图 6-38 $\lg K\sim\lg\Delta P$ 曲线

六、实验报告

1. 由恒压过滤实验数据求过滤常数 K、q_e、τ_e。
2. 比较几种压差下的 K、q_e、τ_e 值，讨论压差变化对以上参数数值的影响。
3. 在直角坐标纸上绘制 $\lg K-\lg\Delta p$ 关系曲线，求出 S。
4. 实验结果分析与讨论。

七、思考题

1. 板框过滤机的优缺点是什么？适用于什么场合？

2. 板框压滤机的操作分哪几个阶段？

3. 为什么过滤开始时，滤液常常有点浑浊，而过段时间后才变清？

4. 影响过滤速率的主要因素有哪些？当你在某一恒压下测得了 K、q_e、τ_e 值，若将过滤压强提高一倍，问上述三个值将有何变化？

第七章

微观与宏观动力学实验方法

第一节　化学动力学实验技术与应用

研究任何一个化学反应，往往要注意两个重要方面：①化学反应的方向和限度问题。在指定条件（体系及其相关的环境）下，在给定的始态（反应物）和终态（产物）之间，反应是否能够发生？如能发生，进行到什么程度为止？这类问题的研究，是靠化学热力学来解决的。②化学反应的速率和机理问题。要弄清楚化学反应体系从始态到终态所经历过程的细节、发生这个过程所需要的时间以及影响这种过程的因素等。这类问题是靠化学动力学来解决的。

100 多年来，化学动力学的发展主要历经了三个阶段：宏观反应动力学、基元反应动力学和微观反应动力学。

宏观反应动力学阶段大体上是从 19 世纪中叶到 20 世纪初，主要通过改变温度、压力、浓度等宏观条件，研究外界条件对反应速率的影响，其主要标志性成果是质量作用定律和阿累尼乌斯公式。各种化学反应的速率差别很大，有的反应速率很慢，难以觉察，如岩石的风化和地壳中的一些反应。有的反应速率很快，如离子反应、爆炸反应等，瞬时即可完成。有的反应速率则比较适中，完成反应所需时间在几十秒到几十天的范围内，大多数有机化学反应即属此类。宏观反应动力学所研究的对象几乎都是速率比较适中的反应，其研究方法是基于宏观统计的，但由此所得到的有关反应速率的基本规律仍有着重要的意义。

基元反应动力学阶段大体上从 20 世纪初至 20 世纪 50 年代。这是动力学研究从宏观向微观过渡的重要阶段。这一阶段建立了一系列反应速率理论，发现和研究了链反应，建立了快速化学反应研究方法和同位素示踪法。链反应理论的建立，标志着化学动力学由研究总反应过渡到研究基元反应的新阶段。链反应动力学研究直接导致了大量检测活性中间体的实验新方法的建立，如电子学、激光技术、真空技术、低温技术、光电子检测和控制技术等。而连续流动、停止流动、弛豫法、闪光光解法等的建立，促进了快速反应动力学研究的发展。过渡态理论的建立和发展为后来采用量子力学方法研究化学反应奠定了理论基础。这一时期，新概念、新理论、新技术、新方法不断提出、建立和完善，对化学动力学的发展起到了巨大的推动作用。

20世纪50年代以后，化学动力学发展到微观反应动力学阶段。这一阶段最重要的特点是研究方法和技术手段的不断创新，特别是激光技术、分子束技术、微弱信号检测技术和计算机技术的应用。将激光、光电子能谱与分子束相结合，化学家就可以在电子、原子和分子层次上研究化学反应；采用飞秒激光技术，化学家可以进一步研究超快过程和过渡态；而采用科恩(Kohn)密度泛函理论和波普(Pople)计算方法，化学家可以借助计算机对复杂分子的性质和化学反应过程作深入的理论探讨。借助这些方法和手段，化学家可以直接获得反应过程中的微观信息，探究化学反应的微观机理和作用机制，使化学动力学研究进入了微观反应动力学研究的新阶段。

今天，微观反应动力学已成为现代化学动力学发展的新前沿，光谱分辨技术、空间分辨技术、分子运动控制技术与质谱技术、光电检测技术极大地促进了动力学研究，并发展了如量子分子动力学、立体化学反应动力学、非绝热过程动力学等一系列新的研究领域。

因此，化学动力学的基本任务是：考察反应过程中物质运动的实际途径；研究反应进行的条件(如温度、压力、浓度、介质、催化剂等)对化学反应过程速率的影响；揭示化学反应能力之间的关系。从而使人们可以知道如何控制反应条件，提高反应的速率，抑制或减慢副反应的速率，减少原料消耗，减轻分离操作的负担，提高产品的产量和质量，同时可提供避免危险品的爆炸、材料的腐蚀、产品的老化、变质等方面的知识，还可以为科研成果工业化进行最优化设计和最优控制，为现有的生产选择最适宜的操作条件。由此可见，化学动力学的研究，不论在理论上还是在实践上，都具有重要的意义。

一、化学动力学实验的技术要求

(一)恒温

由于化学反应速率对温度非常敏感，因此，要测量或研究化学反应的速率，并考虑各种因素对速率的影响，就必须将温度恒定在某一值。通常的化学动力学实验也都是在恒温下进行的。因而称之为恒温化学动力学实验法。但是，要真正做到恒温也并非容易，这涉及很多技术本性问题。通常是采用：加强作用物、生成物同环境的热交换，尽快从反应区移走反应产生的热量，或尽快向反应区输进反应进行所需要的热量，减少作用物的用量，采用微型反应器等。但最根本的办法是：对于热效应较大的反应最好采用非恒温化学反应动力学实验方法和技术。

由于温度对化学反应速率有很大的影响，由 Arrhenius 经验式 $k=Ae^{\frac{-E}{RT}}$ 可知温度对反应速率的影响呈指数函数关系。为了便于考查其他因素对化学反应速率的影响，通常都恒定化学反应进行的温度。因此，一个很好的控温设备与用一支经过校正的温度计测温是动力学实验中不可缺少的。因而称之为恒温化学反应动力学实验。对于一个化学反应通过不同温度下的恒温化学反应动力学实验，可以测量出其活化能或表观活化能。

在实际的化学反应动力学实验中，化学反应伴随有吸热或放热现象发生，如果化学反应的作用物、生成物同环境(如用于控制化学反应温度的恒温槽)热交换不及时，而且化学反应本身的速率在反应的始、中、末期又不相同，即化学反应本身的热产生速率在不同阶段不相等，那么化学反应的温度势必不相等，成为非恒温反应。这种非恒温情况在吸热量或放热量比较大、反应速率又比较快的固—气多相反应、固—固多相反应中最容易出现。

在化学动力学实验中排除或尽量减少非恒温情况的办法之一是加强作用物、生成物同环境的热交换，尽快从反应区转移走反应所产生的热量，或尽快向反应区输进反应进行所需要的热量。办法之二是减少作用物的用量，采用微型反应器。最根本的办法是，利用非恒温的情况，采用非恒温化学反应动力学实验方法或技术。

（二）作用物的混匀时间和升温时间要短

在恒温化学反应动力学实验中，化学反应速率都是通过实验测得参与化学反应的反应物的浓度或质量与反应时间的关系，然后用图解法或解析法求得反应在一定温度下，某浓度时的化学反应速率。反应时间的测量要有一个起始点——反应的零时刻，即所研究的反应在此时刻开始进行。对于一级反应，因反应速率系数的值与浓度单位无关，半衰期与反应物初始浓度无关，所以可任取时刻为反应起始点。对非一级反应，一般取两反应物开始混合到混合结束的时间间隔中点为反应开始时间。

在均相反应中，参与反应的作用物的混合是一个物理过程，从混合开始到混合均匀无疑需要一定的时间，这个时间称为混合（均匀）时间 $\tau_{混}$。若所研究的反应是在高温下进行，那么处于常温下的作用物如果没有预热，就加入到高温反应器中，则作用物由室温升温到反应温度也需要一定的升温时间 $\tau_{温}$。

化学反应在 $\tau_{混}$ 内或在 $\tau_{温}$ 内无疑在进行着。但对于慢反应，相对于其速率测量所需要的总时间而言，$\tau_{混}$ 或 $\tau_{温}$（常小于几秒）可以忽略不计。因而反应的零时刻不太准确，也不会导致很大的实验误差，即取参与反应的作用物混合开始的时刻，或取作用物被加入到反应区的时刻为反应零时刻都是允许的。而对于快反应，半衰期短到与 $\tau_{混}$ 或 $\tau_{温}$ 同数量级，则确定反应的零时刻就显得非常重要了。由于通常的恒温化学反应动力学实验方法不可避免地都有 $\tau_{温}$ 存在，因此对于一般反应，用秒表计时，误差在1%之内，已经能满足动力学实验要求。但对于半衰期小于 10^{-1} 秒的快速反应则采用化学松弛法实验技术。反应零时刻的确定对化学反应动力学实验而言是很重要的，特别是对于快反应动力学研究则更为重要。

二、恒温化学反应动力学实验方法

恒温化学反应动力学实验方法是要保持反应体系在恒温条件下测量化学反应速率。从体系本身的情况来分有静态法、动态法（流动法）。从测量参与化学反应的物质浓度或含量的手段来分则有化学法和物理（测量）法。物理法又有重量法、压力法、体积法、电导法及光学法等。

（一）化学法

化学法测量化学反应速率时，对反应物或产物在不同反应时刻的浓度或含量用容量分析或重量分析法来测量。这就要求在实验中，每隔一定的时间，对反应体系进行取样分析，而对取出的分析试样则要求立刻冻结反应，即使之停止反应。冻结反应（即停止反应）的方法有骤冷，即突然冷却，这对高温反应很方便（如淬火）。还有采取迅速消耗某种作用物的方法，如乙酸乙酯皂化反应：

$$CH_3C(=O)\text{—}O\text{—}CH_2CH_3 + NaOH = CH_3C(=O)\text{—}O\text{—}Na + C_2H_5OH$$

取出的分析试样在反应过程中要立即停止其中的反应，则可以向取出的分析试样中，立即加入稍过量的定量盐酸，耗去其中的 NaOH 而停止皂化反应。另外还可采用冲稀、加阻化剂、除去催化剂等方法使反应立即停止，然后进行化学分析。

化学法测量化学反应速率的关键在于选择分析方法和做好取样工作及分析工作。一般而言，此法虽较易建立，但这种分析方法用于动力学研究具有一定的局限性。首先，不少化合物，特别是有机化合物，很难用化学分析方法定量测定。其次，化学反应中各物质的浓度随时间在不断变化，为防止取样后样品继续反应，必须对样品采取骤冷、冲稀、加入阻化剂或分离催化等措施，因而测定比较困难。再次，由于每次取样分析，都必须从反应器中取走一定量的样品，这就要求增大反应系统。

(二)物理法

物理法测量化学反应速率时，不直接测量参与化学反应的某物质浓度在不同时刻的浓度或含量，而是通过测量反应体系在不同时刻的物理性质，如光学性质(旋光度、折射率、吸收光谱等)、电学性质(如电导、电动势、介电常数等)、热力学性质(如黏度、导热性、压力、体积等)或采用现代谱仪(IR、UV-VIS、ESR、NMR、ESCA 等)等相应的仪器连续地测量出某一物理性质的数据，以求算出参与化学反应的某物质在相应时刻的浓度或含量，进而求得化学反应的速率。物理化学分析法的特点是测定反应系统的某些物理性质随时间变化的数据。这些物理性质应与反应物和产物的浓度有比较简单的关系，而且随着反应的进行有明显变化，同时又便于跟踪测量。

物理法的优点是迅速而且方便，特别是不需取样，而能连续地测量出数据，因而能在给定的时间内得到较多的实验点，有时还可以同时跟踪几种不同的物理量，每一种都说明一个不同的反应情况。也无需对化学反应进行特殊冻结，为实验者所乐用。所有这些，使得物理化学分析法在动力学研究中得到了广泛运用。缺点是由于测量浓度是通过间接关系，如果反应系统有副反应或少量杂质对所测量物理性质有较灵敏的影响时，易造成较大误差。常用于代替浓度的物理量见表 7-1。

表 7-1 动力学实验中常用于代替浓度的物理量

被测物理量	适用的反应系统
压　力	恒容下有物质的量发生变化的气相反应
体　积	恒压下有物质的量发生变化的气相反应或有密度变化的液相反应
温　度	绝热条件下进行的吸热或放热的反应
电动势	因离子浓度变化引起某电极电势发生变化的反应
电导率	因不同离子的相对含量变化导致溶液导电能力变化的反应
旋光度	含有旋光性变化的液相反应
折射率	产物和反应物折射率不同的反应
可见光吸收度	含有色物质的液相反应
紫外或红外光吸光度	有机化合物反应
原子吸收	有金属离子参与的反应

电导法适用于反应前后导电离子种类或数量会发生变化的体系，如乙酸乙酯皂化反应速率测量用电导法就比较好。因为 OH^- 离子和醋酸根离子 $\left[CH_3C\begin{smallmatrix}\nearrow O\\ \searrow O\end{smallmatrix}\right]^-$ 的导电性能相差较悬殊，使得反应过程中的电导(或电阻)变化显著，在一定的电导池中能达到较高的测量精度。

重量法适用于反应前后物料重量会发生变化的体系，如金属氧化的还原动力学和氯化动力学、金属的氧化动力学、物质分解(放出气体)的动力学等均可用重量法研究。如果采用石英弹簧秤则可以适用于腐蚀性气氛、有毒害的气体体系等。

体积(恒压)法或压力(恒容)法适用于反应前后有气体摩尔数变化的体系。这两种方法对于室温附近的反应动力学研究比较方便，对于高温反应动力学测量则在反应器设计、体积测量或压力测量等应特别注意气体的性质，以及温度、压力和体积之间的相互关系。这两种方法所得结果的精确度一般较低。其主要原因是反应器的设计和组装很难做到合理，故体积及压力的测量仪器虽能有很高的精密度但也无济于事。

动力学分光光度法是通过测定反应物或产物中某指定物质的吸光度随时间的变化来测定反应速率，适用于反应物和产物有不同的吸收光谱，并且吸收物质的吸收强度要足够大。现代UV 分光光度计的波长范围通常为 190～900nm，人们很容易找到反应物或产物在此范围内有吸收。优点是可利用的化学反应范围较宽，从快速反应到慢反应均可；灵敏度高，选择性好；可用于混合物中物质性质十分相近但吸收光谱不同的化合物的同时测出；可用于高浓度与极低浓度物质的测定。

激光诱导荧光利用一定波长的激光辐照被测粒子，使其成为激发态。粒子由激发态经自发辐射返回基态时将辐射出光子，用光电倍增管等接收仪器同时或一定时间后探测这些荧光光子，这就是激光诱导荧光的方法。在通常的实验中，往往可以做到保持激光强度和仪器条件不变，于是总荧光强度便正比于起始态浓度。特点是光谱分辨率高。但是并非所有分子与激光相互作用都能发生荧光，同时要求分子的弛豫、淬灭及分子间能量转移速率相对于辐射速率来说要小。

以上各种方法均可通过适当的变换器或传感器的使用，而设计成可自动记录和自动处理数据的化学动力学测量装置。但应注意，有些方法比较适用于均相反应，有些方法则比较适用于多相反应，在选用它们时应考虑到这一点。

(三)静态法

如果混合时间相对于反应时间可略，可采用“静态法”。静态法是作用物间断地加到反应器中，生成物亦间断地从反应器中取出的实验方法。如在实验过程中从反应体系内取出少量试样，用于分析反应体系中的各物质的含量。静态法又有恒容静态法和恒压静态法。通常的液态均相反应速率测量方法就属于恒容静态法，同时也是恒压静态法。

(四)流动法(动态法)

对于反应时间与混合时间不相上下的反应，常采用流动法和快速混合技术。流动法是使作用物连续稳定地流过反应器，并在其中发生反应，生成物也连续地从反应器移走的实验方法。

流动法常用于多相反应动力学研究，也能用于均相反应，特别是对于较快的均相化学反应速率测量，用静态法无法准确计时以作出动力学曲线，因此流动法更适用。一般流动法适合的反应半衰期为$10^2 \sim 10^3$ s。流动法用于固—气多相反应或气态均相反应时，反应体系是恒压的；用于固—液多相反应或液态均相反应则是恒压和恒容的。

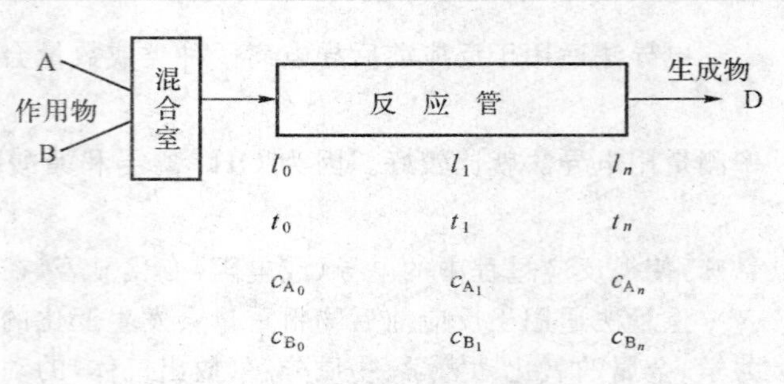

图 7-1　管式流动反应器

流动法根据反应物料在反应器中的流动方式不同进行分类。流动方式分为不搅匀和完全搅匀两种。在不搅匀的情况下，当作用物的流速维持不变达到稳态时，则管式反应器中各位置的物质浓度不随时间而变化，如图 7-1 所示。结合物理法，如光学法，则能测出反应管中各位置的浓度，并可以根据反应物料的流速换算成反应进行到不同的时刻下的浓度。因而就可以用处理静态法实验数据的方法来求得化学反应在同一温度下不同浓度时的速率。

在完全搅匀的情况下，反应器内各处的物质浓度是均匀化的，也不随时间而变化，因而处于稳态。稳态时槽式反应器进、出口处的物质浓度不同，但都是恒定值，如图 7-2 所示。可以根据反应器进、出口处的浓度变化和物料在反应器中的停留时间而直接算出，即有

$$v = \frac{c_2 - c_1}{\tau}$$

$$\tau = \frac{V}{u}$$

式中：c_2、c_1 分别为反应器的出口和进口处的物料浓度；V 为反应器的容积；u 为物料的流速。

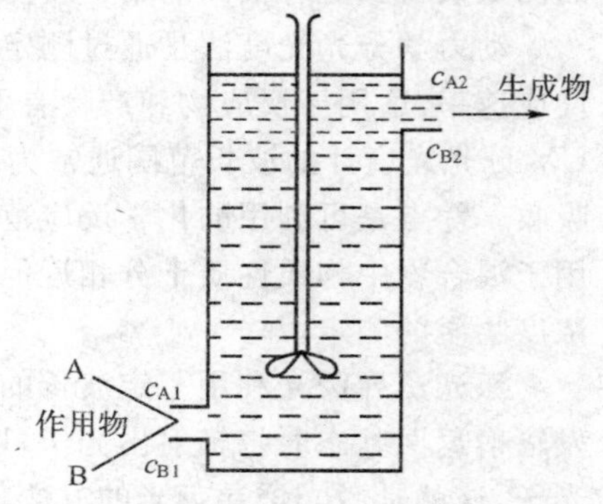

图 7-2　槽式反应器

根据上述二式可知，改变物料的流速可以改变物料在反应器中的停留时间，因而在反应器进、出口处浓度变化相当时，物料停留时间短者适合于快反应研究，停留时间长者适合于慢反应研究。流动法在完全搅匀的情况下，反应速率的计算比较简单。但是一次实验只能测量出相应条件下的化学反应速率；对于多种浓度下的反应速率测量则必须进行多次实验。

流动法用于固—气多相反应或固—液多相反应时，固态物料常作为固定床或沸腾床，气态物质或液态物质则作为流动相。固定床一般当作不搅匀的情况处理，在床层中任一位置上各组分的浓度或含量保持恒定，不随时间变化而处于稳态，但组分的浓度是床层位置（床层高度）的函数。沸腾床一般当作完全搅匀的情况，在床层中各位置的浓度没有差别，也不随时间变化而变化仍处于稳态。

1. 流动法反应器

流动法反应器就其内部物质浓度的分布而言可分为积分式、微分式和脉冲式三种类型。积分式用于动力学研究时，由实验数据计算反应速率比较麻烦，微分式则比较简单，脉冲式反应器用于测量反应速率则还有更多的困难。从反应器本身大小，或所用物料多少的角度考虑又可分为常量反应器和微型反应器，但两者的动力学原理是相同的。

不搅匀的流动反应器于整体而言属积分式反应器，就某部分而言属微分式反应器，如图 7-3 所示。微分式反应器所代表的动力学情况相当于积分式反应器中的一个横截面，或一微

分区域。完全搅匀的流动反应器则相当于微分式反应器。把固—气多相反应的固定床反应器当作不搅匀情况处理时属于积分式，只有在床层特薄时才属于微分式反应器。把固—气多相反应的沸腾床反应器当作完全搅匀情况处理时就相当于微分式反应器。

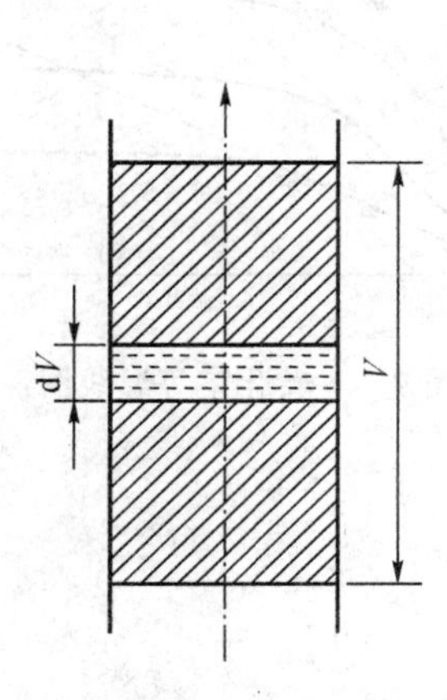

图 7-3 反应器剖析图

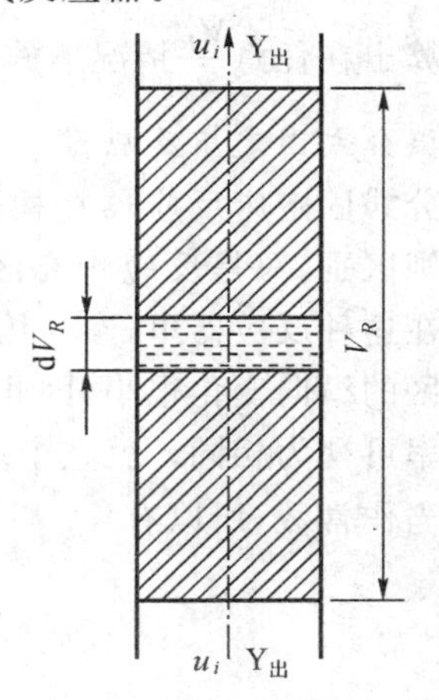

图 7-4 反应器内参变量情况

2. 积分式反应器

积分式固定床反应器床层内各部分温度应保持一致，流动形式要保持活塞流型（或挤出流型），流速要稳定。在这种反应器里气体作用物以一定的流速流经装有固体作用物的恒温反应带区。在带区纵向则有明显的浓度梯度，沿流动方向作用物的浓度下降，转化率则沿流动方向而上升。整个反应器的反应速率是沿着反应带区的各个部分的反应速率的积分。积分式固定床反应器内的各种参变量情况如图 7-4 所示。图中 V_R 为固体作用物的体积；u 为气体作用物的流速；v 为单位体积的固体作用物的反应速率；y 为作用物的转化率，即转化了的作用物量占所加入的作用物总量的百分数。如果取固体作用物中的薄层 $\mathrm{d}V_R$ 进行，按化学反应计量的物料平衡计算，则有

$$v\mathrm{d}V_R = u\mathrm{d}y$$

$$v = \frac{u\mathrm{d}y}{\mathrm{d}V_R} = \frac{\mathrm{d}y}{\mathrm{d}V_R/u}$$

当气体作用物的流量为恒定时，则为

$$v = \frac{\mathrm{d}y}{\mathrm{d}(V_R/u)}$$

为求得固—气多相反应的速率 v，可以采用不同的数据处理法，如图解微分法和数学解析法。

①图解微分法。在恒定反应温度时测量出在不同的值 V_R/u 条件下所对应的 y，测量点可选在固体作用物的最上层处，V_R/u 值可以通过改变 u 来达到。根据实验数据，作 y 对 V_R/u 的图线，即固—气多相反应过程的转化率等温线，如图 7-5 所示。等温线上任何一点切线的斜率就是该点所对应的反应体系的化学反应速率。在固相作用物总量、粒度、气体作用物分压和气流速率等相近的条件下，由不同温度的反应速率数据也可求得反应的表观活化能。改变气体作用物的分压还可求得反应的级数等。

②数学解析法。如果将实验测量得到的$\frac{V_R}{u}$与 y 的数据写成级数形式：

$$y = a(\frac{V_R}{u}) + b(\frac{V_R}{u})^2 + \cdots$$

用最小二乘法定出系数 $a,b,\cdots$，然后求微分：

$$dy/d(\frac{V_R}{u}) = a + 2b(\frac{V_R}{u}) + \cdots$$

就可计算出在任意$\frac{V_R}{u}$情况下的化学反应速率 v。

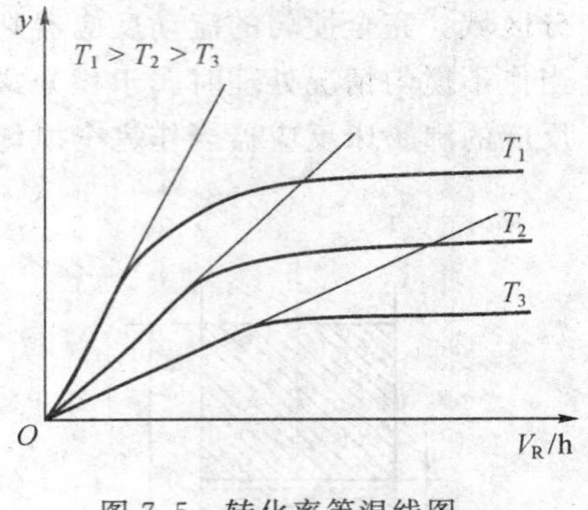

图 7-5　转化率等温线图

3. 微分式固定床反应器

微分式固定床反应器在构造上与积分式固定床反应并无原则区别，只是反应带有区别，因而固体作用物用量较小。在这种反应器里，参与化学反应的各物质的浓度沿反应带区的纵向变化很小，因此反应带区各截面上的化学反应速率可视为相同。就整个反应器而言，化学反应速率也可以当作常数，所以有

$$vV_R = u(y_{出} - y_{入}) = u\Delta y$$

$$v = \frac{u}{V_R}\Delta y$$

式中：$\Delta y = y_{出} - y_{入}$ 是固定床微分式反应器进口和出口的转化率的差值。当 $y_{入}=0$ 时，则 $\Delta y = y_{出} \to y$，所以有

$$v = \frac{u}{V_R}y$$

实验测出 u、V_R 及与此相应的转化率 y，便可求得固—气多相反应的速率 v。应用微分式固定床反应器测量固—气多相反速率时，数据处理比较简单，但每次实验只能得到对应于某种条件下的化学反应速率。

流动法比静态法更多地应用于化学动力学实验，因为较静态法的优点更多。例如，可以通过改变物料流速 u 来达到在短反应时间内测量化学反应速率，即可以用于测量较快化学反应的速率，另外，它的连续性与许多实际的生产流程的运输情况相类似。但是流动法本身也有许多不足之处，例如，它首先要气流或液流稳定，而且能准确测量流量或流速的装置；其次要较长时间地控制反应处于实验条件下，以致作用物消耗多；再者流动法实验数据的处理有些也较静态法烦琐。几种实验室反应器性能的比较如表 7-2 所示。

表 7-2　几种实验室反应器性能的比较

反应器	温度均匀难易	接触时间均匀	取样分析难易	数字解析难易	制作与成本
内循环反应器	优良	优良	优良	优良	难、贵
外循环反应器	优良	优良	优良	优良	中等
转蓝反应器	优良	良好	优良	良好	难、贵
微分管式反应器	良好	良好	不佳	良好	易、廉
绝热反应器	良好	中等	优良	不佳	中等
积分反应器	不佳	中等	优良	不佳	易、廉

(五)引发方法

1. 热引发(加热)

反应物分子通过与其他分子或被炉子加热的反应器器壁的碰撞而获得足够的能量，从而

使反应发生。典型的实验温度范围为:300～3000K。

2.放电法

放电法常用的有微波放电和射频两种方法。两种方法均是气体反应混合物中的自由电子,在微波和射频场中被加速到很高的动能,从而产生其他的带电物种(通过电子冲击电离)。

3.光活化

光活化是指反应物分子吸收光而光解。其用于引发光化学反应的典型波长为:120～700nm。

(六)恒温化学反应动力学实验的基本测量量与误差来源

恒温化学反应动力学实验测量化学反应速率的基本测量量是温度、时间及作用物的浓度或质量。化学法中直接测量的就是这些基本测量量,而物理法中作用物的浓度不是直接测量量,而是通过测量反应系的压力、体积、电导、旋光值或消光值等物理量而间接求得的。流动法中时间这个基本测量量有的是通过测量作用物的流速及反应管或反应器的容积而间接求得的,有的则根本不要换算成时间就可以得到化学反应速率。但时间这个因素对动力学测量是绝对不可丢掉的。

在化学动力学实验中温度的测量应力求准确,这在一般情况下是容易做到的。问题是所测得的温度是否能真正代表反应温度。时间的度量多数是使用停表。它的刻度较精细,并且使用方便。对于慢反应来说,时间的总误差也不大。但从准确度出发,最好使用石英晶体电子表或同步电子计时器。

恒温化学反应动力学实验的误差除了与这些基本测量量的测量误差有关外,还与方法上的差别有关。如多相反应维持实验条件就比均相反应困难些,因此招致误差产生的机会就多些。由于化学反应动力学问题本来就与过程有关,因此有些结果不一致看起来是误差,但也可能本来就应该如此。所以,化学反应动力学实验结果的误差问题应保障温度相同、其他条件相同、过程也相同的情况下来考虑。在相同的条件下实验结果应有一定的重现性,否则就失去了化学动力学实验的科学意义。

三、非恒温化学反应动力学实验方法

前已述及,对于某些难以保障在恒温条件下进行反应动力学实验的反应,非恒温化学反应动力学实验方法就有重要意义。非恒温实验法也叫变温实验法,适用于无法恒温的化学反应动力学实验。非恒温化学反应动力学实验测出的动力学参数 E(活化能)、n(反应级数)、z(频率因子)往往不足以表征给定的化学反应或给定的物质,而是表征一个特殊的过程。也就是 E、n 及 z 等数值除与化学反应或特定的过程有关外,还受过程中的其他因素影响,如与升温速率、样品重量、颗粒大小、密集性、反应器材料的几何形状、气氛性质和其运动状态(静态或动态)等有关。这种情况并不违背化学动力学原理,只是对实验技术要求特别高,否则难于保证实验结果的重现性。

非恒温动力学实验方法有许多种,如热重分析、差热分析及量热等方法。

(一)热重分析的反应动力学

在固态物质分解动力学参数的测量中,热重分析是广泛应用的一种方法。热重分析用于

反应动力学研究，又分积分法、差减微分法等各种处理热重分析数据的方法。差减微分法处理数据的过程如下。

对于一个在液相或固相里发生的化学反应，如果反应的生成物之一是挥发的，则其化学反应速率可表示为

$$\frac{\mathrm{d}x}{\mathrm{d}t}=kx^{n} \tag{7-1}$$

式中：x 为作用物的"浓度"摩尔分数（或重量分数）；n 为反应级数；k 为特征速率常数。根据阿累尼乌斯公式：

$$k=z\mathrm{e}^{-E/RT} \tag{7-2}$$

式中：z 为频率因子；E 为活化能。将式(7-2)代入式(7-1)得

$$\frac{\mathrm{d}x}{\mathrm{d}t}=z\mathrm{e}^{-E/RT}x^{n}$$

$$z\mathrm{e}^{-E/RT}=\frac{1}{x^{n}}\frac{\mathrm{d}x}{\mathrm{d}t}$$

将此式取对数，然后对 T、$\mathrm{d}x/\mathrm{d}t$ 和 x 微分得

$$\frac{E}{RT^{2}}\mathrm{d}T=\mathrm{d}\ln\left(-\frac{\mathrm{d}x}{\mathrm{d}t}\right)-n\mathrm{d}\ln x$$

再积分此式得

$$-\frac{E}{R}\left[\Delta\left(\frac{1}{T}\right)\right]=\Delta\left[\ln\left(-\frac{\mathrm{d}x}{\mathrm{d}t}\right)\right]-n\Delta\ln x$$

$$\frac{-\frac{E}{R}\left[\Delta\left(\frac{1}{T}\right)\right]}{\Delta\ln x}=\frac{\Delta\left[\ln\left(-\frac{\mathrm{d}x}{\mathrm{d}t}\right)\right]}{\Delta\ln x}-n$$

利用关系式 $\ln N=2.303\lg N$ 可将上式换算成：

$$\frac{\Delta\lg\left(\frac{\mathrm{d}x}{\mathrm{d}t}\right)}{\Delta\lg x}=\frac{\frac{-E}{2.303R}\left[\Delta\left(\frac{1}{T}\right)\right]}{\Delta\lg x}+n$$

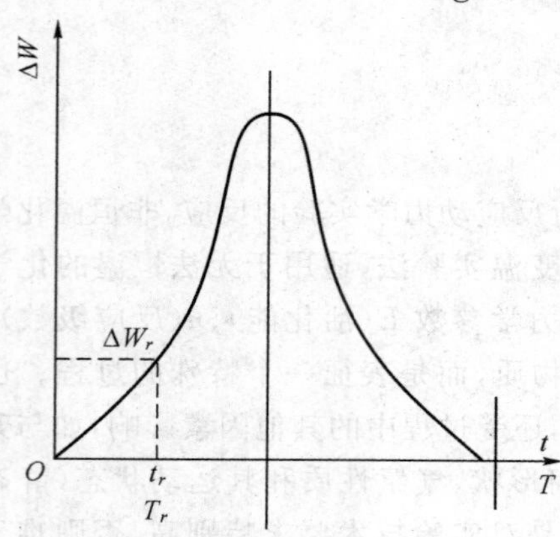

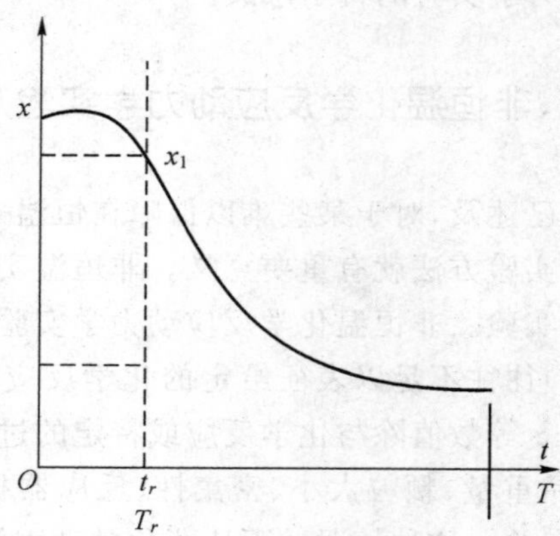

图 7-6 微分热重曲线

根据微分热重曲线（见图 7-6），可以求得"浓度" x 对时间、温度的关系曲线。因而可利用上述公式求出动力学参数，即 $\Delta\lg\left(-\frac{\mathrm{d}x}{\mathrm{d}t}\right)/\Delta\lg x$ 对 $\Delta\left(\frac{1}{T}\right)/\Delta\lg x$ 作图应得一直线，其斜率为 $-E/2.303R$，所以可求得活化能。直线的截距为 n，即为反应级数。已知 E、n、x 及 $\mathrm{d}x/\mathrm{d}t$ 也可

求出 z，因为有

$$\lg z = \lg(-\frac{dx}{dt}) + \frac{E}{2.303}\frac{1}{RT} - n\lg x$$

如果测得的不是微分热重曲线，而是积分热重曲线，则求动力学参数的方程式可变换为

$$\frac{\Delta\lg(\frac{d\omega}{dt})}{\Delta\lg\omega_r} = \frac{\frac{-E}{2.303R}[\Delta(\frac{1}{T})]}{\Delta\lg\omega_r} + n$$

式中：w 为 t 时刻的物料的重量损失，$w_r = w_0 - w$ 则为物料反应达到时刻 t 以后，继续反应时，其余的物质中尚可损失的重量，w_0 为物料反应完全时的重量损失。不同时刻下的 w_r 和 dw 可以直接从积分热重曲线上求出，如图 7-7 所示。

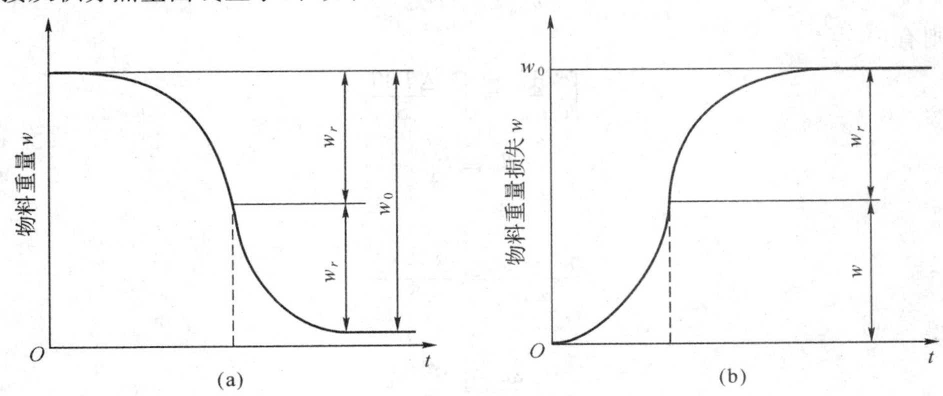

图 7-7　积分热重曲线

因而将数据按 $\frac{\Delta\lg(\frac{d\omega}{dt})}{\Delta\lg\omega_r}$ 对 $\frac{\Delta(\frac{1}{T})}{\Delta\lg\omega_r}$ 作图，即可求出活化能 E 和反应级数 n。频率因子 z 则可根据公式：

$$-\frac{d\omega_r}{dt} = z\omega_r^n e^{-E/RT}$$

在已知 E、n 和由积分热重曲线上求出相应温度 T 下的 w_r 及 $\frac{d\omega_r}{dt}$ 后通过计算求得。

(二)差热分析的反应动力学

差热分析的实验数据为差热曲线。差热曲线与基线间的距离表示试样与参比物(基准物)间的温度差(ΔT)。这些温度数值的差异就构成了差热峰，如图 7-8 所示。差热峰的面积(即差热曲线与基线间的面积)代表样品的总反应热，即 $\Delta H = kS$。式中 k 为与样品系统的总导热系数、热容及几何因素有关的比例常数；S 为差热峰总面积，即差热反应进行完全所具有的面积。此处也存在如下关系：

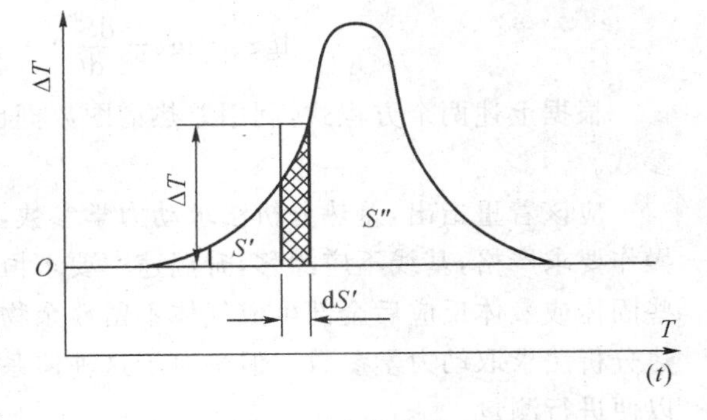

图 7-8　差热曲线

$$S = S' + S''$$

式中：S' 为温度 T 时差热反应已完成部分所具有的面积；S'' 为温度 T 时差热反应尚未完成部

分所具有的面积。

就反应而言，总反应热 ΔH 的微量变化，根据差热峰面积无疑可以写成下式：

$$d(\Delta H)=k\mathrm{d}S'=k\Delta T\mathrm{d}T$$

从反应的物量来考虑，总反应热 ΔH 的微量变化也可表示为

$$\mathrm{d}(\Delta H)=(kS)\times\frac{\mathrm{d}\omega}{\omega_0}$$

式中：w_0 为差热反应的总反应物耗量（或总失重量）；w 为温度 T（或时刻 t）时的反应物耗量（或失重量）。由以上两式可得

$$\frac{\mathrm{d}\omega}{\omega_0}=\frac{\Delta T\mathrm{d}T}{S}$$

取积分则有

$$\int_0^w\frac{\mathrm{d}\omega}{\omega_0}=\int_0^S\frac{\Delta T\mathrm{d}T}{S}$$

$$\frac{\omega}{\omega_0}=\frac{S'}{S}$$

及

$$\frac{\omega_0-\omega}{\omega_0}=\frac{S-S'}{S}$$

因此可得

$$\frac{\omega_r}{\omega_0}=\frac{S''}{S}$$

此式说明，同一样品的微分热重（DTG）曲线与差热分析（DTA）曲线相似。它们的热谱图的特征量之间有对应关系。根据这种对应关系，微分热重分析中推导出的有关方程，只要将其中的失重量 w、w_0 及 w_r 换成相对应的 S'，S 及 S''，就可以利用差热分析的热谱图来求动力学参数。根据这一原理，利用差热分析数据求动力学参数的方程式为

$$\frac{\Delta\lg(\frac{\mathrm{d}S'}{\mathrm{d}t})}{\Delta\lg S''}=(\frac{-E}{2.303R})\frac{\Delta(\frac{1}{T})}{\Delta\lg S''}+n$$

及

$$\lg z=\lg(-\frac{\mathrm{d}S''}{\mathrm{d}t})+\frac{E}{2.303R}\times\frac{1}{T}-n\lg S''$$

根据上述两个方程式，利用差热谱图数据也可按与热重分析法相类似的手续来求动力学参数。

应该着重指出，差热分析法求动力学参数，由于涉及峰面积求取问题，因此对仪器和实验操作要求严格，基线不应漂移，升温速率要求恒定，即线性升温，并且热峰要完整不缺。对于某些固体或液体反应后全部生成气体不留残余物者，由于差热分析难于回复到基线，则不便用差热分析法求取动力学参数。但是对于这种体系，也可以用添加中性填充物的办法来改善情况，以便进行测量。

四、快速反应动力学研究技术

快速反应一般是指在一秒以内或远远小于一秒的时间内完成的反应。对于这类反应，需

用特殊的实验技术方能研究。研究快速反应的技术和方法近年来取得了较快的发展，下面仅就其中少数方法作些简单介绍。

(一)阻碍流动技术

快速反应进行的时间很短，这就要求反应物充分混合的时间更短。为此而发展起来的特殊方法之一就是"阻碍流动技术"。图7-9所示是为溶液中两种反应物的快速反应而设计的装置。反应前，两种反应物溶液分置于注射器A及B中，注射器活塞可用机械的方法很快推下，此时两种溶液经过混合器C中的喷口分散射出而相互冲击，能快速充分混合并立即进入反应器D。有些设计是使混合器和反应器联而为一的。阻碍流动技术可将通常需要数秒乃至一分钟的反应物混合过程加快到千分之一秒内完成。

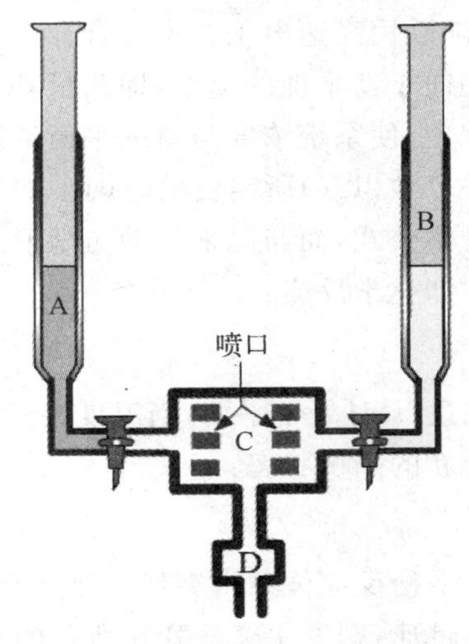

图7-9　阻碍流动技术装置示意图

(二)闪光光解技术

将一能量很高、持续时间很短的强烈闪光照射到反应系统中，这种很强的光被反应物吸收的瞬间，将引起电子激发和化学反应，这种技术称为"闪光光解"。光解的初级产物通常是自由基。由于闪光能量比较集中，因此产生的自由基浓度比普通光解法要高得多，故闪光光解法对自由基反应的研究特别有效。

早期的闪光技术，是用一排电容器通过氩、氪等惰性气体放电而产生闪光，这种闪光持续的时间约为毫秒级(10^{-3}s)。激光技术出现以后，目前已可产生纳秒级(10^{-9}s)的超短脉冲激光，因此在这样短的时间内的初级过程也可以研究，这就是现代"激光闪光光解"技术。其装置如图7-10所示。

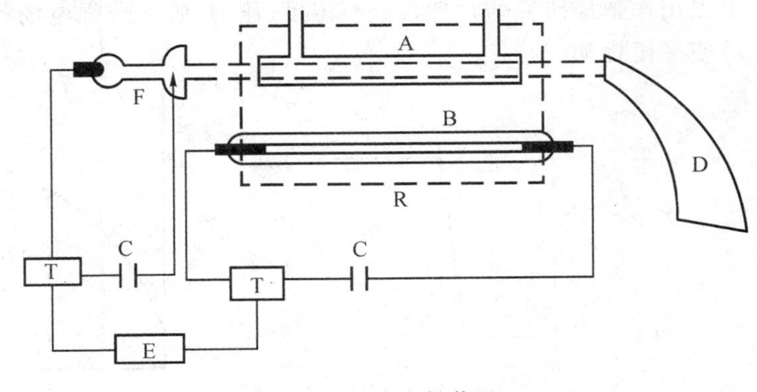

图7-10　闪光光解装置

闪光光解技术中的另一个问题是如何检测光解后的产物及其浓度变化，通常是采用各种光谱的方法来鉴定。为了研究吸收光能后的初级过程，需在闪光后立即测定反应系统的光谱，这就要求在闪光以后，以某种方式精确控制光谱光源的闪光时间，一般所用的方法是距样品不远处，放置一面分束镜，让闪光光源的光束一部分照射样品，一部分作为光谱光源或激发光谱光源。

(三)弛豫技术

通常的化学动力学实验方法只适用于测量半衰期较长的反应速率(流动法可使反应期缩短至0.001s)。半衰期小于几秒，短至10^{-9}s的快反应就需要特殊的技术——弛豫法(relaxation method)。它是用作用时间非常短暂的(持续时间常少于重新建立平衡所需时间的一半)

外部脉冲来扰动平衡体系，再用快速物理方法跟踪体系趋向新平衡的变化。

弛豫法是一种具有崭新思想的化学动力学实验方法，它从根本上避开了作用物的混合问题。"弛豫"二字在化学动力学中的含义是：因受外来因素的影响而偏离了平衡位置的系统在新条件之下趋向于新的平衡。用弛豫技术研究快速反应，是先使被研究的反应系统在一指定条件下达到平衡，然后用某种方法，例如温度或压力的突然改变、超声波的吸收等迅速扰乱平衡，随后用高速电子技术配合分光光度法、电导法等检测系统的浓度变化，测量系统在新条件下趋向于新平衡的速率，即测量其"弛豫时间"。所谓弛豫时间，是指反应系统在趋向新平衡的过程中，使系统浓度与新的平衡浓度之偏离值减小到条件突变的瞬间所造成的起始偏离值的某一分数(1/e)所需要的时间。如果偏的足够小，通常重新恢复至平衡的速率符合一级反应的动力学公式，而与原来的动力学形式无关。

如化学反应：

$$A+B \xlongequal{T} C+D$$

在温度 T 时处于平衡，当温度突然(时间$<10^{-6}$ s)由 T 升至($T+10$)，则反应会自动地变化到一个新的平衡状态：

$$A+B \xlongequal{T+10} C+D$$

平衡反应体系由突然变化起至新的平衡建立的过程称为弛豫过程。如果突然变化发生得非常迅速，则发生突然变化所耗的时间对整个弛豫过程所需要的时间而言，是瞬时的，因而可以忽略不计。反应体系在弛豫过程中各物质的浓度变化可以借助于检测器(浓度分析器)作为时间的函数而被记录下来，如图 7-11 所示。有了这些数据则可以求得快反应的动力学参数。可以用作弛豫研究的物理参数有温度、压力、强光或强电场等。这些物理参数突然变化的结果可使平衡扰动。

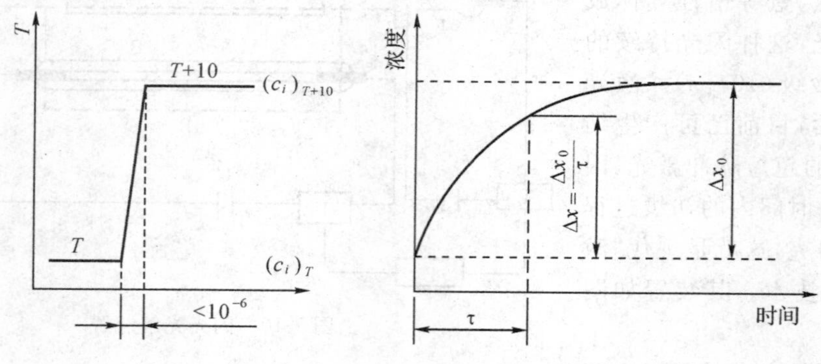

图 7-11　弛豫曲线

若化学反应的平衡扰动足够小，不论正向反应或逆向反应的动力学如何，其平衡恢复的速率一般属于一般动力学，即平衡扰动小的弛豫过程的速率为一级动力学特征。假如 Δx_0 是描述某平衡混合物组成的浓度 c_i 的初始移动，即 $t=0$ 平衡恢复刚开始的最大浓度偏移，Δx 是某组分的浓度 c_i 在扰动以后任一时刻 t 时所发生的浓度偏移，则两者关系为

$$\Delta x = \Delta x_0 e^{-t/\tau}$$

这是一级动力学特征公式，式中是反应体系的弛豫时间。所谓弛豫时间就是 Δx 达到 $\Delta x_0/e$ 所需要的时间(e 为自然对数的底)，或者说体系走完恢复平衡路程的 1/e 所需要的时间。实验可以记录下弛豫开始，即当温度或其他物理参数突变后，某些组分的浓度随时间的变

化，从变化曲线中可以求出弛豫时间 τ。τ 与化学反应动力学参数 k（速率常数）的关系可以根据不同的反应类型导出。下面以可逆的一级反应为例作简单介绍。

对于可逆的一级反应（正、逆都为一级）：

$$A \underset{k_{-1}}{\overset{k_1}{\rightleftharpoons}} B$$

若 a 为 $A+B$ 的浓度，x 为 B 在任一时刻的浓度，则可得

$$\frac{\mathrm{d}x}{\mathrm{d}t} = k_1(a-x) - k_{-1}x$$

相应于某温度下 B 的平衡浓度 x_e，x 对 x_e 的偏移在 t 时刻为 Δx，则有关系式：

$$x = x_e + \Delta x$$

代入上式可得

$$\frac{\mathrm{d}(x_e+\Delta x)}{\mathrm{d}t} = k_1(a - x_e - \Delta x) - k_{-1}(x_e + \Delta x)$$

由于平衡时有

$$\frac{\mathrm{d}x}{\mathrm{d}t} = k_1(a-x_e) - k_{-1}x_e$$

因此可得

$$\frac{\mathrm{d}(\Delta x)}{\mathrm{d}t} = -(k_1+k_{-1})\Delta x$$

$$\int_{\Delta x_0}^{\Delta x}\frac{\mathrm{d}(\Delta x)}{\Delta x} = -\int_0^t (k_1+k_{-1})\mathrm{d}t$$

$$\ln\frac{\Delta x}{\Delta x_0} = -(k_1+k_{-1})t$$

此式与前面提到的关系式 $\Delta x=\Delta x_0 \mathrm{e}^{-t/\tau}$ 相比较可得

$$\tau = \frac{1}{k_1+k_{-1}}$$

由实验求出 τ，即可求得 $\frac{1}{k_1+k_{-1}}$ 值，再由平衡实验求得 $K=\frac{k_1}{k_{-1}}$，那么联立求解下面两个方程，则可算出 k_1 和 k_{-1}：

$$\begin{cases}\dfrac{1}{k_1+k_{-1}} = \tau \\[2mm] \dfrac{k_1}{k_{-1}} = K\end{cases}$$

对于其他类型的反应，k 与 τ 的关系也可按类似的办法处理。因而，根据弛豫时间和平衡常数 K 等数据就可以求得快反应的动力学参数。弛豫法的关键是要测量出反应的弛豫时间；其次还需要测量出反应平衡的一些数据，如平衡常数等。

弛豫法实验装置原理如图 7-12 所示。反应器中待测定反应动力学参数的化学反应处于平衡，物理参变量变化源可以使反应器中的物理参变量发生突然变化，如温度跳变、电场跳变、压力跳变、光

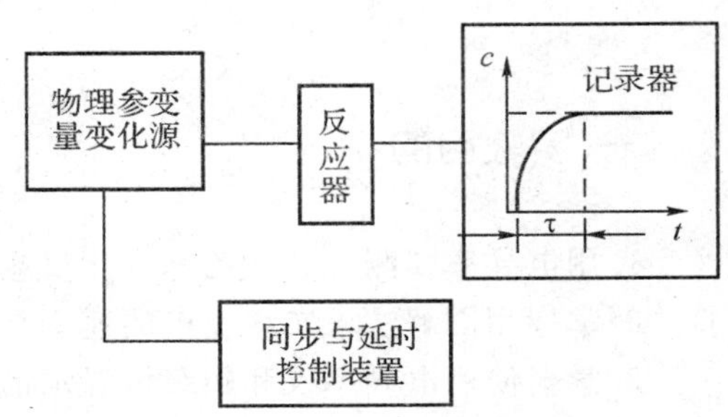

图 7-12　弛豫实验装置框图

场跳变等。结果反应器中的化学反应平衡遭到破坏，而化学反应力图在新条件下达到新的平衡。建立新平衡所需要的时间很短，但在建立新平衡的过程中物质的浓度会发生变化。弛豫过程记录器则把弛豫过程中的物质浓度随时间变化的关系记录下来。同步与延时控制是为了使突然变化（跳变）和记录同步，但后者略稍延迟一点，一般延迟为 10^{-6}s。

这是弛豫技术中的一种方法——“温度跃升”法的基本原理。为了使用这种方法，必须在小于弛豫时间内完成温度跃升，对于最快的反应要求在一微秒内完成，这在技术上是相当困难的。较早的温度跃升技术是通过高压电容的电弧放电来实现的，在激光技术出现以后，则可用高功率的超短脉冲激光以实现温度跃升。另外，测量弛豫时间也是不容易的，对很快的反应来说，须在数微秒的时间内进行测量，对稍慢的反应来说，也要求在数毫秒内进行测量。这就必须使用具有高速电子记录装置的电导法或光谱法等方能达到此要求。弛豫法仅使化学平衡发生扰动，但并不产生新的化学物质。图 7-13 为温度跃变法装置示意图。而闪光光解法、脉冲射解法和激波管法则可以产生新的（一个或几个）反应物质。

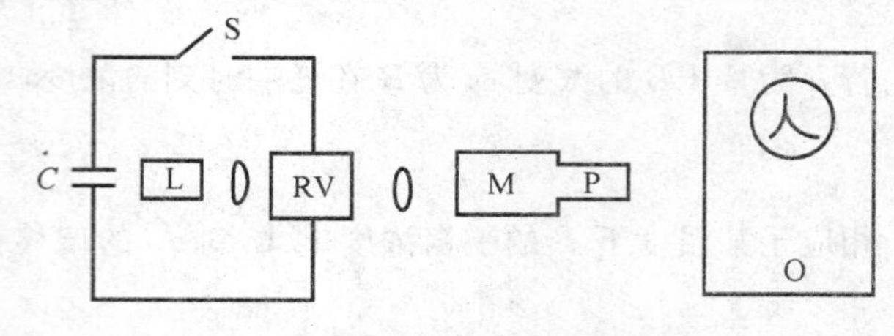

图 7-13　温度跃变法装置示意图

如上介绍的是测量快速反应速率常数的一些技术。还有其他一些技术如骇波技术、分子束技术、超短脉冲激光技术等已可用来探索某些微观的快速过程，如反应速率与分子振动激发态之间的关系，分子碰撞时能量传递的关系以及能量由一种形式（振动）转化为另一种形式（转动或平动）的速率等等，对这些过程的研究必将使人们对反应机理的认识产生新的飞跃，因此，对快速过程的研究，已成为现代化学动力学着重研究的方向。

第二节　基础与综合性实验

实验二十四　电导法测定乙酸乙酯皂化反应的速率常数

一、实验目的

1. 用电导率仪测定乙酸乙酯皂化反应进程中的电导率。
2. 掌握用图解法求二级反应的速率常数，并计算该反应的活化能。
3. 学会使用电导率仪和超级恒温水槽。

二、预习要求

1. 了解电导法测定化学反应速率常数的原理。
2. 如何用图解法求二级反应的速率常数及如何计算反应的活化能。
3. 了解电导率仪和恒温水浴的使用方法及注意事项。

三、实验原理

乙酸乙酯皂化反应是一个二级反应，其反应方程式为

$$CH_3COOC_2H_5 + Na^+ + OH^- \rightarrow CH_3COO^- + Na^+ + C_2H_5OH$$

当乙酸乙酯与氢氧化钠溶液的起始浓度相同时，如均为 a，则反应速率表示为

$$\frac{dx}{dt} = k(a-x)^2 \tag{7-3}$$

式中：x 为时间 t 时反应物消耗的浓度，k 为反应速率常数。将上式积分得

$$\frac{x}{a(a-x)} = kt \tag{7-4}$$

起始浓度 a 为已知，因此只要由实验测得不同时间 t 时的 x 值，以 $\frac{x}{a-x}$ 对 t 作图，应得一直线，从直线的斜率便可求出 k 值。

乙酸乙酯皂化反应中，参加导电的离子有 OH^-、Na^+ 和 CH_3COO^-，由于反应体系是很稀的水溶液，可认为 CH_3COONa 是全部电离的，因此，反应前后 Na^+ 的浓度不变，随着反应的进行，仅仅是导电能力很强的 OH^- 离子逐渐被导电能力弱的 CH_3COO^- 离子所取代，致使溶液的电导逐渐减小。因此，可用电导率仪测量皂化反应进程中电导率随时间的变化，从而达到跟踪反应物浓度随时间变化的目的。

令 G_0 为 $t=0$ 时溶液的电导，G_t 为时间 t 时混合溶液的电导，G_∞ 为 $t=\infty$（反应完毕）时溶液的电导。则稀溶液中，电导值的减少量与 CH_3COO^- 浓度成正比，设 K 为比例常数，则

$$t = t \text{ 时}, x = x, x = K(G_0 - G_t)$$

$$t = \infty \text{ 时}, x \rightarrow a, a = K(G_0 - G_\infty)$$

由此可得

$$a - x = K(G_t - G_\infty)$$

所以式(7-4)中的 $a-x$ 和 x 可以用溶液相应的电导表示，将其代入式(7-4)得

$$\frac{1}{a}\frac{G_0 - G_t}{G_t - G_\infty} = kt$$

重新排列得

$$G_t = \frac{1}{ak} \cdot \frac{G_0 - G_t}{t} + G_\infty \tag{7-5}$$

因此，只要测不同时间溶液的电导值 G_t 和起始溶液的电导值 G_0，然后以 G_t 对 $\frac{G_0 - G_t}{t}$ 作图应得一直线，直线的斜率为 $\frac{1}{ak}$，由此便求出某温度下的反应速率常数 k 值。将电导与电导

率 κ 的关系式：$G=\kappa\dfrac{A}{l}$代入式(7-5)得

$$\kappa_t=\frac{1}{ak}\cdot\frac{\kappa_0-\kappa_t}{t}+\kappa_\infty \tag{7-6}$$

通过实验测定不同时间溶液的电导率 κ_t 和起始溶液的电导率 κ_0，以 κ_t 对$\dfrac{\kappa_0-\kappa_t}{t}$作图，也得一直线，从直线的斜率也可求出反应速率常数 k 值。如果知道不同温度下的反应速率常数 $k(T_2)$和 $k(T_1)$，根据 Arrhenius 公式，可计算出该反应的活化能 E 和反应半衰期。

$$\ln\frac{k(T_2)}{k(T_1)}=\frac{E}{R}\left(\frac{1}{T_1}-\frac{1}{T_2}\right) \tag{7-7}$$

四、仪器和试剂

仪器：电导率仪(附 DJS-1 型铂黑电极)1 台；恒温夹套反应池 1 只；恒温水浴 1 套；停表 1 只；移液管(25mL)3 只；移液管(1mL)1 只；容量瓶(25mL)2 个。

试剂：NaOH 水溶液(0.1000mol・L^{-1})；乙酸乙酯(A.R.)；电导水。

五、实验步骤

1. 配制溶液

配制与 NaOH 准确浓度(约 0.1000mol・L^{-1})相等的乙酸乙酯溶液。其方法是：找出室温下乙酸乙酯的密度，进而计算出配制 250mL 0.1000mol・L^{-1}(与 NaOH 准确浓度相同)的乙酸乙酯水溶液所需的乙酸乙酯的毫升数 V，然后用 1mL 移液管吸取 VmL 乙酸乙酯注入 250mL 容量瓶中，稀释至刻度，即为 0.1000mol・L^{-1}的乙酸乙酯水溶液。

2. 调节恒温槽

将恒温槽的温度调至(25.0±0.1)℃[或(30.0±0.1)℃]，恒温槽的使用见仪器说明书。

3. 调节电导率仪

每次测定电导率前，都要用少量蒸馏水将恒温夹套反应池和电极洗净，并用滤纸吸干。注意每次洗涤恒温夹套反应池时不要将通恒温水的胶管拆除。电导率仪的使用如图 7-14 所示。

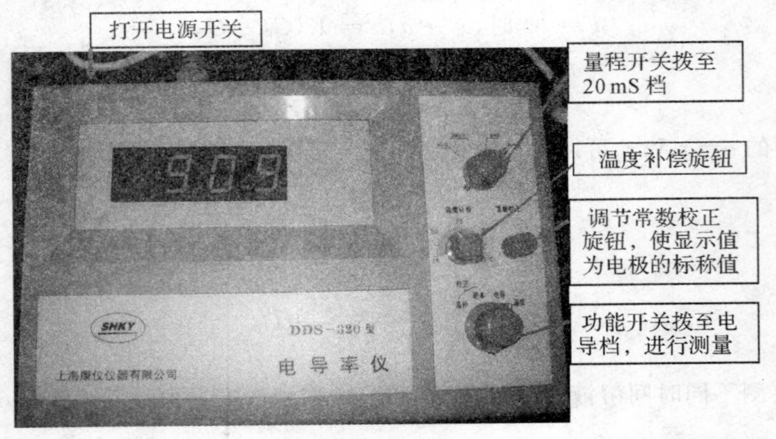

图 7-14 电导率仪

4. 溶液起始电导率 κ_0 的测定

分别用 2 支移液管吸取 25mL 0.1000mol · L^{-1}的 NaOH 溶液和同数量的蒸馏水，加入恒温夹套反应池（盖过电极上沿约 2cm），恒温约 15min，并开启磁力搅拌器搅拌，然后将电极插入溶液，测定溶液电导率，直至不变为止，此数值即为 κ_0。

5. 反应时电导率 κ_t 的测定

用移液管移取 25mL 0.1000mol · L^{-1} 的 $CH_3COOC_2H_5$，加入干燥的 25mL 容量瓶中，用另一只移液管取 25mL 0.1000mol · L^{-1} 的 NaOH，加入另一干燥的 25mL 容量瓶中。将两个容量瓶置于恒温槽中恒温 15min。同时，将恒温夹套反应池中测试过的废液倒入废液烧杯中，用蒸馏水洗净恒温夹套反应池，用滤纸吸干；电极用蒸馏水洗净，并用滤纸吸干。开启磁力搅拌器，将恒温好的分别装有 NaOH 溶液与 $CH_3COOC_2H_5$ 溶液的 2 个容量瓶从恒温槽中取出，打开盖子，迅速、同时将 2 个容量瓶中的溶液倒入恒温夹套反应池中（溶液高度同前），同时开动停表（记录反应的开始时间），并将电极插入恒温夹套反应池溶液中，测定溶液的电导率 κ_t，在 4min、6min、8min、10min、12min、15min、20min、25min、30min、35min、40min 各测电导率一次，记下 κ_t 和对应的时间 t。

6. 另一温度下 κ_0 和 κ_t 的测定

调节恒温槽温度为(35.0±0.1)℃[或(40.0±0.1)℃]。重复上述 4、5 步骤，测定另一温度下的 κ_0 和 κ_t。但在测定 κ_t 时，按反应进行 4min、6min、8min、10min、12min、15min、18min、21min、24min、27min、30min 测其电导率。实验结束后，关闭电源，取出电极，用电导水洗净并置于电导水中保存待用。

六、注意事项

1. 配好的 NaOH 溶液要防止空气中的 CO_2 气体进入。

2. 乙酸乙酯溶液和 NaOH 溶液浓度必须相同。

3. 乙酸乙酯溶液需临时配制，配制时动作要迅速，以减少挥发损失。

七、数据处理

1. 将 t，κ_t，$\frac{\kappa_0-\kappa_t}{t}$数据列表。

2. 以两个温度下的 κ_t 对$(\kappa_0-\kappa)_t/t$ 作图，分别得一直线。

3. 由直线的斜率计算各温度下的速率常数 k 和反应半衰期 $t_{1/2}$。

4. 由两温度下的速率常数，按 Arrhenius 公式，计算乙酸乙酯皂化反应的活化能。

八、思考题

1. 被测溶液的电导是哪些离子的贡献？反应进程中溶液的电导为何发生变化？

2. 为什么使用的两种反应物的浓度要相等？如何配制指定浓度的溶液？

3. 为什么要使两溶液尽快混合完毕？开始一段时间的间隔期为什么要短？

4. 用作图法外推求 L_0 与测定 NaOH 浓度所得 L_0 是否一致？

九、讨论

1. 在 NaOH 的初始浓度 a 略大于 $CH_3OOC_2H_5$ 初始浓度 b 的情况下，可以推导出

$$\ln\frac{(G_1 - B/m)}{(G_1 - G_\infty)} = a_\infty kt + \ln\frac{(G_1 - B/m)}{(G_1 - G_\infty)}$$

式中：B 和 m 分别与有关离子的摩尔电导率 λ、电导池常数 K 以及 NaOH 的初始浓度 a 有关：

$$\begin{cases} B = K/(\lambda_{OH^-} - \lambda_{AC^-}) \\ m = a(\lambda_{Na^-} + \lambda_{AC^-})/(\lambda_{OH} + \lambda_{AC^-}) \end{cases}$$

a_∞ 可根据反应终了时的 pH 值求得

$$\lg a_\infty = pH - 14$$

这样只要以 $\ln[(G_1 - B/m)/(G_1 - G_\infty)]$ 对 t 作图，由斜率即可计算反应速率常数 k，还需指出，利用这个方法甚至不需精确测定反应体系中乙酸乙酯浓度，也可计算出 k 值。

2. 由于空气中的 CO_2 会溶入电导水和配制的 NaOH 溶液中，而使溶液浓度发生改变。因此，在实验中可用煮沸的电导水，同时在配好的 NaOH 溶液瓶上装配碱石灰等方法处理，由于 $CH_2COOC_2H_3$ 溶液水解缓慢，且水解产物又会部分消耗 NaOH，所以所用溶液都应新鲜配制。

3. 溶液的电导值大小，表明导电能力的强弱，其物理意义为电阻的倒数。实际上它与所用的电极面积 S 和电极之间的距离 l 有关：

$$G = \frac{1}{R} = k\frac{S}{l}$$

式中：k 称为电导率，显然 G 的单位为 Ω^{-1}，即 S，称为西[门子]，k 的单位为 $S \cdot m^{-1}$。

电导池所用的铂黑电析的表面积无法直接测定，故常用已知电导率的溶液（如 KCl 溶液）对电导池进行标定。

实验二十五　蔗糖水解反应速率常数的测定

一、实验目的

1. 根据物质的光学性质研究蔗糖水解反应，测定其反应速率常数。
2. 了解自动旋光仪的基本原理，掌握其使用方法。

二、实验原理

蔗糖在水中水解成葡萄糖与果糖的反应为

$$\underset{\text{蔗糖}}{C_{12}H_{22}O_{11}} + H_2O \xrightarrow{H^+} \underset{\text{葡萄糖}}{C_6H_{12}O_6} + \underset{\text{果糖}}{C_6H_{12}O_6}$$

为使水解反应加速，反应常常以 H_3O^+ 为催化剂，故在酸性介质中进行。水解反应中，水是大量的，反应达终点时，虽有部分水分子参加反应，但与溶质浓度相比可认为它的浓度没有改变，故此反应可视为一级反应，其动力学方程式为

$$-\frac{dc}{dt} = kc \tag{7-8}$$

或

$$k = \frac{2.303}{t}\lg\frac{c_0}{c} \tag{7-9}$$

式中：c_0 为反应开始时蔗糖的浓度；c 为时间 t 时蔗糖的浓度。

当 $c=\frac{1}{2}c_0$ 时，t 可用 $t_{1/2}=\frac{\ln 2}{k}$ 表示，即为反应的半衰期。

上式说明一级反应的半衰期只决定于反应速度常数 k，而与起始浓度无关，这是一级反应的一个特点。

蔗糖及其水解产物均为旋光物质，当反应进行时，如以一束偏振光通过溶液，则可观察到偏振面的转移。蔗糖是右旋的，水解的混合物中有左旋的，所以偏振面将由右边旋向左边。偏振面的转移角度称为旋光度，以 α 表示。因此，可利用体系在反应过程中旋光度的改变来量度反应的进程。溶液的旋光度与溶液中所含旋光物质的种类、浓度、液层厚度、光源的波长以及反应时的温度等因素有关。

为了比较各种物质的旋光能力。引入比旋光度[α]这一概念，并以下式表示：

$$[\alpha_D^t] = \frac{\alpha}{l \cdot c} \tag{7-10}$$

式中：t 为实验时的温度；D 为所用光源的波长；α 为旋光度；l 为液层厚度（常以 10cm 为单位）；c 为浓度（常用 100mL 溶液中溶有 m 克物质来表示），式(7-10)可写成：

$$[\alpha]_D^t = \frac{\alpha}{l \cdot m/100} \tag{7-11}$$

或

$$\alpha = [\alpha]_D^t l \cdot c \tag{7-12}$$

由式(7-12)可以看出，当其他条件不变时，旋光度 α 与反应物浓度成正比，即

$$\alpha = K'c \tag{7-13}$$

式中：K' 是与物质的旋光能力、溶液层厚度、溶剂性质、光源的波长、反应时的温度等有关的常数。

蔗糖是右旋性物质（比旋光度 $[\alpha]_D^{20}=66.6^\circ$），产物中葡萄糖也是右旋性物质（比旋光度 $[\alpha]_D^{20}=52.5^\circ$），果糖是左旋性物质（比旋光度 $[\alpha]_D^{20}=-91.9^\circ$）。因此当水解反应进行时，右旋角不断减小，当反应终了时体系将经过零变成左旋。

因为上述蔗糖水解反应中，反应物与生成物都具有旋光性。旋光度与浓度成正比，且溶液的旋光度为各组成旋光度之和（加和性）。若反应时间为 0、t、∞ 时溶液的旋光度为 α_0、α_t、α_∞ 则由式(7-13)即可导出：

$$c_0 = K(\alpha_0 - \alpha_\infty) \tag{7-14}$$

$$c = K(\alpha_t - \alpha_\infty) \tag{7-15}$$

将式(7-14)、式(7-15)代入式(7-9)中可得

$$k = \frac{2.303}{t}\lg\frac{\alpha_0 - \alpha_\infty}{\alpha_t - \alpha_\infty} \tag{7-16}$$

将上式改写成：

$$\lg(\alpha_0-\alpha_\infty)=-\frac{k}{2.303}\cdot t+\lg(\alpha_0-\alpha_\infty) \tag{7-17}$$

由式(7-17)可以看出，如以 $\lg(\alpha_0-\alpha_\infty)$ 对 t 作图可得一直线，由直线的斜率即可求得反应速度常数 k。

本实验就是用旋光仪测定 α_t、α_∞ 值，通过作图由截距得到 α_0。

三、仪器和试剂

旋光仪	1台	锥形瓶(100mL)	2个
停表	1块	移液管(25mL)	2支
旋光管	1支	烧杯(100mL、500mL)	各1个
恒温槽	1套	$2mol\cdot L^{-1}$ HCl溶液	
容量瓶(50mL)	1个	蔗糖(分析纯)。	
上皿天平	1台		

四、操作步骤

1. 实验仪器的准备

将恒温槽调节到20℃恒温，将自动旋光仪的电源打开，预热30min，备用。

2. 旋光仪零点的校正

洗净旋光管各部分零件，将旋光管一端的盖子旋紧，向管内注入蒸馏水，取玻璃盖片沿管口轻轻推入盖好，再旋紧套盖，勿使其漏水或有气泡产生。操作时不要用力过猛，以免压碎玻璃片。用滤纸或干布擦净旋光管两端玻璃片，并放入旋光仪中，盖上槽盖，打开旋光仪电源开关，然后旋转检偏镜，使在视野中能观察到明暗相等的三分视野为止(注意：在暗视野下进行测定)。记下刻度盘读数，重复操作三次，取其平均值，此即为旋光仪的零点。测后取出旋光管，倒出蒸馏水。

3. 蔗糖水解过程中 α_t 的测定

称取10g蔗糖，溶于蒸馏水中用50mL容量瓶配成溶液。如溶液浑浊需进行过滤，用移液管取25mL蔗糖溶液和50mL $2mol\cdot L^{-1}$溶液分别注入两个100mL干燥的锥形瓶中，并将这两个锥形瓶同时置于恒温槽中10～15min。待恒温后，取25mL $2mol\cdot L^{-1}$ HCl溶液加到蔗糖溶液的锥形瓶中混合，并在HCl溶液加入一半时开动停表作为反应的开始时间。不断振荡摇动迅速取少量混合液清洗旋光管两次，然后以此混合液注满旋光管，盖好玻璃片，旋紧套盖(检查是否漏液，有气泡)，擦净旋光管两端玻璃片，立即置于旋光仪中，盖好槽盖，盖上黑布。测量各时间 t 时溶液的旋光度 α_t。测量时要迅速准确。当将三分视野暗度调节相同后，先记下时间，再读取旋光度数值。可在测定第一个旋光度数值之后的5min、10min、15min、20min、30min、50min、75min、100min各个测一次。

4. α_∞ 的测定

为了得到反应终了时的旋光度 α_∞，将3中的混合液保留好，48h后重新恒温观测其旋光度，此值即为 α_∞。也可将剩余的混合液置于60℃左右的水浴中温热30min，以加速水解反应，然后冷却至实验温度。按上述操作，测其旋光度，此值即可认为是 α_∞。

需要注意，测到 30min 后，每次测量间隔时应将钠光灯熄灭，以免因长期过热使用而损坏，但下次测量之前提前 10min 打开钠光灯，使光源稳定。另外，实验结束时应立刻将旋光管洗净擦干，防止酸对旋光管腐蚀。

五、数据记录和处理

将实验数据记录于下表：

实验温度：　　盐酸温度：　　零点：　　α_∞

反应时间/min	α_t	α_∞	$\lg(\alpha_t-\alpha_\infty)$	k

1. 以 $\lg(\alpha_t-\alpha_\infty)$ 对 t 作图，由所得直线之斜率求 k 值。
2. 由截距求得 α_0。也可以由式(7-16)求各个时间的 k 值，再取 k 的平均值。
3. 计算蔗糖水解反应的半衰期 $t_{1/2}$ 值。

六、思考题

1. 为什么可用蒸馏水来校正旋光仪的零点？
2. 在旋光度的测量中为什么要对零点进行校正？它对旋光度的精确测量有什么影响？在本实验中，若不进行校正对结果是否有影响？
3. 为什么配制蔗糖溶液可用上皿天平称量？

实验二十六　一级反应——过氧化氢分解反应速率测定

一、实验目的

1. 测定过氧化氢催化分解反应速率常数。
2. 了解反应物浓度、温度及催化剂等因素对反应速率的影响

二、实验原理

H_2O_2 在水溶液中分解释放出氧气的速率较慢，加入 KI 时，速率加快，其分解反应按下面步骤进行，即

$$KI+H_2O_2 \rightarrow KIO+H_2O \quad (慢) \tag{7-18}$$

$$2KIO \rightarrow 2KI+O_2 \quad (快) \tag{7-19}$$

反应(7-18)较反应(7-19)慢得多，整个反应速率由反应(7-18)决定，所以速率方程可写为

$$-\mathrm{d}c_{H_2O_2}/\mathrm{d}t=k_2 c_{KI}\cdot c_{H_2O_2} \tag{7-20}$$

因 c_{KI} 在反应前后不变，故上式可写成

$$-\mathrm{d}c_{H_2O_2}/\mathrm{d}t=k_1\cdot c_{H_2O_2} \tag{7-21}$$

式中：$k_1=k_2 c_{KI}$。积分式(7-21)可得

$$k_1=t^{-1}\ln(c_0/c_t) \tag{7-22}$$

式中：k_1 为 H_2O_2 分解反应速率常数；c_0、c_t 分别为 H_2O_2 在反应开始($t=0$)及时刻 t 的浓度(单位 $mol\cdot dm^{-3}$)。

H_2O_2 在等压分解过程中释放出氧的体积正比于 H_2O_2 分解的摩尔数。设 V_∞ 表示全部 H_2O_2 分解释放出的氧气体积，V_t 为 t 时刻放出的氧气体积，则有

$$c_0\propto V_\infty,\quad c_t\propto(V_\infty-V_t)$$

将其代入式(7-22)，并考虑到上两式比例系数相等则可得

$$k_1=t^{-1}\ln[V_\infty/(V_\infty-V_t)]$$

或

$$\ln(V_\infty-V_t)=-k_1 t+\ln V_\infty \tag{7-23}$$

以 $\ln(V_\infty-V_t)$ 对 t 作图，从所得直线斜率求得 k_1。

三、仪器与试剂

分解气体体积测定装置一套，如图 7-15 所示。

仪器：秒表一块，移液管(10mL，25mL 各一支)，容量瓶(1000mL 一只)，锥形瓶(250mL3 只)。

试剂：H_2O_2 溶液(约 $1mol\cdot L^{-1}$)，KI 溶液($0.05mol\cdot L^{-1}$，$0.1\ mol\cdot L^{-1}$)，H_2SO_4($3\ mol\cdot L^{-1}$)，$KMnO_4$ 溶液($0.1\ mol\cdot L^{-1}$)。

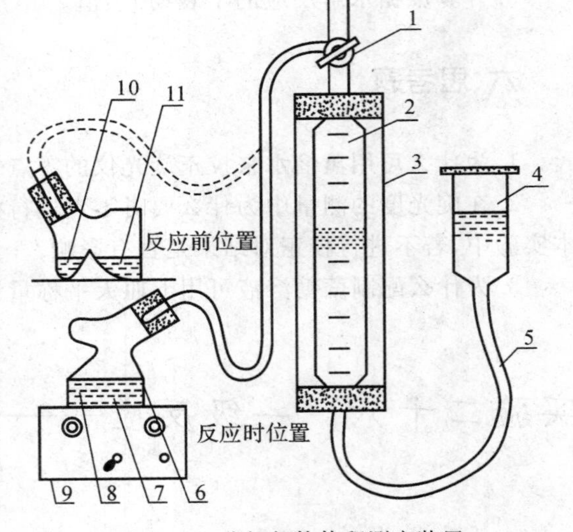

图 7-15　分解气体体积测定装置

1—三通塞；2—量气管；3—刻度尺；4—水位瓶；5—橡皮管；6—反应瓶；7—磁力搅拌子；8—H_2O_2+KI 溶液；9—磁力搅拌器；10—H_2O_2 溶液；11—KI 溶液

四、实验步骤

(1)按图 7-15 装置安装好仪器。水位瓶 4 中装入红色染料水，其水量要使水位瓶 4 提取时，量气管 2 和水位瓶 4 中水面能同时达到量气管 3 的最高刻度处。

(2)按图 7-15，在“反应前位置”的反应瓶 11 处用移液管放入 25mL $0.05mol\cdot L^{-1}$ 的 KI 溶液，于 10 处移入 10mL 浓度约 $1mol\cdot L^{-1}$ 的双氧水溶液，塞好瓶塞。旋转三通塞 1，使量气管与大气相通，调节水位瓶 4 的位置至量气管和水位瓶水位都在最高刻度处；将水位固定在此位置作测定起点；旋转三通塞，使反应瓶与量气管两通(不能与大气通)。

(3)开启磁力搅拌器，并同时将反应瓶扶正至图 7-15“反应时的位置”，以此时作记录时间的零时间。反应中不断调节水位瓶高低，保持水位瓶与量气管中水平面一致。量气管读数与零时刻读数之差为等压下 H_2O_2 分解出氧气的体积。以差减法处理数据时，量气管内氧气体

积以等时间间隔读取一次，如果反应温度高，反应速率快，读取时间间隔宜以 0.5min；若温度低，反应慢，宜以 1min 为准。室温在 10℃以下时则可以每增 5mL 时记录一次时间 t，最后都要测至量气管中氧气体积增加到 50mL 为止。

(4)改变 KI 和 K_2O_2 浓度，重复上述步骤，测定 H_2O_2 分解率。

①25mL 0.1mol·L^{-1}KI＋10mL 约 1mol·L^{-1} H_2O_2 溶液。

②25mL 0.1mol·L^{-1}KI＋5mL 约 1mol·L^{-1} H_2O_2 溶液＋5mL H_2O。

(5)H_2O_2 原始浓度标定。移取实验用约 2mol·L^{-1} H_2O_2 溶液 10mL 放入 100mL 容量瓶中，用水稀释至刻度摇匀，分别移取 25mL 放入两个锥瓶中，各加 3mol·L^{-1} H_2SO_4mL，用 0.100mol·L^{-1} $KMnO_4$ 标准溶液滴定至淡红色为止。反应式为

$$5H_2O_2+2MnO_4^-+6H^+ = 2Mn^{2+}+5O_2+8H_2O$$

$$c^0_{H_2O_2}=0.005V_{KMnO_4}$$

其中，V_{KMnO_4} 为滴定用去的 $KMnO_4$ 体积数(L)，$c^0_{H_2O_2}$ 为 H_2O_2 原始浓度(mol·L^{-1})。

五、注意事项

1. 水位瓶移动不要太快以免液面波动剧烈。

2. 用 $KMnO_4$ 滴定 H_2O_2 时，因终点溶液颜色变化不十分明显，故预先估计，快到终点时，滴定速率应放慢。

六、数据处理

1. 数据处理方法

(1)间接法

按标定数据计算 H_2O_2 原始浓度及不同浓度实验的 V_∞，H_2O_2 在等压分解过程中释放出氧的体积正比于 H_2O_2 分解的摩尔数。设 V_∞ 表示全部 H_2O_2 分解释放出的氧体积，V_t 为 t 时刻放出的氧气体积，则有：$c_0 \propto V_\infty$，$c_t \propto (V_\infty - V_t)$，将其代入式 $k_1=t^{-1}\ln(c_0/c_t)$，并考虑到上两式比例系数相等，则可得：$k_1=t^{-1}\ln[V_\infty/(V_\infty-V_t)]$ 或变为

$$\ln(V_\infty-V_t)=\ln V_\infty-k_1t$$

以 $\ln(V_\infty-V_t)$ 对 t 作图可得一直线，直线斜率为 H_2O_2 分解反应速率常数 k_1。当 $V_\infty-V_t=V_\infty/2$ 时，可得半衰期 $t_{1/2}=\ln2/k_1$。V_∞ 可用下列方法之一求出。

①加热法：在测定若干个数据后，将 H_2O_2 溶液加热至 50～60℃约 15min，可认为分解基本完全，待冷却至室温后，记下量气管读数，即为 V_∞。

②浓度标定法：对 H_2O_2 原始浓度进行标定，按下式计算 V_∞：

$$V_\infty=\frac{c^0_{H_2O_2}\cdot V_{H_2O_2}}{2}\cdot\frac{PT}{P_{O_2}}$$

其中，P_{O_2} 为氧的分压，是外界大气压与实验温度下水的饱和蒸气压之差。

如果不测定 V_∞，也可用下法之一直接求 k_1。

(2)微分法

将式 $\ln(V_\infty-V_t)=\ln V_\infty-k_1t$ 微分可得

$$\frac{dV_t}{dt}=k_1(V_\infty-V_t)$$

在 V_t-t 曲线上的不同 t 时刻作切线，再以各 t 时刻切线斜率 dV_t/dt 对相应的 V_t 作直线，直线斜率即为 k_1。

(3)差减法

由 $k_1=\frac{\ln[(V_\infty-V_t)]}{t}$ 可分别得 t 及 $t+\Delta t$ 时刻方程为

$$V_\infty-V_t=V_\infty\exp(-k_1t)$$

$$V_\infty-V_{t+\Delta t}=V_\infty\exp[-k_1(t+\Delta t)]$$

取 Δt 为恒等时间，则上两式相减得

$$V_{t+\Delta t}-V_t=A\exp(-k_1t)$$

式中：$A=V_\infty[1-\exp(-k_1\Delta t)]$ 为常数。令 $B=\ln A$，上式又可写成

$$\ln(V_{t+\Delta t}-V_t)=-k_1t+B$$

将数据测定分为前段与后段，以后段各数据分别对相等时间间距 Δt 的前段数据相减可得 $(V_{t+\Delta t})$ 的一组数据，利用 $\ln(V_{t+\Delta t}-V_t)$ 对 t 作图而得到 k_1。此法略去了对 H_2O_2 浓度标定的实验步骤，也减少了实验药品的消耗，数据处理较简单。

2. 数据处理要求

①根据所测数据，求出室温下 H_2O_2 分解反应速率常数，并计算半衰期。

②由不同浓度的 H_2O_2、KI 下所得速率常数，讨论催化剂浓度对本反应速率的影响。

七、思考题

1. 测量气体体积时，水位瓶是否一定要和量气管处在同一水平面上，为什么？

2. 催化剂在反应前后浓度不变，性质不变，为什么会影响反应速率？应如何考察催化剂影响反应速率的机理？

3. 催化剂是否会影响 H_2O_2 分解反应半衰期？

4. H_2O_2 浓度是否需要在实验时进行标定？为什么？

5. 反应瓶内原有空气对 H_2O_2 分解的氧气体积测定是否有影响？对求 V_∞ 时所用 P_{O_2} 数据是否有影响？为什么？

实验二十七　BZ 振荡反应

一、实验目的

1. 了解 BZ(Belousov－Zhabotinski)反应的基本原理。

2. 观察化学振荡现象。

3. 练习用微机处理实验数据和作图。

二、实验原理

在化学反应中，反应产物本身可作为反应催化剂的化学反应称为催化反应。一般的化学反应最终都能达到平衡状态(细分浓度不随时间而改变)，而在自催化反应中，有一类是发生在远离平衡状态的体系中，在反应过程中的一些参数(如压力，温度，热效应等)或某些组分的浓度会随时间或空间位置作周期的变化，人们称之为“化学振荡”。别洛索夫(Belousov)在1958年首先报道的金属锌离子作催化剂在柠檬酸介质中的被溴酸盐氧化时某中间产物浓度随时间周期性变化的化学振荡现象，扎勃丁斯基(zhabotinski)进一步深入研究，并在1964年证明化学振荡体系还能呈现空间有序周期性变化现象。为纪念他们最早期的研究成果，将后来大量的可呈现化学振荡的含溴酸盐的反应体系为B-Z振荡反应。化学振荡是一种周期性的化学现象。典型的BZ系统中，铈离子和溴离子浓度的振荡曲线如图7-16所示。

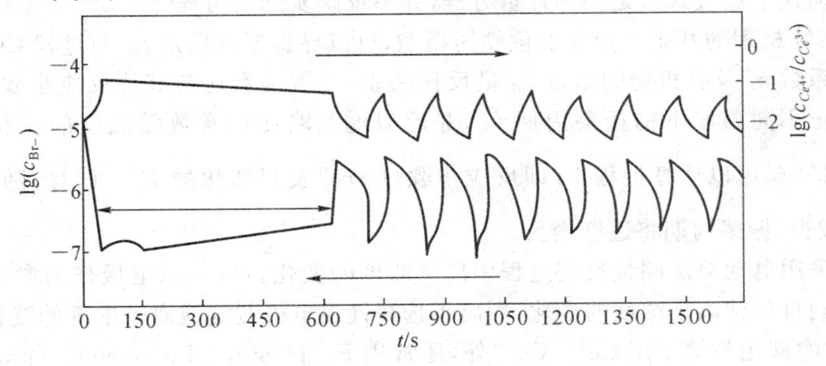

图7-16　BZ反应中$c_{Ce^{4+}/Ce^{3+}}$和c_{Br^-}随时间的振荡

初始浓度$c_{CH_2(COOH)_2}=0.032\ mol\cdot L^{-1}$，$c_{KBrO_3}=0.063\ mol\cdot L^{-1}$，

$c_{KBr}=1.5\times10^{-5}\ mol\cdot L^{-1}$，$c_{Ce^{3+}}=1\times10^{-3}\ mol\cdot L^{-1}$，$c_{H_2SO_4}=0.8\ mol\cdot L^{-1}$

对于以BZ反应为代表的化学振荡现象，目前被普遍认同的是Field，Krs和Noyes在1972年提出的FKN机理。反应由三个主过程组成：

过程A　(1)$BrO_3^-+Br^-+2H^+\rightarrow HBrO_2+HOBr$

(2)$HBrO_2+Br^-+H^+\rightarrow 2HOBr$

式中：$HBrO_2$为中间体，过程特点是大量消耗Br^-。反应中产生的HOBr能进一步反应，使有机物MA如丙二酸按下式被溴化为BrMA：

(A1)$HOBr+Br^-+H^+\rightarrow Br_2+H_2O$

(A2)$Br_2+MA\rightarrow BrMA+Br^-+H^+$

过程B　(3)$BrO_3^-+HBrO_2+H^+\rightarrow 2BrO_2\cdot H_2O$

(4)$2BrO_2\cdot 2Ce^{3+}+2H^+\rightarrow 2HBrO_2+2Ce^{4+}$

这是一个自催化过程，在Br^-消耗到一定程度后，$HBrO_2$才转到按以上两式进行反应，并使反应不断加速，与此同时，催化剂Ce^{3+}氧化为Ce^{4+}。(3)和(4)中，(3)的正反应是速率控制步骤。此外，$HBrO_2$的累积还受到下面歧化反应的制约：

(5)$2HBrO_2\rightarrow BrO_3^-+HOBr+H^+$

过程C　MA和BrMA使Ce^{4+}还原为Ce^{3+}，并产生Br^-(由BrMA)和其他产物。这一过

程目前了解得还不够,反应可大致表达为:

$$(6)2Ce^{4+}+MA+BrMA \rightarrow fBr^{-}+2Ce^{3+}+\text{其他产物}$$

式中:f 为系数,它是每两个 Ce^{4+} 离子反应所产生的 Br^- 数,随 BrMA 与 MA 参加反应的不同比例而异。过程 C 对化学振荡非常重要。如果只有 A 和 B,那就是一般的自催化反应或时钟反应,进行一次就完成。正是由于过程 C,以有机物 MA 的消耗为代价,重新得到 Br^- 和 Ce^{3+},反应得以重新启动,形成周期性的振荡。

文献中有时还写出"总反应",例如丙二酸的 BZ 反应,MA 为 $CH_2(COOH)_2$,BrMA 即 $BrCH(COOH)_2$,总反应为

$$3H^{+}+3BrO_3^{-}+5CH_2(COOH)_2 \xrightarrow{Ce^{3+}} 3BrCH(COOH)_2+2HCOOH+4CO_2+5H_2O$$

它是由(1)+(2)+4×(3)+4×(4)+2×(5)+5×(A1)+5×(A2),再加上(6)的特例:

$$8Ce^{4+}+2BrCH(COOH)_2+4H_2O \rightarrow 8Ce^{3+}+2Br^{-}+2HCOOH+4CO_2+10H^{+}$$

组合而成。但这个反应式只是一种计量方程,并不反映实际的历程。

按在 FKN 机理的基础上建立的俄勒冈模型,可以导得振荡周期 $t_{振}$ 与过程 C(即反应步骤(6))的速率系数 k_c 及有机物的浓度 c_B 呈反比关系,比例常数还与其他反应步骤的速率系数有关。如测定不同温度下的振荡周期 $t_{振}$,并近似地忽略比例常数随温度的变化,则应用式 $\ln\frac{1}{t_{振}}=-\frac{E_a}{RT}+C$ 可以估算过程 C(即反应步骤(6))的表观活化能 E_a。而且,随着反应的进行,c_B 逐渐减少,振荡周期将逐渐增大。

本实验采用电动势法测量反应过程中离子浓度的变化。以甘汞电极作为参比电极,用铂电极测定不同价位铈离子浓度的变化,用离子选择性溴电极测定溴离子浓度的变化。

BZ 反应的催化剂除了用 Ce^{3+}/Ce^{4+} 外,还常用 $Fe[phen]_3^{2+}/Fe[phen]_3^{3+}$(phen 代表邻菲罗啉)。BZ 反应除有图 7-16 所示的典型的振荡曲线外,还有许多有趣的现象。如在培养皿中加入一定量的溴酸钾、溴化钾、硫酸、丙二酸,待有 Br_2 产生并消失后,加入一定量的 $Fe[phen]_3^{2+}$(俗称亚铁灵试剂),半小时后红色溶液会呈现蓝色靶环的图样。

三、仪器和试剂

仪器:超级恒温槽一台,计算机一台,夹套反应器一个,电磁搅拌器一台,铂电极或溴离子选择性电极、双液接饱和甘汞电极各一支。

试剂:0.128mol·L^{-1} $CH_2(COOH)_2$(丙二酸),3.2mol·L^{-1} H_2SO_4(硫酸),0.252mol·L^{-1} $KBrO_3$(溴酸钾),0.01 mol·L^{-1} $Ce(NH_4)_2(NO_3)_6$(硝酸铈铵)。

四、实验步骤

1. 按装置图 7-17 接好线路。

2. 先打开实验监控仪,再打开计算机,启动程序,在"项目管理"的菜单中选择打开"振荡反应"。选择"测量",在"输出控制"的标签页中打开"温控开关",然后在"温度控制"的模拟量输出框内输入所需的温度(如 25.0℃),并启动"输出",然后打开恒温槽的水泵和加热开关,恒温开始。

3. 分别取 25mL 上述浓度的丙二酸、硫酸、溴酸钾、硝酸铈铵溶液分别置于试管中,然后置

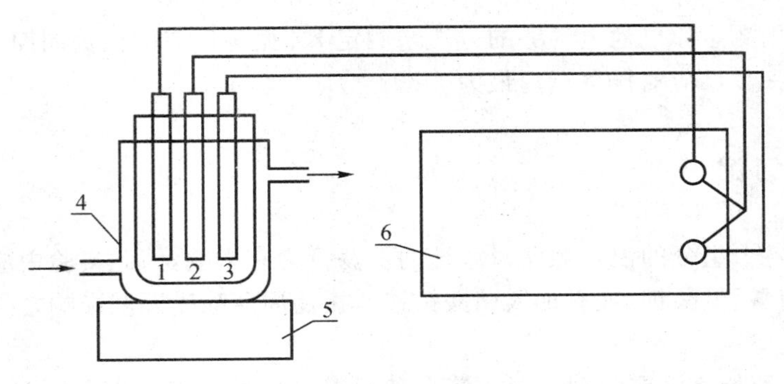

图 7-17　振荡反应装置图

1—溴离子选择性电极；2—甘汞电极；3—铂丝电极；4—恒温反应器；5—电磁搅拌器；6—计算机

于恒温槽中恒温，至少恒温 5min。

4. 在“周期采样”的标签页中，设定采样周期为 1s，采样时间设定为 50min。在“同时测定参数”复选框中选中需要测定的参数。

5. 待恒温时间已到，将丙二酸、硫酸、溴酸钾溶液依顺序倒入反应器中，打开搅拌器，按下“周期采样”的标签页中的“开始采样”按钮，开始计时，系统开始自动运行，然后把硝酸铈铵溶液倒入反应器。

6. 切换到“动态曲线”的标签页，电脑自动控制动态曲线。记录 $t=0$ 到出现转折曲线的时间 $t_{诱}$。待出现 3～4 个峰时，用鼠标读出 2 个相邻峰顶间隔的时间为 $t_{振}$，由几个峰顶间隔求出 $t_{振}$ 的平均值。注意，显示动态曲线和温度时，鼠标在图形区域内点右键选择“设置绘图范围”，可以改变坐标的范围和比例。如曲线不在图形区域内，右击选择“Y 轴调零”即可。

7. 待完成了一个温度曲线后，按下“周期采样”的标签页中的“停止采样”按钮，重新设置温度（如 20.0℃，25.0℃，30.0℃，…，50.0℃），重复步骤 3～7。

五、注意事项

1. 各个组分的混合顺序对体系的振荡行为有影响，溶液倒入反应器时应注意顺序：硫酸、丙二酸、溴酸钾，最后是硝酸铈铵。同时采样开始，计时。

2. 搅拌器搅拌速率开到最大，让溶液充分混合。

六、数据处理

根据在 FKN 机理基础上建立的俄勒冈模型，可得 $\ln\frac{1}{t_{振}}=\frac{-E}{RT}+B$。作 $\ln\frac{1}{t_{振}}-\frac{1}{T}$ 图，可求出 FKN 机理中过程 C（即反应步骤(6)）的表观活化能 E。

七、思考题

1. 其他卤素离子（如 Cl^-、I^-）都很容易和 $HBrO_2$ 反应，如果在振荡反应进行中加入这些离子，将会出现什么现象？试用 FKN 机理加以分析。

2. 为什么可用测定原电池电动势的方法来测定BZ振荡反应的振荡周期？

3. 系统中哪一步反应对振荡行为最为关键？

八、进一步讨论

1. 本实验中各个组分的混合顺序对系统的振荡行为有影响，因此实验中应固定混合顺序，先加入丙二酸、硫酸、溴酸钾，最后加入硝酸铈铵。振荡周期除受温度影响之外，还可能与各反应物的浓度有关。

2. BZ反应的原始溶液有两种情况。第一种情况是原始溶液中有Br^-及Ce^{3+}，其中Ce^{3+}是催化剂。第二种情况是原始溶液中没有Br^-及Ce^{3+}，但有Ce^{4+}。

据尼科利斯、普里戈京的《非平衡系统的自组织》所述，当初始存在溴代丙二酸时，Ce^{4+}—Ce^{3+}浓度振荡立刻就开始，而在初始用丙二酸时，则有一个诱导期，即发生振荡反应时必有溴代丙二酸存在。据此，可作出如下推测。

在上述两种情况下，可能开始时都按照非振荡反应的机理发生总反应，如实验原理中所述，也可改写为

$$2H^+ + 2BrO_3^- + 3CH_2(COOH)_2 \rightarrow 2BrCH(COOH)_2 + 3CO_2 + 4H_2O$$

在第一种情况下，由于原始溶液中有Br^-及Ce^{3+}，即可按振荡反应的机理进行总反应。而在第二种情况下，可能先发生过程C中的第一个反应：

$$4Ce^{4+} + BrCH(COOH)_2 + 2H_2O \rightarrow 4Ce^{3+} + Br^- + HCOOH + 2CO_2 + 5H^+$$

这样就得到了Br^-及Ce^{3+}。当Br^-的浓度足够高时，过程A发生，接着有过程B和过程C发生，形成了振荡反应。

3. 化学振荡反应自20世纪50年代发现以来，在各方面的应用日益广泛，尤其是在分析化学中的应用较多。当体系中存在浓度振荡时，其振荡频率与催化剂浓度间存在依赖关系，据此可测定作为催化剂的某些金属离子的浓度。

此外，应用化学振荡还可测定阻抑剂。当向体系中加入能有效地结合振荡反应中的一种或几种关键物质的化合物时，可以观察到振荡体系的各种异常行为，如振荡停止，在一定时间内抑制振荡的出现，改变振荡特征（频率、振幅、形式）等。而其中某些参数与阻抑剂浓度间存在线性关系，据此可测定各种阻抑剂。另外，生物体系中也存在着各种振荡现象，如糖酵解是一个在多种酶作用下的生物化学振荡反应。通过葡萄糖对化学振荡反应影响的研究，可以检测糖尿病患者的尿液，就是其中的一个应用实例。

第三节　设计与研究性实验

实验二十八　青霉素 G 钾盐水溶液的稳定性试验

一、实验目的

1. 初步了解用化学动力学测定药物稳定性的方法。
2. 掌握恒温加速实验预测药物制剂贮存期或有效期的方法(经典恒温法)。

二、实验原理

青霉素 G 钾盐在水中迅速被破坏,残余未被破坏的青霉素 G 钾盐可用碘量法测定,即先经碱处理,生成青霉酸,后者可被碘氧化,过量的碘则用硫代硫酸钠溶液回滴。反应方程式如下:

```
        CH3                               CH3                              CH3
        |                                 |                                |
CH3 — C — CH — COOK               CH3 — C — CH — COOK              CH3 — C — CH — COOH
        |    |                            |    |                           |    |
        S    N                            S    NH                          S    NH
         \  / \        NaOH                \  /           2HCl              \  /
         CH   CO     ——————→                CH           ——————→             CH
           \ /                              |                                |
           CH                               CH — COONa                       HC — COOH
           |                                |                                |
           NHCOR                            NHCOR                            NHCOR

                                 CH3
                                 |
4I2+2Na2S2O3          CH3 — C ——— CH — COOH               CH(COOH)2
——————————————→               |      |               +    |              +  8HI
                      H3C /   |      |                    NHCOR
                              SO3H   NH2
```

随着青霉素 G 钾盐溶液放置时间的增长,主药分解越来越多,残余未被破坏的青霉素 G 钾盐越来越少,故碘液消耗量也相应减少。根据碘液消耗量(mL 数)的对数对时间作图,得到一条直线,表明青霉素 G 钾盐溶液的破坏为一级反应,因为这个反应与 pH 有关,故实际上是一个伪一级反应。

设 C 为 t 时间尚未分解的青霉素 G 钾盐浓度;C_0 为初浓度;K 为反应速度常数,则一级反应的速度方程式为

$$\lg C = -\frac{K}{2.303}t + \lg C_0$$

三、实验提示

精密称取青霉素G钾盐约70mg，置100mL容量瓶中，用pH＝4的缓冲液(枸橼酸一磷酸氢二钠缓冲液)定容，将此容量瓶置恒温水浴中，立即用5mL移液管移取该溶液2份，每份5mL，分别置于两个碘量瓶中(一份为检品，另一份为空白)，并同时以该时刻为零时刻记录取样时间，以后每隔一定时间取样一次，方法和数量同上。

每次取样后，立即按以下方法进行含量测定：

向盛有5mL检液的碘量瓶中(为检品)加入1mol/L的氢氧化钠溶液5mL，放置15分钟，使充分反应后，加入1mol/L的盐酸溶液5mL，醋酸缓冲液(pH＝4.5)10mL，摇匀，精密加入0.01mol/L碘液10mL，在暗处放置15分钟，立即用0.01mol/L硫代硫酸钠溶液回滴，以淀粉液为指示剂，至蓝色消失，消耗硫代硫酸钠溶液的量记录为b。

向盛有5mL检液的另一个碘量瓶中(为空白)加pH＝4.5的醋酸缓冲溶液10mL，精密加入0.01mol/L碘液10mL，放置1分钟，用0.01mol/L硫代硫酸钠溶液回滴，消耗硫代硫酸钠溶液的量记录为a。“$a-b$”即为实际消耗碘液量。

实验温度选择30℃、35℃、40℃、45℃四个温度，取样时间应视温度而定，温度高，取样间隔宜短，一般实验温度为30℃，两次取样间隔60分钟；实验温度为35℃，间隔时间30分钟；实验温度40℃，间隔时间20分钟；实验温度45℃，间隔时间为15分钟。

四、实验仪器与试剂

仪器：超级恒温水槽；碘量瓶、滴定管、移液管等玻璃仪器。

试剂：青霉素G钾盐、pH＝4的缓冲液(枸橼酸一磷酸氢二钠缓冲液)、醋酸缓冲液(pH＝4.5)、硫代硫酸钠、淀粉等。

五、实验要求与预期目标

1.查阅相关文献，了解药物动力学研究进展。

2.用最小二乘法线性回归求出表征青霉素G钾盐水溶液的稳定性动力学参数(活化能E、速率常数k、半衰期$t_{1/2}$)。

3.按正式发表论文的格式撰写实验报告。

实验二十九　光催化剂TiO_2的制备及其光催化性能研究

一、实验目的

1.了解纳米材料制备的一般原理及光催化降解典型有机污染物的原理。

2. 掌握制备纳米 TiO_2 及复合纳米 TiO_2 的过程中反应条件的选择和控制。

3. 掌握光催化降解典型有机污染物的操作过程和催化性能评价(降解率、COD 去除率)。

4. 了解利用红外进行化合物的结构分析以及粒径分布仪测定固体微粒的粒径分布。

二、实验原理

纳米粉技术是当今材料科学研究的热点领域,并已在工业生产和日常生活中得到广泛应用。

光催化降解有机物工艺较简单,成本较低,可以在常温常压下氧化分解结构稳定的有机物,同时利用太阳光作为光源,无二次污染。可以预测,光催化可能成为最有希望的环境友好催化新技术。

目前,用作光催化氧化有机物的半导体多为硫族半导体材料,如 TiO_2、ZnO、CdS、WO_3、SnO_2 等。由于 TiO_2 本身具有高的光催化活性,高化学稳定性,价格低廉,使用安全,制备的薄膜透明等特点,作为新一代的环境净化材料,它已得到广泛应用。TiO_2 光催化剂可降解水、空气中的大部分有机物,并具有抗菌、除臭的功能。其原理如下:

当光子能量高于半导体带隙能(如 TiO_2,其带隙能为 3.2eV)的光照射半导体时,半导体的价带电子发生带间跃迁,即从价带跃迁到导带,从而使导带产生高活性的电子(e^-),而价带上则生成带正电荷的空穴(h^+),形成氧化还原体系。对 TiO_2 催化氧化反应的研究表明,光化学氧化反应的产生主要是由于光生电子被吸附在催化剂表面的溶解氧俘获,空穴则与吸附在催化剂表面的水作用,最终都产生具有高活性的羟基自由基·OH。而·OH 具有很强的氧化性,可以氧化许多难降解的有机化合物(R)。

TiO_2 俗称钛白粉,它主要有两种结晶形态:锐钛型(Anatase)(简称 A 型)和金红石型(Rutile)(简称 R 型)。金红石型二氧化钛比锐钛型二氧化钛稳定而致密,有较高的硬度、密度、介电常数及折射率,其遮盖力和着色力也较高。而锐钛型二氧化钛在可见光短波部分的反射率比金红石型二氧化钛高,带蓝色色调,并且对紫外线的吸收能力比金红石型低,光催化活性比金红石型高。在一定条件下,锐钛型二氧化钛可转化为金红石型二氧化钛。

国内外制备纳米 TiO_2 的方法基本上可归纳为两类:气相法和液相法。气相法产量低,且均系高温反应过程,对耐腐蚀材质要求高,技术难度大,成本高,因而目前制备光催化剂纳米 TiO_2 多采用液相法。其中,Sol-Gel 法、化学共沉淀法最为常用。本实验采用溶胶一凝胶法。

以醇钛盐 $Ti(OR)_4$ 为原料,无水醇为有机溶剂,加入一定量的二乙醇胺,起抑制水解作用,再加入聚乙二醇,以增大膜的孔穴率。先通过水解和缩聚反应制得溶胶,再进一步缩聚得到凝胶,凝胶经干燥、煅烧得到纳米 TiO_2。其反应如下:

水解:$Ti(OR)_4 + nH_2O \rightarrow Ti(OR)_{(4-n)}(OH)_n + nROH$

缩聚:$2Ti(OR)_{(4-n)}(OH)_n \rightarrow [Ti(OR)_{(4-n)}(OH)_{(n-1)}]_2O + H_2O$

三、实验提示

1. 合成原料配比为 $n(Ti(OC_4H_9)_4) : n(EtOH) : n(H_2O) : n(NH(C_2H_4OH)_2) = 1 : 26 : 5 : 1 : 1$。为防止钛酸丁酯强烈水解,先将半量乙醇与钛酸丁酯混合,搅拌下缓慢加入剩余乙醇、水、二乙醇胺的混合液,加热至 45℃左右。搅拌反应至形成稳定的凝胶,然后加入

1.5g 聚乙二醇(研细),继续搅拌 30min。然后置于马弗炉中,在 400～600℃下煅烧 1h 左右。

2.用 X 射线衍射仪、扫描电镜、傅里叶变换红外光谱仪、纳米粒度及 ZETA 电位分析仪对所合成的纳米 TiO_2 进行晶型、结构、粒径分布与形态表征。

3.光催化降解甲基橙反应条件的选择和控制:pH 值、光强度、光照波长和时间等。光催化剂光催化性能的评价:甲基橙降解率、COD 去除率。

四、实验仪器与试剂

仪器:X 射线衍射仪(GX 型)、扫描电镜(GSM-6460LV 型)、傅里叶变换红外光谱仪(布鲁克 V70)、纳米粒度及 ZETA 电位分析仪(Nano ZS90)、150mL 烧杯和量筒、分析天平、温度计、搅拌器、干燥箱、马弗炉。

试剂:正钛酸丁酯(化学纯)、乙醇(化学纯)、乙二胺(化学纯)、聚乙二醇。

五、实验要求与预期目标

1.查阅相关文献,综述纳米光催化降解有机污染物研究进展。

2.得到具有光催化作用的纳米 TiO_2。

3.按正式发表论文的格式撰写实验报告。

实验三十　酵母蔗糖酶的提取及其性质的研究

一、实验目的

1.掌握酶催化反应动力学的基本原理。

2.了解生物酶的提取与纯化技术。

3.掌握蔗糖酶活性测定方法,了解各级分酶的纯化情况。

4.探讨时间、温度、pH 值、底物浓度、抑制剂对蔗糖酶催化效果的影响。

二、实验原理

自 1860 年 Bertholet 从酒酵母 Sacchacomyces Cerevisiae 中发现了蔗糖酶以来,它已被广泛地进行了研究。蔗糖酶(invertase)(β—D—呋喃果糖苷果糖水解酶)(fructofuranoside fructohydrolase)(EC.3.2.1.26)特异性催化非还原糖中的 α—呋喃果糖苷键水解,具有相对专一性。其不仅能催化蔗糖水解生成葡萄糖和果糖,也能催化棉子糖水解,生成密二糖和果糖。

本实验提取啤酒酵母中的蔗糖酶。该酶以两种形式存在于酵母细胞膜的外侧和内侧,在细胞膜外细胞壁中的称为外蔗糖酶(external yeast invertase),其活力占蔗糖酶活力的大部分,是含有 50% 糖成分的糖蛋白。在细胞膜内侧细胞质中的称为内蔗糖酶(internal yeast invertase)，含有少量的糖。两种酶的蛋白质部分均为双亚基，二聚体，两种形式的酶的氨基酸组成不同，外酶每个亚基比内酶多两个氨基酸：Ser 和 Met，它们的分子量也不同，外酶约为 27 万(或 22 万，与酵母的来源有关)，内酶约为 13.5 万。尽管这两种酶在组成上有较大的差别，但其底物专一性和动力学性质仍十分相似。因此，本实验未区分内酶与外酶，而且由于内酶含量很少，极难提取，本实验提取纯化的主要是外酶。

实验中，用测定生成还原糖(葡萄糖和果糖)的量来测定蔗糖水解的速度，在给定的实验条件下，每分钟水解底物的量定为蔗糖酶的活力单位。比活力为每毫克蛋白质的活力单位数。

$$C_{12}H_{22}O_{11} + H_2O \rightarrow C_6H_{12}O_6 + C_6H_{12}O_6$$

蔗糖　　　　　　葡萄糖　　果糖

这个反应在 H^+ 或蔗糖酶的催化下可以很快地进行。蔗糖及其转化产物都有不对称的碳原子，它们都有旋光性，但是它们的旋光能力不同，所以可以利用体系在反应过程中旋光度的变化来描述反应进程。

溶液的旋光度与溶液中所含旋光物质的旋光能力、溶剂的性质、溶液的浓度、测量样品管的长度等均有关系。当其他条件不变时，旋光度与反应物浓度 C 成线形关系，即

$$\alpha = kC$$

作为反应物的蔗糖是右旋性物质，其比旋光度为 66.6；生成物的葡萄糖也是右旋性的物质，其比旋光度为 52.5，但是果糖是左旋性物质，其比旋光度为 −91.9。由于生成物中果糖左旋性比葡萄糖右旋性大，所以生成物呈现左旋性质。因此，随着反应的进行，体系的右旋角不断减小，反应到某一时刻，体系的旋光度可恰好等于零，而后就变成左旋，直到蔗糖完全转化，这时体系的左旋角达到最大值。

三、实验提示

1. 本实验共有 8 个分实验：蔗糖酶的提取与部分纯化；离子交换柱层析纯化蔗糖酶；蔗糖酶各级分活性及蛋白质含量的测定；反应时间对产物形成的影响；pH 对酶活性的影响和最适 pH 的测定；温度对酶活性的影响和反应活化能的测定；底物浓度对催化反应速度的影响及米氏常数 K_m 和最大反应速度 V_{max} 的测定；尿素(脲)抑制蔗糖酶的实验

2. 作蔗糖转化体系旋光度和浓度的工作曲线。

根据蔗糖转化体系的蔗糖和果糖、葡萄糖的比例关系，可以制作不同浓度下混和体系的旋光度的工作曲线。例如，0.1 mol·L^{-1} 蔗糖转化体系的旋光度和葡萄糖浓度的工作曲线，实际上是制作 0.1 mol·L^{-1} 蔗糖转化进程工作曲线，不同的蔗糖浓度有不同的进程工作曲线，从若干不同蔗糖浓度的进程工作曲线得到这些工作曲线直线关系很好，且直线的斜率与蔗糖的浓度无关，经过线性拟合，其直线方程为

$$y = -60.28x + \alpha$$

式中：x——蔗糖转化成葡萄糖的浓度(M)；

y——蔗糖转化进程中体系的旋光度值；

α——不同浓度蔗糖溶液的旋光度值，其值可以测定，也可以通过下式计算：

$\alpha = 66.6 \times L \times C$　　(L = 10cm，C 是蔗糖浓度 g/mL)

通过上述的直线方程，可以测定任何浓度蔗糖转化体系的旋光度值，求出其转化成葡萄糖的浓度 x，从而可以求得不同反应时间的葡萄糖浓度。

3. 酶比活性的测定。

配制2.5%的蔗糖溶液100mL，测定其旋光度。在20℃的条件下加入蔗糖酶5mL，反应3分钟测定体系旋光度值y，用公式$y=-60.28x+\alpha$，求出葡萄糖浓度x及生成葡萄糖的毫克数，即可求出酶的比活性。

比活性=(生成葡萄糖的毫克数)/(酶的体积)

四、实验仪器与试剂

仪器：旋光仪1台；恒温槽1套；高速冷冻离心机；研钵1个；离心管3个；滴管3个；量筒50mL 1个；水浴锅1个；烧杯100mL 2个；广泛pH试纸；层析柱；部分收集器；磁力搅拌器及搅拌子；50mL小烧杯2个；玻璃砂漏斗；真空泵与抽滤瓶；精密pH试纸或pH计；塑料紫外比色杯；电导率仪；尿糖试纸；点滴板等。

试剂：葡萄糖、果糖、蔗糖、鲜酵母(均为分析纯)；醋酸一醋酸钠缓冲溶液、二氧化硅、甲苯(使用前预冷到0℃以下)、去离子水(使用前冷至4℃左右)、冰块、食盐、1 mol·L^{-1}乙酸、95%乙醇、DEAE纤维素：DE-23 1.5 g、0.5 mol·L^{-1} NaOH 100mL、0.5 mol·L^{-1} HCL 50mL、0.02 mol/L pH 7.3 Tris-HCl缓冲液250mL、0.02 mol·L^{-1} pH7.3(含0.2 mol/L浓度NaCl)的Tris－HCl缓冲液50mL等。

五、实验要求与预期目标

1. 查阅相关文献，综述酶催技术研究进展，并拟定出本实验方案。
2. 得到蔗糖酶，探讨时间、温度、pH值、底物浓度、抑制剂对蔗糖酶催化效果的影响。
3. 按正式发表论文的格式撰写实验报告。

第四节 宏观动力学实验

实验三十一 连续流动反应器停留时间分布函数的测定

一、实验目的

1. 了解和掌握停留时间分布函数的基本原理和测定方法。
2. 了解停留时间分布与模型参数的关系。
3. 了解和掌握模型参数n的物理意义及计算方法。
4. 通过单釜、多釜及管式反应器中停留时间分布的测定，将数据计算结果用多釜串联模型来定量返混程度，从而认识限制返混的措施。

二、实验原理

一个化学反应进行的程度是受温度、物料的浓度（即微观化学反应动力学规律）和反应时间控制的，而这些条件又主要受反应器内物料的流动情况影响，因为物料的流动情况是决定反应器内传热和传质情况的首要因素。在实验室进行化学反应时，由于各种操作都很理想，反应情况一般都比较好。随着化学反应器尺寸的放大，化学反应进行的情况经常和实验室结果相差很大。其原因是反应器内物料的流动情况和未放大前不一样，引起化学反应的各种环境条件都会发生变化，其中突出的变化是物料的温度、浓度和反应时间等反应条件产生的不均匀问题。物料的流动情况不仅对反应器中的化学反应有很大影响，而且对换热器的效果和分离设备的操作情况都有很大影响。因此，在对反应器、换热器和分离操作设备进行设计、放大和操作时，都需要了解物料在预期的设备内的流动特性。以下，就以连续流动反应器为例进行说明。

在连续流动的反应器内，物料的流动情况很复杂，可以用返混的概念来描述物料的流动形式和采用流动模型的方法进行处理。为了便于研究，一般都将流体看做是由许多独立存在的流体单元所组成的连续体，并称这些单元为“流体微元”。流体微元可以是分子（微观流体），也可以是由很多分子集聚而成的分子团或分子束（宏观流体）。流体微元从进入反应器到离开反应器的时间称为该物料微团的停留时间。在连续流动反应器内，由于搅拌和扩散等原因，使具有不同停留时间的流体微元之间会发生混合，称这种混合为“返混”。返混程度的大小，很难直接测定，一般只能直接测定物料的停留时间。

流体微元在反应器内的停留时间完全是一个随机过程，可以用概率分布方法来定量描述。所用的概率分布函数为停留时间分布密度函数 $E(t)$ 和停留时间分布函数 $F(t)$。停留时间分布密度函数 $E(t)$ 的物理意义是：同时进入系统的 N 个流体微元中，停留时间介于 t 到 $t+\mathrm{d}t$ 间的流体微元所占的比率 $\mathrm{d}N/N$ 为 $E(t)\mathrm{d}t$。停留时间分布函数 $F(t)$ 的物理意义是：流动系统的物料中停留时间小于 t 的物料的分率。

由于各种反应器内物料的流动状态都有其独自的停留时间分布函数关系，因此可以用停留时间分布函数来定量描述反应器内物料的返混程度。

停留时间分布函数的测定一般是在生产装置上用水或空气代替反应物料进行“冷模”试验的方式进行，有时也可以在模拟装置上进行。测定方法主要是示踪响应法，就是在反应器的入口以一定的方式加入示踪剂，同时通过测量反应器出口处示踪剂浓度的变化，间接描述反应器内物料的停留时间。常用的示踪剂的加入方法有脉冲输入法、阶梯输入法等。脉冲输入法是指在极短的时间内，将示踪剂从反应器的入口注入物料的主流体，在不影响主流体流动特性的情况下随之进入反应器，与此同时，检测任意时刻 t 从反应器出口流出示踪剂的浓度 $c(t)$，从而得到示踪剂浓度 $c(t)$ 随时间 t 变化的关系。设 q_V 为物料的体积流量，M_0 为注入示踪剂的总量，根据停留时间分布密度函数的物理意义，可知：

$$E(t)\mathrm{d}t = \frac{q_v \cdot c(t) \cdot \mathrm{d}t}{M_0} \tag{7-24}$$

$$E(t) = \frac{q_v \cdot c(t)}{M_0} \tag{7-25}$$

由于 $M_0=\int_0^\infty q_v\cdot c(t)\mathrm{d}t$，故有

$$E(t)=\frac{q_v\cdot c(t)}{\int_0^\infty q_v\cdot c(t)\mathrm{d}t}=\frac{c(t)}{\int_0^\infty c(t)\mathrm{d}t} \tag{7-26}$$

写成离散形式为

$$E(t)=\frac{c(t)}{\sum c(t)\mathrm{d}t} \tag{7-27}$$

由此可见，$E(t)$与示踪剂浓度 $c(t)$成正比。当在反应器出口测定的不是示踪剂的浓度，而是其他物理量，如电导率、毫伏信号等，只要这些物理量和浓度呈线性关系，就可以将这些物理量的值直接带入式(7-26)、式(7-27)进行计算，其结果与用浓度计算的相同。当这些物理量和浓度不呈线性关系时，需要根据这些物理量与浓度的关系将其值转化为浓度值，然后进行计算。

停留时间分布密度函数 $E(t)$在概率论中有两个特征值：平均停留时间（数学期望）$\bar{t}$ 和方差 σ_t^2。$\bar{t}$ 的表达式为

$$\bar{t}=\int_0^\infty tE(t)\mathrm{d}t=\frac{\int_0^\infty tc(t)\mathrm{d}t}{\int_0^\infty c(t)\mathrm{d}t} \tag{7-28}$$

采用离散形式表达，并取相同时间间隔 t，则

$$\bar{t}=\frac{\sum tc(t)\Delta t}{\sum c(t)\Delta t} \tag{7-29}$$

$$\sigma_t^2=\int_0^\infty (t-\bar{t})^2E(t)\mathrm{d}t=\int_0^\infty t^2E(t)\mathrm{d}t-t^{-2} \tag{7-30}$$

也用离散形式表达，并取相同 Δt，则

$$\sigma_t^2=\frac{\sum t^2c(t)\Delta t}{\sum c(t)\Delta t}-t^{-2} \tag{7-31}$$

若用无量纲的对比时间 θ 来表示，即 $\theta=t/\bar{t}$，无量纲方差 $\sigma_\theta^2=\sigma_t^2/t^{-2}$。 (7-32)

在测定了一个系统的停留时间分布后，如何来评价其返混程度，则需要用反应器模型来描述。最常用的是多釜串联模型。

所谓多釜串联模型，是将一个实际反应器中的返混情况作为与若干个全混釜串联时的返混程度等效。这里的若干个全混釜个数 n 是虚拟值，并不代表反应器个数，n 称为模型参数。多釜串联摸型假定每个反应器为全混釜，反应器之间无返混，每个全混釜体积相同，则可以推导得到多釜串联反应器的停留时间分布函数关系，并得到无量纲方差 σ_θ^2 与模型参数 N 存在关系为

$$N=\frac{1}{\sigma_\theta^2} \tag{7-33}$$

当 $N=1,\sigma_\theta^2=1$，为全混流特征。

当 $N\to\infty,\sigma_\theta^2\to 0$，为活塞流特征。

这里 N 是模型参数，是指串联的级数，是个虚拟釜数，并不限于整数。N 只是来表示反应器中物料返混的程度，N 越大返混程度越小，而反应器本身并不一定是用多级全混流反应器串联而成的。

本实验中用水作为连续流动的物料，以 KCl 溶液作示踪剂，在反应器出口处检测溶液的电导值。由于加入 KCl 的量少，则流体为很稀的 KCl 溶液，此时 KCl 浓度与溶液的电导率值成正比，则可用电导率值来表达物料的停留时间变化关系，即 $E(t) \propto L(t)$，而 $L(t)=L_t-L_{\infty}$，L_t 为 t 时刻溶液的电导率值，L_{∞} 为无示踪剂时溶液的电导率值。相应的平均停留时间（数学期望）$\bar{t}$ 和方差 σ_t^2 可以写为

$$\bar{t}=\frac{\sum t \cdot L(t)\Delta t}{\sum L(t)\Delta t} \tag{7-34}$$

$$\sigma_t^2=\frac{\sum t^2 \cdot L(t)\Delta t}{\sum L(t)\Delta t}-\bar{t}^{2} \tag{7-35}$$

三、实验装置及流程

实验装置如图 7-18、图 7-19 所示，由管式反应器与三釜串联两个系统组成。三釜串联反应器中每个釜的体积为 1.5L，用可控硅直流调速装置调速，水经转子流量计可分别流入两个系统。稳定后在两个系统的入口处分别快速注入示踪剂，由釜式和管式反应器流出口测定示踪剂浓度随时间变化关系的曲线，再通过数据处理得以证明返混对管式和釜式反应器的影响，并能通过计算机得到停留时间分布密度函数及多釜串联流动模型的关系。

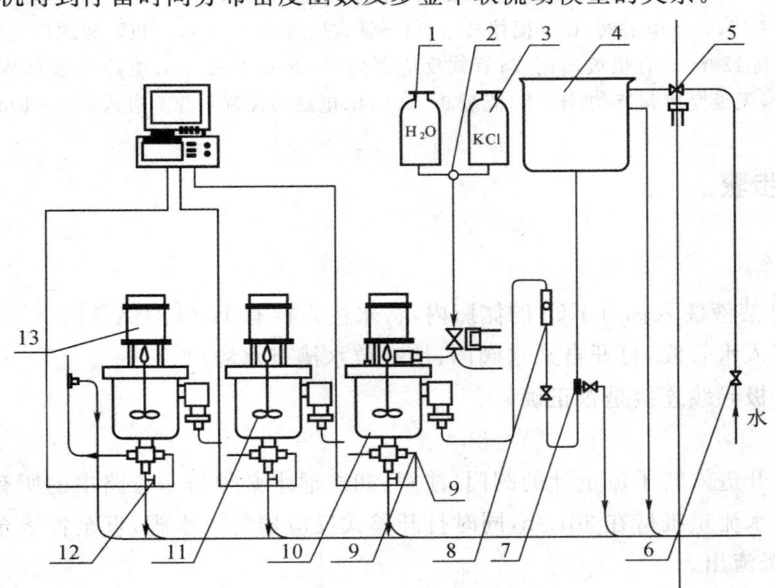

图 7-18　多釜串连装置

1—储水瓶；2—三通阀；3—KCl 溶液储液瓶；4—高位水槽；5—电磁阀；6—截止阀；7—三通；8—流量计；9—电导电极；10—釜；11—螺旋桨搅拌器；12—排放阀；13—搅拌马达

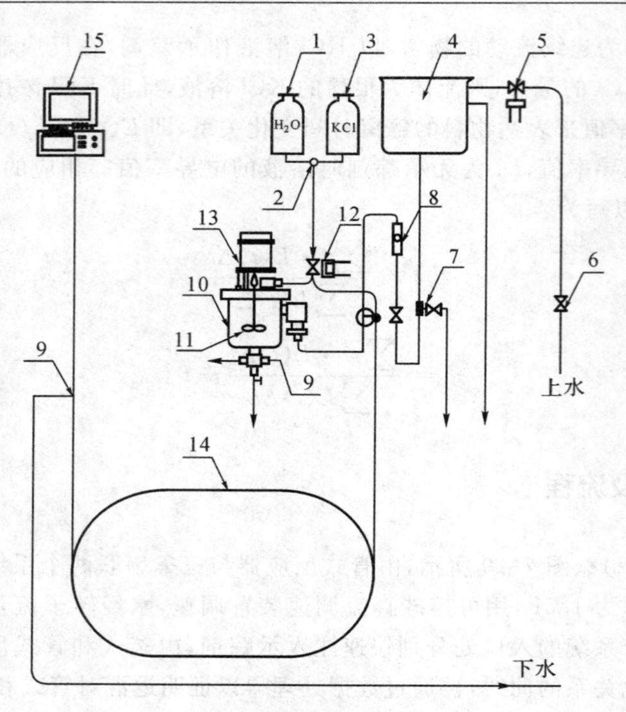

图 7-19 管式反应器装置示意图

1～11 同图 7-18；12－电磁阀；13－搅拌马达；14－管式反应器；15－计算机。釜式反应器 1.5L，直径 110mm，高 120mm，有机玻璃制成；管式反应器内径 8mm，长度 5m；搅拌马达 60W，转数 0～100％转/分，无级变速调节；液体（水）流量 0～60L/h；电磁阀控制示踪剂进入量 5～10mL/次

四、操作步骤

1.准备工作

(1)将 KCl 溶液注入标有 KCl 的储瓶内，将水注入标有 H_2O 的储瓶内。

(2)连接好入水管线，打开自来水阀门，使高位水槽有水溢出。

(3)检查电极导线连接是否正确。

2.操作

(1)慢慢打开进入转子流量计的阀门(注意：初次通水必须排净管路中的所有气泡，特别是死角处)。调节水流量维持在 30L/h，同时打开釜式反应器的入水阀，直至各釜充满水，并能正常地从最后一级流出。

(2)打开总电源开关，分别开启釜 1、釜 2、釜 3 的搅拌马达开关后，再旋转调节马达转速的旋钮，使三釜搅拌程度大致相同(电流表指示小于 20V)。开启电磁阀开关和电导仪总开关，再分别开启三个电导仪开关，将量程拨钮调到合适量程段后，将拨钮扳至“校正”位置，调节下方电位器使电导仪表针指示为满刻度 1.0。至此，调整完毕。将拨钮板至“测量”位置，准备测量。

(3)开启计算机电源，在桌面上双击“多釜串联”图标，在主画面上按下“实验流程”按钮，调节“示踪剂量”、“进水流量”，使显示值为实际实验值，在操作员号框中输入自己姓名或学号。

(4)按下“趋势图”按钮，调节“实验周期”、“阀开时间”使显示值为实验所需值(推荐实验周

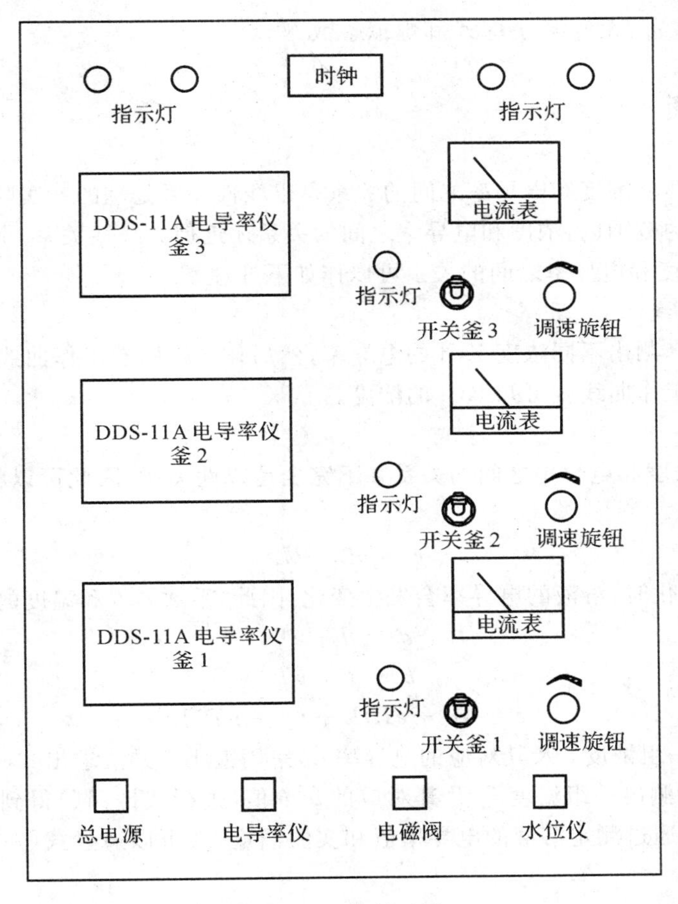

图 7-20 控制面板

期 1800s,10mV,阀开时间 1～2s),按下开始按钮,开始采集数据。

(5)待测试结束,按下"结束"按钮后,按下"保存数据"按钮(数据保存位置因程序安装路径不同而不同,如 D:\Program Files\BYCIC\多釜串联\data\ * . ×××,其中" * "为实验日期与时间,"×××"为姓名或学号的前三位)。

(6)关闭釜式反应器的进水阀,打开管式反应器的进水阀,将水导入管式及应器,重复步骤(3)～(5)。

注意:调节水流量 60L/s(推荐实验周期 300s,5mV,阀开时间 0.2s)。

3. 停车

(1)实验完毕,将实验柜上三通阀转至"H_2O"位置,将程序中"阀开时间"调到最大,按"开始"按钮,冲洗电磁阀。反复多次。

(2)关闭各水阀门,电源开关,打开釜底排水阀,将水排空。

(3)退出实验程序,关闭计算机。

五、数据处理

1. 使用软件,计算虚拟釜数 N。

2. 自己参照第一章中讲述的"excel 在化工实验中的应用"的内容,使用"excel"计算出平

均停留时间 $\bar{t}$、方差 σ_t^2、无量纲方差 σ_θ^2 和虚拟釜数 N。

六、注意事项

本实验中，KCl 的浓度和电导率之间的关系是以线性关系处理的。实际上，KCl 浓度只是在 0～3mol·L^{-1}的范围内，浓度和电导率之间的关系才近似为线性关系。为了得到精确的实验结果，对 KCl 浓度和电导率之间的关系可以作如下处理。

1. 标准工作曲线法

在实验温度下，测出不同浓度 KCl 的电导率，然后作 c-L 标准工作曲线。实验时，测出电导率，通过查标准工作曲线就可知 KCl 的浓度。

2. 回归法

由于 KCl 的浓度和电导率之间的关系并不完全是线性关系，因此可以将两者的关系用二次曲线表示：

$$c = aL + bL^2 \tag{7-36}$$

在实验温度发生变化时，溶液的电导率会发生变化，因此，系数 a、b 和温度的关系可以表示为

$$a = d + eT \tag{7-37}$$

$$b = f + gT \tag{7-38}$$

即

$$c = (d + eT)L + (f + gT)L^2 \tag{7-39}$$

因此，可以先测出一组浓度 c 及其对应的电导率 L，采用最小二乘法求出式(7-36)中的系数 a、b 值，然后通过实验测出一组温度 T 及其对应的 a、b 值，进行线性回归得到温度常数 d、e、f、g。这样，在实验中通过测定溶液的电导率值和实验温度，就可以通过式(7-39)求出溶液 KCl 的浓度 c。

七、思考题

1. 测定停留时间分布函数的方法有哪几种？本实验采用哪种方法？
2. 模型参数与实验中反应釜的个数有何不同？为什么？
3. 如何测定 KCl 浓度和电导率之间的关系？
4. 实验中可以测得的反应器出口示踪剂浓度和时间的关系图，试问此曲线下的面积有何意义？
5. 在多釜串联实验中，为什么要在流体流量和转速稳定一段时间后才能开始实验？

实验三十二　2,6-二氯甲苯氨氧化制备 2,6-二氯苯腈实验

一、实验目的

1. 了解和初步掌握多相催化剂的制备方法和性能评价方法。

2. 了解和初步掌握固定床反应器的结构和操作。
3. 了解反应器的供热和温度控制方法。
4. 初步实践正交设计和均匀设计方法。

二、实验原理

2,6-二氯苯腈本身是荷兰在20世纪70年代开发出来的一种除草剂。同时,它也是制备苯甲酰脲类杀虫剂的必需中间体。苯甲酰脲类农药的杀虫机制是抑制昆虫几丁质的合成,克服了以神经系统为作用靶标的传统杀虫剂对绝大多数动物和人类具有毒害的严重缺陷,对人、畜无害,且能被微生物所分解。该品种的有效用量很小,每公顷土地用量仅为几克到数十克,属于超高效农药。因此,权威人士称这类农药为21世纪的农药,认为其独特的杀虫机理的发现揭示了化学防治公害的新途径。2,6-二氯苯腈还是制备其他一些农药、医药和超级工程塑料的中间体。

2,6-二氯苯腈的制备方法有十余种,大多存在反应路线长、污染大、反应选择性低等不足。而氨氧化法是由2,6-二氯苯甲苯在催化剂的作用下,和空气、氨气反应一步得到2,6-二氯苯腈的方法。该法反应转化率和选择性高,产品后处理简单,对环境的污染很小,属于绿色化学方法。

气固相固定床反应器是一类重要的基本反应器,在工业生产和实验室研究中广泛应用。该反应器的实验涉及许多化工技术和研究方法,如流体的输送和测定、反应器结构的优化、反应器物料的传质和传热、热量的提供和测量以及实验的设计等。

本实验的反应为一步反应,反应式如下:

催化剂的活性组分为VPO复合氧化物。VPO催化剂是一类重要的多相催化剂,广泛应用于烃类的选择性氧化、氨氧化等反应中,如苯、丁烯、丁烷等选择性氧化制马来酸酐,甲苯、邻氯甲苯、二氯甲苯等芳烃的氨氧化制备芳腈,其中很多反应已实现工业化。

催化剂的制备法有浸渍法、沉淀法、熔融法、混合法和溶液法等。为了提高催化剂的强度、热稳定性和寿命,可以采用载体负载催化剂。常用的氨氧化催化剂载体有硅胶和 Al_2O_3 等。催化剂中活性组分的含量和价态可用化学分析或仪器分析测定。

催化剂的比表面积、孔容、孔径分布等物理性质,表面物质的构成、晶体结构、原子的价态等都影响着催化的活性。随着分析仪器和实验技术的不断进步,如电子能谱、光谱、波谱和同位素技术的应用,使人们能更详尽地了解催化剂表面与反应物之间的相互作用,了解催化作用的机理,进一步促进了催化理论的发展。有关详细内容查阅有关文献。

实验所用反应器为外部供热的管式固定床反应器。采用电加热用智能仪表通过P、I、D调节温度。为了便于准确测定温度,采用下部进料,上部出料。气体用转子流量计计量,液体用精密柱塞泵计量和输送。

产物用气相色谱分析,并计算转化率和产率。采用正交设计法或均匀设计法筛选催化反应条件,同时进行宏观反应动力学研究,得出该反应的宏观反应动力学方程。

三、装置及流程

仪器:SC 2000气相色谱仪。实验流程如图7-21所示。

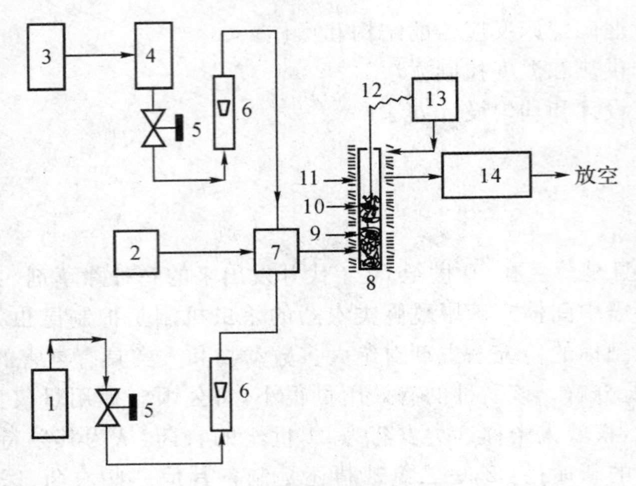

图 7-21 实验流程示意图

1—空气泵；2—精密柱塞泵；3—氨气钢瓶；4—缓冲瓶；5—流量调节阀；6—转子流量计；7—汽化混合器；8—固定床反应器；9—石英砂；10—催化剂；11—加热丝；12—热电偶；13—温度控制器；14—产品捕集器

试剂：V_2O_5，AR 级；37%浓 HCl，AR 级；浓 H_3PO_4，AR 级；硅胶、2，6-二氯甲苯、NH_3（NH_3 钢瓶提供），均为工业级。其他试剂均为分析纯。

四、实验步骤

实验涉及催化剂的制备及表征、产品分析、催化剂的表征、催化反应动力学研究、催化剂活性评价、反应装置的设计、正交法和均匀法设计实验等许多方面的内容，实验工作量很大，可以让多组同学协作共同完成大部分实验，其他部分可作为开放实验开出。

1. 催化剂的制备。实验者可查阅有关资料，自行设计催化剂的制备路线，如负载的 VPO 催化剂，或者硅胶负载的 VPO 催化剂。

2. 开启气相色谱，做原料和产品的工作曲线。

3. 称取 10g 已活化的催化剂填充于反应器中，通入空气并计量，由精密温控仪控制升温到 673K，然后通入 NH_3 并计量，打开计量泵向反应器内进原料 2，6—二氯甲苯，控制温度，使反应温度稳定在 673±1K，0.5h 后，取样 20min，用溶剂溶出后用气相色谱分析。

4. 改变条件，重复进行实验。

5. 实验结束后，先切断原料，在切断氨气，保温 0.5h 后，停空气和停止加热。最后将一切还原。

6. 进行部分催化剂表征工作。

五、数据处理

1. 根据色谱图上原料和产品的峰高，与标准工作曲线对照，计算出原料的转化率和产品的产率。

2. 根据实验结果，用软件处理实验数据，得出最佳实验条件。

3. 试求出反应的宏观动力学方程式。

六、思考题

1. 怎样做工作曲线？
2. 原料的转化率和产品产率怎么测得？
3. 催化剂的一般表征方法有哪些？
4. 均匀设计法有哪些优点？

实验三十三　乙醇气相脱水制乙烯宏观反应速率的测定

一、实验目的

1. 巩固所学有关反应动力学方面的知识。
2. 掌握测取宏观反应动力学数据的手段和方法。
3. 学会实验数据的处理方法，并能根据动力学方程求出相关的动力学参数值。
4. 了解内循环式无梯度反应器的特点及其使用方法。

二、实验原理

反应动力学描述了化学反应速率与各种因素如浓度、温度、压力、催化剂等之间的定量关系。动力学在反应过程开发和反应器设计过程中起着重要的作用。它也是反应工程学科的重要组成部分。

气固相催化反应是一个多步骤的反应，它包括以下七个步骤：

1. 反应物分子由气流主体向催化剂的外表面扩散(外扩散)；
2. 反应物分子由催化剂外表面向催化剂微孔内表面扩散(内扩散)；
3. 反应物分子在催化剂微孔内表面上被吸附(表面吸附)；
4. 吸附的反应物分子在催化剂的表面上发生化学反应，转化成产物分子(表面反应)；
5. 产物分子从催化剂的内表面上脱附下来(表面脱附)；
6. 脱附下来的产物分子从微孔内表面向催化剂外表面扩散(内扩散)；
7. 产物分子从催化剂的外表面向气流主体扩散。

这七个步骤可分为物理过程和化学过程。其中步骤1、2、6、7为物理扩散过程，步骤3、4、5为化学过程。在化学过程中，步骤3、5分别为化学吸附和化学脱附过程，步骤4为表面化学反应过程。整个反应的总速率取决于这7个步骤中阻力最大的一步，该步骤称为反应的速率控制步骤。如果步骤1或7为控制步骤，称反应为外扩散控制反应；如果步骤2或6为控制步骤，称反应为内扩散控制反应；如果步骤3、4或5的任何一步为控制步骤，称反应过程为反应控制或动力学控制。在考虑以上所有步骤的影响的反应速率为宏观反应速率，在消除了传递过程(包括热量传递和质量传递)的影响的理想情况下,测得的化学反应的反应速率为相应反应的本征反应速率。

在实际反应过程中,由于固体催化剂一般都具有很大的内表面,反应物质通过扩散达到催化剂内部的不同深度进行反应,因而导致常常具有浓度梯度和温度梯度,而这个浓度梯度和温度梯度对催化反应影响一般很大,因此需要了解催化剂颗粒内表面的浓度和温度梯度,即内扩散对总反应速率的影响。在消除外扩散影响的条件下,测出宏观反应速率,再和本征反应速率比较,即可得出内扩散对总反应速率的影响。目前一般采用内循环无梯度反应器来测定内扩散对总反应速率的影响。

图 7-22 所示为实验室用内循环无梯度反应器。该反应器中催化剂固定不动,采用涡轮搅拌器实现反应气体在反应器内循环流动。反应器中只有少量的反应气从进口加入补充和少量的反应气从出口离开反应器,而又有大量气体在反应器进、出口处循环流动,并和补充的反应气混合后通过催化剂床层。当循环气流量和原料气流量之比足够大时,反应气体的组成在催化剂床层进出口处变化甚微,此时反应器内就不存在浓度梯度,即可以用反应物出口浓度计算反应速率。同时,通过合理设计反应器的温度保温与控制系统,很容易实现反应器中温度无梯度。这样就消除了反应气体中浓度和温度梯度。

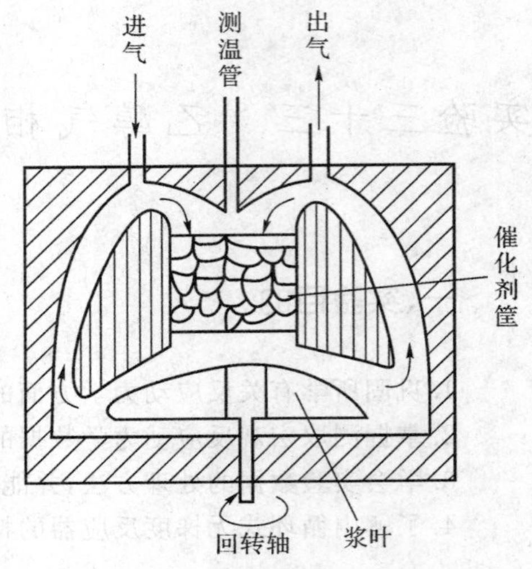

图 7-22 无梯度反应器

设反应气进口流量为 q_{V0},反应原料 A 浓度为 c_{A0};反应气出口流量为 q_{V1},反应原料 A 浓度为 c_{A1},循环气体的流量为 q_c,反应器进口处进口气和内循环气刚混合时反应原料 A 的浓度为 c_{Ai},则有

$$q_{V0}c_{A0}+q_c c_{A1}=(q_{V0}+q_c)c_{Ai} \tag{7-40}$$

令循环比 $R_c=q_c/q_{V0}$,上式可变换为

$$c_{Ai}=\frac{1}{1+R_c}c_{A0}+\frac{R_c}{1+R_c}c_{A1} \tag{7-41}$$

当 R_c 很大时,$c_{Ai}=c_{A1}$,此时反应器内原料浓度处处相等。一般来说,当 $R_c>25$ 时,无梯度反应器实质上是全混流反应器,反应速率可以简单求得

$$r_A=\frac{q_{V0}c_{A0}-q_{V1}c_{A1}}{V_R} \tag{7-42}$$

式中:V_R 为催化剂床层的体积。当反应过程中气体体积无变化时,上式可写为

$$r_A=\frac{q_{V0}(c_{A0}-c_{A1})}{V_R} \tag{7-43}$$

因而,在某一反应条件下,只要测得进、出气体的流量和进、出口气体原料的浓度,就可以反映在该条件下的宏观反应速率。按照测定动力学参数的实验设计方法设计并进行实验,测得在不同反应温度和浓度条件下的宏观反应速率,通过计算便可求得宏观动力学方程。

本实验是测定乙醇脱水,是制备纯净乙烯的宏观动力学方程。所用催化剂的优点是乙烯收率高,反应温度较低(约 300℃)。

乙醇脱水属于平行反应,既可以进行分子内脱水生成乙烯,又可以进行分子间脱水生成乙醚。一般而言,较高的温度有利于生成乙烯,而较低的温度有利于生成乙醚。因此,对于乙醇脱水这样一个复合反应，随着反应条件的变化，脱水过程的机理也会有所不同。借鉴前人在这方面所做的工作，将乙醇在分子筛催化剂作用下的脱水过程描述成：

$$2C_2H_5OH \rightarrow C_2H_5OC_2H_5 + H_2O$$

$$C_2H_5OH \rightarrow C_2H_4 + H_2O$$

三、实验装置与流程

图 7-23 所示为实验流程。

原料乙醇经微量进料泵 1 计量后，进入汽化器 2汽化，然后通过六通阀 3 进入无梯度反应器 5，反应气体离开反应器后，通过六通阀 4 进入冷凝器 7 冷凝后放空。通过旋转六通阀 3 或 4 向气相色谱仪 6 进样后，分析出反应器进口和出口的气体的组成。

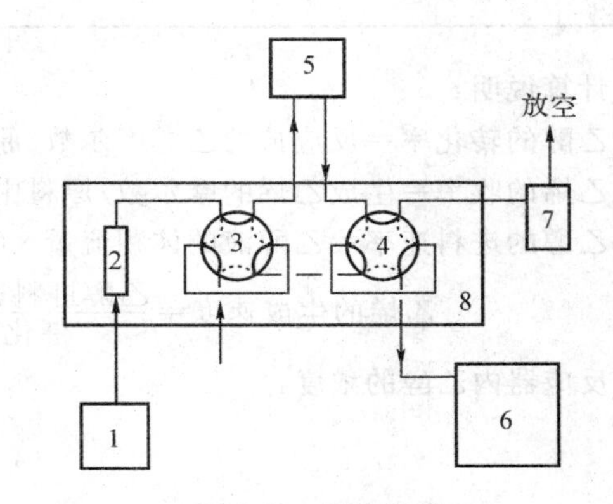

图 7-23　实验流程

1—微料输液泵；2—汽化器；3—原料取样六通阀；4—产物取样六通阀；5—无梯度反应器；6—气相色谱仪；7—冷凝器；8—恒温箱

四、实验步骤

开始实验之前，需熟悉流程中所有设备、仪器、仪表的性能及使用方法。然后才可按实验步骤进行实验。

1. 在反应器中加入 3.0g 粒度为 60～80 目的分子筛催化剂。

2. 打开 H_2 钢瓶高速色谱仪的柱前压力至 0.05MPa。确认色谱检测器有载气通过反启动色谱仪。调整柱温到 85℃，检测室到 95℃，待温度稳定后，打开热导池的开关，并调整桥电流至 150mA。

3. 在色谱仪升温的同时，打开阀恒温箱和管路加热器开关，使之升温到 110℃。

4. 打开反应器温度控制器的电源开头使反应器加热升温。同时向反应器的冷却水夹套中通入冷却水。

5. 打开微量进料泵，以小流量向汽化器内通入原料乙醇。

6. 待所有条件稳定后，用阀箱内的旋转六通阀取样分析反应产生的组成。

7. 在 260～380℃选择 3～4 个温度，在各个温度下改变 5 次乙醇的进料速率，测出不同条件下的数据。

8. 停止实验。

五、数据处理

实验过程中，应将有用的数据及时、准确地记录下来，所有数据记入表 7-1 中。

表 7-1 数据记录与结果表

实验号	反应温度 ℃	乙醇进料（摩尔分数）	产物组成(mol%)				原料乙醇浓度 c_A	乙醇转化率 x	乙烯收率 y	反应速率 r	反应速率常数 k
			乙醇	水	乙醇	乙醚					

计算说明：

乙醇的转化率＝反应掉的乙醇摩尔数/原料中乙醇的摩尔数

乙烯的收率＝生成乙烯的摩尔数/原料中乙醇的摩尔数

乙醇的进料速率＝乙醇液的体积流量×0.7893(乙醇的密度)/46.07(乙醇的分子量)

$$\text{乙烯的生成速度}=\frac{\text{乙醇进料速度}\times\text{乙烯收率}}{\text{催化剂用量(g)}}\quad (\text{mol/(g}\cdot\text{h))}$$

反应器内乙醇的浓度：

$$c_A=\frac{p_A}{RT} \tag{7-44}$$

式中：p_A 为乙醇的分压，反应的总压为 0.1MPa，可以将反应器内的混合气视为理想气体。

由于脱氢反应为一级反应，则生成乙烯的反应速率的常数 k 可能通过下式求出：

$$k=r/c_A \tag{7-45}$$

根据阿累尼乌斯方程 $k=k_0\exp(-E/RT)$，将 $\ln k$ 对 $1/T$ 作图，即可求出 k_0 和 E。

在低温有乙醚生成的情况下，参照上述计算过程，求出乙醇的消耗速率常数和相应的活化能。在此，同样可以按一级反应处理。

六、思考题

1. 用无梯反应测定化学反应动力学的优、缺点是什么？

2. 要想证明测定的是本征动力学数据，还需要补充哪些实验内容？

3. 分别画出温度和乙醇进料速率与乙醇收率的关系曲线，并对这两类曲线所反映出的规律作出解释。

第八章

电化学实验方法

第一节　电化学测量技术与应用

电化学测量在物理化学实验中占有重要地位，常用它来测量电解质溶液的许多物理化学性质（如电导、离子迁移数、电离度等）、氧化还原体系反应的有关热力学函数（如标准电极电势 φ、反应热 ΔH、熵变 ΔS 和自由能的改变 ΔG 等）和电极过程动力学参数（如交换乏流 i_o、阴极传递系数 α 和阳极传递系数 β）等。

电化学测量不仅广泛用于化学工业、冶金工业和金属防腐蚀，而且在生物过程和其他实际领域的研究工作中也得到了广泛的应用。

电化学测量技术内容是很丰富的，近年来交流电方法和旋转圆盘电极在应用上又有了新的发展。这里只简要介绍电导、电动势以及有关电极过程动力学的实验方法。

本章重点介绍电极过程动力学测试原理和技术，并通过几个典型的实验介绍平衡态的测试技术和方法。

一、电导的测量

（一）概述

电导是电化学中一个重要参量，它不仅反映出电解后溶液中离子状态及其运动的许多信息，而且由于它在稀溶液中与离子浓度之间的简单线性关系，被广泛应用于分析化学和化学动力学过程的测试中。

电导值是电阻值的倒数。因此，电导值实际上是通过电阻的测量，然后计算电阻的倒数来求得的；电解质溶液电导的测量有本身的特殊性，因为溶液中离子导电机理与金属电子的导电机理不同。伴随电导过程，离子在电极上放电，因而会使电极发生极化现象。因此，溶液电导值的测量通常都是用较高频率的交流电桥来实现的，所用的电极均镀以铂黑来减少极化作用。

(二)电解质溶液电导值的测量方法

1. 交流电桥法

我们早已熟悉了用惠斯登电桥(交流电桥)测量金属导体电阻的方法，在测量电解质溶液的电阻时，其原理和方法基本相同，但在测量装置与技术上需要作较大改进。其测量装置如图8-1所示。

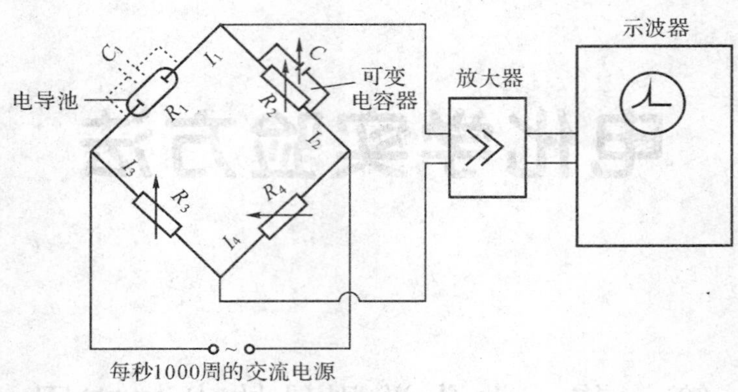

图 8-1 交流电桥装置

实验上测定电解质溶液电导，是将待测溶液装入具有两个固定的镀有铂黑的铂电极的电导池中，将电导池连接在交流电桥的一臂，在电桥平衡时测其溶液的电阻，然后求电阻的倒数得到电导。测量时不能用直流电源而应改用频率约为 1000～4000Hz 的交流电源，因为直流电通过溶液会引起电极反应，而使被测溶液浓度改变，造成溶液电阻改变使测量失真。用交流电测量时，前半周期造成的电极极化被后半周期的作用所抵消，因此测量值较为准确。由于采用了交流电源，所以电桥中零电流指示器不能用直流检流计，而改用示波器(或用耳机)。并且将信号放大后输入示波器中，使检测的灵敏度提高。还必须指出，在交流电桥法中，虽然电阻 R_2、R_3、R_4 在制造时可以尽量地减小电器，但要做到不具有任何电容是不可能的，电导池连接于电桥线路的一臂中，尽管它相当于一个纯电阻 R_1，但仍然存在一个与电池相并联的电容(分布电容)。因此，为了补偿电导池的电容，需要在桥的另一臂的可变电阻 R_2 上并联一个可变电容器，当交流电桥平衡时，应有：

$$\frac{I_1R_1}{I_2R_2} = \frac{I_3R_3}{I_4R_4} \tag{8-1}$$

若电桥不漏电，则有 $I_1=I_2$，$I_3=I_4$，因此式(8-1)化简为

$$R_1R_4 = R_2R_3 \tag{8-2}$$

因为只要 R_2、R_3、R_4 可直接读取，则可算出 R_1。

由于电桥中用的是交流电，因此要用总的阻抗 Z 来表示电桥各臂的阻值，所以当交流电桥达到平衡时应该有

$$Z_1Z_4 = Z_2Z_3 \tag{8-3}$$

而 Z(阻抗)$=R$(电阻)$+X$(电抗)，电抗为感抗和容抗所构成，在这里主要是容抗。所以阻抗真正平衡时，既要电阻平衡，电抗也要平衡，即 $X_1/X_2=X_3/X_4$。为此在感抗很小的情况下就

应当与电阻 R_2 并联一个可变电容 C 来保证电阻平衡。交流电桥采取了这一改进措施后即可达到较高的测量精度。

2. 电导仪

测量溶液电导率的仪器，目前广泛使用的是 DDS-11A 型电导率仪，下面对其测量原理及操作方法作较详细介绍。

DDS-11A 型电导率仪是基于"电阻分压"原理的不平衡测量方法，它测量范围广，可以测定一般液体和高纯水的电导率，操作简便，可以直接从表上读取数据，并有 0～10mV 信号输出，可接自动平衡记录仪进行连续记录。

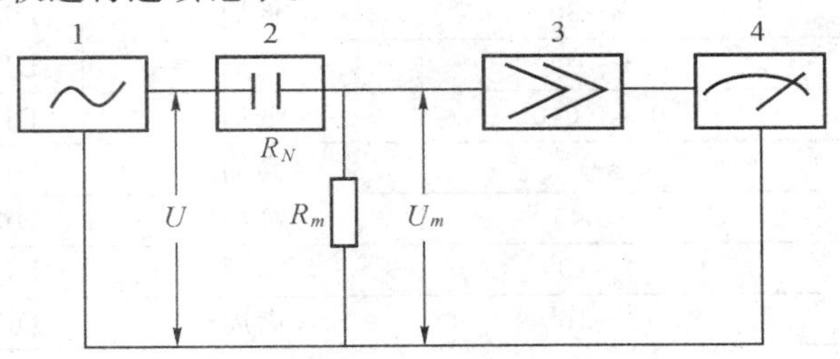

图 8-2　电导率仪测量

1—振荡器；2—电导池；3—放大器；4—指示器

(1)测量原理

电导率仪的工作原理如图 8-2 所示。把振荡器产生的一个交流电压源 U，送到电导池 R_X 与量程电阻(分压电阻)R_m 的串联回路里，电导池里的溶液电导愈大，R_X 愈小，R_m 获得电压 U_m 也就越大。将 U_m 送至交流放大器中放大，再经过信号整流，以获得推动表头的直流信号输出，表头直接读出电导率。由图 8-2 可知：

$$U_m = \frac{UR_m}{R_m + R_x} = UR_m \div (R_m + \frac{K_{CELL}}{k}) \tag{8-4}$$

式中：K_{CELL} 为电导池常数，当 U、R_m 和 K_{CELL} 均为常数时，电导率 K 的变化必将引起 U_m 作相应的变化，所以测量 U_m 的大小，也就测得溶液电导率的数值。

本机振荡产生低周(约 140Hz)及高周(约 1100Hz)两个频率，分别作为低电导率测量和高电导率测量的信号源频率。振荡器用变压器耦合输出，因而信号 U 不随 R_X 变化而改变。因为测量信号是交流电，因而电极极片间及电极引线间均出现了不可忽视的分布电容 C_0(大约 60pF)，电导池则有电抗存在，这样将电导池视作纯电阻来测量，则存在比较大的误差，特别是在 $0 \sim 0.1 \mu S \cdot cm^{-1}$ 低电导率范围内时，此项影响较显著，需采用电容补偿消除之。

信号源输出变压器的次极有两个输出信号 U_1 及 U，U_1 作为电容的补偿电源。U_1 与 U 的相位相反，所以由 U_1 引起的电流 I_1 流经 R_m 的方向与测量信号 I 流过 R_m 的方向相反。测量信号 I 中包括通过纯电阻 R_x 的电流和流过分布电容 C_0 的电流。调节 K_0 可以使 I_1 与流过 C_0 的电流振幅相等，使它们在 R_m 上的影响大体抵消。

(2)电极选择原则

表 8-1 电极选择

量 程	电导率/($\mu S \cdot cm^{-1}$)	测量频率	配套电极
1	0～0.1	低周	DJS-l 型光亮电极
2	0～0.3	低周	DJS-l 型光亮电极
3	0～1	低周	DJS-l 型光亮电极
4	0～3	低周	DJS-l 型光亮电极
5	0～10	低周	DJS-l 型光亮电极
6	0～30	低周	DJS-l 型铂黑电极
7	0～10^2	低周	DJS-l 型铂黑电极
8	0～3×10^2	低周	DJS-l 型铂黑电极
9	0～10^3	高周	DJS-l 型铂黑电极
10	0～3×10^3	高周	DJS-l 型铂黑电极
11	0～10^4	高周	DJS-l 型铂黑电极
12	0～10^5	高周	DJS-l 型铂黑电极

光亮电极测量较小的电导率(0～10$\mu S \cdot cm^{-1}$),而铂黑电极用于测量较大的电导率(10～$10^5 \mu S \cdot cm^{-1}$)。实验中通常用铂黑电极,因为它的表面比较大,这样降低了电流密度,减少或消除了极化。但在测量低电导率溶液时,铂黑对电解质有强烈的吸附作用,出现不稳定的现象,这时宜用光亮铂电极。

(3)注意事项:

①电极的引线不能潮湿,否则测不准。

②高纯水应迅速测量,否则空气中 CO_2 溶入水中变为 CO_3^{2-} 离子,使电导率迅速增加。

③测定一系列浓度待测液的电导率,应注意按浓度由小到大的顺序测定。

④盛待测液的容器必须清洁,没有离子玷污。

⑤电极要轻拿轻放,切勿触碰铂黑。

3. 电导池

电导池一般采用高度不溶性玻璃或石英制成。它主要由两个并行设置的电极构成,电极间充以被测溶液。电导值的测量应尽可能不使其他杂质溶入电解质溶液中,因此配制溶液的水一般都采用电导水,它的电导串约为 0.8×10^{-6}～$3\times10^{-6} S \cdot cm^{-1}$。为了精密地测量溶液的电导值,应尽量减少电极的极化,因此选择电导池时应考虑各种因素。

柯尔拉乌拖(Kohlrausch)从理论上指出,由极化所引起的误差取决于 $P^2/\omega R^2$ 值,式中 P 为电导池两极的极化电动势;R 为电导池内电解质的电阻;ω 为交流电桥法所使用的交流电频率,用来减小测量误差;应尽量使:$P^2 \ll \omega R^2$,一般交流电桥采用的频率 ω 通常为 1000～4000Hz,因此要求被测溶液的电阻不能太大,一般应小于 $5\times10^5 \Omega$,此时用万用表也可以检测交流电桥的平衡。如果 R 过大,则交流电桥的不平衡信号就难以检出。

必须指出,被测溶液的电阻也不能太低,一般要求 $R > 100\Omega$,对于某一给定的电导池,要求被测体系溶液的最高阻值与最低阻值之比最好不大于 50:1。由于浓度不同的强、弱电解质溶液,其电导率通常在 10^{-7}～$10^{-1} S \cdot cm^{-1}$。因此需要几个具有不同数量级的电导池,才能满足测量要求。

若被测溶液的电导值很低(小于 5×10^{-6}S),即其电阻很高(大于 $2\times10^5 \Omega$)时,i_x 很小,极

化不严重，可用光亮的260型电极测量。

若被测溶液的电导值在 $5\times10^{-6}\sim1.5\times10^{-1}$ S，亦即电阻在 $2\times10^{5}\sim6.67\Omega$ 时，必须用铂黑260型电极，浸没式电导池如图8-3所示。

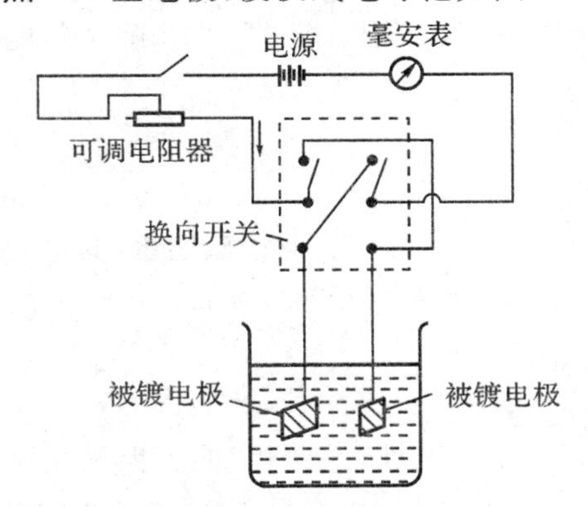

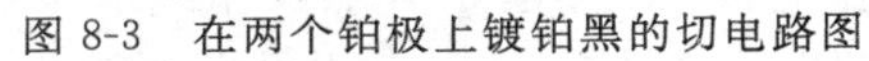
图8-3　在两个铂极上镀铂黑的切电路图

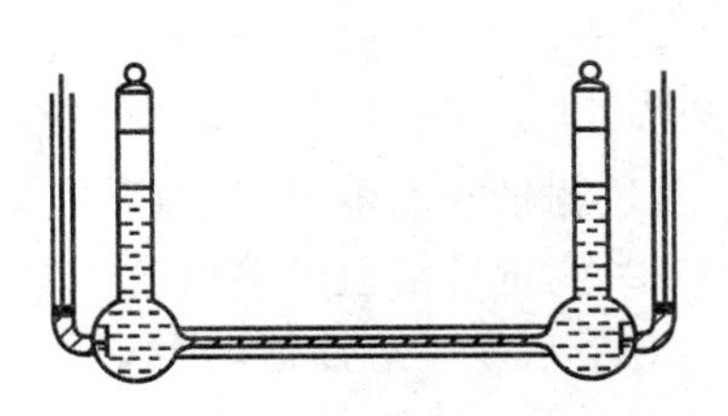
图8-4　U型电导池

若被测溶液的电导值在 $5\times10^{-1}\sim5\times10^{-1}$ S，则因其电阻极小，必须采用U型电导池。这种电导池由于两极间距离增长5～10cm，而两极间孔径缩小，所以电导池常数很少，其结构如图8-4所示。

在电导池中有两块镀有铂黑的电极，因为镀了铂黑的电极能大大增加电极的表面积，使电流密度减少，同时又因为铂黑的触媒作用，也降低了活化电势。因此使用铂黑电极可以减少电极极化。

铂黑电极的电镀工艺类同于氢电极。由于两块电极均须镀上铂黑，可将电路接成图8-4的装置(U形电导池可直接在池内电镀)。调节可变电阻器，控制电流的大小，使电极上略有气泡逸出即可。每隔半分钟通过换向开关使电流换向1次，连续电镀10～15min，使两块电极上都镀上铂黑。取出电极洗净后，再在 $1\text{mol}\cdot\text{L}^{-1}$ H_2SO_4 溶液中电解，电解时以铂黑电极为阴极，另外用一铂电极为阳极，利用电解时产生的 H_2，除去吸附在电极上的 Cl_2。电解10min后，移去 H_2SO_4 电解液，将铂黑电极洗净，浸在蒸馏水中保存备用。

必须指出，在实验中测得的溶液电导值与电极相隔的距离 l 和电极面积 A 的大小有关，两者之比值(L/A)称为电导池常数，单位是 m^{-1}。因此，在整个测量过程中要求不能改变电极的面积和它们之间的距离。

电导池常数是一个电导池的特征值，但是要精确测定电导池中的 L 与 A 值是困难的，一般用间接的方法来测来(L/A)值。将一已知电导率的标准溶液(通常用一定浓度的KCl溶液)装入电导池中，在指定温度下，测其电导值 G 与(L/A)的关系如下：

$$G=k(L/A)^{-1} \tag{8-5}$$

式中：K 称为电导率，单位是 $\text{S}\cdot\text{m}^{-1}$。

如果把含有1mol电解质溶液，置于相距为1m的电导池的两电极之间，这时所具有的电导为摩尔电导率 Λ_m，若电解质溶液的浓度为 $c(\text{mol}\cdot\text{L}^{-1})$，则 Λ_m 与 c 的关系为

$$\Lambda_m=\frac{k}{c} \tag{8-6}$$

因此，测定一定浓度的KCl水溶液的摩尔电导率 Λ_m，并查得该浓度下的K值，代入式(8-6)，即可求得电导池常数。

4.电导测量的一些应用举例

用上述方法测定了电导池常数之后，用同一只电导池，就很容易测量未知溶液的电导率和摩尔电导率了。例如，以电导常数为 $21.15\mathrm{m}^{-1}$ 的电导池，测得 $0.01\mathrm{mol}\cdot\mathrm{L}^{-1}$ 的 HCl 溶液电导值为 $1.95\times10^{-2}\mathrm{S}$，利用式(8-6)可求得 $K=0.0419\mathrm{S}\cdot\mathrm{m}^{-1}$，又用(8-6)式可求得摩尔电导率：$\Lambda_m=0.419/(0.01\times10^3)=4.19\times10^{-2}\mathrm{S}\cdot\mathrm{m}^2\cdot\mathrm{mol}^{-1}$。

溶液的电导数据的应用是很广泛的，以下略举例说明之。

(1)测定净化水的纯度

一般的水不具有相当大的电导率，这是因为其中含有一些电解质。对于蒸馏水，其电导串大约为 $1\times10^{-3}\mathrm{S}\cdot\mathrm{m}^{-1}$；去离子水和高纯度的“电导水”的电导率可小于 $1\times10^{-4}\mathrm{S}\cdot\mathrm{m}^{-1}$，因此，通过测量水的电导率，就可以知道水的纯度。

(2)测量难溶盐的溶解度

对于某些难溶性盐，如 $BaSO_4$、$AgIO_3$ 等，它们的溶解度是很难直接测定的。但利用电导测定方法可方便地求得其溶解度。其方法是先测定难溶盐饱和溶液的电导率，再测量纯水的电导串 k(水)。由于难溶盐溶液极稀，所以溶液电导率式中 k(溶液)，必须是盐和水的电导率之和，即：

$$k(\text{溶液})=k(\text{盐})+k(\text{水}) \tag{8-7}$$

则难溶盐的摩尔电导率

$$\Lambda_m(\text{盐})=\frac{k(\text{盐})}{c} \tag{8-8}$$

式中：c 为溶液的摩尔浓度，由于溶液很稀，可以认为摩尔电导率 Λ_m(盐)与其无限稀摩尔电导率 Λ_m^∞ 近似相等，而 Λ_m^∞ 可由离子摩尔电导率相加求得。这样就不难求得难溶盐的溶解度。

(3)电导滴定

所谓电导滴定，是利用滴定过程中溶液电导变化并出现转折，以此来确定滴定终点的方法，如图 8-5 所示。

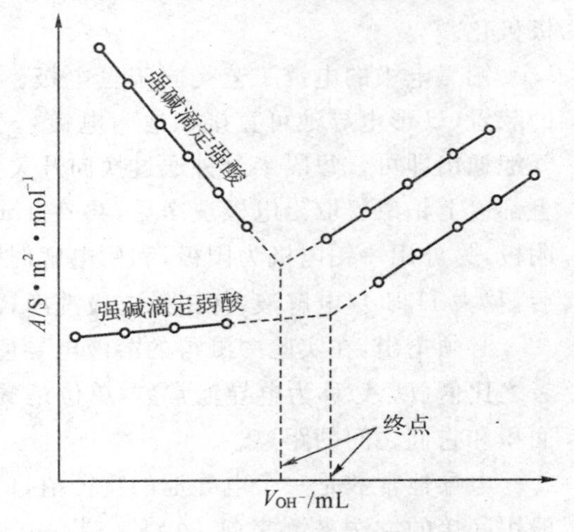

图 8-5 以强碱滴定酸的滴定曲线

电导滴定方法只需要测定若干个实验点，然后将各个点联结，求联结的两条直线的交点所对应的滴定体积，即可得到滴定的终点。这种滴定方法的特点是不需加入指示剂，不需要在接近终点时细心地找终点。因此，对于有颜色的溶液或者加了指示剂在终点时颜色变化仍然不明显的体系，采用电导滴定可收到良好效果。

(4)其他方面的应用

电导测量方法的应用是广泛的，除上述外还可以测定弱电解质的电离度和电离常数，可以用来测定水的离子积，可以用来测定某些反应的速率常数，可以测定水溶性表面活性剂的临界胶束浓度，等等。

二、电动势与电极电势的测量

(一)电池电动势测量的基本原理

电池电动势的测量必须在可逆条件下进行，否则所得电动势就没有热力学价值。所谓可逆条件，一是要求电池本身的电池反应可逆，二是在测量电池电动势时，电池几乎没有电流通过，即测量回路 $I\to 0$ 为此目的，我们在测量装置上设计一个方向相反而数值与待测电池的电动势几乎相等的外加电动势，以对消待测电池的电动势。这种测定电动势的方法称为对消法。如图 8-6 所示。

E_x 为被测电池的电动势，通过电动势的测量装置（如电位差计），输出一个方向相反的外加电动势，使其测量回路中的电流 $I\to 0$，那么在电动势测量装置上显示的电位数值即为被测电池的电动势。

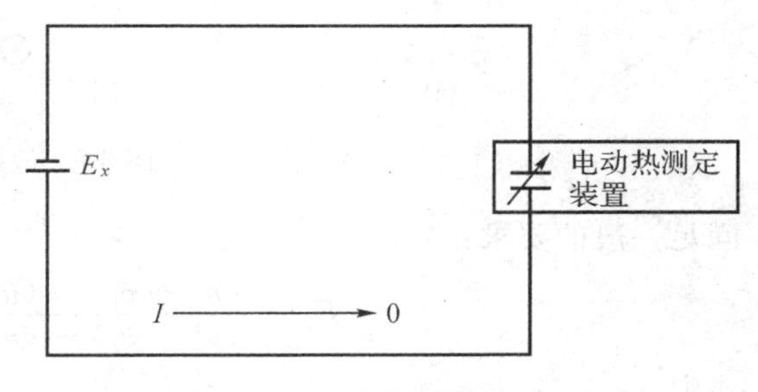

图 8-6　电动势测量原理

电池电动势的测量，实质上是一种特定的电池开路电压的测量。但是，任何电动势测量仪测量时均不可避免有电流通过电池。不过，一般电池都有较大的内阻，因此用对消法原理设计的电位差计以及高输入阻抗或高内阻的电压测量仪表，都能较好地满足电动势的测量要求。

例如，采用 UJ-25 型电位差计。测量电池电动势时，配用的检流计灵敏度应为 $10^{-8}\sim 10^{-9}\,\mathrm{A\cdot mm^{-1}}$，即在测量回路中流过的电流小于 10^{-8} A，如果被测电池的内阻为 1000Ω，则在测量时引进的测量误差为 $\Delta E_x=10^{-8}\times 1000=10^{-5}$ V 或 $\Delta E_x=10^{-9}\times 1000=10^{-6}$ V。因此可以满足测量要求。

但必须指出，如果被测电池的内阻较大（如大于 $10^{-7}\,\Omega$），那么这种测量就没有价值了。

根据高输入阻抗式原理制成的电动势测量仪器，如电子电位差计、数字电压表、X—Y 记录仪、阴极射线示波器。它们的输入阻抗，一般有 $10^7\,\Omega$。假设被测电池的电动势为 1.5V，则在测量时流过的电流 $I=\dfrac{E}{R}=\dfrac{1.5}{10^7}=1.5\times 10^{-7}$ A，这在某些测量要求不高的情况下是适用的。

（二）液接界电势与盐桥

我们知道，许多实用的电池，两个电极周围的电解质溶液的性质不同（如参比电极内的溶液和被研究电极内溶液的组成不一样或者两种溶液相同而浓度不同等），它们不处于平衡状态。当这两种溶液相接触时，存在一个液体接界面，在接界面的两侧，会有离子往相反方向扩散，随着时间的延长，最后扩散达到相对稳定。这时，在液接界面上产生一个微小的电势差，我们称这个电势差为液接界电势。

例如，两种不同浓度的 HCl 溶液的界面上，H^+ 和 Cl^- 有浓度梯度的突跃。因此，两种离子势必从浓的一边向稀的一边扩散。因为 H^+ 比 Cl^- 的淌度大得多，所以最初 H^+ 以较高的速度进入较稀的一相。这个过程使稀相出观过剩的 H^+ 而带正电荷，而浓相有过剩的 Cl^- 而带负电荷，结果产生了界面电势差。由于电势差的产生，这个电场使 H^+ 的扩散速度减慢，同时，也加快了 Cl^- 的扩散速度，最后，这两种离子的扩散速度相等，这时在界面上可得到一个微小的稳态电势，即液接界电势，根据它产生的原因，有时也称为扩散电势。林根（Lingane）把液接界电势分为三种类型，如图 8-7 所示。

箭头所指的方向是每种离子净传递的方向，箭头的长度表示相对的淌度。在每种情况下，液接界电势的极均用圆圈内加正负号表示。

液接界电势至今无法精确测量和计算，但在稀溶液中，使用亨德森（Hcnderson）公式可以

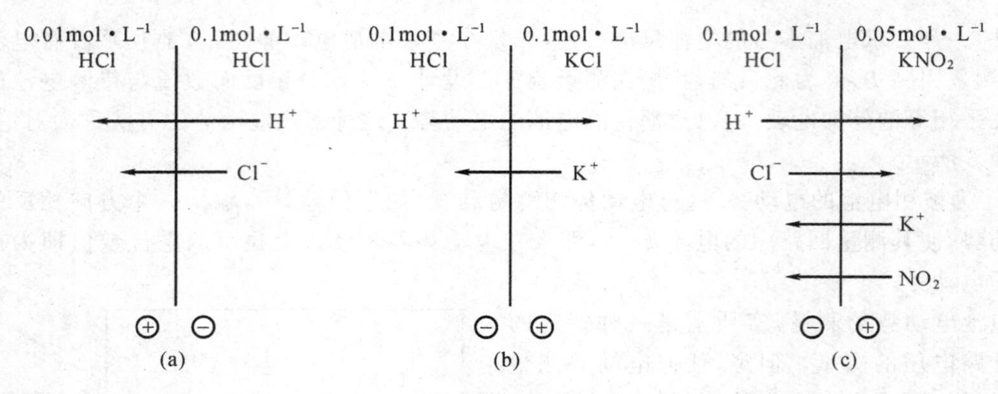

图 8-7 液接界电势类型

满足一般的要求：

$$E_j = \frac{(u_1 - v_1) - (u_2 - v_2)}{(u_1^1 + v_1^1) - (u_2^1 + v_2^1)} \cdot \frac{RT}{F} \ln \frac{u_1^1 + v_1^1}{u_2^1 + v_2^1} \tag{8-9}$$

式中：

$$\begin{cases} u = \sum m_+ \lambda_{m+} \\ u' = \sum m_+ \lambda_{m+} Z_+ \end{cases} \qquad \begin{cases} v = \sum m_- \lambda_{m-} \\ v' = \sum m_- \lambda_{m-} Z_- \end{cases}$$

m_+和 m_- 分别为阳离子和阴离子的质量摩尔浓度；λ_{m+} 和 λ_{m-} 分别为阳离子和阴离子的摩尔电导串；Z_+ 和 Z_- 为阳离子和阴离子电荷；连脚“1”和“2”表示溶液 1 和溶液 2；E_j 为液接界电势。

以 $KNO_3(m_1)|KCl(m_2)$为例。在 25℃时：

$\lambda_m(K^+) = 73.50 S \cdot cm^2 \cdot mol^{-1}$

$\lambda_m(NO_3^-) = 71.42 S \cdot cm^2 \cdot mol^{-1}$，

$\lambda_m(CL^-) = 76.30 S \cdot cm^2 \cdot mol^{-1}$，

假设 $m_1 = m_2$，则这两种溶液接触时，其液接电势 E_j 可由式(8-10)计算：

$$E_j = \frac{(73.50 - 71.42) - (73.50 - 76.30)}{(73.50 + 71.42) - (73.50 + 76.30)} \cdot \frac{8.314 \times 298}{96500} \ln \frac{73.50 + 71.42}{73.50 + 76.30}$$

在水溶液中，两种不同溶液的 E_j 一般小于 50mV，如 1mol · L^{-1}NaOH 与 0.1mol · L^{-1}KCl 两溶液间的 E_j 值，按亨德森公式计算，$E_j = 45$mV，可见，液接界电位是不可忽视的。在测量电极电势时，要采取措施减小液接界电势。

减小液接界电势的办法，一般是采用“盐桥”。常见的盐桥是一种充满盐溶的玻璃管，管的两端分别与两种溶液相连接，使其导通。一般的结构有图 8-8 所示的几种形式。

选择盐桥内的溶液应注意的几个问题：

(1)盐桥溶液内的正、负离子的摩尔电导串应尽量接近。

具有相同离子摩尔电导率的溶液，其液接界电势较小，所以在水溶液体系中，通常采用 KCl 溶液，而且是浓度高(甚至饱和)的溶液。当饱和 KCl 溶液与另一较稀溶液相接界时，在界面上主要由 K^+ 离子、Cl^- 离子向稀溶液扩散，而 K^+ 离子和 Cl^- 离子的摩尔电导率接近，因此减小了液接界电势。而且盐桥两端液接界电势符号往往恰好相反，使两端两个液接界电势可以抵消一部分，这样又进一步减小了液接界电势。

盐桥溶液与被测溶液接界电势与盐桥内 KCl 溶液的浓度有关，表 8-2 列出 0.1mol · L^{-1}

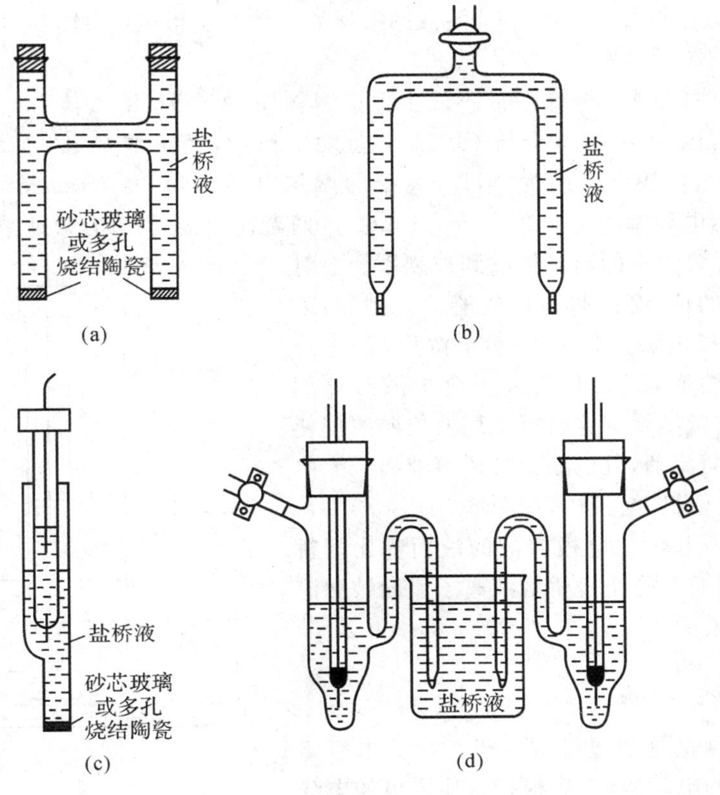

图 8-8　盐桥的几种形式

KCl 溶液和饱和 KCl 溶液分别与各种溶液组成液接界面时的液接界电势。

表 8-2　液接界电势近似值(按 2—10 式计算,25℃)

液接界	E_j/mV
0.1mol・L^{-1}LiCl/0.1mol・L^{-1}KCl	6.8
0.1mol・L^{-1}NaCl/0.1mol・L^{-1}KCl	4.4
0.1mol・L^{-1}NaOH/0.1mol・L^{-1}KCl	18.9
1.0mol・L^{-1}KOH/0.1mol・L^{-1}KCl	45
1.0mol・L^{-1}NaOH/0.1mol・L^{-1}KCl	34
0.1mol・L^{-1}HCl/0.1mol・L^{-1}KCl	−27
0.1mol・$L^{-1}$$H_2SO_4$/0.1mol・$L^{-1}$KCl	−39
0.5mol・L^{-1}邻苯三酸氢钾/饱和氢化钾	−2.6
0.1mol・L^{-1}柠檬酸二氢钾/饱和氢化钾	−2.7
0.1mol・L^{-1}NaOH/饱和氢化钾	−2.4
1.0mol・L^{-1}NaOH/饱和氢化钾	0.4
0.1mol・L^{-1}KOH/饱和氢化钾	8.6
0.1mol・L^{-1}HCl/饱和氢化钾	0.1
1.0mol・L^{-1}HCl/饱和氢化钾	−4.6
	−14.1

从表 7-2 中数据可知用饱和 KCl 溶液的液接界电势要小得多,因此,实际上使用的盐桥溶液大多采用泡和 KCl 溶液。

(2)盐桥溶液内必须与两端溶液不发生反应。例如,$AgNO_3$ 溶液体系就不能采用含 Cl^- 离子的盐桥溶液,因为 Ag^+ 离子与 Cl^- 离子会发生作用,而生成 AgCl 沉淀。此时可改用 NH_4NO_3 溶液作盐桥溶液。因为 $NH_4{}^+$ 离子的摩尔电导率为 73.7S・cm^2・mol^{-1}(25℃),$NO_3{}^-$ 离子的摩尔电导率为 71.42S・cm^2・mol^{-1},两者比较接近,可有效地减小液接界电势。

(3)如果盐桥溶液中的离子扩散到被测系统会对测量结果有影响的话,必须采取措施避免。例如,某体系采用离子选择电极测定 Cl^{-1} 离子浓度,如果选 KCl 溶液作盐桥溶腹,那么 Cl^{-1} 离子会扩散到被测系统中,会影响测量结果。这时可采用液位差原理使电解液朝一定方向流动,可以减少盐桥溶液离子流向被测电极(或参比电极)溶液内,如图 8-9 所示。

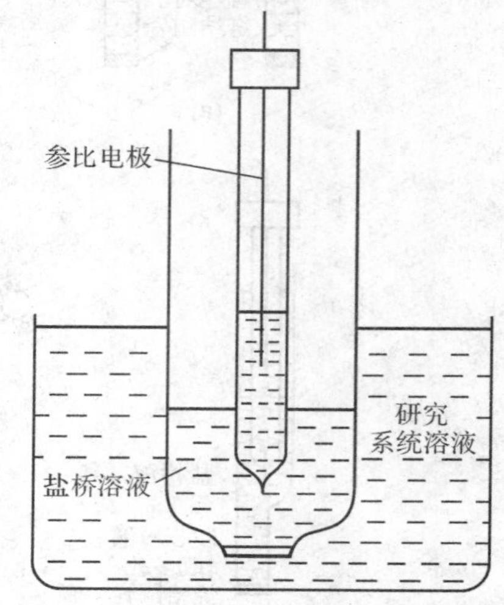

图 8-9 利用液位差防止研究体系溶液的污染

由于被测溶液和参比电极溶液的液面都比盐桥溶液的液面高,因而可防止盐桥溶液离子流向被测溶液或参比电极溶液中。

(三)参比电极

电极电势的测量是通过被测电极与参比电极组成电池测其电池的电动势,然后根据参比电极的电势求得被测电校的电极电势。有电势的测量除了要考虑电动势测量中的有关问题之外,特别要注意参比电极的选择。

1. 参比电极的选择

选择参比电极必须注意下列问题:

(1)参比电极必须是可逆电极,它的电极电势也是可逆电势。

(2)参比电极必须具有良好的稳定性和重现性。它的电极电势与放置时间(一般为数天)影响不大,各次制作的同样的参比电极,其电极电势也应基本相同。

(3)由金属和金属难溶盐或金属氧化物组成的参比电极是属第二类电极,如银—氯化银电极、汞—氧化汞电极,要求这类金属的盐或氧化物在溶液中的溶解度很小。

(4)参比电极的选择必须根据被测体系的性质来决定。例如,氯化物体系可选甘汞电极或氯化银电极;酸性溶液体系可选硫酸亚汞电极;碱性溶液体系可选氧化汞电极等。在具体选择时还必须考虑减小液接界电势等问题。此外,还可以采用氢电极作参比电极。

2. 水溶液体系常用的参比电极

(1)氢电极

氢电极主要是用作电极电势的标准,但在酸性溶液中也可作为参比电极,尤其在测量氢超电势时,采用同一溶液中的氢电极作为参比电极,可简化计算氢电极的电极反应。

在酸性溶液中:

$$2H^+ + 2e^- \Leftrightarrow H_2(g)$$

在碱性溶液中:

$$2H_2O + 2e^- \Leftrightarrow H_2(g) + 2OH^-$$

氢电极的电极电势与溶液的 pH 值、氢气压力有关。

$$\varphi_{H^+/H_2} = \frac{RT}{F}\ln\frac{a(H^+)}{P_{H_2}^{1/2}} \tag{8-10}$$

式中：$a(H^+)$为 H^+ 离子的活度；P_{H_2} 为氢气的压力（P_{H_2} = 大气压力 − 水的饱和蒸气压），如果氢气的压力是 101.325kPa（即标准大气压），在 25℃时氢电极的电势是：

$$\varphi_{H^+/H_2} = -0.5916\text{pH} \tag{8-10}$$

氢电极的优点是其电极电位取决于液相的热力学性质，因而易做到实验条件的重复。但其电极反应在许多金属上的可逆程度很低，因此必须选择对此反应有催化作用的惰性金属作为电极材料。一般是采用金属铂片，铂片要大小适中（如 $1\text{cm}\times1\text{cm}^2$）。然后与一铂丝相焊接，铂丝的另一头可烧结在 5 号量器玻璃管中。这是一种无硼的钠玻璃，其线膨胀系数与铂相近，这样玻璃与铂丝密封性好，可避免漏液，氢电极的结构如图 8-10 所示。

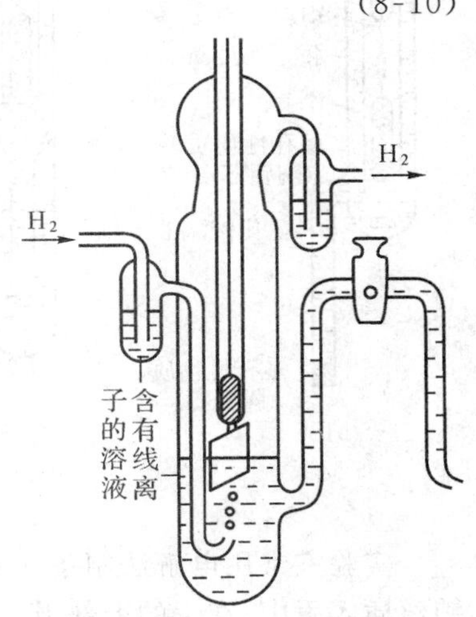

图 8-10　氢电极结构示意图

管内铂丝与导线连接方法：可采用银丝图（直径约 1mm）作导线，焊接时可以银丝一头用煤气灯加热至开始熔化，立即将烧红的铂丝直接插入其中，可获得良好效果。

铂丝与玻璃管的封接必须十分严密，其封装方法可先在铂丝上烧一玻璃珠，该玻璃珠由一小段拉细的玻璃管套在铂丝上，然后烧融而成。

铂丝与铂片的连接方法是用煤气灯分别将铂片与铂丝烧红，然后在铁砧上用小榔头敲打而成。铂片的大小应适当，一般取 1cm×1cm。

作为参比电极用的氢电极，其铂片镀铂黑，其目的是为了增加铂电极的面积和更大的活性，常用镀铂黑的溶液有两种：一是用 3% 的氯铂酸溶液，电镀时电流密度为 $20\text{mA}\cdot\text{cm}^{-2}$，电镀 5min 铂片上呈灰黑色；二是用 3.5% 的氯铂酸溶液，其中添加 0.02% 醋酯铅，电镀时电流密度为 $20\text{mA}\cdot\text{cm}^{-2}$，时间为 10min，镀得的铂黑为黑绒状，为了增加活性，可在 $0.5\sim1.0\text{mol}\cdot\text{dm}^{-3}$ 的 H_2SO_4 中进行电解。

氢电极中的铂片上部一般应露出液面，处在气、液、固三相界面上，有利于氢达到平衡。溶液中应通入高纯的氢气流（每秒 1～2 个气泡）。如果氢气含有惰性 N_2 会影响 H_2 的分压；如含有氧会在电极上还原，产生一个正的偏离电压；如仿吸 CO_2、CO 以及 As 的硫化物等会使铂黑的活性中心中毒。

配制氢电极的电解液也必须高度纯净，一般用电导率小于 $1\times10^{-5}\,\text{S}\cdot\text{cm}^{-1}$ 的电导水配制。

(2)甘汞电极

由于氢电极的制备和使用不甚方便，实验室中常用甘汞电极作为参比电极。它的组成为 $Hg|Hg_2Cl_2|KCl$（溶液）。

它的电极反应为

$$Hg_2Cl_2 + 2e^- \Leftrightarrow 2Hg + 2Cl^-$$

因此，电极的平衡电势取决于 Cl^- 的活度，通常使用的有 $0.1\text{mol}\cdot\text{L}^{-1}$、$1.0\text{mol}\cdot\text{L}^{-1}$ 和饱和式三种。

甘汞电极的结构形式有多种，下面图 8-11 列出了市售的(a)、(b)两种和实验室制作的(c)、(d)两种。

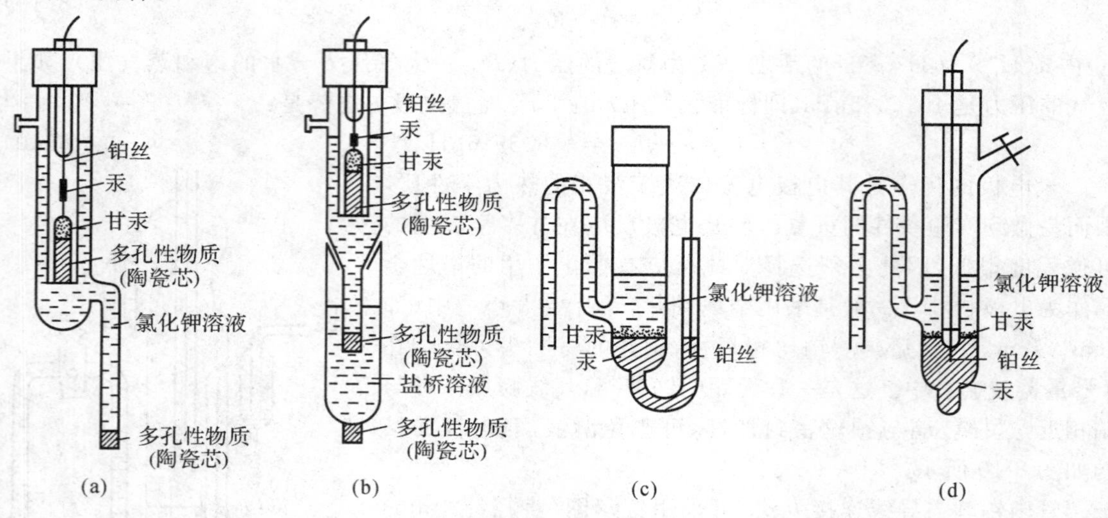

图 8-11 甘汞电极的形式

实验室常用电解法制备甘汞电极，在电极管底部注入适量的纯汞，再将用导线连接的清洁铂丝插入汞中，在汞的上部吸入指定深度的 KCl 溶液，另取一烧杯并装入 KCl 溶液，插上一支铂丝电极作为阴极，被制作的电极作为阳极进行电解，电流密度控制在 $100mA \cdot cm^{-2}$ 左右，此时汞面上会逐渐形成一层灰白的 Hg_2Cl_2，固体微粒，直至汞面被全部覆盖为止，然后电解结束。用针筒对电极管压气，将 KCl 电解液徐徐压出，弃去之。再徐徐吸入指定浓度的 KCl 电解溶液。必须注意，抽吸时，速度要慢，不要搅动汞面上的 Hg_2Cl_2 层，电极管要垂直放置，避免振动。

甘汞电极的另一种制备方法是将分析纯甘汞和几滴汞置于玛瑙研钵中研磨，再用 KCl 溶液调成糊状，将这种甘汞糊小心地置于电极管内的汞面上，然后再注入指定深度的 KCl 溶液。采用这种制备工艺时，与汞连接的铂丝应封于电极管的底部。

(3)银—氯化银电极

银—氯化银电极为：Ag|AgCl|Cl^-（溶液）

其电极反应为：$AgCl + e \Leftrightarrow Ag + Cl^-$

其电极电位取决于 Cl^- 的活度。此电极具有良好的稳定性和较高的重现性，无毒、耐震。其缺点是必须浸于溶液中，否则 AgCl 层会因干燥剥落。另外，AgCl 遇光会分解，所以银一氯化银电极不易保存。其电极电势如表 8-3 所示。

表 8-3 银—氯化银电极的电极电势

电极	温度/℃	电极电势/V
Ag|AgCl|Cl^- (a=1.0 $mol \cdot L^{-1}$)	25	0.22234
Ag|AgCl|KCl(0.1 $mol \cdot L^{-1}$)	25	0.288
Ag|AgCl|KCl(饱和)	25	0.1981
Ag|AgCl|KCl(饱和)	60	0.1657

银—氯化银电极主要部分是覆盖有 AgCl 银丝，它浸在含 Cl^- 离子的溶液中。实验室中制备的形式如图 8-12 所示。

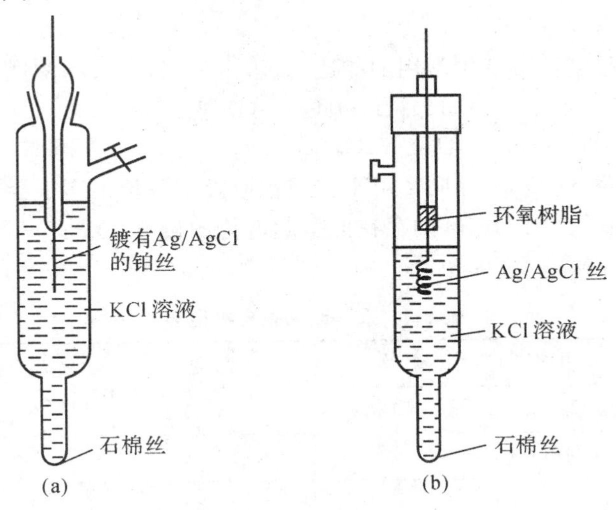

图 8-12　银—氯化银电极的形式

电极的制备工艺较好的为电镀法：取一段 5cm 的铂丝作为金属基体，另一端封接在玻璃管中，铂丝洗净后，置于电镀液中作阴极，用另一铂丝作为阳极，电镀液为 $10g \cdot L^{-1}$ 的 $K[Ag(CN)_2]$ 溶液，应保证其中不含过量的 KCN，为此，在电解液中加 0.5g $AgNO_3$，电流密度为 $0.4mA \cdot cm^{-2}$，电镀时间 6min，银镀层为洁白色，将镀好的银电极置于 $1mol \cdot L^{-1}$ NH_3 溶液中 1min，用水洗净后，存放在蒸馏水中。最后在 $0.1mol \cdot L^{-1}$ HCl 溶液中用同样的电流密度阳极氧化约 30min，清洗后，浸入蒸馏水中老化 1～2 天备用。

(4)汞—硫酸亚汞电极

汞—硫酸亚汞电极由汞、硫酸亚汞和含有 SO_4^{2-} 离子的溶液组成：

$$Hg|Hg_2SO_4|SO_4^{2-}(\text{溶液})$$

其电极反应为：$Hg_2SO_4 + 2e^- \Leftrightarrow SO_4^{2-} + 2Hg$

其制作方法与甘汞电极相似。在汞的表面上均匀地铺上一层汞和硫酸亚汞的糊状物，电极内的溶液为 H_2SO_4 或 K_2SO_4 溶液。如果用电解法制备，可采用 24% H_2SO_4 溶液为电解液，电流密度为 $50mA \cdot cm^{-2}$，生成 H_2SO_4 呈灰色，保存在大于 $1mol \cdot L^{-1}$ H_2SO_4 溶液中，避光，备用。其电极电势如表 8-4 所示。

表 8-4　汞—硫酸亚汞电极的电极电势

电极	温度/℃	电极电势/V
$Hg\|Hg_2SO_4\|SO_4^{2-}(a(SO_4^{2-})=1.0mol \cdot L^{-1})$	25	0.616
$Hg\|Hg_2SO_4\|K_2SO_4$(饱和)	25	0.658
$Hg\|Hg_2SO_4\|H_2SO_4(0.05mol \cdot L^{-1})$	18	0.687
$Hg\|Hg_2SO_4\|H_2SO_4(0.05mol \cdot L^{-1})$	25	0.679
$Hg\|Hg_2SO_4\|40.8\%H_2SO_4$	20	0.566

汞—硫酸亚汞电极常用作硫酸体系中的参比电极，如铅蓄电池的研究，硫酸介质中的金属腐蚀的研究等。

(5)汞—氧化汞电极

汞—氧化汞电极是碱性溶液中常用的参比电极，由汞、氧化汞和碱性溶液组成：

$$Hg|HgO|OH^-(溶液)$$

其电极反应为：$HgO+H_2O+2e^- \Leftrightarrow Hg+2OH^-$

其电极结构形式与甘汞电极基本相同。由于在碱性溶液中一价汞离子会被歧化为零价汞和二价汞离子，所以体系中不会因 Hg_2O 的存在而引起电势的偏移。它是一个重现性很好的电极，其电极电势如表 8-5 所示。

表 8-5 汞—氧化汞电极电势

电极	温度/℃	电极电势/V
$Hg\|HgO\|OH^-(a(OH^-)=1.0mol\cdot L^{-1})$	25	0.098
$Hg\|HgO\|NaOH(0.1mol\cdot L^{-1})$	25	0.164
$Hg\|HgO\|NaOH(1.0mol\cdot L^{-1})$	25	0.107
$Hg\|HgO\|BaOH$(饱和)	25	0.146
$Hg\|HgO\|BaOH$(饱和)	25	0.192

(四)电解池

实验室进行电化学测量用的电解池，一般采用硬质玻璃，如 GG17 或九五料玻璃。它们具有很宽的使用温度，能在灯焰下加工成各种形式的电解池。近几年来由于塑料工业的发展，很多合成材料都具有良好的化学稳定性，也可以用来做电解池的材料，如聚四氟乙烯、聚三氟氯乙烯、有机玻璃、聚苯、环氧树脂等。

由于电极反应是在电极表面进行的，溶液中微量有害杂质的存在，往往会严重影响电极反应的动力学过程，因此电解池材料的化学稳定性是必须注意的。

研究的对象不同，采用的电解池也不同。在设计电解池时，应该注意电解池的体积不能太大，否则会浪费电解液；但体积也不能太小，特别在较长时间的稳态测量中，溶液的浓度会发生改变，而影响测量结果。在电化学测量中就尽量减小其他杂质的干扰，因此在研究电极部分和参比电极部分可用磨口活塞或烧结玻璃与辅助电极隔开。鲁金(Luggin)毛细管的位置必须选择得当，以保证电势测量的正确。同时辅助电极的位置必须正确放置，否则会因为研究电极表面电流分布的不均匀，而造成电势分布不均匀，这样会影响测量结果。辅助电极与研究电极之间用磨口活塞或烧结多孔玻璃隔开，则可获得较均匀的电流分市。

(五)测量仪器的选择

日益发展的电子工业为电化学测量提供了数字电压表等一类全新的电子测量仪器，它们具有快速、灵敏、数字化等优点；但是传统的各种测试设备如标准电池、标准电阻、电位差计、电桥检流计等，不仅还在广泛地应用着，而且仍是电化学测试中最基本的标准设备，了解这些仪器设备的原理和性能，并正确选择和使用是十分必要的。

1. UJ-25 电位差计

UJ-25 型直流电位差计属于高阻电位差计，它适用于测量内阻较大的电源电动势，以及较大电阻上的电压降等。由于工作电流小，线路电阻大，故在测量过程中工作电流变化很小，因此需要高灵敏度的检流计。它的主要特点是测量时几乎不损耗被测对象的能量，测量结果稳定、可靠，而且有很高的准确度，故为教学、科研部门广泛使用。

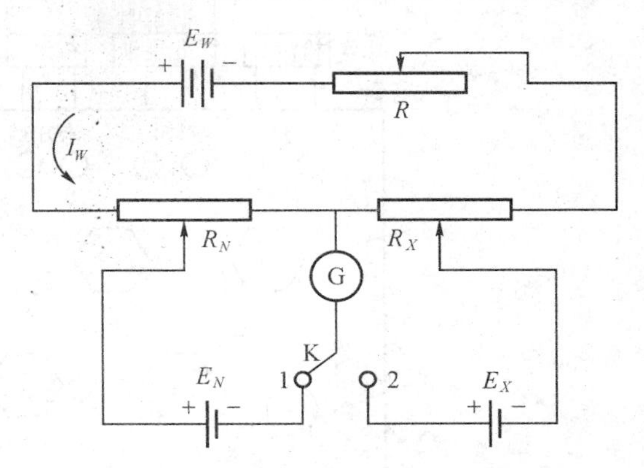

图 8-13 对消法测量原理
E_W—工作电源；E_N—标准电池；
E_X—待测电池；R—调节电阻；
R_X—待测电池电动势补偿电阻

(1)测量原理

电位差计是按照对消法测量原理而设计的一种平衡式电学测量装置，能直接给出待测电池的电动势值(以伏特表示)。图 8-13 所示是对消法测量电动势的原理。从图可知电位差计由三个回路组成:工作电流回路、标准回路和测量回路。

①工作电流回路，也叫电源回路。从工作电源正极开始，经电阻 R_N、R_X，再经工作电流调节电阻 R，回到工作电源负极。其作用是借助于调节 R 使在补偿电阻上产生一定的电位降。

②标准回路。从标准电池的正极开始(当换向开关 K 扳向"1"一方时)，经电阻 R_N，再经检流计 G 回到标准电池负极。其作用是校准工作电流回路以标定补偿电阻上的电位降。通过调节 R 使 G 中电流为零，此时 R_N 产生的电位降与标准电池的电动势 E_N 相对消，也就是说，大小相等而方向相反。校准后的工作电流 I_W 为某一定值，即 $I_W=E_N/R_N$。

③测量回路。从待测电池的正极开始(当换向开关 K 扳向"2"一方时)，经检流计 G 再经电阻 R_X，回到待测电池负极。在保证校准后的工作电流 I_W 不变，即固定 R 的条件下，调节电阻 R_X，使得 G 中电流为零。此时 R_X 产生的电位降与待测电池的电动势 E_X 相对消，即 $E_X=I_W\cdot R_X$，则 $E_X=(E_N/R_N)\cdot R_X$。

所以，当标准电池电动势 E_N 和标准电池电动势补偿电阻 R_N 两数值确定时，只要测出待测电池电动势补偿电阻 R_X 的数值，就能测出待测电池电动势 E_X。

从以上工作原理可见，用直流电位差计测量电动势时，有两个明显的优点：

• 在两次平衡中检流计都指零，没有电流通过，也就是说电位差计既不从标准电池中吸取能量，也不从被测电池中吸取能量，表明测量时没有改变被测对象的状态。因此，在被测电池的内部就没有电压降，测得的结果是被测电池的电动势，而不是端电压。

• 被测电动势 E_X 的值是由标准电池电动势 E_N 和电阻 R_N、R_X 来决定的。由于标准电池的电动势的值十分准确，并且具有高度的稳定性，而电阻元件也可以制造得具有很高的准确度，所以当检流计的灵敏度很高时，用电位差计测量的准确度就非常高。

(2)使用方法

UJ-25 型电位差计面板如图 8-14 所示。电位差计使用时都配用灵敏检流计和标准电池以及工作电源。UJ-25 型电位差计测电动势的范围其上限为 600V，下限为 0.000001V，但当测量高于 1.911110V 以上电压时，就必须配用分压箱来提高上限。下面说明测量 1.911110V 以下电压的方法。

①连接线路。先将(N、X_1、X_2)转换开关放在断的位置，并将左下方三个电计按钮(粗、细、短路)全部松开，然后依次将工作电源、标准电池、检流计以及被测电池按正、负极性接在相应的端钮上，检流计没有极性的要求。

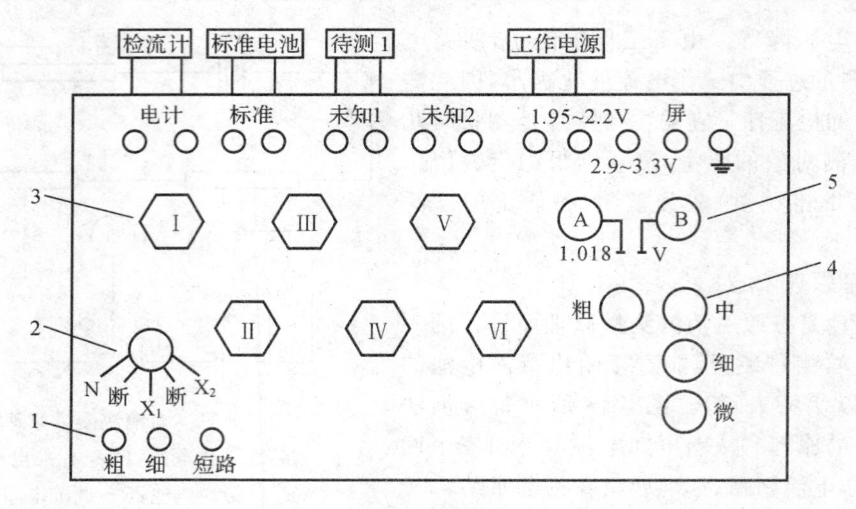

图 8-14 UJ-25 型电位差计面板图

1—电计按钮(共 3 个);2—转换开关;3—电势测量旋钮(共 6 个)

4—工作电流调节旋钮(共 4 个);5—标准电池温度补偿旋钮

②调节工作电压(标准化)。将室温时的标准电池电动势值算出,调节温度补偿旋钮(A,B),使数值为校正后的标准电池电动势。将(N、X_1、X_2)转换开关放在N(标准)位置上,按"粗"电计旋钮,旋动右下方(粗、中、细、微)四个工作电流调节旋钮,使检流计示零。然后再按"细"电计按钮,重复上述操作。注意:按电计按钮时,不能长时间按住不放,需要"按"和"松"交替进行。

③测量未知电动势。将(N、X_1、X_2)转换开关放在 X_1 或 X_2(未知)的位置,按下电计"粗",由左向右依次调节六个测量旋钮,使检流计示零。然后再按下电计"细"按钮,重复以上操作使检流计示零。读出六个旋钮下方小孔示数的总和即为电池的电动势。

(3)注意事项

(1)测量过程中,若发现检流计受到冲击,应迅速按下短路按钮,以保护检流计。

(2)由于工作电源的电压会发生变化,故在测量过程中要经常标准化。另外,新制备的电池电动势也不够稳定,应隔数分钟测一次,最后取平均值。

(3)测定时电计按钮按下的时间应尽量短,以防止电流通过而改变电极表面的平衡状态。

若在测定过程中,检流计一直往一边偏转,找不到平衡点,这可能是电极的正负号接错、线路接触不良、导线有断路、工作电源电压不够等原因引起,应该进行检查。

2. 标准电池

(1)特性和用途

在电化学、热化学的测量中,电势差(或电动势)这个物理量要求具有较高的准确度。电势差的单位为伏特,它是一个导出单位,是以欧姆基准(标准电阻或计算电容)和安培基准(电流天平或核共振)为基础,通过欧姆定律来标定的。由于标准电池的电动势极为稳定,经过欧姆基准、安培基准标定后,其电动势就体现了伏特这个单位的标准量值,从而成为伏特基准器,将伏特基准长期保存下来。在实际工作中,标准电池被作为电压测量的标准量具或工作量具,在直流电位差计电路中提供一个标准的参考电压。

标准电池的电动势具有很好的重现性和稳定性。所谓重现性是指不管在哪一地区,只要严格地按照规定配方和工艺进行制作,就都能获得近乎一致的电动势,一般能重现到 0.1mV,

因此易于心为伏特标准进行传递。所谓稳定是指两种情况，一是当电位差计电路内有微量不平衡电流通过电池时，由于电极的可逆性好，电极电势不发生变化，电池电动势仍能保持恒定；二是能在恒温条件下在较长时期内保持电动势基本不变。但如果时间过长，则会因电池内部的老化而导致电动势下降，因此须定期送计量局检定。

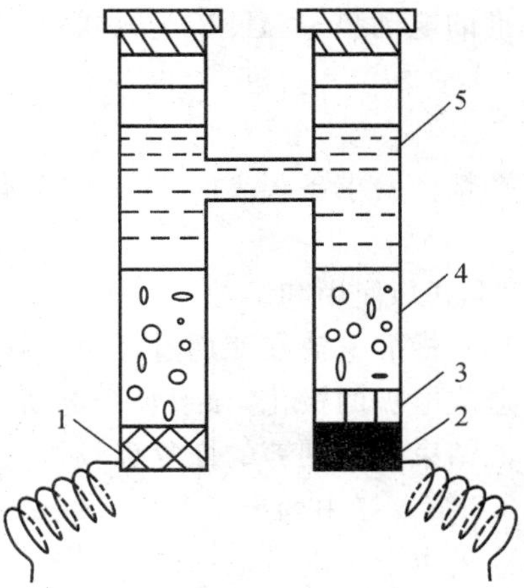

标准电池可分饱和式、不饱和式两类，前者可逆性好，因而电动势的重现性、稳定性均好，但温度系数较大，须进行温度校正，一般用于精密测量中；后者的温度系数很小，但可逆性差，用在精确要求不很高的测量中，可以免除烦琐的温度校正。

图 8-15　标准电池

1—含 Cd12.5%的镉汞齐；2—汞；3—硫酸亚汞的糊状物；4—硫酸镉晶体；5—硫酸镉饱和溶液

(2)结构和主要技术参数

饱和式标准电池的构造如图 8-15 所示，用电化学式来表示为

Cd-Hg(12.5%Cd)|$CdSO_4 \cdot 8/3H_2O$|$CdSO_4$(饱和)|$CdSO_4 \cdot 8/3H_2O$|Hg_2SO_4(固)|Hg

其电池反应为：

负极：Cd(Cd－Hg 齐)$\rightarrow Cd^{2} + 2e^-$

正极：$Hg_2SO_4 + 2e^- \rightarrow 2Hg + SO_4^{2-}$

总反应：Cd(Cd－Hg 齐)$+ Hg_2SO_4 \Leftrightarrow CdSO_4 + 2Hg$

表 8-6　国产标准电池的等级区分及主要参数

类别	稳定度级别	在温度＋26℃时电动势的实际值(V)	在 1min 内最大允许通过的电流 μA	在一年中电动势的允许变化 μV	温度℃		内阻/Ω不大于		相对湿度(%)	用途
					保证准确度	可使用于	新的	使用中的		
饱和	0.0002	1.0185900～1.0186800	0.1	2	19～21	15～25	700		≤80	标准工具
	0.0005	1.0185900～1.0186800	0.1	5	18～22	10～30				
	0.001	1.0185900～1.0186800	0.1	10	15～25	5～35	700	1500	≤80	标准量具
	0.005	1.01855～1.01868	1	50	10～30	0～40		2000		
	0.01	1.01855～1.01868	1	100	5～40	0～40		3000		
不饱和	0.005	1.01880～1.01930	1	50	15～25	10～30	500	3000	≤80	工作量具
	0.01	1.01880～1.01930	1	100	10～30	5～40				
	0.02	1.0185～1.0196	10	200	5～40	0～50				

(3)饱和式标准电池的温度系数

饱和标准电池正极的温度系数为 310μV/℃，负极约为 350μV/℃。由于负极的温度系数比正极的大，又处在标准氢电极电势以下，电极电势为负值。如果温度升高 1℃，正极电极电势的升高不及负极电极电势的升高来得大，这意味着其绝对值减小。因而整个电池电动势的温度系数是负的。每一电池在出厂时，或计量局定期检定时均附有 20℃的环境中，因此必须通过电位差计上的专用温变校正盘进行校正。1975 年我国提出 0～40℃温度范围内饱和式标

准的电动势—温度校正公式：

$$\Delta E_1 = -39.94(t-20) - 0.929(t-20)^2 + 0.0090(t-20)^3 - 0.00006(t-20)^4 \tag{8-12}$$

在精度要求不很高时，上式可简化为

$$\Delta E_1 = -40(t-20) \tag{8-13}$$

(4)使用和维护

标准电池在使用过程中，不可避免地会有充、放电流通过，使电极电势偏离其平衡电势值，造成电极的极化，导致整个电动势的改变。虽然饱和式标准电池的去极化能力较强，充、放电流结束后电动势的恢复也较快，但仍应对通过标准电池的电流严格限制在允许的范围内，表8-6第4栏中列出了各个等级的标准电池所允许通过的电流值。

由于标准电池中的温度系数与正负两极都有关系，故放置时必须使两极处于同一温度。

饱和标准电池中的 $CdSO \cdot 8/3H_2O$ 晶粒在温度波动的环境中会反复不断地溶解、再结晶，致使原来很微小的晶粒结成大块，增加了电池的内阻，降低了电位差计中检流计回路的灵敏度。因此应尽可能将标准电池置于温度波动不大的环境中。

机械振动会破坏标准电池的平衡，在使用及搬移时尽量避免振动，绝对不允许倒置。

光会使 Hg_2SO_4 变质，此时，标准电池仍可能具有其正常的电动势值，但其电动势对于温度变化的滞后特性较大，因此标准电池应避免光照。

3. SDC-1 型数字电位差计

SDC-1 型数字电位差计是采用误差对消法（又称误差补偿法）测量原理设计的一种电压测量仪器，它综合了标准电压和测量电路于一体，测量准确，操作方便。测量电路的输入端采用高输入阻抗器件（阻抗 $\geq 10^{14}\,\Omega$），故流入的电流 I = 被测电动势/输入阻抗（几乎为零），不会影响待测电动势的大小。

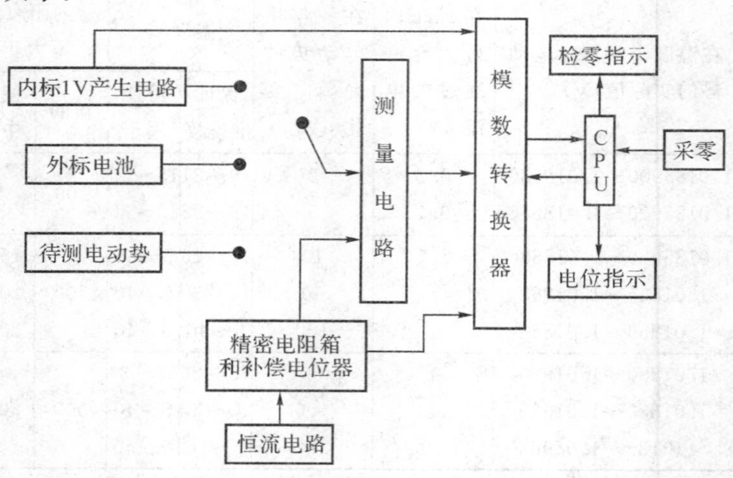

图 8-16 SDC-1 型数字电位差计工作原理

(1)测量原理

本电位差计由 CPU 控制，将标准电压产生电路、补偿电路和测量电路紧密结合，内标 1V 产生电路由精密电阻及元器件产生标准 1V 电压。此电路具有低温漂性能，内标 1V 电压稳定、可靠。

当测量开关置于内标时，拨动精密电阻箱电阻，通过恒流电路产生电位，经模数转换电路送入 CPU，由 CPU 显示电位，使得电位显示为 1V。这时，精密电阻箱产生的电压信号与内标 1V 电压送至测量电路，由测量电路测量出误差信号，经模数转换电路送入 CPU，由检零显示误差值，由采零按钮控制，并记忆误差值，以便测量待测电动势时进行误差补偿，消除电路误差。

当测量开关置于外标时，由外标标准电池提供标准电压，拨动精密电阻箱和补偿电位器产生电位显示和检零显示。

测量电路经内标或外标电池标定后，将测量开关置于待测电动势，CPU 对采集到的信号进行误差补偿，拨动精密电阻箱和补偿电位器，使得检零指示为零。此时，说明电阻箱产生的电压与被测电动势相等，电位显示值为待测电动势。

(2)测量说明

本仪器测量电路的输入端采用高输入阻抗器件(阻抗$\geqslant 10^{14}\Omega$)，故流入的电流 I=被测电动热/输入阻抗(几乎为零)，不会影响待测电动势的大小。若想精密测量电动势，将测量选择开关置于“内标”或“外标”，让待测电动势电路与仪器断开，拨动面板旋钮。测量时，再将选择开关置于“测量”即可。

三、溶液 pH 的测量及仪器

(一)仪器工作原理

酸度计是用来测定溶液 pH 值的最常用仪器之一，其优点是使用方便、测量迅速。其主要由参比电极、指示电极和测量系统三部分组成。参比电极常用的是饱和甘汞电极，指示电极则通常是一支对 H^+ 具有特殊选择性的玻璃电极。组成的电池可表示为：玻璃电极|待测溶液‖饱和甘汞电极。

在 298K 时，电极电势为

$$E=\varphi_{甘汞}-\varphi_{玻}=0.2412-(\varphi^{\circ}_{玻}-\frac{RT}{F}2.303\text{pH})$$

$$=0.2412-(\varphi^{\circ}_{玻}-0.05916\text{pH})$$

移项整理得

$$\text{pH}=\frac{E-0.2412-\varphi^{\circ}_{玻}}{0.05916}$$

式中：$\varphi^{\circ}_{玻}$ 对某给定的玻璃电极是常数，所以只要测得电池的电动势，即可求出溶液的 pH 值。

鉴于由玻璃电极组成的电池内阻很高，在常温时达几百兆欧，因此不能用普通的电位差计来测量电池的电动势。

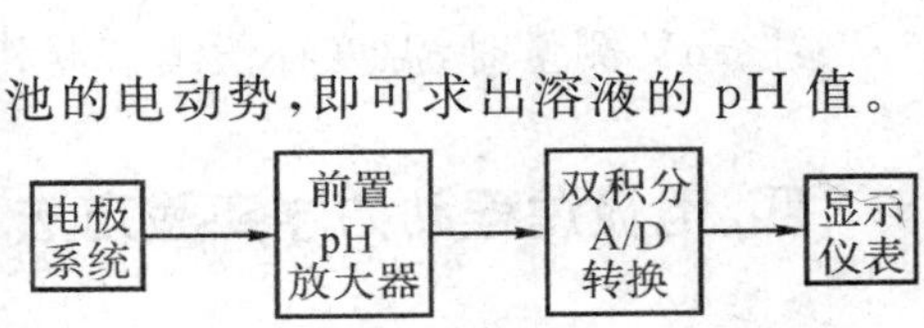

电极系统　前置 pH 放大器　双积分 A/D 转换　显示仪表

图 8-17　酸度计基本工作原理

酸度计的种类很多，其基本工作原理如图 8-17 所示。

酸度计的基本工作原理是利用 pH 电极和甘汞电极对被测溶液中不同的酸度产生的直流电位，通过前置 pH 放大器输入到 A/D 转换器中，以达到显示 pH 值数字的目的。同样，在配上适当的离子选择电极作电位滴定分析时，以达到显示终点电位的目的。其测量范围为：pH：0～14；mV：0～±1400mV。

1. 电极系统

电极系统通常由玻璃电极和甘汞电极组成，当一对电极形成的电位差等于零时，被测溶液的 pH 值即为零电位 pH 值，它与玻璃电极内溶液有关，通常选用零电位 pH 值为 7 的玻璃电极。

2. 前置 pH 放大器

由于玻璃电极的内阻很高，约 $5\times10^3\,\Omega$，因此，本放大器是一个高输入的直流放大器，由于电极把 pH 值变为毫伏值是与被测溶液的温度有关的，因此放大器还有一个温度补偿器。

3. A/D 转换器

A/D 转换器应用双积分原理实现模数转换，通过对被测溶液的信号电压和基准电压的二次积分，将输入的信号电压换成与其平均值成正比的精确时间间隔，用计数器测出这个时间间隔内脉冲数目，即可得到被测信号电压的数字值。

（二）仪器使用

酸度计型号较多，下面以 pHS-3C 为例，说明其使用方法，其他型号仪器可参阅有关说明书。

1. pH 值的测定

(1)将玻璃电极和饱和甘汞电极分别接入仪器的电极插口内，应注意必须使玻璃电极底部比甘汞电极陶瓷芯端稍高些，以防碰坏玻璃电极。

(2)接通电源，按下“pH”或“mV”键，预热 10min。

(3)仪器的标定：拔出测量电极插头，按下“mV”键，调节“零点”电位器使仪器读数在±0之间；插入电极，按下“pH”键，斜率调节器调节在 100％位置；将温度补偿调节器调节到待测溶液温度值；在烧杯内放入已知 pH 值的缓冲溶液，将两电极浸入溶液中，待溶液搅拌均匀后，调节“定位”调节器使仪器读数为该缓冲溶液的 pH 值。

(4)测量：将两电极用蒸馏水洗净头部，用滤纸吸干，然后浸入被测溶液中，将溶液搅拌均匀后，测定该溶液的 pH 值。

2. mV 值的测定

(1)拔出离子选择电极插头，按下“mV”键，调节“零点”电位器使仪器读数在±0 之间。

(2)接入离子选择电极，将两电极浸入溶液中，待溶液搅拌均匀后，即可读出该离子选择的电极电位(mV 值)。

注：mV 测量时，温度补偿调节器和斜率调节器均不起作用。

四、电极过程动力学实验方法

（一）极化作用与过电位

当电流通过电解池，在一定电流强度下的端电压 E_1 高于同一体系的可逆电动势 E_r：

$$E_{1(\text{电解池})} > E_r$$

相反，如电池放电，则其端电压低于可逆电动势：

$$E_{1(\text{电解池})} < E_r$$

实验证明电解池或电池在有电流的情况下，端电压改变的主要原因不在于欧姆降，而在于其中两个电极电位随电流强度或电流密度的变化。

电池工作时的电极电位(φ)偏离可逆电极电位(φ_r)的现象，称为极化。通常把 φ 与 φ_r 的差值称为过电位：

$$\eta=\varphi-\varphi_r \tag{8-14}$$

根据极化产生的原因，分为浓差极化和电化学极化。过电位 η 应为浓差过电位 η_c 和电化学过电位(又称活化过电位)η_a 之和，即

$$\eta=\eta_a+\eta_c \tag{8-15}$$

当浓差极化基本消除后测得的过电位即为电化学过电位。

(二)电极基本过程和研究极化的基本方法

任何电极过程都是一个包含若干连续步骤的复杂多相反应。例如，氯离子经电化学过程还原生成氯气的步骤，首先是离子向电极—电解质界面迁移。当离子一旦进入界面双电层，就失去电子转变氯原子吸附在电极上。接着新生成的氯原子复合成氯分子进入周围的电解质液中。待形成饱和溶液后，以气泡的形式逃逸到大气中去。如图 8-18 所示，其中的虚线箭头表示氯气离子化过程的步骤。

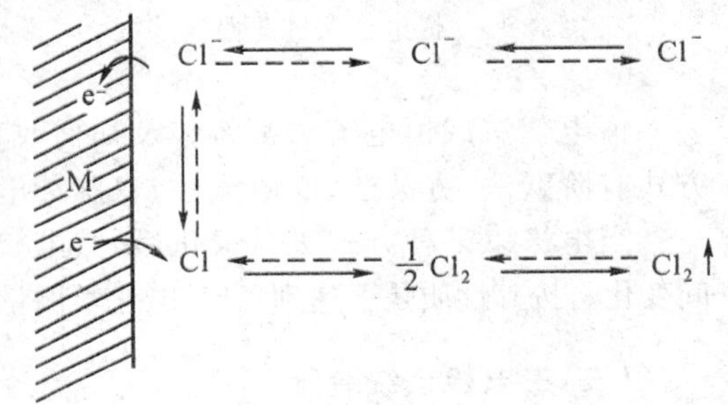

图 8-18　析出和溶解氯气的电极反应

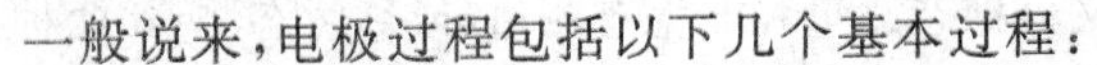

一般说来，电极过程包括以下几个基本过程：

(1)溶液内的传质过程——反应离子(或反应物)向电胶表面的传递或反应产物自电极表面向溶液内部的传递。

(2)表面转化过程——反应物在电极表面上的吸附和产物自电极表面的脱附，或在表面附近的液层发生化学变化(如 Cl^- 在电极表面上的吸附)。

(3)电化学反应过程——在电极表面得到或失去电子，生成反应产物。

(4)溶液中离子的迁移和电子导体中的电子电导过程：

$$Cl^- \rightleftharpoons \frac{1}{2}Cl_2+e^-$$

为了有效地研究某一个基本过程，应该创造条件使该过程在电极总过程中占主导地位，使之成为电极总过程中的控制性步骤。例如，为了研究电化学反应过程的速度，常采取下述方法来避免溶液内传质过程因素对测量的影响。例如，通过使用鲁金(Luggin)毛细管，加入电解质，加强搅拌，或使用旋转电极以及各种暂态法来缩短单向电流的持续时间，使电化学反应成为过程的控制步骤。又例如，为了测量溶液的电导，就必须让过程(4)成为主要过程。通常采取增大电导池铂电极的面积——在铂电极上镀铂黑，增大电极面积和双电层电容，增大交流电频率，使电极反应过程、传质过程和电极界面双电层充放电过程都降为次要地位。

研究电化学过程的基本内容之一是测定电极电位和电流密度的曲线，即极化曲线。分析极化曲线的形状，研究其对溶液组成、温度及物理化学参数的依赖关系，从而获得关于电极过程的有关知识。

研究电极极化，即让电极电位偏离平衡电位有两种方法：①控制电位法；②控制电流法。

控制电位法也称恒电位法，即按指定规律控制电极电位 φ 的变化，同时测量每个控制电位所对应的电流 i，所以恒电位法中流过电极的电流 i 是电位 φ 的函数。控制电流法也称恒电流

法，即按指定的规律控制电流的变化，同时测量相应电流下的电位。显然，恒电流法中，电位 φ 是电流 i 的函数。当 i 与 φ 互为单值函数时，可以根据实验条件任选一种方法。若在某 i 值时，有两个以上可与之对应的 φ 值，应该选择电位法。例如，用恒电位法测量金属钝化曲线，参见图 8-19；若采用恒电流法，参见图 8-20，将不能得到完整的曲线。

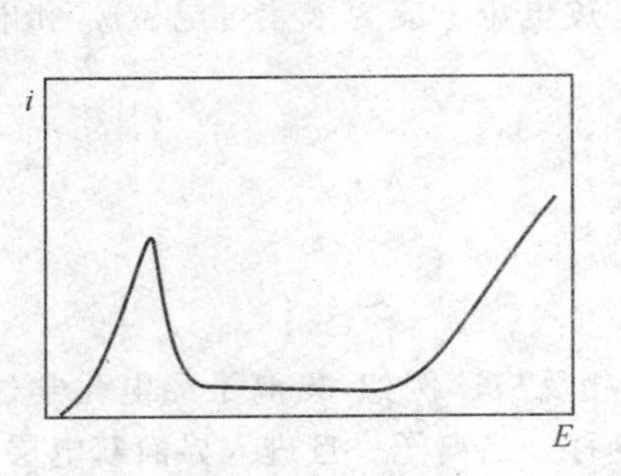

图 8-19　恒电位法钝化曲线

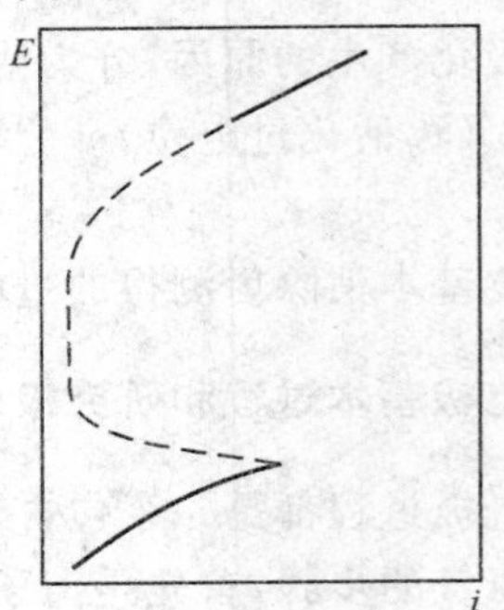

图 8-20　恒电流法钝化曲线

恒电位法或恒电流法都将涉及如何改变电位或电流的方式，即极化的方式。常用的极化方式有阶跃法、方波法、断电流法、双脉冲电流法、线性扫描法与交流阻抗法等。

当电极以某种方式进行极化后，其电极表面性质、电极电位、电极周围的介质部分都将随时间变化。按其性质是否达到稳定，电化学测量又分稳态测量和非稳态测量（或称暂态测量）两种。

（三）三电极系统装置

在测量某电极的极化曲线时，为同时测定该电极的电流与电位，需使用三电极测量系统，即研究电极、辅助电极和参比电极。常见的三电极装置如图 8-21 和图 8-22 所示。

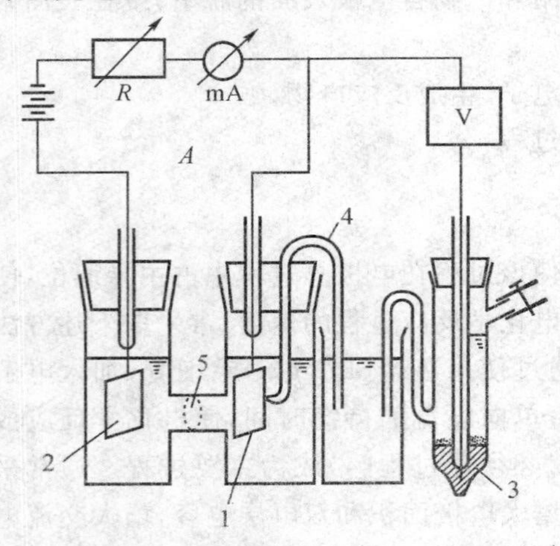

图 8-21　需用盐桥的三电极装置

1—研究电极；2—辅助电极；3—参比电极；4—盐桥；5—隔膜

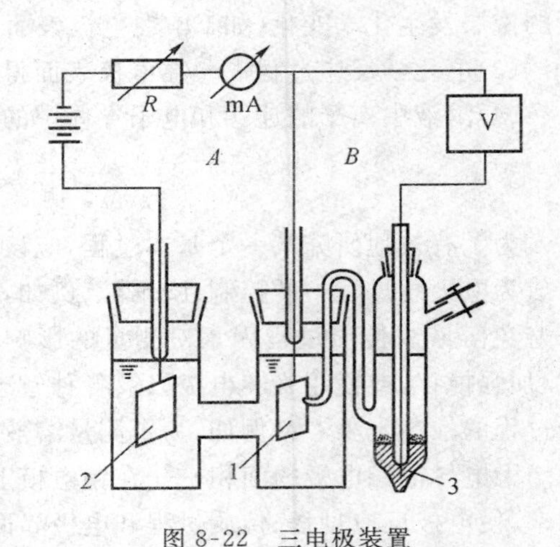

图 8-22　三电极装置

1—研究电极；2—辅助电极；3—参比电极

研究电极系指被研究的电极，亦称试验电极或工作电极。它可以按研究的需要做成各种形状的电极。由于电极表面状态对测量影响甚大，所以制备研究电极时，应使其表面性质具有良好的重现性。在测量前，电极表面需进行处理，非工作面要用绝缘材料固封严密，否则在金属与绝缘层之间会产生微小缝隙。这种缝隙在阳极极化期间容易发生腐蚀而变宽，影响测量的准确性。常用的绝缘材料有环氧树脂、聚四氟乙烯、聚乙烯苯、石蜡、过氯乙烯清漆等。

辅助电极亦称研究电极的对电极，它只用来通过电流实现研究电极极化。在通常的情况下，辅助电极为惰性电极，若其在某电位范围内发生反应，应尽可能减小其电流密度，使辅助电极的极化不起控制作用，为此辅助电极的面积应比研究电极的面积大得多。如果辅助电极的反应影响研究电极的反应，可用烧结微孔玻璃板将电解它的阴极区和阳极区分开。对于平面状研究电极、辅助电极应放置在与之对称的位置。如果研究电极两面都进行电化学反应，那么在其两侧放置辅助电极，以保证均匀的电流分布。

参比电极只用来测量研究电极的电位，它与研究电极构成原电池。参比电极中几乎无电流通过（$I<10^{-7}$A）。由于参比电极的电极电位是已知的，因此测得这两个电极电位的差值，即可求得研究电极的电极电位。参比电极应该选择电极电位稳定，近于理想的不极化电极，如氢电极、甘汞电极、硫酸亚汞电杖、氧化汞电极和氯化银电放等。选择参比电极时还应考虑研究电极所对应的电解液性质、实验温度等因素。

（四）极化电流与极化电位的测量

测量电极极化电流（I）的方法很多。一般情况可在极化回路中串联一个相应量程和精度的电流表，也可串联一个标准电阻 R_N，测量该电阻的电压降 V_R，则极化电流 $I=V_R/R_N$，或使用 $X—Y$ 函数记录仪。

在极化曲线测量中，若电流变化的幅度较大，例如，测量金属的钝化曲线，从活化到钝化再到活化，电流可以从几十 μA 变化到几百 mA。又如测量金属在强极化区的塔费尔曲线，研究较大范围内的 $\lg I—\eta$ 关系。在这些情况下，可以在电路中接上对数转换器。

在测量极化曲线时，将研究电极与参比电极组成测量电池，即可求取研究电极的电位。显然测量电极电位实际上是测量电池的电动势。根据等效电路原理，一电池可以等效为一电动势 E 与其内阻 $R_内$ 的串联（见图 8-23）。而电压测量仪的内阻 R_g，可作为电池的负载（见图 8-24），所以在仪表上测得的电压应为

$$E_{测}=E\cdot\frac{R_g}{R_{内}+R_g} \tag{8-16}$$

显然，只有当 $R_g\gg R_内$ 时，$E_测\cong E$。若要获得较高的测量精度，R_g 应比 $R_内$ 高几个数量级。

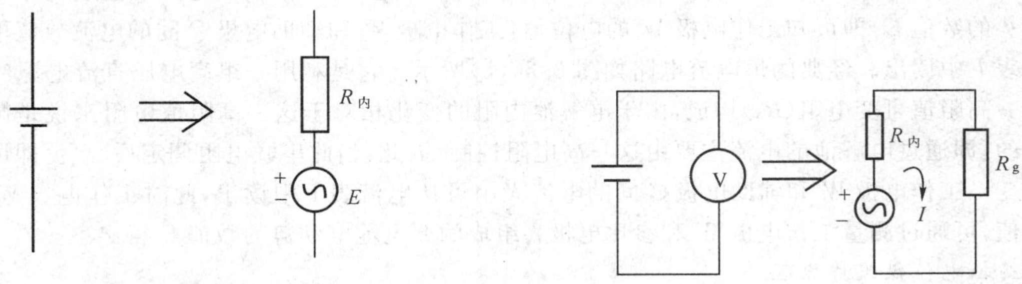

图 8-23　电池等效电路

图 8-24　测量电池开路电压时的等效电路

一般情况下，测量电池电动势时，要求通过测量电池的电流小于 10^{-7}A，因此要选高阻抗电压测量仪。例如，数字电压表、$X—Y$ 函数记录仪、阴极射线示波器，还可用 pH 计、电极电位仪和电位差计等。

测量极化电位而得的过电位通常还包括研究电极电位与参比电极之间电解质溶液的欧姆电阻电位降。为了尽可能把溶液欧姆电阻减少到最低程度，通常采用鲁金(Luggin)毛细管，测量回路见图 8-25。鲁金毛细管一端与参比电极相连，另一端靠近研究电极。

由于采用了高输入阻抗的电压表，因此，由研究电极和参比电极组成的回路中的电流 I' 很小，可以忽略不计。所以电压表测得的 P、Q 两点电位差为

$$V_{PQ}=\varphi_{研}-\varphi_{参}+IR_{溶液} \tag{8-17}$$

$R_{溶液}$ 是从毛细管管口平面到研究电极表面间溶液的有效电阻。一般从电压表读数和参比电极电位算出 $\varphi_{研}$。而 $IR_{溶液}$ 看作测量电极电位的偏差值。在平板电极情况下，$IR_{溶液}$ 与毛细管管口离电极表面的距离成线性关系，其值随距离变化明显。因此，应把鲁金毛细管管口尽量靠近研究电极表面。但若太近，则对研究电极表面电力线的分布有屏蔽作用。所以一般情况下使用直径为 0.05～0.1cm 的毛细管，且毛细管口离表面距离不小于毛细管的直径。

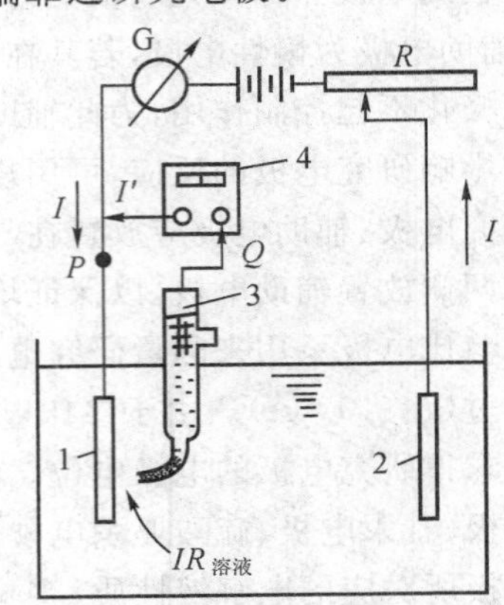

图 8-25　鲁金毛细管在测量通电时电极电位作用原理

1—研究电极；2—辅助电极；3—参比电极；4—电子伏特计

(五)恒电位仪工作原理及使用方法

1. 基本原理

恒电位仪是电化学测试中的重要仪器，用它可控制电极电位为指定值，以达到恒电位极化的目的。若给以指令信号，则可使电极电位自动跟踪指令信号而变化。例如，将恒电位仪配以方波、三角波或正弦波发生器，就可使电极电位按照给定的波形发生变化，从而研究电化学体系的各种暂态行为。如果配以慢的线性扫描信号或阶梯波信号，则可自动进行稳态或准稳态极化曲线的测量。恒电位仪不但可用于各种电化学测试中，而且还可用于恒电位电解、电镀以及阴极(或阳极)保护等生产实践中，也可用来控制恒电流或进行各种电流波形的极化测量。

经典的恒电位电路如图 8-26(a)所示。它是用大功率蓄电池(E_a)并联低阻值滑线电阻(R_a)作为极化电源，测量时要用手动或机电调节装置来调节滑线电阻，使给定电位维持不变。此时工作电极 W 和辅助电极 C 间的电位恒定，测量工作电极 W 和参比电极 r 组成的原电池电动势的数值 E，即可知工作电极 W 的电位值，工作电极 W 和辅助电极 C 间的电流数值可从电流表 I 中读出。经典的恒电流电路如图 8-26(b)所示。它是利用一组高电压直流电源(E_b)串联一高阻值可变电阻(R_b)构成，由于电解池内阻的变化相对于这一高阻值电阻来说是微不足道的，即通过电解池的电流主要由这一高电阻控制，因此，当此串联电阻调定后，电流即可维持不变。工作电极 W 和辅助电极 C 间的电流大小可从电流表 I 中读出，此时工作电极 W 的电位值，可通过测量工作电极 W 和参比电极 r 组成的原电池电动势的数值 E 得出。

2. 恒电位仪工作原理

恒电位仪的电路结构多种多样，但从原理上可分为差动输入式和反相串联式。

差动输入式原理如图 8-27(a)所示，电路中包含一个差动输入的高增益电压放大器，其同相输入端接基准电压，反相输入端接参比电极，而研究电极接公共接地端。基准电压 U_2 是稳定的标准电压，可根据需要进行调节，所以也叫给定电压。参比电极与研究电极的电位之差 $U_1=\varphi_{参}-\varphi_{研}$，与基准电压 U_2 进行比较，恒电位仪可自动维持 $U_1=U_2$。如果由于某种原因使

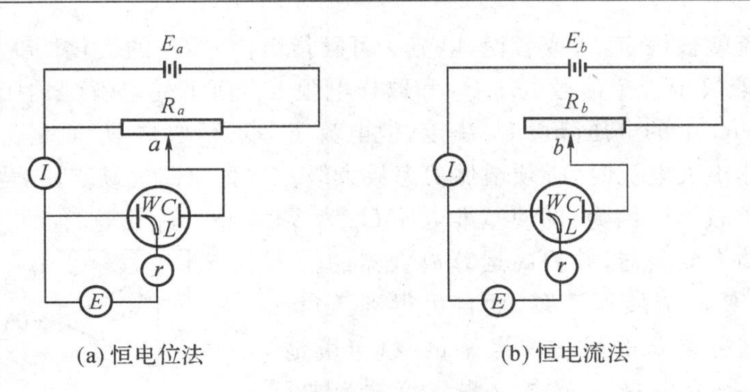

(a) 恒电位法　　(b) 恒电流法

图 8-26　恒电位和恒电流测量原理

E_a—低压直流稳压电源(几伏);E_b—高压直流稳压电源(几十伏到一百伏);R_a—低电阻(几欧姆);R_b—高电阻(几十千欧姆到一百千欧姆);I—精密电流表;E—高阻抗毫伏计;L—鲁金毛细管;C—辅助电极;W—工作电极;r—参比电极

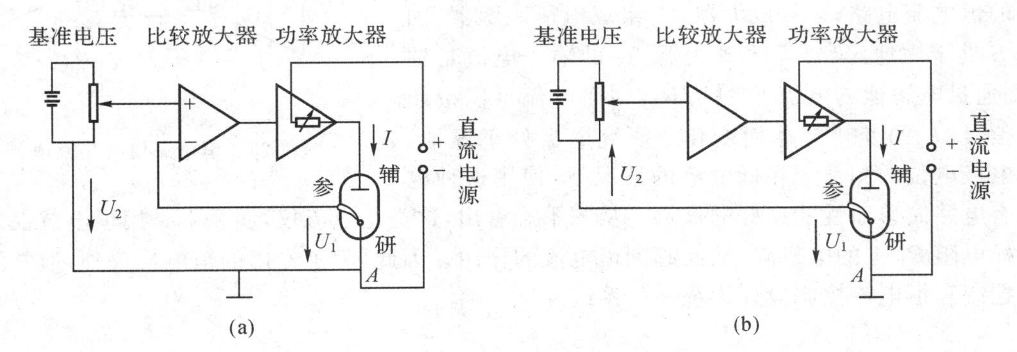

图 8-27　恒电位仪电路原理

两者发生偏差,则误差信号 $U_e=U_2-U_1$ 便输入到电压放大器进行放大,进而控制功率放大器,及时调节通过电解池的电流,维持 $U_1=U_2$。例如,欲控制研究电极相对于参比电极的电位为-0.5V,即 $U_1=\varphi_{参}-\varphi_{研}=+0.5$V,则需调基准电压 $U_2=+0.5$V,这样恒电位仪便可自动维持研究电极相对于参比电极的电位为-0.5V。因参比电极的电位稳定不变,故研究电极的电位被维持恒定。如果取参比电极的电位为 0V,则研究电极的电位被控制在-0.5V。如果由于某种原因(如电极发生钝化)使电极电位发生改变,即 U_1 与 U_2 之间发生了偏差,则此误差信号 $U_e=U_2-U_1$ 便输入到电压放大器中进行放大,继而驱动功率放大器迅速调节通过研究电极的电流,使之增大或减小,从而研究电极的电位又恢复到原来的数值。由于恒电位仪的这种自动调节作用很快,即响应速度高,因此不但能维持电位恒定,而且当基准电压 U_2 为不太快的线性扫描电压时,恒电位仪也能使 $U_1=\varphi_{参}-\varphi_{研}$ 按照指令信号 U_2 发生变化,因此可使研究电极的电位发生线性变化。

反相串联式恒电位仪如图 8-27(b)所示,与差动输入式不同的是 U_1 与 U_2 是反相串联,输入到电压放大器的误差信号仍然是 $U_e=U_2-U_1$,其他工作过程并无区别。

3. 恒电流仪工作原理

恒电流控制方法和仪器有多种多样,而且恒电位仪通过适当的接法就可作为恒电流仪使用。图 8-28 为两种恒电流仪器电路原理。图 8-28(a)中,a、b 两点电位相等,即 $U_a=U_b$。因 $U_b=U_i$,而 U_a 等于电流 I 流经取样电阻 R_I 上的电压降,即 $U_a=I\cdot R_I$,所以 $I=U_i/R_I$。因集成运算放大器的输入偏置电流很小,故电流 I 就是流经电解池的电流。当 U_i 和 R_I 调定后,则流经电解池的电流就被恒定了;或者说,电流 I 可随指令信号 U_i 的变化而变化。这样,流经电解池的电流 I,只取决于指令信号电压 U_i 和取样电阻 R_I,而不受电解池内阻变化的影响。在这种情况下,虽然 R_I 上的电压降由 U_i 决定,但电流 I 却不是取自 U_i 而是由运算放大器输出端提供。当需要输出大电流时,必须增加功率放大级。这种电路的缺点是,当输出电流很小时(如小于 5μA)误差较大。因为,即使基准电压 U_i 为零时,也会输出这样大小的电流。解决方法是用对称互补功率放大器,并提高运算放大器的输入阻抗,这样不但可使电流接近于零,而且可得到正负两种方向的电流。这种电路的另一缺点是负载(电解池)必须浮地。因此,研究电极以及电位测量仪器也要浮地。只能用无接地端的差动输入式电位测量仪器来测量或记录电位。另外,这种电路要求运算放大器有良好的共模抑制比和宽广的共模电压范围。对于图 8-28(b)所示的恒电流电路,运算放大器 A_1 组成电压跟踪器,因结点 S 处于虚地,只要运算放大器 A_2 的输入电流足够小,则通过电解池的电流 $I=U_i/R_I$,因而电流可以按照指令信号 U_i 的变化规律而变化。研究电极处于虚地,便于电极电位的测量。在低电流的情况下,使用这种电路具有电路简单而性能良好的优点。从图不难看出,这类恒电流仪,实质上是用恒电位仪来控制取样电阻 R_I 上的电压降,从而起到恒电流的作用。因此,除了专用的恒电流仪外,通常把恒电位控制和恒电流控制设计为统一的系统。

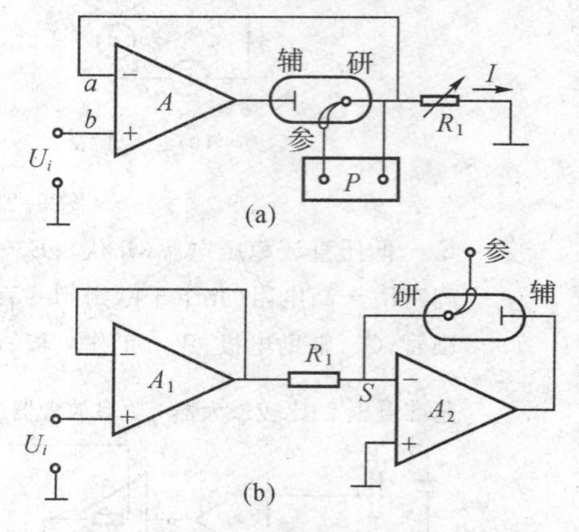

图 8-28 恒电流仪电路原理

第二节 基础与综合性实验

实验三十四 原电池电动势和电极电势的测定

一、实验目的

1. 测定 Cu—Zn 原电池的电动势及 Cu、Zn 电极的电极电势。
2. 学会几种电极和盐桥的制备方法。
3. 掌握可逆电池电动势的测量原理和 EM-3C 型数字式电位差计的操作技术。

二、基本原理

凡把化学能转变为电能的装置称为化学电源(或电池、原电池)。电池是由两个电极相连通的电解质溶液组成的，如图 8-29 所示。

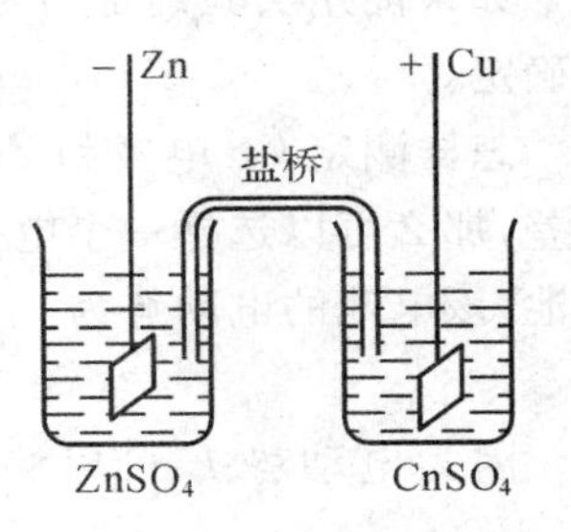

图 8-29 Cu—Zn 电池

把 Zn 片插入 $ZnSO_4$ 溶液中构成 Zn 电极，把 Cu 片插在 $CuSO_4$ 溶液中构成 Cu 电极。用盐桥(其中充满电解质)把这两个电极连接起来就成为 Cu—Zn 电池。可逆电池应满足如下条件：

(1)电池反应可逆，亦即电池电极反应可逆。

(2)电池中不允许存在任何不可逆的液体接界。

(3)电池必须在可逆的情况下工作，即充放电过程必须在平衡态下进行，亦即允许通过电池的电流为无限小。

因此在制备可逆电池、测定可逆电池的电动势时应符合上述条件，在精确度不高的测量中，常用正负离子迁移数比较接近的盐类构成"盐桥"来消除液接电位。用电位差计测量电动势也可满足通过电池电流为无限小的条件。

在电池中，每个电极都具有一定的电极电势。当电池处于平衡态时，两个电极的电极电势之差就等于该可逆电池的电动势，按照我们常采用的习惯，规定电池的电动势等于正、负电极的电极电势之差，即

$$E = \varphi_+ - \varphi_-$$

式中：E 是原电池的电动势；φ_+、φ_- 分别代表正、负极的电极电势。其中：

$$\varphi_+ = \varphi_+^0 - \frac{RT}{ZF}\ln\frac{\alpha_{原}}{\alpha_{氧}} \tag{8-18}$$

$$\varphi_- = \varphi_-^0 - \frac{RT}{ZF}\ln\frac{\alpha_{原}}{\alpha_{氧}} \tag{8-19}$$

在式(8-18)、式(8-19)中 φ_+^0、φ_-^0 分别代表正、负电极的标准电极电势；$R=8.134\mathrm{J\cdot mol^{-1}\cdot K^{-1}}$；$T$ 是绝对温度；Z 是反应中得失电子的数量；$F=96500\mathrm{C}$，称法拉第常数；$\alpha_{氧}$ 为参与电极反应的物质的氧化态的活度；$\alpha_{原}$ 为参与电极反应的物质的还原态的活度。

对于 Cu—Zn 电池，其电池表示式为

$$\mathrm{Zn}|\mathrm{ZnSO_4}(m_1)||\mathrm{CuSO_4}(m_2)|\mathrm{Cu}$$

其电极反应如下。

负极反应：　$\mathrm{Zn} \longrightarrow \mathrm{Zn^{2+}}(\alpha_{\mathrm{Zn^{2+}}}) + 2\mathrm{e}$

正极反应：　$\mathrm{Cu^{2+}}(\alpha_{\mathrm{Zn^{2+}}}) + 2\mathrm{e} \longrightarrow \mathrm{Cu}$

其电池反应为

$$\mathrm{Zn} + \mathrm{Cu^{2+}}(\alpha_{\mathrm{Zn^{2+}}}) \longrightarrow \mathrm{Cu} + \mathrm{Zn^{2+}}(\alpha_{\mathrm{Zn^{2+}}})$$

其电动势为

$$E = \varphi_{\mathrm{Cu^{2+},Cu}} - \varphi_{\mathrm{Zn^{2+},Zn}} \tag{8-20}$$

$$\varphi_{\mathrm{Cu^{2+},Cu}} = \varphi^0_{\mathrm{Cu^{2+},Cu}} - \frac{RT}{ZF}\ln\frac{1}{\alpha_{\mathrm{Cu^{2+}}}} \tag{8-21}$$

$$\varphi_{\mathrm{Zn^{2+},Zn}} = \varphi^0_{\mathrm{Zn^{2+},Zn}} - \frac{RT}{ZF}\ln\frac{1}{\alpha_{\mathrm{Zn^{2+}}}} \tag{8-22}$$

在式(8-21)和式(8-22)中，$\mathrm{Cu^{2+}}$、$\mathrm{Zn^{2+}}$ 的活度可由其浓度 m_i 和相应电解质溶液平均活度系数 $\gamma_\pm$ 计算出来：

$$\alpha_{\mathrm{Cu^{2+}}} = m_2\gamma_\pm$$

$$\alpha_{\mathrm{Zn^{2+}}} = m_1\gamma_\pm$$

如果能用实验确定出 $\varphi_{Cu^{2+},Cu}$ 和 $\varphi_{Zn^{2+},Zn}$，则其相应的标准电极电势 $\varphi^0_{Cu^{2+},Cu}$ 和 $\varphi^0_{Zn^{2+},Zn}$ 即可被确定。

怎样测定 Cu 电极和 Zn 电极的电极电势呢？既然电池的电动势等于正、负极的电极电势之差，那么可以选择一个电极电势已经确知的电极，如 Ag—AgCl 电极，让它与 Cu 电极组成电池，该电池的电动势为

$$E = \varphi_{Cu^{2+},Cu} - \varphi_{AgCl,Ag} \tag{8-23}$$

因为电动势 E 可以测量，$\varphi_{AgCl,Ag}$ 已知，所以 $\varphi_{Cu^{2+},Cu}$ 可以被确定，进而可由式(8-21)求出 $\varphi^0_{Cu^{2+},Cu}$。

用同样方法可以确定 Zn 电极的电极电势 $\varphi_{Zn^{2+},Zn}$ 和标准电极电势 $\varphi^0_{Zn^{2+},Zn}$，让 Zn 电极与 Ag—AgCl 电极组成电池 Zn｜$ZnSO_4$（m_1）｜｜KCl（1mol·kg^{-1}）｜Ag—Ag。该电池的电动势为

$$E = \varphi_{AgCl,Ag} - \varphi_{Zn^{2+},Zn} \tag{8-24}$$

测量 E，$\varphi_{AgCl,Ag}$ 已知，可以确定 $\varphi_{Zn^{2+},Zn}$，进而可由式(8-22)求出 $\varphi^0_{Zn^{2+},Zn}$。

本实验测得的是实验温度下的电极电势 φ_T 和标准电极电势 φ^0_T，可采用下式求出 298K 时的标准电极电势 φ^0_{298}，即

$$\varphi^0_T = \varphi^0_{298} + \alpha(T-298) + \frac{1}{2}\beta(t-298)^2 \tag{8-25}$$

式中：α、β 为电池中电极的温度系数。对 Cu—Zn 电池来说：

Cu 电极：$\alpha=0.016\times10^{-3}$ V·K^{-1}，$\beta=0$

Zn 电极：$\alpha=0.010\times10^{-3}$ V·K^{-1}，$\beta=0.62\times10^{-6}$ V·K^{-2}

关于电位差计的测量原理和 EM-3C 型数字式电位差计的使用方法，见本实验后附录中 EM-3C 型电位差计的使用说明。

三、仪器与试剂

EM-3C 型数字式电位差计	毫安表
恒温槽	镀 AgCl 池
Cu、Zn 电极	Ag—AgCl
Pt 电极	镀 Cu 池
镀 Ag 池	氨水
$ZnSO_4$ 溶液（0.1mol·kg^{-1}）	$CuSO_4$ 溶液（0.1mol·kg^{-1}）
KCl 溶液（1mol·kg^{-1}）	HCl 溶液（1mol·kg^{-1}）
H_2SO_4 溶液（6mol·kg^{-1}）	饱和 Hg_2NO_3 溶液
镀 Cu 溶液	镀 Ag 溶液
琼脂	KCl（分析纯）

四、实验步骤

1. 制备 Zn 电极

取一锌条（或 Zn 片）放在稀硫酸中，浸数秒钟，以除去锌条上可能生成的氧化物，之后用

蒸馏水冲洗，再浸入饱和硝酸亚汞溶液中数秒钟，使其汞齐化，用镊子夹住湿滤纸擦拭 Zn 条，使 Zn 条表面有一层均匀的汞齐。最后用蒸馏水洗净，插入盛有 $0.1\ mol \cdot kg^{-1}\ ZnSO_4$ 的电极管内即为 Zn 电极。将 Zn 极汞齐化的目的是使该电极具有稳定的电极电位，因为汞齐化能消除金属表面机械应力不同的影响。

2. 制备 Cu 电极

取一粗 Cu 棒（或 Cu 片），放在稀 H_2SO_4 中浸泡片刻，取出用蒸馏水冲洗，把它放入镀 Cu 池内作阴极。另取一 Cu 丝或 Cu 片，作阳极进行电镀。电镀的线路如图 8-30 所示。

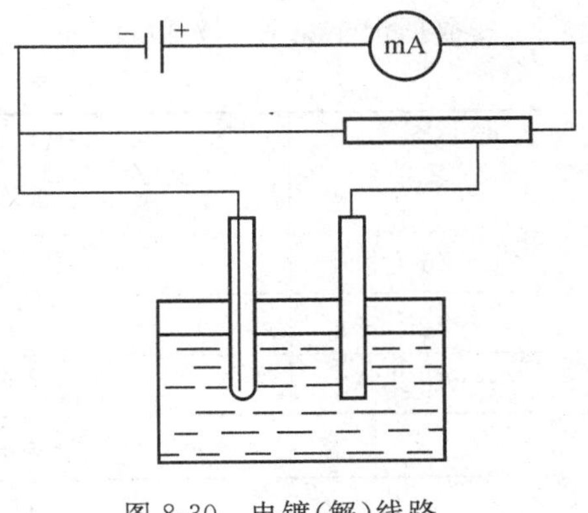

图 8-30　电镀（解）线路

调节滑线电阻，使阴极上电流密度为 $25mA \cdot cm^{-2}$（电流密度是单位面积上的电流强度）。电流密度过大，会使镀层质量下降。电镀 20min 左右，取出阴极，用蒸馏水洗净，插入盛有 $0.1mol \cdot kg^{-1}\ CuSO_4$ 的电极管内即成 Cu 电极（也可用洁净的 Cu 丝经处理后直接作 Cu 电极）。

镀 Cu 溶液的配方：100mL 水中含有 15g $CuSO_4 \cdot 5H_2O$，5g H_2SO_4，5g C_2H_5OH。

若用一纯 Cu 棒，用稀 H_2SO_4 浸洗处理，擦净后用蒸馏水洗净，亦可直接作为 Cu 电极。

3. 制备 Ag—AgCl 电极

把洗净的 Ag 丝浸入镀 Ag 溶液内作为阴极，另取一 Ag 丝（或 Pt 片）作阳极进行电镀。电镀线路与图 8-30 相同。调节滑线电阻，使阴极电流密度不大于 $10mA \cdot cm^{-2}$，电镀约 0.5h。取出阴极，用蒸馏水洗净。

镀 Ag 溶液的配力：3g $AgNO_3$，6g KI，7mL NH_3 水配成 100mL 溶液。

用上述新镀的 Ag 丝作阳极，铂作阴极，在 $1mol \cdot L^{-1}$ HCl 中进行电镀。电镀线路仍与图 8-30 相同。调节滑线电阻，使阳极电流密度为 $2mA \cdot cm^{-2}$，电镀约 0.5h，这时阳极变成紫褐色。取出阳极，用蒸馏水洗净之，插入盛有 $1mol \cdot kg^{-1}$ KCl 的电极管中，即为我们所使用的 Ag—AgCl 电极。其电极电势 $\varphi_{AgCl,Ag}$ 已知。此电极不用时，把它插入稀 HCl 或 KCl 的溶液中，保存在暗处（已镀好）。

4. 制备饱和 KCl 盐桥

在 1 个烧杯中，加入 3g 琼脂和 100mL 蒸馏水，在水浴上加热直到完全溶解，再加入 30g KCl，充分搅拌 KCl 后，趁热用滴管将此溶液装入 U 型管内，静置，待琼脂凝结后即可使用。不用时放在饱和 KCl 溶液中（已制备好）。

5. 测量 Cu—Zn 电池的电动势

如图 8-30 那样，用盐桥把 Cu 电极和 Zn 电极连接起来，把该电极的 Zn 极（负极）与电位差计的负极接线柱相接，Cu 极（正极）与电位差计的正极接线柱相连。每隔 3min 测一次电动势 E。每测一次后都要将开关推向标准，对电位差计进行校准。若连续测量的几次数据不是朝一个方向变动，或在 15min 内，其变动小于 0.5mV，可以认为其电动势是稳定的，取最后几次连续测量的平均值作为该电池的电动势。

6. 测量 Zn 电极与 Ag—AgCl 电极所组成的电池的电动势

用盐桥连接这两个电极，同实验步骤（5）的方法测量其电动势。在这个电池中，Ag—AgCl 电极是正极，Zn 电极为负极。

五、数据处理

室温：______________　　气压：______________

1. 数据记录见表 8-7 和表 8-8。

表 8-7　电池电动势的相关数值

电池	电池反应	电动势计算值	测得值			平均
			（1）	（2）	（3）	
Cu—Zn 电极						
Cu—AgCl/Ag						
Zn—AgCl/Ag						

表 8-8　电极电势和标准电极电势

电极名称	电极电势 φ		标准电极电势 φ^{0}	
	理论值	实验值	理论值	实验值
Ag—AgCl	$\varphi=0.2353V$			

2. 计算 Zn 电极的电极电势 $\varphi_{Zn^{2+},Zn}$ 和标准电极电势 $\varphi^{0}_{Zn^{2+},Zn}$。由实验步骤(6)所得的电动势 E，以及 $\varphi_{AgCl,Ag}=0.2353V$，可由式(8-24)计算 Zn 电极的电极电势 $\varphi_{Zn^{2+},Zn}$，再利用式(8-25)计算 Zn 电极的标准电极电势 $\varphi^{0}_{Zn^{2+},Zn}$。

3. 计算 Cu 电极的电极电势 $\varphi_{Cu^{2+},Cu}$ 和标准电极电势 $\varphi_{Cu^{2+},Cu}$。由实验步骤(7)所得的电动势 E，以及 $\varphi_{AgCl,Ag}=0.2353V$，可由式(8-23)计算 Cu 电极电势 $\varphi_{Cu^{2+},Cu}$，再利用式(8-25)计算 Cu 电极的标准电极电势 $\varphi^{0}_{Cu^{2+},Cu}$。

4. 计算 Cu—Zn 电池的电动势 E。该电池的电动势 E 为

$$E=\varphi_{Cu^{2+},Cu}-\varphi_{Zn^{2+},Zn}$$

由上面已经确定的 φ 值可以计算 E，并将其与实验步骤(5)的测量值作比较，计算它们之间的相对误差。

5. 文献值

$$\varphi^{2}_{298,Cu^{2+}/Cu}=0.3370V;\varphi^{0}_{298,Zn^{2+}/Zn}=0.7628V$$

有关电解质的平均活度系数 $\gamma\pm$

电解质溶液	$0.1mol\cdot kg^{-1}$ $CuSO_4$	$0.1\ mol\cdot kg^{-1}$ $ZnSO_4$
$\gamma\pm$	0.1600	0.1500

六、注意事项

1. 因 $Hg_2(NO_3)_2$ 为剧毒物质，所以在将 Zn 电极汞齐化时所用的滤纸不能随便乱扔，做完实验后应立即将其倒入特定垃圾箱中。另外盛 $Hg_2(NO_3)_2$ 的瓶塞要及时盖好。

2.标准电池属精密仪器,使用时一定要注意,切记不能倒置。

3.在测量电池电动势时,尽管我们采用的是对消法,但在对消点前,测量回路将有电流通过,所以在测量过程中不能一直按下电键按钮,否则回路中将一直有电流通过,电极就会产生极化,溶液的浓度也会发生变化,测得的就不是可逆电池电动势,所以应按一下调一下,直至平衡。

七、思考题

1.对消法测电动势的基本原理是什么?为什么用伏特表不能准确测定电池电动势?

2.电位差计、标准电池、检流计及工作电池各有什么作用?

3.如何维护和使用标准电池及检流计?

4.参比电极应具备什么条件?它有什么作用?

5.盐桥有什么作用?应选择什么样的电解质作盐桥?

6.如果电池的极性接反了,会有什么结果?工作电池、标准电池和未知电池中任一个没有接通会有什么结果?

7.利用参比电极可测电池电动势,简述电动势法测定活度及活度系数的步骤。此参比电极应具备什么条件?

说明:测定电池电动势这个方法有非常广泛的应用。如平衡常数、解离常数、配合物稳定常数、难溶盐的溶解度、两状态间热力学函数的改变、溶液中的离子活度、活度系数、离子的迁移数、溶液的 pH 值等均可以通过测定电动势的方法求得。在分析化学中,电位滴定这一分析方法也是基于测量电动势的方法。

实验三十五　原电池电动势及其温度系数的测定

一、实验目的

1.了解电动势的测量原理及方法,用数字式电子电位差计测定原电池的电动势。

2.了解可逆电池电动势温度系数及其实验测量方法。

3.了解电动势法测量电解质溶液 pH 的原理,测定电解质溶液的 pH 值。

二、实验原理

1.可逆电池的电动势

电动势 E_{MF} 等于其正极的平衡电极电势 E^+ 与负极的平衡电极电势 E^- 之差,即

$$E_{MF}=E^+-E^-$$

可逆电池电动势是衡量可逆电池对环境做最大非体积功 W' 的能力,即有

$$-\Delta Gm=-W'/\Delta\xi=ZF\,E_{MF}$$

2. 可逆电池电动势的温度系数

可逆电池的电动势 E_{MF} 与温度的关系可以表示为温度的多项式，即

$$E_{MF} = a_0 + a_1 T + a_2 T^2 \tag{8-26}$$

或

$$E_{MF} = a_0 + a_1(t - 25℃) + a_2(t - 25℃)^2 \tag{8-27}$$

将式(8-26)和式(8-27)分别对温度求微分得

$$\left(\frac{\partial E_{MF}}{\partial T}\right) = a_1 + 2a_2 T \tag{8-28}$$

$$\left(\frac{\partial E_{MF}}{\partial t}\right) = a_1 + 2a_2(t - 25℃) \tag{8-29}$$

式(8-28)和式(8-29)称为电动势的温度系数，后者更为实用。

实验中只要测得几个(至少为 3 个)温度下的电动势，就可以求出温度系数。理论上只要测得了电池电动势的温度系数，就可以进行可逆电池热力学的计算(如计算电池反应的 $\Delta_r G_m$、$\Delta_r H_m$ 和 $\Delta_r S_m$ 等)。

3. 电动势法测量电解质溶液的 pH 值

测量溶液的 pH 值应该用对 H^+ 可逆的电极，如氢电极、玻璃电极或醌氢醌电极。氢电极由于制备和维护都比较困难而不常用；玻璃电极常用在 pH 计中。本实验用醌氢醌电极测量 HCl 水溶液的 pH 值。醌氢醌电极的优点是构造简单、制备方便、耐用、容易建立平衡。其缺点是只能用在 pH<8 的环境中，而且不能有强的氧化剂和强的还原剂存在。空气中的氧溶于溶液中也能把醌氢醌氧化。因此，醌氢醌电极应该在使用时临时配制，用后把溶液倒入废液瓶内。醌氢醌电极和饱和甘汞电极构成电池如下：

$$\mathrm{Hg|Hg_2Cl_2(s)|KCl(饱和水溶液)}\ \vdots\vdots\ \mathrm{H^+(a_1)|Q\text{-}H_2Q|Pt}$$

醌氢醌由醌和氢醌(对苯二酚)以等分子比结合而成，墨绿色晶体，微溶于水，在水溶液中按下式分解：

$$\underset{(\mathrm{Q\text{-}QH_2})}{\mathrm{C_6H_4O_2\cdot C_6H_4(OH)_2}} \rightleftharpoons \underset{(\mathrm{Q})}{\mathrm{C_6H_4O_2}} + \underset{(\mathrm{QH_2})}{\mathrm{C_6H_4(OH)_2}}$$

电极反应为

$$\mathrm{Q + 2H^+(a_1) + 2e^- \rightleftharpoons QH_2}$$

电极反应的能斯特方程为

$$E(\mathrm{Q/QH_2}) = E^{\ominus}(\mathrm{Q/QH_2}) - \frac{RT}{2F}\ln\frac{a(\mathrm{QH_2})}{a(\mathrm{Q})\cdot a^2(\mathrm{H^+})}$$

取近似：$a(\mathrm{Q}) \approx a(\mathrm{QH_2})$，则在 298.15K 时上式简化为

$$\begin{aligned} E(\mathrm{Q/QH_2}) &= E^{\ominus}(\mathrm{Q/QH_2}) - \frac{2.303RT}{F}\lg\frac{1}{a(\mathrm{H^+})} \\ &= E^{\ominus}(\mathrm{Q/QH_2}) - 0.0592\mathrm{VpH} \end{aligned} \tag{8-30}$$

醌氢醌电极的标准电极电势表示为温度的函数：

$$E^{\ominus}(\mathrm{Q/QH_2})/V = 0.6995 - 0.7359 \times 10^{-3}(t - 25) \tag{8-31}$$

饱和甘汞电极的电极电势也表示为温度的函数：

$$E_{饱和甘汞}/V = 0.2415 - 0.76 \times 10^{-3}(t - 25) \tag{8-32}$$

则由醌氢醌电极和饱和甘汞电极构成电池的电动势可表示为

$$\begin{aligned} E_{MF} &= E(\mathrm{Q/QH_2}) - E_{饱和甘汞} \\ &= [E^{\ominus}(\mathrm{Q/QH_2}) - E_{饱和甘汞}] - 0.0592\mathrm{VpH} \end{aligned}$$

所以

$$pH = \frac{E(Q/QH_2) - E_{饱和甘汞} - E_{MF}}{0.05916V} \tag{8-33}$$

式(8-33)就是用醌氢醌电极测定电解质溶液 pH 的计算公式(只用于 298.15K)。

4. 对峙法测定原电池电动势的原理

(1)对峙法电原理图

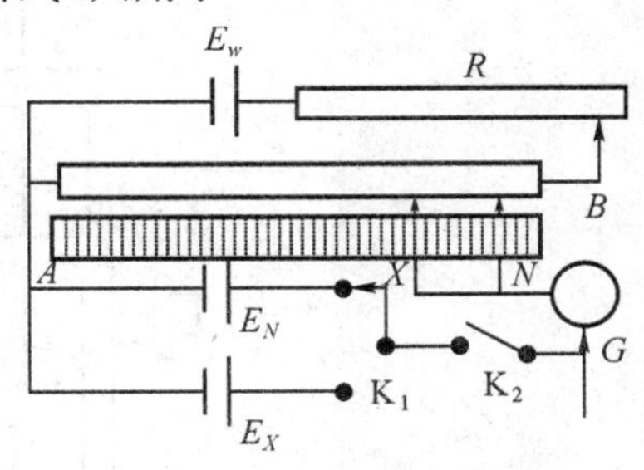

图 8-31　对峙法测定电池电动势原理

测量原电池电动势不能使用伏特计，因为用伏特计测量时有电流通过测量回路和电极，除引起电极极化外，还会引起电势降，影响测量的准确性。测量电池电动势一般使用高阻直流电位差计，原理如图 8-31 所示。图中 E_w、E_N 及 E_X 分别为工作电池、标准电池和待测电池。AB 为标准电阻，R 为可调电阻，G 为检流计，K_1、K_2 为开关，X 和 N 是标准电阻上的两个可调接点。在对峙法电原理图中有三个电回路：由 E_w-A-B-R-E_w 构成的电位差计对峙用工作回路，由 A-E_N-K_1-K_2-G-N-A 构成的标准化回路，以及由 A-E_X-K_1-K_2-G-X-A 构成的测量回路。

(2)电位差计工作电流的标准化

计算出饱和标准电池在工作温度下的电动势 E_N，按其量值在标准电阻 AB 上固定好 N 的位置；将开关 K_1 指向标准电池，合上开关 K_2，调节可调电阻 R 使检流计 G 的指针为零。此时，标准电池的正极与标准电阻的 A 点等电势，而标准电池的负极与标准电阻的 N 点等电势。换言之，流经电位差计的电流在电位差计上 A_N 之间的电势降 E_{AN} 正好等于标准电池的电动势 E_N，E_N 与 E_{AN} 发生对峙，故此时电位差计的工作电流已经被标准化。固定可调电阻 R。在此，标准电池的作用只是用来使电位差计的工作电流标准化。在现代数字化电子电位差计中(如 EM-2A 型数字电位差计)标准电池被能够精密稳压的数字化模块电路所代替。

(3)未知电池电动势 E_X 的测量

将转换开关 K_1 指向未知电池 E_X，瞬时按下开关 K_2，同时观察检流计指针的偏转，适当调整标准电阻上 X 的位置，使检流计 G 的指针为零。此时，未知电池的正极与标准电阻的 A 点等电势，而未知电池的负极与标准电阻的 X 点等电势。换言之，流经电位差计的电流在电位差计上 AX 之间的电势降 E_{AX} 正好等于未知电池的电动势 E_X，E_X 与 E_{AX} 发生对峙。读出 X 所指的数值即等于待测电池的电动势 E_X。

三、实验步骤

1. 依照图 8-32 将铂金电极饱和甘汞电极、盐桥等组装好，将少量醌氢醌溶解在 HCl 水溶液中至饱和，然后移入电池内将原电池与超级恒温水浴连接好。

2. 开动超级恒温水浴对电池进行恒温。

3. 将 EM-2A 型数字电位差计插上电源插头，打开电源开关，两组 LED 显示窗即亮。预热 5 分钟。若测量端开路，则 LED 显示在测量值和“全为 7”之间切换。

4. 仔细阅读实验室提供的电位差计使用说明书。

5. 将待测电池按其正、负极性用导线连接到电位差计上。此时，左 LED 显示为内置高精

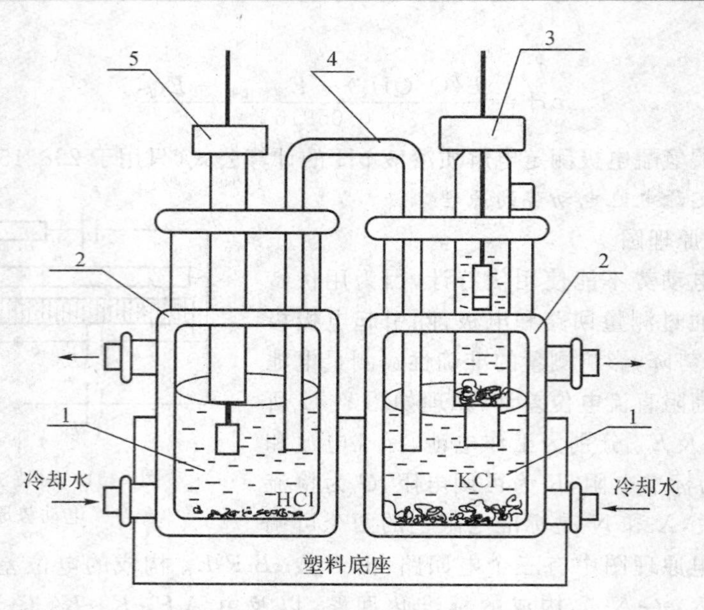

图 8-32　带循环水恒温夹套的电池构造

1—电解池;2—恒温夹套;3—甘汞电极;4—盐桥;5—铂金电极

度电压源的电压值,右 LED 通常为“999”或“—999”,若显示均为 7,则指示被测电动势超量程。

6. 量程选择:根据被测电动势的大小用“电位选择”旋钮选择适当的量程。

7. 调零:将前面板上的选择开关拨至“调零”位置,旋转“零位调节”电位器,使平衡指示的 LED 稳定地显示在“+000”,此时电动势指示的 LED 显示为“———————”。

8. 测量:将前面板上的选择开关拨至“测量”位置,先后旋转平衡调节处的“粗”、“细”调节电位器,使平衡指示数码管显示在零值附近,然后观测电动势指示 LED 示值的变化,每隔 5 分钟记录一次数据,待连续 3 次的数据误差不超过±0.5mV 后停止记录,取最后 3 次数据的平均值作为被测电池电动势值。

9. 改变电池温度(注意保证醌氢醌溶液、KCl 溶液和甘汞电极内溶液的饱和),再测定被测电池的电动势。

四、数据处理

1. 用 Microsoft Excel 程序拟合 $E_{MF}=f(T)$ 的方程并填入表 8-9 中。

表 8-9　原电池电动势及其温度系数测量数据记录表

E_{MF} \ 温度	电动势 E_{MF}/V				pH (25℃)
	1	2	3	平均	
$t_1=$　　℃					
$t_2=$　　℃					
$t_3=$　　℃					
$E_{MF}=f(T)$					
$(\partial E/\partial T)_p$					

2. 给出电动势的温度系数。
3. 用式(8-33)计算 HCl(aq)的 pH 值。

五、思考题

1. 在 EM-2A 型数字式电子电位差计中，精密稳压电源模块的作用是什么？
2. 什么情况下要使用盐桥？盐桥为什么能基本消除液体接界电势？
3. 应该如何保证 KCl 溶液和醌氢醌溶液的饱和？
4. 本实验中为什么要取最后 3 次数据的平均值作为被测电池电动势？

实验三十六　弱电解质电离常数的测定

一、实验目的

1. 了解溶液电导的基本概念。
2. 学会电导(率)仪的使用方法。
3. 掌握溶液电导的测定及应用。

二、实验原理

AB 型弱电解质在溶液中电离达到平衡时，电离平衡常数 K_C 与原始浓度 C 和电离度 α 有以下关系：

$$K_C = \frac{C\alpha^2}{1-\alpha} \tag{8-34}$$

在一定温度下 K_C 是常数，因此可以通过测定 AB 型弱电解质在不同浓度时的 α 代入式(8-34)求出 K_C。

醋酸溶液的电离度可用电导法来测定，图 8-33 是用来测定溶液电导的电导池。

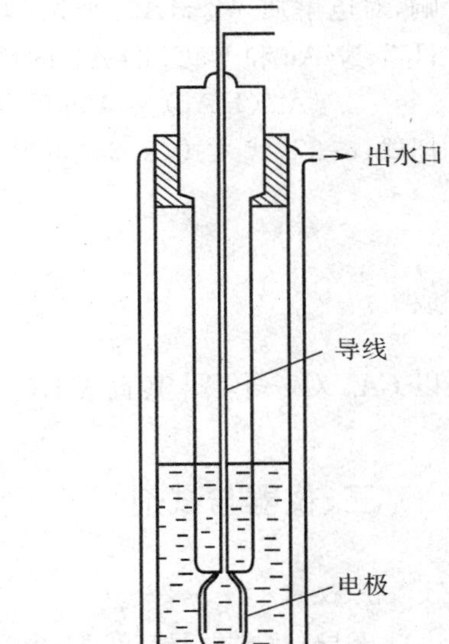

出水口
导线
电极
进水口

图 8-33　电导池

将电解质溶液放入电导池内，溶液电导(G)的大小与两电极之间的距离(l)成反比，与电极的面积(A)成正比：

$$G = k\frac{A}{l} \tag{8-35}$$

式中：$\left(\dfrac{l}{A}\right)$为电导池常数，以 K_{cell} 表示；k 为电导率。其物理意义：在两平行而相距 1m，面积均为 1m^2 的两电极间，电解质溶液的电导称为该溶液的电导率，其单位以 SI 制表示为 $\text{S}\cdot\text{m}^{-1}$ (c · g · s制表示为 $\text{S}\cdot\text{cm}^{-1}$)。

由于电极的 l 和 A 不易精确测量，因此在实验中是用一种已知电导率值的溶液先求出电导池常数 K_{cell}，然后把欲测溶液放入该电导池测出其电导值，再根据式(8-35)求出其电导率。

溶液的摩尔电导率是指把含有 1mol 电解质的溶液置于相距为 1m 的两平行板电极之间的电导。以 Λ_m 表示，其单位以 SI 单位制表示为 $S \cdot m^2 \cdot mol^{-1}$（以 c·g·s 单位制表示为 $S \cdot cm^2 \cdot mol^{-1}$）。

摩尔电导率与电导率的关系：

$$\Lambda_m = \frac{k}{C} \tag{8-36}$$

式中：C 为该溶液的浓度，其单位以 SI 单位制表示为 $mol \cdot m^{-3}$。对于弱电解质溶液来说，可以认为：

$$\alpha = \frac{\Lambda_m}{\Lambda_m^\infty} \tag{8-37}$$

其中，Λ_m^∞ 是溶液在无限稀释时的摩尔电导率。对于强电解质溶液（如 KCl、NaAc），其 Λ_m 和 C 的关系为 $\Lambda_m = \Lambda_m^\infty(1-\beta\sqrt{C})$。对于弱电解质（如 HAc 等），$\Lambda_m$ 和 C 则不是线性关系，故它不能像强电解质溶液那样，从 $\Lambda_m - \sqrt{C}$ 的图外推至 $C=0$ 处求得 Λ_m^∞。但我们知道，在无限稀释的溶液中，每种离子对电解质的摩尔电导率都有一定的贡献，是独立移动的，不受其他离子的影响，对电解质 $M_{v+}A_{v-}$ 来说，即 $\Lambda_m^\infty = v_+\lambda_{m_+}^\infty + v_-\lambda_{m_-}^\infty$。弱电解质 HAc 的 Λ_m^∞ 可由强电解质 HCl、NaAc 和 NaCl 的 Λ_m^∞ 的代数和求得，即

$$\Lambda_m^\infty(HAc) = \lambda_m^\infty(H^+) + \lambda_m^\infty(Ac^-) = \Lambda_m^\infty(HCl) + \Lambda_m^\infty(NaAc) - \Lambda_m^\infty(NaCl)$$

把式(8-37)代入式(8-34)可得

$$K_C = \frac{\Lambda_m^2}{\Lambda_m^\infty(\Lambda_m^\infty - \Lambda_m)} \tag{8-38}$$

或

$$C\Lambda_m = (\Lambda_m^\infty)K_C\frac{1}{\Lambda_m} - \Lambda_m^\infty K_C \tag{8-39}$$

以 $C\Lambda_m$ 对 $\frac{1}{\Lambda_m}$ 作图，其直线的斜率为 $(\Lambda_m^\infty)^2K_C$，如果知道 Λ_m^∞ 值，就可算出 K_C。

三、仪器与试剂

1. 仪器

电导仪（或电导率仪）1 台；恒温槽 1 套；电导池 1 只；电导电极 1 只；容量瓶（100mL）5 只；移液管（25mL、50mL）各 1 只；洗瓶 1 只；洗耳球 1 只。

2. 试剂

$10.00 mol \cdot m^{-3}$ KCl 溶液；$100.0 mol \cdot m^{-3}$ HAc 溶液；CaF_2（或 $BaSO_4$）（分析纯）。

四、实验步骤

(1)在 100mL 容量瓶中配制浓度为原始醋酸（$100.0 mol \cdot m^{-3}$）浓度的 14、18、116、132、164 的溶液 5 份。

(2)将恒温槽温度调至（25.0±0.1）℃或（30.0±0.1）℃，按图 8-33 所示使恒温水流经电导池夹层。

(3)测定电导池常数 K_{cell}。倾去电导池中蒸馏水（电导池不用时，应把两铂黑电极浸在蒸馏水中，以免干燥致使表面发生改变）。将电导池和铂电极用少量的 $10.00 mol \cdot m^{-3}$ KCl 溶

液洗涤 2～3 次后，装入 10.00mol・m^{-3} KCl 溶液，恒温后，用电导仪测其电导，重复测定 3 次。

(4)测定电导水的电导(率)。倾去电导池中的 KCl 溶液，用电导水洗净电导池和铂电极，然后注入电导水，恒温后测其电导(率)值，重复测定 3 次。

(5)测定 HAc 溶液的电导(率)。倾去电导池中电导水，将电导池和铂电极用少量待测 HAc 溶液洗涤 2～3 次，最后注入待测 HAc 溶液。恒温后，用电导(率)仪测其电导(率)，每种浓度重复测定 3 次。

按照浓度由小到大的顺序，测定各种不同浓度 HAc 溶液的电导(率)。

实验完毕后仍将电极浸在蒸馏水中。

五、注意事项

1. 实验中温度要恒定，测量必须在同一温度下进行。恒温槽的温度要控制在(25.0±0.1)℃或(30.0±0.1)℃。

2. 每次测定前，都必须将电导电极及电导池洗涤干净，以免影响测定结果。

六、数据处理

大气压：______；室温：______；实验温度：______。

1. 电导池常数 K_{cell}

25℃或 30℃时，10.00mol・m^{-3} KCl 溶液电导率：______。

实验次数	G/S	G/S	K_{cell}/m^{-1}
1			
2			
3			

2. 醋酸溶液的电离常数

HAc 原始浓度：______。

$\frac{C}{mol \cdot m^{-3}}$	$\frac{k}{S \cdot m^{-1}}$	$\frac{k}{S \cdot m^{-1}}$	$\frac{\Lambda_m}{S \cdot m^2 \cdot mol^{-1}}$	$\frac{\Lambda_m^{-1}}{S^{-1} \cdot m^{-2} \cdot mol}$	$\frac{C\Lambda_m}{S \cdot m^{-1}}$ α	$\frac{K_C}{mol \cdot m^{-3}}$	$\frac{\overline{K}_C}{mol \cdot m^{-3}}$

3. 求解

按公式(8-39)，以 $C\Lambda_m$ 对 $\frac{1}{\Lambda_m}$ 作图应得一直线，直线的斜率为 $(\Lambda_m^\infty)^2 K_C$，由此求得 K_C，并与上述结果进行比较。

七、思考题

1. 为什么要测电导池常数？如何得到该常数？

2. 测电导时为什么要恒温？实验中测电导池常数和溶液电导，温度是否要一致？

实验三十七 极化曲线的测定

一、实验目的

1. 掌握用“三电极”法测定不可逆电极过程的电极电势。
2. 通过氢在铂电极上的析氢超电势的测量加深理解超电势和极化曲线的概念。
3. 了解控制电势法测量极化曲线的方法。

二、实验原理

1. 某氢电极，当没有外电流通过时，氢分子与氢离子处于平衡态，此时的电极电势是平衡电极电势，用 $E_{平}$ 或 E_R 表示。当有电流通过电极时，电极电势偏离平衡电极电势，成为不可逆电极电势，用 E_{IR} 表示；电极的电极电势偏离平衡电极电势的现象称为电极的极化。通常把某一电流密度下的电势 E_R 与 E_{IR} 之间的差值的绝对值称为超电势，即 $\eta = | E_{IR} - E_R |$。影响超电势的因素很多，如电极材料，电极的表面状态，电流密度，温度，电解质的性质、浓度及溶液中的杂质等。测定析氢超电势实际上就是测定电极在不同外电流下所对应的极化电极电势，以电流对电极电势作图 I—E(阴极)，所得曲线称为极化曲线。在强极化区，析氢超电势与电流密度的定量关系可用塔菲尔经验公式表示：

$$\eta = a + b\lg(\mathrm{j}) = a + b'\lg(\mathrm{I})$$

2. 研究氢在铂电极上的析氢电极超电势通常采用三电极法，其装置如图 8-34 所示。

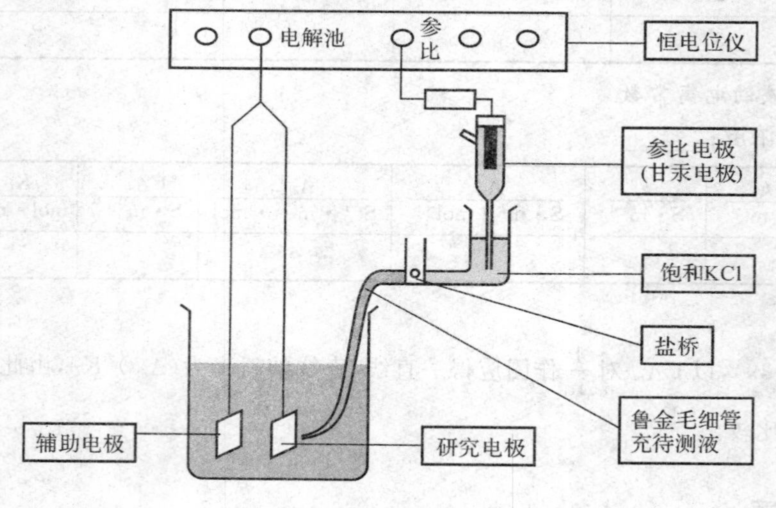

图 8-34 三电极装置

辅助电极的作用是与研究电极构成回路，通过电流，借以改变研究电极的电势。参比电极与研究电极组成电池，恒电位仪测定其电势差并显示以饱和甘汞电极为参比的研究电极的电极电势的反号值(由于恒电位仪中研究电极为“虚地”点,研究电极相对于参比电极的开路电压即与显示值数值相等,符号相反)。

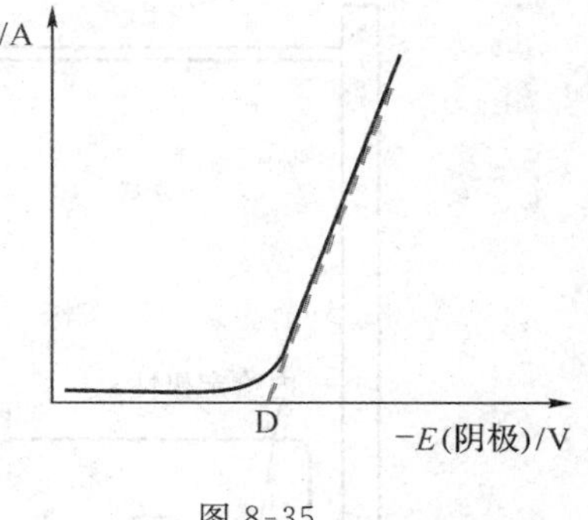

图 8-35

3. 测量极化曲线有两种方法:控制电流法与控制电势法(也称恒电流法与恒电势法)。控制电势法是通过改变研究电极的电极电势,然后测量一系列对应于某一电势下的电流值。由于电极表面状态在未建立稳定状态前,电流会随时间改变,故一般测出的曲线为“暂态”极化曲线。本实验采用控制电势法测量极化曲线:控制电极电势以较慢的速度连续改变,并测量对应该电势下的瞬时电流值,以瞬时电流对电极电势作图得极化曲线。外推可得 H_2 在铂电极上的析出电势。

三、仪器与试剂

DJS-292 型恒电位仪 1 台;甘汞电极 1 只;铂电极 2 只(用电导电极替代);鲁金毛细管—盐桥 1 只;250mL 烧杯 2 个;0.5mol/dm^3 H_2SO_4溶液;饱和 KCl 溶液。

四、实验步骤

1. 制备盐桥——将鲁金毛细管—盐桥中部活塞小孔对准毛细管一端,用吸耳球吸取待测液润洗 3 次后将溶液充满(注意观察不要产生气泡),然后将小孔旋在两道口的正中;依次用蒸馏水、饱和 KCl 清洗 3 次后滴加饱和 KCl 即可。

2. 连接电化学实验装置——将恒电位仪面板上“负载选择”置于“断”,“电流量程”置于“1A”,打开电源开关,预热 30min。

按图 1 连接三电极装置,注意鲁金毛细管与研究电极应尽可能接近,但不要接触。

3. 测量开路电压——将恒电位仪面板上“工作方式”置于“参比测量”,“负载选择”置于“电解池”,“显示选择”置于“电位”,此时面板上的数字电压表显示参比电极对于研究电极的开路电压 ΔE,即为研究电极相对饱和甘汞电极的相对电极电位的反号值。

4. 平衡电位的设置——将恒电位仪面板上“工作方式”置于“平衡调节”,合上“内给定”开关,将“负载选择”置于“电解池”,“显示选择”置于“电位”,调节内给定“微调”旋钮,使数字电压表显示“零”

5. 调节并测量极化电压和电流——注意对电化学体系进行恒电位极化测量时,应先在“模拟电解池”上调节好极化电位。将恒电位仪面板上“工作方式”置于“恒电位”,合上“内给定”开关,将“内给定极性”置于“−”,将“负载选择”置于“模拟”,“显示选择”置于“电位”,调节内给定“微调”旋钮,使数字电压表显示“开路电位”;然后将“负载选择”置于“电解池”,记录数字表显示的“开路电位”后将“显示选择”置于“电流”;记录数字表显示的“电流”。注意“电流量程”处于合适的位置(从 10mA 开始,随极化电流的增加逐步调大,使之既不过载又有一定的精确度),且极化电流的数值等于数字表上的显示值乘以电流量程值。例如,数字表上的显示值为“0.500”,“电流量程”为(10mA),则 $I=5.00$mA。

6. 依次调节内给定电位(注意先在“模拟电解池”上调节,再施加于电解池上),记录相应的

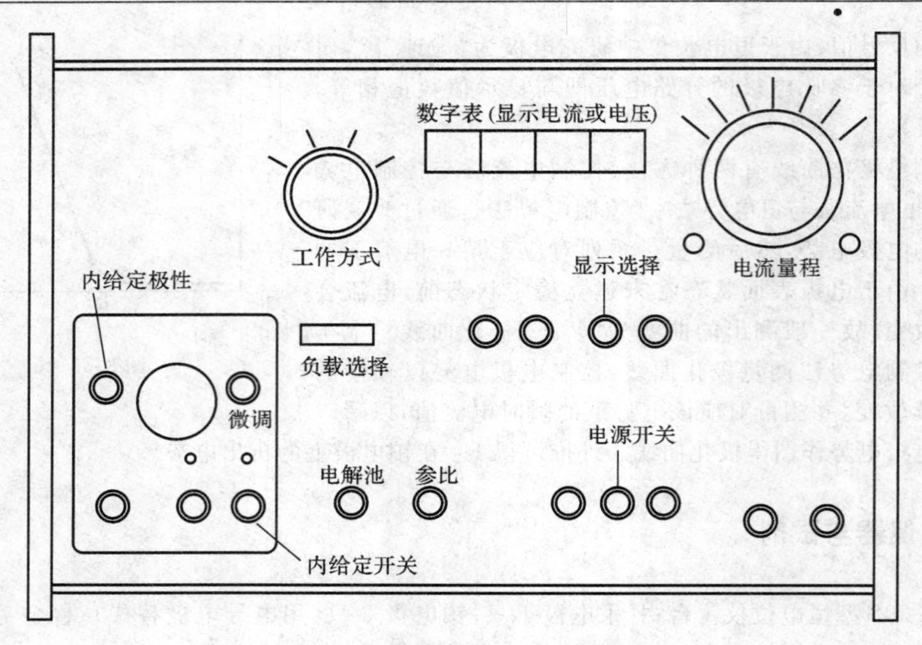

图 8-36 DJS-292 型恒电位仪前面板

极化电压和电流。

极化方式:(1)开路电压(如 0.695V)～0V,每次改变 100mV(0.1V);

(2)将“内给定极性”切换为“＋”;

(3)0～－0.200V,每次改变 100mV(0.1V);

(4)－0.200～－0.400V,每次改变 5mV(0.005V);

(5)－0.400～－0.800V,每次改变 100mV(0.1V)。

六、数据处理

1. 以(I/A)—E(阴极)/V 作图,绘制极化曲线;由图确定 H_2 的析出电势。

2. 计算:$\eta = |E_{IR} - E_R| \approx |E(\text{研究}) - E(\text{开路})|$ 取强极化区数据,以 η(阴极)—$\lg(I/A)$ 作图,拟合确定塔非尔公式。

第三节　设计与研究性试验

实验三十八　碱性体系中锌电极的可充性研究

一、实验目的

1. 了解电极材料的合成原理，掌握两种电极材料的合成方法。
2. 掌握两种锌电极的制作技术：多孔锌电极、粉末微电极。
3. 了解循环伏安法的基本原理及操作技术。
4. 了解模拟电池的冲放电过程并进行充放电实验。
5. 掌握一种评判电极枝晶生长情况的实验手段。

二、实验背景

由于锌电极具有许多优良的性能：高的比能量及高的比功率；资源丰富；成本低；无毒性等。因此，长期以来，锌都被广泛地用作化学电源的负极材料，尤其在碱性条件下，锌电极的电化学活性表现的更加突出：碱性条件下平衡电位很低；加很小的过电位就可得到很大的电流密度；优良的低温性能等。近期以来，以锌为负极的一、二次碱性电池的研究已经取得了显著的进展。但是，到目前为止，碱性锌电极仍然存在着许多问题，尤其是二次锌电极的研究显得更加困难。当前，人们的研究重点主要集中在两个方面：①解决锌电极的变形问题；②解决锌枝晶生长问题。

电极变形是指电池在多次循环之后，锌电极上的活性物质分布不均匀，中、下部变厚变硬，而边缘及上部变薄。活性物质的流失导致电池容量下降。因此变形问题是影响锌电极工作寿命的重要的因素。枝晶生长是指电池充电时由于电极表面附近的 $Zn(OH)_4^{2-}$ 粒子非常贫乏，这时浓差极化较大，与其他部位相比，$Zn(OH)_4^{2-}$ 更易扩散到电极上的突出部位，因而形成枝晶状沉积。随着电池的多次循环，枝晶不断向前生长，形成树枝状晶体。最终有可能穿透隔膜，达到正极引起电池内部短路，使电池失效。

上述两个问题的产生主要是由于锌电极的放电产物 $Zn(OH)_4^{2-}$ 在碱液中具有较大的溶解度，导致充电过程中活性物质在电极上发生表面重聚和尖端生长现象，从而使电极发生变形和枝晶。显然，要解决这类问题的根本途径在于设法抑制锌电极放电产物 $Zn(OH)_4^{2-}$ 在碱液中的溶解量。大家知道，化合物锌酸钙在碱液中具有较小的溶解性，那么，含钙的锌电极就应该是一条值得探索的有效途径。有关这方面的研究工作，目前国内外也有一些相关的报道。但是，所有的研究都还处于探索阶段，远没有达到应用于实际生产的地步，因此，该项工作的开展具有十分重要的实际意义。

1. 锌酸钙的合成

$$Ca(OH)_2+2ZnO+4H_2O=Ca(OH)_2\cdot 2Zn(OH)_2\cdot 2H_2O$$

2. 锌电极的基本工作原理

$$Zn+4OH^-=Zn(OH)_4^{2-}+2e \quad \text{(放电)}$$

$$Zn(OH)_4^{2-}+2e=Zn+4OH^- \quad \text{(充电)}$$

通过合理的设计及和适当的正极配对组成电池，实现化学反应中的化学能转变成电能而做功。

三、试剂及仪器

1. 仪器

天平，玛瑙研钵，油压机，微电极(自制)，水泵，100mL 锥瓶，抽滤瓶，饱和甘汞电极，Hg/HgO 电极，玻璃盐桥，磁力搅拌器，球磨机，红外灯，直流稳压电源，电解池(自制)，数字万用电表，N_2 钢瓶，超声波震荡洗涤器，交流稳压电源，ZF-3 恒电位仪，ZF-4 电位扫描信号发生器，X－Y 记录仪，信号放大器。

2. 试剂

电池专用 Zn 粉；$Ca(OH)_2$(AR)；KOH(AR)；ZnO (AR)；HCl(AR)；HNO_3(AR)；铂片；镍网($10cm^2$)；铜网；$AgNO_3$；环氧树脂；丙酮；8%CMC 水溶液。

四、实验提示

1. 电极材料的制备

(1)锌粉处理

称 10g 锌粉于 100mL 锥形瓶中，加 50mL 盐酸(浓盐酸：水＝1：4)，放在磁力搅拌器上 60℃连续搅拌 1 小时。自然冷却到室温，用倾泻法反复用自来水清洗，再经抽滤漏斗反复用蒸馏水清洗，直到清洗液中无 Cl^-(用 $AgNO_3$ 检查)为止。抽干以后放在室温下自然凉干。碾碎，过筛，装瓶备用。

(2)锌酸钙的直接合成

在室温和连续搅拌的条件下，先将 50g 分析纯的 $Ca(OH)_2$ 粉末缓慢加入 500mL 用 ZnO 饱和的 4mol/L 的 KOH 水溶液中，稍后再补加两次蒸馏水(大约 73mL)，随即，再缓慢加入 108.9g 分析纯的 ZnO 粉末. 其化学反应方程式如下：

$$Ca(OH)_2+2ZnO+4H_2O=Ca(OH)_2\cdot 2Zn(OH)_2\cdot 2H_2O$$

$Ca(OH)_2$和 ZnO 均为粉末状，为使反应充分进行，需要连续搅拌 72 小时. 然后再静置 60 小时，以便使反应中生成的化合物晶体陈化长大. 最后，将上层清夜倒掉，反复用二次蒸馏水清洗白色沉淀物，直至其 PH 值达到 7 左右。自然晾干，碾碎，过筛，收装备用。

(3)锌、钙混合粉的制备

按 $Ca(OH)_2$：Zn(W/W) 为 1：5 的比例准确称取 $Ca(OH)_2$ 和经稀盐酸处理过的锌粉共 10g，在研钵中混合，手工研磨约 0.5h，直到混合均匀为止。收集备用。

2. 电极制备

(1)多孔电极的制备

多孔电极的制备方法有涂膏式，糊式，粉末压制式，烧结式，电沉积式，以及粘接式等。我们选择涂膏式制备方法。其具体做法是：称实验锌粉 5g 加 8%CMC 水溶液 2mL，搅拌均匀成膏状，放在自制的特定模具中涂成电极，其间加一个导电铜网作为集流体。晾干后，再在油压机上 $100Kg.cm^{-2}$ 保压 2min。在锌电极的一面涂上环氧树脂，使之粘在电极板上，正面封成约 $1cm^2$ 的锌电极。待胶干，多孔锌电极即制成。

(2) 粉末微电极的制作

将一根直径为 60μm 的铂丝一端与玻璃管熔封，另一端与导线焊接. 将封有铂丝的管前端磨平、抛光，制成微盘电极，再将微盘电极放入王水中加热煮沸大约 10 分钟，然后在超声波震荡洗涤器中依次用蒸馏水，丙酮震荡洗涤，电吹风吹干。在小称量瓶中加入经仔细碾磨的待测粉末. 制成粉末微电极。下面是它的示意图(图 8-37)：

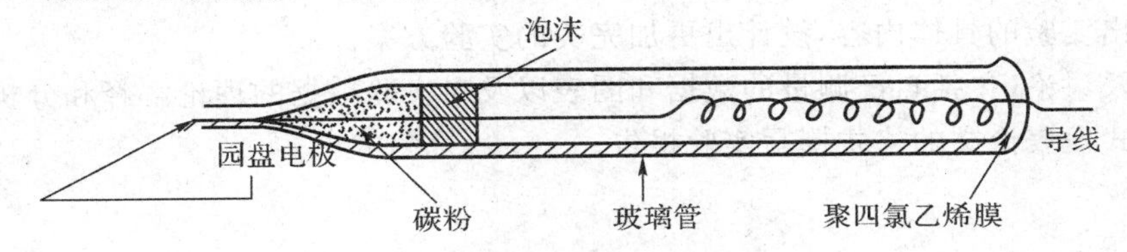

图 8-37　用玻璃管密封的微园盘电极

3. 电化学测量

(1)循环伏安测量

采用循环伏安法来表征所合成的电极活性材料 $Ca(OH)_2 \cdot 2Zn(OH)_2 \cdot 2H_2O$ 的电化学活性。测量在一个三电极体系中进行。工作电极为多孔锌电极或嵌有电活性材料的粉末微电极，对电极为大面积的镍片，参比电极使用 Hg/HgO 电极。电解液为用 ZnO 饱和的 KOH 水溶液。仪器装置原理如图 8-38 所示。

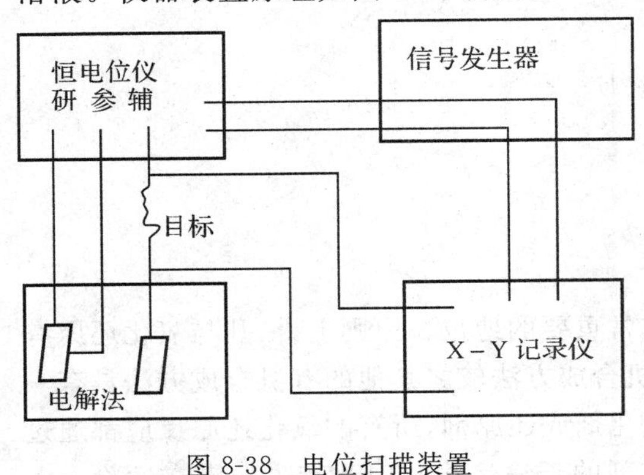

图 8-38　电位扫描装置

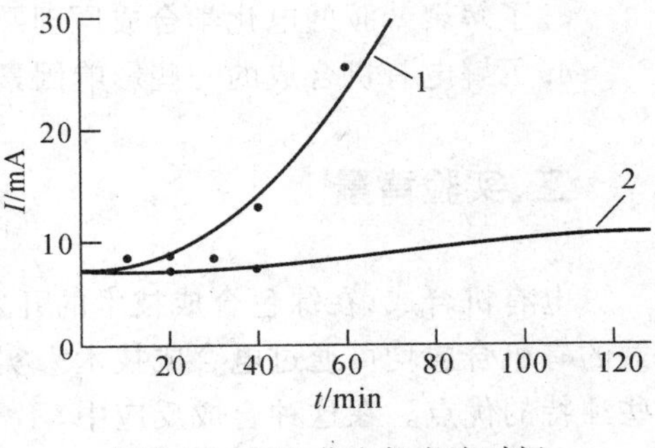

图 8-39　恒电位电解电流时间

(2)恒电位电解

通过恒电位电解的方法可以考察锌电极枝晶生长的情况。用自制的多孔锌电极为研究电极，大面积锌片为辅助电极，Hg/HgO 电极为参比电极，5mL 浓度为 6.8mol/L 的 KOH(用 ZnO 饱和)为电解液，用恒电位仪给研究电极加上 150mV 的阴极过电位进行恒电位电解，记录电流－时间曲线。如果在电解过程中有枝晶生成，则电流会随时间急剧变化，若没有枝晶生长，电流一时间曲线会显得比较平坦。依此即可判断电极上是否有枝晶生长。实验结果见图8-39。

(3)模拟充放电实验

用涂膏式多孔锌电极和镍网组成模拟 Ni-Zn 电池进行富液充放电实验。充电制度：$25mA/cm^2$，2h；放电制度：$50mA/cm^2$，放电中止电压 0.9V。计算放电容量。

五、实验要求与预期目标

该实验相当于一个小的科研项目，所以要求同学们做完实验以后能够写出一篇相当于科技论文的综合报告。其内容应该包括：

1. 研究的目的意义（要求学会查阅相关课题的文献资料，初步掌握本课题的国内外学术动态）。
2. 拟定出实验的具体内容，设计出更加完美的实验方案。
3. 结果及讨论（包括自己测量的数据和图表以及对实验数据的理论解释和分析）。
4. 按正式发表论文的格式撰写实验报告。

实验三十九　电化学合成聚苯胺

一、实验目的

1. 了解电有机合成的特点和基本反应装置。
2. 了解无隔膜电合成的使用范围。
3. 了解聚苯胺的电化学合成原理及聚苯胺的性质。
4. 了解电有机合成的一些影响因素。

二、实验背景

电有机合成，在绿色合成技术的开发中占有非常重要的地位。原则上讲，凡与氧化还原有关的有机合成均可通过电合成技术来实现。电有机合成方法较之其他的有机合成方法具有一些独特的优点。在这种合成反应中，不需要任何氧化剂或还原剂，所有的氧化还原反应都通过电子来实现，三废少，减少了环境污染，并免去了试剂的长途运输及由此带来的潜在危险。电有机合成，具有高的产物选择性，采用不同的电解条件由同一底物可以高产率地得到不同的化工产品，适用于具有多种异构体或多官能团化合物的定向选择合成；并且，在一定条件下可以同时在阴极室和阳极室得到不同用途的产品（成对电解合成）。电有机合成，条件温和，一般在常温常压下进行，特别适用于热力学上不稳定化合物的合成；并且，操作控制容易，反应的开始、终结、反应速度的调节均可通过外部操作来控制且易于实现控制自动化。另外，电有机合成放大效应小也是一突出优点。但是，电有机合成也有一些缺点和限制。如电耗较大，单槽产量较低,设备材质要求高,电化学反应器通用性差等。总之,电有机合成通常适用于小品种、小批量、附加值高、耗电较少的有机化工产品特别是精细有机化学品的制备。

自 1984 年 MacDiarmid 在酸性条件下,由聚合苯胺单体获得具有导电性聚合物至今的十几年间,聚苯胺成为现在研究进展最快的导电聚合物之一。其原因在于聚苯胺具有以下诱人的独特优势:①原料易得,合成简单;②拥有良好的环境稳定性;③具有优良的电磁微波吸收性能、电化学性能、化学稳定性及光学性能;④独特的掺杂现象;⑤潜在的溶液和熔融加工性能。聚苯胺被认为是最有希望在实际中得到应用的导电高分子材料。以导电聚苯胺为基础材料,目前正在开发许多新技术,如电磁屏蔽技术、抗静电技术、船舶防污技术、全塑金属防腐技术、太阳能电池、电致变色、传感器元件、催化材料和隐身技术。1991 年,美国的 Allied Singal 公司推出的牌号为 Ver2sicon 的聚苯胺和牌号为 Incoblend 的聚苯胺/ 聚氯乙烯共混物塑料产品,成为最先工业化的导电高分子材料。聚苯胺是结构型导电聚合物家族中非常重要的一员。MacDiarmid 等人将聚苯胺的化学结构表示如下:

$$\left[\left(\text{C}_6\text{H}_4\text{—NH—C}_6\text{H}_4\text{—NH}\right)_y\left(\text{C}_6\text{H}_4\text{—N=C}_6\text{H}_4\text{=N}\right)_{(1-y)}\right]_n$$

其中,$(1-y)$的值代表了聚苯胺的氧化状态。当 $y=1$ 时,称为“全还原式聚苯胺”;当 $y=0$ 时,称为“全氧化式聚苯胺”;当 $y=0.5$ 时,称为“部分氧化式聚苯胺”。部分氧化式聚苯胺通过质子酸掺杂后,其电导率可达 10~100S/cm。

聚苯胺的合成有多种方法,其中聚苯胺的电化学聚合法主要有恒电位法、恒电流法、动电位扫描法以及脉冲极化法。一般都是苯胺在酸性溶液中,在阳极上进行聚合。电极材料、电极电位、电解质溶液的 pH 值及其种类对苯胺的聚合都有一定的影响。操作过程如下:氨与氢氟酸反应制得电解质溶液,以铂丝为对电极,铂微盘电极为工作电极,Cu/CuF_2 为参比电极,在含电解质和苯胺的电解池中,以动电位扫描法($E=0.6\sim2.0$V) 进行电化学聚合,反应一段时间后,聚苯胺便牢固地吸附在电极上,形成坚硬的聚苯胺薄膜。

聚苯胺的形成是通过阳极偶合机理完成的,具体过程可由下式表示:

$$\text{C}_6\text{H}_5\text{NH}_2 \xrightarrow[-\text{H}^+]{-e} \text{C}_6\text{H}_5\text{NH}\cdot \longrightarrow \text{C}_6\text{H}_5\text{=NH}$$

$$2\text{C}_6\text{H}_5\text{NH} \longrightarrow \text{C}_6\text{H}_5\text{—NH—C}_6\text{H}_5(\text{H})\text{=NH} \longrightarrow \text{C}_6\text{H}_5\text{—NH—C}_6\text{H}_4\text{—NH}_2 \longrightarrow \text{聚合物}$$

聚苯胺链的形成是活性端($-NH_2$) 反复进行上述反应,不断增长的结果。由于在酸性条件下,聚苯胺链具有导电性质,保证了电子能通过聚苯胺链传导至阳极,使增长继续。只有当头一头偶合反应发生,形成偶氮结构,才使得聚合停止。

PAN 有 4 种不同的存在形式,它们分别具有不同的颜色(见表 8-10)。苯胺能经电化学聚合形成绿色的叫做翡翠盐的 PAN 导电形式。当膜形成后, PAN 的 4 种形式都能得到,并可以非常快地进行可逆的电化学相互转化。完全还原形式的无色盐可在低于 -0.2V 时得到,翡翠绿在 0.3～0.4V 时得到，翡翠基蓝在 0.7V 时得到，而紫色的完全氧化形式在 0.8V 时得到。因此，可通过改变外加电压实现翡翠绿和翡翠基蓝之间的转化，也可以通过改变 pH 值来实现。区分不同光学性质是由苯环和喹二亚胺单元的比例决定的，它可通过还原或质子化程度来控制。

表 8-10 PAN 的不同化学结构及其相应的颜色

名称	结构	颜色	性质
无色悲翠盐	$\left[-\langle\bigcirc\rangle-\overset{H}{N}-\langle\bigcirc\rangle-\overset{H}{N}-\langle\bigcirc\rangle-\overset{H}{N}-\langle\bigcirc\rangle-\overset{H}{N}-\right]_x$ 和光	无色	完全还原；绝缘
翡翠绿	$\left[-\langle\bigcirc\rangle-\underset{4}{\overset{H}{N}}=\langle\ \rangle=\underset{4}{\overset{H}{N}}-\langle\bigcirc\rangle-\overset{H}{N}-\langle\bigcirc\rangle-\overset{H}{N}-\right]_x$	绿色	部分氧化；质子导体
悲翠基蓝	$\left[-\langle\bigcirc\rangle-N=\langle\ \rangle=N-\langle\bigcirc\rangle-\overset{H}{N}-\langle\bigcirc\rangle-\overset{H}{N}-\right]_x$	蓝色	部分氧化；绝绝
完全氧化聚苯胺	$\left[-\langle\bigcirc\rangle-N=\langle\ \rangle=N-\langle\bigcirc\rangle-N=\langle\ \rangle=N-\right]_x$	紫色	完全氧化；绝缘

三、试剂与仪器

1. 仪器：150mL 烧杯 2 只；导电玻璃（工作电极，阳极，A）；铜导线（辅助电极，阴极，B）；1.5V 电池 2 节；可变电阻器（$0-1\times10^5\Omega$）1 台；有机电化学聚合装置 1 套。

2. 试剂：苯胺，浓硝酸，固体氯化钾。

四、实验提示

1. 配制 50mL 3mol/L HNO_3 溶液（量取浓 HNO_3 6.8mL，而后稀释至 50mL）。

2. 配制 0.1mol/L HNO_3 和 0.5mol/L KCl 混合溶液（量取 3mol/L HNO_3 1.5mL，于内加入 KCl1.7g，稀释至 45mL，混合均匀）。

3. 烧杯中加入 40mL 3 mol/L HNO_3 和 3mL 苯胺，混合均匀。

4. 按图 8-40(b)连接电路。

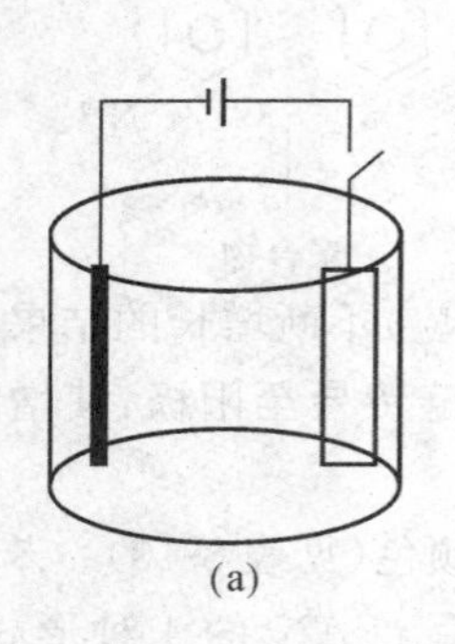
(a)

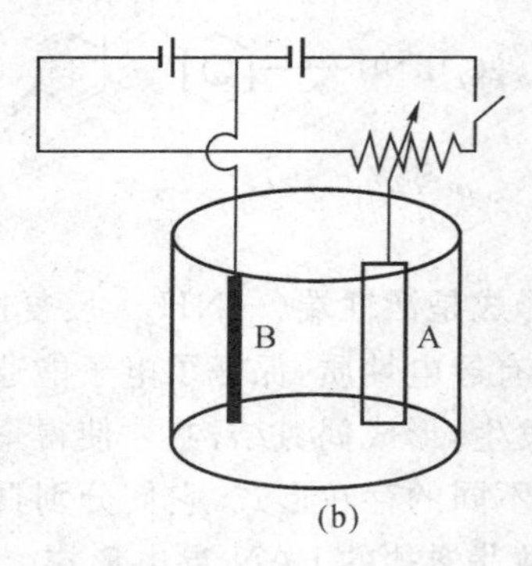

(b)

图 8-40 电化学合成聚苯胺装置

5.闭合电路：调节可变电阻使电压为+0.6至+0.7V；通电20～30min后断电，观察工作电极表面的变化。

6.移出两电极并置于盛有0.1mol/L HNO_3和0.5 mol/L KCl混合溶液的另一烧杯中，闭合电路，分别观察在1.15V，0.8～0.7V、0.4～0.3V和0.20～0.15V不同电压下电解时工作电极表面的变化。

7.本实验中的硝酸可以用其他酸代替。由苯胺电氧化制取聚苯胺常在酸性介质中进行。这是因为，在酸性条件下，苯胺分子不仅是制备聚合物的原料，而且由苯胺生成的盐使电解液中支持电解质的浓度大大增加，有利于电流传导；另外，酸性条件下聚苯胺具有导电性，电子能通过聚苯胺传导至阳极，从而使链增长反应能继续进行。

8.实验证明：用于电合成的苯胺并非纯度愈高愈好；高纯度的苯胺反而难引发偶联反应；含有少量齐聚物的淡黄色苯胺却较易引发聚合反应。若试剂苯胺变成黑色，应减压蒸馏纯化后再用。

9.图8-40(a)为单电池电解装置，图(b)为双电池电解装置。在图(a)中(使用1节1.5V的电池)，因为电路的电压和电阻都是固定的，生成的聚苯胺的颜色改变发生在秒数量级，所以，当电路闭合(电池正极与工作电极相连)发生电解时，只能观察到全氧化的紫色聚苯胺(与此相反，如果使电池负极与工作电极相连，则只能观察到全还原的无色聚苯胺)。在图(b)中，使用2节1.5V的电池，并且在电路中增加了一个可变电阻器。然而，当可变电阻器的滑动装置设置在最右端时就与图(a)相同了。所以，可直接按图(b)线路进行电解。

10.在电解过程中，由于氧化程度不同，可以生成四种形式的聚苯胺；每一种形式对应于一种颜色，在紫外和可见光范围内，它们有自己的特征吸收谱带，如表8-11所示。

表8-11　不同形式聚苯胺的结构与性质

结　构	颜色	$UV(\lambda_{max}, nm)$	备　注
$\left(-C_6H_4-NH-C_6H_4-NH-C_6H_4-NH-C_6H_4-NH-\right)_x$	无色	310	全还原，绝缘
$\left(-C_6H_4-\overset{+}{N}H=C_6H_4=\overset{+}{N}H-C_6H_4-NH-C_6H_4-NH-\right)_x$	绿色	320,420,800	部分氧化，质子导体
$\left(-C_6H_4-N=C_6H_4=N-C_6H_4-NH-C_6H_4-NH-\right)_x$	蓝色	320,600	部分氧化，绝缘
$\left(-C_6H_4-N=C_6H_4=N-C_6H_4-N=C_6H_4=NH-\right)_x$	紫色	320,530	全氧化，绝缘

聚苯胺的存在形式取决于聚苯胺中含有的苯系物（benzoid）和醌二亚胺（quinondiimine)单位的比例；这种比例可以通过氧化还原过程来控制，并且质子化的程度可以通过改变电解液的pH进行调节。这样，图(b)中的可变电阻器对于本实验就是不可或缺的器件；它不仅能把聚合电压控制在+0.6至+0.7V(相对于标准甘汞电极：standard calomel electrode)，得到高质量的绿色聚苯胺镀层(实验表明：镀层的厚度对颜色观察有影响。一般说来，通电5～10min开始在电极上出现翡翠绿色；通电20～30min得到的膜的厚度较适于颜色观察。电解时间延长，镀层厚度增加，颜色变化难以观察清楚)，而且可以把聚合电压控制在1.2至0.15V范围内的任何值，从而观察到不同形式的聚苯胺。

11.在不同的电压下电解，可以得到不同氧化形式的聚苯胺。在0.3～0.4V时得到翡翠绿的部分氧化形式(质子导体)，在0.7V时得到翡翠基蓝的部分氧化形式(绝缘)，在0.8V时得到紫色的全氧化形式（绝缘），而在低于 0.2V（如降到 0.17V）时得到无色的全还原形式（绝缘）。

五、实验要求与预期目标

1. 电化学合成及微电子技术研究进展（要求学会查阅相关课题的文献资料，初步掌握本课题的国内外学术动态）。

2. 拟定出实验的具体内容，利用正交试验设计方法设计出更加完美的实验方案。

3. 结果及讨论（包括自己测量的数据和图表以及对实验数据的理论解释和分析）。

4. 按正式发表论文的格式撰写实验报告。

实验四十　多壁碳纳米管化学修饰电极测定人体尿液中尿酸

一、实验目的

1. 掌握多壁碳纳米管修饰电极的制作及使用方法。

2. 掌握循环伏安法研究尿酸在化学修饰电极上电化学反应机理的基本方法。

3. 培养学生动手自制电化学电极的能力，并用电化学方法验证生物物质在新型纳米材料膜表面电化学传感的机理。

4. 学会直接用电化学方法测定尿样中尿酸的含量。

二、实验背景

碳纳米管具有独特的结构和优异的性能，在光电子器件、纳米复合材料、化学生物传感等诸多领域都具有广阔的应用前景，但其极差的溶解和加工性能却限制了对其结构和性能的深入研究以及对其应用的广泛探索。如何改善和提高碳纳米管溶解和加工性能已经成为深入研究和探索其各种性能和应用的重要前提。正是基于这种原因，以改善和提高碳纳米管溶解和加工性能为目的的表面化学修饰就显得非常重要，近年来逐渐成为化学领域的研究热点之一。理论和实验结果都表明碳纳米管有十分优异的力学性能以及大的比表面积和长径比，是理想的增强材料，同时碳纳米管还有很好的热性能和电学性能。因此，如果能将碳纳米管各种优异性能和聚合物的加工性能结合起来制备成先进的复合材料，无论是从理论研究还是工业应用的观点上都具有重要的意义。

尿酸在碳电极表面能发生氧化还原反应，而碳纳米管对其氧化还原反应具有显著的催化作用，这种催化充分显示出碳纳米管的大表面积所表现出的强力吸附活性和结构中存在高度离域的大 π 键共轭体系电子易流动性所致。

三、实验提示

1. 配制 0.1mol・L^{-1}磷酸盐缓冲溶液。

2. MWNT 修饰电极的制备。

将 2mg 纳米碳管(MWNT)和 6mg 双十六烷基磷酸(DHP)加入到 10mL 二次蒸馏水中，超声分散至均一、浅黑色溶液为止。

将玻炭电极(<4mm)表面先用 0.05μm Al_2O_3 抛光，然后分别在无水乙醇和蒸馏水中各超声清洗 1min 后晾干。取 10.0μL 炭纳米管分散液滴加到玻炭表面，红外灯下烘干即可。

3. 循环伏安法和线性扫描伏安法。取一定体积的 UA 标准溶液于电解池中，用 0.1mol・L^{-1}磷酸盐缓冲溶液(pH5.5)稀至 10mL 体积，从 −0.2V 至 1.0V 范围，进行循环伏安扫描或线性扫描伏安扫描记录。

4. 电化学行为。UA 在 MWNT 修饰电极上的循环伏安图如图所示。由图可知，UA 在 0.4V 处仅出现一个氧化峰而无还原峰(如曲线 1)，此表明 UA 在修饰电极上发生的过程是一不可逆过程。另可看出，UA 在 MWNT 修饰电极上产生的氧化峰电流比其在裸玻炭电极上所产生的氧化峰电流(如曲线 3) 显著增大，此表明 MWNT 修饰电极对 UA 具有显著的吸附富集作用。这可能是炭纳米管的结构中存在高度离域的大 π 键共轭体系，该体系能与 UA 结构中的 π 共轭体系发生强烈的 π−π 交盖作用，同时炭纳米管本身所具备的超大表面积也进一步加强了这一作用。

5. 电极制作时应注意控制碳纳米管的用量，涂布要求均匀一致。

6. 测定。量取尿液 0.5～1.0mL 于电解杯中，余下操作同上述线性扫描伏安法，用标准加入法计算尿酸含量。

四、实验仪器与试剂

仪器：CHI660B 型电化学工作站；三电极系统：多壁炭纳米管修饰电极为工作电极，饱和甘汞电极(SCE) 为参比电极，铂电极为对电极；Delta 320 pH 计(Mettler Toledo 公司)。

试剂：多壁碳纳米管(MWNT)(成都时代纳米有限公司)，双十六烷基磷酸(DHP，购自 Fluka 公司)，多壁炭纳米管按文献的方法进行纯化，UA(美国 Sigma 公司) 用 0.1mol・L^{-1}氢氧化钾溶液溶解配成 1×10^{-2}mol・L^{-1}标准储备液，试剂均为分析纯，水为二次石英蒸馏水。

五、实验要求与预期目标

1. 了解碳纳管的制备及微电子技术研究进展(要求学会查阅相关课题的文献资料，初步掌握本课题的国内外学术动态)。

2. 拟定出碳纳米管的制备与多壁炭纳米管化学修饰电极制作实验方案，并用其测定人体尿液中的尿酸含量，进行误差与方差分析。

3. 结果及讨论(包括自己测量的数据和图表以及对实验数据的理论解释和分析)。

4. 按正式发表论文的格式撰写实验报告。

第四节　电化学工程实验

实验四十一　锌酸盐镀锌工艺的工程设计及实验

一、实验目的

1. 了解某电镀工艺在工程设计时的主要工序。
2. 掌握锌酸盐镀锌的工艺流程。
3. 了解实施锌酸盐镀锌的工艺实验。

二、实验前的预习要求

锌是一种银白色的两性金属，既能在酸中溶解，又能与碱作用。锌的密度为 7.17g/cm^3，原子量 65.38，熔点 420℃，电化学当量 1.22g/(A·h)，标准电极电位为−0.76V。金属锌较脆，只有加热到 100～150℃时才有一定的延展性。

锌是所有镀种金属中最量大面广的金属；它的价格也较低廉。锌的电极电位比铁负，对钢铁基体而言，它是阳极性镀层，能起到电化学保护作用。经过铬酸盐的钝化处理，能形成彩虹色、蓝白色、蓝绿色、银白色、军绿色、黑色和金黄色等多种铬酸盐转化膜（钝化膜），不但外表美观，而且大大提高了防腐蚀性能。由于有这些优点，因此镀锌层得到了最广泛的应用。

1. 以方格的形式画出锌酸盐镀锌的工艺流程：要求从试件的前处理到彩色钝化后的成品件的各个工序环节。

化学除油 → 热水洗 - - - - - - - → 吹干

2. 学生自己确定各工序溶液的配方、溶液的配置方法和工艺条件（主要工序按实验讲义提供的主要工序参考工艺中选取，其他工序查阅资料确定），并按工艺流程写出各工序的实施方案（如溶液组成、工艺条件等）。

(1) 电镀锌和低铬钝化的参考工艺。

①锌酸盐电镀锌工艺的溶液组成及工艺条件(g/L)。

实验序号	1	2	3	4
氧化锌(ZnO)	8～12	8～12	8～12	8～12
氢氧化钠($NaOH$)	100～120	100～120	100～120	100～120
酒石酸钾钠($KNaC_4H_4O_6$)				
EDTA-2Na		4～6		
DPE-Ⅲ			6～8mL	6～8mL
906 光亮剂			6～8mL	6～8mL
DE 添加剂	6～8mL	6～8mL		
香草醛	0.05～0.1	0.05～0.1		
温度(℃)	20～30	20～30	20～30	20～30
电流密度(A/cm^2)	1～4	1～4	1～4	1～4

注:电镀液的配制方法

配 1L 镀液,取 1000mL 烧杯,加入 400mL 左右的蒸馏水,同时加入计量的氢氧化钠和氧化锌,搅拌使其全部溶解。加蒸馏水至 900mL 左右,再加入其余的成分,加蒸馏水至 1000mL。

②低铬钝化工艺的溶液组成及工艺条件(g/L)

实验序号	1	2	3
铬酐(CrO_3)	4～6	4～6	4～6
硫酸(H_2SO_4)	0.3～0.5mL	0.2～0.4mL	0.3～0.5mL
硝酸(HNO_3)	2～4mL	2～4mL	2～4mL
冰醋酸(CH_3COOH)		4～6mL	
高锰酸钾($KMnO_4$)			0.1～0.2mL
pH	0.8～1.3	0.8～1.3	0.8～1.3
温度(℃)	室温	室温	室温
时间(秒)	5～10	5～10	5～10

(2)各工序的实施方案。

①化学除油。

溶液组成:氢氧化钠($NaOH$)80g/L;碳酸钠(Na_2CO_3)40g/L;磷酸三钠($Na_3PO_4 \cdot 12H_2O$)20g/L;硅酸钠(Na_2SiO_3) 8g/L

工艺条件:温度 80～90℃,时间:油除净为止。

②热水洗。温度 80～90℃,时间 1min。

③吹干,用热风吹干。

三、实验步骤

1. 按学生设计的各工序的实施方案,配制各工序的溶液。

要求：镀液按 1L 配制，其他溶液按 500mL 配制。

2. 按学生设计的各工序的实施方案进行实验。

要求：

(1)镀液配好后，温度降至使用温度时先作赫尔槽实验，并纪录赫尔槽试片的情况。

(2)试件进行前处理。

(3)选取适宜的电流密度，根据试件面积计算电流强度，进行镀试件，电镀时间为 20min，一次镀两个低碳钢试件(每个同学镀一次)。电镀时一定要保持电流恒定，电镀时间准确，以便计算电流效率和沉积速度。

(4)按工序要求完成整个工艺流程。

(5)取做好的试件，用磁性测厚仪测镀层的平均厚度(忽略出光和钝化对镀层的损失)。

四、结果与讨论

(1)检查你设计的工艺流程和各工序是否合理?

(2)记录和分析赫尔槽试片的状态。

(3)分析电镀后和钝化后试件的外观质量。

(4)记录镀层厚度值。

(5)计算电流效率。应用安一时法计算电流效率。

计算公式：

$$\eta_K = \frac{m_1}{m} = \frac{\rho \cdot s \cdot d}{K \cdot I \cdot t} \times 100\%$$

式中：m_1 为试件上实际沉积金属的质量(g)；P 为析出金属的密度；S 为镀层面积；d 为镀层厚度；m 为电流效率 100%时，沉积金属的理论值(g)；k 为金属的电化学当量；I 为通过的电流；t 为通电流的时间。

注意：计算时一定要统一各参数的量纲。

(6)计算沉积速率，公式：

$$沉积速率 = d/t$$

式中：d 为镀层厚度(μm)；t 为电镀时间(h)。

(7)对实验过程出现的问题进行分析和讨论。

实验四十二 化学镀 Ni-P 实验

一、实验目的

1. 熟悉并掌握化学镀 Ni-P 合金工艺流程。

2. 了解化学镀 Ni-P 合金层的组织与性能。

二、实验原理

化学镀是利用化学反应在具有催化的制件表面上沉积一层金属或合金。与电镀不同，金属离子获得电子不是由外加电源提供的，而是由还原剂提供的。由于不存在电流在镀件上的分配问题，所以其均镀能力好。非金属材料只要表面有适当的催化膜也可进行化学镀。使用不同主盐和还原剂的溶液可使 Ni、Cu、Co、Au、Al 等金属及合金都能用化学镀的方法沉积出来。

化学镀 Ni-P 合金是溶液中的 Ni 离子在强还原剂——次亚磷酸钠（$NaH_2PO_2 \cdot 2H_2O$）的作用下，还原出金属镍，且次亚磷酸钠分解析出磷，从而使镍和磷同时沉积在制件表面上，其反应机理如下：

$$Ni^{2+} + H_2PO_2^- + O^{2-} \rightarrow HPO_3^{2-} + H^+ + Ni$$

$$3H_2PO_2^- + H^+ \rightarrow HPO_3^{2-} + 3H_2O + 2P$$

从上述反应式可知，在表面催化条件下，制件表面上同时沉积出镍和磷。常用化学镀Ni-P工艺如表 8-12 所示。

表 8-12　化学镀 Ni-P 合金工艺

组成及工艺	配方(g/L)				
	一	二	三	四	五
硫酸镍	15～25	25	20		30
氯化镍				45	
次亚磷酸钠	15～20	25	20	20	20
醋酸钠	10				
柠檬酸钠	10		10	45	25
乳酸					5
丙酸		80			
焦磷酸钠			30		
氢氧化钠		30～50		50	
pH	4.1～4.4	9～10	9～10	8～9	4.4～4.8
温度(℃)	85～90	65	35～45	80～85	85～90

根据实际生产获得较厚的高硬度高耐蚀层的要求，应选用酸性镀液。本实验选用配方一或配方五。

三、实验用设备及工具

1. 设备：电炉，坩埚，烧杯，量筒，pH 试纸，温度计，硬度机剂，厚度仪。
2. 材料：08 钢试片，规格为 40mm×20mm×(3～5)mm。

四、实验步骤

1. 按配方一(或配方五)在烧杯中配置镀液,用试纸对镀液进行检验,合格后备用。

2. 将 08 钢试片按要求处理并打孔后,置于挂架后放入烧杯镀液中,再将烧杯放入盛有水的坩埚中,将坩埚置于电炉上按要求进行加热。处理过程中注意准确控制温度。

3. 到温后,经 15min、30min、60min 不同时间处理后取出试片,在测厚仪上进行镀层厚度测量并做记录。

处理时间(min)	15	30	60
镀层厚度(mm)			

4. 在步骤 2 中,取 08 钢试片不经打磨处理进行 60min 化学镀处理后,与经按要求进行打磨处理后再经 60min 化学镀处理后的试片进行弯曲实验,观察镀层与基体结合情况。

五、实验结果分析

1. 根据实验结果结合所学知识,讨论 pH 值和施镀温度对化学镀层沉积速度的影响。
2. 化学镀 Ni-P 合金厚度与时间有什么样的关系?为什么?
3. 在对试片进行弯曲实验时,发生何种现象?试分析原因。

实验四十三　金属材料腐蚀与防护实验

钢铁表面电镀铜试验

一、目的要求

1. 了解钢铁试样表面电镀铜的防护原理、电镀机理。
2. 掌握电镀铜工艺及耐腐蚀性能的检验方法。

二、基本原理

利用直流电从电解液中析出金属,并在试样、工件表面沉积而获得金属覆盖层的方法叫电镀。

铜镀层呈美丽的玫瑰色,性质柔软,富有延展性,易于抛光,还具有良好的导热性及导电性。但是它在空气中易于氧化,从而迅速失去光泽。铜的表面受潮湿空气中的二氧化碳或氯化物作用后,将生成一层碱式碳酸铜或氯化铜膜,当受到硫化物作用时,将生成棕色或黑色硫化物薄膜。

铜的标准电极电位为－0.34V，比金属铁的电位正，可以在铁零件表面镀铜，镀层对铁来说是阴极镀层。只有当镀层完整无孔时，铜镀层才能使铁零件受到机械保护作用。当铜镀层有孔或损伤时，裸露出来的基体金属将比未镀铜时腐蚀得还要迅速。

铜镀层常用于钢铁件多层镀覆时的底层，也常作为镀锡、镀金、镀银对的底层，其目的是为了提高基体金属和表面（或中间）镀层的结合力，同时也往往有利于表面镀层的顺利沉积。当铜镀层无孔时，对提高表面镀层的耐蚀性是有利的，在防护—装饰性多层电镀中采用厚铜薄镍的工艺，其优点就在于此，同时还节省了贵重的金属镍。

铜镀层是防止渗碳、渗氮的优良镀层，因为碳和氮在其中的扩散渗透很困难。铜镀层也常用于增加表面导电性，防止橡胶的枯竭，拉拔模具的减磨以及印刷电路及塑料电镀作为防磁镀层也常使用铜镀层。为了便于铝及其合金制品的焊接和螺纹件的联接，也均需铜镀层。

进行电镀铜时，将待镀试样、工件作为阴极与直流电源的负极相连，纯铜板作为阳极与直流电源的正极相连。电镀槽中放入含 Cu^{2+} 的盐溶液。接通电源时，阳极上发生铜溶解的氧化反应

$$Cu \longrightarrow Cu^{2+} + 2e^-$$

阴极上发生铜析出的还原反应

$$Cu^{2+} + 2e^- \longrightarrow Cu$$

也就是铜板不断溶解而减少，阴极上铜不断析出而形成镀层，此时盐溶液的浓度在电镀过程中不变。当镀层达到要求的厚度时，电镀完成。

镀层的耐腐蚀性能的检验采用极化曲线法，极化曲线的测试参照实验一，铁为一般金属，极化曲线为 ax 曲线，铜镀层为有钝化性能的金属，极化曲线为 $abcdef$ 曲线。

三、仪器、药品及实验装置

1. 电镀实验仪器、药品及实验装置

直流电源 1 台，镀槽（400mL）1 个，杯（400mL）2 个，碳钢试样（50mm×25mm×5mm）1 个，铜阳极（50×25×5）2 个，电镀液 300mL，丙酮 1 瓶，10％盐酸 100mL，pH 试纸 1 包，除油液 100mL，蒸馏水 1000mL，洗瓶 1 个，电吹风 1 台，脱脂棉若干，金相砂纸（100#、200#、600#）各 1 张，电炉 1 台，石棉网 1 个，铁架台、铁夹若干，游标卡尺 1 支。

2. 极化曲线测试实验仪器、药品及实验装置

ZF-3 恒电位仪 1 台，ZF-4 电位扫描信号发生器 1 台，ZF-10 信号记录存储仪 1 台，电脑 1 台，饱和甘汞电极、铂电极各 1 支，盐桥（添加饱和氯化钾溶液）1 个，电解池（400mL）1 个，氯化钠（3％）300mL，松香、石蜡若干，吸管 1 支，钢尺 1 个。

表 8-13 除油液配方

除油液组成（g/L）					操作条件	
Na_2SiO_3	Na_2CO_3	NaOH	Na_3PO_4	十二烷基硫酸钠	T（℃）	t(min)
12	60	10	50	5	70～80	10～15

表 8-14 电镀液配方及操作条件(g/L)

镀液组成(g/L)		操作条件		
$CuSO_4 \cdot 5H_2O$	H_2SO_4	T(℃)	I(A/dm^2)	阴极移动
150～220	40～70	室温	3～6	是

四、操作步骤

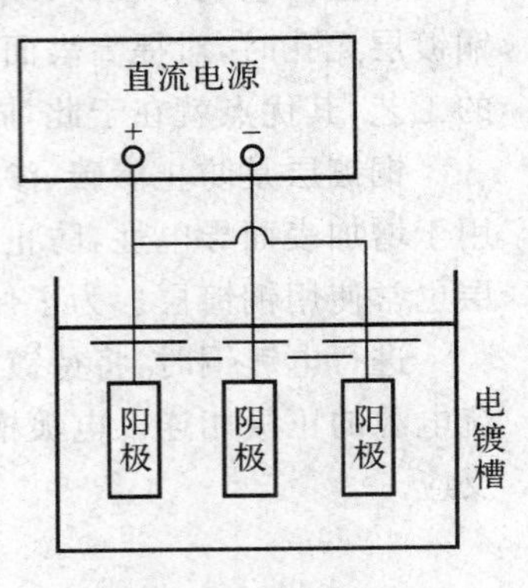

图 8-41 电镀线路

1. 已加工到一定光洁度的试样用砂纸逐步打磨，测量尺寸，用丙酮脱脂，吹干，除油，蒸馏水冲洗，活化(10%盐酸 5～10s)。

2. 按图 8-41 接好测试线路，检查各接头是否正确，盐桥是否导通。

3. 按好电镀电流，开始电镀。

4. 出镀好的试样，用蒸馏水冲洗，冷风吹干，测量尺寸。

5. 松香、石蜡封好有镀层的试样，留出 10mm×10mm 的表面，按实验一进行极化曲线测试，同时观察其变化规律及电极表面的现象，并与未镀试样比较。

五、数据记录

1. 电镀实验记录

试样材质________尺寸________电镀面积________

镀层材质____试样(镀后)尺寸________镀层厚度________

电镀电压________电镀电流________电镀时间________

未镀试样外观________镀层外观________

2. 极化曲线测试实验记录

试样材质________尺寸________暴露面积________

介质成分________介质温度________

参比电极________辅助电极________

腐蚀电位________

时间	电流强度 I	电极电位 E	现象

六、结果处理

1. 使用 origin 软件绘制试样阳极极化曲线。

2. 比较试样镀前和镀后的阳极极化曲线的异同。

七、思考与讨论

1. 说明钢铁试样表面电镀铜的防护原理、电镀机理、电镀工艺。

2. 比较试样镀前和镀后的阳极极化曲线的异同，说明镀层对提高试样耐腐蚀性能的作用。

电偶腐蚀速度的测定

一、目的要求

1. 掌握电偶腐蚀测试的原理，初步掌握电偶腐蚀测试方法，了解不同金属相互接触时组成的电偶对(Mg-Zn，Mg-Al，Mg-Fe 电偶对)在腐蚀介质中的电偶序。

2. 掌握用零电阻电流表测电偶电流的方法。

二、基本原理

当两种不同的金属在腐蚀介质中相互接触时，出于腐蚀电位不相等，原腐蚀电位较负的金属(电偶对阳极)溶解速度增加，造成接触处的局部腐蚀，这就是电偶腐蚀(也称为接触腐蚀)。应用极化图有助于更清楚地看到电极的电化学参数在偶合前后的变化，如图 8-42 所示。假设有两个表面积相等的金属 A 和 B，金属 A 的电位比金属 B 的电位正，当它们各自放入同一介质(如酸溶液)中，未偶合时，金属 A 的腐蚀速度为 $i_{corr,A}$，金属 B 的腐蚀速度为 $i_{corr,B}$。然后，用导线连接金属 A 和金属 B 使之形成电偶对，此时腐蚀体系的混合电位为 E_{couple}。金属 A 的腐蚀速度减少到 $i'_{corr,A}$，金属 B 的腐蚀速度增加到 $i'_{corr,B}$。根据混合电位理论测定电偶腐蚀的电化学技术，包括电位测定、电流测定和极化测定。通过测定短路条件下偶合电极两端的腐蚀电流即电偶电流的数值，根据电路电流的数值，就可以判断金属的耐接触腐蚀的性能。

电偶电流与电偶对中阳极金属的真实溶解速度之间的定量关系较复杂(它与不同金属间的电位差、未偶合时的腐蚀速度、塔菲尔常数和阴阳极面积比等因素有关)，但可以有如下的基本关系。

在活化极化控制的条件下，金属腐蚀速度的一般方程式为

$$I = I_{corr}\left[\exp\frac{2.303(E-E_{corr})}{b_a} - \exp\frac{-2.303(E-E_{corr})}{b_c}\right] \tag{8-40}$$

如果某金属与另一个电位较正的金属形成电偶，则这个电位较负的金属将被阳极极化，电位 E 将正向移到电偶电位 E_{couple}，它的溶解电流将 I_{corr} 增加到 I'_{corr}：

$$I'_{corr} = I_{corr}\exp\left[\frac{2.303(E_{couple}-E_{corr})}{b_a}\right] \tag{8-41}$$

电偶电流 I_{couple} 实际上是电偶电位 E_{couple} 处局部阳极电流和局部阴极电流之差：

$$I_{couple} = I_{corr}\left[\exp\frac{2.303(E_{couple}-E_{corr})}{b_a} - \exp\frac{-2.303(E_{couple}-E_{corr})}{b_c}\right] \tag{8-42}$$

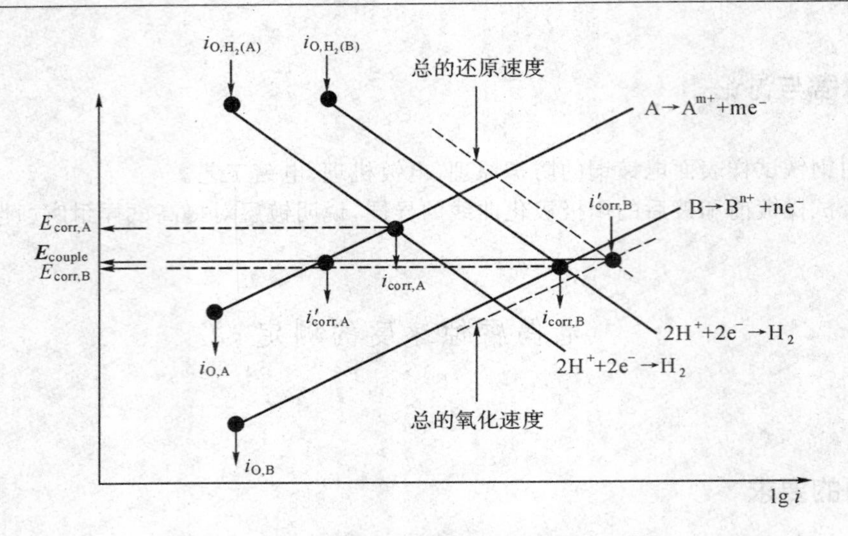

图 8-42 金属 A 和 B 形成电偶对时混合电位的

由式(8-42)可以获得两种极限情况：

1. 形成偶合电极后，若极化很大(即 $E_{couple} \gg E_{corr}$)，则

$$I_{couple} = I'_{corr}$$

在这种情况下，电偶电流数值等于偶合电极阳极的溶解电流。

2. 形成偶合电极后，若极化很小(即 $E_{couple} \approx E_{corr}$)，则

$$I_{couple} = I'_{corr} - I_{corr}$$

在这种情况下，电偶电流的数值等于偶合电极阳极的溶解电流在偶合前后之差。

对这两种极限情况的讨论，有助于理解处于两种极限之间的状态。如果直接由电偶电流去求出溶解速度，数值会不同程度地偏低。因此，如果需要求出真实的溶解速度，对电偶电流 I_{couple} 进行修正是必要的。

测量电偶电流不能用普通的安培表，要采用零电阻安培表，也可运用零电阻的结构原理，将恒电位仪改接成测量电偶电流的仪器。

三、仪器、药品及实验装置

ZF-3 恒电位仪 1 台，ZF-10 信号记录存储仪 1 台，电脑 1 台，电解池(400mL)1 个，饱和甘汞电极 1 支，盐桥(添加饱和氯化钾溶液)1 个，镁试样(ϕ12mm×20mm)1 个，锌试样(ϕ12mm×20mm)1 个，铝试样(ϕ12mm×20mm)1 个，碳钢试样(ϕ12mm×20mm)1 个，氯化钠(3%)600mL，丙酮 1 瓶，蒸馏水 1000mL，洗瓶 1 个，电吹风 1 台，脱脂棉若干，金相砂纸(100#、200#、600#)各 1 张，钢尺 1 个。

四、操作步骤

1. 把已加工到一定光洁度的试样用砂纸逐步打磨，测量尺寸，用丙酮脱脂，吹干。
2. 按图 8-43 接好测试线路，检查各接头是否正确，盐桥是否导通。
3. 设定 ZF-10 信号记录存储仪，采样间隔为每 20s1 个点，即 1min 采样 3 个。

4. 按测定先后，分别将镁与锌、镁与铝、镁与碳钢所组成的电偶对安装于装有3%氯化钠的适量水溶液的电解槽中。电偶对的试样尽量靠近，把甘汞电极安装于两试样之间，便于测定偶合前后的各电位值。

5. 进行电偶电流曲线测试，同时观察其变化规律及电极表面的现象。

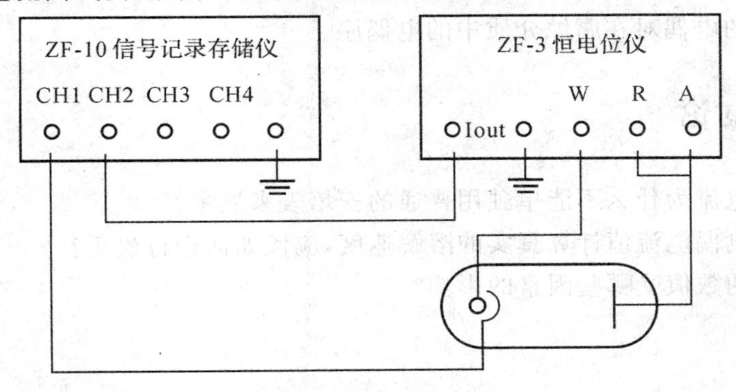

图 8-43　恒电位仪测量电偶电流线路

五、数据记录

试样材质________尺寸________暴露面积________
介质成分________介质温度________参比电极________
电偶对名称________腐蚀电位________两极电位差________

时间/s	电偶电位 E_{couple}(SCE)/V	电偶电流 I_{couple}/mA	现象

试样材质________尺寸________暴露面积________
介质成分________介质温度________参比电极________
电偶对名称________腐蚀电位________两极电位差________

时间/s	电偶电位 E_{couple}(SCE)/V	电偶电流 I_{couple}/mA	现象

试样材质________尺寸________暴露面积________
介质成分________介质温度________参比电极________
电偶对名称________腐蚀电位________两极电位差________

时间/s	电偶电位 E_{couple}(SCE)/V	电偶电流 I_{couple}/mA	现象

六、结果处理

1. 采用 origin 软件绘制试样 $I_{\mathrm{couple}}-\mathrm{t}$ 和 $E_{\mathrm{couple}}-\mathrm{t}$ 曲线。
2. 了解不同的电偶对在腐蚀介质中的电偶序。

七、思考与讨论

1. 电偶腐蚀电流为什么不能单独用普通的安培表来测量？
2. 如果要用电偶电流值计算真实的溶解速度，应该如何进行校正？
3. 电偶电流的数值受哪些因素的影响？

第九章

表面与胶体化学实验方法

第一节　表面与胶体化学技术与应用

一、表面化学与胶体化学实验研究的意义、范畴及特点

表面化学与胶体化学是研究胶体和一般粗分散体系的性质和规律以及各种界面现象的物理化学分支学科。在分散系统中，分散相粒子（质点）半径为 $10^{-9}\sim10^{-7}$ m 的称胶体，通常所说的胶体多指固体粒子分散在液体介质中，又称溶胶。分散相粒子半径为 $10^{-7}\sim10^{-5}$ m 的则称粗分散系统，例如悬浮液（如泥浆）、乳状液（如牛奶）等。胶体是一种高度分散的分散系统。胶体化学与化学其他分支的不同之处是，后者研究对象均属小分子，胶体化学除了分子之外，更注意胶体大小的粒子。粗分散系统也属其研究范围。一般情况下，一个胶体粒子是许多分子的集合体，但许多高分子物质的分子，在线度上与胶体粒子相当，因而在高聚物的溶液（如明胶溶于水或橡胶溶于甲苯）中，虽然它们被分散成单独的分子，但这些溶液与溶胶有许多相似的性质和相同的研究方法，因此高分子溶液又称为分子胶体，也成为胶体化学的研究对象。鉴于高分子材料的迅速发展和日益重要，高分子物理化学已发展成为独立的学科分支。

胶体是多相系统，其中的粒子和介质是两个不同的相，这是它与真溶液的重要区别之一。另一方面，由于胶体的高度分散，致使它有很大的相界面（如直径为 10nm 的金溶胶，当其粒子的总体积为 $1cm^3$ 时，其表面积可达 $600m^3$），从而有很高的界面能。胶体的许多性质都与界面能有密切关系，因此对界面性质的研究构成胶体化学的重要内容之一。所以，研究表（界）面性质的表面化学是胶体化学中极其重要和不可分割的一部分，两者常被联系在一起而命名为表面和胶体化学。

因为生物体内存在着各式各样的胶体和各种相界面，所以胶体和表面化学的规律在生命现象中具有重要作用，同时胶体和表面化学的许多原理和研究方法也常用于研究生命科学（如

生物膜的研究等)。另外,形形色色的表面活性剂在工业、农业及人类生活中亦发挥了重大作用。由于分散系统的普遍存在,胶体和表面化学在整个国民经济、科学研究及人类生活(如天文、气象、催化、染色、水土保持、选矿等)中用途甚广。

(一)表面化学及胶体化学实验的意义

表面化学和胶体化学实验及其技术对表面化学和胶体化学理论的建立起着十分重要的作用。如兰格谬(Langmuir)理论、BET 理论及吉布斯吸附等温方程式的正确性就被多方面的表面化学实验所验证。当然这些理论也是在一定的吸附平衡实验基础上建立起来的。

表面化学实验也为其科学理论的建立提供了很好的实验基础,如化学动力学中的多相反应速率理论、多相催化理论、电极过程动力学中的双电层理论、材料科学中的表面结构与性质理论以及胶体化学中胶体稳定性理论等都需要表面化学实验作为其后盾。

表面化学中的许多数据,如吸附平衡常数、固体的表面积、液体的表面张力、接触角、电位等也都是通过表面化学实验来测量的。在许多轻工、化工、地质、选矿、冶金、材料等生产中,表面化学数据往往是非常重要的;在更深入的考察中,不难发现胶体化学的重要研究课题绝大部分仍然是表面化学问题。因此,表面化学实验对于生产也具有非常重要的意义。

(二)表面化学及胶体化学实验的研究范畴

表面化学及胶体化学的研究范围是很广的,既研究平衡性质的问题,也研究动力学性质的问题,还研究结构性质的问题。所用的研究方法也很多,许多表面化学与胶体化学实验就可以用前面介绍的物理化学实验方法。例如固体表面与液体或气体接触产生的热效应(吸附热、润湿热等)则不难利用各种量热方法的量热计来进行测量。所以很难说这仅仅是属于表面化学实验的研究范畴。

表面化学实验的研究范畴就体系而言,有固—气表面体系、固—液界面体系、固—固界面体系、液—气表面体系、液—液界面体系以及固—液—气多界面体系。

对于固—气表面体系,以前表面化学实验主要是研究固—气吸附平衡和测量其表面积,以推断固体表面的状态。对于固—气表面进行精细的结构、外貌的观察和测量,以及进行原子(或分子)水平的微观结构的实验研究,只有在电子技术时代才成为可能。目前虽然电子技术与高真空技术的发展水平很高,已能作多种项目的精密研究,但所用到的仪器设备均属表面科学的大型综合仪器,大都价格昂贵,数量有限,专业化程度很高。

在液—气界面体系中,表面化学实验主要是测量表面张力和进行单分子膜的研究,研究分子膜的表面压,推断表面膜的结构等。

对于固—液界面体系(如金属—溶液界面、矿物—溶液界面等)和液—液界面体系(如液态金属汞—溶液界面等),表面化学实验一方面是测量吸附平衡,另一方面是研究界面双电层结构、性质和测量 ζ 电位等。

胶体化学主要研究其他分散体系的性质,如对憎液溶胶、泡沫和乳液等的稳定性进行研究。对于亲液溶胶的研究,如高分子化合物溶液的理论和实践,则是高分子物理化学的主要研究内容。

此外,表面化学和胶体化学也开展一些物质鉴定和分离技术方面的研究。例如,色谱法是表面化学研究的成果,但现在它已成为专门的仪器分析技术。

(三)表面化学及胶体化学实验的特点

表面化学和胶体化学实验所获得的数据,除某些纯液体的表面物理量值有相当的测量精密度和准确度、可达千分之几或万分之几外，其余大部分的测量值的精密度并不高，主要原因是表面状态和界面状态的情况极为复杂。这就是表面化学和胶体化学实验的一个重要特点。从事表面化学和胶体化学实验研究的工作者务必注意到这一事实。

在溶液表面吸附的测试研究中，即使吸附已达平衡，但由于所用方法有一定的局限性，致使表面状态在测量的瞬时过程中遭受破坏，引起测量的不准确。外因的微小影响发生在表面层上就会比在体相中显得更为严重。而涉及固体界面的实验，常由于固体本身的性质、加工方法及历史性的演变所造成的不均匀性及复杂性与液体表面在静态时的均匀性和光滑性无法相比，因此固体界面实验的结果的重现性就更差。辩证地看，这种情况也更能吸引人，促进了表面物理与表面化学在更多方面的发展。较早期的表面化学领域的理论根据近代超高真空和表面净化技术知识有的已作了修正。这也充分说明表面化学实验技术是在不断地改进和发展之中。

二、固一气表面体系

固体表面分子与液体表面分子一样，也具有表面吉布期自由能。由于固体不具有流动性，不能像流体那样以尽量减小表面积的方式降低表面能。但是，固体表面分子能对碰到固体表面上来的气体分子产生吸引力，使气体分子在固体表面上相对地聚集，以降低固体的表面能，使具有较大表面积的固体系统趋于稳定。这种气体分子在固体表面上相对聚集的现象称为气体在固体表面上的吸附，简称“气固吸附”，吸附气体的固体称为“吸附剂”，被吸附的气体称为“吸附质”。

气固吸附知识在生产实践和科学实验中应用较为广泛，如复相催化作用色层分析方法、气体的分离与纯化、废气中有用成分的回收等，都与气固吸附现象有关。

(一)吸附的类型

按固体表面分子对被吸附气体分子作用力性质的不同，可将吸附区分为“物理吸附”和“化学吸附”两种类型。在物理吸附中，固体表面分子与气体分子之间的吸附力是范德华引力，即使气体分子凝聚为液体的力，所以物理吸附类似于气体在固体表面上发生液化。在化学吸附中，固体表面分子与气体分子之间可有电子的转移、原子的重排、化学键的破坏与形成等，吸附力远大于范德华力而与化学键力相似，所以化学吸附类似于发生化学反应。正因为这两种吸附力性质上的不同，导致物理吸附与化学吸附特征上的一系列差异，表 9-1 列出了其中主要的几项差别。

表 9-1　物理吸附与化学吸附特征之比较

	物理吸附	化学吸附
吸附力	范德华力	化学键力
吸附分子层	被吸附分子可以形成单分子层也可形成多分子层	被吸附分子只能形成单分子层
吸附选择性	无选择性，任何固体皆能吸附任何气体，易液化者易被吸附	有选择性，指定吸附剂只对某些气体有吸附作用
吸附热	较小，与气体凝聚热相近；约为 2×10^4 至 4×10^4 $J\cdot mol^{-1}$	较大，近于化学反应热，约为 4×10^4 至 4×10^5 $J\cdot mol^{-1}$
吸附速率	较快，速率少受温度影响小，易达平衡，较易脱附	较慢，升温则速率加快，不易达平衡，较难脱附

许多系统，气体在固体表面上往往同时发生物理吸附与化学吸附，如氧在钨上的吸附。有些系统，在低温时发生物理吸附而在高温时发生化学吸附，如氢在镍上的吸附。

(二)吸附曲线及固体表面积的求法

由实验结果得知，对于一定的吸附剂和吸附质来说，吸附量 a 由吸附温度 T 及吸附质的分压 p 所决定。在 a、T、p 三个因素中固定其一而反映另外两者关系的曲线，称为吸附曲线，共分为以下三种。

1. 吸附等压线

吸附质平衡分压 p 一定时，反映吸附温度 T 与吸附量 a 之间关系的曲线称为吸附等压线。等压线可用于判别吸附类型。由于物理吸附和化学吸附都是放热的，所以温度升高时两类吸附的吸附量都应下降。物理吸附速率快，较易达到平衡，所以实验中确能表现出吸附量随温度升高而下降的规律。但是，化学吸附速率较慢，温度低时，往往难以达到吸附平衡，而升温会加快吸附速率，此时会出现吸附量随温度升高而增大的情况，直到真正达到平衡之后，吸附量才随温度升高而减小。因此，在吸附等压线上，若在较低温度范围内先出现吸附量随温度升高而增大，后又出现随温度升高而减小的现象，则可判定有化学吸附现象，如图 9-1 所示。

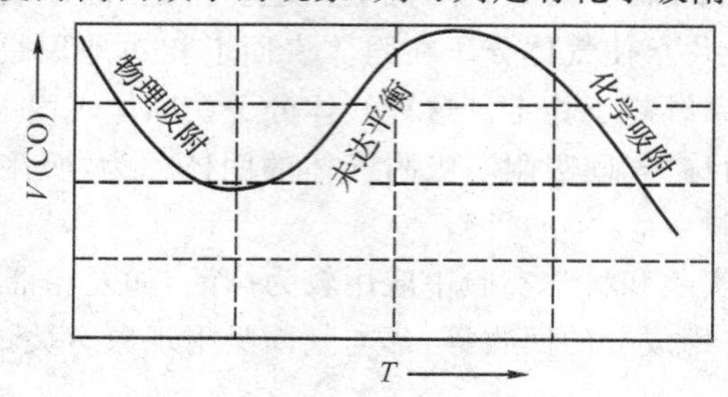

图 9-1　CO 在 VT 上的吸附等压线

2. 吸附等量线

吸附量一定时，反映吸附温度 T 与吸附质平衡分压 p 之间关系的曲线称为吸附等量线。在等量线中，T 与 p 的关系类似于克拉贝龙方程，可用来求算吸附热 $\Delta_{ads}H_m$，即

$$\frac{\partial \ln P}{\partial T} = -\frac{\Delta_{ads}H_m}{RT^2}$$

其中，$\Delta_{ads}H_m$ 一定是负值，它是研究吸附现象的重要参数之一，其数值的大小常被看做是吸附作用强弱的标志。

3. 吸附等温线

温度一定时，反映吸附质平衡分压 p 与吸附量 a 之间关系的曲线称为吸附等温线，常见的有如图 9-2 所示的五种类型。其中 Ⅰ 型为单分子层吸附，其余均为多分子层吸附。在所有吸附曲线中，人们对等温线的研究最多，导出了一系列解析方程，称为吸附等温式，下面将专题讨论。

(1)朗格缪尔单分子层吸附等温式

1916 年，朗格缪尔(Langmuir)提出了第一个气固吸附理论，并导出朗格缪尔单分子层吸附等温式。其基本假定是：

①气体在固体表面上的吸附是单分子层的。因此，只有当气体分子碰撞到固体的空白表面上时才有可能被吸附，如果碰撞到已被吸附的分子上则不再能被吸附。

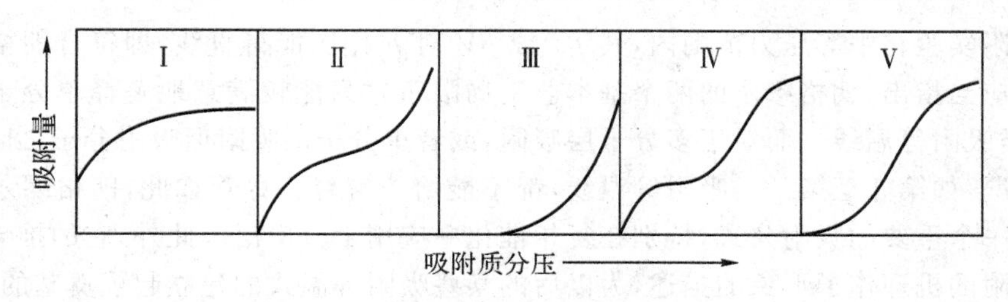

图 9-2　几种类型的吸附等温线

②吸附分子之间无相互作用力。因此，吸附分子从固体表面解吸时不受其他吸附分子的影响。

一定温度下，吸附分子在固体表面上所占面积占表面总面积的分数称为覆盖度，以 θ 表示。固体表面未被吸附分子覆盖的分数即 $(1-\theta)$。根据基本假定 1，吸附速率 r_{ads} 正比于 $(1-\theta)$ 和吸附质在气相的分压 p，即

$$r_{ads} = k_1(1-\theta)p$$

根据基本假定 2，脱附速率 r_d 应与 θ 成正比，即

$$r_d = k_2\theta$$

当达到吸附平衡时，吸附与脱附的速率相等，因此

$$k_1(1-\theta)p = k_2\theta$$

$$\theta = \frac{k_1 p}{k_2 + k_1 p} = \frac{bp}{1+bp} \tag{9-1}$$

其中 $b=k_1/k_2$。气体在固体表面上的吸附量 a 当然与 θ 成正比，因此

$$a = k\theta = \frac{kbp}{1+bp} \tag{9-2}$$

此即朗格缪尔单分子层吸附等温式。分析此式可得出以下几点：

①当气体压力很小时，$bp \leqslant 1$，式(9-2)变为

$$a = kbp$$

即吸附量 a 与气体平衡分压成正比，这与第Ⅰ类吸附等温线的低压部分相符合。

②当压力相当大时，$bp \gg 1$，式(9-2)变为

$$a = k$$

即吸附量 a 为一常数，不随吸附质分压而变化，反映了气体分子已经在固体表面盖满一层，达到了饱和吸附的情况。这与第Ⅰ类吸附等温线的高压部分相符合。

③若将式(9-2)改写成

$$\frac{p}{a} = \frac{1+bp}{kb} = \frac{1}{kb} + \frac{p}{k} \tag{9-3}$$

可以看出，以 p/a 对 p 作图应得一直线。直线的斜率为 $1/k$，截距为 $1/kb$，因此可由斜率和截距求出常数 k 和 b 的值。

如果将覆盖度表示成 V/V_m，其中 V 和 V_m 分别是气体分压为 p 时和饱和吸附时被吸附气体在标准状况下的体积，则式(9-1)可变为

$$\frac{p}{V} = \frac{1}{bV_m} + \frac{p}{V_m} \tag{9-4}$$

因此，若以 p/V 对 p 作图应得一直线，斜率为 $1/V_m$，截距为 $1/bV_m$，可由斜率和截距求得 b 和 V_m 之值。

不少吸附实验在中等压力范围内，其 pa 或 pV 对 p 作图能得直线，即符合朗格缪尔吸附等温式。但应当指出，朗格缪尔的两个基本假定局限于它只能较满意地解释单分子层理想吸附，如第Ⅰ类吸附等温线。而对于多分子层吸附，或者单分子层吸附但吸附分子之间有较强相互作用的情况，如第Ⅱ至第Ⅴ类吸附等温线，都不能给予解释。尽管如此，朗格缪尔吸附等温式仍不失为一个重要的吸附公式，特别在复相催化中应用十分广泛。此外，它的推导过程第一次对气固吸附的机理作了形象的描述，为以后的某些吸附等温式的建立起了奠基的作用。

(2)BET 多分子层吸附等温式

在朗格缪尔吸附理论的基础上，1938 年勃劳纳尔(Brunauer)、爱密特(Emmett)和泰勒(Teller)三人提出了多分子层的气固吸附理论，导出了 BET 公式：

$$V = \frac{V_m C_p}{(p^* - p)[1 + (C-1)p/p^*]} \tag{9-5}$$

式中：V 与 V_m 分别是气体分压为 p 时与吸附剂表面被覆盖满一层时被吸附气体在标准状况下的体积；p^* 是实验温度下能使气体凝聚为液体的最低压力，即饱和蒸气压；C 是与吸附热有关的常数。BET 公式适用于单分子层及多分子层吸附，能对第Ⅰ、Ⅱ、Ⅲ类三种吸附等温线给予说明。BET 公式的重要应用是测定和计算固体吸附剂的比表面(即单位质量吸附剂所具有的表面积)。若将式(9-5)重排

$$\frac{p}{V(p^* - p)} = \frac{1}{V_m C} + \frac{C-1}{V_m C} \cdot \frac{p}{p^*} \tag{9-6}$$

可以看出，以 $P/V(P^* - P)$ 对 P/P^* 作图应得直线，斜率为 $(C-1)/V_m C$，截距为 $1/V_m C$，所以

$$V_m = 1/(\text{斜率} + \text{截距})$$

如果已知吸附质分子的截面积 A，就可以计算固体吸附剂的比表面积 $S_{比}$，若 V_m 为 cm^3 为单位，则

$$S_{比} = \frac{V_m L}{22400} \cdot \frac{A}{W} \tag{9-7}$$

其中，W 是固体吸附剂的质量；L 是阿伏伽德罗常数。由于固体吸附剂和催化剂的比表面是吸附性能和催化性能研究中的重要参数，所以测定固体比表面是重要的。目前，利用 BET 公式测定，计算比表面的方法被公认为是所有方法中最好的一种，其相对误差一般在 10%左右。

(3)其他吸附等温式

除郎格缪尔等温式和 BET 等温式以外，人们还提出了多种其他吸附等温式，现就其中两个较常用的作简单介绍。

①捷姆金(T_{eMKHH})吸附等温式。该等温式中，吸附量 a 与吸附质平衡分压 p 的函数关系为

$$a = k\ln(bp)$$

其中，k 和 b 都是与吸附热有关的常数。

②傅劳因德利希(Freundlich)吸附等温式。该吸附等温式是经验公式：

$$a = kp^{1/n}$$

其中，k 和 n 是与吸附剂、吸附质种类以及温度等有关的常数，一般 n 是大于 1 的。若将上式取对数可得

$$\ln a = \ln k + \frac{1}{n}\ln p$$

可以看出，对符合傅劳因德利希等温式的气固吸附来说，以 $\ln a$ 对 $\ln p$ 作图应得直线。该

经验公式只是近似地概括了一部分实验事实,但由于它简单方便,应用是相当广泛的。值得指出的是,傅劳因德利希等温式还能适用于固体吸附剂自溶液吸附溶质的情况。此时需将压力 p 换成浓度 c,即

$$\ln a = \ln k + \frac{1}{n}\ln c$$

以 $\ln a$ 对 $\ln c$ 作图可得直线。

4. 固体表面积的求法

在朗格缪尔公式和 BET 公式中,V_{max} 代表形成单分子层、表面被盖满时的饱和吸附量(以标准条件下的气体体积表示)。V_{max} 对于求固体表面积具有重要的意义,因为根据 V_{max} 的数值可直接求得固体的比表面积 A_g 的数值。若被吸附的气体分子的截面积为 a,则根据 V_{max} 值计算固体比表面积 A_g 的公式为

$$A_g = \frac{V_{max}}{22414}N_A a/W$$

式中:N_A 为阿伏伽德罗常数;W 为固体吸附的质量(克)数。由于 V_{max} 的单位为毫升,所以除以 22414(1mol 气体在标准条件下的毫升数)。

V_{max} 可以根据实验测得的吸附量 V 和吸附平衡压力 P 数据,或 V 和 P/P_0 数据通过图解法或数学解析法求得。若以前面介绍的兰格谬尔公式为依据,则以 P/V 对 P 作图可得一直线,直线的斜率为 $1/V_{max}$,因而可求得 V_{max} 的数值。若以 BET 公式为依据,则以 $\frac{P}{V(P_0-P)}$ 对 P/P_0 作图也可得到一条直线,其斜率为 $\frac{C-1}{V_{max}\times C}$,截距为 $\frac{1}{V_{max}\times C}$。根据斜率和截距值可联立求解得 $V_{max}=\frac{1}{截距+斜率}$。

5. 固—气表面体系吸附量的测量方法

在固—气表面体系中,人们已熟知在两相界面上会发生气体物质的吸附现象。这一现象的研究在理论和实用上都有重要的意义。为了定量地研究吸附现象,需要引进一个重要概念——吸附量。气相中的分子可被吸附到固体表面上来,已被吸附的分子也可以脱附(或称解吸)而逸回气相。在温度及气相压力一定的条件下,当吸附速率与脱附速率相等,即单位时间内被吸附到固体表面上来的气体量与脱附而逸回气相的气体量相等时,达到吸附平衡状态,此时吸附在固体表面上的气体量不再随时间而变化。达到吸附平衡时,单位质量吸附剂所能吸附的气体的物质的量或这些气体在标准状况下所占的体积,称为吸附量。吸附量可用实验方法直接测定。

最合理地表示固—气表面体系的吸附量的方法是以吸附平衡时单位面积上吸附气体的摩尔数或标准条件(0℃,101325Pa)下的体积数来表示。但因为固体的比表面积常常是一个未知数,所以常用吸附平衡时单位重量的固体所吸附气体的摩尔数或标准条件下的体积数来表示。吸附量是气体温度、压力以及气体和固体性质的函数,即

$$吸附量\ \Gamma = f(T,P,气体、固体)$$

建立在吸附概念基础上的测量固体表面积的方法就是要测量吸附量与气体压力的关系,即测定吸附等温线。因此,测定吸附量与压力的关系对于固—气表面体系而言也就非常重要。固—气吸附等温线的一般形状如图 9-3 所示。

比表面、孔容和孔分布是多孔催化剂和吸附剂的重要参数,这些参数通常可以从吸附实验

得到。根据气体是否为流动相，测量吸附量的方法可分为静态法和动态法；根据直接测量的参量情况又可分为容量法、重量法和气相色谱法。容量法、重量法为静态法；气相色谱法和流动式的重量法则为动态法。

在测定固体的吸附量之前，必须将固体表面原有吸附的气体和蒸汽脱附。脱附过程一般在加热和真空的条件下进行，真空度在 0.01Pa 以下脱附 2*h*，加热的温度根据吸附剂的性质而定，防止温度太高而影响吸附剂的结构。

(1)容量法

容量法直接测量进入吸附系统气体的总体积和吸附平衡时残留在吸附系统的死空间（管道及样品）气体体积，即所谓死体积。然后根据它们的差值来求得吸附量。容量法测量吸附量的实验装置如图 9-3 所示。实验时，在吸附系统中，向放入恒温器 3 里恒定温度的样品管 1 加进一定体积($V_{总,i}$)的标准条件(0℃，101325Pa)下的气体供固体吸附剂进行吸附。吸附平衡后，测量出吸附系统的吸附平衡压力(P_i)。从加进到吸附系统中气体的总体积减去在吸附平衡压力下残留在死空间的气体死体积，就可以得到在吸附平衡压力(P_i)下真正被固体吸附了的气体体积——吸附量，即

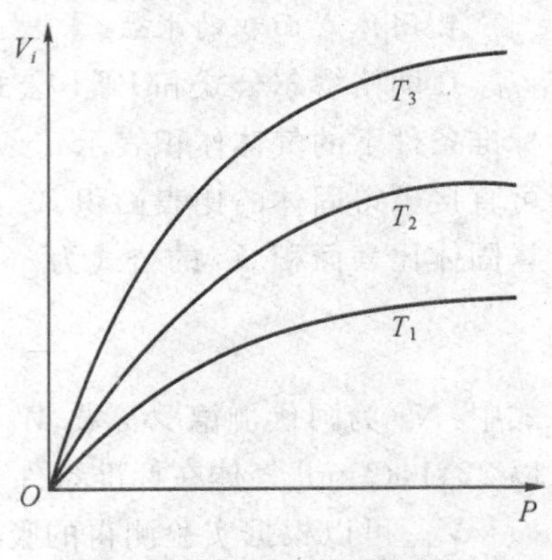

图 9-3　固—气吸附等温线

$$V_i = V_{总,i} - V_{死,i}$$

在一定的吸附温度下，对应于不同的吸附平衡压力就有不同的吸附量。根据一定吸附温度下的 V_i 和 P_i 数据即可求得吸附等温线。

吸附系统的死空间值与测量吸附量装置的具体结构有关，但对于一定的装置而言，死空间就是定值。吸附气体的死体积($V_{死,i}$)的数值则与吸附系统的死空间不同，在一定温度（如

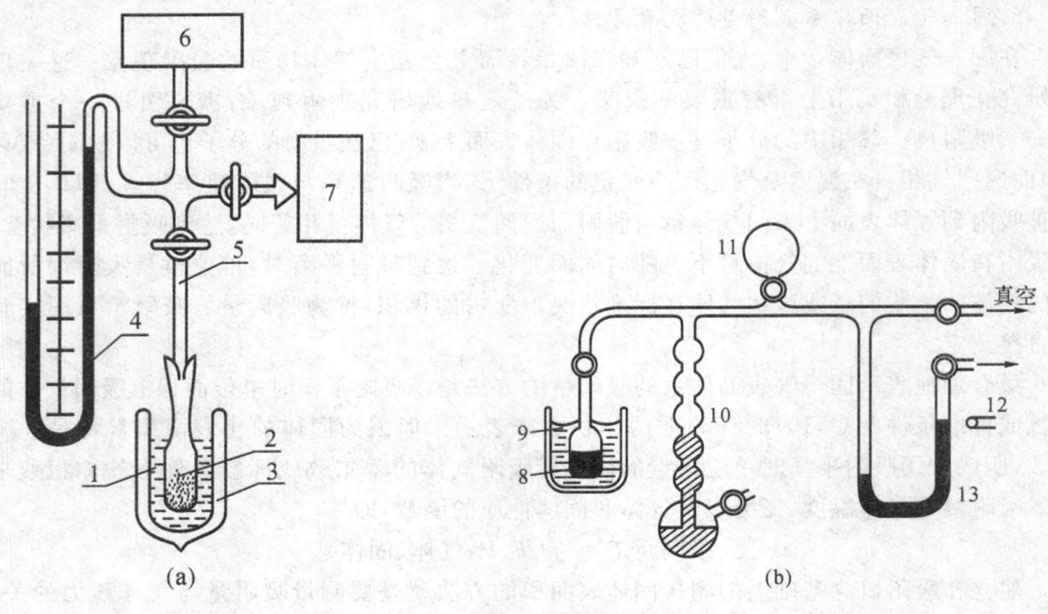

图 9-4　容量法吸附量测量装置

1—样品管；2—固体样；3—恒温器(如杜瓦瓶)；4—压力计；5—死空间；6—抽真空系统；
7—能供给一定体积的气体源；8—吸附剂；9—液氮；10—量气管；11—储气瓶；12—测高仪；13—压力计

0℃)下,死体积则与吸附平衡压力有关。由于吸附系统的死空间是难测量的量,因此一般不用计算法求死体积,即不根据死空间值、压力值及温度值应用状态方程式来计算出不同吸附平衡压力下的死体积,而是根据实验直接测量吸附气体在吸附系统内不同的压力下的死体积。具体测量死体积的方法有氮气法和原本气体法。氮气法视氮气为理想气体,原本气体法则不能将原本吸附气体视为理想气体。这些方法的细节可参考有关的实验指导书。

容量法吸附量测量主要有以上两种实验装置类型,使用方法以图 9-4(b)为例。预先将吸附质气体或蒸汽装在储气瓶 11 中,整个吸附系统和量气管的体积都经过精确校正。将一定量的吸附剂装入样品管 1 中,加热、真空脱附,然后放在恒温缸中关上活塞。从贮气瓶 11 中放出一定量气体,用压力计读出压力;再打开样品管活塞,达到吸附平衡后再读取压力。根据前后压差值用气体状态方程可计算吸附量。用量气管中水银液面的升降,调节系统中的压力和体积,可得到不同压力下的吸附量,从而可绘出吸附等温线。

(2)重量法

重量法是用测量固体在吸附气体后的重量变化来求得吸附量的一种方法。现时用得较多的是用石英弹簧法来称取重量。测量装置原理如图 9-5 所示。实验前标定弹簧的伸长长度与载重量的关系,即求得弹簧的工作曲线。实验时先将吸附系统抽成真空,然后导入一定量的吸附气体,供固体在一定温度(如液氮温度)下进行吸附,结果固体试料重量增加。吸附平衡后,测量吸附平衡压力和石英弹簧伸长的数值,并根据弹簧的工作曲线换算成固体所吸附的气体的重量,即一定的吸附平衡压力下的吸附量。逐步增大导入气体的量,并测量出不同吸附平衡压力下的吸附量,即可求得吸附量与吸附平衡压力的关系——吸附等温线。由于吸附重量是通过石英弹簧称量求得的,所以不需要求吸附气体的死体积。这就避免了容量法中出现的麻烦。

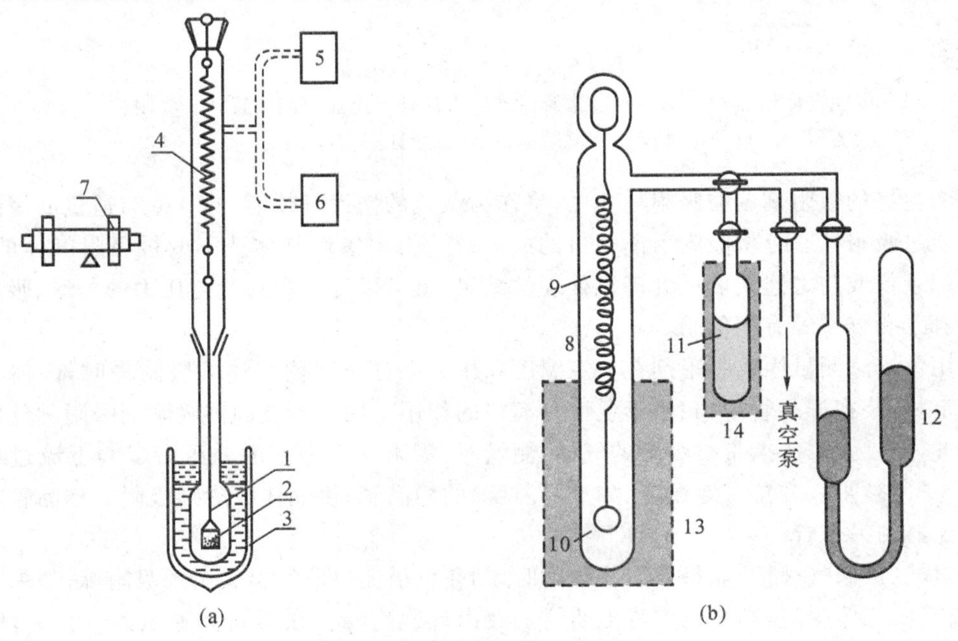

图 9-5　重量法吸附测量装置

1—样品管;2—固体样;3—恒温器(如杜瓦瓶);4—石英弹簧;5—高真空抽气设施及压力测量仪器;6—气源;7—测量仪;8—密封玻璃管;9—石英弹簧;10—盛有吸附剂的盘;11—装有液体的管;12—压力计;13,14—恒温箱重量法测量吸附量,若压力不很大时,可直接得到吸附量;若压力很大时,则必须考虑浮力校正。重量法之所以使用石英弹簧秤,首先是因为许多气体对它不起反应,不会损害石英弹簧;其次是在一定的条件及范围内,石英弹簧的伸长与载重量之间有很好的线性关系。

重量法吸附测量主要有以上两种实验装置类型,使用方法以图 9-5(b)为例。将吸附剂放在样品盘 10 中,吸附质放在样品管 11 中。首先加热炉子 6,并使体系和真空装置相接。到达预定温度和真空度后,保持 2 小时,脱附完毕,记下石英弹簧 9 下面某一端点的读数。根据加样前后该端点读数的变化,可知道加样品后石英弹簧的伸长,从而算出脱附后净样品的质量。再开启样品管 11 的阀门,开始吸附,达到吸附平衡后,读取弹簧读数。

(3)色谱法

色谱法研究气体或蒸汽的吸附,既快速又准确,其特点是不需要高真空设备(见图 9-6)。它是根据色谱流出曲线的脱附峰面积来求得不同吸附平衡压力(分压力 P_i)下的吸附量。色谱流出曲线的脱附峰面积与吸附气的组成或分压力有关。

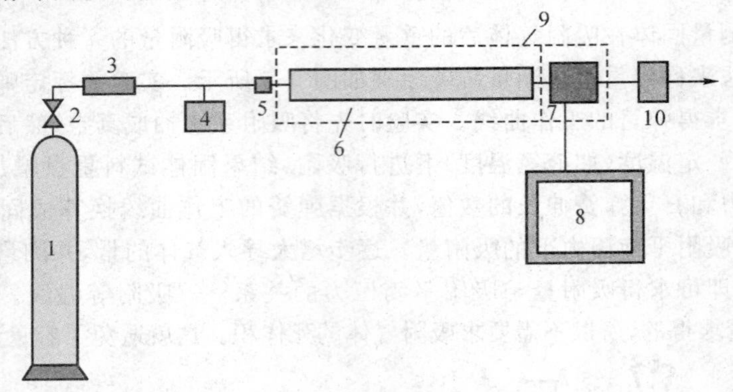

图 9-6　色谱法吸附测量装置

1—惰性气体储瓶;2—阀;3—过滤器;4—压力计;5—流速控制装置;6—吸附柱;
7—检测器;8—自动记录仪;9—恒温室;10—流量计

将活化好的吸附剂装在吸附柱 6 中,将作为载气的惰性气体 N_2 或 He 与适量的吸附质蒸汽混合通过吸附柱。分析吸附后出气口的成分或分析用惰性气体洗下的被吸附气体的成分,从自动记录仪或与之连接的微处理机处理的结果,就可以得到吸附量与压力的关系、吸附等温线、比表面、孔分布等有用信息。

应用色谱法测量固体吸附剂在一定温度和压力条件下吸附气体的吸附量时,固体吸附剂作为固定相,装在样品管中,相当于色谱分离柱的作用。用一不被固体吸附剂吸附的气体——某惰性气体作为载气,携带被吸附的气体,测量时,吸附气在一定的分压力(P_i)下流过色谱鉴定器的一臂,被带入维持一定温度(如液氮温度)的样品管,供固体吸附剂吸附。样品管末端接色谱鉴定器的另一臂。

吸附气(被载气携带)如果被固体吸附时,则在色谱流出曲线上会出现吸附峰;如果升高温度,被吸附的气体脱附,则在色谱流出曲线上会出现脱附峰。在不同吸附压力(P_i)下,固体吸附气体的吸附量不同,因而色谱流出曲线也不相同。吸附量大小与色谱流出曲线的脱附峰面积有关。由峰面积求算吸附量有两种方法,即直接标定法和仪器常数法。

采用直接标定法求吸附量时,在色谱鉴定器及记录器的电路参数不变的情况下,峰面积不仅与脱附气的量有关,而且还和载气流速、载气成分、进样方式有关。所以,在每出一个脱附峰后都必须在相同的条件下，通过连接在六通平面阀上的定量管取得一定量的吸附气体，往吸附系统中加进去，从而在色谱流出曲线上得到标定峰。标定峰的面积要尽量和未知的脱附峰的面积相近。根据峰面积求算吸附量的公式为

$$V = \frac{S}{S_r} V_r$$

式中：S 为待测样品的脱附峰面积；S_r 为标定峰面积；V_r 为标定时标准条件（0℃，101325Pa）下的吸附气体量（以体积表示）。有了此公式则可根据不同吸附压力条件下的色谱流出曲线的脱附峰面积求得不同吸附平衡压力下的吸附量，从而求得吸附等温线。

（四）固—气吸附热的测量

为了进一步研究固—气吸附的本质和应用，常常需要应用吸附热数据。这些数据一般可由两种经典实验方法得到。一种方法是直接量热；另一种方法是利用吸附等温线求出吸附等量线后的图解计算法。此两种方法各有其优缺点，最好能用两种方法求得数据，以便比较和互为补充。

1. 直接量热法

有关量热方法的原理和仪器在前面章节已作了详细的叙述。关键是要选取或采用能适用于吸附热测量的方法。虽然吸附剂的摩尔吸附热不算低，但由于固体表面处理困难及难于完全一致，因此吸附热的量热测量精密度和准确度都比较低。在选择方法、评价实验以及使用数据时必须注意到这些情况。

吸附热的量热测量常用恒温量热计（如冰量热计）和热流式量热计（如卡尔维一田氏量热计），一般都要自行设计和制造量热计用的吸附反应室，与之配套使用的仪器要求有较高的灵敏度。实验可测量出积分吸附热，如果使用较高灵敏度的量热计，还可能要对过程进行吸附速率方面的研究。

2. 吸附等量线法

用经典固—气吸附研究的仪器作出不同温度下的吸附等温线，如图 9-7 所示。然后转换为如图 9-8 所示的吸附等量线，即 $P-T$ 曲线，则可求得等量吸附热（也是积分热）。因为与克拉珀珑一克劳修斯公式相当的关系式如下：

$$\frac{\partial(\ln P)}{\partial T} = \frac{q}{RT^2}$$

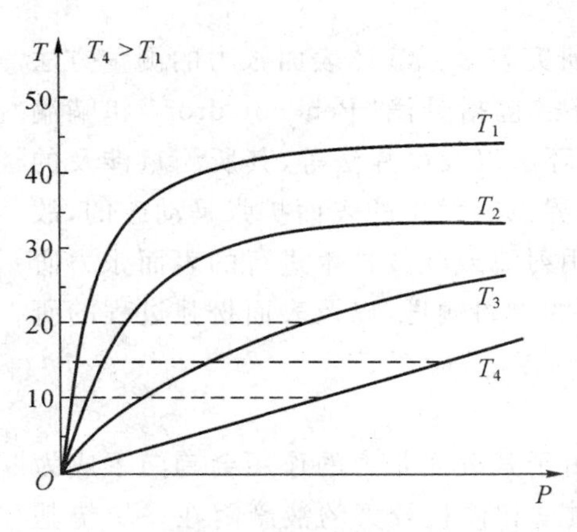

图 9-7 吸附等温线

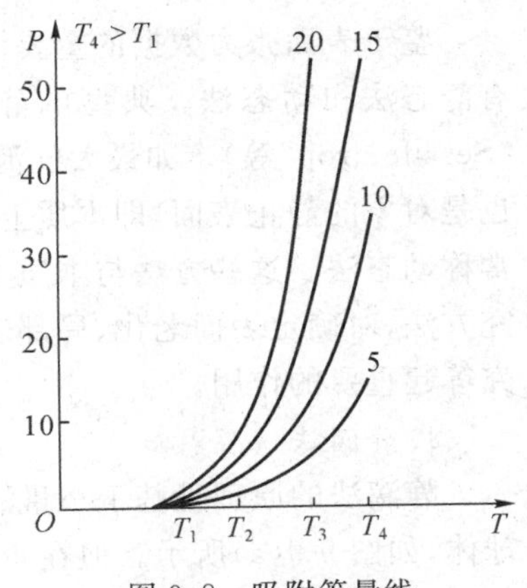

图 9-8 吸附等量线

$$q=\left[\frac{\partial(\ln P)}{\partial T}\right]RT^2$$

或者根据公式：

$$\ln P=\frac{-q}{RT}+C$$

以 $\ln P$ 对 $1/T$ 作图得一直线，求出直线的斜率后即可计算出一定范围内的平均吸附热 q。用这种方法得到的吸附热能比较好地反映了不同温度下吸附性质变化的情况。

三、液—气表面体系的实验方法

液—气表面体系的表面现象在生产和日常生活中是常见的。为了进一步掌握其性能及规律性，人们就自然地先从液—气表面体系的表面效应研究起，而最先被测量和了解得较清楚的是表面张力，此后则测量了液—气表面的单分子膜的压力——表面压，并对膜的性质与结构进行了研究。从而对液—气表面体系的吸附层结构有了一个比较清楚的物理图像，认识了在液一气表面被吸附物质的性质和作用，即对液面上的物质聚集及结构状态有了进一步的了解。这对于一些很有应用价值的分散系，如泡沫和乳液等表面结构性质的研究也是十分重要的。

由于液体，如纯水、水溶液、有机溶剂及其溶液、熔盐、金属熔体或合金熔体、液态炉渣等的表面张力数据对于生产和生活具有很大的实际意义，因此液—气表面体系的表面张力测量也就很重要。此外，液体表面张力的测量对于间接测量其他凝聚体系，如液一液和固—液体系的界面能或界面张力也是不可缺少的。

(一)液—气表面张力的测量

表面张力是液体表面相邻两部分间单位长度内的相互牵引力，是分子(或其他粒子)之间作用力的一种表现。表面张力过去常用的单位为达因/厘米(CGS 制)，现在的单位为 N/m(SI 制)。

表面张力与物质的组成和结构有关，因而也是物质的特性之一。宏观上表面张力与物质的密度、黏度以及其他性质，如光、电、磁等有关。同时作为物质的特性，它也和物质的温度等参变量有关。另外，表面张力也与物质的其他表面现象和作用如吸附、吸着、粘附润湿、铺展以及接触角等有关。

鉴于表面张力数据的重要性，关于表面张力测量的研究较多。液体表面张力的测量方法有静态法和动态法。典型的静态法是毛细管法、静滴法(包括悬滴“Pendant drop”和躺滴“Sessile drop”等)。如最大气泡压力法(MBP)、滴重法、环法以及吊片法等，其所测量涉及的也是对象的静止表面，即本质上仍属平衡方法，不过在临界点时发生的表面扩张是动态的，故常称动态法。这些方法与本质上动态的方法不同，它是用射流或驻波技术进行的表面张力研究方法，对确定表面老化、局部表面张力变化和表面层间的物料输送，以及表面松弛过程的研究等起重要的作用。

1. *静滴法*

静滴法的原理是基于小量液体物质在一定条件下，由于其表面张力的作用会趋向于成为球体，如图 9-9(a)所示。但在重力场的作用下，特别是质量和体积较大的液滴附在一块垫基(片)上时，会产生如图 9-9(b)所示的显著变形。当液滴处于平衡状态时，这一液滴将具有一定的几何形状，其各轴向的几何尺寸与液体的表面张力以及密度等有关。用拉普拉斯(Laplace)公式与液滴的密度以及液滴的几何尺寸可建立起描述相界面的方程式，即有

$$\sigma\left(\frac{1}{R_1}+\frac{1}{R_2}\right)=\frac{2\sigma}{R}+(\rho_{液}-\rho_{气})hg$$

式中：R_1、R_2 为液滴的主曲率半径；$\rho_{液}$、$\rho_{气}$ 为液体和气体的密度；g 为重力加速度；h 为以液滴顶点 O 为原点，液滴表面上任意一点 P 的垂直坐标；R 为顶点 O 处的曲率半径。实际应用时，由于液滴高度和半径等的相互关系很复杂，故需要测量出液滴的最大水平截面的半径 x' 和由此截面到液滴顶点 O 处的垂直距离 h' 的数据，经过比较复杂的数学计算后才可求得液体的表面张力。

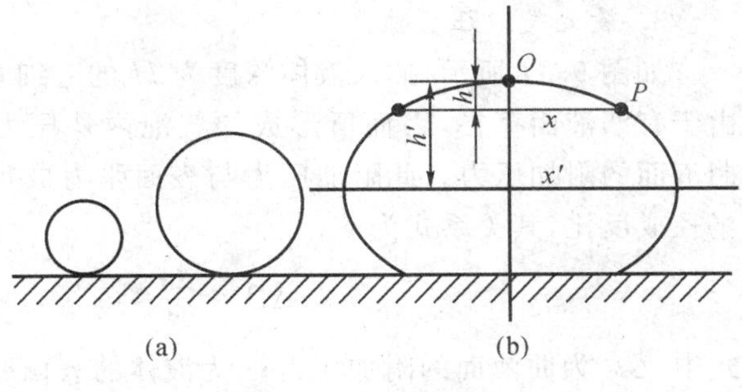

图 9-9 静滴投影

静滴法比较适用于高温熔体表面张力的测量，常温时静滴法的测量精密度和准确度比最大气泡压力法要低一些。静滴法测量技术的关键在于获得静滴的几何图形，采用平行光投影法或 X 光透射法，结合照相术可得到较好的静滴图形。因具体计算表面张力相当复杂，在此不作进一步介绍。

2. 毛细管上升法

若液体能润湿毛细管管壁，则液体表面与管壁的夹角 θ 为零，即液体表面与管壁相切，整个表面则成曲面。当毛细管半径不很大，而且横截面为圆时，则曲面近于半球面，球面的曲率半径就与毛细管半径相等。根据液体对毛细管的润湿情况，液体在毛细管内的曲面有图 9-10 所示的几种情况。

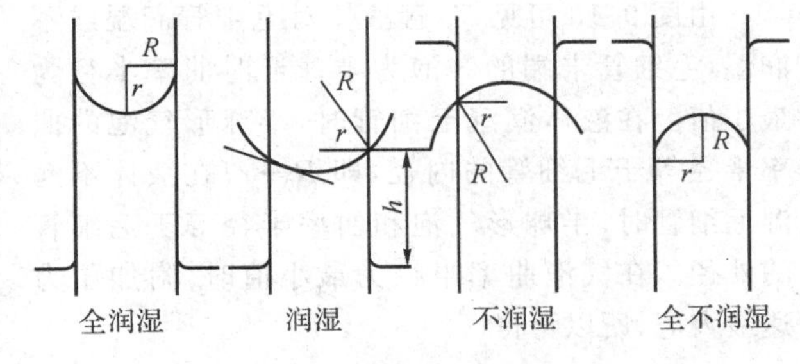

图 9-10 润湿情况

将一支毛细管插入液体中，若液体润湿毛细管，则液体沿毛细管上升。升到一定高度后，毛细管内外液体会处于平衡。达到平衡时，毛细管内的曲面对液体所施加的向上的拉力与液体的总向下的力相等，即

$$2\pi r_{\sigma}\cos\theta=\pi r^2 h(\rho_{液}-\rho_{气})g+V(\rho_{液}-\rho_{气})g$$

式中：h 为毛细管内液体的高度；r 为毛细管半径；σ 为液体的表面张力；V 为弯月形部分液体的体积；$\rho_{液}$ 为液体的密度；g 为重力加速度。对于许多液体，$\theta=0$，如果毛细管很细，内径约 0.2mm，则 $V\to 0$，可以忽略不计。若蒸气的密度 $\rho_{气}$ 也很小时，则可略去。因此，可得毛细管法测量液体表面张力的简化公式：

$$\sigma=\frac{1}{2}rh\rho_{液}g$$

根据该公式，实验测量出液体在毛细管内的上升高度 h 的数据后，即可求得液体的表面张力。毛细管半径 r 通常用已知表面张力的液体经实验求得。

毛细管上升法比较适用于常温下液体表面张力的测量。在满足测量条件的情况下用精密的公式计算时，它有相当高的精确度，可超过 0.1%。

3. 最大气泡压力法

如图 9-11 所示，插入液体深度为 H 的毛细管末端形成的气泡，由于有凹液面存在，因而所形成的气泡内外压力不等，即产生所谓曲液面的附加压力。此附加压力与表面张力成正比，与气泡的曲率半径成反比，其关系式为

$$\Delta P = \frac{2\sigma}{R}$$

式中：ΔP 为曲液面的附加压力；σ 为液体的表面张力；R 为气泡的曲率半径。因此，要从插入液体的毛细管末端鼓出气泡，毛细管内部的压力就必须高出于外部压力一个附加压力的数值才能实现，即

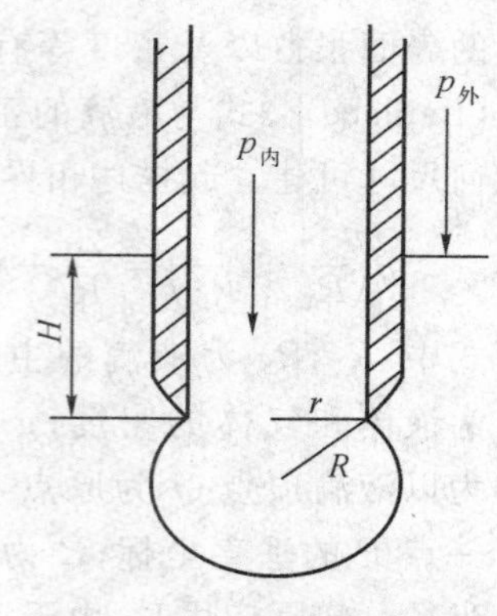

图 9-11　毛细管末端气泡

$$P_内 = P_外 + H\rho_液\, g + \frac{2\sigma}{R}$$

式中：$\rho_液$ 为液体的密度。

毛细管插入液体后逐渐增大毛细管内部的压力 $P_内$，此时毛细管内的曲（凹或凸）液面将由上向下移动，直至毛细管末端形成半球形气泡，然后继续长大而逸出液面或破裂。在气泡形成过程中，毛细管内的曲液面的曲率半径 R 变化情况是很复杂的，具体情况则视被测液体对毛细管壁是否润湿，以及毛细管端口为刃形或平面形等而有所差异，如图 9-12 所示。

由图 9-13 可见，不管液体对毛细管润湿或不润湿，毛细管末端的气泡为半球形时曲率半径为最小值。在液体润湿毛细管时，半球形气泡的曲率半径等于毛细管的内径，即 $R \to r$；在液体不润湿毛细管时，半球形气泡和曲率半径等于毛细管的外径。在气泡曲率半径为最小值时，附加压力达最大值，所以可得

$$\Delta P_{\max} = \frac{2\sigma}{r}$$

即有

$$P_内 = P_外 + H\rho_液\, g + \frac{2\sigma}{R}$$

此式为最大气泡压力法测量液体表面张力的基本公式。

在最大气泡压力法中，$P_内$ 与 $P_外$ 的压力差值可由测量装置中的 U 形压力计直接测量，即

$$P_内 - P_外 = h_{\max}\rho g$$

式中：ρ 为 U 形压力计中液体的密度；$h_{\max}$ 为相应于 $\Delta P_{\max}$ 时的最大高差。从而得到下式：

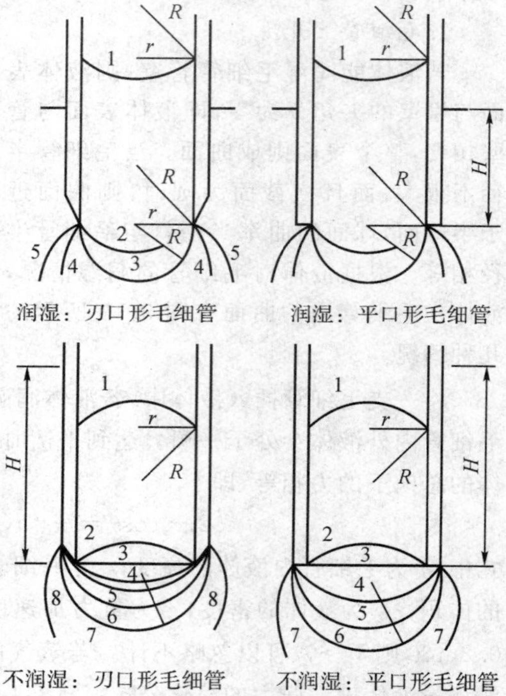

$$h_{\max}\rho g = H\rho_液\, g + \frac{2\sigma}{r}$$

润湿：刃口形毛细管　　润湿：平口形毛细管

不润湿：刃口形毛细管　　不润湿：平口形毛细管

图 9-12　毛细管末端气泡形成过程

整理后得

$$\sigma = \frac{r}{2}(h_{\max}\rho - H\rho_液)g$$

如果测量时毛细管刚好浸入液面，则 $H\to 0$，上式即为

$$\sigma = \frac{r}{2}h_{\max}\rho g = Kh_{\max}$$

式中：K 称毛细管常数。毛细管常数可用已知表面张力的标准物质来求得。

最大气泡压力法测量液体的表面张力有减压式和加压式两种装置。对于水及水溶液、有机溶剂常用减压式装置。这种测量装置在本章的实验四十四中将有介绍。而对于熔盐、金属或合金熔体、液态炉渣等一般采用加压式装置。加压式最大气泡压力法装置如图9-13所示。

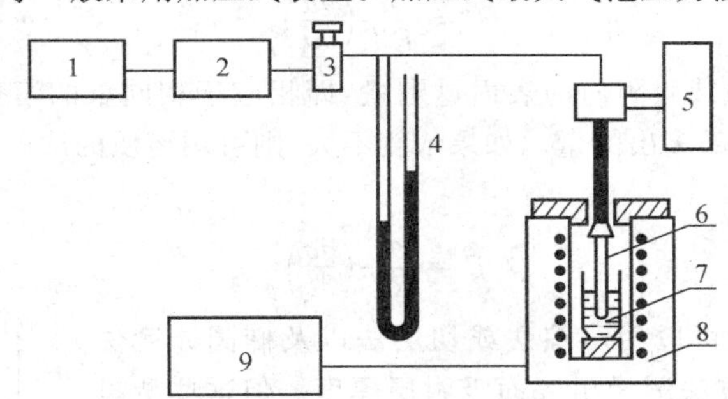

图 9-13　最大气泡压力法测量熔体表面张力装置

1—稳压气源；2—气体净化与干燥；3—压力调节器；4—压力计；5—毛细管升降与插入深度测量系统；6—毛细管；7—待测熔体；8—坩埚电炉；9—温度控制及测量系统

应用最大气泡压力法时要注意下列几个方面的问题：

(1)气氛。选用的气体要与液体不起化学反应，也不溶解。对于常温下的表面张力测量，一般选用空气。对于高温下的表面张力测量，如金属熔体的表面张力测量，则常选用氩气，而且金属熔体不能暴露于(或敞开于)空气中，熔盐与炉渣的表面张力测量也可选用氮气等。由于液体的表面张力还与接触的气相组成有关，所以有些溶液或熔体的表面张力测量有时还应控制气氛组成。

(2)毛细管材料与半径。毛细管对液体要有足够的润湿性，不受液体或气体侵蚀；用于高温表面张力测量时还要能耐高温。毛细管半径大小要能保障 $h_{\max}$ 有 3～5cm，以便保障测量精密度。常温下一般液体的表面张力不大，用内径 φ 0.2～0.3mm 的毛细管即可；用于高温熔体表面张力测量时，则内径常需用 1～2mm 的或更大一点的毛细管。

(3)压力计。测量 $\Delta P_{\max}$(或 $h_{\max}$)的关键设备是压力计，常用U形压力计或倾斜式U形压力计。压力计用的液体密度 ρ 要尽可能小，以便提高测量精密度。压力计用液体的蒸气压也要尽可能小，而且不要与待测液体起反应或产生吸附。

(4)温度。测量液体表面张力时，温度要保持恒定。对于高温表面张力测量，气体要适当预热。

(5)毛细管常数 K 的测量。标准物质的表面张力与待测液体的表面张力在相同的温度下要尽可能接近。这样毛细管常数测量方面引进的系统测量误差就会更小。

此外，实验技术上还要注意毛细管应当清洁；气泡产生速率不宜过快，一般控制在每分钟产生一至数个气泡。对于液体能润湿毛细管的情况，毛细管插入液体的深度要尽量做到可以忽略不计。

(二)液—气表面体系表面张力数据的应用

纯液体在一定条件下有一定的表面张力,因此表面张力表征了物质的一种属性。溶液的表面张力在一定的温度下则随温度而变化,这是由于溶质在溶液表面上的吸附不同而引起的。在定温定压下吸附量与溶液的表面张力及溶液浓度之间的关系可用著名的吉布斯(Gibbs)吸附等温式来描述,即有

$$\Gamma = \frac{a}{RT}\left(\frac{\partial \sigma}{\partial a}\right)_T$$

式中:Γ 为溶质的吸附量或吸附质的表面过剩量,即相应于相同量的溶剂时,表面层中单位面积上溶质的量比溶液内部多出的量。如果浓度不大,则可用溶质的浓度 c 代替活度 a 来计算,即有

$$\Gamma = \frac{c}{RT}\left(\frac{\partial \sigma}{\partial c}\right)_T$$

吸附质的吸附量 Γ 可以用示踪法或切层法以及椭圆光度法等测量出;也可用这些方法测量出表面吸附层厚度。但这些测量方法要求有较高的专门技术,因而较少使用。通常先从实验中测出表面张力与浓度的关系曲线(σ—c 曲线),然后求出一定浓度的 $\frac{\partial \sigma}{\partial c}$值,即可计算出吸附量 Γ 值(单位常用 mol/cm^2 或 mol/m^2),并得到 Γ—c 曲线,一般情况下的 Γ—c 曲线如图 9-14 所示。由图可知,吸附量有一极限值 Γ_∞ 存在。在极限值 Γ_∞ 时增加吸附质的浓度,吸附量不再改变,即表示表面吸附已达饱和,所以 Γ_∞ 称为饱和吸附量。

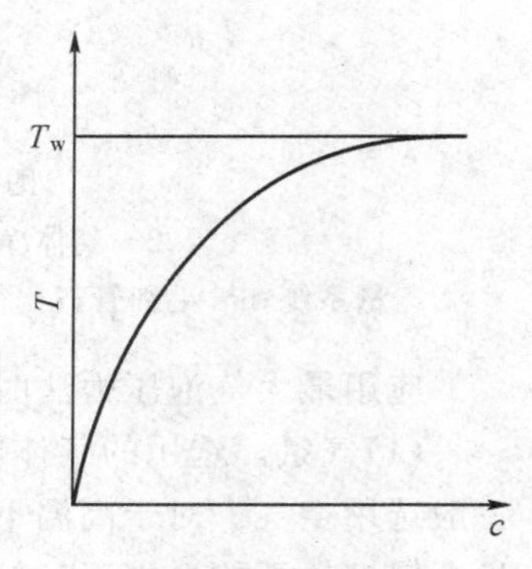

图 9-14 吸附曲线图

饱和吸附量 Γ_∞ 是一个重要的物理量,由其可以计算出两个重要的数值,一是被吸附溶质分子的截面积:

$$S_{分子} = \frac{1}{\Gamma_\infty N_A}$$

式中:N_A 为阿伏伽德罗常数。另一个是饱和吸附层的厚度 d:

$$d = \frac{\Gamma_\infty M}{\rho}$$

式中:M 为溶质的分子量;ρ 是密度。因此,通过表面张力的测量实验可获得一些高级脂肪醇、酸、胺分子的大小(截面积、长度)方面的数据。

此外,上述曲线形式的吸附量与浓度关系也可以用与兰格谬尔吸附公式相似的经验公式表示,即

$$\Gamma = \Gamma_\infty \frac{Kc}{1+Kc}$$

式中:K 为经验常数,与溶质的表面活性大小有关。因此通过表面张力测量所得到的数据(Γ,c)也可以求得表征溶质分子表面活性大小的常数 K。

四、凝聚相间界面体系的实验方法

凝聚相间界面体系包括液－液、固—液以及固－固界面等体系,其中的液体可以是纯液

体、溶液或熔体等。由于液体性质及固体表面状态多种多样，因此研究这类界面现象在实验上虽比较困难，但研究的手段和方法却比较多。这类界面现象也与吸附有关，因此也需要对其界面能的变化进行研究。

（一）接触角的测量

表（界）面能和表（界）面能变化的数据是很重要的，对于液—气界面，一般通过液体或溶液的表面张力的测量来获取。但对凝聚相间的界面，特别是固—液界面，不能用一般的表面张力测量方法直接测量其界面能，因而需用间接的方法来进行测量，如用溶解度变化测量法和润湿热的直接量热法等。由于两相接界处有接触角现象存在，而这一现象又与界面能及表面张力等密切相关，因此常通过接触角的测量来研究界面能等性质。

在气、液、固三相交界点，气一液与气一固界面张力之间的夹角称为接触角，通常用 θ 表示。如图 9-15 所示，若接触角大于 90°，说明液体不能润湿固体，如汞在玻璃表面；若接触角小于 90°，说明液体能润湿固体，如水在洁净的玻璃表面。接触角的大小可以用公式计算，也可以用实验测量。接触角的测量方法有角度测量法、长度测量法、透过测量法等多种，下面分别加以介绍。

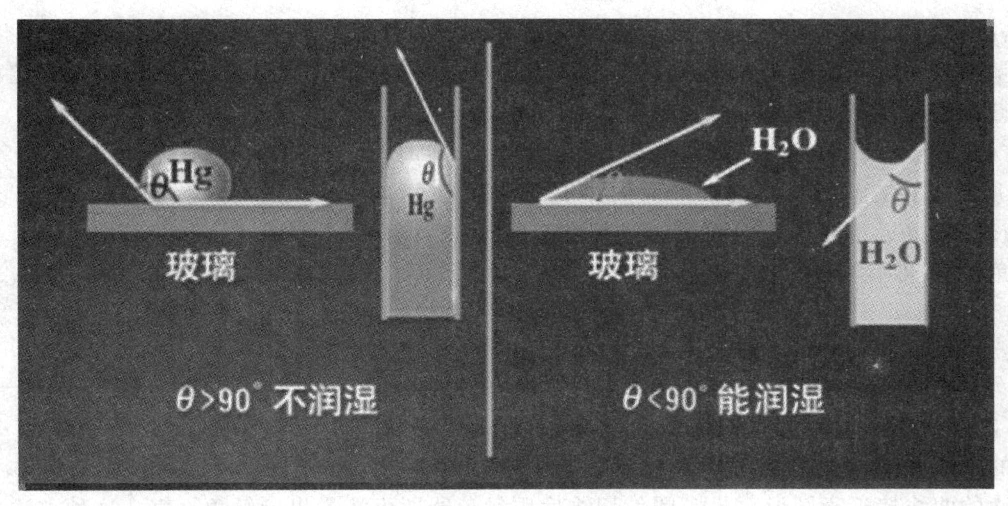

图 9-15　接触角示意图

1. 角度测量法

角度测量法是一类应用最广、最直接，而且比较方便简单的方法。其原理是用量角器直接量出三相交界处流动界面与固体平面的夹角。其主要做法有投影法、摄影法、显微量角法、斜板法和细变法、挂注法、躺滴法等。

(1)投影和摄影法、显微量角法。采用一安装有量角器和叉丝的低倍显微镜观察液面，直接读出角度。

(2)斜板法。Adam 和 Jessop 提出的斜板法是能精确测量接触角的经典方法。本法是将宽约几厘米的由固体样品制成的平板插入液体中，如图 9-16 所示。当平板处在图 9-16(a)和(b)位置时，接触角 θ 值不易直接准确测量，但通过可调装置调节板的位置，直到液面完全平坦地达到固体的表面，此时固体表面与液面之间的夹角即为接触角，如图 9-16(c)所示，这一角度可直接测量出。如果降低试件位置以致增加平板插入深度，由此所测得接触角称为“前进角”，若提高试件位置而使平板上升，此时测得的接触角称为“后退角”。因此，液一固的接触角平衡值不是瞬间达到的。斜板法比较直接和简单，是一种能得到精密结果的经典方法，但需要大的固体样品和较多的液体试样。

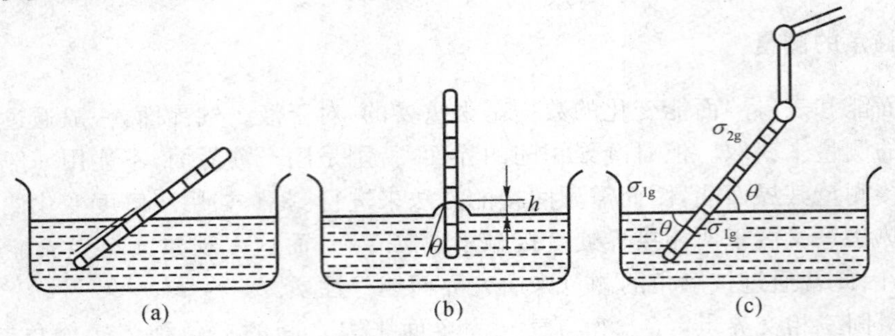

图 9-16　斜板法测量接触角

(3)纽曼(Neuman)法。此法以一块平板插入液体中，若接触角 θ 为某一定值，则弯月液面将上升到足够的高度 h，这时可用下式计算接触角值，即

$$\sin\theta = 1 - \rho g h^2 / 2\sigma$$

式中：ρ 为液体的密度；g 为重力加速度；σ 为液体的表面张力；h 为弯月液面上升的高度。h 值的测量要采用适当的照明方法，这样弯月液面上面的顶端才能得到比较准确的结果。这种方法测量精密度最好的情况可达到 0.1°。

(4)挂泡法。由光学投影(或照相)所得到的图形如图 9-17 所示。该方法的优点是在平面固体下部挂着的气泡(或液珠)较接近于圆球。因而可通过长度 L 测量来计算接触角 θ 值，即有

$$\lg\frac{\theta}{2} = \frac{L}{2}/h$$

求出 $\theta/2$ 后即可求得 θ 值。

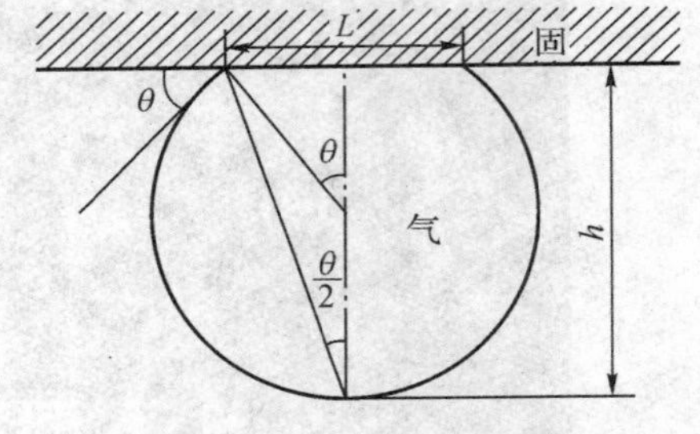

图 9-17　挂泡法测接触角

(5)躺滴法。液滴躺在固体表面，通过平行光投影所得到的图形有图 9-18 所示的几种情况。图中(b)和(c)所示液滴的曲线接近于圆形。投影图作切线后用量角器即可测量出接触角 θ 值。这种方法的测量精密度常受边界清晰程度的影响。

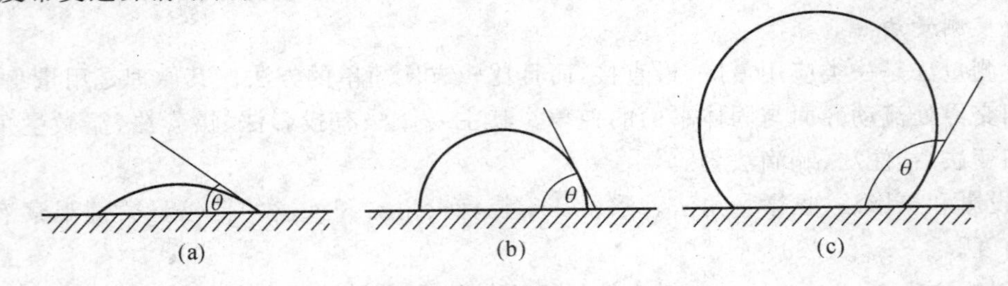

图 9-18　液滴躺在固体表面上的几种情况

为了避免这种情况，也可用反射光的方法，即利用一个点光源照射到小液滴上，在暗室中从光源处观察液滴的反射光，只有在入射光与液面垂直时，在光源处才能看到反射光。据此以液滴和固体接界周边的某处为中心，如图 9-19 中的 O 点所示，使光源作圆周运动。当光源对

固体表面的入射角小于接触角时，从光源处观察液滴则呈现黑暗；当光源的入射角等于接触角时就会看到反射光。因此逐步增大入射角，直至突然出现明亮，此时光源的入射角就是液滴在固体表面上的接触角。躺滴法和挂泡法常由于液滴或气泡所形成的形状与形成过程的条件和方式有关，因而在使用上受到一定的限制。但躺滴法可以在测量表面张力的同时测得接触角，因此在高温熔体性质测量中亦常应用。

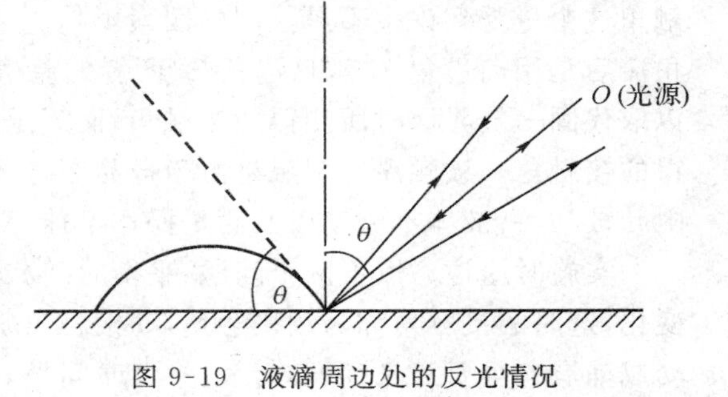

图 9-19　液滴周边处的反光情况

2. 长度测量法——垂片法

将一固体片垂直插入液体中液体沿片上升的高度与 θ 之间有如下关系。

$$\sin\theta = 1 - \frac{\rho h^2 g}{2\gamma} = 1 - \left(\frac{h}{a}\right)^2$$

当 ρ,γ 已知，只要测出 h，便可得 θ。其中 a 是毛细常数，在适当的照明下，弯月面的末端相当分明（除非 θ 非常小），利用滑动显微镜可测定 h。

3. 透过测量法

透过测量法主要用于固体粉末接触角的测量，其基本原理是，固体粒子间的空隙，相当于一束毛细管，毛细作用使液体透入粉末中。由于毛细作用与液体的表面张力和对固体的接触角有关，故通过测定某种已知表面张力的液体在固体粉末中的透过，可得到接触角 θ。

（1）透过高度法

固体粉末装在一以多孔板为底的玻管中，液面在毛细作用下沿管中粉末柱上升 h。

$$\rho g h = \frac{2\gamma_{1-g}\cos\theta}{r} \quad \Rightarrow \quad \cos\theta = \frac{\rho g h r}{2\gamma_{1-g}}$$

由上式可见，只要测得粉末间孔隙的平均半径 r 及透过高度 h，即可结合已知的求 θ。但由于 r 值无法直接测定，故常用一已知表面张力、密度和对粉末接触角 θ 为 0 的液体来标定。

$$r = \frac{2\gamma_{1-g}^0}{\rho^0 g h^0}$$

故

$$\cos\theta = \frac{\gamma_{1-g}^0 h \rho}{\gamma_{1-g} h^0 \rho^0}$$

通过测定 h, h^0 可求得 θ。使用此方法应注意粒子的均匀性及装填情况。

（2）透过速度法

可湿润粉末的液体在粉末中上升可称为液体在毛细管中的流动，其流动速度根据 Poiseulle 方程可得

$$\frac{\mathrm{d}h}{\mathrm{d}t} = -\frac{2\gamma r\cos\theta}{8\eta h} \quad \Rightarrow \quad \frac{\mathrm{d}h^2}{\mathrm{d}t} = -\frac{\gamma r\cos\theta}{2\eta} \quad \Rightarrow \quad h^2 = -\frac{\gamma r\cos\theta}{2\eta}t$$

此式称为 Washburn 方程，如果在粉末柱接触液体后立即测定 h—t 关系，以 h^2—t 作图，则从直线斜率得 $-\frac{\gamma r\cos\theta}{2\eta}$，代入已知的 η（黏度）、r（平均半径）、γ 可得 θ。

（二）影响接触角的因素

接触角的测量从方法上讲不复杂，但测量却往往难于得到比较准确的结果。如有人测量

过水在金上的接触角,数值从0°至86°范围内都有分布。接触角测量不准确的原因主要是接触角这个量受到许多不易控制的因素影响。例如接触角的滞后问题就是一个明证。所谓接触角滞后是用前进角 θ_A 和后退角 θ_R 两者的差值($\theta_R-\theta_A$)来表示的。前进角是固—液界面扩展以取代固—气界面时所测得的接触角;而后退角是固—液界面缩小被固—气界面取代时所测得的接触角。接触滞后现象是由于样品制备不当,固体表面不平整、不均匀,固体表面产生吸附和被玷污,液体不流动以及测量操作不佳等所引起的。

实施时应注意以下两个问题:平衡时间和体系温度的恒定,当体系未达平衡时,接触角会变化,这时的接触角称为动接触角,动接触角研究对于一些黏度较大的液体在固体平面上的流动或铺展有重要意义(因黏度大、平衡时间长)。同时,对于温度变化较大的体系,由于表面张力的变化,接触角也会变化,因此,若一已基本达平衡的体系,接触角的变化,可能与温度变化有关。简单判断影响因素的方法是:平衡时间的影响一般是单方向的,而温度的波动可能造成 γ 的升高或降低。除平衡时间和温度外,影响接触角稳定的因素还有接触角滞后和吸附作用。

(三)固—液界面体系吸附量的化学法测量

固体与液体(纯液体、溶液或熔体)相接触的界面就是固—液界面体系。在这种界面上会产生吸附现象,如固体自溶液中吸附溶质,电极表面自溶液中吸附离子等,这都是人们熟知的事实。对于某些固体自溶体中的吸附,固—气吸附公式也适用,但只能作为经验公式来使用,因为从理论上推导出这些公式还有困难。

化学法测量固体自溶液中的吸附量比较简单。一般是将定量的吸附剂与定量的已知浓度的溶液维持在某恒定温度下充分摇混均匀,使之达到平衡后再测量溶液的浓度,从溶液浓度的改变及吸附剂的量则可计算出吸附量,即

$$\Gamma=\frac{x}{m}=\frac{V(c_0-c_{平})}{m}$$

式中:x 为被吸附溶质的摩尔(或毫摩尔)数;m 为吸附剂的质量;V 为溶液的体积;c_0、$c_{平}$ 分别为吸附前后溶液的浓度。这种计算是假定溶剂未被吸附,但实际上固体在溶液中吸附溶质的同时还吸附了溶剂。因此这种吸附量只能是相对的,故称为表观吸附量。

对于稀溶液或浓度不太高的电解质溶液,常用表观吸附量的概念来处理吸附问题。因此通过实验,求得不同平衡浓度下的吸附量,也可以绘出类似固—气吸附等温线形式的固体在溶液中的吸附等温线,并且按弗兰德里希经验公式或兰格谬尔吸附公式对实验数据进行处理,即可以求得吸附的诸常数和吸附剂的比表面。

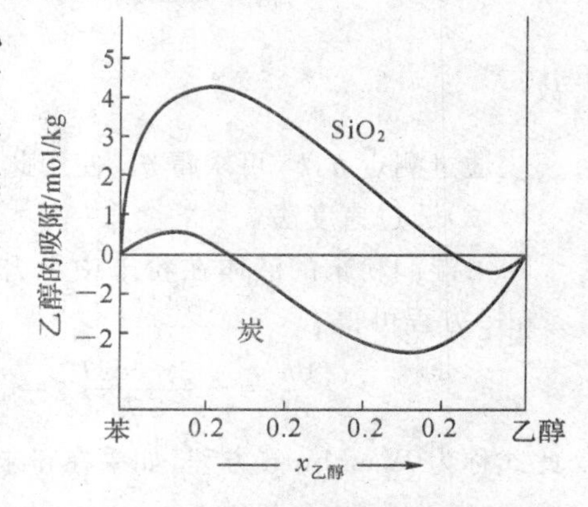

图 9-21 固体在溶液中的吸附等温线

对于两种能完全互溶的液体,固体在其中的吸附就难区分出溶质或溶剂。如果以摩尔分数表示浓度,在整个浓度范围内也可测量出固体在溶液中吸附某种物质的吸附等温线,如图 9-21 所示。这种吸附等温线有一些特点,即有极大和极小点,正吸附和负吸附。这就充分说明溶质和溶剂都会被固体吸附。

(四)用电化学法研究固—液界面、液一液界面的吸附

在固—液界面或液一液界面处，由于固体、液体的内部结构不同，因而存在着相互作用。这种相互作用不管是属于何种性质的力，都常常导致固—液界面处或液一液界面处存在着双电层。由于界面处存在着双电层，因此固—液界面处(或液一液界面处)就有电位差存在。这种电位差也就是两相间的热力学电位差，具体言之就是电极电势。

固体自溶液中吸附离子也是固、液两相相互作用的结果，所以固体吸附溶液中的某种离子就必然使固体带上电荷，形成固体表面与溶液间的过剩电荷电位差。固体吸附溶液中的某种极性分子则会建立定向的偶极层而形成偶极层电位差(表面电位差或吸附电位差)。如果同时存在这两种吸附时，则这两种电位差应相互叠加起来，或是相互加强，或是相互削弱，而使固—液界面处的总电位差增大或减小。固—液界面吸附形成电位差，反过来电位差也影响吸附。因此对于金属或其他导体与溶液界面之间的吸附可以用电化学方法来研究。固—液界面吸附研究的电化学方法有微分电容法、恒电位充电法和电位扫描法等。对于液一液界面研究，除用这些电化学方法外，还有电毛细曲线法。本节对固—液界面、液一液界面研究各介绍一种方法。

1. 电位扫描法

在研究金属(贵金属)一溶液界面的氢、氧吸附时，电位在 0.05V 到 1.55V(对饱和甘汞电极)范围内，虽然没有金属的阳极溶解，但有氢、氧的吸附和脱附。在 0.4V 以下将发生吸附氢的反应，即

$$Me + H^+ + e \rightarrow Me - H$$

在 0.9V 以上将发生吸附氧的反应：

$$Me + H_2O - 2e \rightarrow Me - O + 2H^+$$

它们的吸附情况可以用电位扫描法来观察，而吸附量的测量可用形成吸附层所耗用的电量来确定。当应用三角波电位扫描时可得图 9-22 所示的图形。扫描曲线的上半部是正向扫描测得的，阳极电流顺序地用于吸附氢的氧化、双电层的正充电和氧的吸附。曲线下半部为阴极电流，顺序地用于吸附氧的还原、双电层负充电和氢的吸附。铂电极上氢的吸附和脱附过程基本上是可逆的，表面在正向和负向扫描中所获得的两支曲线，大致在相同的电位范围内会出现峰值，形状也基本相似。而氧的吸附和脱附却是不可逆的，表现出脱附过程的电位要比发生吸附过程的电位更负一些。

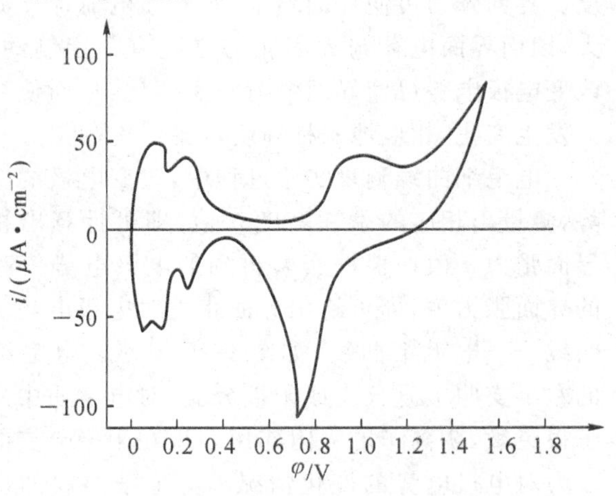

图 9-22　三角波电位扫描曲线图

对于类似金属一溶液界面的氢、氧吸附过程，也可以应用这种方法来确定吸附和脱附电位以及过程的可逆性。由于一般的吸附和脱附是比较可逆的，因此根据扫描过程的电量也可以求出吸附量。电位扫描的测量装置如图 9-23 所示。

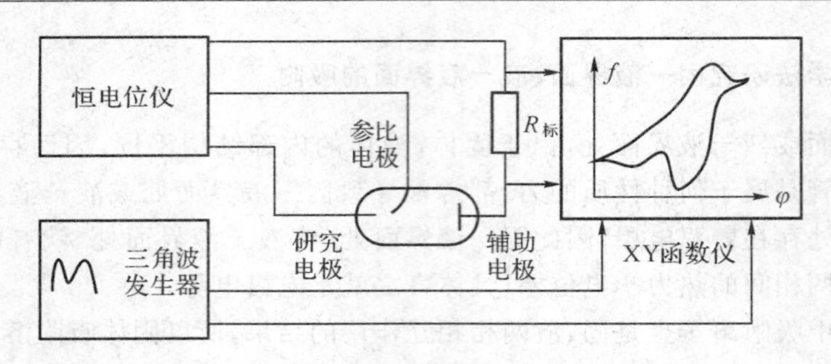

图 9-23　电位扫描法测量装置

2. 电毛细现象研究的实验方法

电毛细现象属液一液界面现象的范畴。由于它能将界面张力、电极电势、界面电荷以及溶液的浓度等联系起来,因此电毛细现象的研究在双电层理论及吸附机理的研究中具有重要的意义。

电毛细曲线测量的基本装置如图 9-24 所示。装置中的电位差计和参比电极使汞电极进行极化,改变汞电极的电极电势。汞电极由汞储存器、汞柱管和毛细管构成。上下调节汞储存器可改变汞柱的高度 h,它可以由测高仪测量出。汞电极的汞柱高度与溶液的界面张力成正比,即

$$\sigma = \frac{r}{2}\rho g h$$

式中:r 为毛细管半径;ρ 为汞的密度;g 为重力加速度。界面张力可使界面缩小,而界面电荷却使界面增大,因而界面电荷与界面张力之间有一定制约关系。改变电极电势可使界面电荷发生变化,从而使界面张力发生变化,相应地汞柱高度也要变化。

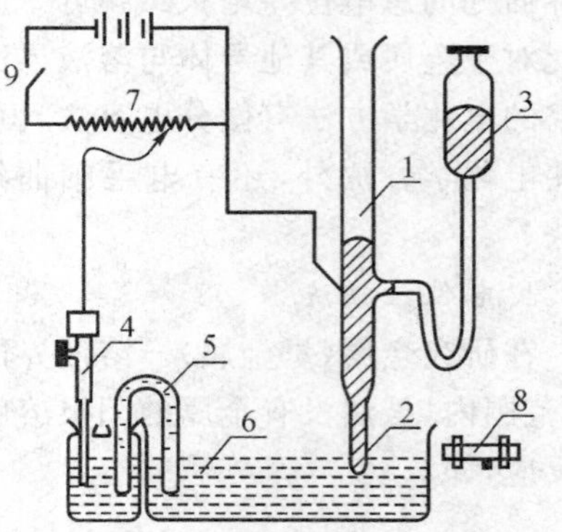

图 9-24　毛细曲线测量装置

1一汞柱管;2一有标记的毛细管;3一汞储存器;4一参考电极(如甘汞电极);5一盐桥;6一溶液;7一电位差计;8一测高仪(或读数显微镜);9一开关

电毛细曲线测量实验过程中,改变电极的电极电势,测量出相应的汞柱高度 h 值,即可计算出相应的界面张力 σ 值。根据实验得到的电极电势值和相应的界面张力值,即可绘出界面张力对电极电势的关系曲线——电毛细曲线,如图 9-25 所示。电毛细曲线的左半支叫上升分支或阳极分支,对电解质中的阴离子很灵敏,阴离子的吸附作用表现在阳极分支的界面张力对电极电势的变化情况。电毛细曲线的右半支称为阴极分支,对电解质中的阳离子很灵敏。非离子型物质的吸附则对毛细曲线的中间部分影响较大,而对阴、阳分支的影响都很小。

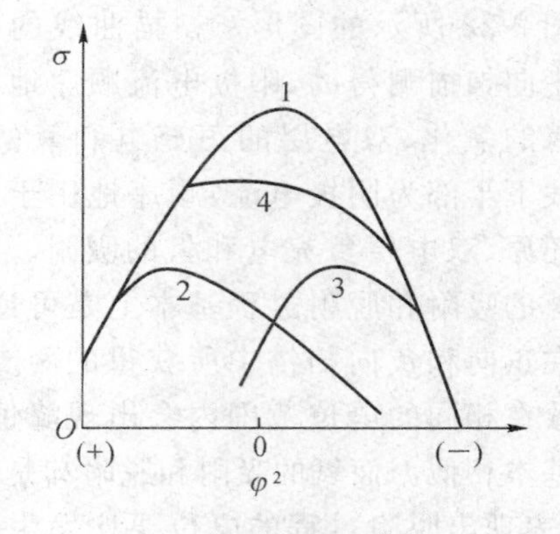

图 9-25　电毛细曲线

1一在 0.5mol · L^{-1} 纯 Na_2SO_4 溶液中;2一在四异戊铵盐参与下;3一在 KI 参与下;4一在丁醇参与下

根据电毛细曲线可以求得界面电荷密度和界面的微分电容值,即

$$q = -\frac{d\sigma}{d\varphi}$$

$$C = \left(\frac{\partial^2 \sigma}{\partial \varphi^2}\right)_\mu$$

式中：q 为界面电荷密度；C 为界面的微分电容；μ 为两相的相组成。在电毛细曲线的极值点，$d\sigma/d\varphi$ 为零，即界面电荷密度为零。电荷密度为零时的电位称为零电荷电位。

（五）固—液界面体系的动电电位的测量

在固—液界面体系中当固体的宏观尺寸比较大时，则固—液界面是平面界面，双电层是平行板状的。而对于高分散度的固体小颗粒，如胶体粒子，其固—液界面则不能视为平面界面，应视为封闭曲面状的界面，理想情况下则为球面状界面，因而其双电层也为球面状双电层。由于这个原因，固体小颗料——分散相质点在分散介质中，形成固—液球面状双电层而带上电荷后就像一个特大的“离子”。在外电场作用下，这种“离子”状的分散相质点会在分散介质中作定向运动，而这种定向运动就是电泳。如果在外电场作用下，分散相质点不运动，而分散介质则会通过分散相的质点层而移动，这种现象则称为电渗。若分散质点在分散介质中迅速下降，则容器中分散介质的表面层和底层之间会产生相应的电位差，此种电位差称为沉降电位。它和电泳恰好是相反的过程。若在加压情况下使分散介质连续地渗透过分散相质点层，则在质点层两边也会产生电位差，这种电位差称为流动电位。它是电渗的逆过程。以上四种现象都与固相和液相的相对运动有关，所以统称为动电现象。

在固—液界面体系中，分散相质点与溶液界面的双电层电位随离质点中心的距离变化情况如图 9-26 所示。图中 φ 是固—液界面体系的热力学位，即整个双电层的电位，它是相对于溶液深处的电位为零而言的；φ 也就是固体与溶液构成的电极的电极电势。ψ 是双电层的紧密部分与扩散部分交界处的电位。ζ 是固相与液相可以发生相对运动处的电位，即连带着被束缚的溶剂化层的固相与溶液之间的电位。在稀溶液中 ψ 电位与 ζ 电位不易分清，而在浓溶液中 ψ 电位与 ζ 电位则有差别。由于 ζ 电位为固、液两相间的错动面处的电位，与动电现象密切相关，所以称为动电电位，通常也称为 ζ（*Zeta*）电位。ζ 电位只有在分散相质点于分散介质中受到外力作用而产生运动时才表现出来，但它也是固—液界面双电层电位中的一个部分。由于动电现象能直接反映固—液界面确实存在双电层结构，所以测量 ζ 电位可以进一步认识固—液界面的结构变化并由此推测其吸附机理。ζ 电位常作为溶胶稳定性判断的定量根据。

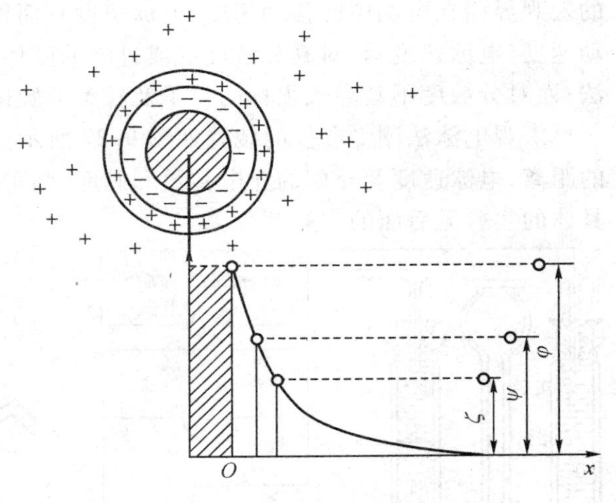

图 9-26　分散相质点/溶液界面电位分布

根据双电层概念可以导出电泳公式，如果分散相是片状的，即分散相质点的电泳速度 u（cm/s）与电位梯度 E（V/cm）有如下关系：

$$u = \frac{DE\zeta}{4\pi\eta} \text{ 或 } \zeta = \frac{4\pi\eta}{DE}u \text{（静电单位）}$$

式中:η 为液体的黏度;D 为液体的介电常数。如果分散相是球形的,则有

$$u=\frac{DE\zeta}{6\pi\eta} \text{ 或 } \zeta=\frac{6\pi\eta}{DE}u \text{(静电单位)}$$

也可以将静电单位换算为实用单位:

$$\zeta=\frac{6\pi\eta}{DE}u\times 9\times 10^4 \text{(V)}$$

电渗公式也与电泳公式相仿,当 u 用电渗时通过分散相质点层流出的液体体积 V(mL)和分散相质点层内的毛细管的总截面积 A(cm^2)表示,即 $u=V/A$,电位梯度用 $E=IR=I/\kappa A$ 表示时,则有

$$\zeta=\frac{4\pi\eta}{D}\cdot\frac{u}{E}=\frac{4\pi\eta V/A}{DI/\kappa A}=\frac{4\pi\eta\kappa V}{DI} \text{(静电单位)}$$

式中:κ 为液体的电导率;I 为电渗时的电流。该公式中电导一项应包括毛细管壁的表面电导。对毛细管还易于校正,但对于一般的固体粉末层校正项则很难计算。当分散介质的电导比较大,而且粉末粒度在 50μm 以上时,表面电导的影响较小,一般可以忽略不计。

原则上任何一种动电现象都可用来测定 ζ 电位,但是最常用的是电泳法和电渗法。电泳法用于胶体粒子的 ζ 电位测量比较方便,其他分散相质点如矿物粉等在一定介质中的 ζ 电位测量则用电渗法比较方便。

1. *电泳法*

电泳法的实验方法有两大类,即宏观法和微观法。宏观法是观察胶体与导电液体(介质)的宏观界面在电场中的移动速度(电泳速度);而微观法则是直接观察单个胶粒在电场中的移动速度(电泳速度)。对高分散度的或过浓的胶体不易观察个别胶粒粒子的运动,只能用宏观法;而对分散度不甚高或很稀的粒子及较大的胶体则可用微观法。

宏观电泳法测 ζ 电位的装置如图 9-27 所示。实验时测量出加到电泳仪的电压值、两极间的距离、电泳速度及介质的介电常数和黏度,则可根据电泳公式求得一定条件下的 ζ 电位值。具体的实验见后面的实验部分。

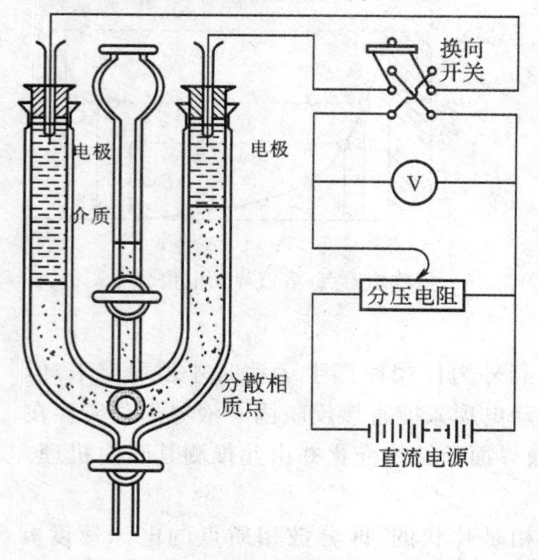

图 9-27 微观电泳法测量 ζ 电位装置

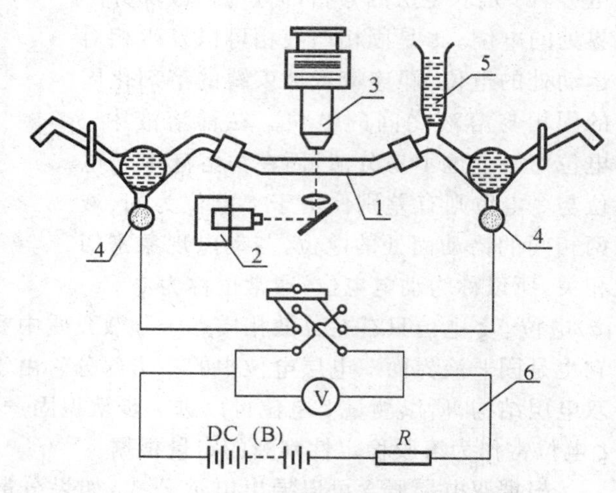

图 9-28 宏观电泳法测量 ζ 电位装置

1—微电泳池;2—光源系统;3—读数显微镜;
4—Pt 电极;5—电解液;6—电源及控制系统

微观电泳法测量 ζ 电位的装置如图 9-28 所示。测量时，通过显微镜观察，选择视场中的某个粒子为测量对象，利用显微镜中的读数标尺，测量出粒子在一定电场中的电泳速度，即测量出粒子在一定的时间内所走过的距离，结合电场强度、黏度和介电常数等数据即可求得 ζ 电位。关于电泳实验的研究技术有很多专著可供参考，特别在生物和天然大分子化合物的电泳研究中积累了不少宝贵的经验，还发展了如纸上电泳等电泳实验方法。

2. 电渗法

电渗法测量 ζ 电位的实验方法，原则上是设法将要研究的分散相质点固定成为一紧密结合层，然后在外加电场的作用下使分散介质从分散相质点层渗透过，测出单位时间内分散介质的流出量和相应的电流值，结合分散介质的特性常数(η,D,K)即可根据电渗公式求得 ζ 电位。

固定分散相质点的方法很多，如石英砂可以烧结成多孔状态的紧密结合层，或采用分散相质点不能穿透的其他膜隔装成紧密结合层，或利用重力压紧粉状物成紧密结合层等。当然在实验时还有不少技术上或材料上的困难需要解决。电渗法测量 ζ 电位的装置如图 9-29 所示。

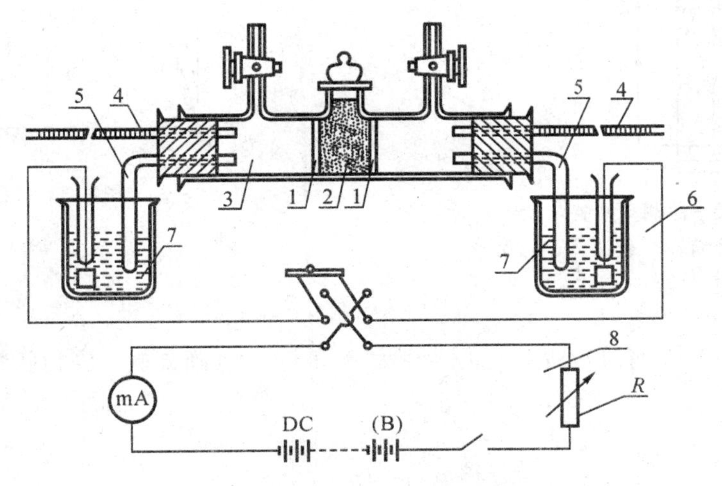

图 9-29　电渗实验装置

1—隔膜；2—分散相质点；3—分散介质；4—刻度毛细管(或半微量移液管)；5—凝胶盐桥；6—电极；7—电解液；8—电源及控制系统

电渗仪结构繁多，比较适用的电渗仪应该方便于固定各种分散相质点成紧密结合层，方便于测量分散介质渗透流出的体积，测量时并能较好地维持分散介质的电导率 κ 不变和有较低的总内阻。

(六)一些重要的分散体系的实验方法

悬浊液、凝胶、胶体电解质以及泡沫等都是一些重要的分散系，它们与人们的生活和生产等有密切的关系。

1. 悬浊液粒子的沉降分析法

粉料在生活和生产过程中是常见的，它们在液相介质中均匀地分散成为悬浊体。利用悬浊体的沉降分析法测量粉料在一定的粒度范围内的粒度分布则是一种较为简便的方法。沉降分析实验方法有多种方式，如沉降天平法、沉降管法以及光学测量法等。目前市面上的商业仪器粒度测试仪种类较多，但英国马尔文公司生产的激光超声粒度仪是比较先进的粒度分析仪。本书介绍沉降天平法。

沉降天平法测量装置如图 9-31 所示。该法可直接测量出不同沉降时刻(t)的沉降重量(G)，并绘出沉降曲线，即 G 对 t 的曲线，如图 9-32 所示。在沉降过程中，颗粒的半径(r)与沉降高度(h)及沉降时间(t)等有如下关系：

$$r=\sqrt{\frac{9}{2}\frac{\eta}{(\rho_s-\rho_1)g}\cdot\frac{h}{t}}$$

式中：η 为沉降介质的黏度；ρ_s、ρ_1 分别为粉状料和沉降介质的密度；g 为重力加速度。

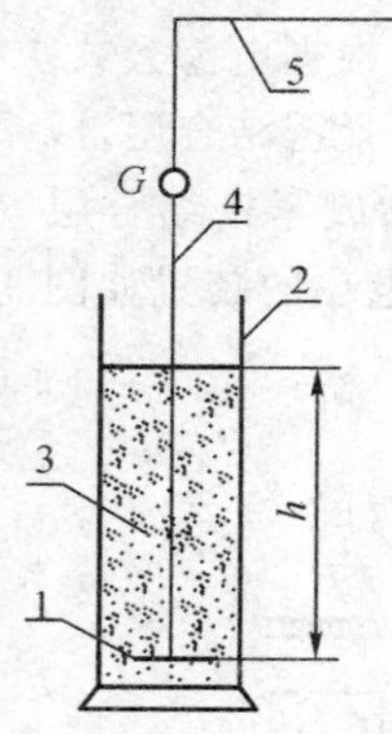

图 9-30　沉降天平法测量装置示意图
1—沉降盘；2—沉降筒；3—悬浊体；4—吊丝(挂盘)；5—天平秤杆

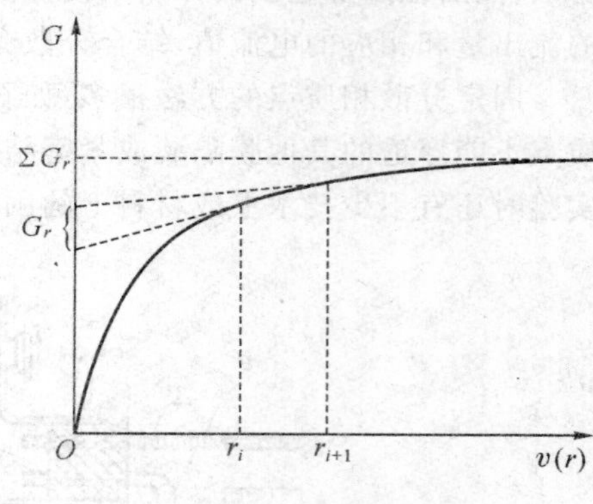

图 9-31　沉降曲线

作沉降曲线($G-t$ 曲线)，所对应的半径为 r_i 和 r_{i+1}，沉降分析所测粉状料的粒度分布函数为

$$f(r)=\frac{1}{G}\times\frac{\mathrm{d}G_r}{\mathrm{d}r}$$

式中：G 为总沉降量，$G=\sum G_i$；$\mathrm{d}G_r/\mathrm{d}r$ 为 G_r 对 r 的导数。由该式可以看出，$f(r)\mathrm{d}r$ 表示半径处于 $r\to r+dr$ 之间的粒子质量占总质量的分数。以 $f(r)$ 对 r 作图，得到的曲线即为粒子半径大小的分布曲线。

2. 溶胶的稳定性与聚沉值测量

憎液溶胶的稳定性可以用其 ζ 电位的大小来衡量。溶胶的 ζ 电位值愈大则愈稳定。

电解质对溶胶的聚沉具有很大的作用。它的聚沉作用与其本性及浓度有关。各种电解质对某一溶胶的聚沉能力是以其聚沉值来表示的。聚沉值的测量方法有经典的化学方法，实验方法在后面的实验部分介绍。

3. 胶体电解质的 CMC 值测量

胶体电解质是在研究表面活性物质的基础上建立起来的一种新的物质概念。胶体电解质能形成类似于胶团的缔合物，构成一种特殊的分散体系。它有别于溶液体系，也有别于溶胶体系；它强烈地受界面性质的影响。胶体电解质的胶团与其溶液中的胶体电解质分子呈平衡状态，同时胶体电解质可强烈地降低液体的表面张力。胶体电解质在生活和生产上有广泛的用途，通常使用的洗涤剂、清洁剂、润湿剂和添加剂等就是一些胶体电解质。

胶体电解质的 CMC 值是一个很重要的数据。CMC 是临界胶团浓度(critical micelle concentration)的缩称，是胶体电解质产生增溶和建立胶团的起始浓度。它可以作为表面活性物质的活性量度。因为此值越小，则表示这种表面活性剂形成胶团所需的浓度越低，达到表面(或界面)饱和吸附的浓度就越低。所以改善表面(或界面)性质而起到润湿、乳化、加溶、起泡等作用所需的浓度也就越低。

胶体电解质的CMC值可以利用表面活性在CMC值时的物理化学性质会发生突变这一特点来测量。实验时，测量胶体电解质体系在溶液浓度递变过程中的物理化学性质，如表面或界面张力、电导率、密度或渗透压等，根据物性对浓度的关系曲线的转折点即可确定胶体电解质的CMC值，如图9-32所示。

本节介绍了表面化学与胶体化学各种实验方法的原理，下节将介绍表面化学及胶体化学实验，读者可根据本专业的需要选做其中的实验。

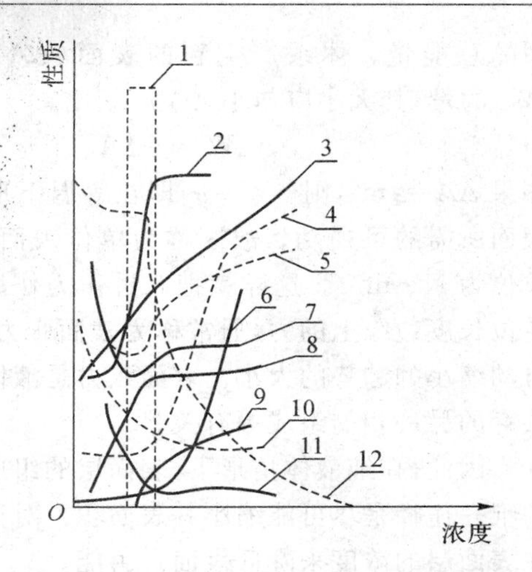

图9-32　胶体电解质体系的性质与浓度的关系
1—临界浓度范围；2—去污力；3—密度；4—高周波电导度；5—比黏度；6—增溶作用；7—表面张力；8—渗透压；9—浊度；10—冰点；11—界面张力；12—当量电导

第二节　基础与综合性实验

实验四十四　溶液中的吸附作用和表面张力的测定——最大气泡压力法

一、实验目的

1. 通过测定不同浓度(c)正丁醇水溶液的表面张力(σ)，由$\sigma-c$曲线求溶液界面上的吸附量和单个正丁醇分子的横截面积(S_0)。

2. 了解表面张力的性质、表面能的意义以及表面张力和吸附的关系。

3. 掌握一种测定表面张力的方法——最大气泡法。

二、实验原理

物体表面的分子和内部分子所处的境况不同，因而能量也不同，如图9-33所示，表面层的分子受到向内的拉力，所以液体表面都有自动缩小的趋势。如要把一个分子由内部迁移到表面，就需要对抗拉力而做功，故表面分子的能量比内部分子大。增加体系的表面，即增加了体

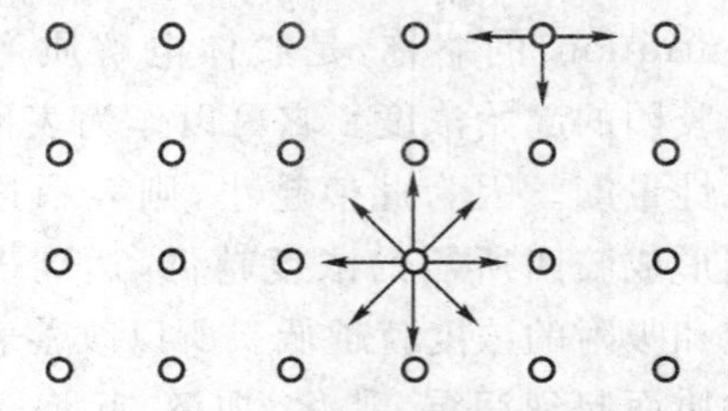

图 9-33 表面分子和内部分子的不同情况

系的总能量。体系产生新的表面(ΔA)所需耗费功(W)的量,其大小应与小 ΔA 成正比。

$$-W = \sigma \Delta A \tag{9-8}$$

如果 $\Delta A = 1\text{m}^2$,则 $-W = \sigma$,即在等温下形成 1m^2 新的表面所需的可逆功。故 σ 称为单位表面的表面能,其单位为 $\text{N} \cdot \text{m}^{-1}$。这样就把 δ 看作为作用在界面上每单位长度边缘上的力,通常称为表面张力,它表示表面自动缩小的趋势的大小。表面张力是液体的重要特性之一,与所处的温度、压力、液体的组成共存的另一相的组成等有关。

因此,在纯液体情形下,表面层的组成与内部的组成相同,因此液体降低体系表面自由能的唯一途径是尽可能缩小其表面积。对于溶液,由于溶质会影响表面张力,因此可以调节溶质在表面层的浓度来降低表面自由能。

根据能量最低原理,溶质能降低溶液的表面张力时,表面层中溶质的浓度应比溶液内部大,反之,溶质使溶液的表面张力升高时,它在表面层中的浓度比在内部的浓度低。这种表面浓度与溶液里面浓度不同的现象叫"吸附"。显然,在指定温度和压力下,吸附与溶液的表面张力及溶液的浓度有关。Gibbs 用热力学的方法推导出它们间的关系式

$$\Gamma = -\frac{c}{RT}\left(\frac{\partial \sigma}{\partial c}\right)_T \tag{9-9}$$

式中:Γ——气－液界面上的吸附量($\text{mol} \cdot \text{m}^{-2}$);

σ——溶液的表面张力($\text{N} \cdot \text{m}^{-1}$);

T——绝对温度(K);

c——溶液浓度($\text{mol} \cdot \text{m}^{-3}$);

R——气体常数($8.314\text{J} \cdot (\text{mol} \cdot \text{K})^{-1}$)。

当$\left(\frac{\partial \sigma}{\partial c}\right)_T < 0$ 时,$\Gamma > 0$,称为正吸附。反之,$\left(\frac{\partial \sigma}{\partial c}\right)_T > 0$ 时,$\Gamma < 0$,称为负吸附。前者表明加入溶质使液体表面张力下降,此类物质叫表面活性物质,后者表明加入溶质使液体表面张力升高,此类物质叫非表面活性物质。

表面活性物质具有显著的不对称结构,它是由亲水的极性部分和憎水的非极性部分构成。对于有机化合物来说,表面活性物质的极性部分一般为 $-NH_3^+$、$-OH$、$-SH$、$-COOH$、$-SO_2OH$,而非极性部分则为 RCH_2-。

正丁醇就是这样的分子。在水溶液表面的表面活性物质分子,其极性部分朝向溶液内部,而非极性部分朝向空气。表面活性物质分子在溶液表面的排列情形随其在溶液中的浓度不同而有所差异。当浓度极小时,溶质分子平躺在溶液表面上,如图 9-34(a)所示,浓度逐渐增加,分子排列如图 9-34(b)所示,最后当浓度增加到一定程度时,被吸附了的表面活性物质分子占据了所有表面形成了单分子的饱和吸附层如图 9-34(c)所示。

切线的斜率 $B\left(\frac{\partial \sigma}{\partial c}\right)$代入 Gibbs 吸附公式,可以求出不同浓度时气－液界面上的吸附量 Γ。

在一定温度下,吸附量与溶液浓度之间的关系由 Langmuir 等温方程式表示:

$$\Gamma = \Gamma_\infty \frac{K \cdot C}{1 + K \cdot C} \tag{9-10}$$

式中:Γ_∞ 为饱和吸附量;K 为经验常数,与溶质的表面活性大小有关。将式(9-10)化成直线

程，则

$$\frac{C}{\Gamma}=\frac{C}{\Gamma_{\infty}}+\frac{1}{K\Gamma_{\infty}} \tag{9-11}$$

若以$\frac{C}{\Gamma}$—C作图可得一直线，由直线斜率即可求出Γ_{∞}。

假设在饱和吸附情况下，正丁醇分子在气－液界面上铺满一单分子层，则可应用下式求得正丁醇分子的横截面积S_0：

$$S_0=\frac{1}{\Gamma_{\infty}\widetilde{N}} \tag{9-12}$$

式中：$\widetilde{N}$为阿佛伽德罗常数。

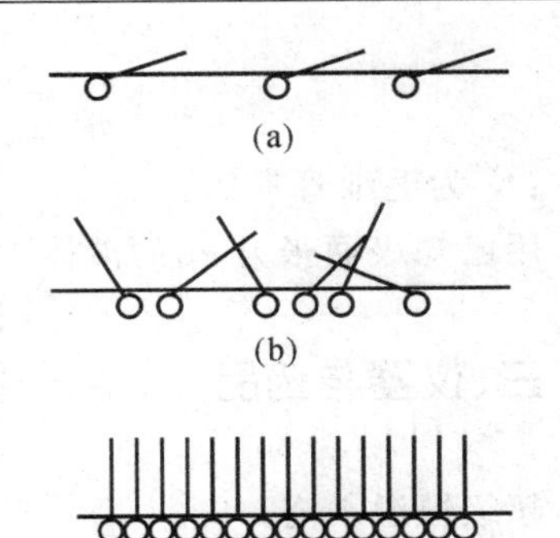

图 9-34　不同浓度时，溶质分子在溶液表面的排列情况

最大气泡压力法测量表面张力的装置如图 9-35 所示。当表面张力仪中的毛细管截面与欲测液面相齐时，液面沿毛细管上升。打开滴液漏斗的活塞，使水缓慢下滴而使体系内的压力增加，这时毛细管内的液面上受到一个比恒温试管中液面上稍大的压力，因此毛细管内的液面缓缓下降。当此压力差在毛细管端面上产生的作用力稍大于毛细管口溶液的表面张力时，气泡就从毛细管口逸出。这个最大的压力差可由 U 型管压力计上读出。

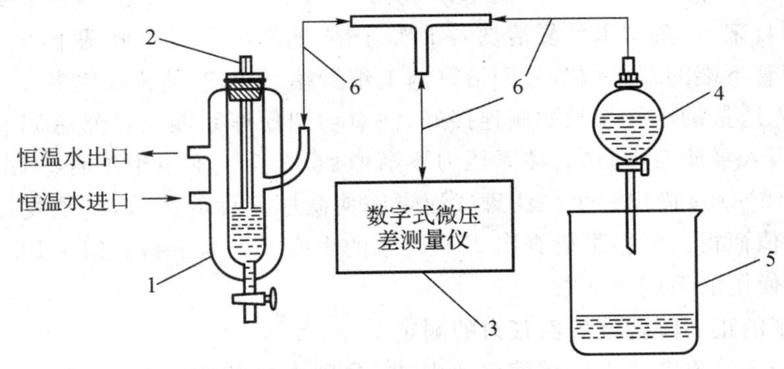

图 9-35　最大气泡法测表面张力装置

1－恒温套管；2－毛细管（r 在 0.15～0.2mm）；3－U 形压力计（内装水）；4－分液漏斗；5－吸滤瓶；6－连接橡皮管

如果毛细管的半径为 r，气泡由毛细管口逸出时受到向下的总作用力为 $\pi r^2 P_{最大}$，而

$$\Delta P_{最大}=P_{系统}-P_{大气压}=\Delta h\rho g$$

式中：Δh——U 形管压力计两边读数的差值；

g——重力加速度；

ρ——压力计内液体的密度。

气泡在毛细管上受到表面张力引起的作用力为 $2\pi r\sigma$。气泡自毛细管口逸出时，上述两种力看作相等，即

$$\pi r^2 P_{最大}=\pi r^2\Delta hpg \tag{9-13}$$

$$\sigma=\frac{r}{2}\Delta h\rho g$$

若用同一只毛细管和压力计，在同一温度下，对两种溶液而言，则得

$$\frac{\sigma_1}{\sigma_2}=\frac{\Delta h_1}{\Delta h_2} \quad \Rightarrow \quad \sigma_1=\frac{\sigma_2}{\Delta h_2}\Delta h_1=K'\Delta h_1 \tag{9-14}$$

式中：K'为毛细管常数。

用已知表面张力 σ_2 的液体为标准，从式(9-13)可求出其他液体的表面张力 σ_1。

三、仪器与药品

超级恒温水浴	1台	恒温套管	1支
250mL 抽水泵	1个	毛细管（半径为 0.15～0.2mm）	1支
400mL 烧杯	1个	100mL 容量瓶	8个
500mL 吸滤瓶	1个	0.25mol·L^{-1}正丁醇溶液	
20、15、10mL 移液管	各1支		

四、实验步骤

1. 毛细管常数的测定

按实验装置图装好仪器，打开恒温水浴，使其温度稳定于 25℃。取一支浸泡在洗液中的毛细管，依次用自来水、蒸馏水反复清洗若干次，同样把玻璃套管也清洗干净，加上蒸馏水，插上毛细管，用套管下端的开关调节液面恰好与毛细管端面相切，使样品在其中恒温 10min。在分液漏斗中加入适量的水并与吸滤瓶连接好，注意切勿使体系漏气。然后调节分液漏斗下的活塞使水慢慢滴入吸滤瓶中，这时体系压力逐渐增加，直至气泡由毛细管口冒出，细心调节出泡速度，使之在 5～10s 内出一个。注意气泡爆破前微压差计的读数，并重复记录最高和最低值 3 次，求平均值而得。根据手册查出 25℃时水的表面张力为 $\sigma=71.97\times10^{-3}\text{N}\cdot\text{m}^{-1}$，以 $\sigma/\Delta P=K$ 求出所使用的毛细管常数。

2. 不同浓度的正丁醇溶液表面张力的测定

以 0.8mol·L^{-1}浓度的正丁醇溶液为基准，分别准确配制 0.20、0.04、0.08、0.12、0.16、0.20、0.24、0.28 mol·L^{-1}的正丁醇溶液各 100mL。重复上述实验步骤，按照由稀至浓的顺序依次进行测量，求得一系列浓度的正丁醇溶液的 Δh。

本实验的关键在于溶液浓度的准确性和所用毛细管、恒温套管的清洁程度。因此，除事先用热的洗液清洗它们以外，每改变一次测量溶液必须用待测的溶液反复洗涤它们，以保证所测量的溶液表面张力与实际溶液的浓度相一致，并控制好出泡速度、保持平稳地重复出现压力差。而不允许气泡一连串地出。洗涤毛细管时切勿碰破其尖端，影响测量。

温度对该实验的测量影响也比较大，实验中请注意观察恒温水浴的温度，溶液加入测量管后恒温 10min 后再进行读数测量。

五、实验注意事项

1. 测定用的毛细管一定要先洗干净，否则气泡可能不能连续稳定地通过，而使压力计的读数不稳定。

2. 毛细管一定要垂直，管口要和液面刚好接触。

3. 表面张力和温度有关，因此要等溶液恒温后再测量。

4. 控制好出泡速度，读取压力计的压力差时，应取气泡单个逸出时的最大压力差。

六、数据记录及处理

室温：　　　　　　大气压：

恒温槽温度：　　　　毛细管常数：

1. 记录数据表格：

容量瓶编号	1	2	3	4	5	6	7	8
溶液浓度 $mol \cdot L^{-1}$	0	0.01	0.025	0.05	0.10	0.15	0.20	0.25
压差读数 Pa								
正丁醇水溶液的 σ								
正丁醇水溶液的 $\left(\frac{\partial\sigma}{\partial c}\right)_T$								
正丁醇水溶液的 Γ								

2. 求出不同浓度时正丁醇水溶液的 σ。

3. 在方格纸上作 $\sigma - c$ 图，曲线要平滑。

4. 在光滑曲线上取 6～7 个点，作切线求出 Z 值。

由 $\sigma = f(c)$ 的等温曲线，可以看出，在浓度较低时 σ 随 c 的增加而降低很快，而以后的变化比较缓慢，根据曲线 $\sigma - c$，可以通过作图求出吸附量与浓度的关系。如图 9-36 所示在 σ 与 c 的曲线上取一点 a，通过 a 点作曲线的切线和平行于横坐标的直线，分别交纵轴于 b 和 b'，令 $bb' = Z$，则 $Z = -c\left(\frac{d\sigma}{dc}\right)$，而 $\Gamma = -\frac{c}{RT}\left(\frac{d\sigma}{dc}\right)$，故 $\Gamma = \frac{Z}{RT}$，在曲线上取不同的点就可得到不同的 Z 值，从而可得到吸附 Γ 与溶液浓度 c 的关系。

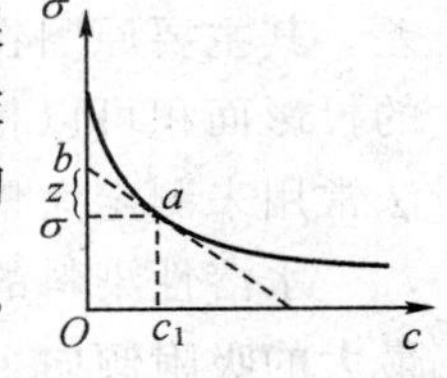

图 9-36

5. 由 $\Gamma = Z/RT$ 计算不同浓度溶液的吸附量 Γ 值，计算 c/Γ 的值，作 $\Gamma - c$ 图。

6. 以 $\Gamma - c$ 作图，由直线斜率求出 Γ_∞（以 $mol \cdot m^2$ 表示），并计算 S_0 的值，用 A^2 表示 S_0 的大小。

七、思考题

1. 本实验结果的准确与否关键决定于哪些因素？

2. 溶液表面上的"吸附"现象是怎样表现的？为什么会出现溶液表面的吸附现象？

3. 测量前如果压力计中两边液面不一样高，对测量结果有何影响？毛细管内径均匀与否对结果有无影响？

4. 气泡如果出得很快或连续 3～4 个一起出，对结果各有什么影响？毛细管尖端为何要刚好接触液面？

5. 液体的表面张力大小与哪些因素有关？

6. 在一定的温度下，朗格缪尔（Langmuir）等温方程式所表达的是什么物理量之间的关系？

实验四十五 溶液吸附法测定比表面积

一、实验目的

1. 用溶液吸附法测定颗粒活性炭的比表面。
2. 了解溶液吸附法测定比表面的基本原理。
3. 了解光度计的基本原理并熟悉使用方法。

二、基本原理

比表面是指单位质量(或单位体积)的物质所具有的表面积,其数值与分散粒子大小有关。测定固体物质比表面的方法很多,常用的有 BET 低温吸附法、电子显微镜法和气相色谱法等,不过这些方法都需要复杂的装置,或较长的时间。而溶液吸附法测定固体物质比表面,仪器简单,操作方便,还可以同时测定许多个样品,因此常被采用,但溶液吸附法测定结果有一定误差。其主要原因在于:吸附时非球型吸附层在各种吸附剂的表面取向并不一致,每个吸附分子的投影面积可以相差很远,所以溶液吸附法测得的数值应以其他方法校正之。然而,溶液吸附法常用来测定大量同类样品的相对值。溶液吸附法测定结果误差一般为10%左右。

水溶性染料的吸附已广泛应用于固体物质比表面的测定。在所有染料中,次甲基蓝具有最大的吸附倾向。研究表明,在大多数固体上,次甲基蓝吸附都是单分子层,即符合朗格缪尔型吸附。但当原始溶液浓度较高时,会出现多分子层吸附,而如果吸附平衡后溶液的浓度过低,则吸附又不能达到饱和,因此,原始溶液的浓度以及吸附平衡后的溶液浓度都应选在适当的范围内。本实验原始溶液浓度为0.2%左右,平衡溶液浓度不小于0.1%。

根据朗格缪尔单分子层吸附理论,当次甲基蓝与活性炭达到吸附饱和后,吸附与脱附处于动态平衡,这时次甲基蓝分子铺满整个活性粒子表面而不留下空位。此时吸附剂活性炭的比表面计算式为

$$S_0 = \frac{(C_0 - C)G}{W} \times 2.45 \times 10^6 \tag{9-15}$$

式中:S_0 为比表面($m^2 \cdot kg^{-1}$);C_0 为原始溶液的质量分数;C 为平衡溶液的质量分数;G 为溶液的加入量(kg);W 为吸附剂试样质量(kg);2.45×10^6 是1kg次甲基蓝可覆盖活性炭样品的面积($m^2 \cdot kg^{-1}$)。

次甲基蓝分子的平面结构为 $\left[{}^{H_3C}_{H_3C}{>}N \;\; N \;\; S \;\; N{<}^{CH_3}_{CH_3} \right]^+ Cl^-$。

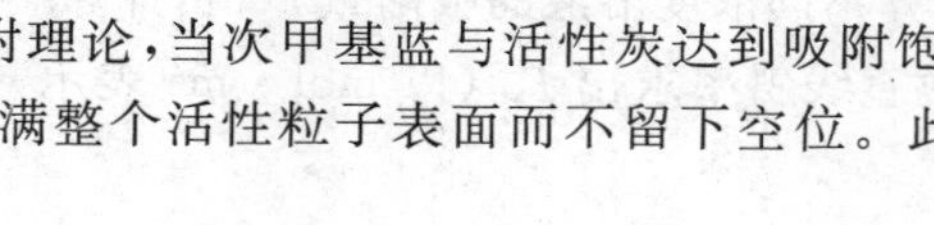

阳离子大小为$(1.70\times10^{-10})m\times(76\times10^{-10})m\times(325\times10^{-10})m$。次甲基蓝的吸附有三种趋向:平面吸附,投影面积为$1.35\times10^{-18}m^2$;侧面吸附,投影面积为$7.5\times10^{-19}m^2$;端基吸附,投影面积为$39.5\times10^{-19}m^2$。对于非石墨型的活性炭,次甲基蓝可能不是平面吸附,也不

是侧面吸附，而是端基吸附。根据实验结果推算，在单层吸附的情况下，1mg 次甲基蓝覆盖的面积可按 $2.45m^2$ 计算。

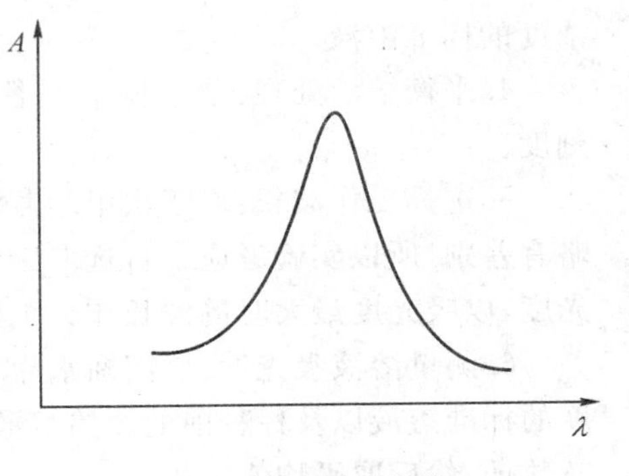

图 9-37　溶液吸收曲线

本实验溶液浓度的测量是借助于分光光度计来完成的。根据光吸收定律，当入射光为一定波长的单色光时，某溶液的光密度与溶液中有色物质的浓度及溶液的厚度成正比，即

$$A = \log I_0/I = KCL$$

其中：A——吸光度；

I——透射光强度；

I_0——入射光强度；

K——吸收系数；

C——溶液浓度；

L——溶液的光径长度。

一般说来，光的吸收定律能适用于任何波长的单色光，但对于一个指定的溶液，在不同的波长下测得的吸光度不同。如果把波长 λ 对吸光度 A 作图，可得到溶液的吸收曲线，如图 9-37 所示。为了提高测量的灵敏度，工作波长应选择在吸光度 A 值最大时所对应的波长。对于次甲基蓝，本实验所用的工作波长为 665nm。

实验首先测定一系列已知浓度的次甲基蓝溶液的吸光度，绘出 $A—C$ 工作曲线，然后测定次甲基蓝原始溶液及平衡溶液的吸光度，再在 $A—C$ 曲线上查得对应的浓度值，代入式(9-15)计算比表面。

三、仪器和试剂

721 型分光光度计及其附件	1 套
1000mL 容量瓶	2 个
250mL 带塞磨口锥形瓶	2 个
50mL 移液管、5mL 移液管、5mL 刻度移液管	各 1 个
次甲基蓝溶液：0.2%原始溶液，0.01%标准溶液	
颗粒活性炭(非石墨型)	若干

四、实验步骤

1. 活化样品：将颗粒活性炭置于瓷坩锅中，放入马弗炉内，500℃下活化 1h(或在真空烘箱中 300℃下活化 1h)，然后放入干燥器中备用。

2. 取两只带塞磨口锥形瓶，分别加入准确称量过的约 0.2g 的活性炭(两份尽量平行)，再分别加入 50g(50mL)0.2%的次甲基蓝溶液，盖上磨口塞，轻轻摇动，其中一份放置 1h，即为配制好的平衡溶液，另一份放置一夜，并认为吸附达到平衡，比较两个测定结果。

3. 配制次甲基蓝标准溶液：用移液管分别量取 5mL、8mL、11mL 0.01%标准次甲基蓝溶液置于 1000mL 容量瓶中，用蒸馏水稀释至 1000mL，即得到 5×10^{-6}、8×10^{-6}、11×10^{-6} 三种

浓度的标准溶液。

4. 平衡溶液处理：取吸附后平衡溶液约 5mL，放入 1000mL 容量瓶中，用蒸馏水稀释至刻度。

5. 选择工作波长：对于次甲基蓝溶液，吸附波长应选择 655nm，由于各台分光光度计波长略有差别，所以实验者应自行选取工作波长。用 5×10^{-6} 标准溶液在 600～700nm 范围测量吸光度，以吸光度最大时的波长作为工作波长。

6. 测量溶液吸光度：以蒸馏水为空白溶液，分别测量 5×10^{-6}、8×10^{-6}、11×10^{-6} 三种浓度的标准溶液以及稀释前的原始溶液和稀释后的平衡溶液的吸光度。每个样品须测得 3 个有效数据，然后取平均值。

五、数据记录

1. 按表所示记录数据。

次甲基蓝溶液	吸光度 A			
	1	2	3	平均
5×10^{-6} 标准溶液				
8×10^{-6} 标准溶液				
11×10^{-6} 标准溶液				
次甲基蓝原始溶液				
达到吸附平衡后次甲基蓝溶液				

2. 作工作曲线。将 5×10^{-6}、8×10^{-6}、11×10^{-6} 三种浓度的标准溶液的吸光度对溶液浓度作图，即得一工作曲线。

3. 求次甲基蓝原始溶液浓度 C_0 及平衡后溶液浓度 C。可由实验测得的次甲基蓝原始溶液和吸附达到平衡后溶液的吸光度，从工作曲线上查得对应的溶液浓度 C_0 和 C。

4. 根据式(9-15)计算活性炭的比表面。

六、注意事项

1. 测定溶液吸光度时，须用滤纸轻轻擦干比色皿外部，以保持比色皿暗箱内干燥。
2. 测定原始溶液和平衡溶液的吸光度时，应把稀释后的溶液摇匀再测。
3. 活性炭颗粒要均匀，且三份称重应尽量接近。

七、思考题

1. 为什么次甲基蓝原始溶液浓度要选在 0.2%左右，吸附后的次甲基蓝溶液浓度要在 0.1%左右？若吸附后溶液浓度太低，在实验操作方面应如何改动？

2. 用分光光度计测定次甲基蓝溶液浓度时，为什么要将溶液稀释到 1/1000000 浓度才进行测量？

3. 如何才能加快吸附平衡的速度？

4. 吸附作用与哪些因素有关？

实验四十六　溶胶的制备及电泳

一、实验目的

1. 掌握电泳法测定 $Fe(OH)_3$ 及 Sb_2S_3 溶胶电动电势的原理和方法。
2. 掌握 $Fe(OH)_3$ 及 Sb_2S_3 溶胶的制备和纯化方法。
3. 明确求算 ζ 公式中各物理量的意义。

二、实验原理

溶胶的制备方法可分为分散法和凝聚法。分散法是用适当方法把较大的物质颗粒变为胶体大小的质点；凝聚法是先制成难溶物的分子（或离子）的过饱和溶液，再使之相互结合成胶体粒子而得到溶胶。$Fe(OH)_3$ 溶胶的制备采用的是化学法，即通过化学反应使生成物呈过饱和状态，然后粒子再结合成溶胶，其结构式可表示为$\{m[Fe(OH)_3]nFeO^+(n-x)Cl^-\}^{x+}xCl^-$。

制成的胶体体系中常有其他杂质存在，而影响其稳定性，因此必须纯化。常用的纯化方法是半透膜渗析法。

在胶体分散体系中，由于胶体本身的电离或胶粒对某些离子的选择性吸附，使胶粒的表面带有一定的电荷。在外电场作用下，胶粒向异性电极定向泳动，这种胶粒向正极或负极移动的现象称为电泳。荷电的胶粒与分散介质间的电势差称为电动电势，用符号 ζ 表示，电动电势的大小直接影响胶粒在电场中的移动速度。原则上，任何一种胶体的电动现象都可以用来测定电动电势，其中最方便的是用电泳现象中的宏观法来测定，也就是通过观察溶胶与另一种不含胶粒的导电液体的界面在电场中移动速度来测定电动电势。电动电势 ζ 与胶粒的性质、介质成分及胶体的浓度有关。在指定条件下，ζ 的数值可根据亥姆霍兹方程式计算，即

$$\zeta=\frac{K\pi\eta u}{DH}\text{（静电单位）}$$

或

$$\zeta=\frac{K\pi\eta u}{DH}\cdot 300(\text{V}) \tag{9-16}$$

式中：K 为与胶粒形状有关的常数（对于球形胶粒 $K=6$，棒形胶粒 $K=4$，在实验中均按棒形粒子看待）；η 为介质的黏度（泊）；D 为介质的介电常数；u 为电泳速度（$cm\cdot s^{-1}$）；H 为电位梯度，即单位长度上的电位差，可表示为

$$H=\frac{E}{300L}\text{（静电单位}\cdot\text{cm}^{-1}\text{）} \tag{9-17}$$

式中：E 为外电场在两极间的电位差（V）；L 为两极间的距离（cm）；300 为将伏特表示的电位改成静电单位的转换系数。把式(9-17)代入式(9-16)得：

$$\zeta=\frac{4\pi\eta Lu300^2}{DE}(\text{V}) \tag{9-18}$$

由式(9-18)知，对于一定溶胶而言，若固定 E 和 L 测得胶粒的电泳速度($u=d/t$，d 为胶粒移动的距离，t 为通电时间)，就可以求算出 ζ 电位。

三、仪器和试剂

直流稳压电源 1 台；万用电炉 1 台；电泳管 1 只；电导率仪 1 台；直流电压表 1 台；秒表 1 块；铂电极 2 只；锥形瓶(250mL)1 只；烧杯(800mL、250mL、100mL)各 1 只；超级恒温槽 1 台；容量瓶(100mL)1 只。

火棉胶；$FeCl_3$(10%)溶液；KCNS(1%)溶液；$AgNO_3$(1%)溶液；稀盐酸溶液；KCl(0.01mol·L^{-1})溶液；酒石酸锑钾(0.5%)溶液；硫化亚铁。

四、实验步骤

方法一　$Fe(OH)_3$ 溶胶的制备及纯化

1. $Fe(OH)_3$ 溶胶的制备及纯化

(1)半透膜的制备。在一个内壁洁净、干燥的 250mL 锥形瓶中，加入约 100mL 火棉胶液，小心转动锥形瓶，使火棉胶液黏附在锥形瓶内壁上形成均匀薄层，倾出多余的火棉胶于回收瓶中。此时锥形瓶仍需倒置，并不断旋转，待剩余的火棉胶流尽，使瓶中的乙醚蒸发至已闻不出气味为止(此时用手轻触火棉胶膜，已不黏手)。然后再往瓶中注满水(若乙醚未蒸发完全，加水过早，则半透膜发白)，浸泡 10min。倒出瓶中的水，小心用手分开膜与瓶壁之间隙。慢慢注水于夹层中，使膜脱离瓶壁，轻轻取出，在膜袋中注入水，观察有否漏洞。制好的半透膜不用时，要浸放在蒸馏水中。

(2)用水解法制备 $Fe(OH)_3$ 溶胶。在 250mL 烧杯中，加入 100mL 蒸馏水，加热至沸，慢慢滴入 5mL(10%)$FeCl_3$ 溶液，并不断搅拌，加毕继续保持沸腾 5min，即可得到红棕色的 $Fe(OH)_3$ 溶胶。在胶体体系中存在的过量 H^+、Cl^- 等离子需要除去。

(3)用热渗析法纯化 $Fe(OH)_3$ 溶胶。将制得的 $Fe(OH)_3$ 溶胶，注入半透膜内用线拴住袋口，置于 800mL 的清洁烧杯中，杯中加蒸馏水约 300mL，维持温度在 60℃左右，进行渗析。每 20min 换一次蒸馏水，4 次后取出 1mL 渗析水，分别用 1% $AgNO_3$ 及 1% KCNS 溶液检查是否存在 Cl^- 及 Fe^{3+}，如果仍存在，应继续换水渗析，直到检查不出为止，将纯化过的 $Fe(OH)_3$ 溶胶移入一清洁干燥的 100mL 小烧杯中待用。

2. KCl 辅助液的制备

调节恒温槽温度为(25.0±0.1)℃，用电导率仪测定 $Fe(OH)_3$ 溶胶在 25℃时的电导率，然后配制与之相同电导率的 KCl 溶液。方法是在一烧杯中加入 200mL 蒸馏水，插入电导电极，边搅拌边缓慢滴加 0.01mol·L^{-1} KCl 溶液，并同时测定其电导率，直至电导率与 $Fe(OH)_3$ 溶胶的电导率相等为止。

3. 仪器的安装

用蒸馏水洗净电泳管后，再用少量溶胶洗 1 次，将渗析好的 $Fe(OH)_3$ 溶胶倒入电泳管中，使液面超过活塞(2)、(3)。关闭这两个活塞，把电泳管倒置，将多余的溶胶倒净，并用蒸馏水洗净活塞(2)、(3)以上的管壁。打开活塞(1)，用 HCl 溶液冲洗 1 次后，再加入该溶液，并超过活塞(1)少许。插入铂电极按装置图 9-38 连接好线路。

4. 溶胶电泳的测定

接通直流稳压电源，迅速调节输出电压为45V。关闭活塞(1)，同时打开活塞(2)和(3)，并同时计时和准确记下溶胶在电泳管中液面位置，约1h后断开电源，记下准确的通电时间 t 和溶胶面上升的距离 d，从伏特计上读取电压 E，并且量取两极之间的距离 L。

实验结束后，拆除线路。用自来水洗电泳管多次，最后用蒸馏水洗1次。

方法二　Sb_2S_3 溶胶的制备及电泳

1. Sb_2S_3 溶胶的制备

将1只250mL锥形瓶用蒸馏水洗净，倒入50mL 0.5%酒石酸锑钾溶液，把制备 H_2S 的小锥形瓶(100mL)及导气管洗净，并向其中放入适量的硫化亚铁，在通风橱内，向小锥形瓶中加入10mL 50% HCl，用导气管将 H_2S 通入酒石酸锑钾溶液中，至溶液的颜色不再加深为止，即得 Sb_2S_3 溶胶。制备完毕，将剩余的硫化亚铁及HCl倒入回收瓶，洗净锥形瓶及导气管。

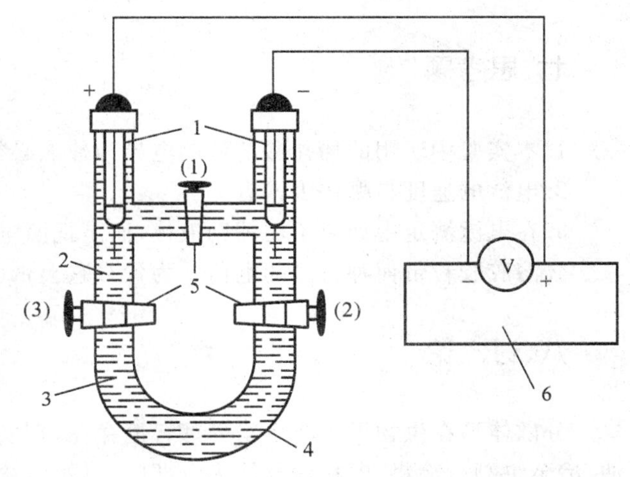

图 9-38　电泳仪器装置

1—Pt电极；2—HCl溶液；3—溶胶；4—电泳管；5—活塞；6—可调直流稳压电源

2. 配制HCl溶液(见 $Fe(OH)_3$ 溶胶的制备及电泳中有关内容)。

3. 装置仪器和连接线路(见 $Fe(OH)_3$ 溶胶的制备及电泳中有关内容)。

4. 测定溶胶电泳速度。接通直流稳压电源6，迅速调节输出电压为100V(注意：实验中随时观察，使电压稳定在100V，并不要振动电泳管)。关闭活塞(1)，同时打开活塞(2)和(3)，当溶胶界面达到电泳管正极部分零刻度时，开始计时。分别记下溶胶界面移动到0.50cm、1.00cm、1.50cm、2.00cm等刻度时所用时间。实验结束时，测量两个铂电极在溶液中的实际距离，关闭电源，拆除线路。用自来水洗电泳管多次，最后用蒸馏水洗1次。

五、注意事项

1. 利用公式(9-18)求算 ζ 电位时，各物理量的单位都需用c.g.s制，有关数值从附录中有关表中查得。如果改用SI制，相应的数值也应改换。对于水的介电常数，应考虑温度校正，由以下公式求得

$$\ln D_t = 4.474226 - 4.54426 \times 10^{-3} t$$

2. 在 $Fe(OH)_3$ 溶胶实验中制备半透膜时，一定要使整个锥形瓶的内壁上均匀地附着一层火棉胶液，在取出半透膜时，一定要借助水的浮力将膜托出。

3. 制备 $Fe(OH)_3$ 溶胶时，$FeCl_3$ 一定要逐滴加入，并不断搅拌。

4. 纯化 $Fe(OH)_3$ 溶胶时，换水后要渗析一段时间再检查 Fe^{3+} 及 Cl^- 的存在。

5. 量取两电极的距离时，要沿电泳管的中心线量取。

六、数据处理

1. 将实验数据记录如下：电泳时间 t/s；外电场在两极间的电位差 E/V；两电极间距离 L/cm；溶胶液面移动距离 d/cm。

2. 将数据代入公式(9-18)中计算 ζ 电势。

七、思考题

1. 本实验中所用的稀盐酸溶液的电导为什么必须和所测溶胶的电导率相等或尽量接近？
2. 电泳的速度与哪些因素有关？
3. 在电泳测定中如果不用辅助液体，而是把两电极直接插入溶胶中会发生什么现象？
4. 溶胶胶粒带何种符号的电荷？为什么它会带此种符号的电荷？

八、讨　论

分散体系在生物界与非生物界都普遍存在，在实际生活和生产中占有重要地位。如在石油、冶金、橡胶、涂料、塑料化纤等工业部门，以及生物、土壤、医药、气象、地质等学科都广泛地接触到与胶体分散体系有关的研究。根据需要，有时要求胶体分散相中的固体微粒能稳定地分散于分散相介质中(如涂料要求有良好的稳定性)，有时则相反，希望固体微粒聚沉(如废水处理时就要求固体微粒从系统中很快聚沉)。而胶体分散体中固体微粒的分散与聚沉都与其动电势即 ζ 电势有密切关系。因此，ζ 电势是表征胶体特性的重要物理量之一，它对于分析研究胶体分散物系的性质及其实际应用有着重要意义。

电泳的实验方法有多种。显微电泳法是指用显微镜直接观察质点电泳的速度，它要求研究对象必须在显微镜下能明显观察到，此法简便、快速，样品用量少，在质点本身所处的环境下测定，适用于粗颗粒的悬浮体和乳状液。界面移动法，适用于溶胶或大分子溶液与分散介质形成的界面在电场作用下移动速度的测定。此外，还有显微电泳法和区域电泳法。显微电泳法用显微镜直接观察质点电泳的速度，要求研究对象必须在显微镜下能明显观察到，此法简便，快速，样品用量少，在质点本身所处的环境下测定，适用与粗颗粒的悬浮体和乳状液。区域电泳是以惰性而均匀的固体或凝胶作为被测样品的载体进行电泳，已达到分离与分析电泳速度不同的各组分的目的。该法简便易行，分离效率高，用样品少，还可避免对流影响，现已成为分离与分析蛋白质的基本方法。

电泳技术是发展较快、技术较新的实验手段，其不仅用于理论研究，还有广泛的实际应用，如陶瓷工业的黏土精选、电泳涂漆、电泳镀橡胶、生物化学和临床医学上的蛋白质及病毒的分离等。

本实验还可研究电泳管两极上所加电压不同，对 $Fe(OH)_3$ 溶胶胶粒 ζ 电位的测定有无影响。$Fe(OH)_3$ 溶胶纯化时不用渗析法，而改为使用强酸强碱离子交换树脂来除去其他离子的方法来提纯溶胶。

实验四十七　液体在固体表面的接触角测定

一、实验目的

1. 了解液体在固体表面的润湿过程以及接触角的含义与应用。
2. 掌握用 JC98A 接触角测量仪测定接触角的方法。

二、实验原理

润湿是自然界和生产过程中常见的现象，是固体表面上一种液体取代另一种与之不相混溶的流体的过程，通常指固—气界面被固—液界面所取代的过程。

在恒温恒压下，将液体滴于固体表面，液体或铺展而覆盖于固体表面，或形成一液滴停于其上。设固体的表面积为 A_s，液滴的面积很小，可以略去，过程的吉布斯函数变化为

$$\Delta G = A_s(\sigma_{液、固} + \sigma_{气、液} - \sigma_{气、固}) \tag{9-19}$$

定义液体在固体上的铺展系数 φ 为

$$\varphi = -\frac{\Delta G}{A_s} \tag{9-20}$$

相应液体对固体的黏附力（或黏附功）

$$W_a = \sigma_{气、液} + \sigma_{气、固} - \sigma_{液、固} \tag{9-21}$$

此时所形成的液滴的形状可以用接触角来描述（见图 9-39）。接触角是在固、气、液三相交界处，自固体界面经液体内部到气液界面的夹角，以 θ 表示。平衡接触角与三个界面自由能之间的关系可以由杨氏方程表示：

$$\cos\theta = \frac{\sigma_{气、固} - \sigma_{液、固}}{\sigma_{气、液}} \tag{9-22}$$

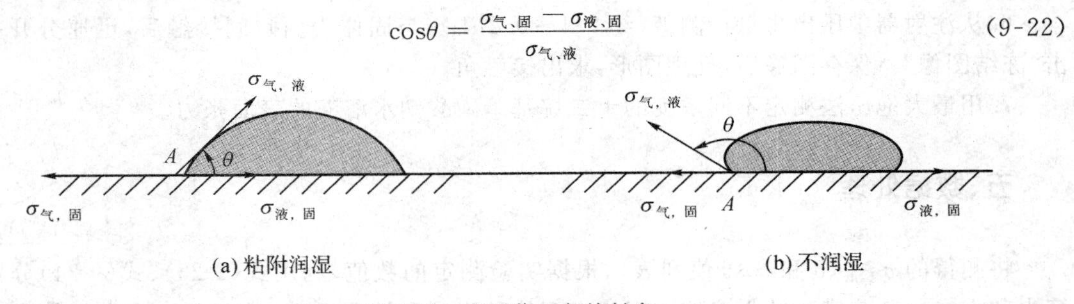

图 9-39　润湿作用与接触角

对此式进行分析，可以区别以下两种情况：

(1) $\sigma_{气、固} > \sigma_{液、固}$，$\cos\theta > 0$，$\theta < 90°$。这时产生黏附润湿，当 $\theta = 0°$ 时，则为完全润湿。

(2) $\sigma_{气、固} < \sigma_{液、固}$，$\cos\theta < 0$，$\theta > 90°$。这时不润湿，当 $\theta = 180°$ 时，则为完全不润湿。

根据杨氏方程，相应液体对固体的黏附功和铺展系数分别为

$$W_a = \sigma_{气、液}(1 + \cos\theta) \tag{9-23}$$

$$\varphi = \sigma_{气、液}(\cos\theta - 1) \tag{9-24}$$

由实验测得接触角和液体的表面张力，就可利用式(9-23)、式(9-24)计算黏附功和铺展系数。

接触角是表征液体在固体表面润湿的重要参数之一，由它可了解液体在一定固体表面的润湿程度，从而用于矿物浮选、注水采油、洗涤、印染等过程。接触角的测量方法有许多种，根据直接测定的物理量分为四大类：角度测量法、长度测量法、力测量法、透射测量法。其中，角度测量法是应用最广泛，也是最直截了当的一类方法。JC98A 接触角测量仪是利用观察区域放大投影到电脑屏幕，观测与固体平面相接触的液滴外形，直接量出三相交界液滴与固体界面的夹角。

三、仪器与药品

仪器：JC98A 接触角测量仪，涤纶薄片，载玻片，微量注射器。

试剂：双重蒸馏水，0.05%、0.10%的十二烷基苯磺酸钠水溶液。

四、实验步骤

1. 在 Windows 桌面找到并点击标有“JC”的快捷图标，进入接触角测量仪应用程序的主界面。点击界面右上方的“活动图像”，在图像显示区可看到接触角测量仪的平台影像。

2. 点击 OPTION 菜单中的 CONNECT 选项，出现对话框 CONNECT OK，表明计算机与仪器连接成功，否则，检查计算机与仪器的连线。

3. 打开接触角测量仪上部的活动台，将洁净的涤纶薄片附于载玻片上，置于载物槽内的适当位置，关闭活动台。

4. 调节接触角测量仪中的按钮，将界面调至适当位置并清晰。“上下”、“左右”、“旋转”分别是调节平台的相应位置，“强度”是调节光的亮度，“调焦”则可调节清晰度。

5. 将装有待测液体的微量注射器固定于活动台上方的注射器孔内。针尖垂直于固体表面。

6. 从注射器中压出少量待测液(约 0.1～0.2μL)，与固体表面瞬间接触后，迅速分开并点击“冻结图像”。保存图像后，处理图形，求出接触角。

7. 用最大泡压法测定不同浓度的十二烷基苯磺酸钠水溶液的表面张力。

五、数据处理

将测得的 $\sigma_{气、液}$、θ 和 $\cos\theta$ 值列表。根据实验测定的数值，利用式(9-23)、式(9-24)分别计算水和十二烷基苯磺酸钠水溶液在固体表面的黏附功和铺展系数，并判断它们在固体表面是否是润湿。

六、思考题

1. 液体在固体表面的接触角与哪些因素有关？

2. 在本实验中，滴到固体表面上的液滴的大小对所测接触角读数是否有影响？为什么？

七、进一步讨论

1. 润湿是液体在固体表面的一种现象，是多种生产过程的基础，如机械润湿、洗涤、印染、焊接等皆与润湿有关。目前更为引人注目的人体内人造器官的接植，也涉及人造器官与血液的润湿作用。

2. 实验发现同系物液体在同一固体上的接触角随液体表面张力降低而变小，以 $\cos\theta$ 对液体表面张力作图可得一直线。如果用非同系物的液体的 $\cos\theta$ 对 σ 作图通常也是一条直线或一窄带，将此窄带延至 $\cos\theta=1$ 处，相应的表面张力下限即为此固体的临界表面张力 σ_c。固体的临界表面张力是量度固体润湿性能的重要经验参数，有很强的实用价值。

实验四十八 粒度测定

一、目的要求

1. 掌握斯托克斯(Stokes)公式。
2. 用离心沉降法测定颗粒样品直径大小的分布。
3. 了解粒度测定仪的工作原理及操作方法。

二、实验原理

溶胶的运动性质除扩散和热运动之外，还有在外力作用下溶胶微粒的沉降。沉降是在重力的作用下粒子沉入容器底部，质点越大，沉降速度也越快。但因布朗运动而引起的扩散作用与沉降相反，它能使下层较浓的微粒向上扩散，而有使浓度趋于均匀的倾向。粒子越大，则扩散速度越慢，故扩散是抗拒沉降的因素。当两种作用力相等的时候就达到了平衡状态，这种状态称为沉降平衡。

在研究沉降平衡时，粒子的直径大小对建立平衡的速度有很大影响，表 9-2 列出了一些不同尺寸的金属微粒在水中的沉降速度。

表 9-2 球形金属微粒在水中的沉降速度

粒子半径	$V/\text{cm}\cdot\text{s}^{-1}$	沉降 1cm 所需时间
10^{-3} cm	1.7×10^{-1}	5.9s
10^{-4} cm	1.7×10^{-3}	9.8s
100nm	1.7×10^{-5}	16h
10nm	1.7×10^{-7}	68d
1nm	1.7×10^{-9}	19a

由表 9.2 可以看出，对于细小的颗粒，其沉降速率很慢，因此需要增加离心力场以增加其速度。此外，在重力场下用沉降分析来做颗粒分布时，往往由于沉降时间过长，在测量时间内产生了颗粒的聚结，影响了测定的正确性。普通离心机 $3000\text{r}\cdot\text{min}^{-1}$可产生比地心引力大约 2000 倍的离心力，超速离心机的转速可达 $100\sim160\text{kr}\cdot\text{min}^{-1}$，其离心力约为重力的 100 万倍。所以在离心力场中，颗粒所受的重力可以忽略不计。

在离心力场中，粒子所受的离心力为$\frac{4}{3}\pi r^3(\rho-\rho_0)\omega^2 x$，根据斯托克斯定律，粒子在沉降时所受的阻力为 $6\pi\eta r\frac{\mathrm{d}x}{\mathrm{d}t}$。其中，$r$ 为粒子半径；ρ、ρ_0 分别为粒子与介质的密度；$\omega^2 x$ 为离心加速度；$\frac{\mathrm{d}x}{\mathrm{d}t}$为粒子的沉降速度。如果沉降达到平衡，则有

$$\frac{4}{3}\pi r^3(\rho-\rho_0)\omega^2 x = 6\pi\eta r\frac{\mathrm{d}x}{\mathrm{d}t} \tag{9-25}$$

对上式积分可得

$$\frac{4}{3}\pi r^3(\rho-\rho_0)\omega^2\int_{t_1}^{t_2}\mathrm{d}t = 6\pi\eta r\int_{x_1}^{x_2}\frac{\mathrm{d}x}{x} \tag{9-26}$$

$$2r^2(\rho-\rho_0)\omega^2(t_2-t_1) = 9\eta\ln\frac{x_2}{x_1} \tag{9-27}$$

$$r = \sqrt{\frac{9}{2}\eta\frac{\ln\frac{x_2}{x_1}}{(\rho-\rho_0)\omega^2(t_2-t_1)}} \tag{9-28}$$

以理想的单分散体系为例，利用光学方法可测出清晰界面，记录不同时间 t_1 和 t_2 时的界面位置 x_1 和 x_2，由式(9-28)可算出颗粒大小，并根据颗粒总数算出每种颗粒占总颗粒的百分数。另外，根据颗粒密度还可算出每种颗粒占总颗粒的质量百分数。

对于不同尺寸的颗粒，可采用不同的测量方法。一般来说，颗粒直径大于 4nm 的颗粒可采用离心沉降法进行测定，但如果颗粒密度较低($<1\text{g}\cdot\text{cm}^{-3}$)，由于其沉降速度较慢，所以很难测出 20nm 以下的颗粒直径，此时可采用电子显微镜观察和测量。

对于 $1\mu\text{m}$ 以上的颗粒，离心沉降法可测定 4nm 以上的颗粒直径大小，但如果颗粒密度较低($<1\text{g}\cdot\text{cm}^{-3}$)，由于其沉降速度较慢，所以很难测出 20nm 以下的颗粒直径，此时可采用电子显微镜观察和测量。

对于 $1\mu\text{m}$ 以上的颗粒，可采用沉降分析法测其颗粒大小，根据斯托克斯公式，当一球形颗粒在均匀介质中匀速下降时，所受阻力为 $6\pi r\eta v$，其重力为$\frac{4}{3}\pi r^3(\rho_{颗粒}-\rho_{介质})g$，在匀速下沉时两种作用力相等，即

$$6\pi r\eta v = \frac{4}{3}\pi r^3(\rho_{颗粒}-\rho_{介质})g \tag{9-29}$$

$$r = \sqrt{\frac{9}{2g}\cdot\frac{\eta v}{\rho_{颗粒}-\rho_{介质}}} = \sqrt{\frac{9}{2g}\cdot\frac{\eta}{\rho_{颗粒}-\rho_{介质}}}\cdot\sqrt{\frac{h}{t}} \tag{9-30}$$

$$d = 2r = 2\sqrt{\frac{9}{2g}\cdot\frac{\eta}{\rho_{颗粒}-\rho_{介质}}}\cdot\sqrt{\frac{h}{t}} \tag{9-31}$$

式中：r 为颗粒半径(cm)；d 为颗粒直径(cm)；g 为重力加速度($980\text{cm}\cdot\text{s}^{-2}$)；$\rho_{颗粒}$ 为颗粒密度($\text{g}\cdot\text{cm}^{-3}$)；$\rho_{介质}$ 为介质密度($\text{g}\cdot\text{cm}^{-3}$)；$v$ 为沉降速度($\text{cm}\cdot\text{s}^{-1}$)；$\eta$ 为介质黏度(泊)；h 为沉降

高度(cm)。称量不同时间(t_i)颗粒的沉降量(W_i)所作的曲线称为沉降曲线。

图9-40表示颗粒直径相等体系的沉降曲线，其为一过原点的直线。颗粒以等速下沉，OA 表示沉降正在进行，AB 表示沉降已结束，沉降时间 t_i 所对应的沉降量为 W_i，总沉降量为 W_C，颗粒沉降完的时间为 t_C，将 t_C 和 h 的数值代入式(9-31)可求出颗粒的直径。

图9-41表示两种颗粒直径体系的沉降曲线，其形状为一折线。OA 段表示两种不同直径的颗粒同时沉降，斜率大；至 t_i 时，直径大的颗粒沉降完毕，直径小的颗粒继续沉降，斜率变小；至 t_C 时，较小直径的颗粒也沉降完毕，总沉降量为 W_C。直径大的颗粒的沉降量为 n，直径小的颗粒的沉降量为 m，两者之和为 W_C。将 t_i、t_C 及 h 代入式(9-31)，可求出两种颗粒的直径。

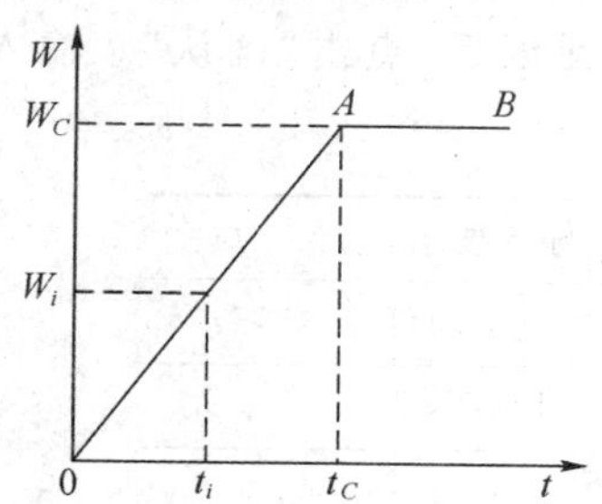

图9-40 颗粒直径相等体系的沉降曲线

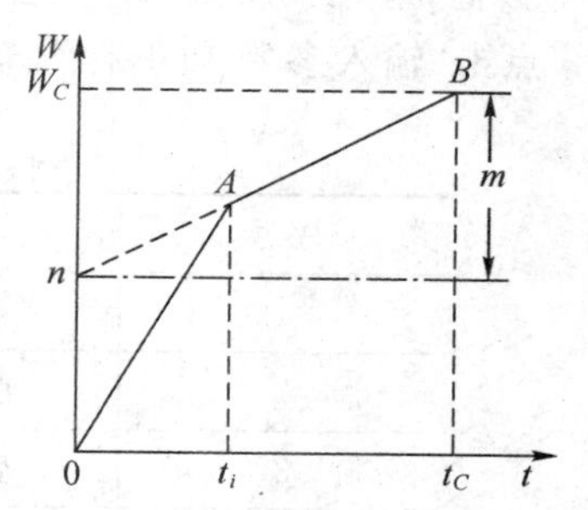

图9-41 两种颗粒体系的沉降曲线

图9-42表示颗粒直径连续分布体系的沉降曲线，在沉降时间 t_1 时，对应的沉降量为 W_1。其分为两部分，一部分为直径 $\geqslant d_1$ 在 t_1 时刚好沉降完的所有颗粒，它的沉降量为 n_1，即对应 t_1 时曲线的切线在纵轴上的截距值；另一部分为直径 $< d_1$ 在 t_1 时继续沉降的颗粒，其已沉降的部分为 m_1。

$$m_1 = t_1 \frac{\mathrm{d}w}{\mathrm{d}t} \tag{9-32}$$

$$n_1 = W_1 - m_1 = W_1 - t_1 \frac{\mathrm{d}w}{\mathrm{d}t} \tag{9-33}$$

如果沉降是完全进行到底的，那么总沉降量 W_C 即样品总量。$Q_1 = \frac{n_1}{W_C} \times 100\%$ 即为直径 $\geqslant d_1$ 的颗粒在样品中所占的百分含量，$Q_2 = \frac{n_2}{W_C} \times 100\%$ 即为直径 $\geqslant d_2$ 的颗粒在样品中所占的百分含量，$Q_{2-1} = \frac{n_2 - n_1}{W_C} \times 100\%$ 即为直径介于 d_1 和 d_2 之间的所有颗粒在样品中所占的百分含量。

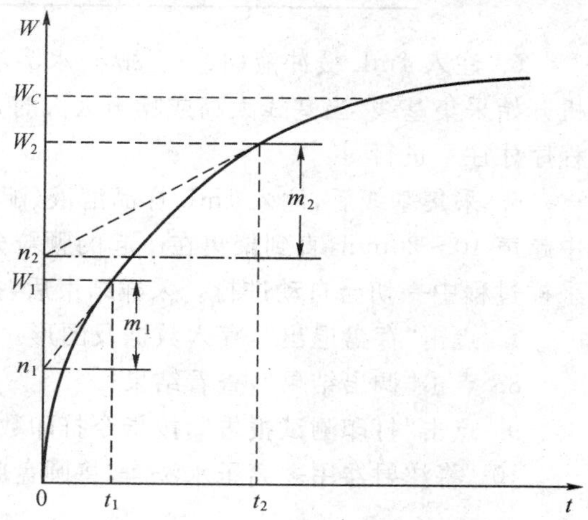

图9-42 颗粒直径连续分布的沉降曲线

三、仪器试剂

粒度测定仪1台；超声波发生器1台；注射器(100mL，1只、1mL，2只)；温度计1只；台称1只；烧杯(50mL，2只)；固体颗粒(C.P.)；甘油(C.P.)；无水乙醇(C.P.)

四、实验步骤

1. 打开粒度计电源开关和电机开关。

2. 开启计算机和打印机，在计算机上启动相应的粒度测定程序。

3. 点击“调整测量曲线”，输入电机转速，向电机圆盘腔内注入 30～40mL 旋转液(40%～60%甘油－水溶液)，调节“增益”旋钮将基线调整到适宜值(3400～3800)，连续运行 20～30min，观察基线值的波动和稳定性，一般要求基线波动量要小于 10 个数值，若基线波动量大于 10 个数值，应延长观察时间直至稳定性符合要求，基线稳定后，敲任意键返回。

4. 点击“输入参数和采样”，输入相应的参数值，检查无误后，点击“确认”。输入参数要求：

序号	参数名称	输入要求
1	样品名称	中英文均可
2	前采样周期	1～29s
3	后采样周期	5～15s
4	颗粒样品密度	实测或查表，单位：$g \cdot cm^{-3}$
5	旋转流体密度	实测或查表，单位：$g \cdot cm^{-3}$
6	旋转流体黏度	实测或查表，单位：泊
7	旋转流体用量	实际使用体积(mL)

5. 注入 1mL 缓冲液(40%乙醇－水溶液)，按“加速”按钮形成缓冲层，点击“确定”，计算机开始采集基线，当基线太高或噪声太大时，程序不往下进行，一直采集基线，待问题解决后，程序才往下进行。

6. 采集基线后，注入 1mL 样品溶液(配制 0.1%～1%的样品水溶液，放入超声波发生器中超声 10～20min，直到聚集在一起的颗粒分散开)并及时按压任意键(时间间隔应小于 1s)，采样过程中一切会自动进行。采样结束后，按计算机指令进行操作。

7. 点击“存盘退出”，存入数据及图形。

8. 点击“调出结果”，查看结果。

9. 点击“打印测试报告”，按指令打印数据及图表。

10. 将注射器用去离子水洗净，将圆盘腔用去离子水洗净、擦干。

五、注意事项

1. 注射旋转液和样品溶液时，注射器针头不要碰到圆盘腔内壁，以免划伤或损坏圆盘。

2. 当电机转速较高时，应先将电机转速以 1000 的转/次递减速度降到 $2000r \cdot min^{-1}$ 后再关闭电机。

3. 将圆盘腔擦干时，应小心操作以免划伤圆盘腔。

六、数据处理

1. 根据测得的不同颗粒在不同时间 t_1 和 t_2 时的界面位置 x_1 和 x_2，据式(9-28)计算出各颗粒的半径。

2. 根据式(9-28)的计算结果和颗粒密度，计算出颗粒总数和颗粒总质量。

3. 计算每种颗粒占总颗粒的数目百分数和质量百分数。

4. 以各颗粒的质量百分数对颗粒半径作图，从图中求出颗粒的沉降曲线。

七、思考题

1. 本实验的主要误差来源是什么？怎样消除？

2. 如何选择样品用量及旋转液用量和浓度？

第三节　设计与研究性实验

实验四十九　十二烷基硫酸钠表面活性剂的制备及性能研究

一、实验目的

1. 了解表面活性剂的基本性质及应用。

2. 掌握表面活性剂的分离纯化技术。

3. 会表面活性剂性质的测试方法。

二、实验背景

十二烷基硫酸钠，别名为月桂醇硫酸钠，是阴离子硫酸酯类表面活性剂的典型代表。由于它具有良好的乳化性、起泡性、可生物降解、耐碱及耐硬水等特点，广泛应用于化工、纺织、印染、制药、造纸、石油、化妆品和洗涤用品制造等各种工业部门。表面活性剂的开发与应用已成为一个非常重要的行业，通过本综合实验可以使学生掌握表面活性剂研究的最基本实验技术和知识。

三、实验提示

1. 合成

(1)向配有搅拌装置的三口烧瓶中加入含 40mL 正十二醇(过量部分起稀释作用),混合均匀的 9.7g 氨基磺酸和 2.4g 尿素,再滴加少量浓硫酸,在 105～110℃下搅拌反应 70min,用 30%的 NaOH 溶液处理,放尽 NH_3 后倒出即得到粗产品。

(2)在粗产物中加入 120mL 水,加热使产物呈流态并将其倒出,用少量乙醚洗涤后,浓缩冷却结晶,即可得到产物。过量的十二醇溶于乙醚,可以回收干燥后再利用。或者,将第 1 步反应后的混合液转移入分流漏斗中,用乙醚萃取 3 次,下层转移至圆底烧瓶中用旋转蒸发仪蒸除水,然后用热无水乙醇溶解粗产物,趁热过滤除去不溶物,蒸除溶剂即得产品。

(3)用红外及核磁表征产物结构。

2. 性质测试

(1)配置系列浓度的表面活性剂,用表面张力仪测定其表面张力仪,并作图求出其临界胶束浓度。

(2)取等量的第 1 步中的系列表面活性剂溶液,向其中加入等量的 NaCl,使 NaCl 为 1%,测定此时各溶液的表面张力,考察盐的加入对表面张力及临界胶束浓度的影响。

四、实验仪器和试剂

仪器:三口烧瓶,搅拌装置,分液漏斗,旋转蒸发器,抽滤装置,容量瓶(50mL),红外光谱分析仪,核磁共振,表面张力测定仪。

药品:正十二醇,氨基磺酸,尿素,浓硫酸,无水乙醇,氢氧化钠,乙醚,氯化钠,重蒸馏水。

五、实验要求与预期目标

1. 查阅文献资料,依据实验室提供的条件,设计制备十二烷基硫酸钠的实验方案。
2. 提出产物鉴定方法。
3. 提出测定表面活性剂表面张力、临界胶束浓度的方法。
4. 撰写研究报告。

六、思考题

1. 采用氨基磺酸进行磺化反应的优点是什么?
2. 盐的加入对表面张力及临界胶束浓度有什么影响?

实验五十　壳聚糖丙烯酰胺接枝共聚物合成及其絮凝效果评价

一、实验目的

1. 掌握溶胶的聚沉原理与方法。

2. 验证电解质聚沉的符号和价数法则。

3. 了解水溶性高分子对溶胶的絮凝作用。

4. 合成壳聚糖丙烯酰胺接枝共聚物，对其絮凝效果进行评价，并与聚丙烯酰胺的絮凝效果进行比较。

二、实验背景

1. 无机电解质的聚沉作用

溶胶由于失去聚结稳定性进而失去动力稳定性的整个过程叫聚沉。电解质可以使溶胶发生聚沉。原因是电解质能使溶胶的 ζ 电势下降，且电解质的浓度越高 ξ 电势下降幅度越大。当 ξ 电势下降至某一数值时，溶胶就会失去聚结稳定性，进而发生聚沉。

不同电解质对溶胶有不同的聚沉能力，常用聚沉值来表示。聚沉值是指一定时间内，能使溶胶发生明显聚沉的电解质的最低浓度。聚沉值越大，电解质对溶胶的聚沉能力越小。

聚沉值的大小与电解质中与溶胶所带电荷符号相反的离子的价数有关。这种相反符号离子的价数越高，电解质的聚沉能力越大。叔采－哈迪(SchlZe-Hardy)分别研究了电解质对不同溶胶的聚沉值，并归纳得出了聚沉离子的价数与聚沉值的关系：

$$M^{+1} : M^{+2} : M^{+3} = (25\sim150) : (0.5\sim2) : (0.01\sim0.1)$$

这个规律称为叔采－哈迪规则。

2. 相互聚沉现象

两种具有相反电荷的溶胶相互混合也能产生聚沉，这种现象称为相互聚沉现象。通常认为有两种作用机理：

(1)电荷相反的两种胶粒电性中和。

(2)一种溶胶是具有相反电荷溶胶的高价反离子。

3. 高分子的絮凝作用

当高分子的浓度很低时，高分子主要表现为对溶胶的絮凝作用。絮凝作用是由于高分子对溶胶胶粒的“桥联”作用产生的。“桥联”理论认为：在高分子浓度很低时，高分子的链可以同时吸附在几个胶体粒子上，通过“架桥”的方式将几个胶粒连在一起，由于高分子链段的旋转和振动，将胶体粒子聚集在一起而产生沉降。

4. 壳聚糖丙烯酰胺接枝共聚物絮凝

甲壳素是一种天然有效的絮凝剂，其分子中有羟基、氨基可以与离子起螯合作用，易与金属离子进行螯合，形成螯合物，有效去除废水中的金属离子，如镀镍废水等，还能有效地吸附卤素，如含氟废水，现在科学家发现它可应用于越来越多的废水处理领域，包括高岭土、蛋白废水、泥水等。

与传统的絮凝剂相比，壳聚糖对废水处理具有吸附性能更强，对环境污染少的优势。对具有酸性基团的染料分子表现出异常的吸附能力；吸附量比活性炭强数倍；在水中具有优良的分散性，处理方法简单而且廉价，如接触过滤法等；废水处理时吸附剂过滤性能优良，无泄露，不产生二次污染，可生物降解，并且可有效抑制细菌生长等优点。因此，壳聚糖被认为是水处理领域中最具潜力的环境友好型吸附材料。但是它同时也存在很多的缺陷，如适用的 pH 范围窄，不溶于大多数的溶剂，使用成本高等，因此很多科研人员着力于对壳聚糖进行化学改性，接枝改性是一个很热门的方向，其中以将壳聚糖与丙烯酰胺接枝的研究最多。

甲壳素/壳聚糖的接枝共聚研究最早见于 1973 年的一篇美国专利。Slagel 等首先将丙烯酰胺、2-丙烯酰胺-2-甲基丙磺酸与壳聚糖的接枝共聚物用于提高纸制品的干态强度。之后的 10 年对这方面的研究就比较少，直到 1990 年研究又开始蓬勃起来。Kurita 等以 Ce^{4+} 引发丙烯酰胺(AM)对脱乙酰度为 10%的甲壳素进行接枝共聚改性，AM 的最高接枝率可达到 240%；Kim 等以 Ce^{4+} 引发 N-异丙烯酰胺与脱乙酰度为 76%的壳聚糖接枝共聚，在 N-异丙烯酰胺的浓度为 0.5M，CAN 浓度为 2×10^{-3}M 时，25℃下反应 2h 可达到最大接枝率 48%。林静雯等采用过硫酸铵(3mmol/L)做引发剂，丙烯酰胺与壳聚糖质量比为 2∶1，反应温度为 30℃，反应时间为 3h，在体积分数为 1.5%的冰乙酸中进行接枝共聚反应，产物接枝率为 133.4%。壳聚糖与丙烯酰胺等单体接枝共聚后，不但分子量显著增大，而且可解离的基团增多。这些基团可与许多物质吸附、螯合，吸附能力增强，能在多个颗粒间形成吸附架桥，有效地将颗粒聚合，使颗粒更迅速地沉降。同时，由于这些基团的加入，改善了壳聚糖的分子结构，减小了壳聚糖自身的氢键作用力，使壳聚糖的溶解性增加，扩大了壳聚糖作为絮凝剂的适用范围。

三、实验提示

1. 电解质对溶胶的聚沉作用

在 3 个清洁、干燥的 100mL 锥形瓶内，用移液管各加入 10mL $Fe(OH)_3$ 溶胶。然后用微量滴定管分别滴入硝酸铈铵、过硫酸铵、双氧水—硫酸亚铁、高锰酸钾—草酸电解质溶液，每加入一滴要充分振荡，至少 1min 内溶胶不会出现浑浊才可以加入第二滴电解质溶液。

2. 黏土溶胶和氢氧化铁溶胶的相互聚沉作用

取 6 支干燥试管，在每支试管中依次加入 2mL $Fe(OH)_3$ 溶胶。然后在所有试管中加入黏土溶胶，使每支试管内的溶胶总体积为 6mL。摇动每支试管，静止 2h，记下每支试管中的聚沉现象。

3. 高分子的絮凝作用

取 10 个 50mL 内径相近的具塞量筒，用移液管分别加入 20mL 黏土溶胶，分别加入分子量为 2×10^6 的 0.02%的部分水解聚丙烯酰胺(HPAM)溶液，再加水到 50mL，来回翻倒 20 次，静止 1h，在液面下 2cm 处吸取 5mL 溶液，用 722 型分光光度计，在波长 420nm 下，以蒸馏水为空白测其光密度。

4. 壳聚糖丙烯酰胺接枝共聚物的制备

接枝聚合装置如图 9-43 所示。启动 STP 型电热恒温水浴锅，将温度调到需要的温度，先预热约30min直到温度恒定。取一个250mL的三口瓶，加入需要量的壳聚糖，溶解于100mL的浓度为1%的醋酸中，将三口瓶放入恒温水浴中，装好装置，先通氮气30min，开始搅拌，直到壳聚糖充分溶解。加入与壳聚糖呈一定比例的丙烯酰胺 M，在慢速搅拌下充分混合，然后加入一定量的硝酸铈铵作为引发剂，反应到指定时间后取出，并用黏度杯测定其黏度。将聚合产物用丙酮反复洗涤，析出白色的絮状物，这里的絮状物实际上就是未反应的壳聚糖、接枝共聚物和均聚物混合物。混合物放入真空干燥箱内在温度为(50±2)℃时干燥至恒重，记录下初产物的重量 M_1。所得初产物用索氏提取器进行抽提，在平底瓶中加入100mL的乙醇，加入几颗碎石防止爆沸，将平底瓶放入恒温水浴中，温度调到70℃，搭好索氏提取的装置，提取10h后结束。再次将所得最终产物放入真空干燥箱内干燥至恒重，称量精制产品质量，记为 M_2。接枝率和接枝效率的计算方法如下。

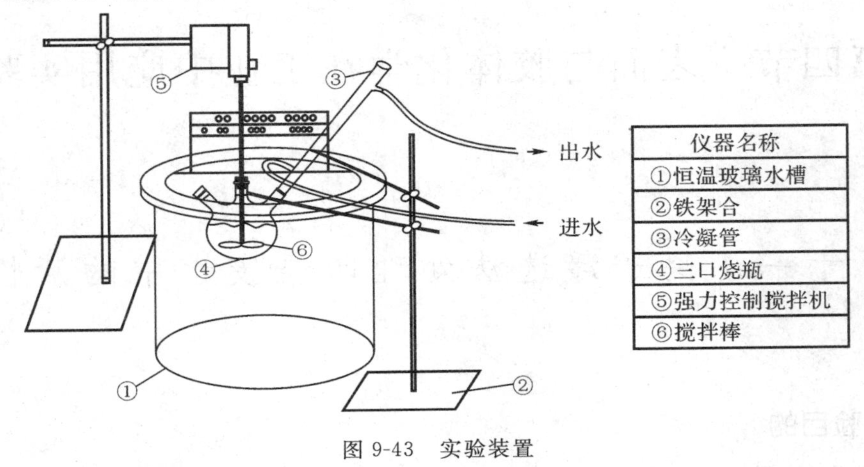

图 9-43　实验装置

接枝率和接枝效率是反映接枝成效的两个指标，接枝率是从单体参加反应的数量关系来确定反应进行的程度。接枝效率是从参加接枝反应的单体的有效数量来确定反应进行的程度；公式如下：

接枝率 C_M(%)=(接枝后的精产物－加入壳聚糖的量)/加入的壳聚糖的量

接枝效率 G(%)=(接枝后的精产物－加入的壳聚糖的量)/加入的丙烯酰胺的量

接枝率 $C_M(\%)=(M_2-1.0)/1.0\times100\%$

接枝效率 $G(\%)=(M_2-1.0)/M\times100\%$

四、实验仪器与试剂

1. 仪器：722型分光光度计，玻璃恒温水槽，循环水式真空泵，强力控制搅拌机，恒温干燥箱，氮气瓶，低速自动平衡微型离心机，水浴振荡器，真空干燥箱，pH计，黏度杯，浊度计，100mL锥形瓶6个，10mL微量滴定管3支，5mL、10mL移液管各2支，10mL试管6支，20mL试管4支，50mL具塞量筒10个，50mL、100mL烧杯各1个。

2. 试剂：盐酸，液状石蜡，无水乙醇，丙酮，氢氧化钠，硝酸铈铵，高岭土，壳聚糖，丙烯酰胺，冰乙酸，0.01mol/L KCl，0.001mol/L K_2SO_4，0.001mol/L $K_3(COO)_3C_3H_4OH$，$Fe(OH)_3$ 溶胶，黏土溶胶。

五、实验要求与预期目标

1. 根据实验结果判断 $Fe(OH)_3$ 溶胶和黏土溶胶的带电性。
2. 比较各电解质的聚沉值，验证叔采一哈迪规则。
3. 以 HPAM 的质量百分数作横坐标，絮凝效率作纵坐标，画出 Ar-c 曲线，并解释之。
4. 合成壳聚糖丙烯酰胺接枝共聚物，对其絮凝效果进行评价，并与聚丙烯酰胺的絮凝效果进行比较。
5. 撰写研究报告。

第四节 表面与胶体化学在工业中应用实验

实验五十一 离子浮选法处理印染废水中的活性染料

一、实验目的

1. 用离子浮选法处理印染废水中的活性染料.
2. 进一步巩固界面化学知识。

二、实验背景

离子浮选是一种新型的分离技术和净化手段。它以其分离设备简单、投资少、能耗低、提取率高、能迅速处理大量试液并可实现自动化和连续化的特点，引起了环保、医药、生物工程等行业的广泛注意，成为一种很有发展前途的分离技术。

在离子浮选中，根据被浮选离子在溶液中的状态，选用与被浮选离子具有相反电性的阴离子或阳离子表面活性剂作为浮选剂。它们在液/气两相界面上吸附，形成定向的离子层，使泡沫带电，对溶液中的异电离子有静电吸引作用。基于浮选剂对不同电性离子的吸引力不同，因而可以把某些离子富集在泡沫中，利用气泡本身受浮力作用上升，将被分离组分带出溶液主体，从而达到分离目的。用离子浮选法处理印染废水中的活性染料，解决了原印染废水处理方法中污泥处理量大，原料和设备费用高，脱色率低这一难题。

三、基本原理

活性染料以其色谱齐全、色泽鲜艳、成本低廉、染色牢度强、均染性好等特点而在印染工业中广泛使用。但由于印染废水中的活性染料母体结构具有亲水性能良好的—SO_3Na基团，至使印染废水色度达不到国家规定的排放标准。针对活性染料中所含的—SO_3Na基团在水中离解成带有负电的—SO_3^-基这一特点，加入带有阳离子的十六烷基三甲基溴化铵(CTAB)表面活性剂作起泡剂(浮选剂)，进行离子浮选。由于CTAB中的阳离子与染料二聚体的—SO_3^-基在溶液中结合成疏松的胶体(见图9-44)，经鼓泡后在气泡上定向排列并形成多层吸附，导致电子云相互作用形成新的分子轨道，使结合物紧密聚合成为不溶性浮渣除去，从而达到印染废水脱色目的。

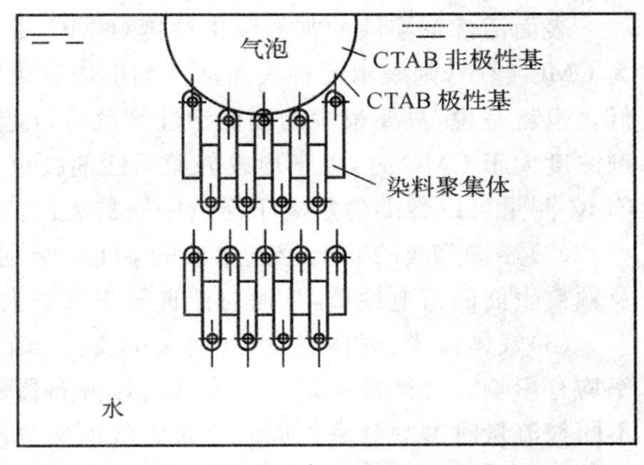

图 9-44　CTAB染料聚合物在气泡表面的聚集状态

四、实验要求

运用所学的界面化学知识，将诸多界面基本性质(如σ、σ_t、CMC、ζ、Γ_2)测量实验作为研究手段融入整个实验中，研究影响离子浮选效率(即染料废水脱色率)的主要因素、寻找最佳工艺条件，探讨浮选机理。

1. 学会间歇式离子浮选设备的安装与调试

安装好间歇式浮选设备，关闭间歇式浮选柱气室下方活塞，打开充气泵，待送入浮选塔的空气流量达到约1.6～2.0mL/s时，在间歇式浮选塔内加入印染废水，约1～2min后从浮选柱底部一次将表面活性剂CTAB注入柱内。将流量计压差调至所需流量位置，同时开始记时。

2. 印染废水脱色率测定

每隔10min在离表面层液面15cm处，取样进行比色分析。泡沫液由溢流口溢出，收集在大烧杯中。浮选至浮选液变得清澈透明。记下所需的时间和与之对应的吸光度，计算脱色率。

印染废水中的活性染料浓度c与吸光度A关系如下：

$$A = kcl \tag{9-34}$$

其中，k为吸光系数；l为液层厚度，单位为cm。

脱色率

$$D = \left[1 - \frac{A_t}{A_0}\right] \times 100\% \tag{9-35}$$

式中：A_0为浮选前原液的吸光度；A_t为浮选后溶液的吸光度。

浮选效率为

$$\eta = \frac{c_0 - c_t}{c_0} \times 100\% \tag{9-36}$$

其中，c_0为浮选前浮选液中染料的浓度，单位为$mol \cdot L^{-1}$；c_t为浮选后浮选液中染料的浓度，单位为$mol \cdot L^{-1}$。

3. 讨论各因素对离子浮选效率的影响

(1)表面活性剂浓度：表面活性剂在界面吸附量与其非极性部分的链长度有关。对某一确定的表面活性剂而言，它与待分离物的适宜比例(即表面活性剂的浓度)对浮选效率的影响很大。

表面活性剂溶液的临界胶束浓度(CMC)是表面活性剂溶液的表面活性的一种量度。因为CMC越小,则表示此种表面活性剂形成胶束所需的浓度越低,达到表面饱和吸附的浓度越低。也就是说,只要很少的表面活性剂就可以起到润湿、乳化、加溶气泡等作用。当表面活性剂浓度大于CMC时,由于形成表面活性剂胶束而降低其吸附作用。因此,表面活性剂溶液的CMC测量可以帮助确定离子浮选中所需表面活性剂的浓度。

(2)浮选溶液的pH:浮选溶液的pH影响到分离物和表面活性剂在溶液中的存在形式以及颗粒表面的荷电性质,从而对浮选效率有很大影响。

(3)气体流量:气体流量、气泡大小及其分布、泡沫层厚度以及浮选剂的加入方式对浮选效率均有影响。气流量决定了气泡从气体分布器(多孔板)上升到浮选柱顶所需的时间 t。测量不同气流量时的脱色率。同时用最大气泡法测量表面活性剂的动态表面张力 σ_t。探讨气流量 G、表面寿命 t_e 与浮选效率之间的关系,确定最适宜气流量范围。

4. 探讨离子浮选机理

(1)推断CTAB—染料结合物电性质:将染料与CTAB以不同的摩尔比浮选后所得的结合物分别进行电泳测定,推断浮选后所得结合物的结构。

(2)证实 $CTAB-SO_3^-$ 基团:用分光光度计分别测定未加CTAB的活性染料水溶液和CTAB—活性染料结合物的洗涤液(即结合物经水洗后离解出来的染料形成的染液)的吸收光谱,证实 $CTAB-SO_3^-$ 基团存在。

(3)探讨有关浮选机理:分别测量染料与CTAB在不同的摩尔比的脱色率,结合上述(1)、(2)结论探讨浮选机理。

5. 自选实验内容

查阅有关离子浮选技术应用的有关文献,自选实验内容,制订实验方案并进行实验,研究离子浮选技术的其他应用。

五、仪器及试剂

1. 仪器:7230型分光光度计,JS94F型微电泳仪(见本书第6章6.12),pH计,歇式离子浮选装置(见图9-45)。

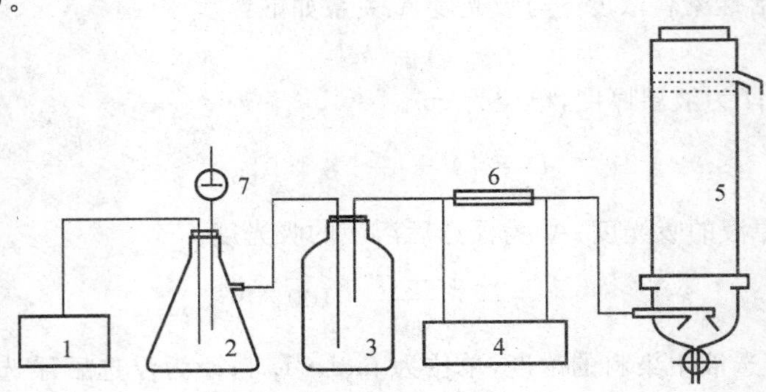

图 9-45 实验装置

1—充气泵;2—增压瓶;3—缓冲瓶;4—数字压差计;5—间歇式浮选塔;6—毛细管;7—针形阀

2. 试剂:十六烷基三甲基溴化铵,染料。

六、实验提示

1. 实验前必须查阅要分离的活性染料的分子结构，了解该染料中所含的—SO_3Na基团的数量以及表面活性剂CTAB的CMC。

2. 实验所用表面活性剂CTAB的浓度应低于CTAB的CMC，同时又必须与要分离的活性染料中所含的—SO_3Na基团数相对应。

3. 由于活性染料在酸性或碱性溶液中都会产生不同程度的水解，所以浮选时溶液的pH控制在7左右。

4. 送入浮选柱的空气流量约1.6～2.0mL/s时浮选效率较高。

实验五十二 旋风分离沉降除尘实验

一、实验目的

1. 观察含碳黑粉尘的空气在旋风分离器内的运动。

2. 了解旋风分离器的除尘原理。

二、实验装置

旋风分离器实验装置如图9-46所示。

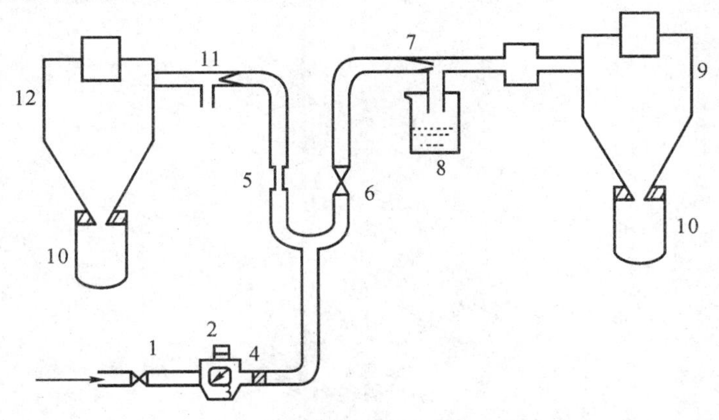

图9-46 旋风分离器与对比模型流程

1—总气阀；2—过滤减压阀；3—压力表；4—节流孔；5—旋塞；6—节流孔；7、11—抽吸器；8—煤粉杯；9—旋风分离器；10—灰斗；12—对比模型

三、实验步骤

1. 清除整个除尘体系的灰尘。
2. 封好旋风分离器底部灰斗。
3. 启动风机。
4. 向抽吸器中加入一定粒径范围的煤灰，并随气体进入旋风分离器。
5. 调节不同的风速，观察旋风分离器的除尘效果。
6. 调节煤灰的粒径范围，再观察旋风分离器除尘效果。
7. 调整旋风分离器底部灰斗密封度来观察旋风分离器的除尘效果。
8. 关机并清除整个除尘体系的灰尘。

四、思考题

1. 旋风分离器与对比模型结构有何不同？
2. 煤粉在旋风分离器尾气出口排出的粉尘含量与对比模型尾气出口排出的粉尘含量有什么不同？这说明了什么？
3. 旋风分离器的底部灰斗处为什么要密封？
4. 旋风分离器的分离效率与它的结构有什么关系？

第十章

流体力学实验方法

实验五十三　伯努力方程验证实验

一、实验目的

1. 观测动、静、位压头随管径、位置、流量的变化情况，验证连续性方程和柏努利方程。
2. 定量考察流体流经收缩、扩大管段时，流体流速与管径关系。
3. 定量考察流体流经直管段时，流体阻力与流量关系。
4. 定性观察流体流经节流件、弯头的压损情况。

二、基本原理

化工生产中，流体的输送多在密闭的管道中进行，因此研究流体在管内的流动是化学工程中一个重要课题。任何运动的流体，仍然遵守质量守恒定律和能量守恒定律，这是研究流体力学性质的基本出发点。

1. 连续性方程

对于流体在管内稳定流动时的质量守恒形式表现为如下的连续性方程：

$$\rho_1 \iint_1 v \mathrm{d}A = \rho_2 \iint_2 v \mathrm{d}A \tag{10-1}$$

根据平均流速的定义，有

$$\rho_1 u_1 A_1 = \rho_2 u_2 A_2 \tag{10-2}$$

即

$$m_1 = m_2 \tag{10-3}$$

而对均质、不可压缩流体，$\rho_1=\rho_2=$常数，则式(10-2)变为

$$u_1A_1=u_2A_2 \tag{10-4}$$

可见，对均质、不可压缩流体，平均流速与流通截面积成反比，即面积越大，流速越小；反之，面积越小，流速越大。

对圆管，$A=\pi d^2/4$，d 为直径，于是式(10-4)可转化为

$$u_1d_1^2=u_2d_2^2 \tag{10-5}$$

2. 机械能衡算方程

运动的流体除了遵循质量守恒定律以外，还应满足能量守恒定律，依此，在工程上可进一步得到十分重要的机械能衡算方程。

对于均质、不可压缩流体，在管路内稳定流动时，其机械能衡算方程(以单位质量流体为基准)为

$$z_1+\frac{u_1^2}{2g}+\frac{p_1}{\rho g}+h_e=z_2+\frac{u_2^2}{2g}+\frac{p_2}{\rho g}+h_f \tag{10-6}$$

显然，式(10-6)中各项均具有高度的量纲，z 称为位头，$u^2/2g$ 称为动压头(速度头)，$p/\rho g$ 称为静压头(压力头)，h_e 称为外加压头，h_f 称为压头损失。

关于上述机械能衡算方程的讨论：

(1)理想流体的柏努利方程。无黏性的即没有黏性摩擦损失的流体称为理想流体，就是说，理想流体的 $h_f=0$，若此时又无外加功加入，则机械能衡算方程变为

$$z_1+\frac{u_1^2}{2g}+\frac{p_1}{\rho g}=z_2+\frac{u_2^2}{2g}+\frac{p_2}{\rho g} \tag{10-7}$$

式(10-7)即为理想流体的柏努利方程。该式表明，理想流体在流动过程中，总机械能保持不变。

(2)若流体静止，则 $u=0$，$h_e=0$，$h_f=0$，于是机械能衡算方程变为

$$z_1+\frac{p_1}{\rho g}=z_2+\frac{p_2}{\rho g} \tag{10-8}$$

式(10-8)即为流体静力学方程，可见流体静止状态是流体流动的一种特殊形式。

三、装置流程

机械能衡算方程综合实验装置如图 10-1 所示。装置为有机玻璃材料制作的管路系统，通过泵使流体循环流动。管路内径为 30mm，节流件变截面处管内径为 15mm。单管压力计 1 和 2 可用于验证变截面连续性方程，单管压力计 1 和 3 可用于比较流体经节流件后的能头损失，单管压力计 3 和 4 可用于比较流体经弯头和流量计后的能头损失及位能变化情况，单管压力计 4 和 5 可用于验证直管段雷诺数与流体阻力系数关系，单管压力计 6 与 5 配合使用，用于测定单管压力计 5 处的中心点速度。

四、演示操作

1. 先在下水槽中加满清水，保持管路排水阀、出口阀关闭状态，通过循环泵将水打入上水槽中，使整个管路中充满流体，并保持上水槽液位处于一定高度，可观察流体静止状态时各管段高度。

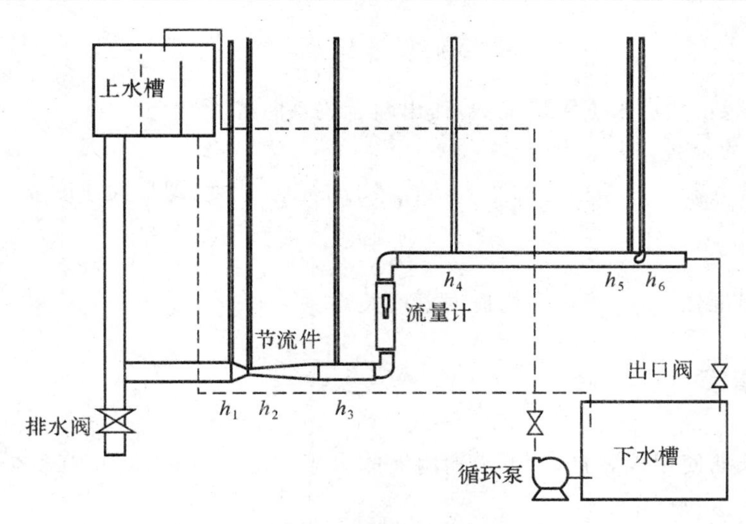

图 10-1　机械能衡算方程综合实验装置

2. 通过出口阀调节管内流量，注意保持上水槽液位高度稳定(即保证整个系统处于稳定流动状态)，并尽可能使转子流量计读数在刻度线上。观察记录各单管压力计读数和流量值。

3. 改变流量，观察各单管压力计读数随流量的变化情况。注意每改变一个流量，需给予系统一定的稳流时间，方可读取数据。

4. 结束实验，关闭循环泵，全开出口阀排尽系统内流体，之后打开排水阀排空管内沉积段流体。

五、数据分析

1. h_1 和 h_2 的分析

由转子流量计流量读数及管截面积，可求得流体在 1 处的平均流速 u_1(该平均流速适用于系统内其他等管径处)。若忽略 h_1 和 h_2 间的沿程阻力，适用柏努利方程即式(10-7)，且由于 1、2 处等高，则有

$$\frac{p_1}{\rho g}+\frac{u_1^2}{2g}=\frac{p_2}{\rho g}+\frac{u_2^2}{2g} \tag{10-10}$$

其中，两者静压头差即为单管压力计 1 和 2 读数差($m H_2O$)，由此可求得流体在 2 处的平均流速 u_2。令 u_2 代入式(10-5)，验证连续性方程。

2. h_1 和 h_3 的分析

流体在 1 和 3 处，经节流件后，虽然恢复到了等管径，但是单管压力计 1 和 3 的读数差说明了能头的损失(即经过节流件的阻力损失)。且流量越大，读数差越明显。

3. h_3 和 h_4 的分析

流体经 3 和 4 处，受弯头和转子流量计及位能的影响，单管压力计 3 和 4 的读数差明显，且随流量的增大，读数差也变大，可定性观察流体局部阻力导致的能头损失。

4. h_4 和 h_5 的分析

单管压力计 4 和 5 的读数差说明了直管阻力的存在(小流量时，该读数差不明显，具体考察直管阻力系数的测定可使用流体阻力装置)，根据

$$h_f = \lambda \frac{L}{d} \frac{u^2}{2g} \tag{10-11}$$

可推算得阻力系数，然后根据雷诺准数，作出两者关系曲线。

5. h_5 和 h_6 的分析

单管压力计 5 和 6 之差指示的是 5 处管路的中心点速度，即最大速度 u_c，有

$$\Delta h = \frac{u_c^2}{2g} \tag{10-12}$$

考察在不同雷诺准数下，与管路平均速度 u 的关系。

六、注意事项

1. 若不是长期使用该装置，对下水槽内液体也应作排空处理，防止沉积尘土，否则可能堵塞测速管。

2. 每次实验开始前，也需先清洗整个管路系统，即先使管内流体流动数分钟，检查阀门、管段有无堵塞或漏水情况。

实验五十四　雷诺实验

一、实验目的

1. 观察流体在管内流动的两种不同流形。
2. 测定临界雷诺数 Re_c。

二、实验原理

流体流动有两种不同形态，即层流（或称滞流，Laminar flow）和湍流（或称紊流，Turbulent flow），这一现象最早是由雷诺（Reynolds）于 1883 年首先发现的。流体作层流流动时，其流体质点作平行于管轴的直线运动，且在径向无脉动；流体作湍流流动时，其流体质点除沿管轴方向作向前运动外，还在径向作脉动，从而在宏观上显示出紊乱地向各个方向作不规则的运动。

流体流动形态可用雷诺准数（Re）来判断，这是一个由各影响变量组合而成的无因次数群，故其值不会因采用不同的单位制而不同。但应当注意，数群中各物理量必须采用同一单位制。若流体在圆管内流动，则雷诺准数可用下式表示：

$$\mathrm{Re} = \frac{du\rho}{\mu} \tag{10-13}$$

式中：Re—雷诺准数，无因次；

d—管子内径，m；

u—流体在管内的平均流速，m/s；

ρ—流体密度，kg/m^3；

μ—流体黏度；Pa·s。

层流转变为湍流时的雷诺数称为临界雷诺数，用 Re_c 表示。工程上一般认为，流体在直圆管内流动时，当 Re≤2000 时为层流；当 Re>4000 时，圆管内已形成湍流；当 Re 在 2000 至 4000 范围内，流动处于一种过渡状态，可能是层流，也可能是湍流，或者是二者交替出现，这要视外界干扰而定，一般称这一 Re 数范围为过渡区。

式(10-13)表明，对于一定温度的流体，在特定的圆管内流动，雷诺准数仅与流体流速有关。本实验即是通过改变流体在管内的速度，观察在不同雷诺准数下流体的流动形态。

三、实验装置及流程

实验装置如图 10-2 所示，主要由玻璃试验导管、流量计、流量调节阀、低位贮水槽、循环水泵、稳压溢流水槽等部分组成，演示主管路为 ϕ20mm×2mm 硬质玻璃。

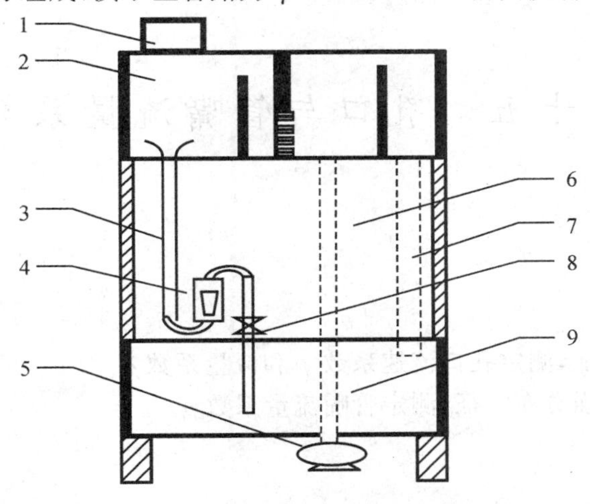

图 10-2 流体流型演示实验

1—红墨水储槽；2—溢流稳压槽；3—实验管；4—转子流量计；
5—循环泵；6—上水管；7—溢流回水管；8—调节阀；9—储水槽

实验前，先将水充满低位贮水槽，关闭流量计后的调节阀，然后启动循环水泵。待水充满稳压溢流水槽后，开启流量计后的调节阀。水由稳压溢流水槽流经缓冲槽、试验导管和流量计，最后流回低位贮水槽。水流量的大小可由流量计和调节阀调节。

示踪剂采用红色墨水，它由红墨水贮瓶经连接管和细孔喷嘴，注入试验导管。细孔玻璃注射管(或注射针头)位于试验导管入口的轴线部位。

注意：实验用的水应清洁，红墨水的密度应与水相当，装置要放置平稳，避免震动。

四、演示操作

1. *层流流动形态*

试验时，先少许开启调节阀，将流速调至所需要的值，再调节红墨水贮瓶的下口旋塞，并作精细调节，使红墨水的注人流速与试验导管中主体流体的流速相适应，一般略低于主体流体的流速为宜。待流动稳定后.记录主体流体的流量。此时,在试验导管的轴线上,就可观察到一条平直的红色细流,好像一根拉直的红线一样。

2.湍流流动形态

缓慢地加大调节阀的开度,使水流量平稳地增大,玻璃导管内的流速也随之平稳地增大。此时可观察到,玻璃导管轴线上呈直线流动的红色细流开始发生波动。随着流速的增大,红色细流的波动程度也随之增大,最后断裂成一段段的红色细流。当流速继续增大时,红墨水进入试验导管后立即呈烟雾状分散在整个导管内,进而迅速与主体水流混为一体,使整个管内流体染为红色,以致无法辨别红墨水的流线。

五、思考题

1.流体的流动类型与雷诺数的值有什么关系?

2.顶部水槽为什么要进行这样设计?

实验五十五 孔口与管嘴流量系数实验

一、实验目的

1.了解孔口流动特征,测定孔口流速系数 ϕ 和流量系数 μ。

2.了解管嘴内部压强分布特征,测定管嘴流量系数 μ。

二、实验原理

当水流从孔口出流时,由于惯性的作用,水流在出孔口后有收缩现象,约在 $0.5d$ 处形成收缩断面 c-c。收缩断面 c-c 的面积 A_c 与孔口的面积 A 的比值 ε 称为收缩系数。应用能量方程可推得孔口流量计算公式如下

$$Q=\varepsilon\phi A\sqrt{2gH} \text{ 或 } Q=\mu A\sqrt{2gH}$$

式中:ϕ 为流速系数;μ 为流量系数;H 为孔口中心点以上的作用水头。已知收缩系数 ε 和流速系数 ϕ 或流量系数 μ 可求得孔口流量。本实验将根据实测的流量等数据测定流速系数 φ 或流量系数 μ。

当水流经管嘴出流时,由于管嘴内部的收缩断面处产生真空,等于增加了作用水头,使得管嘴的出流大于孔口出流。应用能量方程可推得管嘴流量计算公式如下

$$Q=\phi_n A\ \sqrt{2gH} \text{ 或 } Q=\mu_n A\sqrt{2gH}$$

式中:φ_n 为流速系数;μ_n 为流量系数;$\varphi_n=\mu_n$;H 为管嘴中心点以上的作用水头。已知流速系数 φ_n 或流量系数 μ_n 可求得管嘴流量。本实验将根据实测的流量等数据测定流速系数 φ_n 或流量系数 μ_n。

根据系统理论和实验研究各系数有下列数值:

孔口　　$\varepsilon=0.63\sim0.64$　　$\varphi=0.97\sim0.98$　　$\mu=0.60\sim0.62$

管嘴　　　　　　　　$\varphi_n=\mu_n=0.82$

由于收缩断面位置不易确定以及观测误差等原因，本实验设备所测的数据只能逼近上述数据。

三、实验设备

孔口管嘴实验仪，如图 10-3 所示。

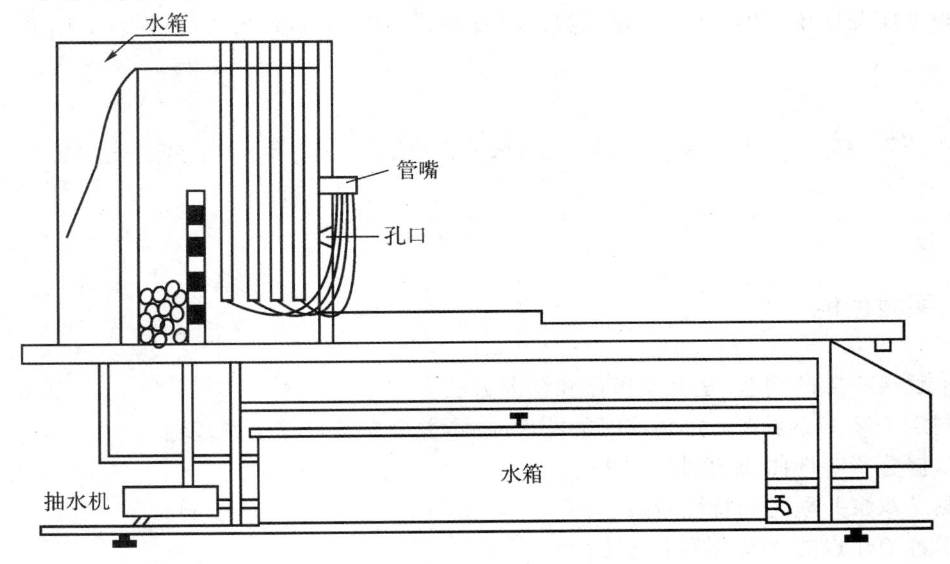

图 10-3　孔口管嘴实验仪

四、实验步骤

1. 熟悉仪器，记录孔口直径 $d_{孔口}$ 和管嘴直径 $d_{管嘴}$，记录孔口中心位置高程 $\nabla_{孔口}$ 和水箱液面高程 $\nabla_{液面}$。

2. 启动抽水机，打开进水开关，使水进入水箱，并使水箱保持溢流，使水位恒定。

3. 关闭孔口和管嘴，观测与管嘴相连的压差计液面是否与水箱水面齐平。若不平，则需排气调平。

4. 打开管嘴，使其出流，压差计液面将改变，当流动稳定后，记录压差计各测压管液面，用体积法或电子流量计测量流量。

5. 关闭管嘴，打开孔口，使其出流，当流动稳定后，用游标卡尺测量孔口收缩断面直径，用体积法或电子流量计测量流量。

6. 关闭水泵，排空水箱，结束实验。

五、注意事项

1. 测量流量后，量筒内的水必须倒进接水器，以保证水箱循环水充足。

2. 测流量时，计时与量筒接水一定要同步进行，以减小流量的量测误差。
3. 测流量一般测两次取平均值，以消除误差。
4. 少数测压管内水面会有波动现象。应读取波动水面的最高与最低读数的平均值。

六、思考题

1. 流速系数 ϕ 是否可能大于 1.0?
2. 为什么同样直径与同样水头条件下，管嘴的流量系数值比孔口的大?
3. 根据实测的值，计算孔口流速系数或流量系数、管嘴流量系数，分析误差的原因。

实验五十六　离心泵特性曲线的测定实验

一、实验目的

1. 了解离心泵的构造，掌握其操作和调节方法。
2. 测定单级离心泵在一定转速时的特性曲线，并确定其最佳工作范围。
3. 掌握管路特性曲线的测量方法。
4. 测定双泵并联时的特性曲线。
5. 了解工作点的含义及确定方法。

二、基本原理

泵是输送液体的常用机械，在生产中选用一台既能满足生产任务，又经济合理的离心泵，需要根据生产的要求(流量和压头)，参照泵的性能来决定的。如果要正确地选择和使用离心泵，就必须掌握离心泵的流量(Q)变化时，泵的压头(H)，功率(N)和效率(η)，以及允许吸上真空度 H_S 的变化规律，即 H—Q 曲线，N—Q 曲线，η—Q 曲线，H_A—Q 曲线，离心泵的特性曲线是由实验测得的。本实验只测定 H—Q 曲线，N—Q 曲线，η—Q 曲线。

1. 送液能力 Q 的测定

在一定转速下，用出口阀来调节离心泵的送液能力。实验装置(2)用涡轮流量瞬时指示仪进行测定，即：

$$Q = \frac{f}{\xi} \text{或} Q = 3.6 \times \frac{f}{\xi} (\mathrm{m^3/h})$$

式中：f——流量瞬时指示仪示值(Hz)

ξ——流量系数(1/L)

本装置×5 档　ξ=68.90

×10 档　ξ=70.53

实验装置(1)中流量的测量采用大孔板流量计测量，其流量计算公式为

$$V = C_1 R^{C2}$$

式中：V——流量，单位 m^3/h；

R——孔板压差，单位 kPa；

$C_1 = 1.4$；

$C_2 = 0.5$；

测压口间距为 0.3m。

2. 压头 H 的测定

在进口真空表和出口压力表两测压点截面间列出柏努利方程：

$$gz_1 + \frac{P_1}{\rho} + \frac{u_1^2}{2} + W_3 = gz_2 + \frac{P_2}{\rho} + \frac{u_2^2}{2} + \sum h_f$$

由于两测压点之间的管路很短，摩擦阻力损失可忽略不计，两侧的管径看作一致，即可导出：

$$He = H_{压力表} + H_{真空表} + H_0$$

其中，$H_{真空表}$、$H_{压力表}$分别为离心泵进出口的压力[m]；H_0 为两测压口间的垂直距离。

或
$$H = \left(P'_2 + \frac{P'_1}{735.6}\right) \times 10(m\text{H}_2\text{O})$$

式中：P'_1 为进口测压点真空表示值(mmHg)；P'_2 为出口测压点压力表示值(kgf/cm^2)

3. 轴功率 N 的测定

N 是电机传给泵的轴功率，SI 制中用下式计算：

$$N = \frac{2\pi}{60} M \times n = 0.1047 M \times n (\text{W})$$

式中：M 为转矩(N·m)；n 为转速(l/分)

泵行业习惯上用工程单位制，功率计算式是：

$$N = \frac{2\pi \times 9.81}{60 \times 1000} PLn = \frac{PLn}{937.7} \quad (\text{kW})$$

式中：P 为测力臂上所加的砝码质量(kg)；L 为测力臂长(m)，本实验装置(2)$L = 0.4869$(m)，则

$$N = \frac{0.4869}{973.7} Pn = \frac{Pn}{2000} \quad (\text{kW})$$

或采用功率表直接测出电机输入的电功率 $N_{电机}$，再根据电机效率计算出泵的轴功率 N，即

$$N = N_{电机} \cdot \eta_{电机} \cdot \eta_{传动} \qquad [\text{kW}]$$

其中，$\eta_{电机}$为电机效率，取 0.9；$\eta_{传动}$为传动装置的效率，本实验装置(1)取 1.0。

4. 效率 η 的计算

泵的效率是泵的有效功率与轴功率之比。有效功率是液体由泵得到的实际功率，SI 制中：

$$N_e = QH\rho g \quad (\text{W})$$

式中：Q 为流量(m^3/s)；H 为扬程(m)；ρ 为液体密度(kg/m^3)。

$$\eta = \frac{N_e}{N_{轴}} \times 100\% = \frac{QH\rho}{102 N_{轴}} \times 100\%$$

离心泵的特性曲线是在某指定转速下的特性曲线，当实验时的转速(n)与指定转速(n_1)有差异时，应将实验结果换算为指定转速下的数值：

$$Q_1 = Q\frac{n_1}{n};H_1 = H\left(\frac{n_1}{n}\right)^2;N_1 = N\left(\frac{n_1}{n}\right)^3$$

三、实验装置流程

1. 实验装置(1)

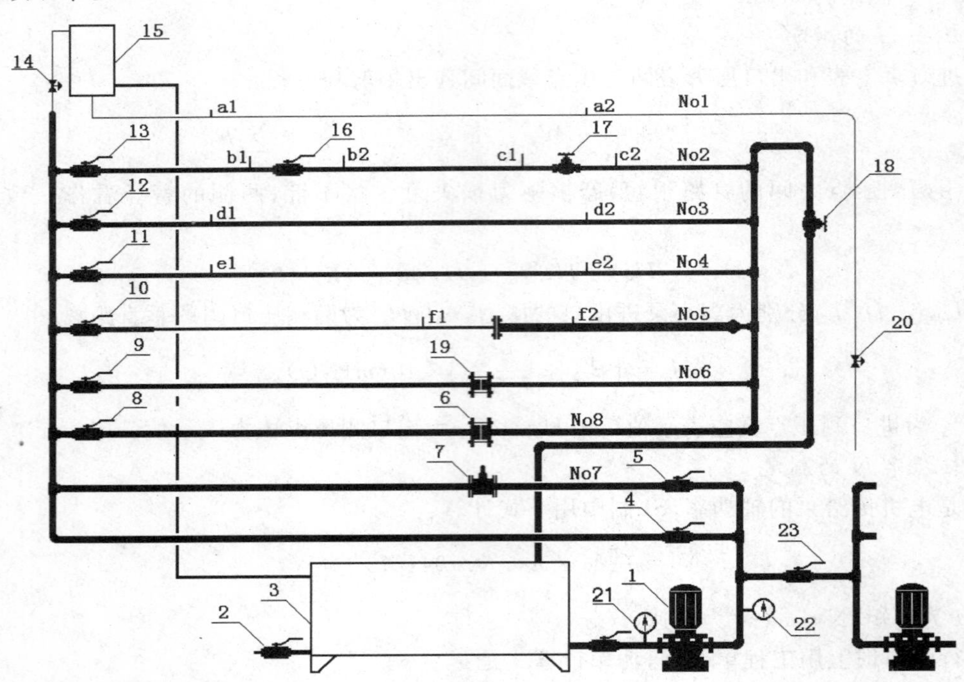

图 10-4 流体阻力与离心泵联合实验流程

1—离心泵;2—水箱放净阀;3—水箱;4、5—切换阀;6—大孔板流量计;7—涡轮流量计;8、9、10、11、12、13—管路开关阀;14—高位槽上水阀;15—高位槽;16—球阀;17—截止阀;18—流量调节阀;19—小孔板流量计;20—层流管流量调节阀;21—真空表;22—压力表;23—两台泵连通阀

流程说明:如图 10-4 所示,No8 为大孔板流量计管线,用于离心泵实验。水箱内的清水,自泵的吸入口进入离心泵,在泵壳内获得能量后,由出口排出,流经孔板流量计和流量调节阀后,返回水箱,循环使用。本实验过程中,需测定液体的流量、离心泵进口和出口处的压力以及电机的功率;另外,为了便于查取物性数据,还需测量水的温度。流量的测定,使用图 10-4 中的大孔板与压力传感器共同完成,压差在仪表柜上的"水流量"表上读取。

操作说明:

(1)先熟悉流程中的仪器设备及与其配套的电器开关,并检查水箱内的水位,然后按下"离心泵"按钮,开启离心泵。

(2)系统排气,打开管路切换阀 8,关闭其他管路切换阀,打开流量调节阀 18,排净系统中的气体。打开面板中水流量倒 U 形压差计下的排气阀,排净测压系统中的气体。

(3)测定离心泵特性曲线,在恒定转速下用流量调节阀 18 调节流量进行实验,测取 10 组以上数据。为了保证实验的完整性,应测取零流量时的数据。

(4)测定管路特性曲线,先将流量调节阀 18 固定在某一开度,利用变频器改变电机的频率，用以改变流量，测取8组以上数据（在实验过程中，变频仪的最大输出频率最好不要超过50Hz，以免损坏离心泵和电机）。

（5）测定不同转速下的离心泵扬程线，首先固定离心泵电机频率，通过调节流量调节阀18，测定该转速下的离心泵扬程与流量的关系。然后改变频率，再通过调节流量调节阀18，测定此转速下的离心泵扬程与流量的关系。就可以得到不同转速下离心泵的扬程随流量的变化关系。

（6）进行双泵的并联实验时（1＃、2＃并联走2＃设备的流程，3＃、4＃并联走4＃设备的流程），其方法与测量单泵的特性曲线相似，只是流程上有所差异。首先，将两台离心泵启动，将1＃或3＃设备的球阀4、5关闭（见图10-4），打开离心泵连通阀23，使1＃设备与2＃设备连通（3＃设备与4＃设备连通）调节2＃或4＃设备上的流量调节阀进行实验。其他操作方法与单台泵相同。此实验只能测定离心泵并联时的扬程与流量的关系，而不能测定离心泵并联时轴功率及效率与流量的关系。

2. 实验装置(2)

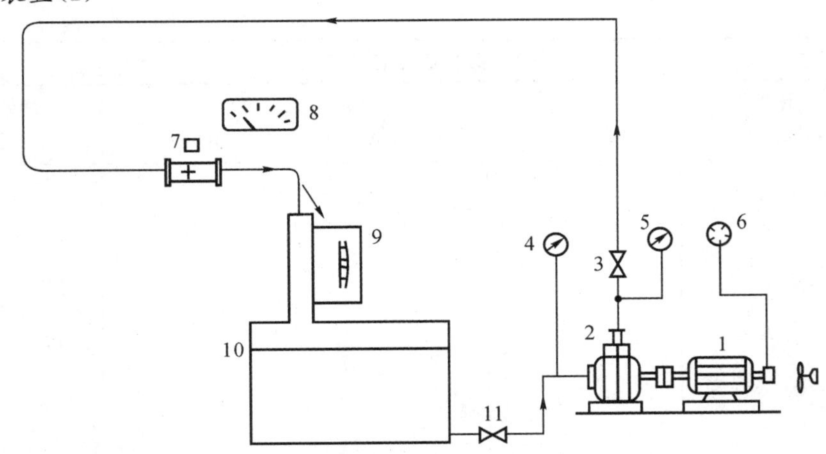

图10-5 离心泵特性曲线测定实验装置流程图

1—马达—天平测功机；2—$1\frac{1}{2}$BA-6型离心泵；3—出口阀；4—真空表；5—压力表；6—转速表；7—涡轮流量变送器；8—涡轮流量计显示仪表；9—计量槽；10—水槽；11—进口阀

操作说明：

（1）关闭泵进口阀，向泵体内注水，并打开出口阀排除泵内空气。

（2）关闭出口阀，开启电源开关，使泵运转。

（3）开启出口阀和进口阀，使泵正常运转。

（4）开启测试仪表电源，在泵的最大流量范围内用出口阀控制流量，取10组数据。

（5）关闭泵的出口阀，关闭电源开关、停车。

注意：

（1）开泵和停泵时，都应将马达—天平测功器上的砝码盘去掉，以免甩掉。

（2）开启测试仪表时，应拨至中间档，防止流量过大而损坏仪表。

四、数据记录与整理

表 1 实验记录

序号	出口压力 P_2'(kg/cm²)	进口真空度 P_1'(mmHg)	流量计仪表示值		转速 n(1/分)	天平荷重 p(g)
			f(Hz)或压差(kPa)	档次		
1						
2						
3						
4						
5						
6						
7						
8						

表 2 实测数据整理结果

序号	流量 Q(m³/h)	压头 H(m)	功率 N(kW)	效率 η(%)	转速 n(r/min)
1					
2					
3					
4					
5					
6					
7					
8					

表 3 实测数据换算到指定转速 $n=2900$(转/分)下的值

序号	流量 Q(m³/h)	压头 H(m)	功率 N(kW)	效率 η(%)	转速 n(r/min)
1					
2					
3					
4					
5					
6					
7					
8					

五、实验报告

在普通坐标纸上标绘离心泵在指定转速 $n=2900$(转/分)下的 $H-Q$、$N-Q$、$\eta-Q$。

六、思考题

1.预习思考题

(1)本实验需要测量哪些参数？各使用什么仪表？

(2)简述涡轮流量计、孔板流量计的测量原理。

(3)实验开始前，需要做哪些准备？如何正确开车、实验及停车？

2.报告讨论题

(1)正确进行实验的步骤是什么？

(2)离心泵的流量调节原理是什么？调节方法有哪些？各有什么优缺点？

(3)离心泵的特性曲线测试条件是什么？条件改变，曲线如何变化？

(4)要测得完整的性能曲线，测点如何分布较为合理？哪些点较为关键？

(5)离心泵的安装高度指什么？有无限制？

(6)离心泵启动前为什么必须灌泵排气？离心泵的送液能力能否通过进口阀进行调节？

附 录

国际单位制式 Le Systeme International d'Unites 的缩写。它的国际简称为 SI。它是以米制为基础、自身一致的一种单位制度。

国际单位制的构成如下：

- 国际单位制(SI)
  - SI 单位
    - SI 基本单位(见表 1)
    - SI 辅助单位(见表 2)
    - 具有专门名称的 SI 导出单位(见表 3)
  - SI 词头(见表 4)
  - SI 单位的十进位倍数和分数单位

SI 单位是国际单位制的主单位，又是国际单位制中构成一贯制的单位。除质量单位千克外，均不带词头。SI 单位的十进倍数单位与分数单位是国际单位制中的非一贯单位。它与 SI 单位统称国际单位制单位。因此，不要把 SI 单位与国际单位制单位相混淆。

SI 词头是国际单位制的组成部分，但它不属于单位。

SI 基本学位即表 1 中所列的 7 个单位，它们都有严格的定义。

表 1　SI 基本单位

量的名称	单位名称	单位符号
长度	米	m
质量	千克	kg
时间	秒	s
电流	安[培]	A
热力学温度	开[尔文]	K
物质的量	摩[尔]	mol
发光强度	坎[德拉]	cd

(1)长度单位米(m)的定义。米是光在真空中于 1/299792458s 时间间隔内所经路径的长度。

(2)质量单位千克 *(kg)的定义。千克等于国际千克原器 * * 的质量。

＊质量单位选用千克而不用克的好处是便于把数十年使用的许多"实用"电学单位作为一贯单位而纳入国际单位制。

＊＊千克原器是内铂铱合金制成的圆柱形的千克基准器，是 SI 基本单位中唯一的实物基准，为了保证基准的稳定性，尽管采取了一系列的保护措施，但仍存在着被磨损和精度不高的弊端。因此，人们在寻找稳定的自然基准，但截止到目前，尚未有满意的替代方案。

(3)时间单位秒(s)的定义。秒是与铯－133 原子基态的两个超精细能级之间跃迁相对应的辐射的 9192631 770 个周期的持续时间。

(4)电流单位安培(A)的定义。在真空中，截面积可忽略的两根相距 1m 的无限长平行圆直导线内通以等量恒定电流时，若导线间相互作用力在每米长度上为 2×10^{-7} N，则每根导线中的电流为 1A。

(5)热力学温度开尔文(K)的定义。开尔文是水三相点热力学温度的 1/273.16。

(6)物质的量单位摩尔(mol)的定义。摩尔是一系统的物质的量，该系统中所包含的基本单元数与 0.012kg 碳－12 的原子数目相等。

使用摩尔时，基本单元应予指明，可以是原子、分子、离子、电子及其他粒子，或是这些粒子的特定组合。

(7)发光强度单位坎德拉(cd)的定义。坎德拉是一光源在给定方向上的发光强度，该光源发出频率为 540×10^{12} Hz 的单色辐射，且在此方向上的辐射强度为 1/683W 每球面度。

SI 辅助单位是表 2 中所列的弧度和球面度。它们分别为平面角和立体角的单位。

表 2　SI 辅助单位

量的名称	单位名称	单位符号
[平面]角	弧度	rad
立体角	球面度	sr

平面角(简称角)是指平面内两条射线之间的夹角。立体角是指以空间任一点 O 为球心，以 r 为半径作一个球，再以球心为顶点，以球面的一部分圆面积 S 为底，截下一个圆锥体，此锥体内的空间即为立体角。

平面角和立体角应该作为基本量还是导出量，国际上曾有一段时间意见没有统一。因此，它们的单位也未归属于基本单位或是导出单位。1960 年国际计量大会(CGPM)决议将弧度、球面度作为一类单独列出，称辅助单位。1980 年国际计量委员会(CIPM)决定 SI 辅助单位归入无量纲导出单位。因此，我国国家标准 GB 3101-92 中是将 SI 辅助单位和具有专门名称的 SI 导出单位并入一个表中给出，即表 4。

平面角单位弧度的定义：

弧度是一个圆内两条半径间的平面角，这两条半径在圆周上截取的弧长与半径相等。弧度的符号为 rad。图 1 中∠AOB 就等于 1rad。圆周长为 $2\pi r$，故整个圆心角为 2π 个 rad。由上可知，平面角的定义方程应为

$$\alpha = \hat{l}/r$$

式中：$\hat{l}$ 为弧长；r 为半径。

因此，量纲 $\dim\alpha = LL^{-1} = L^0 = 1$。说明平面角是无量纲量，所以弧度是无量纲导出单位。

与弧度并用的平面角法定单位还有度、[角]分、[角]秒。一个圆的整个圆心角划为 360 等份，每一等份就是一度，表示为 1°。

度与弧度有如下关系：

$$2\pi\text{rad}=360°$$

$$1\text{rad}=360°/2\pi=57.2958°$$

$$1°=2\pi\text{rad}/360=1.7453\times10^{-2}\text{rad}$$

1[角]分是1度的1/60，用1′表示；1[角]秒是1[角]分的1/60，用1″表示。如[角]分、[角]秒不致与时间的分、秒混淆时，可把角度的[角]省略，简称分、秒。

立体角单位球面度的定义：球面度是一个立体角，其顶点位于球心，而它在球面上所截取的面积等于以球半径为边长的正方形面积。

球面度的符号为sr，如图2所示。球面度是球面上边长为球半径的正方形面积所对的立体角。由球面度的定义可知，任一立体角

$$\Omega=A/r^2$$

式中：A为立体角所对应的球面积；r为球的半径。

A与r^2的单位都是面积单位。因此必然是一无量纲量。所以，球面度sr也必然是一无量纲导出单位。

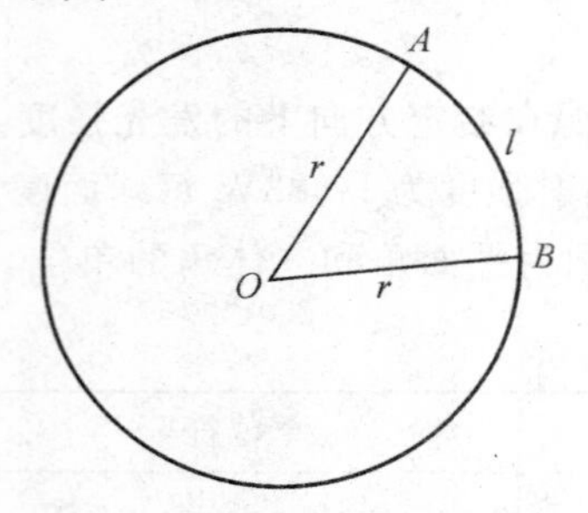

图1 平面角单位弧度

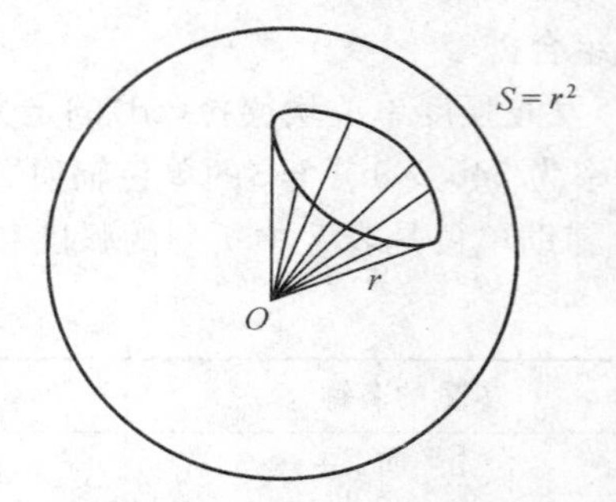

图2 立体角单位求面度

SI导出单位是用SI基本单位或SI辅助单位按照一贯性原则以相乘、相除的形式构成的单位，即在导出量的定义方程中，当各基本量以SI基本单位代入时，定义方程的系数必为1。也就是说，SI导出单位必备两个条件，一是导出单位必由SI基本单位(或SI辅助单位)构成，二是定义方程系数只能是1。

由SI基本单位导出SI导出单位的方法是：

①写出导出量的定义方程和量纲式。

②用SI基本单位符号代替量符号代入量方程，并令系数为1，构成单位方程。

例如，压强的定义方程是

$$P=F/A$$

量纲式为

$$\dim P=L^{-1}MT^{-2}$$

用SI基本单位符号代规量纲符号，并令系数为1，则单位方程为

$$[P]_{\text{SI}}=\text{m}^{-1}\cdot\text{kg}\cdot\text{s}^{-2} \tag{1}$$

式(1)由于导出单位均由SI基本单位构成，且系数为1，所以是SI导出单位。

如果长度单位是千米(km)，质量单位是千克(kg)，时间单位是分(min)，代入定义方程得

$$P=1\text{km}^{-1}\cdot\text{kg}\cdot\text{min}^{-2} \tag{2}$$

或

$$P = 2.7 \times 10^{-5} \mathrm{m}^{-1} \cdot \mathrm{kg} \cdot \mathrm{s}^{-2} \tag{3}$$

式(2)中虽有系数1，但km、min不是SI基本单位，式(3)中导出单位尽管全由SI基本单位组成，但系数不是1，所以都不是SI导出单位。但它们都是法定单位。

表3　具有专门名称的SI导出单位*

量的名称	单位名称	单位符号	其他表示示例
频率	赫[兹]	Hz	s^{-1}
力，重力	牛[顿]	N	$kg \cdot m/s^2$
压力，压强，应力	帕[斯卡]	Pa	N/m^2
能量，功，热	焦[耳]	J	N·m
功率，辐射通量	瓦[特]	W	J/s
电荷量	库[仑]	C	A·s
电位，电压，电动势	伏[特]	V	W/A
电容	法[拉]	F	C/V
电阻	欧[姆]		V/A
电导	西[门子]	S	A/V
磁通量	韦[伯]	Wb	V·s
磁通量密度，磁感应强度	特[斯拉]	T	Wb/m^2
电感	亨[利]	H	Wb/A
摄氏温度	摄[氏度]	℃	
光通量	流[明]	lm	cd·sr
光照度	勒[克斯]	lx	lm/m^2
放射性活度	贝克[勒尔]	Bq	s^{-1}
吸收剂量	戈[瑞]	Gy	J/kg
剂量当量	希[沃特]	Sv	J/kg

* 表3是GB 3101－86中使用的具有专门名称的SI导出单位。

表4　具有专门名称的SI导出单位和SI辅助单位*

量的名称	SI导出单位和辅助单位		
	名称	符号	用SI基本单位、SI辅助单位和其他SI导出单位表示
平面角	弧度	rad	1rad＝1m/m＝1
立体角	球面度	sr	$1sr = 1m^2/m^2 = 1$
频率	赫[兹]	Hz	$1Hz = 1s^{-1}$
力，重力	牛[顿]	N	$1N = 1kg \cdot m/s^2$
压力，压强，应力	帕[斯卡]	Pa	$1Pa = 1N/m^2$
能[量]，功，热量	焦[耳]	J	1J＝1N·m
功率，辐[射能]通量	瓦[特]	W	1W＝1J/s
电荷[量]	库[仑]	C	1C＝1A·s
电压，电动势，电位，(电势)	伏[特]	V	1V＝1W/A
电容	法[拉]	F	1F＝1C/V

量的名称	SI导出单位和辅助单位		
	名称	符号	用SI基本单位、SI辅助单位和其他SI导出单位表示
电阻	欧[姆]	Ω	1Ω=1V/A
电导	西[门子]	S	$1S=1\Omega^{-1}$
磁通[量]	韦[伯]	Wb	1Wb=1V·s
磁通[量]密度，磁感应强度	特[斯拉]	T	$1T=1Wb/m^2$
电感	亨[利]	H	1H=1Wb/A
摄氏温度	摄氏度	℃	1℃=273K
光通量	流[明]	lm	1lm=1cd·sr
[光]照度	勒[克斯]	lx	$1lx=1lm/m^2$

* 表4是GB3101－92中使用的具有专门名称的SI导出单位和SI辅助单位。

表5　由于人类健康安全防护上的需要而确定的具有专门名称的导出单位*

量的名称	SI导出单位		
	名称	符号	用SI基本单位、SI辅助单位和其他SI导出单位表示
放射性活度吸收剂量	贝克[勒尔]	Bq	$1Bq=1s^{-1}$
比授予能比释动能吸收剂量指数	戈[瑞]	Gy	1Gy=1J/kg
剂量当量剂量当量指数	希[沃特]	Sv	1Sv=1J/kg

* 表5是GB3101－92中使用的，将3个具有专门名称的SI单位单独列表。

SI导出单位很多，对任何一个导出量，都有一个SI导出单位。因此，在有关国际单位制的文件中，只能给出具有专门名称的导出单位和其他导出单位示例。在国际单位制中具有专门名称的导出单位有19个。这19个导出单位因其名称复杂，不易读记，为使用方便，除摄氏度、流明和勒克期3个外，其余都是以有成就的科学家的名字命名的。摄氏度虽不是直接用的科学家名字，但这个名称也是为了纪念瑞典天文学家摄尔修斯而采用的。摄尔修斯于1742年提出了摄氏温标，单位称为摄氏度。以人名命名的SI导出单位，其国际符号第一个字母要大写。其他导出单位有用基本单位表示的，例如加速度的单位是米每二次方秒，SI符号为m/s^2；有用辅助单位表示的，例如角速度单位是弧度每秒，SI符号为rad/s；有用具有专门名称的导出单位表示的.例如表面张力的单位是牛[顿]每米，SI符号为kg/s^2。

实际工作中所需要的单位有大有小，仅仅有了SI单位是不够用的。因此，国际单位制中规定了一套SI词头。词头本身不能单独使用，将SI词头置于SI的前面就构成了大小不同的SI单位的倍数单位和分数单位，以供各种需要。例如，把词头k加在基本单位mol的前面就构成了kmol。kmol代表千摩[尔]，是SI单位mol的倍数单位，可以在一定场合作一个单位使用。在SI单位中，千克是唯一由于历史原因带有词头的，但是规定构成重(质)量单位的十进倍数和分数单位时仍由SI词头加克构成，指出基本单位千克的1000倍的单位时，不是由词头k加在kg的前面成kkg，而是用词头M加在g的前面构成Mg，即兆克。我国选定的非国际单位制单位中，平面角单位“度”、“[角]分”、“[角]秒”与时间单位“分”、“时”、“日”等，不得用 SI 词头构成倍数单位或分数单位。

我国法定计量单位规定 16 个词头。它们所代表的因数、中文简称、词头符号等列于表 6。

表 6　SI 词头

所表示的因数	词头名称	词头符号	书写规则	所表示的因数	词头名称	词头符号	书写规则
10^{18}	艾[可萨]	E		10^{-1}	分	d	
10^{15}	拍[它]	P	正体	10^{-2}	厘	c	
10^{12}	太[拉]	T	大写	10^{-3}	毫	m	
10^{9}	吉[咖]	G		10^{-6}	微	μ	正体
10^{6}	兆	M		10^{-9}	纳[诺]	n	大写
10^{3}	千	k		10^{-12}	皮[可]	p	
10^{2}	百	h	正体	10^{-15}	飞[母托]	f	
10^{1}	十	da	大写	10^{-18}	阿[托]	a	

在 16 个词头中，有 8 个常用词头是用数词名称作为词头的中文名称的，即十、百、千、兆、分、厘、毫、微，而另 8 个词头的中文名称用的是它们译音的简称。

1991 年 9 月国际计量大会根据 IUPAC 的建议又增加了 4 个新的词头，见表 7。

表 7　新增加的词头

表示的因数	词头符号	书写规则
10^{21}	Z	正体大写
10^{24}	Y	
10^{-21}	z	正体小写
10^{-24}	y	

这样，SI 词头就成了 20 个。

SI 单位的十进倍数与分数单位是由 SI 单位加 SI 词头构成的。它和 SI 单位一样，是国际单位制的一个组成部分，但本应把它包含在 SI 单位之中。例如长度单位 m 的倍数单位有 km（千米）、Mm（兆米）等；时间单位 s 的分数单位有 ns（纳秒）、μs（微秒）等。国家选定的非国际单位制单位有的尽管可以冠以 SI 词头而扩大其使用范围，但其仍不属于国际单位制单位。例如国家选定的体积单位 L（升），还可以有 mL（毫升）等单位，但它们都不是国际单位制单位。

3. 国家选定的非国际单位制单位

国家选定的非国际单位制单位有 15 个，由表 8 给出。其中时间单位天、小时、分，平面角单位表、分、秒，质量单位吨、原子质量单位，能量单位电子伏特，容积单位升等 10 个单位是国际计量局列出与国际单位制并用的。长度单位海里和速度单位节也是国际上普遍采用的。除此之外，还根据我国需要选用了级差单位分贝，线密度单位特[克斯]。另外，我国还允许使用“天文单位”、“秒差距”、“光年”等大距离单位，并允许将“公斤”和“公里”作为 kg 和 km 的俗称。

表 8　国家选定的非国际单位制单位

量的名称	单位名称	单位符号	换算关系和说明
时间	分 [小]时 天(日)	min h d	1min＝60s 1h＝60min＝3600s 1d＝24h＝86400s
平面角	[角]秒[角] 分 度	(″)(′)	1″＝(π/648000)rad (π 为圆周率) 1′＝60″＝(π/10800)rad
旋转速度	转每分	r/min	1r/min＝(1/60)s^{-1}
长度	海里	nmile	1nmile＝1852m (只用于航行)
速度	节	kn	1kn＝1nmile/h ＝(1852/3600)m/s (只用于航行)
质量	吨 原子质量单位	t u	1t＝10^3kg 1u＝1.6605655×10^{-27}kg
体积	升	L(l)	1L＝1dm^3＝$10^{-3}$$m^3$
能	电子伏	eV	1eV≈1.6021892×10^{-19}J
级差	分贝	dB	
线密度	特[克斯]	Tex	1tex＝1g/km

注:①周、月、年(年的符号为 a)为一般常用时间单位。

②[ ]内的字,是在不混淆的情况下,可以省略的字。

③“单位名称”栏( )内的字为前者的同义词。

④角度单位度、分、秒的符号不处于数字后时,用括弧。

⑤升的符号中,小写字母 l 为备用符号。

⑥r 为“转”的符号。

⑦生活和贸易中,质量习惯称为重量。

⑧公里为千米的俗称,符号为 km。

⑨$10^4$ 称万,10^8 称为万亿,这类数词的使用不受词头名称的影响,但不应与词头混淆。

二、物理化学实验常用数据表

表9　一些物理化学的基本常数

量	符号	数值	单位	相对不确定值/ppm
光速	c	299792458	$m \cdot s^{-1}$	定义值
真空导磁率	μ_0	4π 12.566370614…	$10^{-7} N \cdot A^{-2}$ $10^{-7} N \cdot A^{-2}$	定义值
真空电容率	ε_0	8.854187817…	$10^{-12} F \cdot m^{-1}$	定义值
牛顿引力常数	G	6.6260759(85)	$10^{-11} m^3 \cdot kg^{-1} \cdot s^{-2}$	128
普朗克常数	h	6.6260755(40)	$10^{-34} J \cdot s$	0.60
$h/2\pi$	H	1.05457266(63)	$10^{-34} J \cdot s$	0.60
基本电荷	E	1.60217733(49)	$10^{19} C$	0.30
电子质量	m_e	0.91093897(54)	$10^{-30} kg$	0.59
质子质量	m_p	1.6726231(10)	$10^{-27} kg$	0.59
质子—电子质量比	m_e/m_p	1836.152701(37)		0.020
精细结构常数	α	7.29735308(33)	10^{-1}	0.045
精细结构常数的倒数	α^{-1}	137.0359895(61)		0.045
里德伯常数	R^{∞}	10973731.534(13)	m^{-1}	0.0012
阿伏伽德罗常数	L, N_A	6.0221367(36)	$10^{23} mol^{-1}$	0.59
法拉第常数	F	96485.309(29)	$Cmol^{-1}$	0.30
摩尔气体常数	R	8.314510(70)	$Jmol^{-1}K^{-1}$	8.4
玻尔兹曼常数，R/L_A	K	1.380658(12)	$10^{-23} JK^{-1}$	8.5
斯式藩—玻尔兹曼常数	σ	5.67051(12)	$10^{-8} Wm^{-2}K^{-4}$	34
$\pi^2k^4/60h^3c^2$	eV	1.60217733(49)	$10^{-19} J$	0.30
电子伏，(e/C) J=|e|J (统一)原子质量单位 原子质量常数，$1/12m(^{12}C)$	u	1.6605402(10)	$10^{-27} kg$	0.59

注：括号中数字式标准偏差。

数据参见：国际纯粹化学与应用化学联合会物理化学符号、术语和单位委员会编。物理化学中的量、单位和符号．漆德瑶等译．北京：科学技术文献出版社，1991。

表 10　压力单位换算表

压力单位	Pa	$kg\cdot cm^{-2}$	$dyn\cdot cm^{-2}$	atm	bar	mmHg
1Pa	1	1.019716	10	9.86923×10^{-6}	1×10^{-5}	7.5006×10^{-3}
$1kg\cdot cm^{-2}$	9.80665×10^{-4}	1	9.80665×10^{-5}	0.967841	0.980665	735.559
$1dyn\cdot cm^{-2}$	0.1	1.019715×10^{-6}	1	9.86923	1×10^{-6}	7.50062×10^{-4}
1atm	1.01325×10^{5}	1.03323	1.01325×10^{5}	1	1.01325	760.0
1bar	1×10^{5}	1.019716	1×10^{6}	6.986923	1	750.062
1mmHg	133.3224	1.35951×10^{-3}	1333.224	1.3157895×10^{-3}	1.33322×10^{-3}	1

表 11　能量单位换算表

能量单位	cm^{-1}	J	cal	eV
$1cm^{-1}$	1	1.98648×10^{-23}	4.74778×10^{24}	1.239852
1J	5.03404×10^{22}	1	0.239006	6.241461×10^{18}
1cal	2.10624×10^{23}	4.184	1	2.611425×10^{19}
1eV	8.065479×10^{3}	1.602189×10^{-19}	3.829326×10^{-20}	1

注：cm^{-1}、cal 是应废除单位。

表 12　20℃下乙醇水溶液的密度

乙醇的质量百分数/%	$10^{-3}/(\rho/kg\cdot m^{-3})$	乙醇的质量百分数/%	$10^{-3}/(\rho/kg\cdot m^{-3})$
0	0.99828	55	0.90258
10	0.98187	60	0.89113
15	0.97514	65	0.87948
20	0.96864	70	0.86766
25	0.96168	75	0.85564
30	0.95382	80	0.84344
35	0.94494	85	0.83095
40	0.93518	90	0.81797
45	0.92472	95	0.80424
50	0.91384	100	0.78934

摘自：International Critical Tables of Numerical Data. Physis, Chemistry and Technology Ⅲ：116。

表 13　乙醇水溶液的混合体积与浓度的关系（温度为 20℃，混合物的质量为 100g）

乙醇的质量百分数/%	$V_{混}$/mL	乙醇的质量百分数/%	$V_{混}$/mL
20	103.24	60	112.22
30	104.84	70	115.25
40	106.93	80	118.56
50	109.43		

表 14　不同温度下水的折射率、黏度和介电常数

温度/℃	折射率 n_D	黏度[1] [$10^3\eta$/kg·m^{-1}·s^{-1}]	介电常数[2] ε
0	1.33395	1.7702	87.74
5	1.33388	1.5108	85.76
10	1.33369	1.3039	83.83
15	1.33339	1.1374	81.95
20	1.33300	1.0019	80.10
21	1.33290	0.9764	79.73
22	1.33280	0.9532	79.38
23	1.33271	0.9310	79.02
24	1.33261	0.9100	78.65
25	1.33250	0.8903	78.30
26	1.33240	0.8703	77.94
27	1.33229	0.8512	77.60
28	1.33217	0.8328	77.24
29	1.33206	0.8145	76.90
30	1.33194	0.7973	76.55
35	1.33131	0.7190	74.83
40	1.33061	0.6526	73.15
45	1.32985	0.5972	71.51
50	1.32904	0.5468	69.91

注:①黏度是指单位面积的液层,以单位速度流过相隔单位距离的固定液面时所需的切线力。其单位是:每平方米秒牛顿,即 N·s·m^{-2}或 kg·m^{-1}·s^{-1}或 Pa·s(帕·秒)。

②介电常数(相对)是指某物质介质时,与相同条件真空情况下电容的比值。故介电常数又称相对电容率,无量纲。

表 15 不同温度下水的饱和蒸汽压

t/℃	0.0		0.2		0.4		0.6		0.8	
	mmHg	kPa	mmHg	kPa	mmHg	kPa	mmHg	kPa	mmHg	kPa
0	4.579	0.6105	4.647	0.6195	4.715	0.6286	4.785	0.6379	4.855	0.6473
1	4.926	0.6567	4.998	0.6663	5.070	0.6759	5.144	0.6858	5.219	0.6958
2	5.294	0.7058	5.370	0.7159	5.447	0.7262	5.525	0.7366	5.605	0.7473
3	5.685	0.7579	5.766	0.7687	5.848	0.7797	5.931	0.7907	6.015	0.8019
4	6.101	0.8134	6.187	0.8249	6.274	0.8365	6.363	0.8483	6.453	0.8603
5	6.543	0.8723	6.635	0.8846	6.728	0.8970	6.822	0.9095	6.917	0.9222
6	7.013	0.9350	7.111	0.9481	7.209	0.9611	7.309	0.9745	7.411	0.9880
7	7.513	1.0017	7.617	1.0155	7.722	1.0295	7.828	1.0436	7.936	1.0580
8	8.045	1.0726	8.155	1.0872	8.267	1.1022	8.380	1.1172	8.494	1.1324
9	8.609	1.1478	8.727	1.1635	8.845	1.1792	8.965	1.1952	9.086	1.2114
10	9.209	1.2278	9.333	1.2443	9.458	1.2610	9.585	1.2779	9.714	1.2951
11	9.844	1.3124	9.976	1.3300	10.109	1.3478	10.244	1.3658	10.380	1.3839
12	10.518	1.4023	10.658	1.4210	10.799	1.4397	10.941	1.4527	11.085	1.4779
13	11.231	1.4973	11.379	1.5171	11.528	1.5370	11.680	1.5572	11.833	1.5776
14	11.987	1.5981	12.144	1.6191	12.302	1.6401	12.462	1.6615	12.624	1.6831
15	12.788	1.7049	12.953	1.7269	13.121	1.7493	13.290	1.7718	13.461	1.7946
16	13.634	1.8177	13.809	1.8410	13.987	1.8648	14.166	1.8886	14.347	1.9128
17	14.530	1.9372	14.715	1.9618	14.903	1.9869	15.092	2.0121	15.284	2.0377
18	15.477	2.0634	15.673	2.0896	15.871	2.1160	16.071	2.1426	16.272	2.1694
19	16.477	2.1967	16.685	2.2245	16.894	2.2523	17.105	2.2805	17.319	2.3090
20	17.535	2.3378	17.753	2.3669	17.974	2.3963	18.197	2.4261	18.422	2.4561
21	18.650	2.4865	18.880	2.5171	19.113	2.5482	19.349	2.5796	19.587	2.6114
22	19.827	2.6434	20.070	2.6758	20.316	2.7068	20.565	2.7418	20.815	2.7751
23	21.068	2.8088	21.342	2.8430	21.583	2.8775	21.845	2.9124	22.110	2.9478
24	22.377	2.9833	22.648	3.0195	22.922	3.0560	23.198	3.0928	23.476	3.1299
25	23.756	3.1672	24.039	3.2049	24.326	3.2432	24.617	3.2820	24.912	3.3213
26	25.209	3.3609	25.509	3.4009	25.812	3.4413	26.117	3.4820	26.426	3.5232
27	26.739	3.5649	27.055	3.6070	27.374	3.6496	27.696	3.6925	28.021	3.7358
28	28.349	3.7795	28.680	3.8237	29.015	3.8683	29.354	3.9135	29.697	3.9593
29	30.043	4.0054	30.392	4.0519	30.745	4.0990	31.102	4.1466	31.461	4.1944
30	31.824	4.2428	32.191	4.2918	32.561	4.3411	32.934	4.3908	33.312	4.4412
31	33.695	4.4923	34.082	4.5439	34.471	4.5957	34.864	4.6481	35.261	4.7011
32	35.663	4.7547	36.068	4.8087	36.477	4.8632	36.891	4.9184	37.308	4.9740
33	37.729	5.0301	38.155	5.0869	38.584	5.1441	39.018	5.2020	39.457	5.2605
34	39.898	5.3193	40.344	5.3787	40.796	5.4390	41.251	5.4997	41.710	5.5609
35	42.175	5.6229	42.644	5.6854	43.117	5.7484	43.595	5.8122	44.078	5.8766
36	44.563	5.9412	45.054	6.0087	45.549	6.0727	46.050	6.1395	46.556	6.2069
37	47.067	6.2751	47.582	6.3437	48.102	6.4130	48.627	6.4830	49.157	6.5537
38	49.692	6.6250	50.231	6.6969	50.774	6.7693	51.323	6.8425	51.879	6.9166
39	52.442	6.9917	53.009	7.0673	53.580	7.1434	54.156	7.2202	54.737	7.2976
40	55.324	7.3759	55.91	7.451	56.51	7.534	57.11	7.614	57.72	7.695

表 16 液体的黏度

物质	$10^3\eta$/Pa·s				
	15℃	20℃	25℃	30℃	40℃
甲醇	0.623	0.597	0.547	0.510	0.456
乙醇		1.200		1.003	0.834
丙酮	0.337		0.316	0.295	0.281(41℃)
醋酸	1.31		1.55(25.2℃)	1.04	1.00(41℃)
苯		0.652		0.564	0.503
甲苯		0.590		0.526	0.471
乙苯		0.691(17℃)			

表 17 一些物质的饱和蒸气压与温度的关系

名称	温度范围/℃	A	B	C
四氯化碳		6.87926	1212.021	226.41
氯仿	−35～61	6.49340	929.44	196.03
甲醇	−14～65	7.89750	1474.08	229.13
二氯甲烷	−31～99	7.0253	1271.3	222.9
醋酸	liq.	7.38782	1533.313	222.309
乙醇	−2～100	8.32109	1718.10	237.52
丙酮	liq.	7.11714	1210.595	229.664
异丙酮	0～101	8.11778	1580.92	219.61
乙酸乙酯	15～76	7.10179	1244.95	217.88
正丁醇	15～131	7.47680	1362.39	178.77
苯	8～103	6.90565	1211.033	220.790
环已烷	20～81	6.84130	1201.53	222.65
甲苯	6～137	6.95464	1344.800	219.48
乙苯	26～164	6.95719	1424.255	213.21

注:各化合物的蒸气压可用方程式

$$\lg p = A - \frac{B}{(C-t)}$$

式中:A、B、C 为三常熟。p 为化合物的蒸气压(mmHg),t 单位为℃。

表 18 金属混合物的熔点/℃

金属		第二栏金属百分含量										
		0	10	20	30	40	50	60	70	80	90	100
Pb		326	295	276	262	240	220	190	185	200	216	232
	Bi	322	290	—	—	179	145	126	168	205	—	268
	Sb	326	250	275	330	395	440	490	525	560	600	632
Sb	Bi	632	610	590	575	555	540	520	470	405	330	268
	Sn	622	600	570	525	480	430	395	350	310	255	232

表 19 常压下共沸物的沸点和组成

共沸物		各组分的沸点/℃		共沸物的性质	
甲组分	乙组分	甲组分	乙组分	沸点/℃	组分(W 甲%)
苯	乙醇	80.1	78.3	67.9	68.3
环己烷	乙醇	80.8	78.3	64.8	70.8
正己烷	乙醇	68.9	78.3	58.7	79.0
乙酸	乙酸乙酯	77.1	78.3	71.8	69.0
乙酸乙酯	环己烷	77.1	80.7	71.6	56.0
异丙酮	环己烷	82.4	80.7	69.4	32.0

表 20 无机物的标准溶解热

(25℃,一摩尔标准状态下的纯物质溶于水生成浓度为 $1mol \cdot L^{-1}$ 的理想溶液过程的热效应)

化合物	$\Delta_{mol} H_m / kJ \cdot mol^{-1}$	化合物	$\Delta_{mol} H_m / kJ \cdot mol^{-1}$
$AgNO_3$		KI	
$BaCl_2$	−13.22	KNO_3	34.73
$Ba(NO_3)_2$	40.38	$MgCl_2$	−155.06
$Ca(NO_3)_2$	−18.87	$Mg(NO_3)_2$	−85.48
$CuSO_4$	−73.26	$MgSO_4$	−91.21
KBr	20.04	$ZnCl_2$	−71.46
KCl	17.24	$ZnSO_4$	−81.38

表 21　不同温度下 KCl 在水中的溶解热

（此溶解热是指 1mol KCl 溶于 200mL 的水）

t/℃	$\Delta_{mol}H_m$/kJ	t/℃	$\Delta_{mol}H_m$/kJ
10	19.895	20	18.297
11	19.795	21	18.146
12	19.623	22	17.995
13	19.598	23	17.682
14	19.276	24	17.703
15	19.100	25	17.556
16	18.933	26	17.414
17	18.765	27	17.272
18	18.602	28	17.138
19	18.443	29	17.004

表 22　有机化合物的标准摩尔燃烧焓

名称	化学式	t/℃	$-\Delta_c H_m$/ kJ·mol^{-1}
甲醇	$CH_3OH(l)$	25	726.51
乙醇	$C_2H_5OH(l)$	25	1366.8
草酸	$(CO_2H)_2(s)$	25	245.6
甘油	$(CH_2OH)_2CHOH(l)$	20	1661.0
苯	$C_6H_6(l)$	20	3267.5
己烷	$C_6H_{14}(l)$	25	4163.1
苯甲酸	$C_6H_5COOH(s)$	20	3226.9
樟脑	$C_{10}H_{16}O(s)$	20	5903.6
萘	$C_{10}H_8(s)$	25	5153.8
尿素	$NH_2CONH_2(s)$	25	631.7

表 23　18～25℃下难溶化合物的溶度积

化合物	Ksp	化合物	Ksp
AgBr	4.95×10^{-13}	$BaSO_4$	1×10^{-10}
AgCl	7.7×10^{-10}	$Fe(OH)_3$	4×10^{-38}
AgI	8.3×10^{-17}	$PbSO_4$	1.6×10^{-8}
Ag_2S	6.3×10^{-52}	CaF_2	2.7×10^{-11}
$BaCO_3$	5.1×10^{-9}		

表 24 18℃下水溶液中阴离子的迁移数

电解质	$C/mol \cdot d^{-3}$					
	0.01	0.02	0.05	0.1	0.2	0.5
NaOH			0.81	0.82	0.82	0.82
KOH				0.735	0.736	0.738
HCl	0.167	0.166	0.165	0.164	0.163	0.160
KCl	0.504	0.504	0.505	0.506	0.506	0.510
KNO_3(25)	0.4916	0.4913	0.4907	0.4897	0.4880	
H_2SO_4	0.175		0.172	0.175		0.175

表 25 不同温度下水的表面张力 σ

t/℃	$10^3 \times \sigma/N \cdot m^{-1}$	t/℃	$10^3 \times \sigma/N \cdot m^{-1}$	t/℃	$10^3 \times \sigma/N \cdot m^{-1}$	t/℃	$10^3 \times \sigma/N \cdot m^{-1}$
0	75.64	17	73.19	26	71.82	60	66.18
5	74.92	18	73.05	27	71.66	70	64.42
10	74.22	19	72.90	28	71.50	80	62.61
11	74.07	20	72.75	29	71.35	90	60.75
12	73.93	21	72.59	30	71.18	100	58.85
13	73.78	22	72.44	35	70.38	110	56.89
14	73.64	23	72.28	40	69.56	120	54.89
15	73.59	24	72.13	45	68.74	130	52.84
16	73.34	25	71.97	50	67.91		

表 26 25℃下某些液体的折射率

名称	n_D^{25}	名称	n_D^{25}
甲醇	1.326	四氯化碳	1.459
乙醚	1.352	乙苯	1.493
丙酮	1.357	甲苯	1.494
乙醇	1.359	苯	1.498
醋酸	1.370	苯乙烯	1.545
乙酸乙酯	1.370	溴苯	1.557
正己烷	1.372	苯胺	1.583
正丁醇	1.397	溴仿	1.587
氯仿	1.444		

表 27　不同温度下水和乙醇的折光率

t/℃	纯水	99.8%乙醇	t/℃	纯水	99.8%乙醇
14	1.33348		34	1.33136	1.35474
15	1.33341		36	1.33107	1.35390
16	1.33333	1.36210	38	1.33079	1.35306
18	1.33317	1.36129	40	1.33051	1.35222
20	1.33299	1.36048	42	1.33023	1.35138
22	1.33281	1.35967	44	1.32992	1.35054
24	1.33262	1.35885	46	1.32959	1.34969
26	2.33241	1.35803	48	1.32927	1.34885
28	1.33219	1.35721	50	1.32894	1.34800
30	1.33192	1.35639	52	1.32860	1.34715
32	1.33164	1.35557	54	1.32827	1.34629

相对于空气；钠光波长 589.3nm。

参考文献

[1]复旦大学等.物理化学实验.北京:高等教育出版社,2004.
[2]陈行表,蔡凤英.实验安全技术.上海:华东化工学院出版社,1989.
[3]陈玉新.高等学校消防安全管理.北京:清华大学出版社,1997.
[4]孟尔赛.实验误差与数据处理.上海:上海科学技术出版社,1988.
[5]何国玮.误差分析方法.北京:国防工业出版社,(1978).
[6]孙荣恒.应用数理统计.北京:科学出版社,2003.
[7]周纪芗.应用回归分析方法.上海:上海科学技术出版社,1990.
[8]刘大壮,杨碧光.化工艺开发中的实验设计与数据处理.郑州:河南科学出版社,1993.
[9]王雅琼,许文林.化工原理实验.北京:化学工业出版社,2005.
[10]潘丽军,陈锦权.试验设计与数据处理.南京:东南大学出版社,2008.
[11]刘雪暖,汤景凝.化工原理课程设计.北京:石油大学出版社,2001.
[12]谈庆明.量纲分析.合肥:中国科学技术出版社,2005.
[13] 沈维善,张孙元.热电偶热电阻分度手册.北京:机械工业部仪表工业局,1985.
[14] 李永敏.数字化测试技术.北京:北京航空工业出版社,1987.
[15] 沙占友.智能化集成温度传感器原理与应用.北京:机械工业出版社,2002.
[16] 厉玉鸣.化工仪表及自动化.北京:化学工业出版社,2006.
[17] 黄伯龄.矿物差热分析鉴定手册.北京:科学出版社,1987.
[18] 刘振海.热分析导论.北京:化学工业出版社,1991.
[19] 陈镜泓,李传儒.热分析及其应用.北京:科学出版社,1985.
[20]刘光永.化工开发实验技术.天津:天津大学出版社,1994.
[21]李兰.现代有机化工实验和开发技术.北京:科学普及出版社,1992.
[22]冯亚云.化工基础实验.北京:化学工业出版社,2000.
[23]武汉大学.化学工程基础.北京:高等教育出版社,2001.
[24]冯仰捷,邹文樵.应用物理化学实验.北京:高等教育出版社,1990.
[25]胡英.流体的分子热力学.北京:高等教育出版社,1980.
[26]童景山,李敬.流体热物理性质的计算.北京:清华大学出版社,1982.
[27]房鼎业,乐清华,李福清.化学工程与工艺专业实验.北京:化学工业出版社,2000.
[28]陈洪钫.基本有机化工分离工程.北京:化学工业出版社,1985.
[29]陈同芸,瞿谷仁,吴乃登.化工原理实验.上海:华东化工学院出版社,1989.
[30]姚玉荣.化工原理(上册).天津:天津大学出版社,2000.
[31]陈敏恒,丛德滋,方图南等.化工原理(第二版).北京:化学工业出版社,2000.
[32]李德华.化学工程基础.北京:化学工业出版社,2000.
[33] 康有琪.化学动力学和反应器原理.北京:科学出版社,1974.
[34] E.N.伊列敏.化学动力学基础.陈天明等译.福建:福建科学出版社,1985.
[35] 张立德.纳米材料.北京:化学工业出版社,2000.
[36] 张志焜,崔作林.纳米技术与纳米材料.北京:国防工业出版社,2000.
[37] 柯扬船,皮特·斯壮.聚合物无机纳米复合材料.北京:化学工业出版社,1985.
[38]朱炳辰.化学反应工程.北京:化学工业出版社,2001.
[39]周传舫.电化学测量.上海:科学技术出版社,1985.

[40] 刘永辉. 电化学测试技术. 北京:北京航空学院出版社,1987.
[41] 李荻. 电化学原理(修订版). 北京:北京航空航天大学出版社,2002.
[42] 杨辉,卢文庆. 应用电化学. 北京:科学出版社,2002.
[43]A. J. Bard, L. R. Faulkner. 电化学原理方法和应用. 谷林瑛等译. 北京:化学工业出版社,1986.
[44]查全性.电极过程动力学.北京:科学出版社,1987.
[45]吕鸣祥,宋诗哲.电化学方法原理及应用.北京:化学工业出版社,1984.
[46]曾华梁等.电镀工艺手册.北京:机械工业出版社,2005.
[47]张宏祥,王为.电镀工艺学.天津:天津科学出版社,2002.
[48]冯立明,王玥.电镀工艺学.北京:化学工业出版社,2010.
[49]黄元盛.电镀与化学镀技术.北京:化学工业出版社,2009.
[50]张宏祥,王为.电镀工艺学.天津:天津科学出版社,2002.
[51]田昭武,电化学研究方法,北京:科学出版社,1976.
[52]刘永辉,电化学测试技术,北京:北京航空学院出版社,1987.
[53]陈宗淇,戴闽光.胶体化学.北京:高等教育出版社,1984.
[54]赵国玺.表面活性剂物理化学北京:北京大学出版社,1984.
[55]顾惕人.表面的物理化学 .北京:科学出版社,1984.
[56]天津大学化工原理教研室.化工原理.天津:天津科学技术出版社,1999.
[57]陈克诚.流体力学实验技术.北京:机械工业出版社,1983.
[58]罗曼科夫.化工过程及设备实验指导.北京:化学工业出版社,1999.
[59]老健正.化工原理实验指导.广州:科学普及出版社,1985
[60]陈敏恒.化工原理.北京:化学工业出版社,1999.